住房和城乡建设部标准定额研究所　　　建设工程造价技术资料

# 市政工程消耗量

## ZYA 1-31-2021

## 第五册　市政管网工程

SHIZHENG GONGCHENG XIAOHAOLIANG

DI-WU CE SHIZHENG GUANWANG GONGCHENG

中国计划出版社

北　京

**图书在版编目(CIP)数据**

市政工程消耗量 : ZYA1-31-2021. 第五册,市政管
网工程 / 住房和城乡建设部标准定额研究所组织编制
. -- 北京 : 中国计划出版社,2022.2
ISBN 978-7-5182-1376-4

Ⅰ. ①市… Ⅱ. ①住… Ⅲ. ①市政工程－消耗定额－
中国②管网－市政工程－消耗定额－中国 Ⅳ.
①TU723.34②U17

中国版本图书馆CIP数据核字(2021)第248508号

责任编辑:刘　涛　　　　封面设计:韩可斌
责任校对:王　巍　　　　责任印制:李　晨　赵文斌

中国计划出版社出版发行

网址:www.jhpress.com

地址:北京市西城区木樨地北里甲 11 号国宏大厦 C 座 3 层

邮政编码:100038　电话:( 010 )63906433( 发行部 )

北京市科星印刷有限责任公司印刷

880mm×1230mm　1 /16　30 印张　933 千字

2022 年 2 月第 1 版　2022 年 2 月第 1 次印刷

定价:210.00 元

# 前　言

　　工程造价是工程建设管理的重要内容。以人工、材料、机械消耗量分析为基础进行工程计价,是确定和控制工程造价的重要手段之一,也是基于成本的通用计价方法。长期以来,我国建立了以施工阶段为重点,涵盖房屋建筑、市政工程、轨道交通工程等各个专业的计价体系,为确定和控制工程造价、提高我国工程建设的投资效益发挥了重要作用。

　　随着我国工程建设技术的发展,新的工程技术、工艺、材料和设备不断涌现和应用,落后的工艺、材料、设备和施工组织方式不断被淘汰,工程建设中的人材机消耗量也随之发生变化。2020 年我部办公厅发布《工程造价改革工作方案》(建办标〔2020〕38 号),要求加快转变政府职能,优化概算定额、估算指标编制发布和动态管理,取消最高投标限价按定额计价的规定,逐步停止发布预算定额。为做好改革期间的过渡衔接,在住房和城乡建设部标准定额司的指导下,我所根据工程造价改革的精神,协调 2015 年版《房屋建筑与装饰工程消耗量定额》《市政工程消耗量定额》《通用安装工程消耗量定额》的部分主编单位、参编单位以及全国有关造价管理机构和专家,按照简明适用、动态调整的原则,对上述专业的消耗量定额进行了修订,形成了新的《房屋建筑与装饰工程消耗量》《市政工程消耗量》《通用安装工程消耗量》,由我所以技术资料形式印刷出版,供社会参考使用。

　　本次经过修订的各专业消耗量,是完成一定计量单位的分部分项工程人工、材料和机械用量,是一段时间内工程建设生产效率社会平均水平的反映。因每个工程项目情况不同,其设计方案、施工队伍、实际的市场信息、招投标竞争程度等内外条件各不相同,工程造价应当在本地区、企业实际人材机消耗量和市场价格的基础上,结合竞争规则、竞争激烈程度等参考选用与合理调整,不应机械地套用。使用本书消耗量造成的任何造价偏差由当事人自行负责。

　　本次修订中,各主编单位、参编单位、编制人员和审查人员付出了大量心血,在此一并表示感谢。由于水平所限,本书难免有所疏漏,执行中遇到的问题和反馈意见请及时联系主编单位。

住房和城乡建设部标准定额研究所

2021 年 11 月

# 总 说 明

一、《市政工程消耗量》(以下简称本消耗量),共分十一册,包括:

第一册 土石方工程

第二册 道路工程

第三册 桥涵工程

第四册 隧道工程

第五册 市政管网工程

第六册 水处理工程

第七册 生活垃圾处理工程

第八册 路灯工程

第九册 钢筋工程

第十册 拆除工程

第十一册 措施项目

二、本消耗量适用于城镇范围内的新建、扩建和改建市政工程。

三、本消耗量以国家和有关部门发布的国家现行设计规范、施工验收规范、技术操作规程、质量评定标准、产品标准和安全操作规程,现行工程量清单计价规范、计算规范和有关指标为依据编制,并参考了有关地区和行业标准、指标,以及典型工程设计、施工和其他资料。

四、本消耗量按正常施工工期和施工条件,考虑企业常规的施工工艺,合理的施工组织设计进行编制。

1. 设备、材料、成品、半成品、构配件完整无损,符合质量标准和设计要求,附有合格证书和试验记录。

2. 正常的气候、地理条件和施工环境。

五、本消耗量未包括的项目,可按其他相应工程消耗量计算,如仍有缺项的,应编制补充消耗量。

六、关于人工:

1. 本消耗量中的人工以合计工日表示,并分别列出普工、一般技工和高级技工的工日用量。

2. 本消耗量中的人工包括基本用工、超运距用工、辅助用工和人工幅度差。

3. 本消耗量中的人工每工日按8小时工作制计算。

4. 机械土石方、桩基础、构件运输及安装等工程,人工随机械产量计算的,人工幅度差按机械幅度差计算。

七、关于材料:

1. 本消耗量中的材料(包括构配件、零件、半成品、成品)均为符合国家质量标准和相应设计要求的合格产品。

2. 本消耗量中的材料包括施工中消耗的主要材料、辅助材料、周转材料和其他材料。

3. 本消耗量中的材料用量包括净用量和损耗量。损耗量包括:从工地仓库、现场集中堆放地点(或现场加工地点)至操作(或安装)地点的施工场内运输损耗、施工操作损耗、施工现场堆放损耗等,规范(设计文件)规定的预留量、搭接量不在损耗率中考虑。

4. 本消耗量中的混凝土、沥青混凝土、砌筑砂浆、抹灰砂浆及各种胶泥等均按半成品用量以体积(m³)表示,混凝土按运至施工现场的预拌混凝土编制,砂浆按预拌砂浆编制,消耗量中的混凝土均按自然养护考虑。

5. 本消耗量中所使用的混凝土均按预拌混凝土编制,若实际采用现场搅拌混凝土浇捣时,人工、材料、机械具体调整如下:

(1)合计工日增加4.125工日/10m³,其中普工增加1.237工日/10m³,一般技工增加2.888工日/10m³。

（2）水增加 0.38m³/10m³。

（3）双锥反转出料混凝土搅拌机（500L）增加 0.3 台班 /10m³。

6. 本消耗量中所使用的砂浆均按干混预拌砂浆编制,若实际使用现拌砂浆或湿拌预拌砂浆时,按以下方法调整:

（1）使用现拌砂浆的,除将干混预拌砂浆调换为现拌砂浆外,砌筑项目按每立方米砂浆增加:一般技工 0.382 工日、200L 灰浆搅拌机 0.167 台班,同时,扣除原干混砂浆罐式搅拌机台班;其余项目按每立方米砂浆增加一般技工 0.382 工日,同时,将原干混砂浆罐式搅拌机调换为 200L 灰浆搅拌机,台班含量不变。

（2）使用湿拌预拌砂浆的,除将干混预拌砂浆调换为湿拌预拌砂浆外,另按相应项目中每立方米砂浆扣除人工 0.20 工日,并扣除干混砂浆罐式搅拌机台班数量。

7. 本消耗量中的周转性材料按不同施工方法,不同类别、材质,计算出一次摊销量进入消耗量。

8. 本消耗量中的用量少、低值易耗的零星材料,列为其他材料。

八、关于机械:

1. 本消耗量中的机械按常用机械、合理机械配备和施工企业的机械化装备程度,并结合工程实际综合确定。

2. 本消耗量的机械台班用量是按正常机械施工工效并考虑机械幅度差综合取定的。

3. 凡单位价值 2 000 元以内、使用年限在一年以内的不构成固定资产的施工机械,不列入机械台班消耗量,作为工具用具在建筑安装工程费中的企业管理费考虑,其消耗的燃料动力等列入材料。

九、本消耗量中的工作内容已说明了主要的施工工序,次要工序虽未说明,但已包括在内。

十、施工与生产同时进行、在有害身体健康的环境中施工时的降效增加费,本消耗量未考虑,发生时另行计算。

十一、本消耗量适用于海拔 2 000m 以下地区,超过上述情况时,可以采用由各地区、部门结合高原地区的特殊情况自行制定的调整办法。

十二、本消耗量中注有"××以内"或"××以下"及"小于"者,均包括 ×× 本身;注有"×× 以外"或"×× 以上"及"大于"者,则不包括 ×× 本身。

说明中未注明（或省略）尺寸单位的宽度、厚度、断面等,均以"mm"为单位。

十三、凡本说明未尽事宜,详见各册、各章说明和附录。

# 册 说 明

一、第五册《市政管网工程》(以下简称本册)包括管道铺设,管件、阀门及附件安装,管道附属构筑物,措施项目,共四章。

二、本册适用于城镇范围内的新建、改建、扩建的市政给水、排水、燃气、集中供热、管道附属构筑物工程。

三、本册编制依据:

1.《市政工程工程量计算规范》GB 50857—2013;

2.《市政工程消耗量定额》ZYA 1-31-2015;

3.《室外给水设计标准》GB 50013—2018;

4.《室外排水设计规范》GB 50014—2006;

5.《城镇燃气设计规范》GB 50028—2006;

6.《城镇供热管网设计规范》CJJ 34—2010;

7.《给水排水标准图集》S1-S5-2011;

8.《市政排水管道工程及附属设施》06MS201;

9.《市政给水管道工程及附属设施》07MS101;

10.《给水排水管道工程施工及验收规范》GB 50268—2008;

11.《给水排水构筑物工程施工及验收规范》GB 50141—2008;

12.《城镇供热管网工程施工及验收规范》CJJ 28—2014;

13.《城镇燃气输配工程施工及验收规范》CJJ 33—2005;

14. 相关省、市、行业现行的市政预算定额及基础资料。

四、本册与《通用安装工程消耗量》TY 02-31-2021 使用界限划分:

1. 市政给水管道与厂、区室外给水管道以水表井为界,无水表井者,以与市政管道碰头点为界。

2. 市政排水管道与厂、区室外排水管道以接入市政管道的碰头井为界。

3. 市政热力、燃气管道与厂、区室外热力、燃气管道以两者的碰头点为界。

五、本册是按无地下水考虑的(排泥湿井、钢筋混凝土井除外),有地下水需降水时执行第十一册《措施项目》相应项目;需设排水盲沟时执行第二册《道路工程》相应项目。

六、本册中燃气工程、集中供热工程压力 $P$(MPa)划分范围:

1. 燃气工程:

高压 A 级 2.5MPa<$P$≤4.0MPa

高压 B 级 1.6MPa<$P$≤2.5MPa

次高压 A 级 0.8MPa<$P$≤1.6MPa

次高压 B 级 0.4MPa<$P$≤0.8MPa

中压 A 级 0.2MPa<$P$≤0.4MPa

中压 B 级 0.01MPa≤$P$≤0.2MPa

低压 $P$<0.01MPa

2. 集中供热工程:

低压 $P$≤1.6MPa

中压 1.6MPa<$P$≤2.5MPa

七、本册中铸铁管安装是按中压 B 级及低压燃气管道、低压集中供热管道综合考虑的,如安装中压 A 级和次高压、高压燃气管道、中压集中供热管道,人工乘以系数 1.30。钢管及其管件安装是按低压、中压、高压综合考虑的。

八、本册中混凝土养护是按塑料薄膜考虑的,使用土工布养护时,土工布消耗量按塑料薄膜用量乘以系数 0.40,其他不变。

九、需要说明的有关事项:

1. 管道沟槽和给排水构筑物的土石方执行第一册《土石方工程》相应项目,打拔工具桩、支撑工程、降水执行第十一册《措施项目》相应项目。

2. 管道刷油、防腐、保温和焊缝探伤执行《通用安装工程消耗量》TY 02-31-2021 相应项目。

3. 防水刚性、柔性套管制作与安装、管道支架制作与安装、室外消火栓安装执行《通用安装工程消耗量》TY 02-31-2021 相应项目。

4. 本册混凝土管的管径均指内径。

十、施工用电是按市供电考虑,施工用水是按自来水考虑。

十一、凡本册说明未尽事宜,详见各章说明。

# 目　录

## 第四章 措施项目

## 附 录

# 第一章　管　道　铺　设

# 说　明

一、本章包括管道（渠）垫层及基础、管道铺设、水平导向钻进、顶管、新旧管连接、渠道（方沟）、混凝土排水管道接口、闭水试验、试压、吹扫、其他等项目。

二、本章管道铺设工作内容除另有说明外，均包括沿沟排管、清沟底、外观检查及清扫管材。

三、本章中管道的管节长度为综合取定。

四、本章管道安装未包括管件（三通、弯头、异径管等）、阀门的安装。管件、阀门安装执行本册第二章相应项目。

五、本章管道铺设采用胶圈接口时，如管材为成套购置，即管材单价中已包括了胶圈价格，胶圈价值不再计取。

六、在沟槽土基上直接铺设混凝土管道时，人工、机械乘以系数1.18。

七、混凝土管道需满包混凝土加固时，满包混凝土加固执行现浇混凝土枕基项目，人工、机械乘以系数1.20。

八、钢承口混凝土管道铺设执行承插式混凝土管项目。

九、预制钢套钢复合保温管安装：

1. 预制钢套钢复合保温管的管径为内管公称直径。

2. 预制钢套钢复合保温管安装未包括接口绝热、外套钢接口制作安装和防腐工作内容。外套钢接口制作安装执行本册第二章相应项目，接口绝热、防腐执行《通用安装工程消耗量》TY 02-31-2021相应项目。

十、水平导向钻进是按照土壤类别综合编制的，未考虑遇障碍物或岩石层增加的费用，发生另行计算。水平导向钻进未包括施工设备场外运输、蓄水池、沟以及挖填等工作内容，应按经批准的施工组织设计计取。

十一、顶管工程：

1. 挖工作坑、回填执行第一册《土石方工程》相应项目；支撑安装、拆除执行第十一册《措施项目》相应项目。工作坑、接收坑沉井制作执行第六册《水处理工程》相应项目。

2. 工作坑垫层、基础执行本章相应项目，人工乘以系数1.10，其他不变。

3. 顶管工程按无地下水考虑，遇地下水排（降）水费用另行计算。

4. 顶管工程中钢板内、外套环接口项目，仅适用于设计要求的永久性套环管口，不适用于顶进中为防止错口，在管内接口处设置的工具式临时性钢胀圈。

5. 顶进断面大于4m²的方（拱）涵工程，执行第三册《桥涵工程》相应项目。

6. 单位工程中，管径1 650mm以内敞开式顶进在100m以内、封闭式顶进（不分管径）在50m以内时，顶进相应项目人工、机械乘以系数1.30。

7. 顶进指标仅包括土方出坑，未包括土方外运费用。

8. 顶管采用中继间顶进时，顶进指标中的人工、机械按调整系数分级计算：

**中继间顶进调整系数表**

| 序号 | 中继间顶进分级 | 人工、机械费调整系数 |
|---|---|---|
| 1 | 一级顶进 | 1.36 |
| 2 | 二级顶进 | 1.64 |

**续表**

| 序号 | 中继间顶进分级 | 人工、机械费调整系数 |
|:---:|:---:|:---:|
| 3 | 三级顶进 | 2.15 |
| 4 | 四级顶进 | 2.80 |
| 5 | 五级顶进 | 另计 |

十二、泥浆制作、运输执行第三册《桥涵工程》相应项目。

十三、新旧管线连接管径是指新旧管中的最大管径。

十四、本章中石砌体均按块石考虑,如采用片石或平石时,项目中的块石和砂浆用量分别乘以系数 1.09 和 1.19,其他不变。

十五、现浇混凝土方沟底板,执行管道(渠)基础中平基相应项目。

十六、弧(拱)型混凝土盖板的安装,按矩形盖板相应项目执行,其中人工、机械乘以系数 1.15。

十七、钢丝网水泥砂浆抹带接口按管座 120°和 180°编制。如管座角度为 90°和 135°,按管座 120°相应项目执行,项目分别乘以系数 1.33 和 0.89。

十八、钢丝网水泥砂浆接口均未包括内抹口,如设计要求内抹口,按抹口周长每 100m 增加水泥砂浆 0.042m³、9.22 工日计算。

十九、闭水试验、试压、吹扫:

1. 液压试验、气压试验、气密性试验,均考虑了管道两端所需的卡具、盲(堵)板,临时管线用的钢管、阀门、螺栓等材料的摊销量,也包括了一次试压的人工、材料和机械台班的耗用量。

2. 闭水试验水源是按自来水考虑的,液压试验是按普通水考虑的,如试压介质有特殊要求,介质可按实调整。

3. 试压水如需加温,热源费用及排水设施另行计算。

4. 井、池渗漏试验注水采用电动单级离心清水泵,项目中已包括了泵的安装与拆除用工。

二十、其他有关说明:

1. 新旧管道连接、闭水试验、试压、消毒冲洗、井、池渗漏试验未包括排水工作内容,排水应按批准的施工组织设计另行计算。

2. 新旧管连接工作坑的土方执行第一册《土石方工程》相应项目,工作坑垫层、抹灰执行本章相应项目,人工乘以系数 1.10,马鞍卡子、盲板安装执行本册第二章相应项目。

# 工程量计算规则

一、管道（渠）垫层和基础按设计图示尺寸以体积计算。

二、排水管道铺设工程量，按设计井中至井中的中心线长度扣除井的长度计算。每座井扣除长度见下表。

每座井扣除长度表

| 检查井规格（mm） | 扣除长度（m） | 检查井类型 | 扣除长度（m） |
|---|---|---|---|
| $\phi700$ | 0.40 | 各种矩形井 | 1.00 |
| $\phi1\,000$ | 0.70 | 各种交汇井 | 1.20 |
| $\phi1\,250$ | 0.95 | 各种扇形井 | 1.00 |
| $\phi1\,500$ | 1.20 | 圆形跌水井 | 1.60 |
| $\phi2\,000$ | 1.70 | 矩形跌水井 | 1.70 |
| $\phi2\,500$ | 2.20 | 阶梯式跌水井 | 按实扣 |

三、给水管道铺设工程量按设计管道中心线长度计算（支管长度从主管中心开始计算到支管末端交接处的中心），不扣除管件、阀门、法兰所占的长度。

四、燃气与集中供热管道铺设工程量按设计管道中心线长度计算，不扣除管件、阀门、法兰、煤气调长器所占的长度。

五、水平导向钻进项目中，钻导向孔、扩孔、回拖布管直径为管道直径，多管钻进时为最大外围直径。钻导向孔及扩孔工程量按两个工作坑之间的水平长度计算，回拖布管工程量按钻导向孔长度加1.5m计算。

六、顶管：

1. 各种材质管道的顶管工程量，按设计顶进长度计算。

2. 顶管接口应区分接口材质分别以实际接口的个数或断面面积计算。

七、新旧管连接时，管道安装工程量计算到碰头的阀门处，阀门及与阀门相连的承（插）盘短管、法兰盘的安装均包括在新旧管连接内，不再另行计算。

八、渠道沉降缝应区分材质按设计图示尺寸以面积或铺设长度计算。

九、混凝土盖板的制作、安装按设计图示尺寸以体积计算。

十、混凝土排水管道接口区分管径和做法，按实际接口个数计算。

十一、方沟闭水试验的工程量，按实际闭水长度乘以断面面积以体积计算。

十二、管道闭水试验，按实际闭水长度计算，不扣除各种井所占长度。

十三、各种管道试验、吹扫的工程量均按设计管道中心线长度计算，不扣除管件、阀门、法兰、煤气调长器等所占的长度。

十四、井、池渗漏试验，按井、池容量以体积计算。

十五、防水工程：

1. 各种防水层按设计图示尺寸以面积计算，不扣除 $0.3m^2$ 以内孔洞所占面积。

2. 平面与立面交接处的防水层，上卷高度超过 500mm 时，按立面防水层计算。

十六、各种材质的施工缝不分断面面积按设计长度计算。

十七、警示（示踪）带按铺设长度计算。

十八、塑料管与检查井的连接按砂浆或混凝土的成品体积计算。

十九、管道支墩（挡墩）按设计图示尺寸以体积计算。

# 一、管道（渠）垫层及基础

## 1. 垫 层

**工作内容：**摊铺、灌浆、夯实等。

计量单位：10m³

| 编 号 | | 5-1-1 | 5-1-2 | 5-1-3 | 5-1-4 | 5-1-5 |
|---|---|---|---|---|---|---|
| 项 目 | | 毛石 | 碎石 | | 碎砖 | |
| | | 灌浆 | 灌浆 | 干铺 | 灌浆 | 干铺 |
| 名 称 | 单位 | 消 耗 量 | | | | |
| 合计工日 | 工日 | 8.472 | 6.883 | 6.712 | 7.007 | 6.492 |
| 普工 | 工日 | 5.083 | 4.130 | 4.027 | 4.204 | 3.895 |
| 一般技工 | 工日 | 3.389 | 2.753 | 2.685 | 2.803 | 2.597 |
| 碎石 40 | m³ | — | 11.120 | 13.260 | — | — |
| 碎砖 | m³ | — | — | — | 13.200 | 15.450 |
| 毛石（综合） | m³ | 12.240 | — | — | — | — |
| 水 | m³ | 1.606 | 1.639 | — | 2.895 | — |
| 预拌混合砂浆 M5.0 | m³ | 2.690 | 2.835 | | 2.121 | — |
| 其他材料费 | % | 2.00 | 2.00 | 2.00 | 2.00 | 2.00 |
| 电动夯实机 250N·m | 台班 | 0.439 | 0.233 | 1.120 | 0.233 | 1.057 |
| 干混砂浆罐式搅拌机 | 台班 | 0.098 | 0.103 | — | 0.077 | — |

**工作内容:** 清底、浇筑、捣固（夯实）抹平、材料场内运输。 计量单位:10m³

| 编　号 | | 5-1-6 | 5-1-7 | 5-1-8 | 5-1-9 | 5-1-10 | 5-1-11 | 5-1-12 |
|---|---|---|---|---|---|---|---|---|
| 项　目 | | 混凝土 | 炉渣 | 砂砾石 | 砂 | 砾石 | 灰土 | |
| | | | | | | | 2：8 | 3：7 |
| 名　称 | 单位 | 消　耗　量 | | | | | | |
| 合计工日 | 工日 | 2.800 | 4.558 | 5.880 | 4.437 | 6.055 | 5.218 | 5.218 |
| 普工 | 工日 | 1.680 | 2.735 | 3.528 | 2.662 | 3.633 | 3.131 | 3.131 |
| 一般技工 | 工日 | 1.120 | 1.823 | 2.352 | 1.775 | 2.422 | 2.087 | 2.087 |
| 黄土 | m³ | — | — | — | — | — | （12.361） | （10.848） |
| 砂子（中砂） | m³ | — | — | 4.292 | 12.640 | — | — | — |
| 砾石 40 | m³ | — | — | 10.210 | — | 13.260 | — | — |
| 焦渣 | m³ | — | 16.320 | — | — | — | — | — |
| 生石灰 | t | — | — | — | — | — | 1.683 | 2.530 |
| 水 | m³ | 3.119 | — | — | — | — | 2.100 | 2.100 |
| 电 | kW·h | 7.642 | — | — | — | — | — | — |
| 预拌混凝土 C10 | m³ | 10.100 | — | — | — | — | — | — |
| 其他材料费 | % | 1.50 | 1.50 | 2.00 | 2.00 | 1.50 | 1.50 | 1.50 |
| 电动夯实机 250N·m | 台班 | — | 0.717 | 0.995 | 0.717 | 0.996 | 2.455 | 2.527 |

## 2. 管道（渠）基础
## （1）平　基

**工作内容：**清底、挂线、铺砂浆、砌砖石、夯实、材料运输、清理场地等。

计量单位：10m³

| 编　号 | | 5-1-13 | 5-1-14 | 5-1-15 | 5-1-16 | 5-1-17 |
|---|---|---|---|---|---|---|
| 项　目 | | 砖石平基 | | 砂基础 | 砂石基础 | |
| | | 砖 | 块石 | | 天然级配 | 人工级配 |
| 名　称 | 单位 | 消　耗　量 | | | | |
| 合计工日 | 工日 | 12.308 | 11.286 | 4.437 | 5.697 | 5.898 |
| 普工 | 工日 | 7.385 | 6.771 | 2.662 | 3.418 | 3.539 |
| 一般技工 | 工日 | 4.923 | 4.515 | 1.775 | 2.279 | 2.359 |
| 碎石（综合） | t | — | — | — | 18.380 | 13.349 |
| 砂子（中砂） | m³ | — | — | 12.640 | — | 4.698 |
| 块石 | m³ | — | 11.526 | — | — | — |
| 标准砖 240×115×53 | 千块 | 5.377 | — | — | — | — |
| 水 | m³ | 1.667 | 0.891 | — | 2.857 | 2.857 |
| 预拌混合砂浆 M7.5 | m³ | 2.419 | 3.670 | — | — | — |
| 其他材料费 | % | 2.00 | 2.00 | 1.50 | 1.50 | 1.50 |
| 电动夯实机 250N·m | 台班 | — | — | 0.717 | 0.932 | 0.932 |
| 干混砂浆罐式搅拌机 | 台班 | 0.088 | 0.133 | — | — | — |

**工作内容：**清底、混凝土浇筑、捣固、抹平、养生、材料场内运输。

计量单位：10m³

| 编　号 | | 5-1-18 | 5-1-19 |
|---|---|---|---|
| 项　目 | | 混凝土平基 | |
| | | 混凝土 | 钢筋混凝土 |
| 名　称 | 单位 | 消　耗　量 | |
| 合计工日 | 工日 | 4.460 | 5.225 |
| 普工 | 工日 | 2.676 | 3.135 |
| 一般技工 | 工日 | 1.784 | 2.090 |
| 塑料薄膜 | m² | 29.026 | 29.026 |
| 水 | m³ | 1.640 | 1.640 |
| 电 | kW·h | 7.642 | 7.600 |
| 预拌混凝土 C15 | m³ | 10.100 | 10.100 |
| 其他材料费 | % | 1.50 | 1.50 |

## （2）负拱基础

**工作内容：**清底、挂线、铺砂浆、砌砖、浇筑、捣固、抹平、养生、材料场内运输。　　　　　　　计量单位：10m³

| 编　号 | | 5-1-20 | 5-1-21 |
|---|---|---|---|
| 项　目 | | 砖负拱基础 | 混凝土负拱基础 |
| 名　称 | 单位 | 消　耗　量 | |
| 合计工日 | 工日 | 15.225 | 5.576 |
| 普工 | 工日 | 9.135 | 3.346 |
| 一般技工 | 工日 | 6.090 | 2.230 |
| 塑料薄膜 | m² | — | 29.026 |
| 标准砖 240×115×53 | 千块 | 5.449 | — |
| 水 | m³ | 1.653 | 1.640 |
| 电 | kW·h | — | 7.642 |
| 预拌混合砂浆 M7.5 | m³ | 2.317 | — |
| 预拌混凝土 C15 | m³ | — | 10.100 |
| 其他材料费 | % | 2.00 | 1.50 |
| 干混砂浆罐式搅拌机 | 台班 | 0.084 | |

## （3）混凝土枕基、管座

**工作内容：**清底、浇筑、捣固、抹平、养生、预制构件安装、材料场内运输。　　　　　　计量单位：10m³

| 编　号 | | 5-1-22 | 5-1-23 | 5-1-24 | 5-1-25 |
|---|---|---|---|---|---|
| 项　目 | | 混凝土枕基 | | | 混凝土管座 |
| | | 预制 | 安装 | 现浇 | |
| 名　称 | 单位 | 消　耗　量 | | | |
| 合计工日 | 工日 | 18.119 | 12.466 | 9.266 | 6.967 |
| 普工 | 工日 | 10.871 | 7.480 | 5.560 | 4.180 |
| 一般技工 | 工日 | 7.248 | 4.986 | 3.706 | 2.787 |
| 预制混凝土枕基 C15 | m³ | — | (10.100) | — | — |
| 塑料薄膜 | m² | 105.006 | — | 105.006 | 105.006 |
| 水 | m³ | 7.050 | — | 7.050 | 7.050 |
| 电 | kW·h | 7.642 | — | 7.642 | 7.642 |
| 预拌混凝土 C15 | m³ | 10.100 | — | 10.100 | 10.100 |
| 其他材料费 | % | 1.50 | 1.50 | 1.50 | 1.50 |

# 二、管 道 铺 设

## 1. 预应力(自应力)混凝土管安装(胶圈接口)

**工作内容:** 检查及清扫管材、管道安装、上胶圈、对口、调直。　　　　　　　　计量单位:10m

| 编　号 | | 5-1-26 | 5-1-27 | 5-1-28 | 5-1-29 | 5-1-30 | 5-1-31 |
|---|---|---|---|---|---|---|---|
| 项　目 | | 公称直径(mm 以内) | | | | | |
| | | 300 | 400 | 500 | 600 | 700 | 800 |
| 名　称 | 单位 | 消　耗　量 | | | | | |
| 合计工日 | 工日 | 1.563 | 2.376 | 2.955 | 3.575 | 4.680 | 4.864 |
| 普工 | 工日 | 0.469 | 0.713 | 0.887 | 1.073 | 1.404 | 1.459 |
| 一般技工 | 工日 | 0.938 | 1.425 | 1.773 | 2.145 | 2.808 | 2.918 |
| 高级技工 | 工日 | 0.156 | 0.238 | 0.295 | 0.357 | 0.468 | 0.487 |
| 预应力混凝土管 | m | (10.100) | (10.100) | (10.100) | (10.100) | (10.100) | (10.100) |
| 橡胶圈 | 个 | (2.060) | (2.060) | (2.060) | (2.060) | (2.060) | (2.060) |
| 润滑油 | kg | 0.160 | 0.180 | 0.221 | 0.260 | 0.300 | 0.340 |
| 其他材料费 | % | 1.50 | 1.50 | 1.50 | 1.50 | 1.50 | 1.50 |
| 汽车式起重机 8t | 台班 | 0.088 | 0.106 | 0.124 | 0.142 | — | — |
| 汽车式起重机 12t | 台班 | — | — | — | — | 0.177 | 0.195 |
| 载重汽车 8t | 台班 | 0.027 | 0.036 | 0.045 | 0.045 | 0.045 | 0.054 |

**工作内容：**检查及清扫管材、管道安装、上胶圈、对口、调直。 计量单位：10m

| 编　号 | | 5-1-32 | 5-1-33 | 5-1-34 | 5-1-35 | 5-1-36 | 5-1-37 |
|---|---|---|---|---|---|---|---|
| 项　目 | | 公称直径（mm 以内） | | | | | |
| | | 900 | 1 000 | 1 200 | 1 400 | 1 600 | 1 800 |
| 名　称 | 单位 | 消　耗　量 | | | | | |
| 合计工日 | 工日 | 6.963 | 7.206 | 9.454 | 11.406 | 13.687 | 16.421 |
| 普工 | 工日 | 2.089 | 2.162 | 2.836 | 3.422 | 4.106 | 4.927 |
| 一般技工 | 工日 | 4.178 | 4.323 | 5.672 | 6.843 | 8.212 | 9.852 |
| 高级技工 | 工日 | 0.696 | 0.721 | 0.946 | 1.141 | 1.369 | 1.642 |
| 预应力混凝土管 | m | （10.100） | （10.100） | （10.100） | （10.100） | （10.100） | （10.100） |
| 橡胶圈 | 个 | （2.060） | （2.060） | （2.060） | （2.060） | （2.060） | （2.060） |
| 润滑油 | kg | 0.380 | 0.420 | 0.500 | 0.600 | 0.680 | 0.760 |
| 其他材料费 | % | 1.50 | 1.50 | 1.50 | 1.50 | 1.50 | 1.50 |
| 汽车式起重机 16t | 台班 | 0.221 | — | — | — | — | — |
| 汽车式起重机 20t | 台班 | — | 0.248 | — | — | — | — |
| 汽车式起重机 25t | 台班 | — | — | 0.274 | — | — | — |
| 汽车式起重机 40t | 台班 | — | — | — | 0.310 | 0.336 | — |
| 汽车式起重机 50t | 台班 | — | — | — | — | — | 0.363 |
| 载重汽车 8t | 台班 | 0.054 | 0.081 | 0.081 | — | — | — |
| 载重汽车 10t | 台班 | — | — | — | 0.108 | — | — |
| 载重汽车 15t | 台班 | — | — | — | — | 0.134 | 0.134 |

## 2. 平接（企口）式混凝土管道铺设

**工作内容**：排管、下管、调直、找平、槽上搬运。　　　　　　　　　　　　　计量单位：100m

| 编　号 | | 5-1-38 | 5-1-39 | 5-1-40 | 5-1-41 | 5-1-42 |
|---|---|---|---|---|---|---|
| 项　目 | | 人工下管 | | 人机配合下管 | | |
| | | 管径（mm 以内） | | | | |
| | | 600 | 700 | 600 | 700 | 800 |
| 名　称 | 单位 | 消　耗　量 | | | | |
| 合计工日 | 工日 | 21.053 | 24.500 | 11.568 | 13.824 | 16.730 |
| 普工 | 工日 | 6.316 | 7.350 | 3.470 | 4.147 | 5.019 |
| 一般技工 | 工日 | 12.632 | 14.700 | 6.941 | 8.295 | 10.038 |
| 高级技工 | 工日 | 2.105 | 2.450 | 1.157 | 1.382 | 1.673 |
| 钢筋混凝土管 | m | （101.000） | （101.000） | （101.000） | （101.000） | （101.000） |
| 其他材料费 | % | 1.50 | 1.50 | 1.50 | 1.50 | 1.50 |
| 汽车式起重机 8t | 台班 | — | — | 0.712 | 0.804 | 1.051 |

**工作内容**：排管、下管、调直、找平、槽上搬运。　　　　　　　　　　　　　计量单位：100m

| 编　号 | | 5-1-43 | 5-1-44 | 5-1-45 | 5-1-46 | 5-1-47 |
|---|---|---|---|---|---|---|
| 项　目 | | 人机配合下管 | | | | |
| | | 管径（mm 以内） | | | | |
| | | 900 | 1 000 | 1 100 | 1 200 | 1 350 |
| 名　称 | 单位 | 消　耗　量 | | | | |
| 合计工日 | 工日 | 21.630 | 24.999 | 21.106 | 22.068 | 27.501 |
| 普工 | 工日 | 6.489 | 7.500 | 6.332 | 6.620 | 8.250 |
| 一般技工 | 工日 | 12.978 | 14.999 | 12.663 | 13.241 | 16.501 |
| 高级技工 | 工日 | 2.163 | 2.500 | 2.111 | 2.207 | 2.750 |
| 钢筋混凝土管 | m | （101.000） | （101.000） | （101.000） | （101.000） | （101.000） |
| 其他材料费 | % | 1.50 | 1.50 | 1.50 | 1.50 | 1.50 |
| 汽车式起重机 8t | 台班 | 1.346 | 1.632 | — | — | — |
| 汽车式起重机 12t | 台班 | — | — | 1.695 | 1.758 | — |
| 汽车式起重机 16t | 台班 | — | — | — | — | 1.827 |
| 叉式起重机 3t | 台班 | — | — | 0.170 | 0.176 | — |
| 叉式起重机 5t | 台班 | — | — | — | — | 0.183 |

**工作内容:**排管、下管、调直、找平、槽上搬运。　　　　　　　　　　　　　　计量单位:100m

| 编　号 | 5-1-48 | 5-1-49 | 5-1-50 | 5-1-51 | 5-1-52 |
|---|---|---|---|---|---|
| 项　目 | 人机配合下管 | | | | |
| | 管径(mm 以内) | | | | |
| | 1 500 | 1 650 | 1 800 | 2 000 | 2 200 |
| 名　称　　　单位 | 消　耗　量 | | | | |
| 合计工日　　工日 | 33.679 | 39.051 | 47.645 | 59.500 | 73.475 |
| 普工　　　　工日 | 10.103 | 11.715 | 14.293 | 17.850 | 22.042 |
| 一般技工　　工日 | 20.208 | 23.431 | 28.587 | 35.700 | 44.085 |
| 高级技工　　工日 | 3.368 | 3.905 | 4.765 | 5.950 | 7.348 |
| 钢筋混凝土管　m | (101.000) | (101.000) | (101.000) | (101.000) | (101.000) |
| 其他材料费　　% | 1.50 | 1.50 | 1.50 | 1.50 | 1.50 |
| 汽车式起重机 16t　台班 | 2.678 | — | — | — | — |
| 汽车式起重机 20t　台班 | — | 3.096 | — | — | — |
| 汽车式起重机 25t　台班 | — | — | 3.784 | — | — |
| 汽车式起重机 40t　台班 | — | — | — | 4.730 | 5.849 |
| 叉式起重机 5t　台班 | 0.268 | — | — | — | — |
| 叉式起重机 6t　台班 | — | 0.310 | 0.379 | — | — |
| 叉式起重机 10t　台班 | — | — | — | 0.473 | 0.585 |

**工作内容**：排管、下管、调直、找平、槽上搬运。 计量单位：100m

| 编 号 | | 5-1-53 | 5-1-54 | 5-1-55 | 5-1-56 |
|---|---|---|---|---|---|
| 项 目 | | 人机配合下管 | | | |
| | | 管径（mm 以内） | | | |
| | | 2 400 | 2 600 | 2 800 | 3 000 |
| 名 称 | 单位 | 消 耗 量 | | | |
| 合计工日 | 工日 | 87.561 | 100.676 | 114.258 | 127.908 |
| 普工 | 工日 | 26.268 | 30.203 | 34.277 | 38.372 |
| 一般技工 | 工日 | 52.537 | 60.406 | 68.555 | 76.745 |
| 高级技工 | 工日 | 8.756 | 10.067 | 11.426 | 12.791 |
| 钢筋混凝土管 | m | （101.000） | （101.000） | （101.000） | （101.000） |
| 其他材料费 | % | 1.50 | 1.50 | 1.50 | 1.50 |
| 汽车式起重机 40t | 台班 | 6.993 | 8.063 | — | — |
| 汽车式起重机 50t | 台班 | — | — | 9.133 | — |
| 汽车式起重机 60t | 台班 | — | — | — | 10.202 |
| 叉式起重机 10t | 台班 | 0.700 | — | — | — |
| 载重汽车 12t | 台班 | — | 0.816 | 0.925 | — |
| 载重汽车 15t | 台班 | — | — | — | 1.033 |

## 3. 套箍式钢筋混凝土管安装

**工作内容**：排管、下管、调直、找平、槽上搬运。 计量单位：100m

| 编 号 | | 5-1-57 | 5-1-58 | 5-1-59 | 5-1-60 | 5-1-61 |
|---|---|---|---|---|---|---|
| 项 目 | | 人工下管 | | | | |
| | | 管径（mm 以内） | | | | |
| | | 300 | 400 | 500 | 600 | 700 |
| 名 称 | 单位 | 消 耗 量 | | | | |
| 合计工日 | 工日 | 11.410 | 13.799 | 18.219 | 22.846 | 26.863 |
| 普工 | 工日 | 3.423 | 4.140 | 5.466 | 6.854 | 8.059 |
| 一般技工 | 工日 | 6.846 | 8.279 | 10.931 | 13.708 | 16.117 |
| 高级技工 | 工日 | 1.141 | 1.380 | 1.822 | 2.284 | 2.687 |
| 钢筋混凝土管 | m | （101.000） | （101.000） | （101.000） | （101.000） | （101.000） |
| 其他材料费 | % | 1.50 | 1.50 | 1.50 | 1.50 | 1.50 |

**工作内容:** 排管、下管、调直、找平、槽上搬运。 计量单位:100m

| 编　号 | | 5-1-62 | 5-1-63 | 5-1-64 | 5-1-65 | 5-1-66 |
|---|---|---|---|---|---|---|
| 项　目 | | 人机配合下管 | | | | |
| | | 管径(mm 以内) | | | | |
| | | 300 | 400 | 500 | 600 | 700 |
| 名　称 | 单位 | 消　耗　量 | | | | |
| 合计工日 | 工日 | 5.871 | 7.752 | 9.906 | 12.277 | 14.867 |
| 普工 | 工日 | 1.761 | 2.326 | 2.972 | 3.683 | 4.460 |
| 一般技工 | 工日 | 3.523 | 4.651 | 5.943 | 7.366 | 8.920 |
| 高级技工 | 工日 | 0.587 | 0.775 | 0.991 | 1.228 | 1.487 |
| 钢筋混凝土管 | m | (101.000) | (101.000) | (101.000) | (101.000) | (101.000) |
| 其他材料费 | % | 1.50 | 1.50 | 1.50 | 1.50 | 1.50 |
| 汽车式起重机 8t | 台班 | 0.314 | 0.474 | 0.571 | 0.773 | 0.893 |

**工作内容:** 排管、下管、调直、找平、槽上搬运。 计量单位:100m

| 编　号 | | 5-1-67 | 5-1-68 | 5-1-69 | 5-1-70 | 5-1-71 |
|---|---|---|---|---|---|---|
| 项　目 | | 人机配合下管 | | | | |
| | | 管径(mm 以内) | | | | |
| | | 800 | 900 | 1 000 | 1 100 | 1 200 |
| 名　称 | 单位 | 消　耗　量 | | | | |
| 合计工日 | 工日 | 18.087 | 23.371 | 27.117 | 23.301 | 24.335 |
| 普工 | 工日 | 5.426 | 7.011 | 8.135 | 6.990 | 7.300 |
| 一般技工 | 工日 | 10.852 | 14.023 | 16.270 | 13.981 | 14.601 |
| 高级技工 | 工日 | 1.809 | 2.337 | 2.712 | 2.330 | 2.434 |
| 钢筋混凝土管 | m | (101.000) | (101.000) | (101.000) | (101.000) | (101.000) |
| 其他材料费 | % | 1.50 | 1.50 | 1.50 | 1.50 | 1.50 |
| 汽车式起重机 8t | 台班 | 1.167 | 1.494 | 1.813 | — | — |
| 汽车式起重机 12t | 台班 | — | — | — | 1.882 | 1.951 |
| 叉式起重机 3t | 台班 | — | — | — | 0.188 | 0.196 |

**工作内容：**排管、下管、调直、找平、槽上搬运。 计量单位：100m

| 编 号 | | 5-1-72 | 5-1-73 | 5-1-74 | 5-1-75 | 5-1-76 |
|---|---|---|---|---|---|---|
| 项 目 | | 人机配合下管 | | | | |
| | | 管径（mm 以内） | | | | |
| | | 1 350 | 1 500 | 1 650 | 1 800 | 2 000 |
| 名 称 | 单位 | 消 耗 量 | | | | |
| 合计工日 | 工日 | 30.327 | 37.170 | 43.777 | 52.544 | 65.626 |
| 普工 | 工日 | 9.098 | 11.151 | 13.133 | 15.764 | 19.688 |
| 一般技工 | 工日 | 18.196 | 22.302 | 26.266 | 31.526 | 39.375 |
| 高级技工 | 工日 | 3.033 | 3.717 | 4.378 | 5.254 | 6.563 |
| 钢筋混凝土管 | m | （101.000） | （101.000） | （101.000） | （101.000） | （101.000） |
| 其他材料费 | % | 1.50 | 1.50 | 1.50 | 1.50 | 1.50 |
| 汽车式起重机 16t | 台班 | 2.428 | 2.976 | — | — | — |
| 汽车式起重机 20t | 台班 | — | — | 3.499 | — | — |
| 汽车式起重机 25t | 台班 | — | — | — | 4.201 | — |
| 汽车式起重机 40t | 台班 | — | — | — | — | 5.251 |
| 叉式起重机 5t | 台班 | 0.243 | 0.297 | — | — | — |
| 叉式起重机 6t | 台班 | — | — | 0.350 | 0.420 | — |
| 叉式起重机 10t | 台班 | — | — | — | — | 0.525 |

**工作内容:** 排管、下管、调直、找平、槽上搬运。　　　　　　　　　　　　　　　　　　　　　计量单位:100m

| 编　号 | | 5-1-77 | 5-1-78 | 5-1-79 | 5-1-80 | 5-1-81 |
|---|---|---|---|---|---|---|
| 项　目 | | 人机配合下管 | | | | |
| | | 管径(mm 以内) | | | | |
| | | 2 200 | 2 400 | 2 600 | 2 800 | 3 000 |
| 名　称 | 单位 | 消　耗　量 | | | | |
| 合计工日 | 工日 | 81.874 | 105.666 | 118.878 | 132.545 | 146.293 |
| 普工 | 工日 | 24.562 | 31.700 | 35.663 | 39.764 | 43.888 |
| 一般技工 | 工日 | 49.125 | 63.399 | 71.327 | 79.527 | 87.775 |
| 高级技工 | 工日 | 8.187 | 10.567 | 11.888 | 13.254 | 14.630 |
| 钢筋混凝土管 | m | (101.000) | (101.000) | (101.000) | (101.000) | (101.000) |
| 其他材料费 | % | 1.50 | 1.50 | 1.50 | 1.50 | 1.50 |
| 汽车式起重机 40t | 台班 | 6.564 | 8.534 | 9.611 | — | — |
| 汽车式起重机 50t | 台班 | — | — | — | 10.689 | — |
| 汽车式起重机 60t | 台班 | — | — | — | — | 11.766 |
| 叉式起重机 10t | 台班 | 0.655 | 0.854 | — | — | — |
| 载重汽车 12t | 台班 | — | — | 0.973 | 1.082 | — |
| 载重汽车 15t | 台班 | — | — | — | — | 1.192 |

## 4. 承插式混凝土管

**工作内容:** 排管、下管、调直、找平、槽上搬运。　　　　　　　　　　　　　　　　　　　　　计量单位:100m

| 编　号 | | 5-1-82 | 5-1-83 | 5-1-84 | 5-1-85 |
|---|---|---|---|---|---|
| 项　目 | | 人工下管 | | | 人机配合下管 |
| | | 管径(mm 以内) | | | |
| | | 200 | 250 | 300 | |
| 名　称 | 单位 | 消　耗　量 | | | |
| 合计工日 | 工日 | 5.032 | 7.023 | 9.007 | 4.347 |
| 普工 | 工日 | 1.510 | 2.107 | 2.702 | 1.304 |
| 一般技工 | 工日 | 3.019 | 4.214 | 5.404 | 2.609 |
| 高级技工 | 工日 | 0.503 | 0.702 | 0.901 | 0.434 |
| 钢筋混凝土管 | m | (101.000) | (101.000) | (101.000) | (101.000) |
| 其他材料费 | % | 1.50 | 1.50 | 1.50 | 1.50 |
| 汽车式起重机 8t | 台班 | — | — | — | 0.223 |

**工作内容:**排管、下管、调直、找平、槽上搬运。         **计量单位:**100m

| 编　号 | | 5-1-86 | 5-1-87 | 5-1-88 | 5-1-89 | 5-1-90 |
|---|---|---|---|---|---|---|
| 项　目 | | 人机配合下管 | | | | |
| | | 管径(mm 以内) | | | | |
| | | 400 | 500 | 600 | 700 | 800 |
| 名　称 | 单位 | 消　耗　量 | | | | |
| 合计工日 | 工日 | 5.942 | 7.474 | 9.465 | 10.088 | 12.157 |
| 普工 | 工日 | 1.782 | 2.242 | 2.840 | 3.026 | 3.647 |
| 一般技工 | 工日 | 3.566 | 4.485 | 5.679 | 6.053 | 7.294 |
| 高级技工 | 工日 | 0.594 | 0.747 | 0.946 | 1.009 | 1.216 |
| 钢筋混凝土管 | m | (101.000) | (101.000) | (101.000) | (101.000) | (101.000) |
| 其他材料费 | % | 1.50 | 1.50 | 1.50 | 1.50 | 1.50 |
| 汽车式起重机 8t | 台班 | 0.337 | 0.405 | 0.548 | — | — |
| 汽车式起重机 12t | 台班 | — | — | — | 0.688 | 0.827 |
| 叉式起重机 3t | 台班 | — | — | — | 0.069 | 0.083 |

**工作内容:**排管、下管、调直、找平、槽上搬运。         **计量单位:**100m

| 编　号 | | 5-1-91 | 5-1-92 | 5-1-93 | 5-1-94 |
|---|---|---|---|---|---|
| 项　目 | | 人机配合下管 | | | |
| | | 管径(mm 以内) | | | |
| | | 900 | 1 000 | 1 100 | 1 200 |
| 名　称 | 单位 | 消　耗　量 | | | |
| 合计工日 | 工日 | 14.879 | 18.060 | 18.939 | 19.825 |
| 普工 | 工日 | 4.464 | 5.418 | 5.682 | 5.948 |
| 一般技工 | 工日 | 8.927 | 10.836 | 11.363 | 11.895 |
| 高级技工 | 工日 | 1.488 | 1.806 | 1.894 | 1.982 |
| 钢筋混凝土管 | m | (101.000) | (101.000) | (101.000) | (101.000) |
| 其他材料费 | % | 1.50 | 1.50 | 1.50 | 1.50 |
| 汽车式起重机 16t | 台班 | 1.009 | 1.224 | — | — |
| 汽车式起重机 20t | 台班 | — | — | 1.271 | — |
| 汽车式起重机 25t | 台班 | — | — | — | 1.318 |
| 叉式起重机 5t | 台班 | 0.101 | 0.122 | 0.127 | — |
| 叉式起重机 6t | 台班 | — | — | — | 0.132 |

**工作内容：**排管、下管、调直、找平、槽上搬运。　　　　　　　　　　　　　　　计量单位：100m

| 编　号 | | 5-1-95 | 5-1-96 | 5-1-97 | 5-1-98 |
|---|---|---|---|---|---|
| 项　目 | | 人机配合下管 | | | |
| | | 管径（mm 以内） | | | |
| | | 1 350 | 1 500 | 1 650 | 1 800 |
| 名　称 | 单位 | 消　耗　量 | | | |
| 合计工日 | 工日 | 24.695 | 30.115 | 34.992 | 42.677 |
| 普工 | 工日 | 7.408 | 9.034 | 10.498 | 12.803 |
| 一般技工 | 工日 | 14.817 | 18.070 | 20.995 | 25.606 |
| 高级技工 | 工日 | 2.470 | 3.011 | 3.499 | 4.268 |
| 钢筋混凝土管 | m | （101.000） | （101.000） | （101.000） | （101.000） |
| 其他材料费 | % | 1.50 | 1.50 | 1.50 | 1.50 |
| 汽车式起重机 40t | 台班 | 1.641 | 2.008 | 2.322 | — |
| 汽车式起重机 50t | 台班 | — | — | — | 2.839 |
| 叉式起重机 10t | 台班 | 0.165 | 0.201 | — | — |
| 载重汽车 12t | 台班 | — | — | 0.236 | — |
| 载重汽车 15t | 台班 | — | — | — | 0.288 |

**工作内容：**排管、下管、调直、找平、槽上搬运。　　　　　　　　　　　　　　　计量单位：100m

| 编　号 | | 5-1-99 | 5-1-100 | 5-1-101 | 5-1-102 |
|---|---|---|---|---|---|
| 项　目 | | 人机配合下管 | | | |
| | | 管径（mm 以内） | | | |
| | | 2 000 | 2 200 | 2 400 | 2 600 |
| 名　称 | 单位 | 消　耗　量 | | | |
| 合计工日 | 工日 | 55.293 | 71.057 | 83.341 | 95.636 |
| 普工 | 工日 | 16.588 | 21.317 | 25.002 | 28.691 |
| 一般技工 | 工日 | 33.175 | 42.634 | 50.005 | 57.382 |
| 高级技工 | 工日 | 5.530 | 7.106 | 8.334 | 9.563 |
| 钢筋混凝土管 | m | （101.000） | （101.000） | （101.000） | （101.000） |
| 其他材料费 | % | 1.50 | 1.50 | 1.50 | 1.50 |
| 汽车式起重机 50t | 台班 | 4.011 | 5.014 | 6.519 | 7.342 |
| 载重汽车 15t | 台班 | 0.401 | 0.501 | 0.652 | 0.734 |

**工作内容:** 排管、下管、调直、找平、槽上搬运。　　　　　　　　　　　　　　　　　　**计量单位:** 100m

| 编　号 | 5-1-103 | 5-1-104 |
|---|---|---|
| 项　目 | 人机配合下管 | |
| | 管径(mm 以内) | |
| | 2 800 | 3 000 |
| 名　　称 | 单位 | 消　耗　量 | |
| 合计工日 | 工日 | 107.819 | 119.987 |
| 普工 | 工日 | 32.346 | 35.996 |
| 一般技工 | 工日 | 64.691 | 71.992 |
| 高级技工 | 工日 | 10.782 | 11.999 |
| 钢筋混凝土管 | m | (101.000) | (101.000) |
| 其他材料费 | % | 1.50 | 1.50 |
| 汽车式起重机 60t | 台班 | 8.165 | 8.988 |
| 载重汽车 15t | 台班 | 0.816 | 0.899 |

# 5. 碳钢管安装

## （1）碳钢管安装（电弧焊）

**工作内容：**切管、坡口、对口、调直、焊接、找坡、找正、安装等操作过程。 计量单位：10m

| 编　号 | | 5-1-105 | 5-1-106 | 5-1-107 | 5-1-108 | 5-1-109 | 5-1-110 |
|---|---|---|---|---|---|---|---|
| 项　目 | | 管外径 × 壁厚（mm×mm 以内） | | | | | |
| | | 57×3.5 | 75×4 | 89×4 | 114×4 | 133×4.5 | 159×5 |
| 名　称 | 单位 | 消　耗　量 | | | | | |
| 合计工日 | 工日 | 0.499 | 0.639 | 0.759 | 0.834 | 0.952 | 1.117 |
| 普工 | 工日 | 0.149 | 0.192 | 0.228 | 0.250 | 0.285 | 0.335 |
| 一般技工 | 工日 | 0.300 | 0.383 | 0.455 | 0.500 | 0.572 | 0.670 |
| 高级技工 | 工日 | 0.050 | 0.064 | 0.076 | 0.084 | 0.095 | 0.112 |
| 钢管 | m | （10.150） | （10.140） | （10.130） | （10.120） | （10.110） | （10.100） |
| 棉纱线 | kg | 0.011 | 0.014 | 0.018 | 0.021 | 0.025 | 0.031 |
| 尼龙砂轮片 $\phi100$ | 片 | 0.014 | 0.021 | 0.025 | 0.034 | 0.043 | 0.056 |
| 低碳钢焊条（综合） | kg | 0.097 | 0.173 | 0.205 | 0.264 | 0.423 | 0.538 |
| 镀锌铁丝 $\phi2.8\sim4.0$ | kg | 0.077 | 0.077 | 0.077 | 0.077 | 0.077 | 0.077 |
| 氧气 | m³ | 0.170 | 0.250 | 0.283 | 0.340 | 0.429 | 0.545 |
| 乙炔气 | kg | 0.065 | 0.096 | 0.109 | 0.131 | 0.165 | 0.210 |
| 其他材料费 | % | 1.50 | 1.50 | 1.50 | 1.50 | 1.50 | 1.50 |
| 直流弧焊机 20kV·A | 台班 | 0.060 | 0.097 | 0.113 | 0.144 | 0.187 | 0.233 |
| 电焊条烘干箱 60×50×75（cm³） | 台班 | 0.006 | 0.010 | 0.011 | 0.014 | 0.019 | 0.023 |
| 砂轮切割机 $\phi400$ | 台班 | 0.003 | 0.003 | 0.004 | 0.007 | 0.007 | — |
| 半自动切割机 100mm | 台班 | — | — | — | — | — | 0.050 |

**工作内容:**切管、坡口、对口、调直、焊接、找坡、找正、安装等操作过程。　　　　　　　计量单位:10m

| 编　号 | | 5-1-111 | 5-1-112 | 5-1-113 | 5-1-114 | 5-1-115 | 5-1-116 |
|---|---|---|---|---|---|---|---|
| 项　目 | | 管外径 × 壁厚(mm×mm 以内) | | | | | |
| | | 219×5 | 219×6 | 219×7 | 273×6 | 273×7 | 273×8 |
| 名　称 | 单位 | 消　耗　量 | | | | | |
| 合计工日 | 工日 | 1.214 | 1.451 | 1.570 | 1.651 | 1.696 | 1.800 |
| 普工 | 工日 | 0.364 | 0.436 | 0.471 | 0.495 | 0.509 | 0.540 |
| 一般技工 | 工日 | 0.728 | 0.870 | 0.942 | 0.991 | 1.018 | 1.080 |
| 高级技工 | 工日 | 0.122 | 0.145 | 0.157 | 0.165 | 0.169 | 0.180 |
| 钢管 | m | (10.090) | (10.090) | (10.090) | (10.080) | (10.080) | (10.080) |
| 角钢(综合) | kg | 0.127 | 0.127 | 0.127 | 0.127 | 0.127 | 0.127 |
| 棉纱线 | kg | 0.041 | 0.041 | 0.041 | 0.050 | 0.050 | 0.050 |
| 尼龙砂轮片 $\phi$100 | 片 | 0.076 | 0.091 | 0.106 | 0.116 | 0.120 | 0.136 |
| 低碳钢焊条(综合) | kg | 0.776 | 0.919 | 1.070 | 1.355 | 1.580 | 1.806 |
| 镀锌铁丝 $\phi$2.8~4.0 | kg | 0.077 | 0.077 | 0.077 | 0.077 | 0.077 | 0.077 |
| 氧气 | m³ | 0.670 | 0.805 | 0.990 | 1.085 | 1.114 | 1.202 |
| 乙炔气 | kg | 0.258 | 0.310 | 0.381 | 0.417 | 0.428 | 0.462 |
| 其他材料费 | % | 1.50 | 1.50 | 1.50 | 1.50 | 1.50 | 1.50 |
| 直流弧焊机 20kV·A | 台班 | 0.274 | 0.330 | 0.380 | 0.398 | 0.407 | 0.466 |
| 电焊条烘干箱 60×50×75(cm³) | 台班 | 0.027 | 0.033 | 0.038 | 0.040 | 0.041 | 0.047 |
| 半自动切割机 100mm | 台班 | 0.071 | 0.071 | 0.071 | 0.100 | 0.100 | 0.100 |

**工作内容:** 切管、坡口、对口、调直、焊接、找坡、找正、安装等操作过程。　　　　　　　　　计量单位:10m

| 编　号 | | 5-1-117 | 5-1-118 | 5-1-119 | 5-1-120 | 5-1-121 | 5-1-122 |
|---|---|---|---|---|---|---|---|
| 项　目 | | 管外径 × 壁厚(mm×mm 以内) | | | | | |
| | | 325 × 7 | 325 × 8 | 325 × 9 | 377 × 8 | 377 × 9 | 377 × 10 |
| 名　称 | 单位 | 消　耗　量 | | | | | |
| 合计工日 | 工日 | 1.846 | 2.061 | 2.082 | 2.120 | 2.187 | 2.423 |
| 普工 | 工日 | 0.554 | 0.618 | 0.625 | 0.636 | 0.656 | 0.727 |
| 一般技工 | 工日 | 1.107 | 1.237 | 1.249 | 1.272 | 1.312 | 1.454 |
| 高级技工 | 工日 | 0.185 | 0.206 | 0.208 | 0.212 | 0.219 | 0.242 |
| 钢管 | m | (10.070) | (10.070) | (10.070) | (10.060) | (10.060) | (10.060) |
| 角钢(综合) | kg | 0.167 | 0.167 | 0.167 | 0.167 | 0.167 | 0.167 |
| 棉纱线 | kg | 0.058 | 0.058 | 0.058 | 0.079 | 0.079 | 0.079 |
| 尼龙砂轮片 $\phi100$ | 片 | 0.143 | 0.163 | 0.168 | 0.171 | 0.184 | 0.204 |
| 低碳钢焊条(综合) | kg | 1.886 | 2.155 | 2.176 | 2.214 | 3.349 | 3.711 |
| 镀锌铁丝 $\phi2.8\sim4.0$ | kg | 0.077 | 0.077 | 0.077 | 0.077 | 0.077 | 0.077 |
| 氧气 | m³ | 1.344 | 1.361 | 1.374 | 1.398 | 1.506 | 1.566 |
| 乙炔气 | kg | 0.517 | 0.523 | 0.528 | 0.538 | 0.579 | 0.602 |
| 其他材料费 | % | 1.50 | 1.50 | 1.50 | 1.50 | 1.50 | 1.50 |
| 汽车式起重机 8t | 台班 | 0.047 | 0.053 | 0.053 | 0.053 | 0.053 | 0.053 |
| 载重汽车 8t | 台班 | 0.027 | 0.027 | 0.027 | 0.027 | 0.027 | 0.027 |
| 直流弧焊机 20kV·A | 台班 | 0.489 | 0.558 | 0.628 | 0.637 | 0.646 | 0.663 |
| 电焊条烘干箱 60×50×75(cm³) | 台班 | 0.049 | 0.056 | 0.063 | 0.064 | 0.065 | 0.066 |
| 半自动切割机 100mm | 台班 | 0.104 | 0.104 | 0.104 | 0.108 | 0.108 | 0.108 |

**工作内容**：切管、坡口、对口、调直、焊接、找坡、找正、安装等操作过程。　　　　　　　计量单位：10m

| 编　号 | | 5-1-123 | 5-1-124 | 5-1-125 | 5-1-126 | 5-1-127 |
|---|---|---|---|---|---|---|
| 项　目 | | 管外径 × 壁厚（mm×mm 以内） | | | | |
| | | 426×8 | 426×9 | 426×10 | 478×8 | 478×9 |
| 名　称 | 单位 | 消　耗　量 | | | | |
| 合计工日 | 工日 | 2.423 | 2.553 | 2.827 | 2.864 | 3.057 |
| 普工 | 工日 | 0.727 | 0.766 | 0.848 | 0.860 | 0.917 |
| 一般技工 | 工日 | 1.454 | 1.531 | 1.696 | 1.718 | 1.834 |
| 高级技工 | 工日 | 0.242 | 0.256 | 0.283 | 0.286 | 0.306 |
| 钢管 | m | （10.050） | （10.050） | （10.050） | （10.040） | （10.040） |
| 角钢（综合） | kg | 0.167 | 0.167 | 0.167 | 0.167 | 0.167 |
| 棉纱线 | kg | 0.079 | 0.079 | 0.079 | 0.088 | 0.088 |
| 尼龙砂轮片 $\phi$100 | 片 | 0.192 | 0.250 | 0.276 | 0.240 | 0.282 |
| 低碳钢焊条（综合） | kg | 3.420 | 3.490 | 3.864 | 3.511 | 3.950 |
| 镀锌铁丝 $\phi$2.8~4.0 | kg | 0.077 | 0.077 | 0.077 | 0.077 | 0.077 |
| 氧气 | m³ | 1.530 | 1.780 | 1.972 | 1.860 | 2.380 |
| 乙炔气 | kg | 0.588 | 0.685 | 0.758 | 0.715 | 0.915 |
| 其他材料费 | % | 1.50 | 1.50 | 1.50 | 1.50 | 1.50 |
| 汽车式起重机 8t | 台班 | 0.062 | 0.062 | 0.062 | 0.071 | 0.071 |
| 载重汽车 8t | 台班 | 0.036 | 0.036 | 0.036 | 0.036 | 0.036 |
| 直流弧焊机 20kV·A | 台班 | 0.655 | 0.699 | 0.771 | 0.752 | 0.787 |
| 电焊条烘干箱 60×50×75（cm³） | 台班 | 0.066 | 0.070 | 0.077 | 0.075 | 0.079 |
| 半自动切割机 100mm | 台班 | 0.117 | 0.117 | 0.117 | 0.134 | 0.134 |

**工作内容：**切管、坡口、对口、调直、焊接、找坡、找正、安装等操作过程。                    **计量单位：**10m

| 编 号 | | 5-1-128 | 5-1-129 | 5-1-130 | 5-1-131 |
|---|---|---|---|---|---|
| 项 目 | | 管外径 × 壁厚（mm×mm 以内） | | | |
| | | 478×10 | 529×9 | 529×10 | 529×12 |
| 名 称 | 单位 | 消 耗 量 | | | |
| 合计工日 | 工日 | 3.138 | 3.413 | 3.437 | 4.134 |
| 普工 | 工日 | 0.941 | 1.024 | 1.031 | 1.240 |
| 一般技工 | 工日 | 1.883 | 2.048 | 2.062 | 2.481 |
| 高级技工 | 工日 | 0.314 | 0.341 | 0.344 | 0.413 |
| 钢管 | m | （10.040） | （10.030） | （10.030） | （10.030） |
| 角钢（综合） | kg | 0.167 | 0.167 | 0.167 | 0.167 |
| 棉纱线 | kg | 0.088 | 0.097 | 0.097 | 0.097 |
| 尼龙砂轮片 $\phi100$ | 片 | 0.299 | 0.293 | 0.320 | 0.353 |
| 低碳钢焊条（综合） | kg | 4.375 | 4.260 | 5.250 | 6.321 |
| 镀锌铁丝 $\phi2.8\sim4.0$ | kg | 0.077 | 0.077 | 0.077 | 0.077 |
| 氧气 | m³ | 2.460 | 2.420 | 2.510 | 2.665 |
| 乙炔气 | kg | 0.946 | 0.931 | 0.965 | 1.025 |
| 其他材料费 | % | 1.50 | 1.50 | 1.50 | 1.50 |
| 汽车式起重机 8t | 台班 | 0.071 | 0.088 | 0.088 | 0.088 |
| 载重汽车 8t | 台班 | 0.036 | 0.045 | 0.045 | 0.045 |
| 直流弧焊机 20kV·A | 台班 | 0.870 | 0.840 | 0.973 | 1.001 |
| 电焊条烘干箱 60×50×75（cm³） | 台班 | 0.087 | 0.084 | 0.097 | 0.100 |
| 半自动切割机 100mm | 台班 | 0.134 | 0.152 | 0.152 | 0.152 |

## （2）碳钢管安装（氩电联焊）

**工作内容：**切管、坡口、对口、调直、焊接、找坡、找正、安装等操作过程。　　　　　　　　　　计量单位：10m

| 编　号 | | 5-1-132 | 5-1-133 | 5-1-134 | 5-1-135 | 5-1-136 | 5-1-137 |
|---|---|---|---|---|---|---|---|
| 项　目 | | 管外径 × 壁厚（mm×mm 以内） | | | | | |
| | | 57 × 3.5 | 75 × 4 | 89 × 4 | 114 × 4 | 133 × 4.5 | 159 × 5 |
| 名　称 | 单位 | 消　耗　量 | | | | | |
| 合计工日 | 工日 | 0.574 | 0.744 | 0.879 | 1.036 | 1.095 | 1.146 |
| 普工 | 工日 | 0.172 | 0.223 | 0.264 | 0.311 | 0.329 | 0.344 |
| 一般技工 | 工日 | 0.344 | 0.446 | 0.527 | 0.621 | 0.656 | 0.688 |
| 高级技工 | 工日 | 0.058 | 0.075 | 0.088 | 0.104 | 0.110 | 0.114 |
| 钢管 | m | （10.150） | （10.140） | （10.130） | （10.120） | （10.110） | （10.100） |
| 铈钨棒 | g | 0.198 | 0.208 | 0.247 | 0.313 | 0.373 | 0.447 |
| 棉纱线 | kg | 0.011 | 0.014 | 0.018 | 0.021 | 0.025 | 0.031 |
| 尼龙砂轮片 $\phi100$ | 片 | 0.014 | 0.021 | 0.025 | 0.034 | 0.043 | 0.056 |
| 碳钢氩弧焊丝 | kg | 0.035 | 0.037 | 0.043 | 0.057 | 0.067 | 0.080 |
| 低碳钢焊条（综合） | kg | 0.070 | 0.088 | 0.107 | 0.151 | 0.325 | 0.383 |
| 镀锌铁丝 $\phi2.8~4.0$ | kg | 0.077 | 0.077 | 0.077 | 0.077 | 0.077 | 0.077 |
| 氩气 | m³ | 0.098 | 0.103 | 0.123 | 0.157 | 0.187 | 0.233 |
| 氧气 | m³ | 0.170 | 0.250 | 0.283 | 0.340 | 0.429 | 0.545 |
| 乙炔气 | kg | 0.065 | 0.096 | 0.109 | 0.131 | 0.165 | 0.210 |
| 其他材料费 | % | 1.50 | 1.50 | 1.50 | 1.50 | 1.50 | 1.50 |
| 直流弧焊机 20kV·A | 台班 | 0.041 | 0.051 | 0.058 | 0.093 | 0.118 | 0.160 |
| 氩弧焊机 500A | 台班 | 0.047 | 0.049 | 0.058 | 0.073 | 0.087 | 0.104 |
| 半自动切割机 100mm | 台班 | — | — | — | — | — | 0.050 |
| 砂轮切割机 $\phi400$ | 台班 | 0.003 | 0.003 | 0.004 | 0.007 | 0.007 | — |
| 电焊条烘干箱 60×50×75（cm³） | 台班 | 0.004 | 0.005 | 0.006 | 0.009 | 0.012 | 0.016 |

**工作内容:** 切管、坡口、对口、调直、焊接、找坡、找正、安装等操作过程。　　　　　计量单位:10m

| 编　号 | | 5-1-138 | 5-1-139 | 5-1-140 | 5-1-141 | 5-1-142 | 5-1-143 |
|---|---|---|---|---|---|---|---|
| 项　目 | | 管外径 × 壁厚(mm×mm 以内) | | | | | |
| | | 219×5 | 219×6 | 219×7 | 273×6 | 273×7 | 273×8 |
| 名　称 | 单位 | 消　耗　量 | | | | | |
| 合计工日 | 工日 | 1.220 | 1.466 | 1.583 | 1.637 | 1.681 | 1.793 |
| 普工 | 工日 | 0.366 | 0.440 | 0.475 | 0.491 | 0.504 | 0.538 |
| 一般技工 | 工日 | 0.732 | 0.879 | 0.950 | 0.982 | 1.009 | 1.076 |
| 高级技工 | 工日 | 0.122 | 0.147 | 0.158 | 0.164 | 0.168 | 0.179 |
| 钢管 | m | (10.090) | (10.090) | (10.090) | (10.080) | (10.080) | (10.080) |
| 角钢(综合) | kg | 0.127 | 0.127 | 0.127 | 0.127 | 0.127 | 0.127 |
| 铈钨棒 | g | 0.617 | 0.617 | 0.617 | 0.763 | 0.763 | 0.763 |
| 棉纱线 | kg | 0.041 | 0.041 | 0.041 | 0.050 | 0.050 | 0.050 |
| 尼龙砂轮片 $\phi$100 | 片 | 0.076 | 0.091 | 0.106 | 0.116 | 0.120 | 0.136 |
| 碳钢氩弧焊丝 | kg | 0.110 | 0.110 | 0.110 | 0.137 | 0.137 | 0.137 |
| 低碳钢焊条(综合) | kg | 0.554 | 0.697 | 0.848 | 1.067 | 1.292 | 1.518 |
| 镀锌铁丝 $\phi$2.8~4.0 | kg | 0.077 | 0.077 | 0.077 | 0.077 | 0.077 | 0.077 |
| 氩气 | m³ | 0.308 | 0.308 | 0.308 | 0.382 | 0.382 | 0.382 |
| 氧气 | m³ | 0.670 | 0.805 | 0.990 | 1.085 | 1.114 | 1.202 |
| 乙炔气 | kg | 0.258 | 0.310 | 0.381 | 0.417 | 0.428 | 0.462 |
| 其他材料费 | % | 1.50 | 1.50 | 1.50 | 1.50 | 1.50 | 1.50 |
| 直流弧焊机 20kV·A | 台班 | 0.190 | 0.246 | 0.296 | 0.316 | 0.325 | 0.384 |
| 氩弧焊机 500A | 台班 | 0.143 | 0.143 | 0.143 | 0.177 | 0.177 | 0.177 |
| 半自动切割机 100mm | 台班 | 0.071 | 0.071 | 0.071 | 0.100 | 0.100 | 0.100 |
| 电焊条烘干箱 60×50×75(cm³) | 台班 | 0.019 | 0.025 | 0.030 | 0.032 | 0.033 | 0.038 |

**工作内容:** 切管、坡口、对口、调直、焊接、找坡、找正、安装等操作过程。　　　　　　　　计量单位: 10m

| 编　号 | | 5-1-144 | 5-1-145 | 5-1-146 | 5-1-147 | 5-1-148 | 5-1-149 |
|---|---|---|---|---|---|---|---|
| 项　目 | | 管外径 × 壁厚(mm×mm 以内) | | | | | |
| | | 325×7 | 325×8 | 325×9 | 377×8 | 377×9 | 377×10 |
| 名　称 | 单位 | 消　耗　量 | | | | | |
| 合计工日 | 工日 | 1.852 | 2.077 | 2.091 | 2.343 | 2.418 | 2.656 |
| 普工 | 工日 | 0.555 | 0.623 | 0.627 | 0.703 | 0.725 | 0.797 |
| 一般技工 | 工日 | 1.112 | 1.246 | 1.255 | 1.406 | 1.451 | 1.593 |
| 高级技工 | 工日 | 0.185 | 0.208 | 0.209 | 0.234 | 0.242 | 0.266 |
| 钢管 | m | (10.070) | (10.070) | (10.070) | (10.060) | (10.060) | (10.060) |
| 角钢(综合) | kg | 0.167 | 0.167 | 0.167 | 0.167 | 0.167 | 0.167 |
| 铈钨棒 | g | 0.787 | 0.787 | 0.787 | 0.808 | 0.808 | 0.808 |
| 棉纱线 | kg | 0.058 | 0.058 | 0.058 | 0.079 | 0.079 | 0.079 |
| 尼龙砂轮片 φ100 | 片 | 0.143 | 0.163 | 0.168 | 0.171 | 0.184 | 0.204 |
| 碳钢氩弧焊丝 | kg | 0.140 | 0.140 | 0.140 | 0.143 | 0.143 | 0.143 |
| 低碳钢焊条(综合) | kg | 1.578 | 1.847 | 1.868 | 1.886 | 3.021 | 3.383 |
| 镀锌铁丝 φ2.8~4.0 | kg | 0.077 | 0.077 | 0.077 | 0.077 | 0.077 | 0.077 |
| 氩气 | m³ | 0.393 | 0.393 | 0.393 | 0.403 | 0.403 | 0.403 |
| 氧气 | m³ | 1.344 | 1.361 | 1.374 | 1.398 | 1.506 | 1.566 |
| 乙炔气 | kg | 0.517 | 0.523 | 0.528 | 0.538 | 0.579 | 0.602 |
| 其他材料费 | % | 1.50 | 1.50 | 1.50 | 1.50 | 1.50 | 1.50 |
| 汽车式起重机 8t | 台班 | 0.047 | 0.053 | 0.053 | 0.053 | 0.053 | 0.053 |
| 载重汽车 8t | 台班 | 0.027 | 0.027 | 0.027 | 0.027 | 0.027 | 0.027 |
| 直流弧焊机 20kV·A | 台班 | 0.411 | 0.480 | 0.550 | 0.562 | 0.571 | 0.588 |
| 氩弧焊机 500A | 台班 | 0.183 | 0.183 | 0.183 | 0.188 | 0.188 | 0.188 |
| 半自动切割机 100mm | 台班 | 0.104 | 0.104 | 0.104 | 0.108 | 0.108 | 0.108 |
| 电焊条烘干箱 60×50×75(cm³) | 台班 | 0.041 | 0.048 | 0.055 | 0.056 | 0.057 | 0.059 |

**工作内容：**切管、坡口、对口、调直、焊接、找坡、找正、安装等操作过程。　　　　　　　　　　　　　计量单位：10m

| 编　号 | | 5-1-150 | 5-1-151 | 5-1-152 | 5-1-153 | 5-1-154 |
|---|---|---|---|---|---|---|
| 项　目 | | 管外径 × 壁厚（mm×mm 以内） | | | | |
| | | 426×8 | 426×9 | 426×10 | 478×8 | 478×9 |
| 名　称 | 单位 | 消　耗　量 | | | | |
| 合计工日 | 工日 | 2.448 | 2.573 | 2.856 | 2.895 | 3.095 |
| 普工 | 工日 | 0.734 | 0.772 | 0.857 | 0.869 | 0.928 |
| 一般技工 | 工日 | 1.469 | 1.544 | 1.714 | 1.736 | 1.857 |
| 高级技工 | 工日 | 0.245 | 0.257 | 0.285 | 0.290 | 0.310 |
| 钢管 | m | （10.050） | （10.050） | （10.050） | （10.040） | （10.040） |
| 角钢（综合） | kg | 0.167 | 0.167 | 0.167 | 0.167 | 0.167 |
| 铈钨棒 | g | 0.919 | 0.919 | 0.919 | 1.032 | 1.032 |
| 棉纱线 | kg | 0.079 | 0.079 | 0.079 | 0.088 | 0.088 |
| 尼龙砂轮片 $\phi$100 | 片 | 0.192 | 0.250 | 0.276 | 0.240 | 0.282 |
| 碳钢氩弧焊丝 | kg | 0.163 | 0.163 | 0.163 | 0.183 | 0.183 |
| 低碳钢焊条（综合） | kg | 3.048 | 3.118 | 3.492 | 3.058 | 3.497 |
| 镀锌铁丝 $\phi$2.8~4.0 | kg | 0.077 | 0.077 | 0.077 | 0.077 | 0.077 |
| 氩气 | m³ | 0.458 | 0.458 | 0.458 | 0.517 | 0.517 |
| 氧气 | m³ | 1.530 | 1.780 | 1.972 | 1.860 | 2.380 |
| 乙炔气 | kg | 0.588 | 0.685 | 0.758 | 0.715 | 0.915 |
| 其他材料费 | % | 1.50 | 1.50 | 1.50 | 1.50 | 1.50 |
| 汽车式起重机 8t | 台班 | 0.062 | 0.062 | 0.062 | 0.071 | 0.071 |
| 载重汽车 8t | 台班 | 0.036 | 0.036 | 0.036 | 0.036 | 0.036 |
| 直流弧焊机 20kV·A | 台班 | 0.569 | 0.613 | 0.685 | 0.670 | 0.705 |
| 氩弧焊机 500A | 台班 | 0.214 | 0.214 | 0.214 | 0.241 | 0.241 |
| 半自动切割机 100mm | 台班 | 0.117 | 0.117 | 0.117 | 0.134 | 0.134 |
| 电焊条烘干箱 60×50×75（cm³） | 台班 | 0.057 | 0.061 | 0.069 | 0.067 | 0.071 |

**工作内容:** 切管、坡口、对口、调直、焊接、找坡、找正、安装等操作过程。　　　　　　　　　　　　　　　　计量单位:10m

| 编　号 | | 5-1-155 | 5-1-156 | 5-1-157 | 5-1-158 |
|---|---|---|---|---|---|
| 项　目 | | 管外径 × 壁厚(mm×mm 以内) | | | |
| | | 478×10 | 529×9 | 529×10 | 529×12 |
| 名　称 | 单位 | 消 耗 量 | | | |
| 合计工日 | 工日 | 3.177 | 3.459 | 3.549 | 4.188 |
| 普工 | 工日 | 0.953 | 1.038 | 1.065 | 1.256 |
| 一般技工 | 工日 | 1.906 | 2.075 | 2.129 | 2.513 |
| 高级技工 | 工日 | 0.318 | 0.346 | 0.355 | 0.419 |
| 钢管 | m | (10.040) | (10.030) | (10.030) | (10.030) |
| 角钢(综合) | kg | 0.167 | 0.167 | 0.167 | 0.167 |
| 铈钨棒 | g | 1.032 | 1.144 | 1.144 | 1.144 |
| 棉纱线 | kg | 0.088 | 0.097 | 0.097 | 0.097 |
| 尼龙砂轮片 $\phi$100 | 片 | 0.299 | 0.293 | 0.320 | 0.353 |
| 碳钢氩弧焊丝 | kg | 0.183 | 0.203 | 0.203 | 0.203 |
| 低碳钢焊条(综合) | kg | 3.922 | 3.760 | 4.750 | 5.821 |
| 镀锌铁丝 $\phi$2.8~4.0 | kg | 0.077 | 0.077 | 0.077 | 0.077 |
| 氩气 | m³ | 0.517 | 0.572 | 0.572 | 0.572 |
| 氧气 | m³ | 2.460 | 2.420 | 2.510 | 2.665 |
| 乙炔气 | kg | 0.946 | 0.931 | 0.965 | 1.025 |
| 其他材料费 | % | 1.50 | 1.50 | 1.50 | 1.50 |
| 汽车式起重机 8t | 台班 | 0.071 | 0.088 | 0.088 | 0.088 |
| 载重汽车 8t | 台班 | 0.036 | 0.045 | 0.045 | 0.045 |
| 直流弧焊机 20kV·A | 台班 | 0.788 | 0.749 | 0.882 | 0.910 |
| 氩弧焊机 500A | 台班 | 0.241 | 0.265 | 0.265 | 0.265 |
| 半自动切割机 100mm | 台班 | 0.134 | 0.152 | 0.152 | 0.152 |
| 电焊条烘干箱 60×50×75(cm³) | 台班 | 0.079 | 0.075 | 0.088 | 0.091 |

## 6.碳素钢板卷管安装

**工作内容:**切管、坡口、对口、调直、焊接、找坡、找正、直管安装等操作过程。　　　　　　　　　计量单位:10m

| 编　号 | | 5-1-159 | 5-1-160 | 5-1-161 | 5-1-162 | 5-1-163 | 5-1-164 |
|---|---|---|---|---|---|---|---|
| 项　目 | | 管外径 × 壁厚(mm×mm 以内) | | | | | |
| | | 219×5 | 219×6 | 219×7 | 273×6 | 273×7 | 273×8 |
| 名　称 | 单位 | 消　耗　量 | | | | | |
| 合计工日 | 工日 | 1.117 | 1.131 | 1.161 | 1.316 | 1.353 | 1.377 |
| 普工 | 工日 | 0.335 | 0.339 | 0.348 | 0.395 | 0.406 | 0.413 |
| 一般技工 | 工日 | 0.670 | 0.679 | 0.697 | 0.790 | 0.812 | 0.826 |
| 高级技工 | 工日 | 0.112 | 0.113 | 0.116 | 0.131 | 0.135 | 0.138 |
| 钢板卷管 | m | (10.390) | (10.390) | (10.390) | (10.385) | (10.385) | (10.385) |
| 角钢(综合) | kg | 0.156 | 0.156 | 0.156 | 0.156 | 0.156 | 0.156 |
| 棉纱线 | kg | 0.044 | 0.044 | 0.044 | 0.054 | 0.054 | 0.054 |
| 尼龙砂轮片 $\phi100$ | 片 | 0.076 | 0.080 | 0.085 | 0.100 | 0.107 | 0.115 |
| 低碳钢焊条(综合) | kg | 0.696 | 0.861 | 1.129 | 1.223 | 1.427 | 1.693 |
| 氧气 | m³ | 0.823 | 0.943 | 1.055 | 1.075 | 1.206 | 1.329 |
| 乙炔气 | kg | 0.317 | 0.363 | 0.406 | 0.413 | 0.464 | 0.511 |
| 其他材料费 | % | 1.50 | 1.50 | 1.50 | 1.50 | 1.50 | 1.50 |
| 直流弧焊机 20kV·A | 台班 | 0.179 | 0.182 | 0.203 | 0.226 | 0.252 | 0.265 |
| 电焊条烘干箱 60×50×75(cm³) | 台班 | 0.018 | 0.018 | 0.020 | 0.023 | 0.025 | 0.027 |

**工作内容:**切管、坡口、对口、调直、焊接、找坡、找正、直管安装等操作过程。　　　　　　　　　计量单位:10m

| 编　号 | | 5-1-165 | 5-1-166 | 5-1-167 | 5-1-168 | 5-1-169 | 5-1-170 |
|---|---|---|---|---|---|---|---|
| 项　目 | | 管外径 × 壁厚(mm×mm 以内) | | | | | |
| | | 325×6 | 325×7 | 325×8 | 377×8 | 377×9 | 377×10 |
| 名　称 | 单位 | 消　耗　量 | | | | | |
| 合计工日 | 工日 | 1.555 | 1.599 | 1.621 | 1.882 | 1.912 | 1.935 |
| 普工 | 工日 | 0.466 | 0.480 | 0.486 | 0.564 | 0.573 | 0.581 |
| 一般技工 | 工日 | 0.933 | 0.959 | 0.973 | 1.130 | 1.148 | 1.160 |
| 高级技工 | 工日 | 0.156 | 0.160 | 0.162 | 0.188 | 0.191 | 0.194 |
| 钢板卷管 | m | (10.380) | (10.380) | (10.380) | (10.374) | (10.374) | (10.374) |
| 角钢(综合) | kg | 0.156 | 0.156 | 0.156 | 0.156 | 0.156 | 0.156 |
| 棉纱线 | kg | 0.066 | 0.066 | 0.066 | 0.075 | 0.075 | 0.075 |
| 尼龙砂轮片 $\phi$100 | 片 | 0.110 | 0.127 | 0.137 | 0.169 | 0.184 | 0.193 |
| 低碳钢焊条(综合) | kg | 1.580 | 1.702 | 2.020 | 2.346 | 2.715 | 3.190 |
| 氧气 | m³ | 1.302 | 1.332 | 1.472 | 1.615 | 1.762 | 1.902 |
| 乙炔气 | kg | 0.501 | 0.512 | 0.566 | 0.621 | 0.678 | 0.732 |
| 其他材料费 | % | 1.50 | 1.50 | 1.50 | 1.50 | 1.50 | 1.50 |
| 汽车式起重机 8t | 台班 | 0.047 | 0.053 | 0.053 | 0.053 | 0.053 | 0.053 |
| 载重汽车 8t | 台班 | 0.027 | 0.027 | 0.027 | 0.027 | 0.027 | 0.027 |
| 直流弧焊机 20kV·A | 台班 | 0.261 | 0.301 | 0.316 | 0.367 | 0.385 | 0.399 |
| 电焊条烘干箱 60×50×75(cm³) | 台班 | 0.026 | 0.030 | 0.032 | 0.037 | 0.039 | 0.040 |

**工作内容：**切管、坡口、对口、调直、焊接、找坡、找正、直管安装等操作过程。　　　　　计量单位：10m

| 编　号 | | 5-1-171 | 5-1-172 | 5-1-173 | 5-1-174 | 5-1-175 | 5-1-176 |
|---|---|---|---|---|---|---|---|
| 项　目 | | 管外径 × 壁厚（mm×mm 以内） | | | | | |
| | | 426×8 | 426×9 | 426×10 | 478×8 | 478×9 | 478×10 |
| 名　称 | 单位 | 消　耗　量 | | | | | |
| 合计工日 | 工日 | 2.196 | 2.224 | 2.254 | 2.700 | 2.738 | 2.767 |
| 普工 | 工日 | 0.659 | 0.667 | 0.676 | 0.810 | 0.821 | 0.830 |
| 一般技工 | 工日 | 1.317 | 1.335 | 1.353 | 1.620 | 1.643 | 1.661 |
| 高级技工 | 工日 | 0.220 | 0.222 | 0.225 | 0.270 | 0.274 | 0.276 |
| 钢板卷管 | m | （10.369） | （10.369） | （10.369） | （10.364） | （10.364） | （10.364） |
| 角钢（综合） | kg | 0.156 | 0.156 | 0.156 | 0.156 | 0.156 | 0.156 |
| 棉纱线 | kg | 0.084 | 0.084 | 0.084 | 0.094 | 0.094 | 0.094 |
| 尼龙砂轮片 $\phi100$ | 片 | 0.191 | 0.209 | 0.218 | 0.203 | 0.246 | 0.257 |
| 低碳钢焊条（综合） | kg | 2.920 | 3.320 | 3.610 | 2.981 | 3.621 | 4.055 |
| 氧气 | m³ | 1.830 | 1.914 | 2.070 | 1.894 | 2.073 | 2.238 |
| 乙炔气 | kg | 0.704 | 0.736 | 0.796 | 0.728 | 0.797 | 0.861 |
| 其他材料费 | % | 1.50 | 1.50 | 1.50 | 1.50 | 1.50 | 1.50 |
| 汽车式起重机 8t | 台班 | 0.062 | 0.062 | 0.062 | 0.071 | 0.071 | 0.071 |
| 载重汽车 8t | 台班 | 0.036 | 0.036 | 0.036 | 0.036 | 0.036 | 0.036 |
| 直流弧焊机 20kV·A | 台班 | 0.391 | 0.436 | 0.452 | 0.426 | 0.492 | 0.510 |
| 电焊条烘干箱 60×50×75（cm³） | 台班 | 0.039 | 0.044 | 0.045 | 0.043 | 0.049 | 0.051 |

**工作内容:** 切管、坡口、对口、调直、焊接、找坡、找正、直管安装等操作过程。 计量单位:10m

| 编 号 | | 5-1-177 | 5-1-178 | 5-1-179 | 5-1-180 | 5-1-181 | 5-1-182 |
|---|---|---|---|---|---|---|---|
| 项 目 | | 管外径 × 壁厚（mm×mm 以内） | | | | | |
| | | 529×8 | 529×9 | 529×10 | 630×8 | 630×9 | 630×10 |
| 名 称 | 单位 | 消 耗 量 | | | | | |
| 合计工日 | 工日 | 3.177 | 3.221 | 3.534 | 4.134 | 4.174 | 4.194 |
| 普工 | 工日 | 0.953 | 0.967 | 1.060 | 1.240 | 1.252 | 1.258 |
| 一般技工 | 工日 | 1.906 | 1.932 | 2.120 | 2.481 | 2.504 | 2.517 |
| 高级技工 | 工日 | 0.318 | 0.322 | 0.354 | 0.413 | 0.418 | 0.419 |
| 钢板卷管 | m | （10.359） | （10.359） | （10.359） | （10.354） | （10.354） | （10.354） |
| 角钢（综合） | kg | 0.156 | 0.156 | 0.156 | 0.156 | 0.156 | 0.156 |
| 棉纱线 | kg | 0.103 | 0.103 | 0.103 | 0.125 | 0.125 | 0.125 |
| 六角螺栓（综合） | 10套 | — | — | — | 0.038 | 0.038 | 0.038 |
| 尼龙砂轮片 $\phi100$ | 片 | 0.220 | 0.285 | 0.297 | 0.292 | 0.356 | 0.370 |
| 低碳钢焊条（综合） | kg | 3.610 | 3.905 | 4.525 | 4.360 | 5.448 | 6.186 |
| 氧气 | m³ | 2.072 | 2.212 | 2.400 | 2.340 | 2.687 | 2.901 |
| 乙炔气 | kg | 0.797 | 0.851 | 0.923 | 0.900 | 1.033 | 1.116 |
| 其他材料费 | % | 1.50 | 1.50 | 1.50 | 1.50 | 1.50 | 1.50 |
| 汽车式起重机 8t | 台班 | 0.088 | 0.088 | 0.088 | 0.106 | 0.133 | 0.150 |
| 载重汽车 8t | 台班 | 0.045 | 0.045 | 0.045 | 0.045 | 0.045 | 0.054 |
| 直流弧焊机 20kV·A | 台班 | 0.472 | 0.495 | 0.567 | 0.548 | 0.749 | 0.762 |
| 电焊条烘干箱 60×50×75（cm³） | 台班 | 0.047 | 0.050 | 0.057 | 0.055 | 0.075 | 0.076 |

**工作内容:**切管、坡口、对口、调直、焊接、找坡、找正、直管安装等操作过程。　　　　　　　　　计量单位:10m

| 编　号 | | 5-1-183 | 5-1-184 | 5-1-185 | 5-1-186 | 5-1-187 | 5-1-188 |
|---|---|---|---|---|---|---|---|
| 项　目 | | 管外径 × 壁厚(mm×mm 以内) | | | | | |
| | | 720×8 | 720×9 | 720×10 | 820×9 | 820×10 | 820×12 |
| 名　称 | 单位 | 消　耗　量 | | | | | |
| 合计工日 | 工日 | 4.826 | 4.864 | 4.895 | 5.527 | 5.556 | 5.646 |
| 普工 | 工日 | 1.448 | 1.459 | 1.468 | 1.658 | 1.667 | 1.694 |
| 一般技工 | 工日 | 2.896 | 2.919 | 2.937 | 3.316 | 3.334 | 3.388 |
| 高级技工 | 工日 | 0.482 | 0.486 | 0.490 | 0.553 | 0.555 | 0.564 |
| 钢板卷管 | m | (10.349) | (10.349) | (10.349) | (10.344) | (10.344) | (10.344) |
| 角钢(综合) | kg | 0.172 | 0.172 | 0.172 | 0.172 | 0.172 | 0.172 |
| 棉纱线 | kg | 0.140 | 0.140 | 0.140 | 0.162 | 0.162 | 0.162 |
| 六角螺栓(综合) | 10套 | 0.038 | 0.038 | 0.038 | 0.038 | 0.038 | 0.038 |
| 尼龙砂轮片 φ100 | 片 | 0.366 | 0.407 | 0.424 | 0.503 | 0.522 | 0.555 |
| 低碳钢焊条(综合) | kg | 5.456 | 6.234 | 7.080 | 7.173 | 8.138 | 10.301 |
| 氧气 | m³ | 2.750 | 3.000 | 3.240 | 3.387 | 3.660 | 4.179 |
| 乙炔气 | kg | 1.058 | 1.154 | 1.246 | 1.303 | 1.408 | 1.607 |
| 其他材料费 | % | 1.50 | 1.50 | 1.50 | 1.50 | 1.50 | 1.50 |
| 汽车式起重机 8t | 台班 | 0.150 | 0.150 | 0.168 | 0.168 | 0.186 | 0.212 |
| 载重汽车 8t | 台班 | 0.054 | 0.063 | 0.063 | 0.063 | 0.072 | 0.072 |
| 直流弧焊机 20kV·A | 台班 | 0.754 | 0.859 | 0.873 | 0.979 | 0.996 | -1.054 |
| 电焊条烘干箱 60×50×75(cm³) | 台班 | 0.075 | 0.086 | 0.087 | 0.098 | 0.100 | 0.105 |

[""]

**工作内容:**切管、坡口、对口、调直、焊接、找坡、找正、直管安装等操作过程。 计量单位:10m

| 编　号 | | 5-1-189 | 5-1-190 | 5-1-191 | 5-1-192 | 5-1-193 | 5-1-194 |
|---|---|---|---|---|---|---|---|
| 项　目 | | 管外径 × 壁厚(mm×mm 以内) | | | | | |
| | | 920×9 | 920×10 | 920×12 | 1 020×10 | 1 020×12 | 1 020×14 |
| 名　称 | 单位 | 消　耗　量 | | | | | |
| 合计工日 | 工日 | 6.196 | 6.234 | 6.330 | 6.910 | 7.021 | 7.259 |
| 普工 | 工日 | 1.859 | 1.870 | 1.899 | 2.073 | 2.106 | 2.178 |
| 一般技工 | 工日 | 3.718 | 3.740 | 3.798 | 4.146 | 4.213 | 4.355 |
| 高级技工 | 工日 | 0.619 | 0.624 | 0.633 | 0.691 | 0.702 | 0.726 |
| 钢板卷管 | m | (10.339) | (10.339) | (10.339) | (10.333) | (10.333) | (10.333) |
| 角钢(综合) | kg | 0.172 | 0.172 | 0.172 | 0.172 | 0.172 | 0.172 |
| 棉纱线 | kg | 0.181 | 0.181 | 0.181 | 0.233 | 0.233 | 0.233 |
| 六角螺栓(综合) | 10套 | 0.038 | 0.038 | 0.038 | 0.038 | 0.038 | 0.038 |
| 尼龙砂轮片 $\phi100$ | 片 | 0.542 | 0.552 | 0.623 | 0.602 | 0.692 | 0.735 |
| 低碳钢焊条(综合) | kg | 8.145 | 9.139 | 11.570 | 10.140 | 12.839 | 15.923 |
| 氧气 | m³ | 3.769 | 3.922 | 4.658 | 4.482 | 5.125 | 5.735 |
| 乙炔气 | kg | 1.450 | 1.508 | 1.792 | 1.724 | 1.971 | 2.206 |
| 其他材料费 | % | 1.50 | 1.50 | 1.50 | 1.50 | 1.50 | 1.50 |
| 汽车式起重机 8t | 台班 | 0.186 | 0.212 | 0.221 | 0.221 | — | — |
| 汽车式起重机 12t | 台班 | — | — | — | — | 0.239 | 0.257 |
| 载重汽车 8t | 台班 | 0.072 | 0.072 | 0.081 | 0.081 | 0.081 | 0.081 |
| 直流弧焊机 20kV·A | 台班 | 1.035 | 1.046 | 1.184 | 1.063 | 1.313 | 1.536 |
| 电焊条烘干箱 60×50×75(cm³) | 台班 | 0.104 | 0.105 | 0.118 | 0.106 | 0.131 | 0.154 |

**工作内容:** 切管、坡口、对口、调直、焊接、找坡、找正、直管安装等操作过程。　　　　　　　　计量单位:10m

| 编　号 | | 5-1-195 | 5-1-196 | 5-1-197 | 5-1-198 | 5-1-199 | 5-1-200 |
|---|---|---|---|---|---|---|---|
| 项　目 | | 管外径 × 壁厚(mm×mm 以内) | | | | | |
| | | 1 220×10 | 1 220×12 | 1 220×14 | 1 420×10 | 1 420×12 | 1 420×14 |
| 名　称 | 单位 | 消　耗　量 | | | | | |
| 合计工日 | 工日 | 9.201 | 9.357 | 9.737 | 11.215 | 11.334 | 11.774 |
| 普工 | 工日 | 2.760 | 2.807 | 2.921 | 3.365 | 3.400 | 3.533 |
| 一般技工 | 工日 | 5.521 | 5.614 | 5.842 | 6.729 | 6.801 | 7.064 |
| 高级技工 | 工日 | 0.920 | 0.936 | 0.974 | 1.121 | 1.133 | 1.177 |
| 钢板卷管 | m | (10.328) | (10.328) | (10.328) | (10.323) | (10.323) | (10.323) |
| 角钢(综合) | kg | 0.306 | 0.306 | 0.306 | 0.306 | 0.306 | 0.306 |
| 棉纱线 | kg | 0.320 | 0.320 | 0.320 | 0.371 | 0.371 | 0.371 |
| 六角螺栓(综合) | 10 套 | 0.050 | 0.050 | 0.050 | 0.050 | 0.050 | 0.050 |
| 尼龙砂轮片 $\phi100$ | 片 | 0.690 | 1.045 | 1.175 | 1.043 | 1.163 | 1.336 |
| 低碳钢焊条(综合) | kg | 12.830 | 20.469 | 25.427 | 18.856 | 23.846 | 29.628 |
| 氧气 | m³ | 5.120 | 8.117 | 9.075 | 8.105 | 9.060 | 10.391 |
| 乙炔气 | kg | 1.969 | 3.122 | 3.490 | 3.117 | 3.485 | 3.997 |
| 其他材料费 | % | 1.50 | 1.50 | 1.50 | 1.50 | 1.50 | 1.50 |
| 汽车式起重机 12t | 台班 | 0.257 | 0.257 | — | — | — | — |
| 汽车式起重机 16t | 台班 | — | — | 0.292 | 0.292 | 0.292 | 0.292 |
| 载重汽车 8t | 台班 | 0.081 | 0.081 | 0.081 | 0.081 | 0.090 | 0.099 |
| 直流弧焊机 20kV·A | 台班 | 1.309 | 2.105 | 2.463 | 1.946 | 2.450 | 2.868 |
| 电焊条烘干箱 60×50×75(cm³) | 台班 | 0.131 | 0.211 | 0.246 | 0.195 | 0.245 | 0.287 |

**工作内容**：切管、坡口、对口、调直、焊接、找坡、找正、直管安装等操作过程。　　　　　　　计量单位：10m

| 编　　号 | | 5-1-201 | 5-1-202 | 5-1-203 | 5-1-204 | 5-1-205 | 5-1-206 |
|---|---|---|---|---|---|---|---|
| 项　　目 | | 管外径 × 壁厚（mm×mm 以内） | | | | | |
| | | 1 620×10 | 1 620×12 | 1 620×14 | 1 820×12 | 1 820×14 | 1 820×16 |
| 名　　称 | 单位 | 消　耗　量 | | | | | |
| 合计工日 | 工日 | 13.299 | 13.507 | 14.013 | 15.909 | 16.467 | 16.586 |
| 普工 | 工日 | 3.990 | 4.052 | 4.204 | 4.773 | 4.940 | 4.976 |
| 一般技工 | 工日 | 7.979 | 8.104 | 8.408 | 9.545 | 9.880 | 9.951 |
| 高级技工 | 工日 | 1.330 | 1.351 | 1.401 | 1.591 | 1.647 | 1.659 |
| 钢板卷管 | m | （10.318） | （10.318） | （10.318） | （10.313） | （10.313） | （10.313） |
| 角钢（综合） | kg | 0.371 | 0.371 | 0.371 | 0.371 | 0.371 | 0.371 |
| 棉纱线 | kg | 0.424 | 0.424 | 0.424 | 0.474 | 0.474 | 0.474 |
| 六角螺栓（综合） | 10 套 | 0.098 | 0.098 | 0.098 | 0.098 | 0.098 | 0.098 |
| 尼龙砂轮片 $\phi100$ | 片 | 1.142 | 1.324 | 1.565 | 1.521 | 1.761 | 1.891 |
| 低碳钢焊条（综合） | kg | 21.524 | 27.224 | 33.827 | 30.600 | 38.027 | 48.561 |
| 氧气 | m³ | 9.040 | 10.382 | 12.079 | 12.078 | 13.488 | 14.844 |
| 乙炔气 | kg | 3.477 | 3.993 | 4.646 | 4.645 | 5.188 | 5.709 |
| 其他材料费 | % | 1.50 | 1.50 | 1.50 | 1.50 | 1.50 | 1.50 |
| 汽车式起重机 16t | 台班 | 0.345 | 0.345 | 0.398 | 0.398 | — | — |
| 汽车式起重机 20t | 台班 | — | — | — | — | 0.487 | 0.540 |
| 载重汽车 8t | 台班 | 0.099 | 0.099 | 0.116 | 0.116 | 0.134 | 0.134 |
| 直流弧焊机 20kV·A | 台班 | 2.406 | 2.796 | 3.275 | 3.145 | 3.682 | 3.738 |
| 电焊条烘干箱 60×50×75（cm³） | 台班 | 0.241 | 0.280 | 0.328 | 0.315 | 0.368 | 0.374 |

**工作内容：**切管、坡口、对口、调直、焊接、找坡、找正、直管安装等操作过程。　　　　　　计量单位：10m

| 编　号 | | 5-1-207 | 5-1-208 | 5-1-209 | 5-1-210 | 5-1-211 | 5-1-212 |
|---|---|---|---|---|---|---|---|
| 项　目 | | 管外径 × 壁厚（mm × mm 以内） | | | | | |
| | | 2 020 × 12 | 2 020 × 14 | 2 020 × 16 | 2 220 × 12 | 2 220 × 14 | 2 220 × 16 |
| 名　称 | 单位 | 消　耗　量 | | | | | |
| 合计工日 | 工日 | 18.260 | 18.885 | 19.011 | 23.451 | 24.351 | 24.536 |
| 普工 | 工日 | 5.478 | 5.666 | 5.703 | 7.035 | 7.305 | 7.361 |
| 一般技工 | 工日 | 10.956 | 11.331 | 11.407 | 14.071 | 14.611 | 14.722 |
| 高级技工 | 工日 | 1.826 | 1.888 | 1.901 | 2.345 | 2.435 | 2.453 |
| 钢板卷管 | m | （10.308） | （10.308） | （10.308） | （10.303） | （10.303） | （10.303） |
| 角钢（综合） | kg | 0.371 | 0.371 | 0.371 | 0.603 | 0.603 | 0.603 |
| 棉纱线 | kg | 0.529 | 0.529 | 0.529 | 0.680 | 0.680 | 0.680 |
| 六角螺栓（综合） | 10 套 | 0.098 | 0.098 | 0.098 | 0.131 | 0.131 | 0.131 |
| 尼龙砂轮片 $\phi100$ | 片 | 1.752 | 1.860 | 2.101 | 1.840 | 2.010 | 3.093 |
| 低碳钢焊条（综合） | kg | 33.980 | 42.228 | 53.928 | 38.260 | 48.610 | 79.049 |
| 氧气 | m³ | 13.333 | 14.824 | 16.404 | 13.820 | 15.280 | 23.983 |
| 乙炔气 | kg | 5.128 | 5.702 | 6.309 | 5.315 | 5.877 | 9.224 |
| 其他材料费 | % | 1.50 | 1.50 | 1.50 | 1.50 | 1.50 | 1.50 |
| 汽车式起重机 20t | 台班 | 0.442 | 0.540 | 0.690 | 0.593 | 0.708 | 0.743 |
| 载重汽车 8t | 台班 | 0.125 | 0.134 | 0.152 | 0.143 | 0.161 | 0.170 |
| 直流弧焊机 20kV·A | 台班 | 3.492 | 3.724 | 4.151 | 3.627 | 4.087 | 6.084 |
| 电焊条烘干箱 60×50×75（cm³） | 台班 | 0.349 | 0.372 | 0.415 | 0.363 | 0.409 | 0.608 |

**工作内容:**切管、坡口、对口、调直、焊接、找坡、找正、直管安装等操作过程。　　　　　　计量单位:10m

| 编　号 | | 5-1-213 | 5-1-214 | 5-1-215 | 5-1-216 | 5-1-217 | 5-1-218 |
|---|---|---|---|---|---|---|---|
| 项　目 | | 管外径 × 壁厚(mm×mm 以内) | | | | | |
| | | 2 420×12 | 2 420×14 | 2 420×16 | 2 620×12 | 2 620×14 | 2 620×16 |
| 名　称 | 单位 | 消　耗　量 | | | | | |
| 合计工日 | 工日 | 26.679 | 27.660 | 27.861 | 30.918 | 31.981 | 32.205 |
| 普工 | 工日 | 8.004 | 8.298 | 8.358 | 9.275 | 9.594 | 9.662 |
| 一般技工 | 工日 | 16.007 | 16.596 | 16.717 | 18.551 | 19.189 | 19.323 |
| 高级技工 | 工日 | 2.668 | 2.766 | 2.786 | 3.092 | 3.198 | 3.220 |
| 钢板卷管 | m | (10.298) | (10.298) | (10.298) | (10.292) | (10.292) | (10.292) |
| 角钢(综合) | kg | 0.603 | 0.603 | 0.603 | 0.603 | 0.603 | 0.603 |
| 棉纱线 | kg | 0.738 | 0.738 | 0.738 | 0.801 | 0.801 | 0.801 |
| 六角螺栓(综合) | 10套 | 0.131 | 0.131 | 0.131 | 0.131 | 0.131 | 0.131 |
| 尼龙砂轮片 φ100 | 片 | 1.980 | 3.064 | 3.361 | 3.059 | 3.388 | 3.641 |
| 低碳钢焊条(综合) | kg | 47.930 | 67.495 | 86.204 | 58.894 | 73.094 | 93.358 |
| 氧气 | m³ | 15.130 | 23.706 | 26.116 | 22.849 | 25.586 | 28.196 |
| 乙炔气 | kg | 5.819 | 9.118 | 10.045 | 8.788 | 9.841 | 10.845 |
| 其他材料费 | % | 1.50 | 1.50 | 1.50 | 1.50 | 1.50 | 1.50 |
| 汽车式起重机 20t | 台班 | 0.690 | 0.743 | 0.796 | 0.778 | 0.832 | 0.902 |
| 载重汽车 8t | 台班 | 0.152 | 0.170 | 0.179 | 0.170 | 0.197 | 0.224 |
| 直流弧焊机 20kV·A | 台班 | 4.052 | 6.015 | 6.635 | 6.007 | 6.564 | 7.189 |
| 电焊条烘干箱 60×50×75(cm³) | 台班 | 0.405 | 0.602 | 0.664 | 0.601 | 0.656 | 0.719 |

**工作内容：**切管、坡口、对口、调直、焊接、找坡、找正、直管安装等操作过程。 计量单位：10m

| 编　号 | | 5-1-219 | 5-1-220 | 5-1-221 | 5-1-222 | 5-1-223 | 5-1-224 |
|---|---|---|---|---|---|---|---|
| 项　目 | | 管外径 × 壁厚（mm×mm 以内） | | | | | |
| | | 2 820 × 12 | 2 820 × 14 | 2 820 × 16 | 3 020 × 12 | 3 020 × 14 | 3 020 × 16 |
| 名　称 | 单位 | 消　耗　量 | | | | | |
| 合计工日 | 工日 | 35.322 | 36.467 | 36.676 | 39.517 | 40.743 | 40.989 |
| 普工 | 工日 | 10.597 | 10.940 | 11.003 | 11.855 | 12.223 | 12.297 |
| 一般技工 | 工日 | 21.192 | 21.880 | 22.005 | 23.710 | 24.446 | 24.593 |
| 高级技工 | 工日 | 3.533 | 3.647 | 3.668 | 3.952 | 4.074 | 4.099 |
| 钢板卷管 | m | （10.287） | （10.287） | （10.287） | （10.282） | （10.282） | （10.282） |
| 角钢（综合） | kg | 0.603 | 0.603 | 0.603 | 0.603 | 0.603 | 0.603 |
| 棉纱线 | kg | 0.860 | 0.860 | 0.860 | 0.923 | 0.923 | 0.923 |
| 六角螺栓（综合） | 10 套 | 0.131 | 0.131 | 0.131 | 0.131 | 0.131 | 0.131 |
| 尼龙砂轮片 $\phi100$ | 片 | 3.366 | 3.639 | 3.921 | 3.624 | 3.909 | 4.195 |
| 低碳钢焊条（综合） | kg | 63.413 | 78.694 | 95.918 | 78.539 | 94.436 | 107.577 |
| 氧气 | m³ | 24.520 | 27.467 | 30.276 | 26.193 | 29.349 | 32.358 |
| 乙炔气 | kg | 9.431 | 10.564 | 11.645 | 10.074 | 11.288 | 12.445 |
| 其他材料费 | % | 1.50 | 1.50 | 1.50 | 1.50 | 1.50 | 1.50 |
| 汽车式起重机 20t | 台班 | 0.849 | 0.885 | 1.000 | 0.973 | 1.062 | 1.088 |
| 载重汽车 8t | 台班 | 0.206 | 0.233 | 0.251 | 0.242 | 0.260 | 0.278 |
| 直流弧焊机 20kV·A | 台班 | 6.536 | 7.095 | 7.719 | 6.997 | 7.705 | 8.298 |
| 电焊条烘干箱 60×50×75（cm³） | 台班 | 0.654 | 0.710 | 0.772 | 0.700 | 0.771 | 0.830 |

## 7. 套管内铺设钢板卷管

**工作内容:**铺设工具制作、安装、焊口、直管安装、牵引推进等操作过程。　　　　　　　计量单位:10m

| 编　号 | | 5-1-225 | 5-1-226 | 5-1-227 | 5-1-228 | 5-1-229 | 5-1-230 |
|---|---|---|---|---|---|---|---|
| 项　目 | | 管外径(mm 以内) | | | | | |
| | | 219 | 273 | 325 | 377 | 426 | 529 |
| 名　称 | 单位 | 消　耗　量 | | | | | |
| 合计工日 | 工日 | 3.714 | 4.321 | 5.624 | 6.206 | 6.856 | 9.200 |
| 普工 | 工日 | 1.114 | 1.296 | 1.687 | 1.862 | 2.057 | 2.760 |
| 一般技工 | 工日 | 2.228 | 2.593 | 3.374 | 3.723 | 4.113 | 5.520 |
| 高级技工 | 工日 | 0.372 | 0.432 | 0.563 | 0.621 | 0.686 | 0.920 |
| 垫圈(综合) | kg | (0.854) | (0.854) | (0.854) | (0.854) | (0.854) | (0.854) |
| 滚轮 | 套 | (2.000) | (2.000) | (2.000) | (2.000) | (2.000) | (2.000) |
| 钢板卷管 | m | (10.400) | (10.390) | (10.380) | (10.369) | (10.359) | (10.339) |
| 扁钢 100×10 | kg | 33.080 | 38.750 | 44.210 | 49.510 | 54.810 | 65.620 |
| 角钢(综合) | kg | 0.156 | 0.156 | 0.156 | 0.156 | 0.156 | 0.156 |
| 棉纱线 | kg | 0.044 | 0.054 | 0.066 | 0.075 | 0.084 | 0.103 |
| 六角螺栓带螺母 M16×90 | 套 | 4.000 | 4.000 | 4.000 | 4.000 | 4.000 | 4.000 |
| 尼龙砂轮片 $\phi100$ | 片 | 0.080 | 0.100 | 0.137 | 0.169 | 0.191 | 0.297 |
| 低碳钢焊条(综合) | kg | 0.861 | 1.092 | 2.020 | 2.346 | 2.654 | 4.525 |
| 氧气 | m³ | 0.943 | 1.075 | 1.472 | 1.615 | 1.753 | 2.400 |
| 乙炔气 | kg | 0.363 | 0.413 | 0.566 | 0.621 | 0.674 | 0.923 |
| 其他材料费 | % | 1.50 | 1.50 | 1.50 | 1.50 | 1.50 | 1.50 |
| 汽车式起重机 8t | 台班 | — | — | 0.071 | 0.106 | 0.115 | 0.150 |
| 载重汽车 8t | 台班 | — | — | 0.027 | 0.036 | 0.045 | 0.045 |
| 电动单筒慢速卷扬机 30kN | 台班 | 0.097 | 0.124 | 0.142 | 0.186 | 0.230 | 0.318 |
| 直流弧焊机 20kV·A | 台班 | 0.183 | 0.226 | 0.316 | 0.367 | 0.415 | 0.567 |
| 电焊条烘干箱 60×50×75(cm³) | 台班 | 0.018 | 0.023 | 0.032 | 0.037 | 0.042 | 0.057 |

**工作内容:**铺设工具制作、安装、焊口、直管安装、牵引推进等操作过程。　　　　　　　　　　　　计量单位:10m

| 编　号 | | 5-1-231 | 5-1-232 | 5-1-233 | 5-1-234 | 5-1-235 | 5-1-236 |
|---|---|---|---|---|---|---|---|
| 项　目 | | 管外径(mm 以内) | | | | | |
| | | 630 | 720 | 820 | 920 | 1 020 | 1 220 |
| 名　称 | 单位 | 消　耗　量 | | | | | |
| 合计工日 | 工日 | 11.663 | 13.421 | 15.709 | 17.662 | 18.541 | 23.527 |
| 普工 | 工日 | 3.499 | 4.027 | 4.712 | 5.298 | 5.562 | 7.058 |
| 一般技工 | 工日 | 6.998 | 8.052 | 9.426 | 10.598 | 11.125 | 14.116 |
| 高级技工 | 工日 | 1.166 | 1.342 | 1.571 | 1.766 | 1.854 | 2.353 |
| 垫圈(综合) | kg | (0.854) | (0.854) | (0.854) | (0.854) | (0.854) | (0.854) |
| 滚轮 | 套 | (2.000) | (2.000) | (2.000) | (2.000) | (2.000) | (2.000) |
| 钢板卷管 | m | (10.328) | (10.318) | (10.308) | (10.298) | (10.287) | (10.277) |
| 扁钢 100×10 | kg | 76.220 | 85.670 | 96.160 | 106.670 | 117.160 | 138.150 |
| 角钢(综合) | kg | 0.156 | 0.172 | 0.172 | 0.172 | 0.172 | 0.306 |
| 棉纱线 | kg | 0.125 | 0.140 | 0.162 | 0.181 | 0.233 | 0.320 |
| 六角螺栓带螺母 M16×90 | 套 | 4.000 | 4.000 | 4.000 | 4.000 | 4.000 | 4.000 |
| 六角螺栓(综合) | 10套 | 0.038 | 0.038 | 0.038 | 0.038 | 0.038 | 0.050 |
| 尼龙砂轮片 $\phi100$ | 片 | 0.370 | 0.424 | 0.522 | 0.587 | 0.651 | 1.105 |
| 低碳钢焊条(综合) | kg | 6.186 | 7.080 | 8.138 | 9.139 | 10.140 | 20.469 |
| 氧气 | m³ | 2.901 | 3.240 | 3.660 | 3.722 | 4.482 | 8.117 |
| 乙炔气 | kg | 1.116 | 1.246 | 1.408 | 1.432 | 1.724 | 3.122 |
| 其他材料费 | % | 1.50 | 1.50 | 1.50 | 1.50 | 1.50 | 1.50 |
| 汽车式起重机 8t | 台班 | 0.177 | 0.203 | 0.257 | 0.292 | 0.327 | 0.398 |
| 载重汽车 8t | 台班 | 0.045 | 0.045 | 0.054 | 0.063 | 0.072 | 0.081 |
| 电动单筒慢速卷扬机 30kN | 台班 | 0.416 | 0.495 | 0.584 | 0.734 | 0.734 | 0.947 |
| 直流弧焊机 20kV·A | 台班 | 0.762 | 0.873 | 0.996 | 1.118 | 1.240 | 2.105 |
| 电焊条烘干箱 60×50×75(cm³) | 台班 | 0.076 | 0.087 | 0.100 | 0.112 | 0.124 | 0.211 |

## 8. 铸铁管（球墨铸铁管）安装

## （1）活动法兰铸铁管（机械接口）

**工作内容：** 上法兰、胶圈，紧螺栓，安装等操作过程。　　　　　　　　　　计量单位：10m

| 编　号 | | 5-1-237 | 5-1-238 | 5-1-239 | 5-1-240 | 5-1-241 | 5-1-242 |
|---|---|---|---|---|---|---|---|
| 项　目 | | 公称直径（mm 以内） | | | | | |
| | | 75 | 100 | 150 | 200 | 250 | 300 |
| 名　称 | 单位 | 消　耗　量 | | | | | |
| 合计工日 | 工日 | 0.748 | 0.795 | 1.025 | 1.119 | 1.347 | 1.803 |
| 普工 | 工日 | 0.224 | 0.239 | 0.307 | 0.336 | 0.404 | 0.541 |
| 一般技工 | 工日 | 0.449 | 0.477 | 0.615 | 0.671 | 0.808 | 1.082 |
| 高级技工 | 工日 | 0.075 | 0.079 | 0.103 | 0.112 | 0.135 | 0.180 |
| 金属垫片支撑圈 | 套 | （2.060） | （2.060） | （2.060） | （2.060） | （2.060） | （2.060） |
| 胶圈（机接） | 个 | （2.060） | （2.060） | （2.060） | （2.060） | （2.060） | （2.060） |
| 活动法兰铸铁管 | m | （10.000） | （10.000） | （10.000） | （10.000） | （10.000） | （10.000） |
| 活动法兰 | 片 | （2.000） | （2.000） | （2.000） | （2.000） | （2.000） | （2.000） |
| 镀锌铁丝 $\phi$0.7~1.2 | kg | 0.010 | 0.020 | 0.030 | 0.030 | 0.040 | 0.050 |
| 镀锌铁丝 $\phi$2.8~4.0 | kg | 0.050 | 0.060 | 0.060 | 0.060 | 0.060 | 0.060 |
| 塑料布 | m² | 0.230 | 0.240 | 0.330 | 0.420 | 0.540 | 0.660 |
| 破布 | kg | 0.250 | 0.260 | 0.290 | 0.370 | 0.400 | 0.430 |
| 带帽螺栓 玛钢 M12×100 | 套 | 8.240 | 8.240 | 12.360 | 12.360 | 12.360 | — |
| 带帽螺栓 玛钢 M20×100 | 套 | — | — | — | — | — | 16.480 |
| 黄甘油 | kg | 0.111 | 0.120 | 0.140 | 0.180 | 0.220 | 0.260 |
| 其他材料费 | % | 1.50 | 1.50 | 1.50 | 1.50 | 1.50 | 1.50 |
| 汽车式起重机 8t | 台班 | — | — | — | — | — | 0.053 |
| 载重汽车 8t | 台班 | — | — | — | — | — | 0.036 |

**工作内容:** 上法兰、胶圈,紧螺栓,安装等操作过程。 计量单位:10m

| 编　号 | | 5-1-243 | 5-1-244 | 5-1-245 | 5-1-246 | 5-1-247 |
|---|---|---|---|---|---|---|
| 项　目 | | 公称直径(mm 以内) | | | | |
| | | 350 | 400 | 450 | 500 | 600 |
| 名　称 | 单位 | 消　耗　量 | | | | |
| 合计工日 | 工日 | 2.190 | 2.820 | 3.402 | 4.654 | 5.435 |
| 普工 | 工日 | 0.657 | 0.846 | 1.021 | 1.396 | 1.630 |
| 一般技工 | 工日 | 1.314 | 1.692 | 2.041 | 2.793 | 3.261 |
| 高级技工 | 工日 | 0.219 | 0.282 | 0.340 | 0.465 | 0.544 |
| 金属垫片支撑圈 | 套 | (2.060) | (2.060) | (2.060) | (2.060) | (2.060) |
| 胶圈(机接) | 个 | (2.060) | (2.060) | (2.060) | (2.060) | (2.060) |
| 活动法兰铸铁管 | m | (10.000) | (10.000) | (10.000) | (10.000) | (10.000) |
| 活动法兰 | 片 | (2.000) | (2.000) | (2.000) | (2.000) | (2.000) |
| 镀锌铁丝 $\phi$0.7~1.2 | kg | 0.055 | 0.060 | 0.070 | 0.080 | 0.100 |
| 镀锌铁丝 $\phi$2.8~4.0 | kg | 0.060 | 0.060 | 0.060 | 0.060 | 0.060 |
| 塑料布 | m$^2$ | 0.800 | 0.940 | 1.111 | 1.280 | 1.520 |
| 破布 | kg | 0.445 | 0.460 | 0.520 | 0.580 | 0.710 |
| 带帽螺栓 玛钢 M20×100 | 套 | 16.480 | 20.600 | 20.600 | 28.840 | 32.960 |
| 黄甘油 | kg | 0.310 | 0.360 | 0.430 | 0.500 | 0.620 |
| 其他材料费 | % | 1.50 | 1.50 | 1.50 | 1.50 | 1.50 |
| 汽车式起重机 8t | 台班 | 0.062 | 0.071 | 0.080 | 0.088 | 0.106 |
| 载重汽车 8t | 台班 | 0.036 | 0.036 | 0.036 | 0.045 | 0.045 |

## （2）承插铸铁管（球墨铸铁管）安装（膨胀水泥接口）

**工作内容：**检查及清扫管材、切管、管道安装、调制接口材料、接口、养护。　　　　计量单位：10m

| 编　号 | | 5-1-248 | 5-1-249 | 5-1-250 | 5-1-251 | 5-1-252 | 5-1-253 | 5-1-254 | 5-1-255 |
|---|---|---|---|---|---|---|---|---|---|
| 项　目 | | 公称直径（mm 以内） | | | | | | | |
| | | 75 | 100 | 150 | 200 | 300 | 400 | 500 | 600 |
| 名　称 | 单位 | 消　耗　量 | | | | | | | |
| 合计工日 | 工日 | 0.556 | 0.570 | 0.722 | 1.155 | 0.991 | 1.347 | 1.721 | 2.006 |
| 普工 | 工日 | 0.167 | 0.171 | 0.217 | 0.347 | 0.297 | 0.404 | 0.517 | 0.602 |
| 一般技工 | 工日 | 0.333 | 0.342 | 0.433 | 0.693 | 0.595 | 0.808 | 1.032 | 1.203 |
| 高级技工 | 工日 | 0.056 | 0.057 | 0.072 | 0.115 | 0.099 | 0.135 | 0.172 | 0.201 |
| 铸铁管 | m | (10.000) | (10.000) | (10.000) | (10.000) | (10.000) | (10.000) | (10.000) | (10.000) |
| 油麻丝 | kg | 0.231 | 0.284 | 0.420 | 0.536 | 0.725 | 0.987 | 1.397 | 1.733 |
| 膨胀水泥 | kg | 1.749 | 2.178 | 3.201 | 4.114 | 5.500 | 7.546 | 10.648 | 13.222 |
| 氧气 | m³ | 0.055 | 0.099 | 0.132 | 0.231 | 0.264 | 0.495 | 0.627 | 0.759 |
| 乙炔气 | kg | 0.021 | 0.038 | 0.051 | 0.089 | 0.102 | 0.190 | 0.241 | 0.292 |
| 其他材料费 | % | 1.50 | 1.50 | 1.50 | 1.50 | 1.50 | 1.50 | 1.50 | 1.50 |
| 汽车式起重机 8t | 台班 | — | — | — | — | 0.053 | 0.071 | 0.088 | 0.106 |
| 载重汽车 8t | 台班 | — | — | — | — | 0.036 | 0.036 | 0.036 | 0.045 |

**工作内容:** 检查及清扫管材、切管、管道安装、调制接口材料、接口、养护。 计量单位:10m

| 编　号 | | 5-1-256 | 5-1-257 | 5-1-258 | 5-1-259 | 5-1-260 | 5-1-261 | 5-1-262 |
|---|---|---|---|---|---|---|---|---|
| 项　目 | | 公称直径(mm 以内) | | | | | | |
| | | 700 | 800 | 900 | 1 000 | 1 200 | 1 400 | 1 600 |
| 名　称 | 单位 | 消　耗　量 | | | | | | |
| 合计工日 | 工日 | 2.763 | 2.864 | 3.682 | 3.815 | 4.677 | 6.195 | 7.807 |
| 普工 | 工日 | 0.829 | 0.860 | 1.104 | 1.144 | 1.403 | 1.859 | 2.342 |
| 一般技工 | 工日 | 1.658 | 1.718 | 2.210 | 2.289 | 2.806 | 3.717 | 4.685 |
| 高级技工 | 工日 | 0.276 | 0.286 | 0.368 | 0.382 | 0.468 | 0.619 | 0.780 |
| 铸铁管 | m | (10.000) | (10.000) | (10.000) | (10.000) | (10.000) | (10.000) | (10.000) |
| 油麻丝 | kg | 2.090 | 2.478 | 2.877 | 3.581 | 4.589 | 6.111 | 7.382 |
| 膨胀水泥 | kg | 15.961 | 18.898 | 22.011 | 27.401 | 35.068 | 46.706 | 56.441 |
| 氧气 | m³ | 0.891 | 0.990 | 1.100 | 1.232 | 1.342 | 1.452 | 1.584 |
| 乙炔气 | kg | 0.343 | 0.381 | 0.423 | 0.474 | 0.516 | 0.558 | 0.609 |
| 其他材料费 | % | 1.50 | 1.50 | 1.50 | 1.50 | 1.50 | 1.50 | 1.50 |
| 汽车式起重机 8t | 台班 | 0.133 | 0.142 | 0.150 | — | — | — | — |
| 汽车式起重机 16t | 台班 | — | — | — | 0.159 | 0.168 | — | — |
| 汽车式起重机 20t | 台班 | — | — | — | — | — | 0.186 | 0.195 |
| 载重汽车 8t | 台班 | 0.045 | 0.054 | 0.054 | 0.081 | 0.081 | 0.099 | 0.116 |

## （3）承插铸铁管（球墨铸铁管）安装（胶圈接口）

**工作内容：**检查及清扫管材、切管、管道安装、上胶圈。　　　　　　　　　　　计量单位：10m

| 编　号 | | 5-1-263 | 5-1-264 | 5-1-265 | 5-1-266 | 5-1-267 | 5-1-268 | 5-1-269 | 5-1-270 |
|---|---|---|---|---|---|---|---|---|---|
| 项　目 | | 公称直径（mm 以内） | | | | | | | |
| | | 100 | 150 | 200 | 300 | 400 | 500 | 600 | 700 |
| 名　称 | 单位 | 消　耗　量 | | | | | | | |
| 合计工日 | 工日 | 0.552 | 0.726 | 1.097 | 1.062 | 1.523 | 1.896 | 2.184 | 3.014 |
| 普工 | 工日 | 0.166 | 0.218 | 0.329 | 0.319 | 0.457 | 0.569 | 0.655 | 0.904 |
| 一般技工 | 工日 | 0.331 | 0.435 | 0.658 | 0.637 | 0.914 | 1.137 | 1.310 | 1.808 |
| 高级技工 | 工日 | 0.055 | 0.073 | 0.110 | 0.106 | 0.152 | 0.190 | 0.219 | 0.302 |
| 橡胶圈 | 个 | (1.720) | (1.720) | (1.720) | (1.720) | (1.720) | (1.720) | (1.720) | (1.720) |
| 铸铁管 | m | (10.000) | (10.000) | (10.000) | (10.000) | (10.000) | (10.000) | (10.000) | (10.000) |
| 润滑油 | kg | 0.067 | 0.088 | 0.158 | 0.133 | 0.151 | 0.184 | 0.218 | 0.251 |
| 氧气 | m³ | 0.066 | 0.085 | 0.151 | 0.220 | 0.414 | 0.521 | 0.633 | 0.743 |
| 乙炔气 | kg | 0.025 | 0.033 | 0.058 | 0.085 | 0.159 | 0.200 | 0.243 | 0.286 |
| 其他材料费 | % | 1.50 | 1.50 | 1.50 | 1.50 | 1.50 | 1.50 | 1.50 | 1.50 |
| 汽车式起重机 8t | 台班 | — | — | — | 0.053 | 0.071 | 0.088 | 0.106 | 0.133 |
| 载重汽车 8t | 台班 | — | — | — | 0.036 | 0.036 | 0.036 | 0.045 | 0.045 |

**工作内容：**检查及清扫管材、切管、管道安装、上胶圈。　　　　　　　　　　　　　　　　　　计量单位：10m

| 编　号 | | 5-1-271 | 5-1-272 | 5-1-273 | 5-1-274 | 5-1-275 | 5-1-276 |
|---|---|---|---|---|---|---|---|
| 项　目 | | 公称直径（mm 以内） | | | | | |
| | | 800 | 900 | 1 000 | 1 200 | 1 400 | 1 600 |
| 名　称 | 单位 | 消　耗　量 | | | | | |
| 合计工日 | 工日 | 3.129 | 3.879 | 4.212 | 5.131 | 6.428 | 8.018 |
| 普工 | 工日 | 0.939 | 1.164 | 1.264 | 1.539 | 1.928 | 2.405 |
| 一般技工 | 工日 | 1.877 | 2.327 | 2.527 | 3.079 | 3.857 | 4.811 |
| 高级技工 | 工日 | 0.313 | 0.388 | 0.421 | 0.513 | 0.643 | 0.802 |
| 橡胶圈 | 个 | （1.720） | （1.720） | （1.720） | （1.720） | （1.720） | （1.720） |
| 铸铁管 | m | （10.000） | （10.000） | （10.000） | （10.000） | （10.000） | （10.000） |
| 润滑油 | kg | 0.285 | 0.332 | 0.351 | 0.418 | 0.502 | 0.568 |
| 氧气 | m³ | 0.825 | 0.919 | 1.029 | 1.121 | 1.212 | 1.322 |
| 乙炔气 | kg | 0.317 | 0.353 | 0.396 | 0.431 | 0.466 | 0.508 |
| 其他材料费 | % | 1.50 | 1.50 | 1.50 | 1.50 | 1.50 | 1.50 |
| 汽车式起重机 8t | 台班 | 0.142 | 0.150 | — | — | — | — |
| 汽车式起重机 16t | 台班 | — | — | 0.159 | 0.168 | — | — |
| 汽车式起重机 20t | 台班 | — | — | — | — | 0.186 | 0.195 |
| 载重汽车 8t | 台班 | 0.054 | 0.054 | 0.081 | 0.081 | 0.099 | 0.116 |

## 9. 套管内铺设铸铁管（机械接口）

**工作内容：**铺设工具制安、焊口、直管安装、牵引推进等操作过程。 计量单位：10m

| 编　号 | | 5-1-277 | 5-1-278 | 5-1-279 | 5-1-280 | 5-1-281 |
|---|---|---|---|---|---|---|
| 项　目 | | 公称直径（mm 以内） | | | | |
| | | 100 | 150 | 200 | 250 | 300 |
| 名　称 | 单位 | 消　耗　量 | | | | |
| 合计工日 | 工日 | 2.454 | 2.632 | 3.133 | 3.447 | 4.071 |
| 普工 | 工日 | 0.736 | 0.789 | 0.940 | 1.034 | 1.221 |
| 一般技工 | 工日 | 1.472 | 1.580 | 1.880 | 2.068 | 2.443 |
| 高级技工 | 工日 | 0.246 | 0.263 | 0.313 | 0.345 | 0.407 |
| 滑杆 | kg | （12.600） | （12.600） | （12.600） | （12.600） | （12.600） |
| 橡胶圈 | 个 | （2.060） | （2.060） | （2.060） | （2.060） | （2.060） |
| 活动法兰铸铁管 | m | （10.000） | （10.000） | （10.000） | （10.000） | （10.000） |
| 活动法兰 | 片 | （2.000） | （2.000） | （2.000） | （2.000） | （2.000） |
| 镀锌铁丝 $\phi$0.7~1.2 | kg | 0.020 | 0.030 | 0.030 | 0.040 | 0.050 |
| 镀锌铁丝 $\phi$2.5~4.0 | kg | 0.060 | 0.060 | 0.060 | 0.060 | 0.060 |
| 扁钢（综合） | kg | 5.080 | 5.080 | 9.610 | 11.875 | 14.140 |
| 塑料布 | m² | 0.240 | 0.330 | 0.420 | 0.540 | 0.660 |
| 破布 | kg | 0.260 | 0.290 | 0.360 | 0.400 | 0.410 |
| 六角螺栓带螺母 M18×50 | kg | 1.740 | 1.740 | 1.740 | 1.740 | 1.740 |
| 带帽螺栓 玛钢 M12×100 | 套 | 8.240 | 12.360 | 12.360 | 12.360 | 16.480 |
| 黄甘油 | kg | 0.120 | 0.140 | 0.180 | 0.220 | 0.260 |
| 其他材料费 | % | 1.50 | 1.50 | 1.50 | 1.50 | 1.50 |
| 汽车式起重机 8t | 台班 | — | — | — | — | 0.053 |
| 载重汽车 8t | 台班 | — | — | — | — | 0.036 |
| 电动单筒慢速卷扬机 30kN | 台班 | 0.088 | 0.088 | 0.106 | 0.133 | 0.150 |

**工作内容：** 铺设工具制安、焊口、直管安装、牵引推进等操作过程。　　　　　计量单位：10m

| 编　号 | | 5-1-282 | 5-1-283 | 5-1-284 | 5-1-285 | 5-1-286 |
|---|---|---|---|---|---|---|
| 项　目 | | 公称直径（mm 以内） | | | | |
| | | 350 | 400 | 450 | 500 | 600 |
| 名　称 | 单位 | 消　耗　量 | | | | |
| 合计工日 | 工日 | 4.714 | 5.691 | 6.603 | 8.432 | 9.721 |
| 普工 | 工日 | 1.414 | 1.707 | 1.981 | 2.530 | 2.916 |
| 一般技工 | 工日 | 2.828 | 3.415 | 3.961 | 5.059 | 5.833 |
| 高级技工 | 工日 | 0.472 | 0.569 | 0.661 | 0.843 | 0.972 |
| 滑杆 | kg | （12.600） | （12.600） | （12.600） | （12.600） | （12.600） |
| 橡胶圈 | 个 | （2.060） | （2.060） | （2.060） | （2.060） | （2.060） |
| 活动法兰铸铁管 | m | （10.000） | （10.000） | （10.000） | （10.000） | （10.000） |
| 活动法兰 | 片 | （2.000） | （2.000） | （2.000） | （2.000） | （2.000） |
| 镀锌铁丝 φ0.7~1.2 | kg | 0.050 | 0.062 | 0.070 | 0.080 | 0.100 |
| 镀锌铁丝 φ2.5~4.0 | kg | 0.060 | 0.060 | 0.060 | 0.060 | 0.060 |
| 扁钢（综合） | kg | 16.150 | 18.160 | 20.220 | 22.280 | 26.330 |
| 塑料布 | m² | 0.800 | 0.944 | 1.110 | 1.280 | 1.520 |
| 破布 | kg | 0.445 | 0.445 | 0.520 | 0.580 | 0.680 |
| 六角螺栓带螺母 M18×50 | kg | 1.740 | 1.740 | 1.740 | 1.740 | 1.740 |
| 带帽螺栓 玛钢 M12×100 | 套 | 16.480 | 20.600 | 20.600 | 28.840 | 32.960 |
| 黄甘油 | kg | 0.310 | 0.360 | 0.430 | 0.500 | 0.620 |
| 其他材料费 | % | 1.50 | 1.50 | 1.50 | 1.50 | 1.50 |
| 汽车式起重机 8t | 台班 | 0.062 | 0.071 | 0.080 | 0.088 | 0.106 |
| 载重汽车 8t | 台班 | 0.036 | 0.036 | 0.036 | 0.045 | 0.045 |
| 电动单筒慢速卷扬机 30kN | 台班 | 0.203 | 0.257 | 0.301 | 0.345 | 0.442 |

## 10. 塑料管安装

### （1）塑料管安装（黏接）

**工作内容：**检查及清扫管材、切管、安装、黏接、调直。 计量单位：10m

| 编 号 | | 5-1-287 | 5-1-288 | 5-1-289 | 5-1-290 |
|---|---|---|---|---|---|
| 项 目 | | 管外径（mm 以内） | | | |
| | | 110 | 125 | 140 | 160 |
| 名 称 | 单位 | 消 耗 量 | | | |
| 合计工日 | 工日 | 0.760 | 0.870 | 0.952 | 1.094 |
| 普工 | 工日 | 0.228 | 0.261 | 0.286 | 0.328 |
| 一般技工 | 工日 | 0.456 | 0.522 | 0.571 | 0.656 |
| 高级技工 | 工日 | 0.076 | 0.087 | 0.095 | 0.110 |
| 塑料管 | m | （10.600） | （10.600） | （10.600） | （10.600） |
| 砂布 | 张 | 0.522 | 0.696 | 0.696 | 0.696 |
| 丙酮 | kg | 0.047 | 0.054 | 0.065 | 0.070 |
| 黏接胶 | kg | 0.032 | 0.036 | 0.043 | 0.048 |
| 其他材料费 | % | 1.50 | 1.50 | 1.50 | 1.50 |

### （2）塑料管安装（胶圈接口）

**工作内容：**检查及清扫管材、切管、安装、上胶圈、对口、调直。 计量单位：10m

| 编 号 | | 5-1-291 | 5-1-292 | 5-1-293 | 5-1-294 | 5-1-295 | 5-1-296 | 5-1-297 | 5-1-298 |
|---|---|---|---|---|---|---|---|---|---|
| 项 目 | | 管外径（mm 以内） | | | | | | | |
| | | 110 | 125 | 160 | 250 | 315 | 355 | 400 | 500 |
| 名 称 | 单位 | 消 耗 量 | | | | | | | |
| 合计工日 | 工日 | 0.479 | 0.546 | 0.694 | 1.181 | 1.411 | 1.697 | 1.869 | 2.157 |
| 普工 | 工日 | 0.144 | 0.164 | 0.208 | 0.354 | 0.423 | 0.509 | 0.561 | 0.647 |
| 一般技工 | 工日 | 0.287 | 0.328 | 0.416 | 0.709 | 0.847 | 1.018 | 1.121 | 1.294 |
| 高级技工 | 工日 | 0.048 | 0.054 | 0.070 | 0.118 | 0.141 | 0.170 | 0.187 | 0.216 |
| 橡胶圈 | 个 | （2.060） | （2.060） | （2.060） | （2.060） | （2.060） | （2.060） | （2.060） | （2.060） |
| 塑料管 | m | （10.600） | （10.600） | （10.600） | （10.600） | （10.600） | （10.600） | （10.600） | （10.600） |
| 砂布 | 张 | 0.522 | 0.696 | 0.696 | 1.104 | 1.217 | 1.304 | 1.478 | 1.565 |
| 润滑油 | kg | 0.074 | 0.080 | 0.101 | 0.141 | 0.141 | 0.181 | 0.181 | 0.221 |
| 其他材料费 | % | 1.50 | 1.50 | 1.50 | 1.50 | 1.50 | 1.50 | 1.50 | 1.50 |

**工作内容:** 检查及清扫管材、切管、安装、上胶圈、对口、调直。　　　　　　　　　　　　　　　　计量单位:10m

| 编　号 | | 5-1-299 | 5-1-300 | 5-1-301 | 5-1-302 | 5-1-303 | 5-1-304 | 5-1-305 | 5-1-306 | 5-1-307 |
|---|---|---|---|---|---|---|---|---|---|---|
| 项　目 | | 管外径(mm 以内) | | | | | | | | |
| | | 600 | 700 | 800 | 900 | 1 000 | 1 200 | 1 500 | 1 800 | 2 000 |
| 名　称 | 单位 | 消　耗　量 | | | | | | | | |
| 合计工日 | 工日 | 2.300 | 2.569 | 2.839 | 3.108 | 3.426 | 3.597 | 3.743 | 4.060 | 4.378 |
| 普工 | 工日 | 0.690 | 0.771 | 0.852 | 0.932 | 1.028 | 1.079 | 1.123 | 1.218 | 1.313 |
| 一般技工 | 工日 | 1.380 | 1.541 | 1.703 | 1.865 | 2.055 | 2.158 | 2.246 | 2.436 | 2.627 |
| 高级技工 | 工日 | 0.230 | 0.257 | 0.284 | 0.311 | 0.343 | 0.360 | 0.374 | 0.406 | 0.438 |
| 橡胶圈 | 个 | (2.060) | (2.060) | (2.060) | (2.060) | (2.060) | (2.060) | (2.060) | (2.060) | (2.060) |
| 塑料管 | m | (10.600) | (10.600) | (10.600) | (10.600) | (10.600) | (10.600) | (10.600) | (10.600) | (10.600) |
| 砂布 | 张 | 1.655 | 1.745 | 1.835 | 1.925 | 2.015 | 2.010 | 2.105 | 2.205 | 2.305 |
| 润滑油 | kg | 0.271 | 0.321 | 0.371 | 0.421 | 0.470 | 0.490 | 0.520 | 0.570 | 0.630 |
| 其他材料费 | % | 1.50 | 1.50 | 1.50 | 1.50 | 1.50 | 1.50 | 1.50 | 1.50 | 1.50 |
| 汽车式起重机 8t | 台班 | 0.037 | 0.043 | 0.050 | 0.063 | 0.076 | 0.092 | — | — | — |
| 汽车式起重机 12t | 台班 | — | — | — | — | — | — | 0.117 | — | — |
| 汽车式起重机 16t | 台班 | — | — | — | — | — | — | — | 0.167 | 0.220 |
| 载重汽车 8t | 台班 | — | 0.012 | 0.012 | 0.015 | 0.018 | 0.022 | 0.029 | 0.040 | 0.053 |

## (3) 塑料管安装(对接熔接)

**工作内容:** 管口切削、对口、升温、熔接等操作过程。　　　　　　　　　　　　　　　　计量单位:10m

| 编　号 | | 5-1-308 | 5-1-309 | 5-1-310 | 5-1-311 | 5-1-312 | 5-1-313 |
|---|---|---|---|---|---|---|---|
| 项　目 | | 管外径(mm 以内) | | | | | |
| | | 110 | 125 | 160 | 200 | 250 | 315 |
| 名　称 | 单位 | 消　耗　量 | | | | | |
| 合计工日 | 工日 | 0.269 | 0.328 | 0.417 | 0.506 | 0.670 | 0.983 |
| 普工 | 工日 | 0.081 | 0.099 | 0.125 | 0.152 | 0.201 | 0.295 |
| 一般技工 | 工日 | 0.161 | 0.196 | 0.250 | 0.303 | 0.402 | 0.589 |
| 高级技工 | 工日 | 0.027 | 0.033 | 0.042 | 0.051 | 0.067 | 0.099 |
| 塑料管 | m | (10.600) | (10.600) | (10.600) | (10.600) | (10.600) | (10.600) |
| 三氯乙烯 | kg | 0.010 | 0.020 | 0.020 | 0.020 | 0.040 | 0.040 |
| 破布 | kg | 0.017 | 0.020 | 0.034 | 0.047 | 0.061 | 0.079 |
| 其他材料费 | % | 1.50 | 1.50 | 1.50 | 1.50 | 1.50 | 1.50 |
| 热熔对接焊机 630mm | 台班 | 0.126 | 0.167 | 0.219 | 0.272 | 0.339 | 0.484 |

**工作内容：**管口切削、对口、升温、熔接等操作过程。　　　　　　　　　　　　　　　　　　　　　计量单位：10m

| 编　　　号 | | 5-1-314 | 5-1-315 | 5-1-316 | 5-1-317 | 5-1-318 | 5-1-319 |
|---|---|---|---|---|---|---|---|
| 项　　　目 | | 管外径（mm 以内） | | | | | |
| | | 355 | 400 | 450 | 500 | 560 | 630 |
| 名　　　称 | 单位 | 消　耗　量 | | | | | |
| 合计工日 | 工日 | 1.459 | 1.830 | 2.463 | 2.863 | 3.131 | 3.391 |
| 普工 | 工日 | 0.438 | 0.549 | 0.739 | 0.859 | 0.939 | 1.017 |
| 一般技工 | 工日 | 0.875 | 1.098 | 1.477 | 1.718 | 1.879 | 2.035 |
| 高级技工 | 工日 | 0.146 | 0.183 | 0.247 | 0.286 | 0.313 | 0.339 |
| 塑料管 | m | （10.600） | （10.600） | （10.600） | （10.600） | （10.600） | （10.600） |
| 三氯乙烯 | kg | 0.040 | 0.060 | 0.060 | 0.060 | 0.063 | 0.066 |
| 破布 | kg | 0.103 | 0.133 | 0.174 | 0.226 | 0.237 | 0.249 |
| 其他材料费 | % | 1.50 | 1.50 | 1.50 | 1.50 | 1.50 | 1.50 |
| 汽车式起重机 8t | 台班 | — | — | — | — | — | 0.037 |
| 热熔对接焊机 630mm | 台班 | 0.593 | 0.790 | 0.889 | 1.111 | 1.240 | 1.369 |

## （4）塑料管安装（电熔管件熔接）

**工作内容：**管口切削、上电熔管件、升温、熔接等操作过程。　　　　　　　　　　　　　　　　　计量单位：10m

| 编　　　号 | | 5-1-320 | 5-1-321 | 5-1-322 | 5-1-323 | 5-1-324 | 5-1-325 |
|---|---|---|---|---|---|---|---|
| 项　　　目 | | 管外径（mm 以内） | | | | | |
| | | 110 | 125 | 160 | 200 | 250 | 315 |
| 名　　　称 | 单位 | 消　耗　量 | | | | | |
| 合计工日 | 工日 | 0.256 | 0.310 | 0.400 | 0.484 | 0.660 | 0.835 |
| 普工 | 工日 | 0.077 | 0.093 | 0.120 | 0.145 | 0.198 | 0.251 |
| 一般技工 | 工日 | 0.153 | 0.186 | 0.240 | 0.291 | 0.396 | 0.501 |
| 高级技工 | 工日 | 0.026 | 0.031 | 0.040 | 0.048 | 0.066 | 0.083 |
| 塑料管 | m | （10.600） | （10.600） | （10.600） | （10.600） | （10.600） | （10.600） |
| 电熔套筒 | 个 | （1.000） | （1.000） | （1.000） | （1.000） | （1.000） | （1.000） |
| 三氯乙烯 | kg | 0.002 | 0.002 | 0.002 | 0.002 | 0.003 | 0.003 |
| 破布 | kg | 0.017 | 0.020 | 0.034 | 0.047 | 0.074 | 0.101 |
| 其他材料费 | % | 1.50 | 1.50 | 1.50 | 1.50 | 1.50 | 1.50 |
| 电熔焊接机 3.5kW | 台班 | 0.125 | 0.167 | 0.234 | 0.271 | 0.271 | 0.271 |

**工作内容:** 管口切削、上电熔管件、升温、熔接等操作过程。                                      计量单位:10m

| 编　号 | | 5-1-326 | 5-1-327 | 5-1-328 | 5-1-329 |
|---|---|---|---|---|---|
| 项　目 | | 管外径(mm 以内) | | | |
| | | 400 | 500 | 600 | 700 |
| 名　称 | 单位 | 消　耗　量 | | | |
| 合计工日 | 工日 | 1.009 | 1.183 | 1.357 | 1.533 |
| 普工 | 工日 | 0.303 | 0.355 | 0.407 | 0.460 |
| 一般技工 | 工日 | 0.605 | 0.710 | 0.814 | 0.920 |
| 高级技工 | 工日 | 0.101 | 0.118 | 0.136 | 0.153 |
| 塑料管 | m | (10.600) | (10.600) | (10.600) | (10.600) |
| 电熔套筒 | 个 | (1.000) | (1.000) | (1.000) | (1.000) |
| 三氯乙烯 | kg | 0.003 | 0.003 | 0.004 | 0.004 |
| 破布 | kg | 0.128 | 0.155 | 0.182 | 0.212 |
| 其他材料费 | % | 1.50 | 1.50 | 1.50 | 1.50 |
| 汽车式起重机 8t | 台班 | — | — | 0.037 | 0.043 |
| 载重汽车 8t | 台班 | — | — | — | 0.012 |
| 电熔焊接机 3.5kW | 台班 | 0.376 | 0.376 | 0.498 | 0.498 |

**工作内容:** 管口切削、上电熔管件、升温、熔接等操作过程。                                      计量单位:10m

| 编　号 | | 5-1-330 | 5-1-331 | 5-1-332 | 5-1-333 |
|---|---|---|---|---|---|
| 项　目 | | 管外径(mm 以内) | | | |
| | | 800 | 900 | 1 000 | 1 200 |
| 名　称 | 单位 | 消　耗　量 | | | |
| 合计工日 | 工日 | 1.708 | 1.881 | 2.056 | 2.230 |
| 普工 | 工日 | 0.513 | 0.564 | 0.617 | 0.669 |
| 一般技工 | 工日 | 1.024 | 1.129 | 1.233 | 1.338 |
| 高级技工 | 工日 | 0.171 | 0.188 | 0.206 | 0.223 |
| 塑料管 | m | (10.600) | (10.600) | (10.600) | (10.600) |
| 电熔套筒 | 个 | (1.000) | (1.000) | (1.000) | (1.000) |
| 三氯乙烯 | kg | 0.004 | 0.004 | 0.004 | 0.004 |
| 破布 | kg | 0.242 | 0.272 | 0.292 | 0.312 |
| 其他材料费 | % | 1.50 | 1.50 | 1.50 | 1.50 |
| 汽车式起重机 8t | 台班 | 0.050 | 0.063 | 0.076 | 0.092 |
| 载重汽车 8t | 台班 | 0.012 | 0.015 | 0.018 | 0.022 |
| 电熔焊接机 3.5kW | 台班 | 0.498 | 0.620 | 0.620 | 0.620 |

## （5）塑料管安装（电熔连接）

**工作内容：**管口切削、清理管口、组对、升温、熔接等操作过程。　　　　　　　　　　　　　　　计量单位：10m

| 编　号 | | 5-1-334 | 5-1-335 | 5-1-336 | 5-1-337 | 5-1-338 |
|---|---|---|---|---|---|---|
| 项　目 | | 管外径（mm 以内） | | | | |
| | | 160 | 200 | 315 | 400 | 500 |
| 名　称 | 单位 | 消　耗　量 | | | | |
| 合计工日 | 工日 | 0.306 | 0.357 | 0.477 | 0.610 | 0.767 |
| 普工 | 工日 | 0.092 | 0.107 | 0.143 | 0.183 | 0.230 |
| 一般技工 | 工日 | 0.183 | 0.214 | 0.286 | 0.366 | 0.460 |
| 高级技工 | 工日 | 0.031 | 0.036 | 0.048 | 0.061 | 0.077 |
| 塑料管 | m | （10.600） | （10.600） | （10.600） | （10.600） | （10.600） |
| 破布 | kg | 0.025 | 0.047 | 0.108 | 0.206 | 0.392 |
| 三氯乙烯 | kg | 0.002 | 0.002 | 0.003 | 0.003 | 0.004 |
| 其他材料费 | % | 1.50 | 1.50 | 1.50 | 1.50 | 1.50 |
| 电熔焊接机　3.5kW | 台班 | 0.218 | 0.271 | 0.440 | 0.587 | 0.786 |

**工作内容：**管口切削、清理管口、组对、升温、熔接等操作过程。　　　　　　　　　　　　　　　计量单位：10m

| 编　号 | | 5-1-339 | 5-1-340 | 5-1-341 | 5-1-342 | 5-1-343 | 5-1-344 |
|---|---|---|---|---|---|---|---|
| 项　目 | | 管外径（mm 以内） | | | | | |
| | | 600 | 700 | 800 | 900 | 1 000 | 1 200 |
| 名　称 | 单位 | 消　耗　量 | | | | | |
| 合计工日 | 工日 | 1.071 | 1.198 | 1.317 | 1.444 | 1.570 | 1.696 |
| 普工 | 工日 | 0.321 | 0.360 | 0.395 | 0.433 | 0.471 | 0.509 |
| 一般技工 | 工日 | 0.643 | 0.718 | 0.790 | 0.866 | 0.942 | 1.017 |
| 高级技工 | 工日 | 0.107 | 0.120 | 0.132 | 0.145 | 0.157 | 0.170 |
| 塑料管 | m | （10.600） | （10.600） | （10.600） | （10.600） | （10.600） | （10.600） |
| 破布 | kg | 0.578 | 0.764 | 0.951 | 1.119 | 1.288 | 1.457 |
| 三氯乙烯 | kg | 0.005 | 0.006 | 0.007 | 0.008 | 0.009 | 0.010 |
| 其他材料费 | % | 1.50 | 1.50 | 1.50 | 1.50 | 1.50 | 1.50 |
| 汽车式起重机　8t | 台班 | 0.037 | 0.043 | 0.050 | 0.063 | 0.076 | 0.092 |
| 载重汽车　8t | 台班 | — | 0.012 | 0.012 | 0.015 | 0.018 | 0.022 |
| 电熔焊接机　3.5kW | 台班 | 0.986 | 1.186 | 1.386 | 1.586 | 1.786 | 1.986 |

**工作内容:** 管口切削、清理管口、组对、升温、熔接等操作过程。　　　　　　　　　　　　　　　计量单位:10m

| 编　号 | | 5-1-345 | 5-1-346 | 5-1-347 | 5-1-348 | 5-1-349 |
|---|---|---|---|---|---|---|
| 项　目 | | 管外径（mm 以内） | | | | |
| | | 1 500 | 1 800 | 2 000 | 2 500 | 3 000 |
| 名　称 | 单位 | 消　耗　量 | | | | |
| 合计工日 | 工日 | 1.816 | 1.941 | 2.069 | 2.194 | 2.313 |
| 普工 | 工日 | 0.545 | 0.582 | 0.621 | 0.658 | 0.694 |
| 一般技工 | 工日 | 1.089 | 1.165 | 1.241 | 1.317 | 1.388 |
| 高级技工 | 工日 | 0.182 | 0.194 | 0.207 | 0.219 | 0.231 |
| 塑料管 | m | （10.600） | （10.600） | （10.600） | （10.600） | （10.600） |
| 破布 | kg | 1.626 | 1.793 | 1.901 | 2.056 | 2.212 |
| 三氯乙烯 | kg | 0.011 | 0.012 | 0.013 | 0.014 | 0.015 |
| 其他材料费 | % | 1.50 | 1.50 | 1.50 | 1.50 | 1.50 |
| 汽车式起重机 8t | 台班 | 0.117 | 0.167 | 0.219 | 0.264 | 0.277 |
| 载重汽车 8t | 台班 | 0.029 | 0.040 | 0.053 | 0.064 | 0.067 |
| 电熔焊接机 3.5kW | 台班 | 2.186 | 2.386 | 2.586 | 2.786 | 2.986 |

## （6）玻璃钢夹砂管安装（胶圈接口）

**工作内容:** 检查、清扫管材,排管、下管、上胶圈、对口、调直等。　　　　　　　　　　　　　　　计量单位:10m

| 编　号 | | 5-1-350 | 5-1-351 | 5-1-352 | 5-1-353 | 5-1-354 | 5-1-355 | 5-1-356 |
|---|---|---|---|---|---|---|---|---|
| 项　目 | | 公称直径（mm 以内） | | | | | | |
| | | 300 | 400 | 500 | 600 | 700 | 800 | 900 |
| 名　称 | 单位 | 消　耗　量 | | | | | | |
| 合计工日 | 工日 | 1.562 | 2.149 | 2.480 | 2.643 | 2.955 | 3.263 | 3.576 |
| 普工 | 工日 | 0.468 | 0.645 | 0.744 | 0.793 | 0.887 | 0.979 | 1.073 |
| 一般技工 | 工日 | 0.938 | 1.289 | 1.488 | 1.586 | 1.772 | 1.958 | 2.145 |
| 高级技工 | 工日 | 0.156 | 0.215 | 0.248 | 0.264 | 0.296 | 0.326 | 0.358 |
| 玻璃钢夹砂管 | m | （10.600） | （10.600） | （10.600） | （10.600） | （10.600） | （10.600） | （10.600） |
| 橡胶圈 | 个 | （1.717） | （1.717） | （1.717） | （1.717） | （1.717） | （1.717） | （1.717） |
| 润滑油 | kg | 0.133 | 0.149 | 0.183 | 0.216 | 0.249 | 0.282 | 0.315 |
| 其他材料费 | % | 1.50 | 1.50 | 1.50 | 1.50 | 1.50 | 1.50 | 1.50 |
| 汽车式起重机 8t | 台班 | 0.071 | 0.085 | 0.099 | 0.125 | 0.142 | 0.150 | 0.177 |
| 载重汽车 8t | 台班 | 0.022 | 0.029 | 0.036 | 0.036 | 0.036 | 0.043 | 0.043 |

**工作内容：**检查、清扫管材，排管、下管、上胶圈、对口、调直等。　　　　　　　　　计量单位：10m

| 编　号 | | 5-1-357 | 5-1-358 | 5-1-359 | 5-1-360 | 5-1-361 | 5-1-362 |
|---|---|---|---|---|---|---|---|
| 项　目 | | 公称直径（mm 以内） | | | | | |
| | | 1 000 | 1 200 | 1 400 | 1 600 | 1 800 | 2 000 |
| 名　称 | 单位 | 消 耗 量 | | | | | |
| 合计工日 | 工日 | 3.940 | 4.137 | 4.248 | 4.426 | 4.669 | 5.034 |
| 普工 | 工日 | 1.182 | 1.241 | 1.274 | 1.328 | 1.401 | 1.510 |
| 一般技工 | 工日 | 2.364 | 2.482 | 2.549 | 2.655 | 2.801 | 3.021 |
| 高级技工 | 工日 | 0.394 | 0.414 | 0.425 | 0.443 | 0.467 | 0.503 |
| 玻璃钢夹砂管 | m | （10.600） | （10.600） | （10.600） | （10.600） | （10.600） | （10.600） |
| 橡胶圈 | 个 | （1.717） | （1.717） | （1.717） | （1.717） | （1.717） | （1.717） |
| 润滑油 | kg | 0.349 | 0.415 | 0.498 | 0.564 | 0.631 | 0.710 |
| 其他材料费 | % | 1.50 | 1.50 | 1.50 | 1.50 | 1.50 | 1.50 |
| 汽车式起重机 12t | 台班 | 0.198 | 0.220 | — | — | — | — |
| 汽车式起重机 16t | 台班 | — | — | 0.247 | — | — | — |
| 汽车式起重机 20t | 台班 | — | — | — | 0.269 | 0.290 | 0.293 |
| 载重汽车 8t | 台班 | 0.065 | 0.065 | 0.086 | 0.108 | 0.108 | 0.112 |

## 11. 预制钢套钢复合保温管安装

### （1）预制钢套钢复合保温管安装（电弧焊）

**工作内容：**管子切口、坡口加工、坡口及磨平、管口组对、焊接、找坡、找正、直管安装等操作过程。

计量单位：100m

| 编　号 | | 5-1-363 | 5-1-364 | 5-1-365 | 5-1-366 | 5-1-367 |
|---|---|---|---|---|---|---|
| 项　目 | | 公称直径（mm 以内） | | | | |
| | | 65 | 80 | 100 | 125 | 150 |
| 名　称 | 单位 | 消　耗　量 | | | | |
| 合计工日 | 工日 | 8.710 | 8.934 | 11.001 | 12.510 | 14.511 |
| 普工 | 工日 | 2.613 | 2.680 | 3.300 | 3.753 | 4.353 |
| 一般技工 | 工日 | 5.226 | 5.360 | 6.601 | 7.506 | 8.707 |
| 高级技工 | 工日 | 0.871 | 0.894 | 1.100 | 1.251 | 1.451 |
| 预制钢套钢复合保温管 | m | （101.500） | （101.500） | （101.500） | （101.500） | （101.500） |
| 棉纱线 | kg | 0.140 | 0.180 | 0.210 | 0.250 | 0.310 |
| 破布 | kg | 2.800 | 3.000 | 3.500 | 3.800 | 4.000 |
| 尼龙砂轮片 $\phi100$ | 片 | 0.210 | 0.250 | 0.340 | 0.430 | 0.560 |
| 低碳钢焊条（综合） | kg | 1.730 | 2.050 | 2.640 | 4.230 | 6.080 |
| 镀锌铁丝 $\phi4.0$ | kg | 0.660 | 0.660 | 0.660 | 0.660 | 0.660 |
| 氧气 | m³ | 2.500 | 2.830 | 3.400 | 4.290 | 5.450 |
| 乙炔气 | kg | 0.962 | 1.088 | 1.308 | 1.650 | 2.096 |
| 其他材料费 | % | 1.50 | 1.50 | 1.50 | 1.50 | 1.50 |
| 汽车式起重机 8t | 台班 | 0.417 | 0.467 | 0.531 | 0.619 | 0.619 |
| 载重汽车 8t | 台班 | 0.071 | 0.079 | 0.090 | 0.179 | 0.179 |
| 直流弧焊机 20kV·A | 台班 | 0.973 | 1.132 | 1.442 | 1.867 | 2.327 |
| 电焊条烘干箱 60×50×75（cm³） | 台班 | 0.097 | 0.113 | 0.144 | 0.187 | 0.233 |

**工作内容:** 管子切口、坡口加工、坡口及磨平、管口组对、焊接、找坡、找正、直管
安装等操作过程。

计量单位:100m

| 编　号 | | 5-1-368 | 5-1-369 | 5-1-370 | 5-1-371 | 5-1-372 | 5-1-373 |
|---|---|---|---|---|---|---|---|
| 项　目 | | 公称直径(mm 以内) | | | | | |
| | | 200 | 250 | 300 | 350 | 400 | 450 |
| 名　称 | 单位 | 消　耗　量 | | | | | |
| 合计工日 | 工日 | 18.021 | 23.725 | 29.566 | 35.396 | 41.115 | 45.660 |
| 普工 | 工日 | 5.406 | 7.118 | 8.870 | 10.619 | 12.335 | 13.698 |
| 一般技工 | 工日 | 10.813 | 14.235 | 17.739 | 21.237 | 24.669 | 27.396 |
| 高级技工 | 工日 | 1.802 | 2.372 | 2.957 | 3.540 | 4.111 | 4.566 |
| 预制钢套钢复合保温管 | m | (101.500) | (101.500) | (101.500) | (101.500) | (101.500) | (101.500) |
| 角钢(综合) | kg | 1.270 | 1.350 | 1.431 | 1.431 | 1.431 | 1.431 |
| 棉纱线 | kg | 0.410 | 0.429 | 0.497 | 0.591 | 0.677 | 0.754 |
| 破布 | kg | 4.800 | 4.543 | 4.714 | 4.971 | 5.143 | 5.829 |
| 尼龙砂轮片 $\phi100$ | 片 | 0.910 | 1.166 | 1.397 | 1.894 | 2.366 | 2.563 |
| 低碳钢焊条(综合) | kg | 9.190 | 13.047 | 18.471 | 21.857 | 33.000 | 37.509 |
| 镀锌铁丝 $\phi4.0$ | kg | 0.810 | 0.810 | 0.840 | 0.840 | 1.050 | 1.050 |
| 氧气 | m³ | 8.050 | 10.303 | 11.666 | 12.369 | 13.063 | 15.309 |
| 乙炔气 | kg | 3.096 | 3.963 | 4.487 | 4.757 | 5.024 | 5.888 |
| 其他材料费 | % | 1.50 | 1.50 | 1.50 | 1.50 | 1.50 | 1.50 |
| 汽车式起重机 8t | 台班 | 0.973 | 1.150 | — | — | — | — |
| 汽车式起重机 12t | 台班 | — | — | 1.504 | 1.681 | — | — |
| 汽车式起重机 16t | 台班 | — | — | — | — | 1.858 | 1.858 |
| 载重汽车 8t | 台班 | 0.269 | 0.358 | 0.538 | 0.627 | 0.627 | 0.627 |
| 直流弧焊机 20kV·A | 台班 | 3.300 | 3.632 | 3.845 | 4.216 | 5.042 | 5.937 |
| 电焊条烘干箱 60×50×75(cm³) | 台班 | 0.330 | 0.363 | 0.385 | 0.422 | 0.504 | 0.594 |

**工作内容:** 管子切口、坡口加工、坡口及磨平、管口组对、焊接、找坡、找正、直管
安装等操作过程。

计量单位:100m

| 编　号 | | 5-1-374 | 5-1-375 | 5-1-376 | 5-1-377 | 5-1-378 |
|---|---|---|---|---|---|---|
| 项　目 | | 公称直径(mm 以内) | | | | |
| | | 500 | 600 | 700 | 800 | 900 |
| 名　称 | 单位 | 消　耗　量 | | | | |
| 合计工日 | 工日 | 57.804 | 62.363 | 79.879 | 89.250 | 99.142 |
| 普工 | 工日 | 17.341 | 18.709 | 23.963 | 26.775 | 29.742 |
| 一般技工 | 工日 | 34.682 | 37.418 | 47.928 | 53.550 | 59.486 |
| 高级技工 | 工日 | 5.781 | 6.236 | 7.988 | 8.925 | 9.914 |
| 预制钢套钢复合保温管 | m | (101.500) | (101.500) | (101.500) | (101.500) | (101.500) |
| 角钢(综合) | kg | 1.431 | 1.426 | 1.573 | 1.573 | 1.573 |
| 棉纱线 | kg | 0.831 | 1.143 | 1.280 | 1.481 | 1.655 |
| 破布 | kg | 6.600 | 7.140 | 7.710 | 8.330 | 8.990 |
| 六角螺栓(综合) | 10套 | — | 0.347 | 0.347 | 0.347 | 0.347 |
| 尼龙砂轮片 $\phi100$ | 片 | 3.026 | 3.383 | 3.877 | 5.074 | 5.696 |
| 低碳钢焊条(综合) | kg | 41.383 | 56.558 | 64.731 | 94.181 | 105.783 |
| 镀锌铁丝 $\phi4.0$ | kg | 1.260 | 1.260 | 1.570 | 1.570 | 1.960 |
| 氧气 | m³ | 17.649 | 26.523 | 29.623 | 38.208 | 42.587 |
| 乙炔气 | kg | 6.788 | 10.201 | 11.393 | 14.695 | 16.380 |
| 其他材料费 | % | 1.50 | 1.50 | 1.50 | 1.50 | 1.50 |
| 汽车式起重机 16t | 台班 | 2.123 | 2.123 | — | — | — |
| 汽车式起重机 20t | 台班 | — | — | 2.212 | 2.212 | 2.565 |
| 载重汽车 8t | 台班 | 0.717 | 0.717 | 0.806 | 0.806 | — |
| 载重汽车 10t | 台班 | — | — | — | — | 0.806 |
| 直流弧焊机 20kV·A | 台班 | 6.559 | 6.964 | 7.983 | 9.633 | 10.822 |
| 电焊条烘干箱 60×50×75(cm³) | 台班 | 0.656 | 0.696 | 0.798 | 0.963 | 1.082 |

## （2）预制钢套钢复合保温管安装（氩电联焊）

**工作内容：**管子切口、坡口加工、坡口及磨平、管口组对、焊接、找坡、找正、直管
安装等操作过程。

计量单位：100m

| 编　号 | | 5-1-379 | 5-1-380 | 5-1-381 | 5-1-382 | 5-1-383 | 5-1-384 |
|---|---|---|---|---|---|---|---|
| 项　目 | | 公称直径（mm 以内） | | | | | |
| | | 65 | 80 | 100 | 125 | 150 | 200 |
| 名　称 | 单位 | 消　耗　量 | | | | | |
| 合计工日 | 工日 | 9.669 | 10.049 | 12.979 | 13.887 | 15.321 | 18.945 |
| 普工 | 工日 | 2.901 | 3.015 | 3.893 | 4.166 | 4.596 | 5.684 |
| 一般技工 | 工日 | 5.801 | 6.029 | 7.788 | 8.332 | 9.193 | 11.366 |
| 高级技工 | 工日 | 0.967 | 1.005 | 1.298 | 1.389 | 1.532 | 1.895 |
| 预制钢套钢复合保温管 | m | （101.500） | （101.500） | （101.500） | （101.500） | （101.500） | （101.500） |
| 角钢（综合） | kg | — | — | — | — | — | 1.270 |
| 铈钨棒 | g | 2.080 | 2.470 | 3.140 | 3.730 | 4.460 | 6.170 |
| 棉纱线 | kg | 0.140 | 0.180 | 0.210 | 0.250 | 0.310 | 0.410 |
| 破布 | kg | 2.800 | 3.000 | 3.500 | 3.800 | 4.000 | 4.800 |
| 尼龙砂轮片 $\phi100$ | 片 | 0.210 | 0.250 | 0.340 | 0.430 | 0.560 | 0.910 |
| 碳钢氩弧焊丝 | kg | 0.370 | 0.450 | 0.560 | 0.690 | 0.840 | 1.130 |
| 低碳钢焊条（综合） | kg | 0.880 | 1.060 | 2.050 | 3.220 | 3.790 | 6.940 |
| 镀锌铁丝 $\phi4.0$ | kg | 0.660 | 0.660 | 0.660 | 0.660 | 0.660 | 0.810 |
| 氩气 | m³ | 1.100 | 1.300 | 1.600 | 1.900 | 2.300 | 3.100 |
| 氧气 | m³ | 2.500 | 2.830 | 3.400 | 4.290 | 5.450 | 8.050 |
| 乙炔气 | kg | 0.962 | 1.088 | 1.308 | 1.650 | 2.096 | 3.096 |
| 其他材料费 | % | 1.50 | 1.50 | 1.50 | 1.50 | 1.50 | 1.50 |
| 汽车式起重机 8t | 台班 | — | — | 0.531 | 0.619 | 0.619 | 0.973 |
| 载重汽车 8t | 台班 | — | — | 0.090 | 0.179 | 0.179 | 0.269 |
| 直流弧焊机 20kV·A | 台班 | 0.513 | 0.593 | 0.929 | 1.159 | 1.619 | 2.459 |
| 氩弧焊机 500A | 台班 | 0.487 | 0.575 | 0.725 | 0.867 | 1.035 | 1.433 |
| 电焊条烘干箱 60×50×75（cm³） | 台班 | 0.051 | 0.059 | 0.093 | 0.116 | 0.162 | 0.246 |

**工作内容：**管子切口、坡口加工、坡口及磨平、管口组对、焊接、找坡、找正、直管
安装等操作过程。

计量单位：100m

| 编　号 | | 5-1-385 | 5-1-386 | 5-1-387 | 5-1-388 | 5-1-389 | 5-1-390 |
|---|---|---|---|---|---|---|---|
| 项　目 | | 公称直径（mm 以内） | | | | | |
| | | 250 | 300 | 350 | 400 | 450 | 500 |
| 名　称 | 单位 | 消　耗　量 | | | | | |
| 合计工日 | 工日 | 24.737 | 30.806 | 38.594 | 42.691 | 47.527 | 59.925 |
| 普工 | 工日 | 7.421 | 9.242 | 11.579 | 12.807 | 14.258 | 17.978 |
| 一般技工 | 工日 | 14.842 | 18.483 | 23.156 | 25.615 | 28.516 | 35.955 |
| 高级技工 | 工日 | 2.474 | 3.081 | 3.859 | 4.269 | 4.753 | 5.992 |
| 预制钢套钢复合保温管 | m | （101.500） | （101.500） | （101.500） | （101.500） | （101.500） | （101.500） |
| 角钢（综合） | kg | 1.350 | 1.431 | 1.431 | 1.431 | 1.431 | 1.431 |
| 铈钨棒 | g | 6.549 | 6.755 | 6.934 | 7.869 | 8.846 | 9.806 |
| 棉纱线 | kg | 0.429 | 0.497 | 0.591 | 0.677 | 0.754 | 0.831 |
| 破布 | kg | 4.543 | 4.714 | 4.971 | 5.143 | 5.829 | 6.600 |
| 尼龙砂轮片 $\phi100$ | 片 | 1.166 | 1.397 | 1.894 | 2.366 | 2.563 | 3.026 |
| 碳钢氩弧焊丝 | kg | 1.183 | 1.200 | 1.234 | 1.406 | 1.577 | 1.749 |
| 低碳钢焊条（综合） | kg | 12.951 | 15.831 | 19.046 | 22.054 | 33.609 | 37.097 |
| 镀锌铁丝 $\phi4.0$ | kg | 0.810 | 0.840 | 0.840 | 1.050 | 1.050 | 1.260 |
| 氩气 | m³ | 3.257 | 3.343 | 3.429 | 3.943 | 4.457 | 6.329 |
| 氧气 | m³ | 10.303 | 11.666 | 12.369 | 13.063 | 15.309 | 17.649 |
| 乙炔气 | kg | 3.963 | 4.487 | 4.757 | 5.024 | 5.888 | 6.788 |
| 其他材料费 | % | 1.50 | 1.50 | 1.50 | 1.50 | 1.50 | 1.50 |
| 汽车式起重机 8t | 台班 | 1.150 | — | — | — | — | — |
| 汽车式起重机 12t | 台班 | — | 1.504 | 1.681 | — | — | — |
| 汽车式起重机 16t | 台班 | — | — | — | 1.858 | 1.858 | 2.123 |
| 载重汽车 8t | 台班 | 0.358 | 0.538 | 0.627 | 0.627 | 0.627 | 0.717 |
| 直流弧焊机 20kV·A | 台班 | 2.919 | 3.170 | 3.571 | 4.314 | 5.225 | 5.900 |
| 氩弧焊机 500A | 台班 | 1.516 | 1.562 | 1.607 | 1.828 | 2.055 | 2.274 |
| 电焊条烘干箱 60×50×75（cm³） | 台班 | 0.292 | 0.317 | 0.357 | 0.431 | 0.523 | 0.590 |

**工作内容：**管子切口、坡口加工、坡口及磨平、管口组对、焊接、找坡、找正、直管安装等操作过程。

计量单位：100m

| 编　号 | 5-1-391 | 5-1-392 | 5-1-393 | 5-1-394 |
|---|---|---|---|---|
| 项　目 | 公称直径（mm 以内） | | | |
| | 600 | 700 | 800 | 900 |
| 名　称　　单位 | 消　耗　量 | | | |
| 合计工日　工日 | 64.729 | 82.476 | 92.121 | 102.236 |
| 普工　工日 | 19.418 | 24.743 | 27.636 | 30.671 |
| 一般技工　工日 | 38.838 | 49.485 | 55.273 | 61.341 |
| 高级技工　工日 | 6.473 | 8.248 | 9.212 | 10.224 |
| 预制钢套钢复合保温管　m | （101.500） | （101.500） | （101.500） | （101.500） |
| 角钢（综合）　kg | 1.426 | 1.573 | 1.573 | 1.573 |
| 铈钨棒　g | 15.894 | 17.994 | 20.445 | 22.998 |
| 棉纱线　kg | 1.143 | 1.280 | 1.481 | 1.655 |
| 破布　kg | 7.140 | 7.710 | 8.330 | 8.990 |
| 六角螺栓（综合）　10套 | 0.347 | 0.347 | 0.347 | 0.347 |
| 尼龙砂轮片 $\phi$100　片 | 3.383 | 3.877 | 5.074 | 5.696 |
| 碳钢氩弧焊丝　kg | 2.838 | 3.213 | 3.651 | 4.107 |
| 低碳钢焊条（综合）　kg | 41.945 | 49.344 | 76.218 | 85.583 |
| 镀锌铁丝 $\phi$4.0　kg | 1.260 | 1.570 | 1.570 | 1.960 |
| 氩气　m³ | 7.947 | 8.997 | 10.222 | 11.499 |
| 氧气　m³ | 26.523 | 29.623 | 38.208 | 42.587 |
| 乙炔气　kg | 10.201 | 11.393 | 14.695 | 16.380 |
| 其他材料费　% | 1.50 | 1.50 | 1.50 | 1.50 |
| 汽车式起重机 16t　台班 | 2.123 | — | — | — |
| 汽车式起重机 20t　台班 | — | 2.212 | 2.212 | 2.565 |
| 载重汽车 8t　台班 | 0.717 | 0.806 | 0.806 | — |
| 载重汽车 10t　台班 | — | — | — | 0.806 |
| 直流弧焊机 20kV·A　台班 | 6.613 | 7.568 | 9.740 | 10.937 |
| 氩弧焊机 500A　台班 | 4.062 | 4.660 | 5.299 | 5.957 |
| 电焊条烘干箱 60×50×75（cm³）　台班 | 0.661 | 0.757 | 0.974 | 1.094 |

## 12. 直埋式预制保温管安装

### （1）直埋式预制保温管安装（电弧焊）

**工作内容：**收缩带下料、制塑料焊条、坡口及磨平、组对、安装、焊接、套管连接、找正、就位、固定、塑料焊、人工发泡、做收缩带等操作过程。

计量单位：100m

| 编　号 | | 5-1-395 | 5-1-396 | 5-1-397 | 5-1-398 | 5-1-399 | 5-1-400 |
|---|---|---|---|---|---|---|---|
| 项　目 | | 公称直径（mm 以内） | | | | | |
| | | 50 | 65 | 80 | 100 | 125 | 150 |
| 名　称 | 单位 | 消　耗　量 | | | | | |
| 合计工日 | 工日 | 4.529 | 5.897 | 6.870 | 7.180 | 8.978 | 10.097 |
| 普工 | 工日 | 1.358 | 1.769 | 2.061 | 2.154 | 2.694 | 3.029 |
| 一般技工 | 工日 | 2.718 | 3.538 | 4.122 | 4.308 | 5.386 | 6.058 |
| 高级技工 | 工日 | 0.453 | 0.590 | 0.687 | 0.718 | 0.898 | 1.010 |
| 高密度聚乙烯连接套管 | m | （5.951） | （5.951） | （5.951） | （5.951） | （5.951） | （5.951） |
| 收缩带 | m² | （1.575） | （1.707） | （1.838） | （2.232） | （2.442） | （2.625） |
| 聚氨酯硬质泡沫预制管 | m | （101.500） | （101.500） | （101.500） | （101.500） | （101.500） | （101.500） |
| 棉纱线 | kg | 0.082 | 0.102 | 0.130 | 0.146 | 0.180 | 0.226 |
| 破布 | kg | 2.630 | 2.940 | 3.150 | 3.680 | 3.990 | 4.525 |
| 尼龙砂轮片 $\phi100$ | 片 | 0.212 | 0.339 | 0.403 | 0.492 | 0.718 | 1.191 |
| 低碳钢焊条（综合） | kg | 0.491 | 0.866 | 1.024 | 1.250 | 2.112 | 3.320 |
| 硬聚氯乙烯焊条 $\phi4$ | m | 8.251 | 9.000 | 10.084 | 12.168 | 13.418 | 14.835 |
| 塑料钻头 $\phi26$ | 个 | 0.051 | 0.051 | 0.051 | 0.051 | 0.051 | 0.051 |
| 镀锌铁丝 $\phi4.0$ | kg | 0.810 | 0.810 | 0.810 | 0.810 | 0.810 | 0.810 |
| 汽油（综合） | kg | 9.982 | 17.568 | 18.489 | 22.450 | 24.510 | 26.411 |
| 氧气 | m³ | 0.800 | 1.142 | 1.288 | 1.480 | 1.946 | 2.889 |
| 乙炔气 | kg | 0.308 | 0.439 | 0.495 | 0.569 | 0.748 | 1.111 |
| 聚氨酯硬质泡沫 A、B 料 | m³ | 0.058 | 0.060 | 0.075 | 0.117 | 0.133 | 0.150 |
| 其他材料费 | % | 1.50 | 1.50 | 1.50 | 1.50 | 1.50 | 1.50 |
| 汽车式起重机 8t | 台班 | 0.066 | 0.078 | 0.099 | 0.134 | 0.170 | 0.177 |
| 载重汽车 8t | 台班 | 0.019 | 0.022 | 0.036 | 0.050 | 0.057 | 0.065 |
| 直流弧焊机 20kV·A | 台班 | 0.303 | 0.486 | 0.566 | 0.679 | 0.932 | 1.191 |
| 电焊条烘干箱 $60×50×75$（cm³） | 台班 | 0.030 | 0.049 | 0.057 | 0.068 | 0.093 | 0.119 |

**工作内容：**收缩带下料、制塑料焊条、坡口及磨平、组对、安装、焊接、套管连接、找正、就位、固定、塑料焊、人工发泡、做收缩带等操作过程。　　　　　　　计量单位：100m

| 编　号 | | 5-1-401 | 5-1-402 | 5-1-403 | 5-1-404 | 5-1-405 | 5-1-406 |
|---|---|---|---|---|---|---|---|
| 项　目 | | 公称直径（mm 以内） | | | | | |
| | | 200 | 250 | 300 | 350 | 400 | 500 |
| 名　称 | 单位 | 消　耗　量 | | | | | |
| 合计工日 | 工日 | 11.563 | 15.094 | 17.256 | 21.783 | 24.593 | 39.634 |
| 普工 | 工日 | 3.469 | 4.528 | 5.177 | 6.535 | 7.378 | 11.890 |
| 一般技工 | 工日 | 6.938 | 9.056 | 10.353 | 13.070 | 14.756 | 23.781 |
| 高级技工 | 工日 | 1.156 | 1.510 | 1.726 | 2.178 | 2.459 | 3.963 |
| 高密度聚乙烯连接套管 | m | （5.951） | （5.951） | （5.951） | （5.951） | （5.951） | （5.951） |
| 收缩带 | m² | （3.282） | （5.907） | （6.500） | （6.891） | （8.073） | （9.650） |
| 聚氨酯硬质泡沫预制管 | m | （101.500） | （101.500） | （101.500） | （101.500） | （101.500） | （101.500） |
| 角钢（综合） | kg | 0.833 | 0.833 | 0.833 | 0.833 | 0.833 | 0.833 |
| 棉纱线 | kg | 0.337 | 0.412 | 0.505 | 0.570 | 0.645 | 0.785 |
| 破布 | kg | 5.040 | 5.490 | 5.780 | 6.090 | 6.300 | 6.533 |
| 尼龙砂轮片 $\phi100$ | 片 | 1.667 | 2.839 | 3.393 | 4.546 | 5.725 | 7.274 |
| 低碳钢焊条（综合） | kg | 4.592 | 9.029 | 10.772 | 14.673 | 19.253 | 24.179 |
| 硬聚氯乙烯焊条 $\phi4$ | m | 18.168 | 20.835 | 24.169 | 28.836 | 32.253 | 37.836 |
| 塑料钻头 $\phi26$ | 个 | 0.051 | 0.051 | 0.051 | 0.051 | 0.051 | 0.051 |
| 镀锌铁丝 $\phi4.0$ | kg | 0.840 | 0.840 | 1.050 | 1.050 | 1.050 | 1.260 |
| 汽油（综合） | kg | 33.016 | 59.427 | 65.369 | 69.330 | 81.214 | 97.058 |
| 氧气 | m³ | 4.488 | 6.326 | 7.408 | 8.453 | 9.854 | 11.437 |
| 乙炔气 | kg | 1.726 | 2.433 | 2.849 | 3.251 | 3.790 | 4.399 |
| 聚氨酯硬质泡沫 A、B 料 | m³ | 0.208 | 0.350 | 0.400 | 0.458 | 0.558 | 0.667 |
| 其他材料费 | % | 1.50 | 1.50 | 1.50 | 1.50 | 1.50 | 1.50 |
| 汽车式起重机 8t | 台班 | 0.276 | 0.354 | — | — | — | — |
| 汽车式起重机 12t | 台班 | — | — | 0.609 | 0.778 | — | — |
| 汽车式起重机 16t | 台班 | — | — | — | — | 0.991 | 1.203 |
| 载重汽车 8t | 台班 | 0.079 | 0.100 | 0.122 | 0.215 | 0.287 | 0.502 |
| 直流弧焊机 20kV·A | 台班 | 1.616 | 2.272 | 2.716 | 3.255 | 3.813 | 4.779 |
| 电焊条烘干箱 60×50×75（cm³） | 台班 | 0.162 | 0.227 | 0.272 | 0.326 | 0.381 | 0.478 |

**工作内容:** 收缩带下料、制塑料焊条、坡口及磨平、组对、安装、焊接、套管连接、
找正、就位、固定、塑料焊、人工发泡、做收缩带等操作过程。 计量单位:100m

| 编　号 | | 5-1-407 | 5-1-408 | 5-1-409 | 5-1-410 | 5-1-411 | 5-1-412 |
|---|---|---|---|---|---|---|---|
| 项　目 | | 公称直径(mm 以内) | | | | | |
| | | 600 | 700 | 800 | 900 | 1 000 | 1 200 |
| 名　称 | 单位 | 消　耗　量 | | | | | |
| 合计工日 | 工日 | 43.011 | 46.383 | 54.971 | 65.145 | 77.198 | 91.491 |
| 普工 | 工日 | 12.903 | 13.915 | 16.491 | 19.544 | 23.159 | 27.447 |
| 一般技工 | 工日 | 25.807 | 27.830 | 32.983 | 39.087 | 46.319 | 54.895 |
| 高级技工 | 工日 | 4.301 | 4.638 | 5.497 | 6.514 | 7.720 | 9.149 |
| 高密度聚乙烯连接套管 | m | (5.951) | (5.951) | (5.951) | (5.951) | (5.951) | (5.951) |
| 收缩带 | m² | (10.830) | (11.380) | (12.620) | (13.860) | (15.090) | (17.560) |
| 聚氨酯硬质泡沫预制管 | m | (101.500) | (101.500) | (101.500) | (101.500) | (101.500) | (101.500) |
| 角钢(综合) | kg | 0.842 | 0.917 | 0.917 | 0.917 | 0.917 | 0.917 |
| 棉纱线 | kg | 0.953 | 1.089 | 1.242 | 1.393 | 1.544 | 1.848 |
| 破布 | kg | 7.140 | 7.710 | 8.330 | 8.990 | 9.700 | 10.470 |
| 六角螺栓(综合) | 10 套 | 0.200 | 0.200 | 0.200 | 0.200 | 0.200 | 0.400 |
| 尼龙砂轮片 φ100 | 片 | 8.764 | 9.351 | 10.649 | 11.947 | 13.245 | 15.846 |
| 低碳钢焊条(综合) | kg | 28.895 | 37.758 | 43.385 | 48.722 | 68.447 | 81.886 |
| 硬聚氯乙烯焊条 φ4 | m | 43.170 | 48.080 | 53.580 | 59.080 | 64.580 | 75.500 |
| 塑料钻头 φ26 | 个 | 0.051 | 0.082 | 0.082 | 0.102 | 0.102 | 0.122 |
| 镀锌铁丝 φ4.0 | kg | 1.260 | 1.570 | 1.570 | 1.960 | 1.960 | 2.450 |
| 汽油(综合) | kg | 108.942 | 117.676 | 131.540 | 145.404 | 159.179 | 186.908 |
| 氧气 | m³ | 13.825 | 17.270 | 19.520 | 20.920 | 27.330 | 32.470 |
| 乙炔气 | kg | 5.317 | 6.642 | 7.508 | 8.046 | 10.512 | 12.488 |
| 聚氨酯硬质泡沫 A、B 料 | m³ | 0.758 | 0.796 | 0.908 | 1.008 | 1.108 | 1.317 |
| 其他材料费 | % | 1.50 | 1.50 | 1.50 | 1.50 | 1.50 | 1.50 |
| 汽车式起重机 16t | 台班 | 1.557 | — | — | — | — | — |
| 汽车式起重机 20t | 台班 | — | 1.734 | 2.123 | 2.265 | — | — |
| 汽车式起重机 25t | 台班 | — | — | — | — | 2.618 | 2.972 |
| 载重汽车 8t | 台班 | 0.573 | 0.663 | 0.753 | — | — | — |
| 载重汽车 10t | 台班 | — | — | — | 0.842 | 0.842 | 0.932 |
| 直流弧焊机 20kV·A | 台班 | 5.663 | 6.712 | 7.954 | 9.426 | 11.170 | 13.237 |
| 电焊条烘干箱 60×50×75(cm³) | 台班 | 0.566 | 0.671 | 0.795 | 0.943 | 1.117 | 1.324 |

## （2）直埋式预制保温管安装（氩电联焊）

**工作内容：** 收缩带下料、制塑料焊条、坡口及磨平、组对、安装、焊接、套管连接、
找正、就位、固定、塑料焊、人工发泡、做收缩带等操作过程。 　　　　计量单位：100m

| 编　　号 | | 5-1-413 | 5-1-414 | 5-1-415 | 5-1-416 | 5-1-417 | 5-1-418 |
|---|---|---|---|---|---|---|---|
| 项　　目 | | 公称直径（mm 以内） | | | | | |
| | | 50 | 65 | 80 | 100 | 125 | 150 |
| 名　　称 | 单位 | 消　耗　量 | | | | | |
| 合计工日 | 工日 | 4.615 | 5.937 | 6.922 | 7.266 | 9.083 | 10.306 |
| 普工 | 工日 | 1.384 | 1.781 | 2.077 | 2.180 | 2.725 | 3.092 |
| 一般技工 | 工日 | 2.769 | 3.562 | 4.153 | 4.360 | 5.450 | 6.184 |
| 高级技工 | 工日 | 0.462 | 0.594 | 0.692 | 0.726 | 0.908 | 1.030 |
| 高密度聚乙烯连接套管 | m | （5.951） | （5.951） | （5.951） | （5.951） | （5.951） | （5.951） |
| 收缩带 | m² | （1.575） | （1.707） | （1.838） | （2.232） | （2.442） | （2.625） |
| 聚氨酯硬质泡沫预制管 | m | （101.500） | （101.500） | （101.500） | （101.500） | （101.500） | （101.500） |
| 铈钨棒 | g | 0.992 | 1.124 | 1.329 | 1.725 | 2.013 | 2.376 |
| 棉纱线 | kg | 0.082 | 0.102 | 0.130 | 0.146 | 0.180 | 0.226 |
| 破布 | kg | 2.630 | 2.940 | 3.150 | 3.680 | 3.990 | 4.525 |
| 尼龙砂轮片 φ100 | 片 | 0.193 | 0.320 | 0.381 | 0.492 | 0.718 | 1.145 |
| 碳钢氩弧焊丝 | kg | 0.158 | 0.201 | 0.238 | 0.308 | 0.359 | 0.424 |
| 低碳钢焊条（综合） | kg | 0.348 | 0.464 | 0.551 | 0.681 | 1.312 | 2.512 |
| 硬聚氯乙烯焊条 φ4 | m | 8.251 | 9.000 | 10.084 | 12.168 | 13.418 | 14.835 |
| 塑料钻头 φ26 | 个 | 0.051 | 0.051 | 0.051 | 0.051 | 0.051 | 0.051 |
| 镀锌铁丝 φ4.0 | kg | 0.810 | 0.810 | 0.810 | 0.810 | 0.810 | 0.810 |
| 汽油（综合） | kg | 9.982 | 17.568 | 18.489 | 22.450 | 24.510 | 26.411 |
| 氩气 | m³ | 0.441 | 0.562 | 0.665 | 0.863 | 1.007 | 1.188 |
| 氧气 | m³ | 0.800 | 1.142 | 1.288 | 1.480 | 1.946 | 2.889 |
| 乙炔气 | kg | 0.308 | 0.439 | 0.495 | 0.569 | 0.748 | 1.111 |
| 聚氨酯硬质泡沫 A、B 料 | m³ | 0.058 | 0.060 | 0.075 | 0.117 | 0.133 | 0.150 |
| 其他材料费 | % | 1.50 | 1.50 | 1.50 | 1.50 | 1.50 | 1.50 |
| 汽车式起重机 8t | 台班 | — | 0.078 | 0.099 | 0.134 | 0.170 | 0.177 |
| 载重汽车 8t | 台班 | — | 0.022 | 0.036 | 0.050 | 0.057 | 0.065 |
| 直流弧焊机 20kV·A | 台班 | 0.203 | 0.253 | 0.295 | 0.363 | 0.581 | 0.902 |
| 氩弧焊机 500A | 台班 | 0.230 | 0.290 | 0.341 | 0.427 | 0.487 | 0.578 |
| 半自动切割机 100mm | 台班 | — | — | — | — | — | 0.250 |
| 砂轮切割机 φ400 | 台班 | 0.015 | 0.015 | 0.022 | 0.037 | 0.037 | — |
| 电焊条烘干箱 60×50×75（cm³） | 台班 | 0.020 | 0.025 | 0.030 | 0.036 | 0.058 | 0.090 |

**工作内容:**收缩带下料、制塑料焊条、坡口及磨平、组对、安装、焊接、套管连接、
找正、就位、固定、塑料焊、人工发泡、做收缩带等操作过程。 计量单位:100m

| 编　号 | | 5-1-419 | 5-1-420 | 5-1-421 | 5-1-422 | 5-1-423 | 5-1-424 |
|---|---|---|---|---|---|---|---|
| 项　目 | | 公称直径(mm 以内) | | | | | |
| | | 200 | 250 | 300 | 350 | 400 | 500 |
| 名　称 | 单位 | 消　耗　量 | | | | | |
| 合计工日 | 工日 | 11.860 | 15.557 | 17.805 | 22.432 | 25.393 | 34.047 |
| 普工 | 工日 | 3.558 | 4.667 | 5.342 | 6.730 | 7.618 | 10.214 |
| 一般技工 | 工日 | 7.116 | 9.334 | 10.682 | 13.459 | 15.236 | 20.428 |
| 高级技工 | 工日 | 1.186 | 1.556 | 1.781 | 2.243 | 2.539 | 3.405 |
| 高密度聚乙烯连接套管 | m | (5.951) | (5.951) | (5.951) | (5.951) | (5.951) | (5.951) |
| 收缩带 | m² | (3.282) | (5.907) | (6.500) | (6.891) | (8.073) | (9.650) |
| 聚氨酯硬质泡沫预制管 | m | (101.500) | (101.500) | (101.500) | (101.500) | (101.500) | (101.500) |
| 角钢(综合) | kg | 0.833 | 0.833 | 0.833 | 0.833 | 0.833 | 0.833 |
| 铈钨棒 | g | 3.326 | 4.118 | 4.943 | 5.760 | 6.474 | 8.122 |
| 棉纱线 | kg | 0.337 | 0.412 | 0.505 | 0.570 | 0.645 | 0.785 |
| 破布 | kg | 5.040 | 5.490 | 5.780 | 6.090 | 6.300 | 6.533 |
| 尼龙砂轮片 φ100 | 片 | 1.667 | 2.756 | 3.295 | 4.546 | 5.590 | 7.274 |
| 碳钢氩弧焊丝 | kg | 0.594 | 0.735 | 0.883 | 1.028 | 1.156 | 1.450 |
| 低碳钢焊条(综合) | kg | 3.473 | 7.608 | 9.075 | 12.704 | 16.985 | 21.350 |
| 硬聚氯乙烯焊条 φ4 | m | 18.168 | 20.835 | 24.169 | 28.836 | 32.253 | 37.836 |
| 塑料钻头 φ26 | 个 | 0.051 | 0.051 | 0.051 | 0.051 | 0.051 | 0.051 |
| 镀锌铁丝 φ4.0 | kg | 0.840 | 0.840 | 1.050 | 1.050 | 1.050 | 1.260 |
| 汽油(综合) | kg | 33.016 | 59.427 | 65.369 | 69.330 | 81.214 | 97.058 |
| 氩气 | m³ | 1.662 | 2.059 | 2.472 | 2.880 | 3.237 | 4.061 |
| 氧气 | m³ | 4.488 | 6.326 | 7.408 | 8.453 | 9.854 | 11.437 |
| 乙炔气 | kg | 1.726 | 2.433 | 2.849 | 3.251 | 3.790 | 4.399 |
| 聚氨酯硬质泡沫 A、B 料 | m³ | 0.208 | 0.350 | 0.400 | 0.458 | 0.558 | 0.667 |
| 其他材料费 | % | 1.50 | 1.50 | 1.50 | 1.50 | 1.50 | 1.50 |
| 汽车式起重机 8t | 台班 | 0.276 | 0.354 | — | — | — | — |
| 汽车式起重机 12t | 台班 | — | — | 0.609 | 0.778 | — | — |
| 汽车式起重机 16t | 台班 | — | — | — | — | 0.991 | 1.203 |
| 载重汽车 8t | 台班 | 0.079 | 0.100 | 0.122 | 0.215 | 0.287 | 0.502 |
| 直流弧焊机 20kV·A | 台班 | 1.225 | 1.916 | 2.292 | 2.747 | 3.370 | 4.223 |
| 氩弧焊机 500A | 台班 | 0.794 | 0.973 | 1.170 | 1.406 | 1.530 | 1.927 |
| 半自动切割机 100mm | 台班 | 0.354 | 0.502 | 0.524 | 0.538 | 0.582 | 0.759 |
| 电焊条烘干箱 60×50×75(cm³) | 台班 | 0.123 | 0.192 | 0.229 | 0.275 | 0.337 | 0.422 |

**工作内容：**收缩带下料、制塑料焊条、坡口及磨平、组对、安装、焊接、套管连接、
找正、就位、固定、塑料焊、人工发泡、做收缩带等操作过程。　　　　　计量单位：100m

| 编 号 | 5-1-425 | 5-1-426 | 5-1-427 | 5-1-428 | 5-1-429 | 5-1-430 |
|---|---|---|---|---|---|---|
| 项 目 | 公称直径（mm 以内） | | | | | |
| | 600 | 700 | 800 | 900 | 1 000 | 1 200 |
| 名 称 / 单位 | 消 耗 量 | | | | | |
| 合计工日 / 工日 | 44.222 | 47.850 | 56.710 | 67.208 | 79.650 | 94.400 |
| 普工 / 工日 | 13.266 | 14.355 | 17.013 | 20.162 | 23.895 | 28.320 |
| 一般技工 / 工日 | 26.534 | 28.710 | 34.026 | 40.325 | 47.790 | 56.640 |
| 高级技工 / 工日 | 4.422 | 4.785 | 5.671 | 6.721 | 7.965 | 9.440 |
| 高密度聚乙烯连接套管 / m | （5.951） | （5.951） | （5.951） | （5.951） | （5.951） | （5.951） |
| 收缩带 / m² | （10.830） | （11.380） | （12.620） | （13.860） | （15.090） | （17.560） |
| 聚氨酯硬质泡沫预制管 / m | （101.500） | （101.500） | （101.500） | （101.500） | （101.500） | （101.500） |
| 角钢（综合） / kg | 0.842 | 0.917 | 0.917 | 0.917 | 0.917 | 0.917 |
| 铈钨棒 / g | 9.714 | 12.648 | 14.532 | 16.319 | 22.924 | 27.431 |
| 棉纱线 / kg | 0.953 | 1.089 | 1.242 | 1.393 | 1.544 | 1.848 |
| 破布 / kg | 7.140 | 7.710 | 8.330 | 8.990 | 9.700 | 10.470 |
| 六角螺栓（综合） / 10套 | 0.200 | 0.200 | 0.200 | 0.200 | 0.200 | 0.400 |
| 尼龙砂轮片 φ100 / 片 | 8.568 | 9.351 | 10.649 | 11.947 | 13.245 | 15.292 |
| 碳钢氩弧焊丝 / kg | 1.734 | 2.259 | 2.594 | 2.914 | 4.094 | 4.898 |
| 低碳钢焊条（综合） / kg | 25.531 | 33.378 | 38.353 | 43.072 | 60.509 | 72.388 |
| 硬聚氯乙烯焊条 φ4 / m | 43.170 | 48.080 | 53.580 | 59.080 | 64.580 | 75.500 |
| 塑料钻头 φ26 / 个 | 0.051 | 0.082 | 0.082 | 0.102 | 0.102 | 0.122 |
| 镀锌铁丝 φ4.0 / kg | 1.260 | 1.570 | 1.570 | 1.960 | 1.960 | 2.450 |
| 汽油（综合） / kg | 108.942 | 117.676 | 131.540 | 145.404 | 159.179 | 186.908 |
| 氩气 / m³ | 4.857 | 6.324 | 7.266 | 8.160 | 11.463 | 16.458 |
| 氧气 / m³ | 13.825 | 17.270 | 19.520 | 20.920 | 27.330 | 32.470 |
| 乙炔气 / kg | 5.317 | 6.642 | 7.508 | 8.046 | 10.512 | 12.488 |
| 聚氨酯硬质泡沫 A、B 料 / m³ | 0.758 | 0.796 | 0.908 | 1.008 | 1.108 | 1.317 |
| 其他材料费 / % | 1.50 | 1.50 | 1.50 | 1.50 | 1.50 | 1.50 |
| 汽车式起重机 16t / 台班 | 1.557 | — | — | — | — | — |
| 汽车式起重机 20t / 台班 | — | 1.734 | 2.176 | 2.265 | — | — |
| 汽车式起重机 25t / 台班 | — | — | — | — | 2.618 | 2.972 |
| 载重汽车 8t / 台班 | 0.573 | 0.663 | 0.753 | — | — | — |
| 载重汽车 10t / 台班 | — | — | — | 0.842 | 0.842 | 0.932 |
| 直流弧焊机 20kV·A / 台班 | 5.004 | 5.932 | 7.031 | 8.332 | 9.874 | 11.701 |
| 氩弧焊机 500A / 台班 | 2.297 | 2.715 | 3.218 | 3.813 | 4.519 | 5.355 |
| 半自动切割机 100mm / 台班 | 0.907 | 1.071 | 1.208 | 1.428 | 1.509 | 1.071 |
| 电焊条烘干箱 60×50×75（cm³） / 台班 | 0.500 | 0.593 | 0.703 | 0.833 | 0.987 | 1.170 |

# 三、水平导向钻进

**工作内容:**施工准备、安装探头、连接导向钻、导向钻孔、场内运输、清理现场。　　　　计量单位:10m

| 编　　号 | | 5-1-431 | 5-1-432 | 5-1-433 |
|---|---|---|---|---|
| 项　　目 | | 钻导向孔(mm) | | |
| | | DN300 以内 | DN600 以内 | DN600 以外 |
| 名　　称 | 单位 | 消　耗　量 | | |
| 合计工日 | 工日 | 1.567 | 1.707 | 1.860 |
| 普工 | 工日 | 0.470 | 0.512 | 0.558 |
| 一般技工 | 工日 | 0.940 | 1.024 | 1.116 |
| 高级技工 | 工日 | 0.157 | 0.171 | 0.186 |
| 导向钻刀片 | 只 | (0.123) | (0.123) | (0.123) |
| 钻杆 | 根 | (0.011) | (0.011) | (0.011) |
| 膨润土 | kg | 49.000 | 49.000 | 49.000 |
| 碳酸氢钠 | kg | 1.365 | 1.365 | 1.365 |
| 水 | m³ | 1.326 | 1.326 | 1.326 |
| 化学泥浆 | kg | 1.896 | 1.896 | 1.896 |
| 其他材料费 | % | 0.50 | 0.50 | 0.50 |
| 汽车式起重机 8t | 台班 | 0.011 | 0.103 | 0.103 |
| 载重汽车 8t | 台班 | 0.242 | 0.242 | 0.242 |
| 电动单级离心清水泵 100mm | 台班 | 0.115 | 0.125 | 0.136 |
| 水平定向钻机(小型) | 台班 | 0.100 | — | — |
| 水平定向钻机(中型) | 台班 | — | 0.109 | — |
| 水平定向钻机(大型) | 台班 | — | — | 0.119 |

**工作内容：**施工准备、安装回扩器、扩孔、场内运输、清理现场。　　　　　　　　计量单位：10m

| 编　　号 | | 5-1-434 | 5-1-435 | 5-1-436 | 5-1-437 | 5-1-438 | 5-1-439 |
|---|---|---|---|---|---|---|---|
| 项　　目 | | 扩孔（mm 以内） | | | | | |
| | | DN100 | DN200 | DN300 | DN500 | DN600 | DN800 |
| 名　　称 | 单位 | 消　耗　量 | | | | | |
| 合计工日 | 工日 | 0.297 | 0.420 | 1.505 | 4.507 | 6.020 | 12.399 |
| 普工 | 工日 | 0.089 | 0.126 | 0.452 | 1.352 | 1.806 | 3.720 |
| 一般技工 | 工日 | 0.178 | 0.252 | 0.903 | 2.704 | 3.612 | 7.439 |
| 高级技工 | 工日 | 0.030 | 0.042 | 0.150 | 0.451 | 0.602 | 1.240 |
| 回扩器 DN150 | 只 | （0.019） | — | — | — | — | — |
| 回扩器 DN250 | 只 | （0.015） | （0.026） | — | — | — | — |
| 回扩器 DN350 | 只 | — | （0.020） | （0.093） | （0.093） | （0.093） | （0.093） |
| 回扩器 DN450 | 只 | — | — | （0.073） | （0.073） | （0.073） | （0.073） |
| 回扩器 DN600 | 只 | — | — | — | （0.063） | （0.063） | （0.063） |
| 回扩器 DN700 | 只 | — | — | — | （0.073） | （0.073） | （0.073） |
| 回扩器 DN800 | 只 | — | — | — | — | （0.093） | （0.093） |
| 回扩器 DN900 | 只 | — | — | — | — | （0.113） | （0.113） |
| 回扩器 DN1 000 | 只 | — | — | — | — | — | （0.133） |
| 回扩器 DN1 100 | 只 | — | — | — | — | — | （0.133） |
| 钻杆 | 根 | （0.004） | （0.006） | （0.021） | （0.043） | （0.064） | （0.106） |
| 膨润土 | kg | 19.400 | 27.160 | 97.000 | 319.000 | 455.000 | 911.000 |
| 碳酸氢钠 | kg | 0.218 | 0.305 | 1.091 | 2.745 | 3.750 | 4.461 |
| 水 | m³ | 0.348 | 0.487 | 1.738 | 3.801 | 4.833 | 7.119 |
| 化学泥浆 | kg | 0.361 | 0.505 | 1.803 | 3.621 | 5.000 | 6.275 |
| 其他材料费 | % | 0.50 | 0.50 | 0.50 | 0.50 | 0.50 | 0.50 |
| 汽车式起重机 8t | 台班 | 0.030 | 0.042 | 0.150 | 0.276 | 0.442 | 0.613 |
| 载重汽车 8t | 台班 | 0.016 | 0.022 | 0.082 | 0.280 | 0.336 | 0.621 |
| 电动单级离心清水泵 100mm | 台班 | 0.059 | 0.083 | 0.298 | 0.551 | 0.663 | 1.346 |
| 水平定向钻机（小型） | 台班 | 0.033 | 0.046 | 0.166 | — | — | — |
| 水平定向钻机（中型） | 台班 | — | — | — | 0.277 | 0.421 | — |
| 水平定向钻机（大型） | 台班 | — | — | — | — | — | 0.674 |

**工作内容：**施工准备、布管、回拖、场内运输、清理现场。 　　　　　　　　　　　　**计量单位：**10m

| 编　号 | | 5-1-440 | 5-1-441 | 5-1-442 | 5-1-443 | 5-1-444 | 5-1-445 |
|---|---|---|---|---|---|---|---|
| 项　目 | | 回拖布管（mm 以内） | | | | | |
| | | DN100 | DN200 | DN300 | DN500 | DN600 | DN800 |
| 名　称 | 单位 | 消　耗　量 | | | | | |
| 合计工日 | 工日 | 0.140 | 0.359 | 1.366 | 2.994 | 3.807 | 4.943 |
| 普工 | 工日 | 0.042 | 0.108 | 0.410 | 0.898 | 1.142 | 1.483 |
| 一般技工 | 工日 | 0.084 | 0.215 | 0.819 | 1.796 | 2.284 | 2.966 |
| 高级技工 | 工日 | 0.014 | 0.036 | 0.137 | 0.300 | 0.381 | 0.494 |
| 钢管 | m | （10.100） | （10.100） | （10.100） | （10.100） | （10.100） | （10.100） |
| 钻杆 | 根 | （0.001） | （0.003） | （0.011） | （0.011） | （0.011） | （0.011） |
| 膨润土 | kg | 8.100 | 21.060 | 81.000 | 128.000 | 151.000 | 178.000 |
| 碳酸氢钠 | kg | 0.127 | 0.330 | 1.270 | 1.402 | 1.469 | 1.601 |
| 水 | m³ | 0.165 | 0.428 | 1.644 | 2.416 | 2.803 | 3.575 |
| 化学泥浆 | kg | 0.173 | 0.449 | 1.726 | 1.980 | 2.107 | 2.360 |
| 其他材料费 | % | 0.50 | 0.50 | 0.50 | 0.50 | 0.50 | 0.50 |
| 汽车式起重机 8t | 台班 | 0.012 | 0.050 | 0.118 | 0.193 | 0.239 | 0.332 |
| 载重汽车 8t | 台班 | 0.012 | 0.071 | 0.114 | 0.271 | 0.349 | 0.499 |
| 电动单级离心清水泵 100mm | 台班 | 0.017 | 0.078 | 0.168 | 0.298 | 0.363 | 0.493 |
| 水平定向钻机（小型） | 台班 | 0.009 | 0.022 | 0.084 | — | — | — |
| 水平定向钻机（中型） | 台班 | — | — | — | 0.114 | 0.128 | — |
| 水平定向钻机（大型） | 台班 | — | — | — | — | — | 0.157 |

# 四、顶　　管

## 1. 中继间安拆

**工作内容:** 安装、吊卸中继间,装油泵、油管,接缝防水,拆除中继间内的全部设备,
吊出井口。

计量单位:套

| 编　号 | | 5-1-446 | 5-1-447 | 5-1-448 | 5-1-449 | 5-1-450 |
|---|---|---|---|---|---|---|
| 项　目 | | 管径(mm 以内) | | | | |
| | | 800 | 1 000 | 1 200 | 1 400 | 1 600 |
| 名　称 | 单位 | 消　耗　量 | | | | |
| 合计工日 | 工日 | 3.950 | 3.950 | 6.303 | 6.947 | 7.749 |
| 普工 | 工日 | 1.185 | 1.185 | 1.891 | 2.084 | 2.325 |
| 一般技工 | 工日 | 2.370 | 2.370 | 3.782 | 4.168 | 4.649 |
| 高级技工 | 工日 | 0.395 | 0.395 | 0.630 | 0.695 | 0.775 |
| 热轧厚钢板 $\delta10\sim20$ | kg | 669.000 | 862.000 | 950.000 | 1 510.000 | 1 880.000 |
| 中继间 $\phi800$ | 套 | 1.000 | — | — | — | — |
| 中继间 $\phi1\,000$ | 套 | — | 1.000 | — | — | — |
| 中继间 $\phi1\,200$ | 套 | — | — | 1.000 | — | — |
| 中继间 $\phi1\,400$ | 套 | — | — | — | 1.000 | — |
| 中继间 $\phi1\,600$ | 套 | — | — | — | — | 1.000 |
| 其他材料费 | % | 0.50 | 0.50 | 0.50 | 0.50 | 0.50 |
| 汽车式起重机 8t | 台班 | 0.717 | 0.717 | 0.964 | 1.070 | — |
| 汽车式起重机 12t | 台班 | — | — | — | — | 1.194 |
| 载重汽车 8t | 台班 | 0.726 | 0.726 | 0.977 | 1.084 | 1.210 |
| 油泵车 | 台班 | 0.726 | 0.726 | 0.977 | 1.084 | 1.210 |

**工作内容:** 安装、吊卸中继间,装油泵、油管,接缝防水,拆除中继间内的全部设备,
　　　　吊出井口。

计量单位:套

| 编　号 | | 5-1-451 | 5-1-452 | 5-1-453 | 5-1-454 |
|---|---|---|---|---|---|
| 项　目 | | 管径(mm 以内) | | | |
| | | 1 800 | 2 000 | 2 200 | 2 400 |
| 名　称 | 单位 | 消　耗　量 | | | |
| 合计工日 | 工日 | 9.639 | 12.597 | 13.504 | 14.535 |
| 普工 | 工日 | 2.892 | 3.779 | 4.051 | 4.361 |
| 一般技工 | 工日 | 5.783 | 7.558 | 8.103 | 8.720 |
| 高级技工 | 工日 | 0.964 | 1.260 | 1.350 | 1.454 |
| 热轧厚钢板 $\delta10\sim20$ | kg | 2 554.000 | 2 925.000 | 3 624.000 | 3 724.000 |
| 中继间 $\phi1$ 800 | 套 | 1.000 | — | — | — |
| 中继间 $\phi2$ 000 | 套 | — | 1.000 | — | — |
| 中继间 $\phi2$ 200 | 套 | — | — | 1.000 | — |
| 中继间 $\phi2$ 400 | 套 | — | — | — | 1.000 |
| 其他材料费 | % | 0.50 | 0.50 | 0.50 | 0.50 |
| 汽车式起重机 12t | 台班 | 1.486 | — | — | — |
| 汽车式起重机 16t | 台班 | — | 1.698 | — | — |
| 汽车式起重机 20t | 台班 | — | — | 1.822 | — |
| 汽车式起重机 30t | 台班 | — | — | — | 1.955 |
| 载重汽车 8t | 台班 | 1.505 | 1.720 | 1.846 | 1.980 |
| 油泵车 | 台班 | 1.505 | 1.720 | 1.846 | 1.980 |

## 2. 顶进触变泥浆减阻

**工作内容：**安拆操作机械，取料、拌浆、压浆、清理。　　　　　　　　　　计量单位：10m

| 编　号 | | 5-1-455 | 5-1-456 | 5-1-457 | 5-1-458 | 5-1-459 |
|---|---|---|---|---|---|---|
| 项　目 | | 管径（mm 以内） | | | | |
| | | 800 | 1 000 | 1 200 | 1 400 | 1 600 |
| 名　称 | 单位 | 消　耗　量 | | | | |
| 合计工日 | 工日 | 3.006 | 3.610 | 4.084 | 4.574 | 5.311 |
| 普工 | 工日 | 0.902 | 1.083 | 1.225 | 1.373 | 1.593 |
| 一般技工 | 工日 | 1.803 | 2.166 | 2.450 | 2.744 | 3.187 |
| 高级技工 | 工日 | 0.301 | 0.361 | 0.409 | 0.457 | 0.531 |
| 膨润土 200 目 | kg | 101.250 | 126.630 | 152.250 | 175.500 | 266.630 |
| 水 | m³ | 0.771 | 0.970 | 1.160 | 1.337 | 2.031 |
| 触变泥浆 | m³ | 0.910 | 1.140 | 1.370 | 1.580 | 2.400 |
| 其他材料费 | % | 1.50 | 1.50 | 1.50 | 1.50 | 1.50 |
| 泥浆制作循环设备 | 台班 | 1.411 | 1.695 | 1.916 | 2.147 | 2.493 |

**工作内容：**安拆操作机械,取料、拌浆、压浆、清理。

| 编　号 | | 5-1-460 | 5-1-461 | 5-1-462 | 5-1-463 | 5-1-464 |
|---|---|---|---|---|---|---|
| 项　目 | | 管径（mm 以内） | | | | 压浆孔制作与封孔 |
| | | 1 800 | 2 000 | 2 200 | 2 400 | |
| | | 10m | | | | 只 |
| 名　称 | 单位 | 消　耗　量 | | | | |
| 合计工日 | 工日 | 5.974 | 6.918 | 8.334 | 9.848 | 0.486 |
| 普工 | 工日 | 1.792 | 2.075 | 2.500 | 2.954 | 0.146 |
| 一般技工 | 工日 | 3.584 | 4.151 | 5.001 | 5.909 | 0.291 |
| 高级技工 | 工日 | 0.598 | 0.692 | 0.833 | 0.985 | 0.049 |
| 膨润土 200 目 | kg | 297.750 | 330.000 | 361.130 | 395.500 | — |
| 环氧树脂 | kg | — | — | — | — | 1.010 |
| 镀锌外接头 DN50 | 个 | — | — | — | — | 1.000 |
| 镀锌管堵 DN50 | 个 | — | — | — | — | 1.000 |
| 水 | m³ | 2.269 | 2.514 | 2.751 | 3.013 | — |
| 触变泥浆 | m³ | 2.680 | 2.970 | 3.250 | 3.560 | — |
| 其他材料费 | % | 1.50 | 1.50 | 1.50 | 1.50 | 2.00 |
| 手持式风动凿岩机 | 台班 | — | — | — | — | 0.160 |
| 电动空气压缩机 1m³/min | 台班 | — | — | — | — | 0.161 |
| 泥浆制作循环设备 | 台班 | 2.804 | 3.247 | 3.904 | 4.622 | — |

# 3.顶管顶进

## (1)混凝土管顶进

**工作内容:** 下管,安、拆、换顶铁,挖、吊土,顶进,纠偏。

计量单位:10m

| 编　号 | | 5-1-465 | 5-1-466 | 5-1-467 | 5-1-468 | 5-1-469 | 5-1-470 |
|---|---|---|---|---|---|---|---|
| 项　目 | | 管径(mm 以内) | | | | | |
| | | 800 | 1 000 | 1 100 | 1 200 | 1 350 | 1 500 |
| 名　称 | 单位 | 消　耗　量 | | | | | |
| 合计工日 | 工日 | 38.491 | 39.314 | 40.137 | 40.959 | 42.804 | 44.748 |
| 普工 | 工日 | 11.547 | 11.795 | 12.041 | 12.288 | 12.841 | 13.424 |
| 一般技工 | 工日 | 23.095 | 23.588 | 24.082 | 24.575 | 25.683 | 26.849 |
| 高级技工 | 工日 | 3.849 | 3.931 | 4.014 | 4.096 | 4.280 | 4.475 |
| 加强钢筋混凝土管 | m | (10.100) | (10.100) | (10.100) | (10.100) | (10.100) | (10.100) |
| 其他材料费 | % | 1.50 | 1.50 | 1.50 | 1.50 | 1.50 | 1.50 |
| 汽车式起重机 8t | 台班 | 0.797 | 0.964 | — | — | — | — |
| 汽车式起重机 12t | 台班 | — | — | 0.982 | — | — | — |
| 汽车式起重机 16t | 台班 | — | — | — | 1.079 | 1.141 | — |
| 汽车式起重机 20t | 台班 | — | — | — | — | — | 1.424 |
| 电动双筒慢速卷扬机 30kN | 台班 | 3.247 | 3.689 | 3.786 | 3.875 | 3.963 | 4.326 |
| 高压油泵 50MPa | 台班 | 3.247 | 3.689 | 3.786 | 3.875 | 3.963 | 4.326 |
| 立式油压千斤顶 200t | 台班 | 6.493 | 7.378 | 7.572 | 7.749 | 7.926 | 8.652 |

**工作内容:**下管,安、拆、换顶铁,挖、吊土,顶进,纠偏。　　　　　　　　　　　　　　　计量单位:10m

| 编　号 | | 5-1-471 | 5-1-472 | 5-1-473 | 5-1-474 | 5-1-475 |
|---|---|---|---|---|---|---|
| 项　目 | | 管径(mm以内) | | | | |
| | | 1 650 | 1 800 | 2 000 | 2 200 | 2 400 |
| 名　称 | 单位 | 消　耗　量 | | | | |
| 合计工日 | 工日 | 46.584 | 49.368 | 54.994 | 60.586 | 66.447 |
| 普工 | 工日 | 13.975 | 14.810 | 16.498 | 18.176 | 19.934 |
| 一般技工 | 工日 | 27.951 | 29.621 | 32.997 | 36.351 | 39.868 |
| 高级技工 | 工日 | 4.658 | 4.937 | 5.499 | 6.059 | 6.645 |
| 加强钢筋混凝土管 | m | (10.100) | (10.100) | (10.100) | (10.100) | (10.100) |
| 其他材料费 | % | 1.50 | 1.50 | 1.50 | 1.50 | 1.50 |
| 汽车式起重机 20t | 台班 | 1.530 | — | — | — | — |
| 汽车式起重机 40t | 台班 | — | 1.601 | 1.743 | 2.088 | — |
| 汽车式起重机 50t | 台班 | — | — | — | — | 2.459 |
| 电动双筒慢速卷扬机 30kN | 台班 | 4.494 | 4.653 | 4.918 | 5.396 | 5.900 |
| 高压油泵 50MPa | 台班 | 4.494 | 4.653 | 4.918 | 5.396 | 5.900 |
| 立式油压千斤顶 200t | 台班 | 8.988 | 9.306 | 9.837 | — | — |
| 立式油压千斤顶 300t | 台班 | — | — | — | 10.792 | 11.792 |

## （2）封闭式顶进

**工作内容：**卸管、接拆进水管、出泥浆管、照明设备、掘进、测量纠偏、泥浆出坑、
场内运输等。

计量单位：10m

| 编　号 | | 5-1-476 | 5-1-477 | 5-1-478 | 5-1-479 | 5-1-480 | 5-1-481 |
|---|---|---|---|---|---|---|---|
| 项　目 | | 水力机械（管径 mm 以内） | | | | 切削机械（管径 mm 以内） | |
| | | 800 | 1 200 | 1 600 | 1 800 | 2 200 | 2 400 |
| 名　称 | 单位 | 消　耗　量 | | | | | |
| 合计工日 | 工日 | 17.464 | 18.979 | 24.103 | 26.896 | 31.840 | 36.834 |
| 普工 | 工日 | 2.620 | 2.847 | 3.615 | 4.035 | 4.776 | 5.525 |
| 一般技工 | 工日 | 13.098 | 14.234 | 18.078 | 20.172 | 23.880 | 27.625 |
| 高级技工 | 工日 | 1.746 | 1.898 | 2.410 | 2.689 | 3.184 | 3.684 |
| 滑动胶圈 | 个 | — | — | （5.000） | （5.000） | （5.000） | （5.000） |
| 衬垫板 | 套 | — | — | （5.000） | （5.000） | （5.000） | （5.000） |
| 钢筋混凝土管 | m | （10.050） | （10.050） | （10.050） | （10.050） | （10.050） | （10.050） |
| 六角螺栓带螺母、垫圈（综合） | kg | 0.670 | 0.670 | 0.670 | 0.670 | — | — |
| 机油 32# | kg | 6.180 | 6.180 | 6.180 | 6.180 | 51.550 | 51.550 |
| 钢管 | kg | 2.090 | 2.090 | 2.090 | 2.090 | — | — |
| 柔性接头 | 套 | 0.067 | 0.067 | 0.067 | 0.067 | — | — |
| 橡套电力电缆 YHC $3 \times 16mm^2 + 1 \times 6mm^2$ | m | 0.150 | 0.150 | 0.150 | 0.150 | — | — |
| 橡套电力电缆 YHC $3 \times 50mm^2 + 1 \times 6mm^2$ | m | 0.150 | 0.150 | 0.150 | 0.150 | — | — |
| 橡套电力电缆 YHC $3 \times 70mm^2 + 1 \times 25mm^2$ | m | 0.150 | 0.150 | 0.150 | 0.150 | 0.300 | 0.300 |
| 电 | kW·h | 47.676 | 51.867 | 58.514 | 65.276 | 69.562 | 80.990 |
| 出土轨道 | 副 | — | — | — | — | 0.100 | 0.100 |
| 其他材料费 | % | 1.50 | 1.50 | 1.50 | 1.50 | 1.50 | 1.50 |
| 汽车式起重机 8t | 台班 | 1.407 | 1.583 | — | — | — | — |
| 汽车式起重机 16t | 台班 | — | — | 1.920 | 2.212 | — | — |
| 汽车式起重机 20t | 台班 | — | — | — | — | 2.530 | — |
| 汽车式起重机 40t | 台班 | — | — | — | — | — | 2.946 |
| 叉式起重机 5t | 台班 | — | — | — | — | 0.840 | 0.982 |
| 叉式起重机 6t | 台班 | 0.469 | 0.531 | — | — | — | — |
| 叉式起重机 10t | 台班 | — | — | 0.637 | 0.734 | — | — |
| 自卸汽车 8t | 台班 | — | — | — | — | 2.050 | 2.387 |
| 电动单筒慢速卷扬机 30kN | 台班 | — | — | — | — | 2.530 | 2.946 |
| 电动多级离心清水泵 150mm 180m 以下 | 台班 | 1.407 | 1.583 | 1.920 | 2.212 | — | — |
| 潜水泵 100mm | 台班 | 1.407 | 1.583 | 1.920 | 2.212 | 2.530 | 2.946 |
| 遥控顶管掘进机 800mm | 台班 | 1.411 | — | — | — | — | — |
| 遥控顶管掘进机 1 200mm | 台班 | — | 1.588 | — | — | — | — |
| 遥控顶管掘进机 1 650mm | 台班 | — | — | 1.925 | — | — | — |
| 遥控顶管掘进机 1 800mm | 台班 | — | — | — | 2.218 | — | — |
| 刀盘式泥水平衡顶管掘进机 2 200mm | 台班 | — | — | — | — | 2.537 | — |
| 刀盘式泥水平衡顶管掘进机 2 400mm | 台班 | — | — | — | — | — | 2.954 |
| 油泵车 | 台班 | 1.425 | 1.613 | 3.889 | 4.480 | 5.125 | 5.976 |

# （3）钢 管 顶 进

**工作内容：**下管，切口，焊口，安、拆、换顶铁，挖、吊土，顶进，纠偏。　　　　　　　计量单位：10m

| 编　号 | | 5-1-482 | 5-1-483 | 5-1-484 | 5-1-485 | 5-1-486 | 5-1-487 |
|---|---|---|---|---|---|---|---|
| 项　目 | | 公称直径（mm 以内） | | | | | |
| | | 800 | 900 | 1 000 | 1 200 | 1 400 | 1 600 |
| 名　称 | 单位 | 消　耗　量 | | | | | |
| 合计工日 | 工日 | 26.363 | 27.596 | 28.377 | 33.732 | 41.754 | 47.399 |
| 普工 | 工日 | 7.909 | 8.279 | 8.513 | 10.120 | 12.526 | 14.220 |
| 一般技工 | 工日 | 15.818 | 16.558 | 17.026 | 20.239 | 25.053 | 28.439 |
| 高级技工 | 工日 | 2.636 | 2.759 | 2.838 | 3.373 | 4.175 | 4.740 |
| 钢管 | m | （10.200） | （10.200） | （10.200） | （10.200） | （10.200） | （10.200） |
| 低碳钢焊条（综合） | kg | 11.000 | 19.800 | 22.000 | 26.400 | 33.000 | 36.300 |
| 氧气 | m³ | 2.450 | 2.750 | 3.050 | 3.420 | 4.370 | 4.990 |
| 乙炔气 | kg | 0.942 | 1.058 | 1.173 | 1.315 | 1.681 | 1.919 |
| 其他材料费 | % | 1.50 | 1.50 | 1.50 | 1.50 | 1.50 | 1.50 |
| 汽车式起重机 8t | 台班 | 0.797 | 0.964 | — | — | — | — |
| 汽车式起重机 12t | 台班 | — | — | 0.982 | — | — | — |
| 汽车式起重机 16t | 台班 | — | — | — | 1.079 | 1.185 | — |
| 汽车式起重机 20t | 台班 | — | — | — | — | — | 1.486 |
| 电动双筒慢速卷扬机 30kN | 台班 | 2.636 | 2.884 | 3.034 | 3.247 | 3.592 | 4.149 |
| 高压油泵 50MPa | 台班 | 2.636 | 2.884 | 3.034 | 3.247 | 3.592 | 4.149 |
| 直流弧焊机 32kV·A | 台班 | 3.733 | 4.105 | 5.945 | 7.378 | 10.102 | 11.553 |
| 立式油压千斤顶 200t | 台班 | 5.272 | 5.768 | 6.068 | 6.493 | 7.183 | 8.307 |
| 人工挖土法顶管设备 1 200mm | 台班 | 2.644 | 2.892 | 3.043 | 3.256 | — | — |
| 人工挖土法顶管设备 1 650mm | 台班 | — | — | — | — | 3.602 | 4.161 |
| 电焊条烘干箱 60×50×75（cm³） | 台班 | 0.373 | 0.411 | 0.595 | 0.738 | 1.010 | 1.155 |

**工作内容:** 下管,切口,焊口,安、拆、换顶铁,挖、吊土,顶进,纠偏。 计量单位:10m

| 编 号 | | 5-1-488 | 5-1-489 | 5-1-490 | 5-1-491 | 5-1-492 |
|---|---|---|---|---|---|---|
| 项 目 | | 公称直径(mm 以内) | | | | |
| | | 1 800 | 2 000 | 2 200 | 2 400 | 2 600 |
| 名 称 | 单位 | 消 耗 量 | | | | |
| 合计工日 | 工日 | 54.934 | 61.276 | 67.191 | 73.973 | 83.169 |
| 普工 | 工日 | 16.480 | 18.383 | 20.157 | 22.192 | 24.951 |
| 一般技工 | 工日 | 32.960 | 36.766 | 40.315 | 44.384 | 49.901 |
| 高级技工 | 工日 | 5.494 | 6.127 | 6.719 | 7.397 | 8.317 |
| 钢管 | m | (10.200) | (10.200) | (10.200) | (10.200) | (10.200) |
| 低碳钢焊条(综合) | kg | 49.500 | 55.000 | 62.700 | 82.500 | 88.000 |
| 氧气 | m³ | 6.270 | 7.000 | 7.530 | 9.550 | 10.340 |
| 乙炔气 | kg | 2.412 | 2.692 | 2.896 | 3.673 | 3.977 |
| 其他材料费 | % | 1.50 | 1.50 | 1.50 | 1.50 | 1.50 |
| 汽车式起重机 40t | 台班 | 1.601 | 1.743 | 2.088 | — | — |
| 汽车式起重机 50t | 台班 | — | — | — | 2.459 | 2.574 |
| 电动双筒慢速卷扬机 30kN | 台班 | 4.299 | 4.582 | 4.821 | 4.980 | 5.210 |
| 高压油泵 50MPa | 台班 | 4.299 | 4.582 | 4.821 | 4.980 | 5.210 |
| 直流弧焊机 32kV·A | 台班 | 15.224 | 16.958 | 18.471 | 20.346 | 22.045 |
| 立式油压千斤顶 200t | 台班 | 8.598 | 9.165 | 9.642 | 9.961 | 10.421 |
| 人工挖土法顶管设备 2 000mm | 台班 | 4.312 | 4.596 | — | — | — |
| 人工挖土法顶管设备 2 460mm | 台班 | — | — | 4.835 | 4.995 | 5.226 |
| 电焊条烘干箱 60×50×75(cm³) | 台班 | 1.522 | 1.696 | 1.847 | 2.035 | 2.205 |

## （4）钢管挤压顶进

**工作内容：** 下管，接口，安、拆、换顶铁，顶进，纠偏。 计量单位：10m

| 编 号 | | 5-1-493 | 5-1-494 | 5-1-495 | 5-1-496 | 5-1-497 | 5-1-498 |
|---|---|---|---|---|---|---|---|
| 项 目 | | 公称直径（mm 以内） | | | | | |
| | | 150 | 200 | 300 | 400 | 500 | 600 |
| 名 称 | 单位 | 消 耗 量 | | | | | |
| 合计工日 | 工日 | 18.803 | 21.621 | 23.538 | 25.629 | 27.580 | 29.584 |
| 普工 | 工日 | 5.641 | 6.486 | 7.061 | 7.689 | 8.274 | 8.875 |
| 一般技工 | 工日 | 11.282 | 12.973 | 14.123 | 15.377 | 16.548 | 17.751 |
| 高级技工 | 工日 | 1.880 | 2.162 | 2.354 | 2.563 | 2.758 | 2.958 |
| 钢管 | m | （10.200） | （10.200） | （10.200） | （10.200） | （10.200） | （10.200） |
| 钢筋 $\phi16$ | kg | 8.216 | 8.216 | — | — | — | — |
| 钢筋 $\phi18$ | kg | — | — | 10.400 | 10.400 | — | — |
| 钢筋 $\phi20$ | kg | — | — | — | — | 12.844 | 12.844 |
| 低碳钢焊条（综合） | kg | 8.151 | 8.624 | 14.190 | 14.707 | 15.499 | 15.499 |
| 氧气 | m³ | 0.590 | 0.870 | 1.160 | 1.520 | 1.880 | 1.880 |
| 乙炔气 | kg | 0.227 | 0.335 | 0.446 | 0.585 | 0.723 | 0.723 |
| 其他材料费 | % | 1.50 | 1.50 | 1.50 | 1.50 | 1.50 | 1.50 |
| 汽车式起重机 8t | 台班 | — | — | — | 0.354 | 0.531 | 0.531 |
| 高压油泵 50MPa | 台班 | 1.583 | 1.813 | 1.973 | 2.079 | 2.194 | 2.406 |
| 直流弧焊机 32kV·A | 台班 | 0.186 | 0.195 | 0.248 | 0.301 | 0.372 | 0.708 |
| 挤压法顶管设备 1 000mm | 台班 | 1.588 | 1.819 | 1.978 | 2.085 | 2.200 | 2.413 |
| 电焊条烘干箱 60×50×75（cm³） | 台班 | 0.019 | 0.020 | 0.025 | 0.030 | 0.037 | 0.071 |

## （5）铸铁管挤压顶进

**工作内容：** 下管，接口，安、拆、换顶铁，顶进，纠偏。　　　　　　　　　　　　　计量单位：10m

| 编　号 | | 5-1-499 | 5-1-500 | 5-1-501 | 5-1-502 | 5-1-503 | 5-1-504 |
|---|---|---|---|---|---|---|---|
| 项　目 | | 公称直径（mm 以内） | | | | | |
| | | 150 | 200 | 300 | 400 | 500 | 600 |
| 名　称 | 单位 | 消　耗　量 | | | | | |
| 合计工日 | 工日 | 19.899 | 22.733 | 24.229 | 25.954 | 28.350 | 30.669 |
| 普工 | 工日 | 5.970 | 6.820 | 7.268 | 7.786 | 8.505 | 9.201 |
| 一般技工 | 工日 | 11.939 | 13.640 | 14.538 | 15.572 | 17.010 | 18.401 |
| 高级技工 | 工日 | 1.990 | 2.273 | 2.423 | 2.596 | 2.835 | 3.067 |
| 铸铁管 | m | （10.100） | （10.100） | （10.100） | （10.100） | （10.100） | （10.100） |
| 油麻 | kg | 0.357 | 0.462 | 0.756 | 1.029 | 1.470 | 1.827 |
| 速凝剂 | kg | 0.056 | 0.073 | 0.120 | 0.170 | 0.240 | 0.300 |
| 氧气 | m³ | 0.090 | 0.160 | 0.240 | 0.450 | 0.570 | 0.690 |
| 乙炔气 | kg | 0.035 | 0.062 | 0.092 | 0.173 | 0.219 | 0.265 |
| 预拌膨胀水泥砂浆 | m³ | 0.001 | 0.001 | 0.001 | 0.002 | 0.003 | 0.003 |
| 其他材料费 | % | 1.50 | 1.50 | 1.50 | 1.50 | 1.50 | 1.50 |
| 汽车式起重机 8t | 台班 | — | — | 0.354 | 0.354 | 0.531 | 0.531 |
| 高压油泵 50MPa | 台班 | 1.583 | 1.813 | 1.973 | 2.079 | 2.194 | 2.406 |
| 挤压法顶管设备 1 000mm | 台班 | 1.588 | 1.819 | 1.978 | 2.085 | 2.200 | 2.413 |

## （6）方（拱）涵顶进

**工作内容：**下方（拱）涵，安、拆、换顶铁，挖、吊土，顶进，纠偏。　　　　　　　　　　　计量单位：10m

| 编　号 | | 5-1-505 | 5-1-506 |
|---|---|---|---|
| 项　目 | | 方（拱）涵截面面积（m² 以内） | |
| | | 2 | 4 |
| 名　称 | 单位 | 消　耗　量 | |
| 合计工日 | 工日 | 62.781 | 75.339 |
| 普工 | 工日 | 18.834 | 22.602 |
| 一般技工 | 工日 | 37.669 | 45.203 |
| 高级技工 | 工日 | 6.278 | 7.534 |
| 混凝土方拱涵 | m | （9.904） | （9.904） |
| 扒钉 | kg | 0.019 | 0.030 |
| 锭子油 | kg | 0.290 | 0.458 |
| 钢顶柱横梁 | t | 0.008 | 0.015 |
| 千斤顶支架油箱操作台 | kg | 0.260 | 0.410 |
| 其他材料费 | % | 1.50 | 1.50 |
| 其他机械费 | 元 | 0.24 | 0.38 |
| 汽车式起重机 16t | 台班 | 0.403 | — |
| 汽车式起重机 40t | 台班 | — | 0.486 |
| 少先吊 1t | 台班 | 4.423 | 5.396 |
| 高压油泵 50MPa | 台班 | 4.423 | 5.396 |
| 立式油压千斤顶 200t | 台班 | 8.846 | 10.792 |

## 4. 混凝土管顶管接口

## （1）沥青麻丝膨胀水泥（平口）

**工作内容：**配制沥青麻丝,铺砂浆、填、抹(打)管口、材料运输。 计量单位：10 个口

| 编 号 | | 5-1-507 | 5-1-508 | 5-1-509 | 5-1-510 | 5-1-511 | 5-1-512 |
|---|---|---|---|---|---|---|---|
| 项 目 | | 管径（mm） | | | | | |
| | | 800 | 1 000 | 1 100 | 1 200 | 1 350 | 1 500 |
| 名 称 | 单位 | 消 耗 量 | | | | | |
| 合计工日 | 工日 | 2.819 | 3.177 | 3.480 | 3.801 | 5.420 | 5.104 |
| 普工 | 工日 | 0.846 | 0.953 | 1.044 | 1.140 | 1.626 | 1.531 |
| 一般技工 | 工日 | 1.691 | 1.906 | 2.088 | 2.281 | 3.252 | 3.063 |
| 高级技工 | 工日 | 0.282 | 0.318 | 0.348 | 0.380 | 0.542 | 0.510 |
| 麻丝 | kg | 2.611 | 3.958 | 5.029 | 6.283 | 7.936 | 9.802 |
| 石油沥青 | kg | 10.240 | 15.518 | 19.748 | 24.656 | 31.143 | 38.489 |
| 预拌膨胀水泥砂浆 1:1 | m³ | 0.013 | 0.014 | 0.017 | 0.018 | 0.022 | 0.028 |
| 其他材料费 | % | 1.50 | 1.50 | 1.50 | 1.50 | 1.50 | 1.50 |

**工作内容：**配制沥青麻丝,铺砂浆、填、抹(打)管口、材料运输。 计量单位：10 个口

| 编 号 | | 5-1-513 | 5-1-514 | 5-1-515 | 5-1-516 | 5-1-517 |
|---|---|---|---|---|---|---|
| 项 目 | | 管径（mm） | | | | |
| | | 1 650 | 1 800 | 2 000 | 2 200 | 2 400 |
| 名 称 | 单位 | 消 耗 量 | | | | |
| 合计工日 | 工日 | 5.715 | 6.574 | 7.809 | 9.219 | 11.159 |
| 普工 | 工日 | 1.715 | 1.972 | 2.343 | 2.766 | 3.348 |
| 一般技工 | 工日 | 3.428 | 3.945 | 4.685 | 5.531 | 6.695 |
| 高级技工 | 工日 | 0.572 | 0.657 | 0.781 | 0.922 | 1.116 |
| 麻丝 | kg | 11.863 | 14.076 | 17.626 | 20.930 | 25.214 |
| 石油沥青 | kg | 46.566 | 55.258 | 69.197 | 82.171 | 98.993 |
| 预拌膨胀水泥砂浆 1:1 | m³ | 0.033 | 0.039 | 0.046 | 0.059 | 0.069 |
| 其他材料费 | % | 1.50 | 1.50 | 1.50 | 1.50 | 1.50 |

## （2）沥青麻丝膨胀水泥接口（企口）

**工作内容**：配制沥青麻丝，铺砂浆、填、抹（打）管口、材料运输。　　　　　　　　　计量单位：10 个口

| 编　号 | | 5-1-518 | 5-1-519 | 5-1-520 | 5-1-521 | 5-1-522 |
|---|---|---|---|---|---|---|
| 项　目 | | 管径（mm） | | | | |
| | | 1 100 | 1 200 | 1 350 | 1 500 | 1 650 |
| 名　称 | 单位 | 消　耗　量 | | | | |
| 合计工日 | 工日 | 4.168 | 4.449 | 5.019 | 5.716 | 6.505 |
| 普工 | 工日 | 1.250 | 1.335 | 1.506 | 1.715 | 1.951 |
| 一般技工 | 工日 | 2.501 | 2.669 | 3.011 | 3.429 | 3.903 |
| 高级技工 | 工日 | 0.417 | 0.445 | 0.502 | 0.572 | 0.651 |
| 麻丝 | kg | 4.508 | 5.324 | 6.681 | 8.405 | 10.118 |
| 石油沥青 | kg | 17.681 | 20.903 | 26.235 | 33.008 | 39.739 |
| 预拌膨胀水泥砂浆 1∶1 | m³ | 0.039 | 0.046 | 0.058 | 0.070 | 0.086 |
| 其他材料费 | % | 1.50 | 1.50 | 1.50 | 1.50 | 1.50 |

**工作内容**：配制沥青麻丝，铺砂浆、填、抹（打）管口、材料运输。　　　　　　　　　计量单位：10 个口

| 编　号 | | 5-1-523 | 5-1-524 | 5-1-525 | 5-1-526 |
|---|---|---|---|---|---|
| 项　目 | | 管径（mm） | | | |
| | | 1 800 | 2 000 | 2 200 | 2 400 |
| 名　称 | 单位 | 消　耗　量 | | | |
| 合计工日 | 工日 | 7.427 | 8.740 | 10.338 | 12.444 |
| 普工 | 工日 | 2.228 | 2.622 | 3.101 | 3.733 |
| 一般技工 | 工日 | 4.456 | 5.244 | 6.203 | 7.466 |
| 高级技工 | 工日 | 0.743 | 0.874 | 1.034 | 1.245 |
| 麻丝 | kg | 11.873 | 14.810 | 17.748 | 20.930 |
| 石油沥青 | kg | 46.608 | 58.141 | 69.674 | 82.171 |
| 预拌膨胀水泥砂浆 1∶1 | m³ | 0.103 | 0.127 | 0.155 | 0.187 |
| 其他材料费 | % | 1.50 | 1.50 | 1.50 | 1.50 |

### （3）橡胶垫板膨胀水泥接口

**工作内容：**清理管口，调配嵌缝及粘接材料，制粘垫板，抹（打）管口，材料运输。 计量单位：10个口

| 编 号 | | 5-1-527 | 5-1-528 | 5-1-529 | 5-1-530 | 5-1-531 |
|---|---|---|---|---|---|---|
| 项 目 | | 管径（mm） | | | | |
| | | 1 100 | 1 200 | 1 350 | 1 500 | 1 650 |
| 名 称 | 单位 | 消 耗 量 | | | | |
| 合计工日 | 工日 | 4.645 | 5.013 | 5.726 | 6.609 | 7.579 |
| 普工 | 工日 | 1.394 | 1.504 | 1.718 | 1.983 | 2.273 |
| 一般技工 | 工日 | 2.787 | 3.008 | 3.436 | 3.965 | 4.548 |
| 高级技工 | 工日 | 0.464 | 0.501 | 0.572 | 0.661 | 0.758 |
| 橡胶板 $\delta$12 | kg | 52.920 | 62.640 | 91.680 | 115.440 | 138.840 |
| 氯丁橡胶浆 | kg | 5.100 | 6.100 | 7.600 | 9.500 | 11.400 |
| 三异氰酸酯 | kg | 0.800 | 0.910 | 1.110 | 1.400 | 1.700 |
| 乙酸乙酯 | kg | 1.900 | 2.300 | 2.900 | 3.600 | 4.300 |
| 预拌膨胀水泥砂浆 1∶1 | m³ | 0.039 | 0.046 | 0.058 | 0.070 | 0.086 |
| 其他材料费 | % | 1.50 | 1.50 | 1.50 | 1.50 | 1.50 |

**工作内容：**清理管口，调配嵌缝及粘接材料，制粘垫板，抹（打）管口，材料运输。 计量单位：10个口

| 编 号 | | 5-1-532 | 5-1-533 | 5-1-534 | 5-1-535 |
|---|---|---|---|---|---|
| 项 目 | | 管径（mm） | | | |
| | | 1 800 | 2 000 | 2 200 | 2 400 |
| 名 称 | 单位 | 消 耗 量 | | | |
| 合计工日 | 工日 | 8.691 | 10.307 | 12.216 | 14.663 |
| 普工 | 工日 | 2.607 | 3.092 | 3.665 | 4.399 |
| 一般技工 | 工日 | 5.215 | 6.184 | 7.330 | 8.798 |
| 高级技工 | 工日 | 0.869 | 1.031 | 1.221 | 1.466 |
| 橡胶板 $\delta$12 | kg | 163.080 | 231.840 | 277.920 | 328.080 |
| 氯丁橡胶浆 | kg | 13.300 | 16.600 | 19.900 | 23.400 |
| 三异氰酸酯 | kg | 2.000 | 2.500 | 3.000 | 3.500 |
| 乙酸乙酯 | kg | 5.100 | 6.300 | 7.600 | 8.900 |
| 预拌膨胀水泥砂浆 1∶1 | m³ | 0.103 | 0.127 | 0.155 | 0.187 |
| 其他材料费 | % | 1.50 | 1.50 | 1.50 | 1.50 |

# 5. 顶管接口外套环

**工作内容:**清理接口、安放 O 形橡胶圈、安放钢制外套环。　　　　　　　　　　　　　　计量单位:10 个口

| 编　号 | | 5-1-536 | 5-1-537 | 5-1-538 | 5-1-539 |
|---|---|---|---|---|---|
| 项　目 | | 公称直径(mm 以内) | | | |
| | | 1 000 | 1 200 | 1 400 | 1 600 |
| 名　称 | 单位 | 消　耗　量 | | | |
| 合计工日 | 工日 | 12.286 | 14.366 | 21.167 | 22.209 |
| 普工 | 工日 | 3.686 | 4.310 | 6.350 | 6.663 |
| 一般技工 | 工日 | 7.371 | 8.620 | 12.700 | 13.325 |
| 高级技工 | 工日 | 1.229 | 1.436 | 2.117 | 2.221 |
| 钢板外套环 | 个 | (10.000) | (10.000) | (10.000) | (10.000) |
| O 形橡胶圈 横截面 $\phi$30 | m | 33.440 | 40.500 | 44.928 | 54.000 |
| 六角螺栓带螺母、垫圈 M14 | 套 | 10.000 | 10.000 | 10.000 | 10.000 |
| 环氧沥青防锈漆 | kg | 11.275 | 12.813 | 14.350 | 16.400 |
| 其他材料费 | % | 1.50 | 1.50 | 1.50 | 1.50 |
| 汽车式起重机 8t | 台班 | 0.221 | 0.221 | 0.221 | 0.221 |

**工作内容:**清理接口、安放 O 形橡胶圈、安放钢制外套环。　　　　　　　　　　　　　　计量单位:10 个口

| 编　号 | | 5-1-540 | 5-1-541 | 5-1-542 | 5-1-543 |
|---|---|---|---|---|---|
| 项　目 | | 公称直径(mm 以内) | | | |
| | | 1 800 | 2 000 | 2 200 | 2 400 |
| 名　称 | 单位 | 消　耗　量 | | | |
| 合计工日 | 工日 | 23.057 | 25.236 | 27.406 | 29.671 |
| 普工 | 工日 | 6.917 | 7.571 | 8.222 | 8.901 |
| 一般技工 | 工日 | 13.834 | 15.141 | 16.443 | 17.803 |
| 高级技工 | 工日 | 2.306 | 2.524 | 2.741 | 2.967 |
| 钢板外套环 | 个 | (10.000) | (10.000) | (10.000) | (10.000) |
| O 形橡胶圈 横截面 $\phi$30 | m | 59.400 | 66.960 | 75.600 | 86.400 |
| 六角螺栓带螺母、垫圈 M14 | 套 | 10.000 | 10.000 | 10.000 | 10.000 |
| 环氧沥青防锈漆 | kg | 17.425 | 19.475 | 20.500 | 22.550 |
| 其他材料费 | % | 1.50 | 1.50 | 1.50 | 1.50 |
| 汽车式起重机 8t | 台班 | 0.221 | 0.239 | 0.239 | 0.239 |

# 6. 顶管接口内套环

## （1）平　口

**工作内容：**配制沥青麻丝、铺砂浆，安装内套环、填抹（打）管口，材料运输。　　　　　计量单位：10 个口

| 编　号 | | 5-1-544 | 5-1-545 | 5-1-546 | 5-1-547 | 5-1-548 |
|---|---|---|---|---|---|---|
| 项　目 | | 管径（mm） | | | | |
| | | 1 000 | 1 100 | 1 200 | 1 350 | 1 500 |
| 名　称 | 单位 | 消　耗　量 | | | | |
| 合计工日 | 工日 | 25.523 | 27.197 | 28.809 | 32.196 | 37.632 |
| 普工 | 工日 | 7.657 | 8.159 | 8.643 | 9.659 | 11.290 |
| 一般技工 | 工日 | 15.314 | 16.318 | 17.285 | 19.318 | 22.579 |
| 高级技工 | 工日 | 2.552 | 2.720 | 2.881 | 3.219 | 3.763 |
| 钢板内套环 | 个 | （10.000） | （10.000） | （10.000） | （10.000） | （10.000） |
| 钢筋 $\phi16$ | kg | — | — | — | — | 222.664 |
| 麻丝 | kg | 11.546 | 13.342 | 15.300 | 18.238 | 21.175 |
| 石油沥青 | kg | 45.315 | 52.375 | 60.282 | 71.582 | 83.178 |
| 预拌膨胀水泥砂浆 1:1 | m³ | 0.083 | 0.091 | 0.099 | 0.114 | 0.130 |
| 预拌防水水泥砂浆 1:3 | m³ | 0.044 | 0.048 | 0.053 | 0.059 | 0.450 |
| 其他材料费 | % | 1.50 | 1.50 | 1.50 | 1.50 | 1.50 |

**工作内容：**配制沥青麻丝、铺砂浆，安装内套环、填抹（打）管口，材料运输。　　　　　计量单位：10 个口

| 编　号 | | 5-1-549 | 5-1-550 | 5-1-551 | 5-1-552 | 5-1-553 |
|---|---|---|---|---|---|---|
| 项　目 | | 管径（mm） | | | | |
| | | 1 650 | 1 800 | 2 000 | 2 200 | 2 400 |
| 名　称 | 单位 | 消　耗　量 | | | | |
| 合计工日 | 工日 | 42.113 | 45.953 | 54.946 | 64.147 | 77.799 |
| 普工 | 工日 | 12.634 | 13.786 | 16.484 | 19.244 | 23.340 |
| 一般技工 | 工日 | 25.268 | 27.572 | 32.967 | 38.489 | 46.679 |
| 高级技工 | 工日 | 4.211 | 4.595 | 5.495 | 6.414 | 7.780 |
| 钢板内套环 | 个 | （10.000） | （10.000） | （10.000） | （10.000） | （10.000） |
| 钢筋 $\phi16$ | kg | 245.752 | 268.944 | 468.416 | 516.984 | 516.984 |
| 麻丝 | kg | 24.347 | 27.785 | 32.803 | 37.699 | 37.699 |
| 石油沥青 | kg | 95.580 | 109.085 | 128.779 | 148.008 | 148.008 |
| 预拌膨胀水泥砂浆 1:1 | m³ | 0.145 | 0.162 | 0.183 | 0.210 | 0.210 |
| 预拌防水水泥砂浆 1:3 | m³ | 0.498 | 0.545 | 0.710 | 0.801 | 0.801 |
| 其他材料费 | % | 1.50 | 1.50 | 1.50 | 1.50 | 1.50 |

# （2）企　口

**工作内容:**配制沥青麻丝、铺砂浆,安装内套环、填抹（打）管口,材料运输。　　　　　　计量单位:10个口

| 编　号 | | 5-1-554 | 5-1-555 | 5-1-556 | 5-1-557 | 5-1-558 |
|---|---|---|---|---|---|---|
| 项　目 | | 管径（mm） | | | | |
| | | 1 100 | 1 200 | 1 350 | 1 500 | 1 650 |
| 名　称 | 单位 | 消　耗　量 | | | | |
| 合计工日 | 工日 | 29.663 | 31.267 | 34.937 | 43.001 | 48.198 |
| 普工 | 工日 | 8.899 | 9.380 | 10.481 | 12.901 | 14.459 |
| 一般技工 | 工日 | 17.798 | 18.760 | 20.962 | 25.800 | 28.919 |
| 高级技工 | 工日 | 2.966 | 3.127 | 3.494 | 4.300 | 4.820 |
| 钢板内套环 | 个 | （10.000） | （10.000） | （10.000） | （10.000） | （10.000） |
| 钢筋 $\phi16$ | kg | — | — | — | 222.664 | 245.752 |
| 麻丝 | kg | 12.852 | 14.443 | 17.014 | 19.829 | 22.644 |
| 石油沥青 | kg | 50.456 | 56.466 | 66.791 | 77.698 | 88.733 |
| 预拌膨胀水泥砂浆 1:1 | m³ | 0.113 | 0.099 | 0.151 | 0.173 | 0.198 |
| 预拌防水水泥砂浆 1:3 | m³ | 0.048 | 0.053 | 0.059 | 0.450 | 0.498 |
| 其他材料费 | % | 1.50 | 1.50 | 1.50 | 1.50 | 1.50 |

**工作内容:**配制沥青麻丝、铺砂浆,安装内套环、填抹（打）管口,材料运输。　　　　　　计量单位:10个口

| 编　号 | | 5-1-559 | 5-1-560 | 5-1-561 | 5-1-562 |
|---|---|---|---|---|---|
| 项　目 | | 管径（mm） | | | |
| | | 1 800 | 2 000 | 2 200 | 2 400 |
| 名　称 | 单位 | 消　耗　量 | | | |
| 合计工日 | 工日 | 52.702 | 62.687 | 72.870 | 88.495 |
| 普工 | 工日 | 15.810 | 18.806 | 21.861 | 26.548 |
| 一般技工 | 工日 | 31.622 | 37.612 | 43.722 | 53.097 |
| 高级技工 | 工日 | 5.270 | 6.269 | 7.287 | 8.850 |
| 钢板内套环 | 个 | （10.000） | （10.000） | （10.000） | （10.000） |
| 钢筋 $\phi16$ | kg | 268.944 | 468.416 | 516.984 | 565.344 |
| 麻丝 | kg | 25.582 | 29.988 | 34.517 | 39.290 |
| 石油沥青 | kg | 99.828 | 117.734 | 135.394 | 154.251 |
| 预拌膨胀水泥砂浆 1:1 | m³ | 0.227 | 0.263 | 0.306 | 0.353 |
| 预拌防水水泥砂浆 1:3 | m³ | 0.545 | 0.710 | 0.801 | 0.877 |
| 其他材料费 | % | 1.50 | 1.50 | 1.50 | 1.50 |

# 7. 方(拱)涵接口

**工作内容：**裁油毡，灌缝，制填水泥，抹口。　　　　　　　　　　　　　　计量单位：10m²

| 编　号 | | 5-1-563 |
|---|---|---|
| 项　目 | | 方(拱)涵接口 |
| 名　称 | 单位 | 消　耗　量 |
| 合计工日 | 工日 | 14.475 |
| 普工 | 工日 | 4.343 |
| 一般技工 | 工日 | 8.685 |
| 高级技工 | 工日 | 1.447 |
| 石油沥青油毡 350# | m² | 29.679 |
| 冷底子油 | kg | 4.040 |
| 预拌防水水泥砂浆 1：2.5 | m³ | 0.129 |
| 预拌膨胀水泥砂浆 | m³ | 0.036 |
| 素水泥浆 | m³ | 0.017 |
| 石油沥青玛琋脂 | m³ | 0.059 |
| 其他材料费 | % | 1.50 |

## 8. 泥水、切削机械及附属设施安拆

**工作内容：**安拆工具管、千斤顶、顶铁、油泵、配电设备、进水泵、出泥泵、仪表操
作台、油管闸阀、压力表、进水管、出泥管及铁梯等全部工序。　　　　　　计量单位：套

| 编　号 | | 5-1-564 | 5-1-565 | 5-1-566 | 5-1-567 | 5-1-568 | 5-1-569 |
|---|---|---|---|---|---|---|---|
| 项　目 | | 管径（mm 以内） | | | | | |
| | | 800 | 1 200 | 1 600 | 1 800 | 2 200 | 2 400 |
| 名　称 | 单位 | 消　耗　量 | | | | | |
| 合计工日 | 工日 | 65.612 | 70.646 | 76.458 | 81.587 | 72.186 | 76.689 |
| 普工 | 工日 | 19.684 | 21.194 | 22.937 | 24.476 | 21.656 | 23.007 |
| 一般技工 | 工日 | 39.367 | 42.387 | 45.875 | 48.952 | 43.311 | 46.013 |
| 高级技工 | 工日 | 6.561 | 7.065 | 7.646 | 8.159 | 7.219 | 7.669 |
| 六角螺栓带螺母、垫圈（综合） | kg | 1.680 | 1.680 | 1.680 | 1.680 | — | — |
| 扒钉 | kg | — | — | — | — | 2.040 | 2.060 |
| 枕木 | m³ | — | — | — | — | 0.190 | 0.190 |
| 钢管 | kg | 75.550 | 75.550 | 75.550 | 75.550 | 63.000 | 63.000 |
| 柔性接头 | 套 | 0.400 | 0.400 | 0.400 | 0.400 | — | — |
| 法兰阀门 DN150 | 个 | 1.000 | 1.000 | 1.000 | 1.000 | — | — |
| 法兰止回阀 H44T-10 DN150 | 个 | 2.000 | 2.000 | 2.000 | 2.000 | — | — |
| 压力表 φ150 | 块 | 1.000 | 1.000 | 1.000 | 1.000 | — | — |
| 铁撑板 | t | 0.007 | 0.007 | 0.007 | 0.007 | 0.008 | 0.008 |
| 铁撑板使用费 | t·天 | 20.500 | 20.500 | 25.000 | 25.000 | 31.000 | 33.000 |
| 槽型钢板桩 | t | 0.032 | 0.032 | 0.032 | 0.032 | 0.014 | 0.014 |
| 槽型钢板桩使用费 | t·天 | 145.000 | 145.000 | 174.000 | 189.000 | 88.000 | 92.000 |
| 其他材料费 | % | 1.00 | 1.00 | 1.00 | 1.00 | 1.00 | 1.00 |
| 汽车式起重机 8t | 台班 | 2.512 | 3.052 | — | — | — | — |
| 汽车式起重机 16t | 台班 | — | — | 2.787 | 3.193 | 3.645 | 3.830 |
| 汽车式起重机 50t | 台班 | — | — | 1.389 | 1.592 | — | — |
| 汽车式起重机 75t | 台班 | — | — | — | — | 1.822 | — |
| 汽车式起重机 125t | 台班 | — | — | — | — | — | 1.911 |
| 载重汽车 8t | 台班 | 2.545 | 3.091 | — | — | — | — |
| 平板拖车组 20t | 台班 | — | — | 1.344 | 1.344 | — | — |
| 平板拖车组 30t | 台班 | — | — | — | — | 1.344 | — |
| 平板拖车组 60t | 台班 | — | — | — | — | — | 1.344 |
| 电动单筒慢速卷扬机 30kN | 台班 | — | — | — | — | 5.467 | 5.741 |
| 电动多级离心清水泵 150mm、180m 以下 | 台班 | 0.893 | 0.893 | 0.893 | 0.893 | — | — |
| 潜水泵 100mm | 台班 | 2.512 | 3.052 | 4.175 | 4.786 | 5.467 | 5.741 |
| 遥控顶管掘进机 800mm | 台班 | 2.919 | | | | | |
| 遥控顶管掘进机 1 200mm | 台班 | — | 3.540 | — | — | — | — |
| 遥控顶管掘进机 1 650mm | 台班 | — | — | 4.188 | — | — | — |
| 遥控顶管掘进机 1 800mm | 台班 | — | — | — | 4.800 | — | — |
| 刀盘式泥水平衡顶管掘进机 2 200mm | 台班 | — | — | — | — | 5.483 | — |
| 刀盘式泥水平衡顶管掘进机 2 400mm | 台班 | — | — | — | — | — | 5.758 |
| 油泵车 | 台班 | 2.948 | 3.575 | 4.229 | 4.847 | 11.075 | 11.630 |

# 9. 顶进后座及坑内平台安拆

**工作内容:** 1. 枋木后座: 安拆顶进后座、安拆人工操作平台及千斤顶平台、清理现场。

2. 钢筋混凝土后座: 混凝土浇捣、养护, 安拆钢板后靠, 搭拆人工操作平台及千斤顶平台, 拆除混凝土后座, 清理现场。

| 编 号 | | 5-1-570 | 5-1-571 | 5-1-572 | 5-1-573 |
|---|---|---|---|---|---|
| 项 目 | | 每坑管径（mm） | | | 钢筋混凝土后座 |
| | | 800~1 200 | 1 400~1 800 | 2 000~2 400 | |
| | | 套 | | | 10m³ |
| 名 称 | 单位 | 消 耗 量 | | | |
| 合计工日 | 工日 | 11.627 | 18.440 | 23.295 | 34.160 |
| 普工 | 工日 | 3.488 | 5.532 | 6.989 | 10.248 |
| 一般技工 | 工日 | 6.976 | 11.064 | 13.977 | 20.496 |
| 高级技工 | 工日 | 1.163 | 1.844 | 2.329 | 3.416 |
| 钢板 δ30 以外 顶进后座用 | t | 0.149 | 0.149 | 0.203 | 0.181 |
| 枕木 | m³ | 0.182 | 0.255 | 0.346 | 0.096 |
| 预拌混凝土 C20 | m³ | — | — | — | 10.100 |
| 碎石 20 | m³ | 1.510 | 1.510 | 2.050 | — |
| 扒钉 | kg | 0.467 | 0.935 | 1.403 | 0.940 |
| 石油沥青油毡 350# | m² | — | — | — | 22.230 |
| 塑料薄膜 | m² | — | — | — | 4.200 |
| 铁撑板 | t | 0.005 | 0.006 | 0.007 | 0.005 |
| 铁撑板使用费 | t·天 | 12.000 | 17.000 | 20.000 | 20.000 |
| 电 | kW·h | — | — | — | 5.280 |
| 水 | m³ | — | — | — | 1.972 |
| 其他材料费 | % | 0.50 | 0.50 | 0.50 | 0.50 |
| 汽车式起重机 8t | 台班 | 0.980 | 1.740 | — | 4.500 |
| 汽车式起重机 12t | 台班 | — | — | 2.230 | — |
| 载重汽车 8t | 台班 | 0.980 | 1.740 | — | 1.958 |
| 载重汽车 10t | 台班 | — | — | 2.230 | — |
| 手持式风动凿岩机 | 台班 | — | — | — | 3.320 |

# 五、新旧管连接

## 1. 钢管(焊接)

**工作内容:**定位、断管、安装管件、临时加固。　　　　　　　　　　　　　　计量单位:处

| 编　号 | | 5-1-574 | 5-1-575 | 5-1-576 | 5-1-577 | 5-1-578 | 5-1-579 | 5-1-580 |
|---|---|---|---|---|---|---|---|---|
| 项　目 | | 公称直径(mm 以内) | | | | | | |
| | | 200 | 300 | 400 | 500 | 600 | 700 | 800 |
| 名　称 | 单位 | 消　耗　量 | | | | | | |
| 合计工日 | 工日 | 3.909 | 5.101 | 7.166 | 8.416 | 10.969 | 13.968 | 16.011 |
| 普工 | 工日 | 1.173 | 1.530 | 2.150 | 2.525 | 3.290 | 4.190 | 4.803 |
| 一般技工 | 工日 | 2.345 | 3.061 | 4.300 | 5.049 | 6.582 | 8.381 | 9.607 |
| 高级技工 | 工日 | 0.391 | 0.510 | 0.716 | 0.842 | 1.097 | 1.397 | 1.601 |
| 钢板卷管 | m | (0.420) | (0.471) | (0.523) | (0.574) | (0.625) | (0.676) | (0.727) |
| 法兰阀门 | 个 | (1.000) | (1.000) | (1.000) | (1.000) | (1.000) | (1.000) | (1.000) |
| 法兰 | 片 | (2.000) | (2.000) | (2.000) | (2.000) | (2.000) | (2.000) | (2.000) |
| 镀锌铁丝 $\phi$3.5 | kg | 0.309 | 0.412 | 0.412 | 0.515 | 0.618 | 0.618 | 0.721 |
| 无石棉橡胶板 低中压 $\delta$0.8~6.0 | kg | 0.660 | 0.800 | 1.380 | 1.659 | 1.680 | 2.060 | 2.320 |
| 六角螺栓带螺母、垫圈(综合) | kg | 5.096 | 8.293 | 14.504 | 18.136 | 35.894 | 47.206 | 62.628 |
| 砂轮片 $\phi$200 | 片 | 0.015 | 0.018 | 0.035 | 0.044 | 0.059 | 0.068 | 0.079 |
| 低碳钢焊条(综合) | kg | 2.283 | 3.436 | 5.969 | 7.364 | 9.563 | 10.577 | 12.991 |
| 板枋材 | m³ | 0.012 | 0.014 | 0.015 | 0.017 | 0.037 | 0.040 | 0.044 |
| 氧气 | m³ | 1.173 | 1.597 | 2.133 | 2.435 | 2.860 | 3.232 | 3.562 |
| 乙炔气 | kg | 0.451 | 0.614 | 0.820 | 0.937 | 1.100 | 1.243 | 1.370 |
| 其他材料费 | % | 0.50 | 0.50 | 0.50 | 0.50 | 0.50 | 0.50 | 0.50 |
| 汽车式起重机 8t | 台班 | — | 0.088 | 0.097 | 0.115 | 0.133 | 0.150 | 0.168 |
| 载重汽车 8t | 台班 | — | 0.036 | 0.036 | 0.045 | 0.045 | 0.045 | 0.054 |
| 直流弧焊机 20kV·A | 台班 | 0.451 | 0.676 | 0.880 | 1.088 | 1.407 | 1.557 | 1.530 |
| 电焊条烘干箱 60×50×75(cm³) | 台班 | 0.045 | 0.068 | 0.088 | 0.109 | 0.141 | 0.156 | 0.153 |

**工作内容:** 定位、断管、安装管件、临时加固。                           计量单位: 处

| 编　号 | 5-1-581 | 5-1-582 | 5-1-583 | 5-1-584 | 5-1-585 | 5-1-586 | 5-1-587 |
|---|---|---|---|---|---|---|---|
| 项　目 | 公称直径(mm 以内) | | | | | | |
| | 900 | 1 000 | 1 200 | 1 400 | 1 600 | 1 800 | 2 000 |
| 名　称 | 单位 | 消　耗　量 | | | | | |
| 合计工日 | 工日 | 17.870 | 20.274 | 25.553 | 29.035 | 33.119 | 37.548 | 41.929 |
| 普工 | 工日 | 5.361 | 6.082 | 7.666 | 8.711 | 9.936 | 11.264 | 12.578 |
| 一般技工 | 工日 | 10.722 | 12.164 | 15.332 | 17.421 | 19.871 | 22.529 | 25.158 |
| 高级技工 | 工日 | 1.787 | 2.028 | 2.555 | 2.903 | 3.312 | 3.755 | 4.193 |
| 钢板卷管 | m | (0.779) | (0.830) | (0.932) | (1.045) | (1.148) | (1.250) | (1.353) |
| 法兰阀门 | 个 | (1.000) | (1.000) | (1.000) | (1.000) | (1.000) | (1.000) | (1.000) |
| 法兰 | 片 | (2.000) | (2.000) | (2.000) | (2.000) | (2.000) | (2.000) | (2.000) |
| 镀锌铁丝 φ3.5 | kg | 0.824 | 0.927 | 1.030 | 1.236 | 1.442 | 1.442 | 1.545 |
| 无石棉橡胶板 低中压 δ0.8~6.0 | kg | 2.600 | 2.620 | 2.920 | 4.320 | 4.900 | 5.200 | 5.799 |
| 六角螺栓带螺母、垫圈(综合) | kg | 75.378 | 78.540 | 148.206 | 258.550 | 430.542 | 486.336 | 535.092 |
| 砂轮片 φ200 | 片 | 0.088 | 0.105 | 0.139 | 0.178 | 0.204 | 0.229 | 0.255 |
| 低碳钢焊条(综合) | kg | 14.492 | 16.283 | 22.157 | 31.770 | 41.278 | 46.383 | 51.488 |
| 板枋材 | m³ | 0.079 | 0.084 | 0.095 | 0.159 | 0.174 | 0.268 | 0.288 |
| 氧气 | m³ | 3.968 | 4.658 | 5.996 | 7.616 | 9.196 | 10.302 | 11.408 |
| 乙炔气 | kg | 1.526 | 1.792 | 2.306 | 2.929 | 3.537 | 3.962 | 4.388 |
| 其他材料费 | % | 0.50 | 0.50 | 0.50 | 0.50 | 0.50 | 0.50 | 0.50 |
| 汽车式起重机 8t | 台班 | 0.186 | 0.195 | 0.212 | 0.230 | — | — | — |
| 汽车式起重机 16t | 台班 | — | — | — | — | 0.248 | 0.265 | 0.283 |
| 载重汽车 8t | 台班 | 0.054 | 0.063 | 0.063 | 0.081 | 0.099 | 0.116 | 0.134 |
| 直流弧焊机 20kV·A | 台班 | 1.707 | 1.601 | 2.176 | 3.123 | 4.060 | 4.317 | 4.795 |
| 电焊条烘干箱 60×50×75(cm³) | 台班 | 0.171 | 0.160 | 0.218 | 0.312 | 0.406 | 0.432 | 0.480 |

## 2. 铸铁管（膨胀水泥接口）

**工作内容:** 定位、断管、安装管件、接口、临时加固。　　　　　　　　　　　　计量单位: 处

| 编　号 | | 5-1-588 | 5-1-589 | 5-1-590 | 5-1-591 | 5-1-592 | 5-1-593 | 5-1-594 |
|---|---|---|---|---|---|---|---|---|
| 项　目 | | 公称直径（mm 以内） | | | | | | |
| | | 100 | 200 | 300 | 400 | 500 | 600 | 700 |
| 名　称 | 单位 | 消　耗　量 | | | | | | |
| 合计工日 | 工日 | 5.327 | 8.010 | 13.126 | 18.727 | 23.528 | 27.738 | 33.822 |
| 普工 | 工日 | 1.598 | 2.403 | 3.938 | 5.618 | 7.058 | 8.321 | 10.147 |
| 一般技工 | 工日 | 3.196 | 4.806 | 7.876 | 11.236 | 14.117 | 16.643 | 20.293 |
| 高级技工 | 工日 | 0.533 | 0.801 | 1.312 | 1.873 | 2.353 | 2.774 | 3.382 |
| 铸铁三通 | 个 | （1.000） | （1.000） | （1.000） | （1.000） | （1.000） | （1.000） | （1.000） |
| 铸铁插盘短管 | 个 | （2.000） | （2.000） | （2.000） | （2.000） | （2.000） | （2.000） | （2.000） |
| 法兰阀门 | 个 | （1.000） | （1.000） | （1.000） | （1.000） | （1.000） | （1.000） | （1.000） |
| 铸铁套管 | 个 | （1.000） | （1.000） | （1.000） | （1.000） | （1.000） | （1.000） | （1.000） |
| 镀锌铁丝 $\phi$3.5 | kg | 0.309 | 0.309 | 0.412 | 0.412 | 0.515 | 0.515 | 0.618 |
| 无石棉橡胶板 低中压 $\delta$0.8~6.0 | kg | 0.340 | 0.660 | 0.800 | 1.380 | 1.660 | 1.680 | 2.060 |
| 油麻丝 | kg | 0.452 | 0.809 | 1.292 | 1.838 | 2.352 | 3.024 | 3.759 |
| 六角螺栓带螺母、垫圈（综合） | kg | 2.866 | 5.096 | 8.293 | 14.504 | 18.136 | 35.894 | 47.206 |
| 钢锯条 | 条 | 2.100 | 3.150 | 3.360 | 4.200 | 5.040 | 5.880 | 6.720 |
| 膨胀水泥 | kg | 3.476 | 6.215 | 9.900 | 14.080 | 17.996 | 23.144 | 28.710 |
| 板枋材 | m³ | 0.009 | 0.012 | 0.014 | 0.015 | 0.017 | 0.037 | 0.040 |
| 氧气 | m³ | 0.154 | 0.319 | 0.484 | 0.880 | 1.056 | 1.353 | 1.617 |
| 乙炔气 | kg | 0.059 | 0.123 | 0.186 | 0.338 | 0.406 | 0.520 | 0.622 |
| 其他材料费 | % | 0.50 | 0.50 | 0.50 | 0.50 | 0.50 | 0.50 | 0.50 |
| 汽车式起重机 8t | 台班 | — | — | 0.088 | 0.097 | 0.115 | 0.133 | 0.150 |
| 载重汽车 8t | 台班 | — | — | 0.036 | 0.036 | 0.045 | 0.045 | 0.045 |

**工作内容:** 定位、断管、安装管件、接口、临时加固。　　　　　　　　　　　　　　计量单位:处

| 编　号 | | 5-1-595 | 5-1-596 | 5-1-597 | 5-1-598 | 5-1-599 | 5-1-600 |
|---|---|---|---|---|---|---|---|
| 项　目 | | 公称直径(mm 以内) | | | | | |
| | | 800 | 900 | 1 000 | 1 200 | 1 400 | 1 600 |
| 名　称 | 单位 | 消　耗　量 | | | | | |
| 合计工日 | 工日 | 39.715 | 46.141 | 52.284 | 65.572 | 76.512 | 87.580 |
| 普工 | 工日 | 11.914 | 13.842 | 15.685 | 19.671 | 22.954 | 26.274 |
| 一般技工 | 工日 | 23.829 | 27.685 | 31.371 | 39.344 | 45.907 | 52.548 |
| 高级技工 | 工日 | 3.972 | 4.614 | 5.228 | 6.557 | 7.651 | 8.758 |
| 铸铁三通 | 个 | (1.000) | (1.000) | (1.000) | (1.000) | (1.000) | (1.000) |
| 铸铁插盘短管 | 个 | (2.000) | (2.000) | (2.000) | (2.000) | (2.000) | (2.000) |
| 法兰阀门 | 个 | (1.000) | (1.000) | (1.000) | (1.000) | (1.000) | (1.000) |
| 铸铁套管 | 个 | (1.000) | (1.000) | (1.000) | (1.000) | (1.000) | (1.000) |
| 镀锌铁丝 $\phi$3.5 | kg | 0.721 | 0.824 | 0.927 | 1.030 | 1.236 | 1.442 |
| 无石棉橡胶板 低中压 $\delta$0.8~6.0 | kg | 2.320 | 2.600 | 2.620 | 2.920 | 4.320 | 4.900 |
| 油麻丝 | kg | 4.494 | 5.282 | 6.447 | 8.096 | 10.605 | 13.146 |
| 六角螺栓带螺母、垫圈(综合) | kg | 62.628 | 75.378 | 78.540 | 148.206 | 258.550 | 430.542 |
| 钢锯条 | 条 | 7.560 | 8.400 | 9.240 | 10.920 | 12.600 | 14.280 |
| 膨胀水泥 | kg | 34.353 | 40.359 | 49.236 | 61.842 | 81.037 | 100.430 |
| 板枋材 | m³ | 0.044 | 0.079 | 0.084 | 0.095 | 0.159 | 0.174 |
| 氧气 | m³ | 1.848 | 2.068 | 2.310 | 2.541 | 2.772 | 3.014 |
| 乙炔气 | kg | 0.711 | 0.795 | 0.888 | 0.977 | 1.066 | 1.159 |
| 其他材料费 | % | 0.50 | 0.50 | 0.50 | 0.50 | 0.50 | 0.50 |
| 汽车式起重机 8t | 台班 | 0.168 | 0.186 | — | — | — | — |
| 汽车式起重机 16t | 台班 | — | — | 0.195 | 0.212 | — | — |
| 汽车式起重机 20t | 台班 | — | — | — | — | 0.230 | 0.248 |
| 载重汽车 8t | 台班 | 0.054 | 0.054 | 0.063 | 0.063 | 0.081 | 0.099 |

# 六、渠道（方沟）

## 1. 墙身、拱盖砌筑

**工作内容**：清理基底、铺砂浆、挂线砌筑、清整墙面、材料运输、清理场地。　　　　计量单位：10m³

| 编　号 | | 5-1-601 | 5-1-602 | 5-1-603 | 5-1-604 | 5-1-605 | 5-1-606 |
|---|---|---|---|---|---|---|---|
| 项　目 | | 墙身 | | | 拱盖 | | |
| | | 砖砌 | 石砌 | 预制块 | 砖砌 | 石砌 | 预制块 |
| 名　称 | 单位 | 消　耗　量 | | | | | |
| 合计工日 | 工日 | 14.094 | 18.324 | 15.894 | 16.819 | 20.424 | 20.629 |
| 普工 | 工日 | 5.638 | 7.330 | 6.358 | 6.728 | 8.169 | 8.252 |
| 一般技工 | 工日 | 8.456 | 10.994 | 9.536 | 10.091 | 12.255 | 12.377 |
| 块石 | m³ | — | 11.526 | — | — | 11.526 | — |
| 标准砖 240×115×53 | 千块 | 5.356 | — | — | 5.377 | — | — |
| 混凝土预制块（综合） | m³ | — | — | 9.294 | — | — | 9.294 |
| 水 | m³ | 1.695 | 0.891 | 0.431 | 1.687 | 0.891 | 0.431 |
| 预拌混合砂浆 M7.5 | m³ | 2.450 | 3.670 | 0.820 | 2.419 | 3.670 | 0.820 |
| 其他材料费 | % | 2.00 | 2.00 | 2.00 | 2.00 | 2.00 | 2.00 |
| 干混砂浆罐式搅拌机 | 台班 | 0.089 | 0.133 | 0.030 | 0.088 | 0.133 | 0.030 |

## 2. 现浇混凝土方沟

**工作内容**：混凝土浇筑、捣固、养生，材料运输等。　　　　计量单位：10m³

| 编　号 | | 5-1-607 | 5-1-608 |
|---|---|---|---|
| 项　目 | | 壁 | 顶 |
| 名　称 | 单位 | 消　耗　量 | |
| 合计工日 | 工日 | 13.276 | 8.384 |
| 普工 | 工日 | 5.310 | 3.354 |
| 一般技工 | 工日 | 7.966 | 5.030 |
| 塑料薄膜 | m² | 12.602 | 29.396 |
| 水 | m³ | 9.285 | 2.854 |
| 电 | kW·h | 7.642 | 7.642 |
| 预拌混凝土 C20 | m³ | 10.100 | 10.100 |
| 其他材料费 | % | 1.50 | 1.50 |

### 3. 现浇混凝土、砌筑墙帽

**工作内容:** 铺砂浆、砌筑、清整砌体,混凝土浇筑、捣固、养生、材料运输、清理
场地等。

计量单位:10m³

| 编　号 | | 5-1-609 | 5-1-610 | 5-1-611 | 5-1-612 | 5-1-613 |
|---|---|---|---|---|---|---|
| 项　目 | | 现浇混凝土 | | 预制块 | 块石 | 砖 |
| | | 无筋 | 有筋 | | | |
| 名　称 | 单位 | 消　耗　量 | | | | |
| 合计工日 | 工日 | 9.566 | 9.622 | 14.008 | 18.324 | 15.556 |
| 普工 | 工日 | 3.826 | 3.849 | 5.603 | 7.329 | 6.222 |
| 一般技工 | 工日 | 5.740 | 5.773 | 8.405 | 10.995 | 9.334 |
| 塑料薄膜 | m² | 173.345 | 173.345 | — | — | — |
| 块石 | m³ | — | — | — | 11.526 | — |
| 标准砖 240×115×53 | 千块 | — | — | — | — | 5.449 |
| 混凝土预制块(综合) | m³ | — | — | 9.294 | — | — |
| 水 | m³ | 9.454 | 9.410 | 0.431 | 0.891 | 1.653 |
| 电 | kW·h | 7.600 | 7.642 | — | — | — |
| 预拌混合砂浆 M7.5 | m³ | — | — | 0.820 | 3.670 | 2.317 |
| 预拌混凝土 C20 | m³ | 10.100 | 10.100 | — | — | — |
| 其他材料费 | % | 1.50 | 1.50 | 2.00 | 2.00 | 2.00 |
| 干混砂浆罐式搅拌机 | 台班 | — | — | 0.030 | 0.133 | 0.084 |

### 4. 抹　灰

**工作内容:** 润湿墙面、铺砂浆、抹灰、材料运输、清理场地。

计量单位:100m²

| 编　号 | | 5-1-614 | 5-1-615 | 5-1-616 | 5-1-617 | 5-1-618 |
|---|---|---|---|---|---|---|
| 项　目 | | 底面 | 砖墙立面 | 石墙立面 | 正拱面 | 负拱面 |
| 名　称 | 单位 | 消　耗　量 | | | | |
| 合计工日 | 工日 | 7.865 | 14.311 | 16.090 | 16.868 | 19.950 |
| 普工 | 工日 | 3.539 | 6.440 | 7.240 | 7.591 | 8.978 |
| 一般技工 | 工日 | 4.326 | 7.871 | 8.850 | 9.277 | 10.972 |
| 预拌水泥砂浆 1:2 | m³ | 2.174 | 2.174 | 2.174 | 2.174 | 2.174 |
| 防水粉 | kg | 35.871 | 35.871 | 35.871 | 35.871 | 35.871 |
| 水 | m³ | 0.538 | 0.538 | 0.538 | 0.538 | 0.538 |
| 其他材料费 | % | 2.00 | 2.00 | 2.00 | 2.00 | 2.00 |
| 机动翻斗车 1t | 台班 | 0.314 | 0.314 | 0.314 | 0.314 | 0.314 |
| 干混砂浆罐式搅拌机 | 台班 | 0.089 | 0.089 | 0.089 | 0.089 | 0.089 |

# 5. 勾　缝

**工作内容：**清理墙面、铺砂浆、砌堵脚手孔、勾缝、材料运输、清理场地。　　　　　　计量单位：100m²

| 编　号 | | 5-1-619 | 5-1-620 | 5-1-621 | 5-1-622 | 5-1-623 | 5-1-624 | 5-1-625 |
|---|---|---|---|---|---|---|---|---|
| 项　目 | | 砖墙 | 片石墙 | | | 块石墙 | | |
| | | | 平缝 | 凹缝 | 凸缝 | 平缝 | 凹缝 | 凸缝 |
| 名　称 | 单位 | 消　耗　量 | | | | | | |
| 合计工日 | 工日 | 6.635 | 6.434 | 10.255 | 11.493 | 6.325 | 10.156 | 11.349 |
| 普工 | 工日 | 2.986 | 2.895 | 4.615 | 5.172 | 2.846 | 4.570 | 5.107 |
| 一般技工 | 工日 | 3.649 | 3.539 | 5.640 | 6.321 | 3.479 | 5.586 | 6.242 |
| 水 | m³ | 0.052 | 0.211 | 0.211 | 0.296 | 0.126 | 0.126 | 0.177 |
| 预拌水泥砂浆 1:2 | m³ | 0.216 | 0.870 | 0.870 | 1.220 | 0.520 | 0.520 | 0.730 |
| 其他材料费 | % | 2.00 | 2.00 | 2.00 | 2.00 | 2.00 | 2.00 | 2.00 |
| 机动翻斗车 1t | 台班 | 0.036 | 0.125 | 0.125 | 0.176 | 0.075 | 0.075 | 0.106 |
| 干混砂浆罐式搅拌机 | 台班 | 0.008 | 0.032 | 0.032 | 0.044 | 0.019 | 0.019 | 0.027 |

# 6. 渠道沉降缝

**工作内容：**裁料、涂刷底油、配料、拌制、铺贴安装、材料运输、清理场地。　　　　　计量单位：100m²

| 编　号 | | 5-1-626 | 5-1-627 | 5-1-628 | 5-1-629 |
|---|---|---|---|---|---|
| 项　目 | | 二毡三油 | 每增减 | 二布三油 | 每增减 |
| | | | 一毡一油 | | 一布一油 |
| 名　称 | 单位 | 消　耗　量 | | | |
| 合计工日 | 工日 | 9.958 | 4.392 | 12.355 | 5.442 |
| 普工 | 工日 | 4.481 | 1.976 | 5.560 | 2.449 |
| 一般技工 | 工日 | 5.477 | 2.416 | 6.795 | 2.993 |
| 石油沥青 | kg | — | — | 524.700 | 163.240 |
| 石油沥青油毡 350# | m² | 239.760 | 116.490 | — | — |
| 玻璃纤维布 | m² | — | — | 250.300 | 121.760 |
| 石油沥青玛琋脂 | m³ | 0.540 | 0.170 | — | — |
| 冷底子油 30:70 | kg | 48.480 | — | 48.480 | — |
| 其他材料费 | % | 1.50 | 1.50 | 1.50 | 1.50 |

**工作内容：**裁料、涂刷底油、配料、拌制、铺贴安装、材料运输、清理场地。 计量单位：100m

| 编 号 | | 5-1-630 | 5-1-631 | 5-1-632 | 5-1-633 |
|---|---|---|---|---|---|
| 项 目 | | 油浸麻丝 | 建筑油膏 | 预埋橡胶 | 预埋塑料 |
| | | | | 止水带 | |
| 名 称 | 单位 | | 消 耗 量 | | |
| 合计工日 | 工日 | 9.616 | 4.778 | 9.451 | 9.451 |
| 普工 | 工日 | 4.327 | 2.150 | 4.253 | 4.253 |
| 一般技工 | 工日 | 5.289 | 2.628 | 5.198 | 5.198 |
| 石油沥青 | kg | 216.240 | — | — | — |
| 建筑油膏 | kg | — | 87.770 | — | — |
| 橡胶止水带 | m | — | — | 105.000 | — |
| 塑料止水带 | m | — | — | — | 105.512 |
| 环氧树脂 | kg | — | — | 3.040 | 3.040 |
| 麻丝 | kg | 55.080 | — | — | — |
| 丙酮 | kg | — | — | 3.040 | 3.040 |
| 甲苯 | kg | — | — | 2.400 | 2.400 |
| 乙二胺 | kg | — | — | 0.240 | 0.240 |
| 其他材料费 | % | 1.50 | 1.50 | 1.50 | 1.50 |

## 7. 钢筋混凝土盖板、过梁的预制、安装

### （1）预 制

**工作内容：**混凝土浇捣、养生。 计量单位：10m³

| 编 号 | | 5-1-634 | 5-1-635 | 5-1-636 | 5-1-637 | 5-1-638 |
|---|---|---|---|---|---|---|
| 项 目 | | 矩形盖板（板厚 mm） | | | | |
| | | 100 以内 | 200 以内 | 300 以内 | 400 以内 | 400 以外 |
| 名 称 | 单位 | | | 消 耗 量 | | |
| 合计工日 | 工日 | 11.993 | 11.963 | 11.955 | 11.947 | 11.947 |
| 普工 | 工日 | 5.451 | 5.437 | 5.434 | 5.430 | 5.430 |
| 一般技工 | 工日 | 6.542 | 6.526 | 6.521 | 6.517 | 6.517 |
| 塑料薄膜 | m² | 253.344 | 144.144 | 87.360 | 65.520 | 63.336 |
| 水 | m³ | 13.187 | 6.967 | 3.856 | 2.687 | 2.556 |
| 电 | kW·h | 7.589 | 7.589 | 7.566 | 7.589 | 7.589 |
| 预拌混凝土 C25 | m³ | 10.100 | 10.100 | 10.100 | 10.100 | 10.100 |
| 其他材料费 | % | 1.50 | 1.50 | 1.50 | 1.50 | 1.50 |

**工作内容:** 混凝土浇捣、养生。　　　　　　　　　　　　　　　　　　　　计量单位:10m³

| 编　号 | | 5-1-639 | 5-1-640 | 5-1-641 | 5-1-642 | 5-1-643 |
|---|---|---|---|---|---|---|
| 项　目 | | 弧(拱)形盖板 | 井室盖板 | 槽形盖板 | 过梁(体积 m³ 以内) | |
| | | | | | 0.5 | 1 |
| 名　称 | 单位 | 消　耗　量 | | | | |
| 合计工日 | 工日 | 13.976 | 14.389 | 15.494 | 9.280 | 8.066 |
| 普工 | 工日 | 6.352 | 6.540 | 7.042 | 4.218 | 3.666 |
| 一般技工 | 工日 | 7.624 | 7.849 | 8.452 | 5.062 | 4.400 |
| 塑料薄膜 | m² | 199.355 | 162.490 | 164.128 | 228.018 | 144.144 |
| 水 | m³ | 10.818 | 8.847 | 9.090 | 11.865 | 6.967 |
| 电 | kW·h | 7.589 | 7.589 | 7.589 | 7.589 | 7.589 |
| 预拌混凝土 C25 | m³ | 10.100 | 10.100 | 10.100 | 10.100 | 10.100 |
| 其他材料费 | % | 1.50 | 1.50 | 1.50 | 1.50 | 1.50 |

## (2)安　装

### ①渠　道　盖　板

**工作内容:** 铺砂浆、就位、勾抹缝隙。　　　　　　　　　　　　　　　　　　计量单位:10m³

| 编　号 | | 5-1-644 | 5-1-645 | 5-1-646 | 5-1-647 | 5-1-648 | 5-1-649 | 5-1-650 |
|---|---|---|---|---|---|---|---|---|
| 项　目 | | 矩形盖板(每块体积 m³) | | | | | | 槽形盖板 |
| | | 0.1 以内 | 0.3 以内 | 0.5 以内 | 0.7 以内 | 1 以内 | 1 以外 | |
| 名　称 | 单位 | 消　耗　量 | | | | | | |
| 合计工日 | 工日 | 14.899 | 8.306 | 6.897 | 6.068 | 5.469 | 4.944 | 7.016 |
| 普工 | 工日 | 6.772 | 3.775 | 3.135 | 2.758 | 2.486 | 2.247 | 3.189 |
| 一般技工 | 工日 | 8.127 | 4.531 | 3.762 | 3.310 | 2.983 | 2.697 | 3.827 |
| 预制混凝土盖板 | m³ | (10.100) | (10.100) | (10.100) | (10.100) | (10.100) | (10.100) | (10.100) |
| 水 | m³ | 0.355 | 0.217 | 0.168 | 0.140 | 0.122 | 0.107 | 0.161 |
| 预拌混合砂浆 M10 | m³ | 1.460 | 0.893 | 0.693 | 0.578 | 0.504 | 0.441 | 0.662 |
| 其他材料费 | % | 2.00 | 2.00 | 2.00 | 2.00 | 2.00 | 2.00 | 2.00 |
| 汽车式起重机 8t | 台班 | — | 0.416 | 0.416 | 0.354 | 0.354 | — | 0.416 |
| 汽车式起重机 12t | 台班 | — | — | — | — | — | 0.327 | — |
| 载重汽车 8t | 台班 | — | 0.045 | 0.045 | 0.036 | 0.036 | 0.036 | 0.045 |
| 干混砂浆罐式搅拌机 | 台班 | 0.053 | 0.032 | 0.025 | 0.021 | 0.018 | 0.016 | 0.024 |

### ②井 室 盖 板

**工作内容：**铺砂浆、就位、勾抹缝隙。　　　　　　　　　　　　　　　　　　　　计量单位：10m³

| 编　号 | | 5-1-651 | 5-1-652 | 5-1-653 | 5-1-654 | 5-1-655 | 5-1-656 | 5-1-657 |
|---|---|---|---|---|---|---|---|---|
| 项　目 | | 矩形盖板（每块体积 m³） | | | | | | |
| | | 0.05 以内 | 0.1 以内 | 0.3 以内 | 0.5 以内 | 0.7 以内 | 1 以内 | 1 以外 |
| 名　称 | 单位 | 消 耗 量 | | | | | | |
| 合计工日 | 工日 | 17.509 | 17.615 | 11.173 | 10.090 | 9.154 | 7.786 | 6.178 |
| 普工 | 工日 | 7.958 | 8.006 | 5.078 | 4.586 | 4.160 | 3.539 | 2.808 |
| 一般技工 | 工日 | 9.551 | 9.609 | 6.095 | 5.504 | 4.994 | 4.247 | 3.370 |
| 预制混凝土盖板 | m³ | （10.100） | （10.100） | （10.100） | （10.100） | （10.100） | （10.100） | （10.100） |
| 水 | m³ | 0.513 | 0.342 | 0.281 | 0.258 | 0.230 | 0.179 | 0.115 |
| 预拌水泥砂浆 1:2 | m³ | 2.111 | 1.407 | 1.155 | 1.061 | 0.945 | 0.735 | 0.473 |
| 其他材料费 | % | 2.00 | 2.00 | 2.00 | 2.00 | 2.00 | 2.00 | 2.00 |
| 汽车式起重机 8t | 台班 | — | — | 0.416 | 0.416 | 0.354 | 0.354 | — |
| 汽车式起重机 12t | 台班 | — | — | — | — | — | — | 0.327 |
| 载重汽车 8t | 台班 | — | — | 0.045 | 0.045 | 0.036 | 0.036 | 0.045 |
| 干混砂浆罐式搅拌机 | 台班 | 0.077 | 0.051 | 0.042 | 0.039 | 0.034 | 0.027 | 0.017 |

### ③过 梁

**工作内容：**铺砂浆、就位、勾抹缝隙。　　　　　　　　　　　　　　　　　　　　计量单位：10m³

| 编　号 | | 5-1-658 | 5-1-659 |
|---|---|---|---|
| 项　目 | | 过梁（体积 m³ 以内） | |
| | | 0.5 | 1 |
| 名　称 | 单位 | 消 耗 量 | |
| 合计工日 | 工日 | 14.550 | 12.599 |
| 普工 | 工日 | 6.613 | 5.726 |
| 一般技工 | 工日 | 7.937 | 6.873 |
| 预制混凝土过梁 | m³ | （10.100） | （10.100） |
| 水 | m³ | 0.434 | 0.409 |
| 预拌混合砂浆 M10 | m³ | 1.789 | 1.684 |
| 其他材料费 | % | 2.00 | 2.00 |
| 汽车式起重机 8t | 台班 | 0.416 | 0.354 |
| 载重汽车 8t | 台班 | 0.045 | 0.036 |
| 干混砂浆罐式搅拌机 | 台班 | 0.065 | 0.061 |

# 七、混凝土排水管道接口

## 1. 水泥砂浆接口

**工作内容:**清理管口、铺砂浆、填缝、抹带、压实、养生。 计量单位:10 个口

| 编　号 | | 5-1-660 | 5-1-661 | 5-1-662 | 5-1-663 | 5-1-664 |
|---|---|---|---|---|---|---|
| 项　目 | | 管径(mm 以内) | | | | |
| | | 150 | 200 | 250 | 300 | 350 |
| 名　称 | 单位 | 消　耗　量 | | | | |
| 合计工日 | 工日 | 0.123 | 0.158 | 0.180 | 0.247 | 0.260 |
| 普工 | 工日 | 0.037 | 0.047 | 0.054 | 0.074 | 0.078 |
| 一般技工 | 工日 | 0.074 | 0.095 | 0.108 | 0.148 | 0.156 |
| 高级技工 | 工日 | 0.012 | 0.016 | 0.018 | 0.025 | 0.026 |
| 水 | m³ | 0.001 | 0.002 | 0.003 | 0.004 | 0.005 |
| 预拌水泥砂浆 1:2 | m³ | 0.005 | 0.009 | 0.012 | 0.016 | 0.022 |
| 其他材料费 | % | 1.50 | 1.50 | 1.50 | 1.50 | 1.50 |
| 干混砂浆罐式搅拌机 | 台班 | — | — | — | 0.001 | 0.001 |

**工作内容:**清理管口、铺砂浆、填缝、抹带、压实、养生。 计量单位:10 个口

| 编　号 | | 5-1-665 | 5-1-666 | 5-1-667 | 5-1-668 |
|---|---|---|---|---|---|
| 项　目 | | 管径(mm 以内) | | | |
| | | 400 | 450 | 500 | 600 |
| 名　称 | 单位 | 消　耗　量 | | | |
| 合计工日 | 工日 | 0.260 | 0.275 | 0.273 | 0.294 |
| 普工 | 工日 | 0.078 | 0.082 | 0.082 | 0.088 |
| 一般技工 | 工日 | 0.156 | 0.165 | 0.164 | 0.176 |
| 高级技工 | 工日 | 0.026 | 0.028 | 0.027 | 0.030 |
| 水 | m³ | 0.007 | 0.009 | 0.010 | 0.015 |
| 预拌水泥砂浆 1:2 | m³ | 0.029 | 0.036 | 0.043 | 0.060 |
| 其他材料费 | % | 1.50 | 1.50 | 1.50 | 1.50 |
| 干混砂浆罐式搅拌机 | 台班 | 0.001 | 0.001 | 0.002 | 0.002 |

## 2. 钢丝网水泥砂浆抹带接口

### （1）120°混凝土基础

工作内容：清理管口、铺砂浆、填缝、抹带、压实、养生。　　　　　　　　　　　　　　计量单位：10个口

| 编　号 | | 5-1-669 | 5-1-670 | 5-1-671 | 5-1-672 | 5-1-673 | 5-1-674 |
|---|---|---|---|---|---|---|---|
| 项　目 | | 管径（mm 以内） | | | | | |
| | | 600 | 700 | 800 | 900 | 1 000 | 1 100 |
| 名　称 | 单位 | 消　耗　量 | | | | | |
| 合计工日 | 工日 | 1.110 | 1.308 | 1.517 | 1.735 | 1.944 | 2.141 |
| 普工 | 工日 | 0.333 | 0.392 | 0.455 | 0.520 | 0.583 | 0.642 |
| 一般技工 | 工日 | 0.666 | 0.785 | 0.910 | 1.041 | 1.167 | 1.285 |
| 高级技工 | 工日 | 0.111 | 0.131 | 0.152 | 0.174 | 0.194 | 0.214 |
| 塑料薄膜 | m² | 10.059 | 11.626 | 13.192 | 14.761 | 16.328 | 18.157 |
| 钢丝网 0.3 | m² | 3.535 | 4.011 | 4.486 | 4.961 | 5.436 | 7.224 |
| 水 | m³ | 0.249 | 0.289 | 0.328 | 0.368 | 0.410 | 0.586 |
| 预拌水泥砂浆 1:2.5 | m³ | 0.082 | 0.096 | 0.108 | 0.122 | 0.134 | 0.260 |
| 预拌水泥砂浆 1:3 | m³ | 0.013 | 0.018 | 0.023 | 0.029 | 0.043 | 0.053 |
| 其他材料费 | % | 1.50 | 1.50 | 1.50 | 1.50 | 1.50 | 1.50 |
| 干混砂浆罐式搅拌机 | 台班 | 0.003 | 0.004 | 0.005 | 0.005 | 0.006 | 0.011 |

工作内容：清理管口、铺砂浆、填缝、抹带、压实、养生。　　　　　　　　　　　　　　计量单位：10个口

| 编　号 | | 5-1-675 | 5-1-676 | 5-1-677 | 5-1-678 | 5-1-679 | 5-1-680 |
|---|---|---|---|---|---|---|---|
| 项　目 | | 管径（mm 以内） | | | | | |
| | | 1 200 | 1 350 | 1 500 | 1 650 | 1 800 | 2 000 |
| 名　称 | 单位 | 消　耗　量 | | | | | |
| 合计工日 | 工日 | 2.288 | 2.615 | 3.053 | 3.330 | 3.849 | 4.530 |
| 普工 | 工日 | 0.686 | 0.784 | 0.916 | 0.999 | 1.155 | 1.359 |
| 一般技工 | 工日 | 1.373 | 1.569 | 1.832 | 1.998 | 2.309 | 2.718 |
| 高级技工 | 工日 | 0.229 | 0.262 | 0.305 | 0.333 | 0.385 | 0.453 |
| 塑料薄膜 | m² | 19.723 | 22.075 | 24.427 | 26.777 | 29.129 | 32.264 |
| 钢丝网 0.3 | m² | 7.805 | 8.676 | 9.547 | 10.417 | 11.289 | 12.450 |
| 水 | m³ | 0.638 | 0.715 | 0.794 | 0.874 | 0.954 | 1.060 |
| 预拌水泥砂浆 1:2.5 | m³ | 0.284 | 0.318 | 0.353 | 0.387 | 0.422 | 0.468 |
| 预拌水泥砂浆 1:3 | m³ | 0.063 | 0.079 | 0.098 | 0.118 | 0.141 | 0.173 |
| 其他材料费 | % | 1.50 | 1.50 | 1.50 | 1.50 | 1.50 | 1.50 |
| 干混砂浆罐式搅拌机 | 台班 | 0.013 | 0.014 | 0.016 | 0.018 | 0.020 | 0.023 |

**工作内容：**清理管口、铺砂浆、填缝、抹带、压实、养生。　　　　　　　　　计量单位：10个口

| 编　号 | | 5-1-681 | 5-1-682 | 5-1-683 | 5-1-684 | 5-1-685 |
|---|---|---|---|---|---|---|
| 项　目 | | 管径（mm 以内） | | | | |
| | | 2 200 | 2 400 | 2 600 | 2 800 | 3 000 |
| 名　称 | 单位 | 消　耗　量 | | | | |
| 合计工日 | 工日 | 5.481 | 6.450 | 6.984 | 7.516 | 8.042 |
| 普工 | 工日 | 1.644 | 1.935 | 2.095 | 2.255 | 2.413 |
| 一般技工 | 工日 | 3.289 | 3.870 | 4.191 | 4.509 | 4.825 |
| 高级技工 | 工日 | 0.548 | 0.645 | 0.698 | 0.752 | 0.804 |
| 塑料薄膜 | m² | 35.400 | 38.273 | 41.015 | 44.150 | 47.286 |
| 钢丝网 0.3 | m² | 13.610 | 14.675 | 15.691 | 16.853 | 18.013 |
| 水 | m³ | 1.168 | 1.266 | 1.359 | 1.469 | 1.579 |
| 预拌水泥砂浆 1:2.5 | m³ | 0.515 | 0.558 | 0.597 | 0.644 | 0.690 |
| 预拌水泥砂浆 1:3 | m³ | 0.209 | 0.237 | 0.261 | 0.307 | 0.354 |
| 其他材料费 | % | 1.50 | 1.50 | 1.50 | 1.50 | 1.50 |
| 干混砂浆罐式搅拌机 | 台班 | 0.026 | 0.029 | 0.031 | 0.035 | 0.038 |

## （2）180°混凝土基础

**工作内容：**清理管口、铺砂浆、填缝、抹带、压实、养生。　　　　　　　　　计量单位：10个口

| 编　号 | | 5-1-686 | 5-1-687 | 5-1-688 | 5-1-689 | 5-1-690 | 5-1-691 |
|---|---|---|---|---|---|---|---|
| 项　目 | | 管径（mm 以内） | | | | | |
| | | 600 | 700 | 800 | 900 | 1 000 | 1 100 |
| 名　称 | 单位 | 消　耗　量 | | | | | |
| 合计工日 | 工日 | 0.937 | 1.107 | 1.275 | 1.463 | 1.639 | 1.805 |
| 普工 | 工日 | 0.281 | 0.332 | 0.382 | 0.439 | 0.492 | 0.542 |
| 一般技工 | 工日 | 0.562 | 0.664 | 0.765 | 0.878 | 0.983 | 1.083 |
| 高级技工 | 工日 | 0.094 | 0.111 | 0.128 | 0.146 | 0.164 | 0.180 |
| 塑料薄膜 | m² | 7.543 | 8.719 | 9.895 | 11.071 | 12.245 | 13.619 |
| 钢丝网 0.3 | m² | 2.794 | 3.150 | 3.506 | 3.862 | 4.219 | 5.591 |
| 水 | m³ | 0.188 | 0.217 | 0.247 | 0.278 | 0.309 | 0.442 |
| 预拌水泥砂浆 1:2.5 | m³ | 0.062 | 0.071 | 0.081 | 0.091 | 0.101 | 0.195 |
| 预拌水泥砂浆 1:3 | m³ | 0.013 | 0.018 | 0.023 | 0.029 | 0.043 | 0.053 |
| 其他材料费 | % | 1.50 | 1.50 | 1.50 | 1.50 | 1.50 | 1.50 |
| 干混砂浆罐式搅拌机 | 台班 | 0.003 | 0.003 | 0.004 | 0.004 | 0.005 | 0.009 |

**工作内容**：清理管口、铺砂浆、填缝、抹带、压实、养生。　　　　　　　　　**计量单位**：10 个口

| 编　号 | | 5-1-692 | 5-1-693 | 5-1-694 | 5-1-695 | 5-1-696 | 5-1-697 |
|---|---|---|---|---|---|---|---|
| 项　目 | | 管径（mm 以内） | | | | | |
| | | 1 200 | 1 350 | 1 500 | 1 650 | 1 800 | 2 000 |
| 名　称 | 单位 | 消　耗　量 | | | | | |
| 合计工日 | 工日 | 1.933 | 2.207 | 2.577 | 2.807 | 3.247 | 3.820 |
| 普工 | 工日 | 0.580 | 0.662 | 0.773 | 0.842 | 0.974 | 1.146 |
| 一般技工 | 工日 | 1.160 | 1.324 | 1.546 | 1.684 | 1.948 | 2.292 |
| 高级技工 | 工日 | 0.193 | 0.221 | 0.258 | 0.281 | 0.325 | 0.382 |
| 塑料薄膜 | m² | 14.792 | 16.556 | 18.320 | 20.084 | 21.846 | 24.198 |
| 钢丝网 0.3 | m² | 6.027 | 6.680 | 7.335 | 7.986 | 8.639 | 9.510 |
| 水 | m³ | 0.482 | 0.542 | 0.601 | 0.662 | 0.724 | 0.807 |
| 预拌水泥砂浆 1∶2.5 | m³ | 0.213 | 0.238 | 0.265 | 0.291 | 0.317 | 0.352 |
| 预拌水泥砂浆 1∶3 | m³ | 0.063 | 0.079 | 0.098 | 0.118 | 0.141 | 0.173 |
| 其他材料费 | % | 1.50 | 1.50 | 1.50 | 1.50 | 1.50 | 1.50 |
| 干混砂浆罐式搅拌机 | 台班 | 0.010 | 0.012 | 0.013 | 0.015 | 0.017 | 0.019 |

**工作内容**：清理管口、铺砂浆、填缝、抹带、压实、养生。　　　　　　　　　**计量单位**：10 个口

| 编　号 | | 5-1-698 | 5-1-699 | 5-1-700 | 5-1-701 | 5-1-702 |
|---|---|---|---|---|---|---|
| 项　目 | | 管径（mm 以内） | | | | |
| | | 2 200 | 2 400 | 2 600 | 2 800 | 3 000 |
| 名　称 | 单位 | 消　耗　量 | | | | |
| 合计工日 | 工日 | 4.622 | 5.437 | 5.887 | 6.335 | 6.780 |
| 普工 | 工日 | 1.387 | 1.631 | 1.766 | 1.900 | 2.034 |
| 一般技工 | 工日 | 2.773 | 3.262 | 3.532 | 3.801 | 4.068 |
| 高级技工 | 工日 | 0.462 | 0.544 | 0.589 | 0.634 | 0.678 |
| 塑料薄膜 | m² | 26.550 | 28.705 | 30.763 | 33.113 | 35.465 |
| 钢丝网 0.3 | m² | 10.381 | 11.179 | 11.942 | 12.812 | 13.684 |
| 水 | m³ | 0.889 | 0.964 | 1.035 | 1.120 | 1.206 |
| 预拌水泥砂浆 1∶2.5 | m³ | 0.386 | 0.418 | 0.448 | 0.483 | 0.518 |
| 预拌水泥砂浆 1∶3 | m³ | 0.209 | 0.237 | 0.261 | 0.307 | 0.354 |
| 其他材料费 | % | 1.50 | 1.50 | 1.50 | 1.50 | 1.50 |
| 干混砂浆罐式搅拌机 | 台班 | 0.022 | 0.024 | 0.026 | 0.029 | 0.032 |

# 3. 膨胀水泥砂浆接口

**工作内容:** 清理管口、铺砂浆、填缝、抹带、压实、养生。 计量单位:10 个口

| 编 号 | | 5-1-703 | 5-1-704 | 5-1-705 | 5-1-706 | 5-1-707 | 5-1-708 |
|---|---|---|---|---|---|---|---|
| 项 目 | | 管径(mm 以内) | | | | | |
| | | 1 000 | 1 100 | 1 200 | 1 350 | 1 500 | 1 650 |
| 名 称 | 单位 | 消 耗 量 | | | | | |
| 合计工日 | 工日 | 0.930 | 1.140 | 1.348 | 1.678 | 2.096 | 2.328 |
| 普工 | 工日 | 0.279 | 0.342 | 0.404 | 0.503 | 0.629 | 0.698 |
| 一般技工 | 工日 | 0.558 | 0.684 | 0.809 | 1.007 | 1.257 | 1.397 |
| 高级技工 | 工日 | 0.093 | 0.114 | 0.135 | 0.168 | 0.210 | 0.233 |
| 塑料薄膜 | m² | 1.874 | 2.066 | 2.242 | 2.530 | 2.802 | 3.091 |
| 水 | m³ | 0.005 | 0.007 | 0.008 | 0.010 | 0.012 | 0.015 |
| 预拌水泥砂浆 1:2 | m³ | 0.022 | 0.027 | 0.033 | 0.041 | 0.050 | 0.062 |
| 预拌膨胀水泥砂浆 1:1 | m³ | 0.027 | 0.034 | 0.040 | 0.050 | 0.062 | 0.075 |
| 其他材料费 | % | 1.50 | 1.50 | 1.50 | 1.50 | 1.50 | 1.50 |
| 干混砂浆罐式搅拌机 | 台班 | 0.001 | 0.001 | 0.001 | 0.001 | 0.002 | 0.002 |

**工作内容:** 清理管口、铺砂浆、填缝、抹带、压实、养生。 计量单位:10 个口

| 编 号 | | 5-1-709 | 5-1-710 | 5-1-711 | 5-1-712 | 5-1-713 | 5-1-714 | 5-1-715 |
|---|---|---|---|---|---|---|---|---|
| 项 目 | | 管径(mm 以内) | | | | | | |
| | | 1 800 | 2 000 | 2 200 | 2 400 | 2 600 | 2 800 | 3 000 |
| 名 称 | 单位 | 消 耗 量 | | | | | | |
| 合计工日 | 工日 | 2.621 | 2.992 | 3.491 | 3.807 | 4.128 | 4.443 | 4.763 |
| 普工 | 工日 | 0.786 | 0.898 | 1.047 | 1.142 | 1.238 | 1.333 | 1.429 |
| 一般技工 | 工日 | 1.573 | 1.795 | 2.095 | 2.284 | 2.477 | 2.666 | 2.858 |
| 高级技工 | 工日 | 0.262 | 0.299 | 0.349 | 0.381 | 0.413 | 0.444 | 0.476 |
| 塑料薄膜 | m² | 3.363 | 3.747 | 4.116 | 4.484 | 4.868 | 5.237 | 5.605 |
| 水 | m³ | 0.018 | 0.022 | 0.026 | 0.030 | 0.033 | 0.039 | 0.045 |
| 预拌水泥砂浆 1:2 | m³ | 0.074 | 0.090 | 0.109 | 0.124 | 0.137 | 0.160 | 0.184 |
| 预拌膨胀水泥砂浆 1:1 | m³ | 0.089 | 0.110 | 0.133 | 0.151 | 0.167 | 0.195 | 0.226 |
| 其他材料费 | % | 1.50 | 1.50 | 1.50 | 1.50 | 1.50 | 1.50 | 1.50 |
| 干混砂浆罐式搅拌机 | 台班 | 0.003 | 0.003 | 0.004 | 0.005 | 0.005 | 0.006 | 0.007 |

# 4. 预拌混凝土（现浇）套环接口

## （1）120°管基

**工作内容：**清理管口、浇筑、压实、养生。　　　　　　　　　　　　　　　　计量单位：10个口

| 编　号 | | 5-1-716 | 5-1-717 | 5-1-718 | 5-1-719 | 5-1-720 | 5-1-721 |
|---|---|---|---|---|---|---|---|
| 项　目 | | 管径（mm 以内） | | | | | |
| | | 600 | 700 | 800 | 900 | 1 000 | 1 100 |
| 名　　称 | 单位 | 消　耗　量 | | | | | |
| 合计工日 | 工日 | 0.614 | 0.687 | 0.778 | 0.873 | 0.995 | 1.163 |
| 普工 | 工日 | 0.184 | 0.206 | 0.233 | 0.262 | 0.298 | 0.349 |
| 一般技工 | 工日 | 0.368 | 0.412 | 0.467 | 0.524 | 0.597 | 0.698 |
| 高级技工 | 工日 | 0.062 | 0.069 | 0.078 | 0.087 | 0.100 | 0.116 |
| 塑料薄膜 | m² | 7.132 | 8.068 | 8.986 | 9.923 | 10.857 | 11.794 |
| 水 | m³ | 0.166 | 0.189 | 0.212 | 0.237 | 0.262 | 0.286 |
| 电 | kW·h | 0.290 | 0.335 | 0.389 | 0.434 | 0.488 | 0.549 |
| 预拌水泥砂浆 1:3 | m³ | 0.028 | 0.039 | 0.051 | 0.065 | 0.081 | 0.097 |
| 预拌混凝土 C20 | m³ | 0.381 | 0.441 | 0.512 | 0.572 | 0.642 | 0.722 |
| 其他材料费 | % | 1.50 | 1.50 | 1.50 | 1.50 | 1.50 | 1.50 |
| 干混砂浆罐式搅拌机 | 台班 | 0.001 | 0.001 | 0.002 | 0.002 | 0.003 | 0.004 |

**工作内容：**清理管口、浇筑、压实、养生。　　　　　　　　　　　　　　　　计量单位：10个口

| 编　号 | | 5-1-722 | 5-1-723 | 5-1-724 | 5-1-725 | 5-1-726 | 5-1-727 |
|---|---|---|---|---|---|---|---|
| 项　目 | | 管径（mm 以内） | | | | | |
| | | 1 200 | 1 350 | 1 500 | 1 650 | 1 800 | 2 000 |
| 名　　称 | 单位 | 消　耗　量 | | | | | |
| 合计工日 | 工日 | 1.328 | 2.455 | 2.854 | 3.043 | 3.332 | 3.708 |
| 普工 | 工日 | 0.398 | 0.736 | 0.856 | 0.913 | 1.000 | 1.112 |
| 一般技工 | 工日 | 0.797 | 1.473 | 1.712 | 1.826 | 1.999 | 2.225 |
| 高级技工 | 工日 | 0.133 | 0.246 | 0.286 | 0.304 | 0.333 | 0.371 |
| 塑料薄膜 | m² | 12.711 | 14.883 | 16.286 | 17.672 | 19.076 | 20.929 |
| 水 | m³ | 0.311 | 0.531 | 0.586 | 0.640 | 0.698 | 0.775 |
| 电 | kW·h | 0.602 | 1.482 | 1.657 | 1.726 | 1.863 | 2.042 |
| 预拌水泥砂浆 1:3 | m³ | 0.116 | 0.146 | 0.180 | 0.217 | 0.259 | 0.319 |
| 预拌混凝土 C20 | m³ | 0.792 | 1.946 | 2.177 | 2.267 | 2.447 | 2.678 |
| 其他材料费 | % | 1.50 | 1.50 | 1.50 | 1.50 | 1.50 | 1.50 |
| 干混砂浆罐式搅拌机 | 台班 | 0.004 | 0.005 | 0.007 | 0.008 | 0.009 | 0.012 |

**工作内容:** 清理管口、浇筑、压实、养生。　　　　　　　　　　　　　　　　　　计量单位: 10 个口

| 编　号 | | 5-1-728 | 5-1-729 | 5-1-730 | 5-1-731 | 5-1-732 |
|---|---|---|---|---|---|---|
| 项　目 | | 管径（mm 以内） | | | | |
| | | 2 200 | 2 400 | 2 600 | 2 800 | 3 000 |
| 名　称 | 单位 | 消　耗　量 | | | | |
| 合计工日 | 工日 | 4.149 | 4.478 | 4.791 | 5.123 | 5.464 |
| 普工 | 工日 | 1.245 | 1.343 | 1.437 | 1.537 | 1.639 |
| 一般技工 | 工日 | 2.489 | 2.687 | 2.875 | 3.074 | 3.279 |
| 高级技工 | 工日 | 0.415 | 0.448 | 0.479 | 0.512 | 0.546 |
| 塑料薄膜 | m² | 22.802 | 24.505 | 26.132 | 27.987 | 29.858 |
| 水 | m³ | 0.853 | 0.923 | 0.987 | 1.069 | 1.153 |
| 电 | kW·h | 2.225 | 2.385 | 2.530 | 2.697 | 2.872 |
| 预拌水泥砂浆 1:3 | m³ | 0.386 | 0.439 | 0.483 | 0.566 | 0.654 |
| 预拌混凝土 C20 | m³ | 2.919 | 3.129 | 3.320 | 3.541 | 3.771 |
| 其他材料费 | % | 1.50 | 1.50 | 1.50 | 1.50 | 1.50 |
| 干混砂浆罐式搅拌机 | 台班 | 0.014 | 0.016 | 0.018 | 0.021 | 0.024 |

## （2）180°管基

**工作内容:** 清理管口、浇筑、压实、养生。　　　　　　　　　　　　　　　　　　计量单位: 10 个口

| 编　号 | | 5-1-733 | 5-1-734 | 5-1-735 | 5-1-736 | 5-1-737 | 5-1-738 |
|---|---|---|---|---|---|---|---|
| 项　目 | | 管径（mm 以内） | | | | | |
| | | 600 | 700 | 800 | 900 | 1 000 | 1 100 |
| 名　称 | 单位 | 消　耗　量 | | | | | |
| 合计工日 | 工日 | 0.527 | 0.599 | 0.673 | 0.760 | 0.867 | 1.019 |
| 普工 | 工日 | 0.158 | 0.180 | 0.202 | 0.228 | 0.260 | 0.306 |
| 一般技工 | 工日 | 0.316 | 0.359 | 0.404 | 0.456 | 0.520 | 0.611 |
| 高级技工 | 工日 | 0.053 | 0.060 | 0.067 | 0.076 | 0.087 | 0.102 |
| 塑料薄膜 | m² | 7.132 | 8.068 | 8.986 | 9.923 | 10.857 | 11.794 |
| 水 | m³ | 0.168 | 0.193 | 0.218 | 0.243 | 0.270 | 0.295 |
| 电 | kW·h | 0.221 | 0.259 | 0.297 | 0.335 | 0.373 | 0.419 |
| 预拌水泥砂浆 1:3 | m³ | 0.038 | 0.054 | 0.069 | 0.088 | 0.110 | 0.132 |
| 预拌混凝土 C20 | m³ | 0.291 | 0.341 | 0.391 | 0.441 | 0.491 | 0.552 |
| 其他材料费 | % | 1.50 | 1.50 | 1.50 | 1.50 | 1.50 | 1.50 |
| 干混砂浆罐式搅拌机 | 台班 | 0.001 | 0.002 | 0.003 | 0.003 | 0.004 | 0.005 |

**工作内容：**清理管口、浇筑、压实、养生。　　　　　　　　　　　　　　　　**计量单位：**10个口

| 编　号 | | 5-1-739 | 5-1-740 | 5-1-741 | 5-1-742 | 5-1-743 | 5-1-744 |
|---|---|---|---|---|---|---|---|
| 项　目 | | 管径（mm 以内） | | | | | |
| | | 1 200 | 1 350 | 1 500 | 1 650 | 1 800 | 2 000 |
| 名　称 | 单位 | 消　耗　量 | | | | | |
| 合计工日 | 工日 | 1.162 | 2.070 | 2.416 | 2.677 | 2.967 | 3.351 |
| 普工 | 工日 | 0.349 | 0.621 | 0.725 | 0.803 | 0.890 | 1.005 |
| 一般技工 | 工日 | 0.697 | 1.242 | 1.449 | 1.606 | 1.780 | 2.011 |
| 高级技工 | 工日 | 0.116 | 0.207 | 0.242 | 0.268 | 0.297 | 0.335 |
| 塑料薄膜 | m² | 12.711 | 14.883 | 16.286 | 17.672 | 19.076 | 20.929 |
| 水 | m³ | 0.321 | 0.545 | 0.604 | 0.660 | 0.722 | 0.804 |
| 电 | kW·h | 0.457 | 1.139 | 1.269 | 1.406 | 1.543 | 1.733 |
| 预拌水泥砂浆 1∶3 | m³ | 0.158 | 0.198 | 0.246 | 0.296 | 0.353 | 0.435 |
| 预拌混凝土 C20 | m³ | 0.602 | 1.494 | 1.665 | 1.846 | 2.026 | 2.277 |
| 其他材料费 | % | 1.50 | 1.50 | 1.50 | 1.50 | 1.50 | 1.50 |
| 干混砂浆罐式搅拌机 | 台班 | 0.006 | 0.007 | 0.009 | 0.011 | 0.013 | 0.016 |

**工作内容：**清理管口、浇筑、压实、养生。　　　　　　　　　　　　　　　　**计量单位：**10个口

| 编　号 | | 5-1-745 | 5-1-746 | 5-1-747 | 5-1-748 | 5-1-749 |
|---|---|---|---|---|---|---|
| 项　目 | | 管径（mm 以内） | | | | |
| | | 2 200 | 2 400 | 2 600 | 2 800 | 3 000 |
| 名　称 | 单位 | 消　耗　量 | | | | |
| 合计工日 | 工日 | 3.808 | 4.163 | 4.516 | 4.895 | 5.273 |
| 普工 | 工日 | 1.142 | 1.249 | 1.355 | 1.468 | 1.582 |
| 一般技工 | 工日 | 2.285 | 2.498 | 2.709 | 2.937 | 3.164 |
| 高级技工 | 工日 | 0.381 | 0.416 | 0.452 | 0.490 | 0.527 |
| 塑料薄膜 | m² | 22.802 | 24.505 | 26.132 | 27.987 | 29.858 |
| 水 | m³ | 0.888 | 0.963 | 1.030 | 1.120 | 1.211 |
| 电 | kW·h | 1.935 | 2.118 | 2.301 | 2.514 | 2.728 |
| 预拌水泥砂浆 1∶3 | m³ | 0.526 | 0.599 | 0.658 | 0.772 | 0.891 |
| 预拌混凝土 C20 | m³ | 2.538 | 2.778 | 3.019 | 3.300 | 3.581 |
| 其他材料费 | % | 1.50 | 1.50 | 1.50 | 1.50 | 1.50 |
| 干混砂浆罐式搅拌机 | 台班 | 0.019 | 0.022 | 0.024 | 0.028 | 0.032 |

## 5. 预拌混凝土（现浇）套环柔性接口（120°、180°管基）

**工作内容:** 清理管口、捣固混凝土、铺砂浆、调配沥青麻丝、填塞、安放止水带、
内外抹口、压实、养生。

计量单位:10 个口

| 编　号 | | 5-1-750 | 5-1-751 | 5-1-752 | 5-1-753 | 5-1-754 | 5-1-755 |
|---|---|---|---|---|---|---|---|
| 项　目 | | 管径（mm 以内） | | | | | |
| | | 600 | 700 | 800 | 900 | 1 000 | 1 100 |
| 名　称 | 单位 | 消　耗　量 | | | | | |
| 合计工日 | 工日 | 9.517 | 10.710 | 12.023 | 13.372 | 14.748 | 18.368 |
| 普工 | 工日 | 2.855 | 3.213 | 3.607 | 4.012 | 4.424 | 5.510 |
| 一般技工 | 工日 | 5.710 | 6.426 | 7.214 | 8.023 | 8.849 | 11.021 |
| 高级技工 | 工日 | 0.952 | 1.071 | 1.202 | 1.337 | 1.475 | 1.837 |
| 塑料薄膜 | m² | 10.240 | 11.157 | 12.094 | 13.028 | 13.965 | 14.883 |
| 低发泡聚乙烯 | m³ | 0.302 | 0.338 | 0.374 | 0.410 | 0.445 | 0.481 |
| 麻丝 | kg | 2.387 | 3.690 | 5.246 | 7.056 | 9.120 | 11.438 |
| 石油沥青 | kg | 9.370 | 14.485 | 20.596 | 27.703 | 35.805 | 44.904 |
| 橡胶止水带 | m | 33.600 | 37.590 | 41.580 | 45.570 | 49.455 | 53.445 |
| 环氧树脂 | kg | 7.600 | 7.600 | 7.600 | 7.600 | 7.600 | 7.600 |
| 丙酮 | kg | 7.600 | 7.600 | 7.600 | 7.600 | 7.600 | 7.600 |
| 甲苯 | kg | 6.000 | 6.000 | 6.000 | 6.000 | 6.000 | 6.000 |
| 乙二胺 | kg | 0.600 | 0.600 | 0.600 | 0.600 | 0.600 | 0.600 |
| 水 | m³ | 0.212 | 0.231 | 0.250 | 0.269 | 0.288 | 0.300 |
| 电 | kW·h | 5.931 | 6.625 | 7.390 | 8.160 | 8.930 | 11.379 |
| 预拌水泥砂浆 1:3 | m³ | 0.019 | 0.022 | 0.025 | 0.028 | 0.031 | 0.034 |
| 预拌混凝土 C15 | m³ | 1.165 | 1.271 | 1.377 | 1.483 | 1.589 | 1.695 |
| 预拌混凝土 C20 | m³ | 6.620 | 7.422 | 8.325 | 9.228 | 10.130 | 13.240 |
| 其他材料费 | % | 1.50 | 1.50 | 1.50 | 1.50 | 1.50 | 1.50 |
| 干混砂浆罐式搅拌机 | 台班 | 0.001 | 0.001 | 0.001 | 0.001 | 0.001 | 0.001 |

**工作内容:** 清理管口、捣固混凝土、铺砂浆、调配沥青麻丝、填塞、安放止水带、
内外抹口、压实、养生。

计量单位: 10 个口

| 编　号 | | 5-1-756 | 5-1-757 | 5-1-758 | 5-1-759 | 5-1-760 | 5-1-761 |
|---|---|---|---|---|---|---|---|
| 项　目 | | 管径(mm 以内) | | | | | |
| | | 1 200 | 1 350 | 1 500 | 1 650 | 1 800 | 2 000 |
| 名　称 | 单位 | 消　耗　量 | | | | | |
| 合计工日 | 工日 | 20.032 | 22.613 | 25.389 | 28.113 | 31.014 | 34.910 |
| 普工 | 工日 | 6.010 | 6.784 | 7.617 | 8.434 | 9.304 | 10.473 |
| 一般技工 | 工日 | 12.019 | 13.568 | 15.233 | 16.868 | 18.609 | 20.946 |
| 高级技工 | 工日 | 2.003 | 2.261 | 2.539 | 2.811 | 3.101 | 3.491 |
| 塑料薄膜 | m² | 15.819 | 17.222 | 18.608 | 20.011 | 21.397 | 23.268 |
| 低发泡聚乙烯 | m³ | 0.517 | 0.570 | 0.624 | 0.677 | 0.730 | 0.801 |
| 麻丝 | kg | 14.009 | 18.341 | 23.245 | 28.719 | 34.763 | 43.711 |
| 石油沥青 | kg | 54.998 | 72.007 | 91.256 | 112.746 | 136.477 | 171.603 |
| 橡胶止水带 | m | 57.435 | 63.315 | 69.300 | 75.180 | 81.165 | 89.040 |
| 环氧树脂 | kg | 7.600 | 7.600 | 7.600 | 7.600 | 7.600 | 7.600 |
| 丙酮 | kg | 7.600 | 7.600 | 7.600 | 7.600 | 7.600 | 7.600 |
| 甲苯 | kg | 6.000 | 6.000 | 6.000 | 6.000 | 6.000 | 6.000 |
| 乙二胺 | kg | 0.600 | 0.600 | 0.600 | 0.600 | 0.600 | 0.600 |
| 水 | m³ | 0.318 | 0.345 | 0.371 | 0.398 | 0.425 | 0.460 |
| 电 | kW·h | 12.301 | 13.718 | 15.215 | 16.712 | 18.286 | 20.358 |
| 预拌水泥砂浆 1:3 | m³ | 0.036 | 0.041 | 0.045 | 0.050 | 0.054 | 0.060 |
| 预拌混凝土 C15 | m³ | 1.801 | 1.959 | 2.118 | 2.277 | 2.436 | 2.648 |
| 预拌混凝土 C20 | m³ | 14.343 | 16.048 | 17.853 | 19.659 | 21.565 | 24.072 |
| 其他材料费 | % | 1.50 | 1.50 | 1.50 | 1.50 | 1.50 | 1.50 |
| 干混砂浆罐式搅拌机 | 台班 | 0.001 | 0.001 | 0.002 | 0.002 | 0.002 | 0.002 |

**工作内容：**清理管口、捣固混凝土、铺砂浆、调配沥青麻丝、填塞、安放止水带、
内外抹口、压实、养生。

计量单位：10个口

| 编　号 | | 5-1-762 | 5-1-763 | 5-1-764 | 5-1-765 | 5-1-766 |
|---|---|---|---|---|---|---|
| 项　目 | | 管径（mm 以内） | | | | |
| | | 2 200 | 2 400 | 2 600 | 2 800 | 3 000 |
| 名　称 | 单位 | 消　耗　量 | | | | |
| 合计工日 | 工日 | 39.147 | 42.872 | 46.471 | 50.996 | 55.709 |
| 普工 | 工日 | 11.744 | 12.862 | 13.941 | 15.299 | 16.713 |
| 一般技工 | 工日 | 23.488 | 25.723 | 27.883 | 30.598 | 33.425 |
| 高级技工 | 工日 | 3.915 | 4.287 | 4.647 | 5.099 | 5.571 |
| 塑料薄膜 | m² | 25.122 | 26.825 | 28.455 | 30.326 | 32.180 |
| 低发泡聚乙烯 | m³ | 0.873 | 0.938 | 1.001 | 1.072 | 1.143 |
| 麻丝 | kg | 53.673 | 61.340 | 67.719 | 80.033 | 93.362 |
| 石油沥青 | kg | 210.713 | 240.815 | 265.858 | 314.202 | 366.529 |
| 橡胶止水带 | m | 97.020 | 104.265 | 111.195 | 119.070 | 127.050 |
| 环氧树脂 | kg | 7.600 | 7.600 | 7.600 | 7.600 | 7.600 |
| 丙酮 | kg | 7.600 | 7.600 | 7.600 | 7.600 | 7.600 |
| 甲苯 | kg | 6.000 | 6.000 | 6.000 | 6.000 | 6.000 |
| 乙二胺 | kg | 0.600 | 0.600 | 0.600 | 0.600 | 0.600 |
| 水 | m³ | 0.495 | 0.527 | 0.557 | 0.592 | 0.626 |
| 电 | kW·h | 22.583 | 24.640 | 26.693 | 29.070 | 31.524 |
| 预拌水泥砂浆 1:3 | m³ | 0.066 | 0.072 | 0.078 | 0.084 | 0.090 |
| 预拌混凝土 C15 | m³ | 2.860 | 3.054 | 3.239 | 3.451 | 3.663 |
| 预拌混凝土 C20 | m³ | 26.780 | 29.288 | 31.795 | 34.704 | 37.713 |
| 其他材料费 | % | 1.50 | 1.50 | 1.50 | 1.50 | 1.50 |
| 干混砂浆罐式搅拌机 | 台班 | 0.002 | 0.003 | 0.003 | 0.003 | 0.003 |

# 6. 橡胶圈接口

## (1)承插口、企口

**工作内容:** 选胶圈、清洗管口、套胶圈等。　　　　　　　　　　　　　　**计量单位:** 10个口

| 编　号 | | 5-1-767 | 5-1-768 | 5-1-769 | 5-1-770 | 5-1-771 | 5-1-772 |
|---|---|---|---|---|---|---|---|
| 项　目 | | 管径(mm以内) | | | | | |
| | | 200 | 300 | 400 | 500 | 600 | 700 |
| 名　称 | 单位 | 消　耗　量 | | | | | |
| 合计工日 | 工日 | 0.428 | 0.918 | 1.528 | 1.910 | 2.287 | 2.707 |
| 普工 | 工日 | 0.128 | 0.275 | 0.458 | 0.573 | 0.686 | 0.812 |
| 一般技工 | 工日 | 0.257 | 0.551 | 0.917 | 1.146 | 1.372 | 1.624 |
| 高级技工 | 工日 | 0.043 | 0.092 | 0.153 | 0.191 | 0.229 | 0.271 |
| 橡胶圈 | 个 | (10.300) | (10.300) | (10.300) | (10.300) | (10.300) | (10.300) |
| 润滑油 | kg | 0.547 | 0.747 | 0.947 | 1.122 | 1.328 | 1.493 |
| 其他材料费 | % | 2.00 | 2.00 | 2.00 | 2.00 | 2.00 | 2.00 |

**工作内容:** 选胶圈、清洗管口、套胶圈等。　　　　　　　　　　　　　　**计量单位:** 10个口

| 编　号 | | 5-1-773 | 5-1-774 | 5-1-775 | 5-1-776 | 5-1-777 | 5-1-778 |
|---|---|---|---|---|---|---|---|
| 项　目 | | 管径(mm以内) | | | | | |
| | | 800 | 900 | 1 000 | 1 100 | 1 200 | 1 350 |
| 名　称 | 单位 | 消　耗　量 | | | | | |
| 合计工日 | 工日 | 3.267 | 3.819 | 4.390 | 4.717 | 5.308 | 6.417 |
| 普工 | 工日 | 0.980 | 1.146 | 1.317 | 1.415 | 1.592 | 1.925 |
| 一般技工 | 工日 | 1.960 | 2.291 | 2.634 | 2.830 | 3.185 | 3.850 |
| 高级技工 | 工日 | 0.327 | 0.382 | 0.439 | 0.472 | 0.531 | 0.642 |
| 橡胶圈 | 个 | (10.300) | (10.300) | (10.300) | (10.300) | (10.300) | (10.300) |
| 润滑油 | kg | 1.709 | 1.917 | 2.121 | 2.322 | 2.523 | 2.954 |
| 其他材料费 | % | 2.00 | 2.00 | 2.00 | 2.00 | 2.00 | 2.00 |

**工作内容：**选胶圈、清洗管口、套胶圈等。　　　　　　　　　　　　　　　　　计量单位：10个口

| 编　号 | | 5-1-779 | 5-1-780 | 5-1-781 | 5-1-782 | 5-1-783 | 5-1-784 |
|---|---|---|---|---|---|---|---|
| 项　目 | | 管径（mm 以内） | | | | | |
| | | 1 500 | 1 650 | 1 800 | 2 000 | 2 200 | 2 400 |
| 名　称 | 单位 | 消　耗　量 | | | | | |
| 合计工日 | 工日 | 7.101 | 7.790 | 8.361 | 9.050 | 9.738 | 10.422 |
| 普工 | 工日 | 2.130 | 2.337 | 2.508 | 2.715 | 2.921 | 3.127 |
| 一般技工 | 工日 | 4.261 | 4.674 | 5.017 | 5.430 | 5.843 | 6.253 |
| 高级技工 | 工日 | 0.710 | 0.779 | 0.836 | 0.905 | 0.974 | 1.042 |
| 橡胶圈 | 个 | （10.300） | （10.300） | （10.300） | （10.300） | （10.300） | （10.300） |
| 润滑油 | kg | 3.159 | 3.363 | 3.780 | 4.205 | 4.774 | 5.220 |
| 其他材料费 | % | 2.00 | 2.00 | 2.00 | 2.00 | 2.00 | 2.00 |

**工作内容：**选胶圈、清洗管口、套胶圈等。　　　　　　　　　　　　　　　　　计量单位：10个口

| 编　号 | | 5-1-785 | 5-1-786 | 5-1-787 |
|---|---|---|---|---|
| 项　目 | | 管径（mm 以内） | | |
| | | 2 600 | 2 800 | 3 000 |
| 名　称 | 单位 | 消　耗　量 | | |
| 合计工日 | 工日 | 10.900 | 11.371 | 11.833 |
| 普工 | 工日 | 3.270 | 3.411 | 3.550 |
| 一般技工 | 工日 | 6.540 | 6.823 | 7.100 |
| 高级技工 | 工日 | 1.090 | 1.137 | 1.183 |
| 橡胶圈 | 个 | （10.300） | （10.300） | （10.300） |
| 润滑油 | kg | 5.665 | 6.110 | 6.555 |
| 其他材料费 | % | 2.00 | 2.00 | 2.00 |

## （2）钢　承　口

**工作内容:** 选胶圈、清洗管口、套胶圈、安衬垫、填缝等。　　　　　　　　　　计量单位: 10 个口

| 编　号 | | 5-1-788 | 5-1-789 | 5-1-790 | 5-1-791 | 5-1-792 |
|---|---|---|---|---|---|---|
| 项　目 | | 管径（mm 以内） | | | | |
| | | 1 000 | 1 100 | 1 200 | 1 350 | 1 500 |
| 名　称 | 单位 | 消　耗　量 | | | | |
| 合计工日 | 工日 | 4.612 | 4.950 | 5.573 | 6.736 | 7.459 |
| 普工 | 工日 | 1.384 | 1.485 | 1.672 | 2.021 | 2.238 |
| 一般技工 | 工日 | 2.767 | 2.970 | 3.344 | 4.041 | 4.475 |
| 高级技工 | 工日 | 0.461 | 0.495 | 0.557 | 0.674 | 0.746 |
| 橡胶圈 | 个 | （10.300） | （10.300） | （10.300） | （10.300） | （10.300） |
| 橡胶板 $\delta 12$ | kg | 38.156 | 48.913 | 56.959 | 76.857 | 94.619 |
| 润滑油 | kg | 2.121 | 2.322 | 2.523 | 2.954 | 3.159 |
| 聚氨酯密封膏 | kg | 6.470 | 7.110 | 7.750 | 8.710 | 9.670 |
| 其他材料费 | % | 2.00 | 2.00 | 2.00 | 2.00 | 2.00 |

**工作内容:** 选胶圈、清洗管口、套胶圈、安衬垫、填缝等。　　　　　　　　　　计量单位: 10 个口

| 编　号 | | 5-1-793 | 5-1-794 | 5-1-795 | 5-1-796 |
|---|---|---|---|---|---|
| 项　目 | | 管径（mm 以内） | | | |
| | | 1 650 | 1 800 | 2 000 | 2 200 |
| 名　称 | 单位 | 消　耗　量 | | | |
| 合计工日 | 工日 | 8.179 | 8.781 | 9.500 | 10.223 |
| 普工 | 工日 | 2.454 | 2.634 | 2.850 | 3.067 |
| 一般技工 | 工日 | 4.907 | 5.269 | 5.700 | 6.134 |
| 高级技工 | 工日 | 0.818 | 0.878 | 0.950 | 1.022 |
| 橡胶圈 | 个 | （10.300） | （10.300） | （10.300） | （10.300） |
| 橡胶板 $\delta 12$ | kg | 119.705 | 141.647 | 182.648 | 221.369 |
| 润滑油 | kg | 3.363 | 3.780 | 4.205 | 4.774 |
| 聚氨酯密封膏 | kg | 10.630 | 11.590 | 12.860 | 14.140 |
| 其他材料费 | % | 2.00 | 2.00 | 2.00 | 2.00 |

**工作内容：**选胶圈、清洗管口、套胶圈、安衬垫、填缝等。　　　　　　　　　计量单位：10 个口

| 编　号 | | 5-1-797 | 5-1-798 | 5-1-799 | 5-1-800 |
|---|---|---|---|---|---|
| 项　目 | | 管径（mm 以内） | | | |
| | | 2 400 | 2 600 | 2 800 | 3 000 |
| 名　称 | 单位 | 消　耗　量 | | | |
| 合计工日 | 工日 | 10.943 | 11.449 | 11.943 | 12.425 |
| 普工 | 工日 | 3.283 | 3.435 | 3.583 | 3.728 |
| 一般技工 | 工日 | 6.566 | 6.869 | 7.166 | 7.455 |
| 高级技工 | 工日 | 1.094 | 1.145 | 1.194 | 1.242 |
| 橡胶圈 | 个 | （10.300） | （10.300） | （10.300） | （10.300） |
| 橡胶板 $\delta12$ | kg | 263.808 | 318.645 | 369.185 | 423.442 |
| 润滑油 | kg | 5.220 | 5.665 | 6.110 | 6.555 |
| 聚氨酯密封膏 | kg | 15.420 | 16.700 | 17.980 | 19.260 |
| 其他材料费 | % | 2.00 | 2.00 | 2.00 | 2.00 |

## （3）双　插　口

**工作内容：**清理管口、安放橡胶圈、安放钢制外套环等。　　　　　　　　　计量单位：10 个口

| 编　号 | | 5-1-801 | 5-1-802 | 5-1-803 | 5-1-804 | 5-1-805 |
|---|---|---|---|---|---|---|
| 项　目 | | 管径（mm 以内） | | | | |
| | | 1 000 | 1 100 | 1 200 | 1 350 | 1 500 |
| 名　称 | 单位 | 消　耗　量 | | | | |
| 合计工日 | 工日 | 5.631 | 6.110 | 6.583 | 9.741 | 9.971 |
| 普工 | 工日 | 1.689 | 1.833 | 1.975 | 2.922 | 2.991 |
| 一般技工 | 工日 | 3.379 | 3.666 | 3.950 | 5.845 | 5.983 |
| 高级技工 | 工日 | 0.563 | 0.611 | 0.658 | 0.974 | 0.997 |
| 橡胶圈 | 个 | （20.600） | （20.600） | （20.600） | （20.600） | （20.600） |
| 钢板外套环 | 个 | （10.000） | （10.000） | （10.000） | （10.000） | （10.000） |
| 橡胶板 $\delta12$ | kg | 76.312 | 97.827 | 113.917 | 153.713 | 189.237 |
| 润滑油 | kg | 2.121 | 2.322 | 2.532 | 2.954 | 3.159 |
| 聚氨酯密封膏 | kg | 6.470 | 7.110 | 7.750 | 8.710 | 9.670 |
| 其他材料费 | % | 2.00 | 2.00 | 2.00 | 2.00 | 2.00 |
| 汽车式起重机 8t | 台班 | 0.221 | 0.221 | 0.221 | 0.221 | 0.221 |

**工作内容：** 清理管口、安放橡胶圈、安放钢制外套环等。　　　　　　　　　　　　　　计量单位：10 个口

| 编　号 | | 5-1-806 | 5-1-807 | 5-1-808 | 5-1-809 |
|---|---|---|---|---|---|
| 项　目 | | 管径（mm 以内） | | | |
| | | 1 650 | 1 800 | 2 000 | 2 200 |
| 名　称 | 单位 | 消　耗　量 | | | |
| 合计工日 | 工日 | 10.197 | 10.581 | 11.573 | 12.569 |
| 普工 | 工日 | 3.059 | 3.174 | 3.472 | 3.771 |
| 一般技工 | 工日 | 6.118 | 6.349 | 6.944 | 7.541 |
| 高级技工 | 工日 | 1.020 | 1.058 | 1.157 | 1.257 |
| 橡胶圈 | 个 | （20.600） | （20.600） | （20.600） | （20.600） |
| 钢板外套环 | 个 | （10.000） | （10.000） | （10.000） | （10.000） |
| 橡胶板 $\delta$12 | kg | 239.411 | 283.294 | 365.296 | 442.738 |
| 润滑油 | kg | 3.363 | 3.780 | 4.205 | 4.774 |
| 聚氨酯密封膏 | kg | 10.630 | 11.590 | 12.860 | 14.140 |
| 其他材料费 | % | 2.00 | 2.00 | 2.00 | 2.00 |
| 汽车式起重机　8t | 台班 | 0.221 | 0.221 | 0.239 | 0.239 |

**工作内容：** 清理管口、安放橡胶圈、安放钢制外套环等。　　　　　　　　　　　　　　计量单位：10 个口

| 编　号 | | 5-1-810 | 5-1-811 | 5-1-812 | 5-1-813 |
|---|---|---|---|---|---|
| 项　目 | | 管径（mm 以内） | | | |
| | | 2 400 | 2 600 | 2 800 | 3 000 |
| 名　称 | 单位 | 消　耗　量 | | | |
| 合计工日 | 工日 | 13.607 | 14.487 | 15.365 | 16.248 |
| 普工 | 工日 | 4.082 | 4.346 | 4.610 | 4.874 |
| 一般技工 | 工日 | 8.164 | 8.692 | 9.219 | 9.749 |
| 高级技工 | 工日 | 1.361 | 1.449 | 1.536 | 1.625 |
| 橡胶圈 | 个 | （20.600） | （20.600） | （20.600） | （20.600） |
| 钢板外套环 | 个 | （10.000） | （10.000） | （10.000） | （10.000） |
| 橡胶板 $\delta$12 | kg | 527.616 | 637.291 | 738.369 | 846.884 |
| 润滑油 | kg | 5.220 | 5.665 | 6.110 | 6.555 |
| 聚氨酯密封膏 | kg | 15.420 | 16.700 | 17.980 | 19.260 |
| 其他材料费 | % | 2.00 | 2.00 | 2.00 | 2.00 |
| 汽车式起重机　8t | 台班 | 0.239 | 0.239 | 0.239 | 0.239 |

# 八、闭水试验、试压、吹扫

## 1. 闭 水 试 验

### （1）方沟闭水试验

**工作内容：**铺砂浆、砌砖堵、抹面、接（拆）水管、拆堵、材（废）料运输。　　　　　　　计量单位：100m³

| 编　号 | | 5-1-814 | 5-1-815 | 5-1-816 |
|---|---|---|---|---|
| 项　目 | | 砖堵 24cm | 砖堵 36cm | 砖堵 49cm |
| 名　称 | 单位 | 消　耗　量 | | |
| 合计工日 | 工日 | 4.570 | 5.766 | 7.119 |
| 普工 | 工日 | 1.371 | 1.730 | 2.136 |
| 一般技工 | 工日 | 2.742 | 3.459 | 4.271 |
| 高级技工 | 工日 | 0.457 | 0.577 | 0.712 |
| 镀锌铁丝 φ3.5 | kg | 0.700 | 0.700 | 0.700 |
| 标准砖 240×115×53 | 千块 | 0.578 | 0.860 | 1.442 |
| 焊接钢管 DN40 | m | 0.071 | 0.071 | 0.071 |
| 橡胶管（综合） | m | 5.100 | 5.100 | 5.100 |
| 水 | m³ | 109.584 | 109.618 | 109.656 |
| 预拌混合砂浆 M5.0 | m³ | 0.246 | 0.387 | 0.545 |
| 预拌水泥砂浆 1:3 | m³ | 0.095 | 0.095 | 0.095 |
| 防水粉 | kg | 2.030 | 2.030 | 2.030 |
| 其他材料费 | % | 1.50 | 1.50 | 1.50 |
| 干混砂浆罐式搅拌机 | 台班 | 0.009 | 0.014 | 0.020 |

## （2）管道闭水试验

**工作内容：**铺砂浆、砌堵、抹灰、注水、排水、拆堵、清理现场等。　　　　　　　　　计量单位：100m

| 编　号 | | 5-1-817 | 5-1-818 | 5-1-819 | 5-1-820 | 5-1-821 |
|---|---|---|---|---|---|---|
| 项　目 | | 管径（mm 以内） | | | | |
| | | 400 | 600 | 800 | 1 000 | 1 200 |
| 名　称 | 单位 | 消　耗　量 | | | | |
| 合计工日 | 工日 | 1.578 | 2.596 | 3.686 | 5.196 | 6.824 |
| 普工 | 工日 | 0.473 | 0.779 | 1.106 | 1.559 | 2.048 |
| 一般技工 | 工日 | 0.947 | 1.558 | 2.211 | 3.118 | 4.094 |
| 高级技工 | 工日 | 0.158 | 0.259 | 0.369 | 0.519 | 0.682 |
| 镀锌铁丝 $\phi 3.5$ | kg | 0.680 | 0.680 | 0.680 | 0.680 | 0.680 |
| 标准砖 240×115×53 | 千块 | 0.073 | 0.165 | 0.290 | 0.456 | 0.657 |
| 焊接钢管 DN40 | m | 0.030 | 0.030 | 0.030 | 0.030 | 0.030 |
| 橡胶管（综合） | m | 1.500 | 1.500 | 1.500 | 1.500 | 1.500 |
| 水 | m³ | 14.290 | 34.160 | 55.736 | 83.247 | 121.991 |
| 预拌水泥砂浆 1：2 | m³ | 0.006 | 0.014 | 0.023 | 0.037 | 0.053 |
| 预拌混合砂浆 M7.5 | m³ | 0.036 | 0.070 | 0.124 | 0.194 | 0.280 |
| 其他材料费 | % | 2.00 | 2.00 | 2.00 | 2.00 | 2.00 |
| 干混砂浆罐式搅拌机 | 台班 | 0.002 | 0.003 | 0.005 | 0.008 | 0.012 |

**工作内容:** 铺砂浆、砌堵、抹灰、注水、排水、拆堵、清理现场等。计量单位:100m

| 编　号 | | 5-1-822 | 5-1-823 | 5-1-824 | 5-1-825 | 5-1-826 |
|---|---|---|---|---|---|---|
| 项　目 | | 管径(mm 以内) | | | | |
| | | 1 350 | 1 500 | 1 650 | 1 800 | 2 000 |
| 名　称 | 单位 | 消　耗　量 | | | | |
| 合计工日 | 工日 | 8.308 | 9.953 | 15.957 | 18.458 | 22.402 |
| 普工 | 工日 | 2.492 | 2.986 | 4.787 | 5.537 | 6.720 |
| 一般技工 | 工日 | 4.985 | 5.972 | 9.574 | 11.075 | 13.442 |
| 高级技工 | 工日 | 0.831 | 0.995 | 1.596 | 1.846 | 2.240 |
| 镀锌铁丝 $\phi$3.5 | kg | 0.680 | 0.680 | 0.680 | 0.680 | 0.680 |
| 标准砖 240×115×53 | 千块 | 0.832 | 1.027 | 1.890 | 2.251 | 2.778 |
| 焊接钢管 DN40 | m | 0.030 | 0.030 | 0.030 | 0.030 | 0.030 |
| 橡胶管(综合) | m | 1.500 | 1.500 | 1.500 | 1.500 | 1.500 |
| 水 | m³ | 157.900 | 190.150 | 217.814 | 275.667 | 340.329 |
| 预拌水泥砂浆 1:2 | m³ | 0.067 | 0.083 | 0.100 | 0.119 | 0.147 |
| 预拌混合砂浆 M7.5 | m³ | 0.354 | 0.437 | 0.851 | 1.015 | 1.249 |
| 其他材料费 | % | 2.00 | 2.00 | 2.00 | 2.00 | 2.00 |
| 干混砂浆罐式搅拌机 | 台班 | 0.017 | 0.021 | 0.039 | 0.046 | 0.057 |

**工作内容:** 铺砂浆、砌堵、抹灰、注水、排水、拆堵、清理现场等。

**工作内容:** 铺砂浆、砌堵、抹灰、注水、排水、拆堵、清理现场等。　　　　　　　　　　计量单位:100m

| 编　号 | | 5-1-827 | 5-1-828 | 5-1-829 | 5-1-830 | 5-1-831 |
|---|---|---|---|---|---|---|
| 项　目 | | 管径(mm 以内) | | | | |
| | | 2 200 | 2 400 | 2 600 | 2 800 | 3 000 |
| 名　称 | 单位 | 消　耗　量 | | | | |
| 合计工日 | 工日 | 26.754 | 31.545 | 35.596 | 40.733 | 46.215 |
| 普工 | 工日 | 8.026 | 9.464 | 10.679 | 12.220 | 13.865 |
| 一般技工 | 工日 | 16.052 | 18.926 | 21.357 | 24.440 | 27.728 |
| 高级技工 | 工日 | 2.676 | 3.155 | 3.560 | 4.073 | 4.622 |
| 镀锌铁丝 $\phi$3.5 | kg | 0.680 | 0.680 | 0.680 | 0.680 | 0.680 |
| 标准砖 240×115×53 | 千块 | 3.361 | 4.001 | 4.680 | 5.320 | 6.000 |
| 焊接钢管 DN40 | m | 0.030 | 0.030 | 0.030 | 0.030 | 0.030 |
| 橡胶管(综合) | m | 1.500 | 1.500 | 1.500 | 1.500 | 1.500 |
| 水 | m³ | 412.204 | 490.497 | 574.854 | 667.315 | 766.446 |
| 预拌水泥砂浆 1:2 | m³ | 0.177 | 0.211 | 0.236 | 0.274 | 0.314 |
| 预拌混合砂浆 M7.5 | m³ | 1.512 | 1.723 | 2.106 | 2.394 | 2.700 |
| 其他材料费 | % | 2.00 | 2.00 | 2.00 | 2.00 | 2.00 |
| 干混砂浆罐式搅拌机 | 台班 | 0.061 | 0.070 | 0.085 | 0.097 | 0.110 |

# 2. 管 道 试 压

## (1) 液 压 试 验

**工作内容：** 制堵盲板、安拆打压设备、灌水加压、清理现场。 计量单位：100m

| 编　号 | | 5-1-832 | 5-1-833 | 5-1-834 | 5-1-835 | 5-1-836 | 5-1-837 |
|---|---|---|---|---|---|---|---|
| 项　目 | | 公称直径（mm 以内） | | | | | |
| | | 100 | 200 | 300 | 400 | 500 | 600 |
| 名　称 | 单位 | 消　耗　量 | | | | | |
| 合计工日 | 工日 | 1.540 | 2.378 | 2.811 | 3.619 | 4.408 | 5.246 |
| 普工 | 工日 | 0.462 | 0.713 | 0.843 | 1.085 | 1.322 | 1.574 |
| 一般技工 | 工日 | 0.924 | 1.427 | 1.687 | 2.172 | 2.645 | 3.147 |
| 高级技工 | 工日 | 0.154 | 0.238 | 0.281 | 0.362 | 0.441 | 0.525 |
| 钢板 $\delta 4.5 \sim 10.0$ | kg | 0.817 | 2.460 | 3.873 | 4.737 | 6.020 | 6.930 |
| 无石棉橡胶板 低中压 $\delta 0.8 \sim 6.0$ | kg | 0.600 | 0.900 | 0.897 | 2.100 | 2.100 | 2.100 |
| 六角螺栓带螺母、垫圈（综合） | kg | 0.150 | 0.240 | 0.380 | 0.670 | 1.110 | 1.560 |
| 低碳钢焊条（综合） | kg | 0.300 | 0.300 | 0.300 | 0.480 | 0.600 | 1.090 |
| 氧气 | $m^3$ | 0.264 | 0.385 | 0.385 | 0.517 | 0.649 | 0.781 |
| 乙炔气 | kg | 0.102 | 0.148 | 0.148 | 0.199 | 0.250 | 0.300 |
| 镀锌钢管 DN50 | m | 1.020 | 1.020 | 1.020 | 1.020 | 1.020 | 2.040 |
| 法兰阀门 DN50 | 个 | 0.007 | 0.007 | 0.007 | 0.007 | 0.007 | 0.013 |
| 平焊法兰 DN50 | 片 | 0.013 | 0.013 | 0.013 | 0.013 | 0.013 | 0.026 |
| 水 | $m^3$ | 0.823 | 3.286 | 7.400 | 13.162 | 20.562 | 29.610 |
| 其他材料费 | % | 1.50 | 1.50 | 1.50 | 1.50 | 1.50 | 1.50 |
| 立式钻床 25mm | 台班 | 0.018 | 0.027 | 0.035 | 0.044 | 0.053 | 0.053 |
| 试压泵 25MPa | 台班 | 0.088 | 0.177 | 0.177 | 0.265 | 0.265 | 0.265 |
| 直流弧焊机 20kV·A | 台班 | 0.088 | 0.088 | 0.088 | 0.088 | 0.088 | 0.133 |
| 电焊条烘干箱 $60 \times 50 \times 75$（$cm^3$） | 台班 | 0.009 | 0.009 | 0.009 | 0.009 | 0.009 | 0.013 |

**工作内容：**制堵盲板、安拆打压设备、灌水加压、清理现场。　　　　　　　　　　　　计量单位：100m

| 编　号 | | 5-1-838 | 5-1-839 | 5-1-840 | 5-1-841 | 5-1-842 | 5-1-843 |
|---|---|---|---|---|---|---|---|
| 项　目 | | 公称直径（mm 以内） | | | | | |
| | | 800 | 1 000 | 1 200 | 1 400 | 1 600 | 1 800 |
| 名　称 | 单位 | 消　耗　量 | | | | | |
| 合计工日 | 工日 | 7.256 | 8.529 | 9.837 | 11.415 | 13.274 | 15.420 |
| 普工 | 工日 | 2.177 | 2.559 | 2.951 | 3.425 | 3.982 | 4.626 |
| 一般技工 | 工日 | 4.354 | 5.117 | 5.902 | 6.849 | 7.964 | 9.252 |
| 高级技工 | 工日 | 0.725 | 0.853 | 0.984 | 1.141 | 1.328 | 1.542 |
| 热轧厚钢板 $\delta10\sim20$ | kg | 8.793 | 10.470 | 12.560 | 14.653 | 16.747 | — |
| 钢板 $\delta20$ 以外 | kg | — | — | — | — | — | 18.840 |
| 无石棉橡胶板 低中压 $\delta0.8\sim6.0$ | kg | 3.700 | 3.700 | 4.900 | 6.100 | 7.300 | 8.500 |
| 六角螺栓带螺母、垫圈（综合） | kg | 1.770 | 2.050 | 2.340 | 2.630 | 2.920 | 3.210 |
| 低碳钢焊条（综合） | kg | 1.340 | 1.850 | 2.000 | 2.040 | 2.920 | 3.280 |
| 氧气 | m³ | 1.045 | 1.300 | 1.562 | 1.815 | 2.080 | 2.343 |
| 乙炔气 | kg | 0.402 | 0.500 | 0.601 | 0.698 | 0.800 | 0.901 |
| 镀锌钢管 DN50 | m | 2.040 | 2.040 | — | — | — | — |
| 镀锌钢管 DN80 | m | — | — | 2.040 | 2.040 | 2.040 | 2.040 |
| 法兰阀门 DN50 | 个 | 0.013 | 0.013 | — | — | — | — |
| 法兰阀门 DN80 | 个 | — | — | 0.013 | 0.013 | 0.013 | 0.013 |
| 平焊法兰 DN50 | 片 | 0.026 | 0.026 | — | — | — | — |
| 平焊法兰 DN80 | 片 | — | — | 0.026 | 0.026 | 0.026 | 0.026 |
| 水 | m³ | 52.632 | 82.238 | 118.419 | 161.190 | 210.533 | 266.448 |
| 其他材料费 | % | 1.50 | 1.50 | 1.50 | 1.50 | 1.50 | 1.50 |
| 汽车式起重机 8t | 台班 | — | 0.044 | 0.053 | 0.062 | — | — |
| 汽车式起重机 16t | 台班 | — | — | — | — | 0.062 | 0.071 |
| 立式钻床 25mm | 台班 | 0.062 | 0.088 | 0.088 | 0.088 | 0.106 | 0.106 |
| 试压泵 25MPa | 台班 | 0.265 | 0.442 | 0.442 | 0.442 | 0.619 | 0.619 |
| 直流弧焊机 20kV·A | 台班 | 0.133 | 0.133 | 0.177 | 0.221 | 0.265 | 0.310 |
| 电焊条烘干箱 $60\times50\times75$（cm³） | 台班 | 0.013 | 0.013 | 0.018 | 0.022 | 0.027 | 0.031 |

**工作内容：**制堵盲板、安拆打压设备、灌水加压、清理现场。　　　　　　　　　　计量单位：100m

| 编　号 | | 5-1-844 | 5-1-845 | 5-1-846 | 5-1-847 | 5-1-848 | 5-1-849 |
|---|---|---|---|---|---|---|---|
| 项　目 | | 公称直径（mm 以内） | | | | | |
| | | 2 000 | 2 200 | 2 400 | 2 600 | 2 800 | 3 000 |
| 名　称 | 单位 | 消　耗　量 | | | | | |
| 合计工日 | 工日 | 17.931 | 20.809 | 24.198 | 28.191 | 32.841 | 38.250 |
| 普工 | 工日 | 5.379 | 6.242 | 7.259 | 8.457 | 9.852 | 11.475 |
| 一般技工 | 工日 | 10.759 | 12.486 | 14.519 | 16.915 | 19.705 | 22.950 |
| 高级技工 | 工日 | 1.793 | 2.081 | 2.420 | 2.819 | 3.284 | 3.825 |
| 钢板 δ20 以外 | kg | 20.930 | 23.030 | 25.120 | 27.210 | 29.310 | 31.400 |
| 无石棉橡胶板 低中压 δ0.8~6.0 | kg | 9.700 | 11.000 | 12.100 | 13.300 | 14.500 | 15.700 |
| 六角螺栓带螺母、垫圈（综合） | kg | 3.500 | 3.700 | 4.080 | 4.370 | 4.660 | 4.950 |
| 低碳钢焊条（综合） | kg | 3.650 | 4.400 | 5.370 | 5.810 | 6.255 | 6.700 |
| 氧气 | m³ | 2.596 | 2.860 | 3.124 | 3.377 | 3.652 | 3.905 |
| 乙炔气 | kg | 0.998 | 1.100 | 1.202 | 1.299 | 1.405 | 1.502 |
| 镀锌钢管 DN80 | m | 2.040 | — | — | — | — | — |
| 镀锌钢管 DN100 | m | — | 2.040 | 2.040 | 2.040 | 2.040 | 2.040 |
| 法兰阀门 DN100 | 个 | — | 0.013 | 0.013 | 0.013 | 0.013 | 0.013 |
| 法兰阀门 DN80 | 个 | 0.013 | — | — | — | — | — |
| 平焊法兰 DN80 | 片 | 0.026 | — | — | — | — | — |
| 平焊法兰 DN100 | 片 | — | 0.026 | 0.026 | 0.026 | 0.026 | 0.026 |
| 水 | m³ | 328.952 | 398.029 | 473.648 | 555.933 | 644.743 | 740.143 |
| 其他材料费 | % | 1.50 | 1.50 | 1.50 | 1.50 | 1.50 | 1.50 |
| 汽车式起重机 16t | 台班 | 0.080 | 0.088 | 0.097 | — | — | — |
| 汽车式起重机 20t | 台班 | — | — | — | 0.106 | 0.115 | 0.124 |
| 立式钻床 25mm | 台班 | 0.133 | 0.133 | 0.133 | 0.177 | 0.177 | 0.177 |
| 试压泵 25MPa | 台班 | 0.619 | 0.752 | 0.885 | 0.885 | 0.885 | 0.885 |
| 直流弧焊机 20kV·A | 台班 | 0.354 | 0.398 | 0.442 | 0.442 | 0.531 | 0.575 |
| 电焊条烘干箱 60×50×75（cm³） | 台班 | 0.035 | 0.040 | 0.044 | 0.044 | 0.053 | 0.058 |

## （2）气 压 试 验

**工作内容：** 准备工具、材料，装、拆临时管线，制作、安装盲堵板，充气加压，找漏，
清理现场等操作过程。

计量单位：100m

| 编 号 | | 5-1-850 | 5-1-851 | 5-1-852 | 5-1-853 | 5-1-854 | 5-1-855 |
|---|---|---|---|---|---|---|---|
| 项 目 | | 公称直径（mm 以内） | | | | | |
| | | 50 | 100 | 150 | 200 | 300 | 400 |
| 名 称 | 单位 | 消 耗 量 | | | | | |
| 合计工日 | 工日 | 1.646 | 1.954 | 2.185 | 2.406 | 2.878 | 3.802 |
| 普工 | 工日 | 0.494 | 0.586 | 0.655 | 0.722 | 0.863 | 1.140 |
| 一般技工 | 工日 | 0.987 | 1.173 | 1.311 | 1.444 | 1.727 | 2.282 |
| 高级技工 | 工日 | 0.165 | 0.195 | 0.219 | 0.240 | 0.288 | 0.380 |
| 热轧薄钢板 $\delta 4.0$ | kg | 0.050 | 0.270 | 1.340 | 2.000 | 4.660 | 13.000 |
| 尼龙砂轮片 $\phi 100$ | 片 | 0.008 | 0.013 | 0.023 | 0.030 | 0.045 | 0.075 |
| 低碳钢焊条（综合） | kg | 0.040 | 0.090 | 0.520 | 0.700 | 1.050 | 2.710 |
| 氧气 | m³ | 0.040 | 0.070 | 0.180 | 0.270 | 0.300 | 0.570 |
| 乙炔气 | kg | 0.015 | 0.027 | 0.069 | 0.104 | 0.115 | 0.219 |
| 无石棉橡胶板 低中压 $\delta 0.8\sim6.0$ | kg | 0.400 | 0.600 | 0.700 | 0.900 | 0.900 | 2.100 |
| 无缝钢管 $D22 \times 2.5$ | m | 1.500 | 1.500 | 1.500 | 1.500 | 1.500 | 1.500 |
| 镀锌三通 DN20 | 个 | 0.400 | 0.400 | 0.400 | 0.400 | 0.400 | 0.400 |
| 螺纹旋塞阀（灰铸铁）X13T-10 DN15 | 个 | 0.200 | 0.200 | 0.200 | 0.200 | 0.200 | 0.200 |
| 螺纹旋塞阀（灰铸铁）X13T-10 DN20 | 个 | 0.200 | 0.200 | 0.200 | 0.200 | 0.200 | 0.200 |
| 温度计 0~120℃ | 块 | 0.200 | 0.200 | 0.200 | 0.200 | 0.200 | 0.200 |
| 压力表 0~16MPa | 块 | 0.200 | 0.200 | 0.200 | 0.200 | 0.200 | 0.200 |
| 其他材料费 | % | 1.50 | 1.50 | 1.50 | 1.50 | 1.50 | 1.50 |
| 立式钻床 25mm | 台班 | 0.009 | 0.018 | 0.022 | 0.027 | 0.035 | 0.044 |
| 直流弧焊机 20kV·A | 台班 | 0.007 | 0.018 | 0.071 | 0.097 | 0.150 | 0.336 |
| 电动空气压缩机 6m³/min | 台班 | 0.081 | 0.090 | 0.099 | 0.099 | 0.108 | 0.116 |
| 电焊条烘干箱 60×50×75（cm³） | 台班 | 0.001 | 0.002 | 0.007 | 0.010 | 0.015 | 0.034 |

**工作内容:** 准备工具、材料,装、拆临时管线,制作、安装盲堵板,充气加压,找漏,
清理现场等操作过程。

计量单位:100m

| 编　号 | | 5-1-856 | 5-1-857 | 5-1-858 | 5-1-859 | 5-1-860 | 5-1-861 |
|---|---|---|---|---|---|---|---|
| 项　目 | | 公称直径(mm 以内) | | | | | |
| | | 500 | 600 | 700 | 800 | 900 | 1 000 |
| 名　称 | 单位 | 消　耗　量 | | | | | |
| 合计工日 | 工日 | 4.254 | 4.785 | 5.159 | 5.543 | 6.083 | 6.613 |
| 普工 | 工日 | 1.276 | 1.436 | 1.548 | 1.663 | 1.825 | 1.984 |
| 一般技工 | 工日 | 2.552 | 2.870 | 3.095 | 3.326 | 3.650 | 3.967 |
| 高级技工 | 工日 | 0.426 | 0.479 | 0.516 | 0.554 | 0.608 | 0.662 |
| 热轧厚钢板 $\delta$10 | kg | 23.300 | 32.620 | 44.270 | 66.570 | 85.200 | 94.530 |
| 尼龙砂轮片 $\phi$100 | 片 | 0.110 | 0.133 | 0.155 | 0.198 | 0.220 | 0.245 |
| 低碳钢焊条(综合) | kg | 4.320 | 5.180 | 6.050 | 8.930 | 10.040 | 11.160 |
| 氧气 | m³ | 0.710 | 0.860 | 0.880 | 1.090 | 1.280 | 1.340 |
| 乙炔气 | kg | 0.273 | 0.331 | 0.338 | 0.419 | 0.492 | 0.515 |
| 无石棉橡胶板 低中压 $\delta$0.8~6.0 | kg | 2.100 | 2.100 | 2.900 | 3.700 | 3.700 | 3.700 |
| 无缝钢管 $D22 \times 2.5$ | m | 1.500 | 1.500 | 1.500 | 1.500 | 1.500 | 1.500 |
| 镀锌三通 DN20 | 个 | 0.400 | 0.400 | 0.400 | 0.400 | 0.400 | 0.400 |
| 螺纹旋塞阀(灰铸铁)X13T-10 DN15 | 个 | 0.200 | 0.200 | 0.200 | 0.200 | 0.200 | 0.200 |
| 螺纹旋塞阀 X13T-10 DN50 | 个 | 0.200 | 0.200 | 0.200 | 0.200 | 0.200 | 0.200 |
| 温度计 0~120℃ | 块 | 0.200 | 0.200 | 0.200 | 0.200 | 0.200 | 0.200 |
| 压力表 0~16MPa | 块 | 0.200 | 0.200 | 0.200 | 0.200 | 0.200 | 0.200 |
| 其他材料费 | % | 1.50 | 1.50 | 1.50 | 1.50 | 1.50 | 1.50 |
| 立式钻床 25mm | 台班 | 0.053 | 0.053 | 0.058 | 0.062 | 0.080 | 0.088 |
| 直流弧焊机 20kV·A | 台班 | 0.531 | 0.637 | 0.743 | 0.876 | 0.991 | 1.097 |
| 电动空气压缩机 6m³/min | 台班 | 0.125 | 0.134 | 0.143 | 0.152 | 0.161 | 0.170 |
| 电焊条烘干箱 $60 \times 50 \times 75$(cm³) | 台班 | 0.053 | 0.064 | 0.074 | 0.088 | 0.099 | 0.110 |

**工作内容**：准备工具、材料，装、拆临时管线，制作、安装盲堵板，充气加压，找漏，清理现场等操作过程。

计量单位：100m

| 编 号 | | 5-1-862 | 5-1-863 | 5-1-864 | 5-1-865 | 5-1-866 | 5-1-867 |
|---|---|---|---|---|---|---|---|
| 项 目 | | 公称直径（mm 以内） | | | | | |
| | | 1 200 | 1 400 | 1 600 | 1 800 | 2 000 | 2 200 |
| 名 称 | 单位 | 消 耗 量 | | | | | |
| 合计工日 | 工日 | 8.711 | 10.241 | 11.001 | 12.609 | 13.369 | 14.977 |
| 普工 | 工日 | 2.614 | 3.073 | 3.300 | 3.783 | 4.010 | 4.493 |
| 一般技工 | 工日 | 5.226 | 6.144 | 6.601 | 7.565 | 8.022 | 8.986 |
| 高级技工 | 工日 | 0.871 | 1.024 | 1.100 | 1.261 | 1.337 | 1.498 |
| 热轧厚钢板 $\delta12\sim20$ | kg | — | 150.450 | 160.770 | 203.470 | 251.200 | 303.950 |
| 热轧厚钢板 $\delta10$ | kg | 123.090 | — | — | — | — | — |
| 尼龙砂轮片 $\phi100$ | 片 | 0.295 | — | — | — | — | — |
| 低碳钢焊条（综合） | kg | 13.390 | 13.899 | 14.295 | 19.853 | 22.035 | 26.796 |
| 氧气 | m³ | 1.730 | 2.130 | 2.320 | 2.730 | 3.040 | 3.350 |
| 乙炔气 | kg | 0.665 | 0.819 | 0.892 | 1.050 | 1.169 | 1.288 |
| 无石棉橡胶板 低中压 $\delta0.8\sim6.0$ | kg | 4.900 | 5.760 | 5.760 | 7.320 | 8.100 | 8.910 |
| 无缝钢管 $D22\times2.5$ | m | 1.500 | 1.500 | 1.500 | 1.500 | 1.500 | 1.500 |
| 镀锌三通 $DN20$ | 个 | 0.400 | 0.400 | 0.400 | 0.400 | 0.400 | 0.400 |
| 螺纹旋塞阀（灰铸铁）X13T-10 $DN15$ | 个 | 0.200 | 0.200 | 0.200 | 0.200 | 0.200 | 0.200 |
| 螺纹旋塞阀 X13T-10 $DN50$ | 个 | 0.200 | 0.200 | 0.200 | 0.200 | 0.200 | 0.200 |
| 温度计 0~120℃ | 块 | 0.200 | 0.200 | 0.200 | 0.200 | 0.200 | 0.200 |
| 压力表 0~16MPa | 块 | 0.200 | 0.200 | 0.200 | 0.200 | 0.200 | 0.200 |
| 其他材料费 | % | 1.50 | 1.50 | 1.50 | 1.50 | 1.50 | 1.50 |
| 立式钻床 25mm | 台班 | 0.088 | 0.088 | 0.106 | 0.106 | 0.106 | 0.133 |
| 直流弧焊机 20kV·A | 台班 | 1.119 | 1.135 | 1.165 | 1.602 | 1.777 | 2.152 |
| 电动空气压缩机 6m³/min | 台班 | 0.179 | — | — | — | — | — |
| 电动空气压缩机 10m³/min | 台班 | — | 0.099 | 0.134 | 0.179 | 0.242 | 0.269 |
| 电焊条烘干箱 60×50×75（cm³） | 台班 | 0.112 | 0.114 | 0.117 | 0.160 | 0.178 | 0.215 |

**工作内容：**准备工具、材料，装、拆临时管线，制作、安装盲堵板，充气加压，找漏，
　　　　清理现场等操作过程。　　　　　　　　　　　　　　　　　计量单位：100m

| 编　号 | | 5-1-868 | 5-1-869 | 5-1-870 | 5-1-871 |
|---|---|---|---|---|---|
| 项　目 | | 公称直径（mm 以内） | | | |
| | | 2 400 | 2 600 | 2 800 | 3 000 |
| 名　称 | 单位 | 消　耗　量 | | | |
| 合计工日 | 工日 | 16.508 | 18.027 | 19.636 | 21.166 |
| 普工 | 工日 | 4.952 | 5.408 | 5.891 | 6.350 |
| 一般技工 | 工日 | 9.905 | 10.816 | 11.781 | 12.699 |
| 高级技工 | 工日 | 1.651 | 1.803 | 1.964 | 2.117 |
| 热轧厚钢板 $\delta 12\sim 20$ | kg | 361.730 | 424.530 | 492.350 | 562.970 |
| 低碳钢焊条（综合） | kg | 29.209 | 31.623 | 37.465 | 43.190 |
| 氧气 | m³ | 3.650 | 3.950 | 4.260 | 4.560 |
| 乙炔气 | kg | 1.404 | 1.519 | 1.638 | 1.754 |
| 无石棉橡胶板 低中压 $\delta 0.8\sim 6.0$ | kg | 9.890 | 11.080 | 12.520 | 14.270 |
| 无缝钢管 $D22\times 2.5$ | m | 1.500 | 1.500 | 1.500 | 1.500 |
| 镀锌三通 DN20 | 个 | 0.400 | 0.400 | 0.400 | 0.400 |
| 螺纹旋塞阀（灰铸铁）X13T-10 DN15 | 个 | 0.200 | 0.200 | 0.200 | 0.200 |
| 螺纹旋塞阀 X13T-10 DN50 | 个 | 0.200 | 0.200 | 0.200 | 0.200 |
| 温度计 0~120℃ | 块 | 0.200 | 0.200 | 0.200 | 0.200 |
| 压力表 0~16MPa | 块 | 0.200 | 0.200 | 0.200 | 0.200 |
| 其他材料费 | % | 1.50 | 1.50 | 1.50 | 1.50 |
| 立式钻床 25mm | 台班 | 0.133 | 0.133 | 0.133 | 0.133 |
| 直流弧焊机 20kV·A | 台班 | 2.346 | 2.542 | 3.005 | 3.472 |
| 电动空气压缩机 10m³/min | 台班 | 0.314 | 0.358 | 0.403 | 0.448 |
| 电焊条烘干箱 60×50×75（cm³） | 台班 | 0.235 | 0.254 | 0.301 | 0.347 |

# 3. 管道消毒冲洗

**工作内容:** 溶解漂白粉、灌水消毒、冲洗。　　　　　　　　　　　　　　　　　计量单位:100m

| 编　号 | | 5-1-872 | 5-1-873 | 5-1-874 | 5-1-875 | 5-1-876 | 5-1-877 |
|---|---|---|---|---|---|---|---|
| 项　目 | | 公称直径(mm 以内) | | | | | |
| | | 100 | 200 | 300 | 400 | 500 | 600 |
| 名　称 | 单位 | 消 耗 量 | | | | | |
| 合计工日 | 工日 | 1.190 | 1.576 | 1.864 | 2.082 | 2.337 | 2.739 |
| 普工 | 工日 | 0.357 | 0.473 | 0.559 | 0.625 | 0.701 | 0.822 |
| 一般技工 | 工日 | 0.714 | 0.945 | 1.119 | 1.249 | 1.402 | 1.643 |
| 高级技工 | 工日 | 0.119 | 0.158 | 0.186 | 0.208 | 0.234 | 0.274 |
| 漂白粉(综合) | kg | 0.140 | 0.530 | 1.190 | 2.110 | 3.300 | 4.750 |
| 水 | m³ | 7.619 | 20.952 | 40.000 | 71.429 | 110.476 | 160.000 |
| 其他材料费 | % | 1.50 | 1.50 | 1.50 | 1.50 | 1.50 | 1.50 |

**工作内容:** 溶解漂白粉、灌水消毒、冲洗。　　　　　　　　　　　　　　　　　计量单位:100m

| 编　号 | | 5-1-878 | 5-1-879 | 5-1-880 | 5-1-881 | 5-1-882 | 5-1-883 |
|---|---|---|---|---|---|---|---|
| 项　目 | | 公称直径(mm 以内) | | | | | |
| | | 800 | 1 000 | 1 200 | 1 400 | 1 600 | 1 800 |
| 名　称 | 单位 | 消 耗 量 | | | | | |
| 合计工日 | 工日 | 3.150 | 3.762 | 4.594 | 5.382 | 6.274 | 6.597 |
| 普工 | 工日 | 0.945 | 1.129 | 1.378 | 1.615 | 1.882 | 1.979 |
| 一般技工 | 工日 | 1.890 | 2.257 | 2.757 | 3.229 | 3.765 | 3.958 |
| 高级技工 | 工日 | 0.315 | 0.376 | 0.459 | 0.538 | 0.627 | 0.660 |
| 漂白粉(综合) | kg | 8.441 | 13.190 | 19.000 | 20.000 | 26.100 | 32.770 |
| 水 | m³ | 280.952 | 438.095 | 645.714 | 815.238 | 1 175.238 | 1 780.952 |
| 其他材料费 | % | 1.50 | 1.50 | 1.50 | 1.50 | 1.50 | 1.50 |

**工作内容:** 溶解漂白粉、灌水消毒、冲洗。 计量单位:100m

| 编 号 | | 5-1-884 | 5-1-885 | 5-1-886 | 5-1-887 | 5-1-888 | 5-1-889 |
|---|---|---|---|---|---|---|---|
| 项 目 | | 公称直径(mm 以内) | | | | | |
| | | 2 000 | 2 200 | 2 400 | 2 600 | 2 800 | 3 000 |
| 名 称 | 单位 | 消 耗 量 | | | | | |
| 合计工日 | 工日 | 6.921 | 7.253 | 7.613 | 7.998 | 8.391 | 8.811 |
| 普工 | 工日 | 2.076 | 2.176 | 2.284 | 2.399 | 2.517 | 2.643 |
| 一般技工 | 工日 | 4.153 | 4.352 | 4.568 | 4.799 | 5.035 | 5.287 |
| 高级技工 | 工日 | 0.692 | 0.725 | 0.761 | 0.800 | 0.839 | 0.881 |
| 漂白粉(综合) | kg | 40.460 | 48.830 | 55.830 | 63.521 | 67.400 | 71.200 |
| 水 | m³ | 2 198.095 | 2 615.238 | 3 032.381 | 3 448.571 | 3 658.095 | 3 866.667 |
| 其他材料费 | % | 1.50 | 1.50 | 1.50 | 1.50 | 1.50 | 1.50 |

# 4. 气密性试验

**工作内容:** 准备工具、材料,装、拆临时管线,制作、安装盲(堵)板,充气试验,
清理现场等操作过程。

计量单位:100m

| 编　号 | | 5-1-890 | 5-1-891 | 5-1-892 | 5-1-893 | 5-1-894 | 5-1-895 |
|---|---|---|---|---|---|---|---|
| 项　目 | | 公称直径(mm 以内) | | | | | |
| | | 50 | 100 | 150 | 200 | 300 | 400 |
| 名　称 | 单位 | 消　耗　量 | | | | | |
| 合计工日 | 工日 | 2.985 | 3.545 | 3.972 | 4.401 | 5.268 | 6.966 |
| 普工 | 工日 | 0.896 | 1.063 | 1.192 | 1.320 | 1.580 | 2.090 |
| 一般技工 | 工日 | 1.790 | 2.127 | 2.383 | 2.641 | 3.161 | 4.179 |
| 高级技工 | 工日 | 0.299 | 0.355 | 0.397 | 0.440 | 0.527 | 0.697 |
| 热轧薄钢板 $\delta4.0$ | kg | 0.050 | 0.270 | 1.340 | 2.000 | 4.660 | 13.000 |
| 温度计 0~120℃ | 块 | 0.200 | 0.200 | 0.200 | 0.200 | 0.200 | 0.200 |
| 压力表 0~16MPa | 块 | 0.200 | 0.200 | 0.200 | 0.200 | 0.200 | 0.200 |
| 尼龙砂轮片 $\phi100$ | 片 | 0.008 | 0.013 | 0.023 | 0.030 | 0.045 | 0.075 |
| 低碳钢焊条(综合) | kg | 0.040 | 0.090 | 0.520 | 0.700 | 1.050 | 2.710 |
| 氧气 | $m^3$ | 0.040 | 0.070 | 0.180 | 0.270 | 0.300 | 0.570 |
| 乙炔气 | kg | 0.015 | 0.027 | 0.069 | 0.104 | 0.115 | 0.219 |
| 无石棉橡胶板 低中压 $\delta0.8~6.0$ | kg | 0.400 | 0.600 | 0.700 | 0.900 | 0.900 | 2.100 |
| 无缝钢管 $D22\times2.5$ | m | 1.000 | 1.000 | 1.000 | 1.000 | 1.000 | 1.000 |
| 镀锌三通 DN20 | 个 | 0.200 | 0.200 | 0.200 | 0.200 | 0.200 | 0.200 |
| 螺纹旋塞阀(灰铸铁)X13T-10 DN15 | 个 | 0.200 | 0.200 | 0.200 | 0.200 | 0.200 | 0.200 |
| 螺纹旋塞阀(灰铸铁)X13T-10 DN20 | 个 | 0.200 | 0.200 | 0.200 | 0.200 | 0.200 | 0.200 |
| 其他材料费 | % | 1.50 | 1.50 | 1.50 | 1.50 | 1.50 | 1.50 |
| 立式钻床 25mm | 台班 | 0.009 | 0.018 | 0.022 | 0.027 | 0.035 | 0.044 |
| 直流弧焊机 20kV·A | 台班 | 0.007 | 0.018 | 0.071 | 0.097 | 0.150 | 0.336 |
| 电动空气压缩机 $6m^3/min$ | 台班 | 0.081 | 0.090 | 0.099 | 0.099 | 0.108 | 0.116 |
| 电焊条烘干箱 $60\times50\times75(cm^3)$ | 台班 | 0.001 | 0.002 | 0.007 | 0.010 | 0.015 | 0.034 |

**工作内容:** 准备工具、材料,装、拆临时管线,制作、安装盲(堵)板,充气试验,
清理现场等操作过程。　　　　　　　　　　　　　　　　　　　　　　　　　计量单位:100m

| 编　号 | | 5-1-896 | 5-1-897 | 5-1-898 | 5-1-899 | 5-1-900 | 5-1-901 | 5-1-902 |
|---|---|---|---|---|---|---|---|---|
| 项　目 | | 公称直径(mm 以内) | | | | | | |
| | | 500 | 600 | 700 | 800 | 900 | 1 000 | 1 200 |
| 名　称 | 单位 | 消　耗　量 | | | | | | |
| 合计工日 | 工日 | 7.814 | 8.742 | 9.669 | 10.596 | 11.524 | 12.451 | 13.379 |
| 普工 | 工日 | 2.345 | 2.623 | 2.901 | 3.179 | 3.457 | 3.735 | 4.014 |
| 一般技工 | 工日 | 4.688 | 5.245 | 5.801 | 6.358 | 6.915 | 7.471 | 8.027 |
| 高级技工 | 工日 | 0.781 | 0.874 | 0.967 | 1.059 | 1.152 | 1.245 | 1.338 |
| 热轧厚钢板 $\delta10$ | kg | 23.300 | 36.620 | 44.270 | 66.570 | 85.200 | 94.530 | 123.090 |
| 尼龙砂轮片 $\phi100$ | 片 | 0.110 | 0.133 | 0.155 | 0.198 | 0.220 | 0.245 | 0.295 |
| 低碳钢焊条(综合) | kg | 4.320 | 5.180 | 6.050 | 8.930 | 10.040 | 11.160 | 13.390 |
| 氧气 | m³ | 0.710 | 0.860 | 0.880 | 1.090 | 1.280 | 1.340 | 1.730 |
| 乙炔气 | kg | 0.273 | 0.331 | 0.338 | 0.419 | 0.492 | 0.515 | 0.665 |
| 无石棉橡胶板 低中压 $\delta0.8\sim6.0$ | kg | 2.100 | 2.100 | 2.900 | 3.700 | 3.700 | 3.700 | 4.900 |
| 无缝钢管 $D22\times2.5$ | m | 1.000 | 1.000 | 1.000 | 1.000 | 1.000 | 1.000 | 1.000 |
| 镀锌三通 DN20 | 个 | 0.200 | 0.200 | 0.200 | 0.200 | 0.200 | 0.200 | 0.200 |
| 螺纹旋塞阀(灰铸铁)X13T-10 DN15 | 个 | 0.200 | 0.200 | 0.200 | 0.200 | 0.200 | 0.200 | 0.200 |
| 螺纹旋塞阀(灰铸铁)X13T-10 DN20 | 个 | 0.200 | 0.200 | 0.200 | 0.200 | 0.200 | 0.200 | 0.200 |
| 温度计 0~120℃ | 块 | 0.200 | 0.200 | 0.200 | 0.200 | 0.200 | 0.200 | 0.200 |
| 压力表 0~16MPa | 块 | 0.200 | 0.200 | 0.200 | 0.200 | 0.200 | 0.200 | 0.200 |
| 其他材料费 | % | 1.50 | 1.50 | 1.50 | 1.50 | 1.50 | 1.50 | 1.50 |
| 立式钻床 25mm | 台班 | 0.053 | 0.053 | 0.062 | 0.058 | 0.080 | 0.088 | 0.088 |
| 直流弧焊机 20kV·A | 台班 | 0.531 | 0.637 | 0.743 | 0.876 | 0.991 | 1.097 | 1.318 |
| 电动空气压缩机 6m³/min | 台班 | 0.125 | 0.134 | 0.143 | 0.152 | 0.161 | 0.170 | 0.179 |
| 电焊条烘干箱 60×50×75(cm³) | 台班 | 0.053 | 0.064 | 0.074 | 0.088 | 0.099 | 0.110 | 0.132 |

# 5.管 道 吹 扫

**工作内容:** 准备工具、材料,装、拆临时管线,制作、安装盲(堵)板,加压、吹扫,
清理现场等操作过程。

计量单位:100m

| 编　　号 | | 5-1-903 | 5-1-904 | 5-1-905 | 5-1-906 | 5-1-907 | 5-1-908 |
|---|---|---|---|---|---|---|---|
| 项　　目 | | 公称直径(mm 以内) | | | | | |
| | | 50 | 100 | 200 | 300 | 400 | 500 |
| 名　　称 | 单位 | 消　耗　量 | | | | | |
| 合计工日 | 工日 | 1.217 | 1.444 | 1.785 | 2.135 | 2.817 | 3.150 |
| 普工 | 工日 | 0.365 | 0.433 | 0.536 | 0.641 | 0.845 | 0.945 |
| 一般技工 | 工日 | 0.730 | 0.867 | 1.071 | 1.281 | 1.690 | 1.890 |
| 高级技工 | 工日 | 0.122 | 0.144 | 0.178 | 0.213 | 0.282 | 0.315 |
| 热轧厚钢板 $\delta12\sim20$ | kg | 0.610 | 2.450 | 7.380 | 16.640 | 21.320 | 26.380 |
| 六角螺栓(综合) | 10 套 | 0.320 | 0.470 | 1.050 | 2.820 | 4.070 | 4.380 |
| 低碳钢焊条(综合) | kg | 0.200 | 0.200 | 0.200 | 0.200 | 0.200 | 0.200 |
| 氧气 | $m^3$ | 0.150 | 0.300 | 0.460 | 0.460 | 0.610 | 0.760 |
| 乙炔气 | kg | 0.058 | 0.115 | 0.177 | 0.177 | 0.235 | 0.292 |
| 无石棉橡胶板 低中压 $\delta0.8\sim6.0$ | kg | 0.540 | 0.950 | 1.560 | 1.700 | 3.480 | 3.760 |
| 无缝钢管 $D32\times3.5$ | m | 0.500 | 0.500 | — | — | — | — |
| 无缝钢管 $D57\times3.5$ | m | — | — | 0.500 | 0.500 | 0.500 | 0.500 |
| 螺纹截止阀 J11T-16 $DN32$ | 个 | 0.200 | 0.200 | — | — | — | — |
| 螺纹截止阀 J11T-16 $DN50$ | 个 | — | — | 0.200 | 0.200 | 0.200 | 0.200 |
| 平焊法兰 1.6MPa $DN32$ | 片 | 0.800 | 0.800 | — | — | — | — |
| 平焊法兰 1.6MPa $DN50$ | 片 | — | — | 0.800 | 0.800 | 0.800 | 0.800 |
| 其他材料费 | % | 1.50 | 1.50 | 1.50 | 1.50 | 1.50 | 1.50 |
| 立式钻床 25mm | 台班 | 0.009 | 0.018 | 0.027 | 0.035 | 0.044 | 0.053 |
| 直流弧焊机 20kV·A | 台班 | 0.088 | 0.088 | 0.088 | 0.088 | 0.088 | 0.088 |
| 电动空气压缩机 6m³/min | 台班 | 0.063 | 0.072 | 0.081 | 0.081 | 0.090 | 0.099 |
| 电焊条烘干箱 60×50×75(cm³) | 台班 | 0.009 | 0.009 | 0.009 | 0.009 | 0.009 | 0.009 |

**工作内容:** 准备工具、材料,装、拆临时管线,制作、安装盲(堵)板,加压、吹扫,
清理现场等操作过程。

计量单位:100m

| 编　号 | | 5-1-909 | 5-1-910 | 5-1-911 | 5-1-912 | 5-1-913 | 5-1-914 |
|---|---|---|---|---|---|---|---|
| 项　目 | | 公称直径(mm 以内) | | | | | |
| | | 600 | 700 | 800 | 900 | 1 000 | 1 200 |
| 名　称 | 单位 | 消 耗 量 | | | | | |
| 合计工日 | 工日 | 3.545 | 3.833 | 4.113 | 4.507 | 4.909 | 6.459 |
| 普工 | 工日 | 1.063 | 1.150 | 1.234 | 1.352 | 1.472 | 1.938 |
| 一般技工 | 工日 | 2.127 | 2.300 | 2.468 | 2.704 | 2.946 | 3.875 |
| 高级技工 | 工日 | 0.355 | 0.383 | 0.411 | 0.451 | 0.491 | 0.646 |
| 热轧厚钢板 $\delta12\sim20$ | kg | 31.650 | 36.930 | 42.200 | 52.500 | 62.800 | 90.430 |
| 低碳钢焊条(综合) | kg | 0.300 | 0.300 | 0.300 | 0.300 | 0.300 | 0.400 |
| 氧气 | $m^3$ | 0.910 | 1.070 | 1.220 | 1.370 | 1.520 | 1.830 |
| 乙炔气 | kg | 0.350 | 0.412 | 0.469 | 0.527 | 0.585 | 0.704 |
| 无石棉橡胶板 低中压 $\delta0.8\sim6.0$ | kg | 6.360 | 6.450 | 6.540 | 7.320 | 8.100 | 8.910 |
| 无缝钢管 $D57\times3.5$ | m | 0.500 | 0.500 | 0.500 | 0.500 | 0.500 | 0.500 |
| 螺纹截止阀 J11T-16 DN50 | 个 | 0.200 | 0.200 | 0.200 | 0.200 | 0.200 | 0.200 |
| 平焊法兰 1.6MPa DN50 | 片 | 0.800 | 0.800 | 0.800 | 0.800 | 0.800 | 0.800 |
| 其他材料费 | % | 1.50 | 1.50 | 1.50 | 1.50 | 1.50 | 1.50 |
| 立式钻床 25mm | 台班 | 0.053 | 0.062 | 0.062 | 0.071 | 0.088 | 0.088 |
| 直流弧焊机 20kV·A | 台班 | 0.133 | 0.133 | 0.133 | 0.133 | 0.133 | 0.177 |
| 电动空气压缩机 6m³/min | 台班 | 0.108 | 0.116 | 0.116 | 0.125 | 0.134 | 0.143 |
| 电焊条烘干箱 60×50×75(cm³) | 台班 | 0.013 | 0.013 | 0.013 | 0.013 | 0.013 | 0.018 |

## 6. 井、池渗漏试验

**工作内容:** 准备工具、灌水、检查、现场清理等。

| 编 号 | | 5-1-915 | 5-1-916 | 5-1-917 | 5-1-918 |
|---|---|---|---|---|---|
| 项 目 | | 井、池(容量 m³ 以内) | | | |
| | | 500 | 5 000 | 10 000 | 10 000 以上 |
| | | 100m³ | 1 000m³ | | |
| 名 称 | 单位 | 消 耗 量 | | | |
| 合计工日 | 工日 | 5.128 | 9.308 | 13.088 | 14.978 |
| 普工 | 工日 | 2.308 | 4.189 | 5.890 | 6.740 |
| 一般技工 | 工日 | 2.820 | 5.119 | 7.198 | 8.238 |
| 镀锌铁丝 $\phi3.5$ | kg | 0.497 | 0.400 | 0.400 | 0.400 |
| 塑料软管 $De20$ | m | 2.000 | 2.000 | 2.000 | 2.000 |
| 水 | m³ | 100.000 | 1 000.000 | 1 000.000 | 1 000.000 |
| 木板标尺 | m³ | 0.001 | 0.001 | 0.001 | 0.001 |
| 其他材料费 | % | 1.00 | 1.00 | 1.00 | 1.00 |
| 电动单级离心清水泵 100mm | 台班 | 0.230 | — | — | — |
| 电动单级离心清水泵 150mm | 台班 | — | 3.680 | 7.360 | 11.058 |

# 九、其　他

## 1. 防　水　工　程

**工作内容:** 清扫及烘干基层,配料,铺砂浆,抹灰找平,压光压实,场内材料运输。　　　　计量单位:100m²

| 编 号 | | 5-1-919 | 5-1-920 | 5-1-921 | 5-1-922 | 5-1-923 |
|---|---|---|---|---|---|---|
| 项 目 | | 防水砂浆 | | | | |
| | | 平池底 | 锥池底 | 直池壁 | 圆池壁 | 池沟槽 |
| 名 称 | 单位 | 消 耗 量 | | | | |
| 合计工日 | 工日 | 7.706 | 8.789 | 12.529 | 14.659 | 22.962 |
| 普工 | 工日 | 3.468 | 3.955 | 5.638 | 6.597 | 10.333 |
| 一般技工 | 工日 | 4.238 | 4.834 | 6.891 | 8.062 | 12.629 |
| 预拌水泥砂浆 1:2 | m³ | 2.016 | 2.121 | 2.111 | 2.216 | 2.048 |
| 防水粉 | kg | 33.264 | 34.997 | 34.832 | 36.564 | 33.792 |
| 水 | m³ | 4.315 | 4.342 | 4.339 | 4.366 | 4.323 |
| 素水泥浆 | m³ | 0.609 | 0.641 | 0.641 | 0.672 | 0.641 |
| 其他材料费 | % | 1.50 | 1.50 | 1.50 | 1.50 | 1.50 |
| 干混砂浆罐式搅拌机 | 台班 | 0.083 | 0.087 | 0.087 | 0.091 | 0.084 |

**工作内容:** 清扫及烘干基层,配料,铺砂浆,抹灰找平,压光压实,场内材料运输。　　　　计量单位:100m²

| 编　号 | | 5-1-924 | 5-1-925 | 5-1-926 | 5-1-927 |
|---|---|---|---|---|---|
| 项　目 | | 五层防水 | | | |
| | | 平池底 | 锥池底 | 直池壁 | 圆池壁 |
| 名　称 | 单位 | 消　耗　量 | | | |
| 合计工日 | 工日 | 15.197 | 17.320 | 19.656 | 23.351 |
| 普工 | 工日 | 6.839 | 7.794 | 8.845 | 10.508 |
| 一般技工 | 工日 | 8.358 | 9.526 | 10.811 | 12.843 |
| 防水粉 | kg | 34.568 | 36.292 | 36.128 | 37.934 |
| 防水油 | kg | 39.729 | 41.718 | 41.524 | 43.605 |
| 水 | m³ | 3.620 | 3.620 | 3.810 | 3.810 |
| 预拌水泥砂浆 1:2 | m³ | 1.617 | 1.712 | 1.691 | 1.785 |
| 素水泥浆 | m³ | 0.609 | 0.641 | 0.641 | 0.672 |
| 其他材料费 | % | 1.50 | 1.50 | 1.50 | 1.50 |
| 干混砂浆罐式搅拌机 | 台班 | 0.066 | 0.070 | 0.069 | 0.073 |

**工作内容:** 清扫及烘干基层,涂刷,场内材料运输。　　　　计量单位:100m²

| 编　号 | | 5-1-928 | 5-1-929 | 5-1-930 | 5-1-931 |
|---|---|---|---|---|---|
| 项　目 | | 涂沥青 | | | |
| | | 平面一遍 | 平面每增一遍 | 立面一遍 | 立面每增一遍 |
| 名　称 | 单位 | 消　耗　量 | | | |
| 合计工日 | 工日 | 1.924 | 0.592 | 2.346 | 0.825 |
| 普工 | 工日 | 0.866 | 0.266 | 1.056 | 0.371 |
| 一般技工 | 工日 | 1.058 | 0.326 | 1.290 | 0.454 |
| 石油沥青 | kg | 187.005 | 150.997 | 221.996 | 187.005 |
| 冷底子油 | kg | 48.000 | — | 52.000 | — |
| 其他材料费 | % | 1.50 | 1.50 | 1.50 | 1.50 |

**工作内容：**清扫及烘干基层，粘贴，涂刷，场内材料运输。 计量单位：100m²

| 编 号 | | 5-1-932 | 5-1-933 | 5-1-934 | 5-1-935 | 5-1-936 | 5-1-937 |
|---|---|---|---|---|---|---|---|
| 项 目 | | 油毡防水层 | | | | 苯乙烯涂料 | |
| | | 平面 | | 立面 | | 平面二遍 | 立面二遍 |
| | | 二毡三油 | 增减一毡一油 | 二毡三油 | 增减一毡一油 | | |
| 名 称 | 单位 | 消 耗 量 | | | | | |
| 合计工日 | 工日 | 6.710 | 2.354 | 11.306 | 3.789 | 1.898 | 1.898 |
| 普工 | 工日 | 3.020 | 1.059 | 5.088 | 1.705 | 0.854 | 0.854 |
| 一般技工 | 工日 | 3.690 | 1.295 | 6.218 | 2.084 | 1.044 | 1.044 |
| 苯乙烯涂料 | kg | — | — | — | — | 50.500 | 52.000 |
| 石油沥青 | kg | 565.001 | 183.995 | 604.995 | 197.997 | | |
| 石油沥青油毡 350# | m² | 305.630 | 148.486 | 305.630 | 148.486 | | |
| 冷底子油 | kg | 48.000 | — | 48.000 | — | | |
| 其他材料费 | % | 0.50 | 0.50 | 0.50 | 0.50 | 1.50 | 1.50 |

## 2. 施 工 缝

**工作内容：**调配沥青麻丝、浸木丝板、拌和沥青砂浆，填塞、嵌缝、灌缝，材料场内运输等。 计量单位：100m

| 编 号 | | 5-1-938 | 5-1-939 | 5-1-940 | 5-1-941 | 5-1-942 | 5-1-943 |
|---|---|---|---|---|---|---|---|
| 项 目 | | 油浸麻丝 | | 油浸木丝板 | 玛琋脂 | 建筑油膏 | 沥青砂浆 |
| | | 平面 | 立面 | | | | |
| 名 称 | 单位 | 消 耗 量 | | | | | |
| 合计工日 | 工日 | 6.460 | 9.614 | 5.043 | 5.722 | 4.776 | 5.653 |
| 普工 | 工日 | 2.907 | 4.326 | 2.269 | 2.575 | 2.149 | 2.543 |
| 一般技工 | 工日 | 3.553 | 5.288 | 2.774 | 3.147 | 2.627 | 3.110 |
| 木丝板 δ25 | m² | — | — | 15.300 | | | |
| 石油沥青 | kg | 216.240 | 216.240 | 163.240 | — | | |
| 建筑油膏 | kg | — | — | — | — | 87.768 | |
| 石油沥青砂浆 1:2:7 | m³ | — | — | — | — | | 0.480 |
| 石油沥青玛琋脂 | m³ | — | — | — | 0.480 | | |
| 麻丝 | kg | 54.000 | 54.000 | | | | |
| 其他材料费 | % | 1.50 | 1.50 | 1.50 | 1.50 | 1.50 | 1.50 |

**工作内容：**清缝、隔纸、剪裁、焊接成型、涂胶、铺砂、灌胶泥等，止水带制作，接头安装。　　　　**计量单位：**100m

| 编　号 | | 5-1-944 | 5-1-945 | 5-1-946 |
|---|---|---|---|---|
| 项　目 | | 氯丁橡胶片止水带 | 预埋式紫铜板止水片 | 聚氯乙烯胶泥 |
| 名　称 | 单位 | 消　耗　量 | | |
| 合计工日 | 工日 | 3.076 | 22.706 | 6.494 |
| 普工 | 工日 | 1.384 | 10.218 | 2.922 |
| 一般技工 | 工日 | 1.692 | 12.488 | 3.572 |
| 紫铜板 $\delta2$ | kg | — | 810.900 | — |
| 橡胶板 $\delta2$ | m² | 31.820 | — | — |
| 铜焊条（综合） | kg | — | 14.300 | — |
| 水泥 42.5 | kg | 9.272 | — | — |
| 砂子（中粗砂） | m³ | 0.158 | — | — |
| 氯丁橡胶浆 | kg | 60.580 | — | — |
| 三异氰酸酯 | kg | 9.090 | — | — |
| 乙酸乙酯 | kg | 23.000 | — | — |
| 牛皮纸 | m² | 5.910 | — | 53.230 |
| 预拌水泥砂浆 1:2 | m³ | — | — | 0.060 |
| 聚氯乙烯胶泥 | kg | — | — | 83.320 |
| 其他材料费 | % | 1.50 | 1.50 | 1.50 |
| 剪板机 20×2 000 | 台班 | — | 0.097 | — |
| 直流弧焊机 32kV·A | 台班 | — | 0.619 | — |
| 电焊条烘干箱 60×50×75（cm³） | 台班 | — | 0.062 | — |

**工作内容：** 1. 预埋式止水带：止水带制作，接头安装。

2. 铁皮盖缝：清缝，剪裁，安装等。

计量单位：100m

| 编　号 | | 5-1-947 | 5-1-948 | 5-1-949 | 5-1-950 | 5-1-951 | 5-1-952 |
|---|---|---|---|---|---|---|---|
| 项　目 | | 预埋式止水带 | | | | 铁皮盖缝 | |
| | | 橡胶 | 塑料 | 钢板 平面 | 钢板 立面 | 平面 | 立面 |
| 名　称 | 单位 | 消　耗　量 | | | | | |
| 合计工日 | 工日 | 9.451 | 9.451 | 16.560 | 18.878 | 6.304 | 5.556 |
| 普工 | 工日 | 4.253 | 4.253 | 7.452 | 8.495 | 2.837 | 2.500 |
| 一般技工 | 工日 | 5.198 | 5.198 | 9.108 | 10.383 | 3.467 | 3.056 |
| 镀锌薄钢板（综合） | m² | — | — | — | — | 62.540 | 53.000 |
| 圆钉 | kg | — | — | — | — | 2.100 | 0.700 |
| 焊锡 | kg | — | — | — | — | 4.060 | 3.440 |
| 板枋材 | m³ | — | — | — | — | 1.149 | 0.301 |
| 橡胶止水带 | m | 105.000 | — | — | — | — | — |
| 塑料止水带 | m | — | 105.512 | — | — | — | — |
| 热轧薄钢板 $\delta 2.0{\sim}4.0$ | t | — | — | 0.961 | 0.961 | — | — |
| 低碳钢焊条（综合） | kg | — | — | 21.707 | 21.707 | — | — |
| 防腐油 | kg | — | — | — | — | 6.760 | 5.310 |
| 环氧树脂 | kg | 3.040 | 3.040 | — | — | — | — |
| 丙酮 | kg | 3.040 | 3.040 | — | — | — | — |
| 盐酸 31% 合成 | kg | — | — | — | — | 0.860 | 0.740 |
| 甲苯 | kg | 2.400 | 2.400 | — | — | — | — |
| 乙二胺 | kg | 0.240 | 0.240 | — | — | — | — |
| 木炭 | kg | — | — | — | — | 18.561 | 15.728 |
| 其他材料费 | % | 1.50 | 1.50 | 1.50 | 1.50 | 1.50 | 1.50 |
| 剪板机 40×3 100 | 台班 | — | — | 0.098 | 0.098 | — | — |
| 直流弧焊机 32kV·A | 台班 | — | — | 0.551 | 0.551 | — | — |
| 电焊条烘干箱 60×50×75（cm³） | 台班 | — | — | 0.055 | 0.055 | — | — |

## 3. 警示（示踪）带铺设

**工作内容：** 放线、警示（示踪）带敷设。 计量单位：100m

| 编　号 | | 5-1-953 |
|---|---|---|
| 项　目 | | 警示（示踪）带 |
| 名　称 | 单位 | 消　耗　量 |
| 合计工日 | 工日 | 0.192 |
| 普工 | 工日 | 0.086 |
| 一般技工 | 工日 | 0.106 |
| 警示带 | m | 103.000 |
| 其他材料费 | % | 1.50 |

## 4. 混凝土管截断

### （1）有　筋

**工作内容：** 清扫管内杂物、画线、凿管、切断钢筋等操作过程。 计量单位：10根

| 编　号 | | 5-1-954 | 5-1-955 | 5-1-956 | 5-1-957 | 5-1-958 | 5-1-959 |
|---|---|---|---|---|---|---|---|
| 项　目 | | 管径（mm 以内） | | | | | |
| | | 300 | 600 | 800 | 1 000 | 1 200 | 1 500 |
| 名　称 | 单位 | 消　耗　量 | | | | | |
| 合计工日 | 工日 | 1.891 | 3.147 | 4.726 | 7.268 | 11.812 | 18.900 |
| 普工 | 工日 | 0.851 | 1.416 | 2.127 | 3.271 | 5.315 | 8.505 |
| 一般技工 | 工日 | 1.040 | 1.731 | 2.599 | 3.997 | 6.497 | 10.395 |
| 其他材料费 | % | 1.50 | 1.50 | 1.50 | 1.50 | 1.50 | 1.50 |

**工作内容**：清扫管内杂物、画线、凿管、切断钢筋等操作过程。　　　　　　　　　　　**计量单位**：10 根

| 编　号 | 5-1-960 | 5-1-961 | 5-1-962 | 5-1-963 | 5-1-964 |
|---|---|---|---|---|---|
| 项　目 | 管径（mm 以内） | | | | |
| | 1 650 | 1 800 | 2 000 | 2 200 | 2 400 |
| 名　称　　　　单位 | 消　耗　量 | | | | |
| 合计工日　　　工日 | 20.980 | 23.626 | 27.028 | 31.469 | 37.800 |
| 普工　　　　　工日 | 9.441 | 10.632 | 12.163 | 14.161 | 17.010 |
| 一般技工　　　工日 | 11.539 | 12.994 | 14.865 | 17.308 | 20.790 |
| 其他材料费　　% | 1.50 | 1.50 | 1.50 | 1.50 | 1.50 |

## （2）无　　筋

**工作内容**：清扫管内杂物、画线、凿管、切断等操作过程。　　　　　　　　　　　　　**计量单位**：10 根

| 编　号 | 5-1-965 | 5-1-966 |
|---|---|---|
| 项　目 | 管径（mm 以内） | |
| | 300 | 600 |
| 名　称　　　　单位 | 消　耗　量 | |
| 合计工日　　　工日 | 1.351 | 2.363 |
| 普工　　　　　工日 | 0.608 | 1.063 |
| 一般技工　　　工日 | 0.743 | 1.300 |
| 其他材料费　　% | 1.50 | 1.50 |

## 5. 塑料管与检查井的连接

**工作内容:** 清理墙面、配料、铺砂浆、抹面,混凝土浇捣、养生、安装(预制)、材料运输。　　计量单位:m³

| 编　号 | | 5-1-967 | 5-1-968 | 5-1-969 | 5-1-970 |
|---|---|---|---|---|---|
| 项　目 | | 水泥砂浆 | 膨胀水泥砂浆 | 预制圈梁 | 现浇圈梁 |
| 名　称 | 单位 | 消　耗　量 | | | |
| 合计工日 | 工日 | 5.714 | 5.714 | 1.063 | 1.309 |
| 普工 | 工日 | 2.571 | 2.571 | 0.478 | 0.589 |
| 一般技工 | 工日 | 3.143 | 3.143 | 0.585 | 0.720 |
| 塑料薄膜 | m² | — | — | 6.500 | 5.584 |
| 水 | m³ | 0.249 | 0.249 | 0.240 | 0.733 |
| 电 | kW·h | — | — | 0.583 | 4.686 |
| 预拌水泥砂浆 1:2 | m³ | 1.025 | — | — | — |
| 预拌膨胀水泥砂浆 1:1 | m³ | — | 1.025 | — | — |
| 预拌混凝土 C20 | m³ | — | — | 1.033 | 1.038 |
| 遇水膨胀橡胶密封圈 | m | — | — | — | 35.300 |
| 其他材料费 | % | 1.50 | 1.50 | 1.50 | 1.50 |
| 干混砂浆罐式搅拌机 | 台班 | 0.037 | 0.037 | — | — |

## 6. 管道支墩(挡墩)

**工作内容:** 混凝土浇捣、养护。　　计量单位:10m³

| 编　号 | | 5-1-971 | 5-1-972 | 5-1-973 | 5-1-974 |
|---|---|---|---|---|---|
| 项　目 | | 每处(m³ 以内) | | | 每处(m³ 以外) |
| | | 1 | 3 | 5 | |
| 名　称 | 单位 | 消　耗　量 | | | |
| 合计工日 | 工日 | 10.881 | 7.537 | 6.378 | 5.530 |
| 普工 | 工日 | 4.352 | 3.014 | 2.551 | 2.212 |
| 一般技工 | 工日 | 6.529 | 4.523 | 3.827 | 3.318 |
| 塑料薄膜 | m² | 14.152 | 12.012 | 9.870 | 7.930 |
| 水 | m³ | 2.185 | 1.901 | 1.614 | 1.354 |
| 电 | kW·h | 7.642 | 7.642 | 7.642 | 7.642 |
| 预拌混凝土 C15 | m³ | 10.100 | 10.100 | 10.100 | 10.100 |
| 其他材料费 | % | 2.00 | 2.00 | 2.00 | 2.00 |

# 第二章　管件、阀门及附件安装

# 说　明

一、本章包括管件安装,转换件安装,阀门安装,法兰安装,盲(堵)板及套管制作、安装,法兰式水表组成与安装,补偿器安装,除污器组成与安装,凝水缸制作、安装,调压器安装,鬃毛过滤器安装,萘油分离器安装,安全水封、检漏管安装,附件等项目。

二、铸铁管件安装项目中综合考虑了承口、插口、带盘的接口,但与盘连接的阀门或法兰应另行计算。

三、预制钢套钢复合保温管管件管径为内管公称直径,外套管接口制作、安装为外套管公称直径,项目中未包括接口绝热、防腐工作内容,接口绝热、防腐执行《通用安装工程消耗量》TY 02-31-2021 相应项目。

四、法兰、阀门安装:

1.电动阀门安装未包括阀体与电动机分立组合的电动机安装。

2.阀门水压试验如设计要求其他介质,可按实调整。

3.法兰、阀门安装以低压考虑,中压法兰、阀门安装按低压相应项目执行,其中人工乘以系数 1.20。法兰、阀门安装项目中的垫片均按橡胶板考虑,当设计与项目不同时,橡胶板可以调整。

4.各种法兰、阀门安装,项目中只包括一个垫片,未包括螺栓,螺栓数量按附录"螺栓用量表"计算。

五、盲(堵)板安装未包括螺栓,螺栓数量按附录"螺栓用量表"计算。

六、焊接盲板(封头)执行本章弯头安装相应项目乘以系数 0.60。

七、法兰水表安装:

1.法兰水表安装参照《市政给水管道工程及附属设施》07MS101 编制,如实际安装形式与本消耗量不同时,可按实调整。

2.水表安装不分冷、热水表,均执行水表组成安装相应项目,阀门或管件材质不同时,可按实调整。

八、碳钢波纹补偿器按焊接法兰考虑,直接焊接时,应扣减法兰安装用材料,其他不变。法兰安装时螺栓数量按附录"螺栓用量表"计算。

九、凝水缸安装:

1.碳钢、铸铁凝水缸安装如使用成品头部装置时,可按实调整材料费,其他不变。

2.碳钢凝水缸安装未包括缸体、套管、抽水管的刷油、防腐工作内容,刷油、防腐工作应按设计要求执行《通用安装工程消耗量》TY 02-31-2021 相应项目。

十、各类调压器安装均未包括过滤器、萘油分离器(脱萘筒)、安全放散装置(包括水封)安装。

十一、检漏管安装是按在套管上钻眼攻丝安装考虑的,已包括小井砌筑。

十二、马鞍卡子安装直径是指主管直径。

十三、挖眼接管焊接加强筋已在相应项目中综合考虑。

十四、钢塑过渡接头(焊接)安装未包括螺栓,螺栓数量按本册附录"螺栓用量表"计算。

十五、平面法兰式伸缩套、铸铁管连接套接头安装按自带螺栓考虑,如果不带螺栓,螺栓数量按本册附录"螺栓用量表"计算。

十六、煤气调长器:

1.煤气调长器按焊接法兰考虑,直接对焊时,应扣减法兰安装用材料,其他不变。

2.煤气调长器按三波考虑,安装三波以上时,人工乘以系数 1.33,其他不变。

# 工程量计算规则

一、管件制作、安装按设计图示数量计算。

二、水表、分水栓、马鞍卡子安装按设计图示数量计算。

三、预制钢套钢复合保温管外套管接口制作安装按接口数量计算。

四、法兰、阀门安装按设计图示数量计算。

五、阀门水压试验按实际发生数量计算。

六、设备、容器具安装按设计数量计算。

七、挖眼接管以支管管径为准,按接管数量计算。

# 一、管件安装

## 1. 铸铁管件

### （1）膨胀水泥接口

**工作内容**：切管、管口处理、管件安装、调制接口材料、接口、养护。　　　　　　　计量单位：个

| 编　号 | | 5-2-1 | 5-2-2 | 5-2-3 | 5-2-4 |
|---|---|---|---|---|---|
| 项　目 | | 公称直径（mm 以内） | | | |
| | | 75 | 100 | 150 | 200 |
| 名　称 | 单位 | 消　耗　量 | | | |
| 合计工日 | 工日 | 0.350 | 0.359 | 0.502 | 0.652 |
| 普工 | 工日 | 0.105 | 0.108 | 0.150 | 0.195 |
| 一般技工 | 工日 | 0.210 | 0.215 | 0.302 | 0.392 |
| 高级技工 | 工日 | 0.035 | 0.036 | 0.050 | 0.065 |
| 铸铁管件 | 个 | （1.000） | （1.000） | （1.000） | （1.000） |
| 油麻丝 | kg | 0.183 | 0.227 | 0.334 | 0.431 |
| 膨胀水泥 | kg | 1.399 | 1.740 | 2.559 | 3.287 |
| 氧气 | m³ | 0.044 | 0.075 | 0.101 | 0.183 |
| 乙炔气 | kg | 0.017 | 0.029 | 0.039 | 0.070 |
| 其他材料费 | % | 0.50 | 0.50 | 0.50 | 0.50 |

**工作内容：** 切管、管口处理、管件安装、调制接口材料、接口、养护。 计量单位：个

| 编　号 | | 5-2-5 | 5-2-6 | 5-2-7 | 5-2-8 |
|---|---|---|---|---|---|
| 项　目 | | 公称直径（mm 以内） | | | |
| | | 300 | 400 | 500 | 600 |
| 名　称 | 单位 | 消　耗　量 | | | |
| 合计工日 | 工日 | 0.723 | 1.014 | 1.390 | 1.831 |
| 普工 | 工日 | 0.217 | 0.304 | 0.417 | 0.549 |
| 一般技工 | 工日 | 0.434 | 0.608 | 0.834 | 1.099 |
| 高级技工 | 工日 | 0.072 | 0.102 | 0.139 | 0.183 |
| 铸铁管件 | 个 | （1.000） | （1.000） | （1.000） | （1.000） |
| 油麻丝 | kg | 0.725 | 0.987 | 1.397 | 1.733 |
| 膨胀水泥 | kg | 5.500 | 7.546 | 10.648 | 13.222 |
| 氧气 | m³ | 0.264 | 0.495 | 0.627 | 0.759 |
| 乙炔气 | kg | 0.102 | 0.190 | 0.241 | 0.292 |
| 其他材料费 | % | 0.50 | 0.50 | 0.50 | 0.50 |
| 汽车式起重机 8t | 台班 | 0.009 | 0.018 | 0.027 | 0.044 |
| 载重汽车 8t | 台班 | 0.007 | 0.007 | 0.007 | 0.009 |

**工作内容:** 切管、管口处理、管件安装、调制接口材料、接口、养护。 计量单位:个

| 编　号 | | 5-2-9 | 5-2-10 | 5-2-11 | 5-2-12 |
|---|---|---|---|---|---|
| 项　目 | | 公称直径(mm 以内) | | | |
| | | 700 | 800 | 900 | 1 000 |
| 名　称 | 单位 | 消　耗　量 | | | |
| 合计工日 | 工日 | 2.653 | 2.775 | 3.664 | 4.063 |
| 普工 | 工日 | 0.796 | 0.833 | 1.099 | 1.219 |
| 一般技工 | 工日 | 1.591 | 1.665 | 2.199 | 2.438 |
| 高级技工 | 工日 | 0.266 | 0.277 | 0.366 | 0.406 |
| 铸铁管件 | 个 | (1.000) | (1.000) | (1.000) | (1.000) |
| 油麻丝 | kg | 2.090 | 2.478 | 2.877 | 3.581 |
| 膨胀水泥 | kg | 15.961 | 18.898 | 22.011 | 27.401 |
| 氧气 | m³ | 0.891 | 0.990 | 1.100 | 1.232 |
| 乙炔气 | kg | 0.343 | 0.381 | 0.423 | 0.474 |
| 其他材料费 | % | 0.50 | 0.50 | 0.50 | 0.50 |
| 汽车式起重机 8t | 台班 | 0.044 | 0.044 | 0.071 | — |
| 汽车式起重机 16t | 台班 | — | — | — | 0.071 |
| 载重汽车 8t | 台班 | 0.009 | 0.011 | 0.011 | 0.016 |

**工作内容：**切管、管口处理、管件安装、调制接口材料、接口、养护。　　　　　　　　计量单位：个

| 编　　号 | | 5-2-13 | 5-2-14 | 5-2-15 |
|---|---|---|---|---|
| 项　　目 | | 公称直径（mm以内） | | |
| | | 1 200 | 1 400 | 1 600 |
| 名　　称 | 单位 | 消　耗　量 | | |
| 合计工日 | 工日 | 5.530 | 7.680 | 11.539 |
| 普工 | 工日 | 1.659 | 2.304 | 3.461 |
| 一般技工 | 工日 | 3.318 | 4.608 | 6.924 |
| 高级技工 | 工日 | 0.553 | 0.768 | 1.154 |
| 铸铁管件 | 个 | （1.000） | （1.000） | （1.000） |
| 油麻丝 | kg | 4.589 | 6.111 | 7.382 |
| 膨胀水泥 | kg | 35.068 | 46.706 | 56.441 |
| 氧气 | m³ | 1.342 | 1.452 | 1.584 |
| 乙炔气 | kg | 0.516 | 0.558 | 0.609 |
| 其他材料费 | % | 0.50 | 0.50 | 0.50 |
| 汽车式起重机 16t | 台班 | 0.088 | — | — |
| 汽车式起重机 20t | 台班 | — | 0.088 | 0.106 |
| 载重汽车 8t | 台班 | 0.016 | 0.020 | 0.023 |

## （2）胶 圈 接 口

**工作内容：**选胶圈、清洗管口、上胶圈。　　　　　　　　　　　　　　　　　计量单位：个

| 编　　号 | | 5-2-16 | 5-2-17 | 5-2-18 |
|---|---|---|---|---|
| 项　　目 | | 公称直径（mm以内） | | |
| | | 100 | 150 | 200 |
| 名　　称 | 单位 | 消　耗　量 | | |
| 合计工日 | 工日 | 0.552 | 0.627 | 0.720 |
| 普工 | 工日 | 0.166 | 0.188 | 0.216 |
| 一般技工 | 工日 | 0.331 | 0.376 | 0.432 |
| 高级技工 | 工日 | 0.055 | 0.063 | 0.072 |
| 橡胶圈 | 个 | （2.060） | （2.060） | （2.060） |
| 铸铁管件 | 个 | （1.000） | （1.000） | （1.000） |
| 润滑油 | kg | 0.080 | 0.105 | 0.126 |
| 氧气 | m³ | 0.075 | 0.101 | 0.183 |
| 乙炔气 | kg | 0.029 | 0.039 | 0.070 |
| 其他材料费 | % | 0.50 | 0.50 | 0.50 |

**工作内容:** 选胶圈、清洗管口、上胶圈。　　　　　　　　　　　　　　　　　　　　计量单位: 个

| 编　号 | | 5-2-19 | 5-2-20 | 5-2-21 | 5-2-22 | 5-2-23 |
|---|---|---|---|---|---|---|
| 项　目 | | 公称直径(mm 以内) | | | | |
| | | 300 | 400 | 500 | 600 | 700 |
| 名　称 | 单位 | 消　耗　量 | | | | |
| 合计工日 | 工日 | 0.888 | 1.351 | 1.746 | 2.177 | 3.211 |
| 普工 | 工日 | 0.266 | 0.405 | 0.524 | 0.653 | 0.963 |
| 一般技工 | 工日 | 0.533 | 0.811 | 1.047 | 1.306 | 1.927 |
| 高级技工 | 工日 | 0.089 | 0.135 | 0.175 | 0.218 | 0.321 |
| 橡胶圈 | 个 | (2.060) | (2.060) | (2.060) | (2.060) | (2.060) |
| 铸铁管件 | 个 | (1.000) | (1.000) | (1.000) | (1.000) | (1.000) |
| 润滑油 | kg | 0.158 | 0.179 | 0.221 | 0.263 | 0.305 |
| 氧气 | m³ | 0.264 | 0.495 | 0.627 | 0.759 | 0.891 |
| 乙炔气 | kg | 0.102 | 0.190 | 0.241 | 0.292 | 0.343 |
| 其他材料费 | % | 0.50 | 0.50 | 0.50 | 0.50 | 0.50 |
| 汽车式起重机 8t | 台班 | 0.009 | 0.018 | 0.027 | 0.044 | 0.044 |
| 载重汽车 8t | 台班 | 0.007 | 0.007 | 0.007 | 0.009 | 0.009 |

**工作内容:**选胶圈、清洗管口、上胶圈。 **计量单位:**个

| 编 号 | | 5-2-24 | 5-2-25 | 5-2-26 | 5-2-27 | 5-2-28 | 5-2-29 |
|---|---|---|---|---|---|---|---|
| 项 目 | | 公称直径(mm 以内) | | | | | |
| | | 800 | 900 | 1 000 | 1 200 | 1 400 | 1 600 |
| 名 称 | 单位 | 消 耗 量 | | | | | |
| 合计工日 | 工日 | 3.257 | 4.230 | 4.884 | 6.676 | 9.207 | 13.148 |
| 普工 | 工日 | 0.977 | 1.269 | 1.465 | 2.003 | 2.762 | 3.944 |
| 一般技工 | 工日 | 1.954 | 2.538 | 2.930 | 4.005 | 5.524 | 7.889 |
| 高级技工 | 工日 | 0.326 | 0.423 | 0.489 | 0.668 | 0.921 | 1.315 |
| 橡胶圈 | 个 | (2.060) | (2.060) | (2.060) | (2.060) | (2.060) | (2.060) |
| 铸铁管件 | 个 | (1.000) | (1.000) | (1.000) | (1.000) | (1.000) | (1.000) |
| 润滑油 | kg | 0.336 | 0.399 | 0.420 | 0.504 | 0.599 | 0.683 |
| 氧气 | m³ | 0.990 | 1.100 | 1.232 | 1.342 | 1.452 | 1.584 |
| 乙炔气 | kg | 0.381 | 0.423 | 0.474 | 0.516 | 0.558 | 0.609 |
| 其他材料费 | % | 0.50 | 0.50 | 0.50 | 0.50 | 0.50 | 0.50 |
| 汽车式起重机 8t | 台班 | 0.044 | 0.071 | — | — | — | — |
| 汽车式起重机 16t | 台班 | — | — | 0.071 | 0.088 | — | — |
| 汽车式起重机 20t | 台班 | — | — | — | — | 0.088 | 0.106 |
| 载重汽车 8t | 台班 | 0.011 | 0.011 | 0.016 | 0.016 | 0.020 | 0.023 |

# （3）机 械 接 口

**工作内容：**管口处理，找正、找平，上胶圈、法兰，紧螺栓等操作过程。 计量单位：个

| 编 号 | | 5-2-30 | 5-2-31 | 5-2-32 | 5-2-33 | 5-2-34 |
|---|---|---|---|---|---|---|
| 项 目 | | 公称直径（mm 以内） | | | | |
| | | 75 | 100 | 150 | 200 | 250 |
| 名 称 | 单位 | 消 耗 量 | | | | |
| 合计工日 | 工日 | 0.520 | 0.547 | 0.559 | 0.573 | 0.693 |
| 普工 | 工日 | 0.156 | 0.164 | 0.167 | 0.172 | 0.208 |
| 一般技工 | 工日 | 0.312 | 0.328 | 0.336 | 0.343 | 0.416 |
| 高级技工 | 工日 | 0.052 | 0.055 | 0.056 | 0.058 | 0.069 |
| 金属垫片支撑圈 | 套 | （2.369） | （2.369） | （2.369） | （2.369） | （2.369） |
| 胶圈（机接） | 个 | （2.369） | （2.369） | （2.369） | （2.369） | （2.369） |
| 铸铁管件 | 个 | （1.000） | （1.000） | （1.000） | （1.000） | （1.000） |
| 活动法兰 | 片 | （2.300） | （2.300） | （2.300） | （2.300） | （2.300） |
| 镀锌铁丝 $\phi0.7~1.2$ | kg | 0.024 | 0.028 | 0.032 | 0.039 | 0.047 |
| 镀锌铁丝 $\phi2.5~4.0$ | kg | 0.069 | 0.069 | 0.069 | 0.069 | 0.069 |
| 塑料布 | m² | 0.175 | 0.276 | 0.377 | 0.488 | 0.626 |
| 破布 | kg | 0.276 | 0.313 | 0.350 | 0.423 | 0.456 |
| 带帽螺栓 玛钢 M12×100 | 套 | 9.476 | 9.476 | 14.210 | 14.210 | 18.952 |
| 黄甘油 | kg | 0.092 | 0.129 | 0.166 | 0.212 | 0.259 |
| 其他材料费 | % | 1.00 | 1.00 | 1.00 | 1.00 | 1.00 |

**工作内容：**管口处理，找正、找平，上胶圈、法兰，紧螺栓等操作过程。　　　　　　　　**计量单位：个**

| 编　号 | | 5-2-35 | 5-2-36 | 5-2-37 | 5-2-38 | 5-2-39 | 5-2-40 |
|---|---|---|---|---|---|---|---|
| 项　目 | | 公称直径（mm 以内） | | | | | |
| | | 300 | 350 | 400 | 450 | 500 | 600 |
| 名　称 | 单位 | 消　耗　量 | | | | | |
| 合计工日 | 工日 | 0.816 | 1.037 | 1.258 | 1.473 | 1.684 | 2.045 |
| 普工 | 工日 | 0.245 | 0.311 | 0.377 | 0.442 | 0.505 | 0.614 |
| 一般技工 | 工日 | 0.489 | 0.622 | 0.755 | 0.883 | 1.011 | 1.227 |
| 高级技工 | 工日 | 0.082 | 0.104 | 0.126 | 0.148 | 0.168 | 0.204 |
| 金属垫片支撑圈 | 套 | （2.369） | （2.369） | （2.369） | （2.369） | （2.369） | （2.369） |
| 胶圈（机接） | 个 | （2.369） | （2.369） | （2.369） | （2.369） | （2.369） | （2.369） |
| 铸铁管件 | 个 | （1.000） | （1.000） | （1.000） | （1.000） | （1.000） | （1.000） |
| 活动法兰 | 片 | （2.300） | （2.300） | （2.300） | （2.300） | （2.300） | （2.300） |
| 镀锌铁丝 $\phi$0.7~1.2 | kg | 0.055 | 0.063 | 0.071 | 0.079 | 0.087 | 0.110 |
| 镀锌铁丝 $\phi$2.5~4.0 | kg | 0.069 | 0.069 | 0.069 | 0.069 | 0.069 | 0.069 |
| 塑料布 | m² | 0.764 | 0.925 | 1.086 | 1.279 | 1.472 | 1.748 |
| 破布 | kg | 0.488 | 0.506 | 0.524 | 0.599 | 0.674 | 0.812 |
| 带帽螺栓 玛钢 M20×100 | 套 | 18.952 | 23.690 | 23.690 | 33.166 | — | — |
| 带帽螺栓 玛钢 M22×120 | 套 | — | — | — | — | 33.166 | 37.904 |
| 黄甘油 | kg | 0.306 | 0.360 | 0.414 | 0.495 | 0.575 | 0.713 |
| 其他材料费 | % | 1.00 | 1.00 | 1.00 | 1.00 | 1.00 | 1.00 |
| 汽车式起重机 8t | 台班 | 0.009 | 0.009 | 0.018 | 0.018 | 0.027 | 0.044 |
| 载重汽车 8t | 台班 | 0.007 | 0.007 | 0.007 | 0.008 | 0.009 | 0.009 |

## 2. 钢管管件制作、安装

### （1）管件制作

#### ①焊接弯头制作（30°）

**工作内容：**量尺寸、切管、组对、焊接成型、成品码垛等操作过程。　　　　　　　　　计量单位：个

| 编　号 | | 5-2-41 | 5-2-42 | 5-2-43 | 5-2-44 | 5-2-45 | 5-2-46 |
|---|---|---|---|---|---|---|---|
| 项　目 | | 管外径 × 壁厚（mm×mm 以内） | | | | | |
| | | 219×5 | 219×6 | 219×7 | 273×6 | 273×7 | 273×8 |
| 名　称 | 单位 | 消　耗　量 | | | | | |
| 合计工日 | 工日 | 0.327 | 0.346 | 0.380 | 0.417 | 0.459 | 0.486 |
| 普工 | 工日 | 0.098 | 0.104 | 0.114 | 0.125 | 0.138 | 0.146 |
| 一般技工 | 工日 | 0.197 | 0.208 | 0.228 | 0.251 | 0.275 | 0.291 |
| 高级技工 | 工日 | 0.032 | 0.034 | 0.038 | 0.041 | 0.046 | 0.049 |
| 钢板卷管 | m | （0.240） | （0.240） | （0.240） | （0.241） | （0.241） | （0.241） |
| 角钢（综合） | kg | 0.100 | 0.100 | 0.100 | 0.100 | 0.100 | 0.100 |
| 棉纱线 | kg | 0.014 | 0.014 | 0.014 | 0.017 | 0.017 | 0.017 |
| 尼龙砂轮片 $\phi100$ | 片 | 0.048 | 0.051 | 0.055 | 0.064 | 0.068 | 0.074 |
| 低碳钢焊条（综合） | kg | 0.446 | 0.551 | 0.723 | 0.699 | 0.914 | 1.084 |
| 氧气 | m³ | 0.814 | 0.946 | 1.073 | 1.051 | 1.194 | 1.332 |
| 乙炔气 | kg | 0.313 | 0.364 | 0.413 | 0.404 | 0.459 | 0.512 |
| 其他材料费 | % | 0.50 | 0.50 | 0.50 | 0.50 | 0.50 | 0.50 |
| 直流弧焊机 20kV·A | 台班 | 0.114 | 0.117 | 0.130 | 0.145 | 0.161 | 0.169 |
| 电焊条烘干箱 60×50×75（cm³） | 台班 | 0.011 | 0.012 | 0.013 | 0.015 | 0.016 | 0.017 |

**工作内容:** 量尺寸、切管、组对、焊接成型、成品码垛等操作过程。 计量单位: 个

| 编 号 | | 5-2-47 | 5-2-48 | 5-2-49 | 5-2-50 | 5-2-51 | 5-2-52 |
|---|---|---|---|---|---|---|---|
| 项 目 | | 管外径 × 壁厚(mm×mm 以内) | | | | | |
| | | 325 × 6 | 325 × 7 | 325 × 8 | 377 × 8 | 377 × 9 | 377 × 10 |
| 名 称 | 单位 | 消 耗 量 | | | | | |
| 合计工日 | 工日 | 0.510 | 0.555 | 0.585 | 0.665 | 0.695 | 0.718 |
| 普工 | 工日 | 0.153 | 0.167 | 0.176 | 0.199 | 0.209 | 0.215 |
| 一般技工 | 工日 | 0.306 | 0.332 | 0.350 | 0.399 | 0.417 | 0.431 |
| 高级技工 | 工日 | 0.051 | 0.056 | 0.059 | 0.067 | 0.069 | 0.072 |
| 钢板卷管 | m | (0.241) | (0.241) | (0.241) | (0.256) | (0.256) | (0.256) |
| 角钢(综合) | kg | 0.100 | 0.100 | 0.100 | 0.100 | 0.100 | 0.100 |
| 棉纱线 | kg | 0.021 | 0.021 | 0.021 | 0.024 | 0.024 | 0.024 |
| 尼龙砂轮片 $\phi100$ | 片 | 0.076 | 0.082 | 0.088 | 0.108 | 0.118 | 0.123 |
| 低碳钢焊条(综合) | kg | 0.834 | 1.090 | 1.293 | 1.502 | 1.760 | 2.041 |
| 氧气 | m³ | 1.141 | 1.297 | 1.448 | 1.564 | 1.723 | 1.877 |
| 乙炔气 | kg | 0.439 | 0.499 | 0.557 | 0.602 | 0.663 | 0.722 |
| 其他材料费 | % | 0.50 | 0.50 | 0.50 | 0.50 | 0.50 | 0.50 |
| 直流弧焊机 20kV·A | 台班 | 0.173 | 0.193 | 0.203 | 0.235 | 0.247 | 0.256 |
| 电焊条烘干箱 60×50×75(cm³) | 台班 | 0.017 | 0.019 | 0.020 | 0.024 | 0.025 | 0.026 |

**工作内容:**量尺寸、切管、组对、焊接成型、成品码垛等操作过程。　　　　　　　　　**计量单位:**个

| 编　号 | | 5-2-53 | 5-2-54 | 5-2-55 | 5-2-56 | 5-2-57 | 5-2-58 |
|---|---|---|---|---|---|---|---|
| 项　目 | | 管外径 × 壁厚(mm×mm 以内) | | | | | |
| | | 426×8 | 426×9 | 426×10 | 478×8 | 478×9 | 478×10 |
| 名　称 | 单位 | 消　耗　量 | | | | | |
| 合计工日 | 工日 | 0.746 | 0.780 | 0.804 | 0.849 | 0.885 | 0.917 |
| 普工 | 工日 | 0.224 | 0.234 | 0.241 | 0.255 | 0.266 | 0.275 |
| 一般技工 | 工日 | 0.447 | 0.468 | 0.483 | 0.509 | 0.531 | 0.550 |
| 高级技工 | 工日 | 0.075 | 0.078 | 0.080 | 0.085 | 0.088 | 0.092 |
| 钢板卷管 | m | (0.287) | (0.287) | (0.287) | (0.307) | (0.307) | (0.307) |
| 角钢(综合) | kg | 0.100 | 0.100 | 0.100 | 0.100 | 0.100 | 0.100 |
| 棉纱线 | kg | 0.027 | 0.027 | 0.027 | 0.030 | 0.030 | 0.030 |
| 尼龙砂轮片 $\phi100$ | 片 | 0.122 | 0.134 | 0.140 | 0.145 | 0.158 | 0.165 |
| 低碳钢焊条(综合) | kg | 1.699 | 1.991 | 2.310 | 1.908 | 2.237 | 2.595 |
| 氧气 | m³ | 1.723 | 1.900 | 2.073 | 1.859 | 2.050 | 2.237 |
| 乙炔气 | kg | 0.663 | 0.731 | 0.797 | 0.715 | 0.788 | 0.860 |
| 其他材料费 | % | 0.50 | 0.50 | 0.50 | 0.50 | 0.50 | 0.50 |
| 直流弧焊机 20kV·A | 台班 | 0.265 | 0.279 | 0.289 | 0.300 | 0.315 | 0.326 |
| 电焊条烘干箱 60×50×75(cm³) | 台班 | 0.027 | 0.028 | 0.029 | 0.030 | 0.032 | 0.033 |

**工作内容:** 量尺寸、切管、组对、焊接成型、成品码垛等操作过程。 计量单位: 个

| 编　号 | | 5-2-59 | 5-2-60 | 5-2-61 | 5-2-62 | 5-2-63 | 5-2-64 |
|---|---|---|---|---|---|---|---|
| 项　目 | | 管外径 × 壁厚(mm×mm 以内) | | | | | |
| | | 529×8 | 529×9 | 529×10 | 630×8 | 630×9 | 630×10 |
| 名　称 | 单位 | 消　耗　量 | | | | | |
| 合计工日 | 工日 | 0.930 | 0.979 | 1.014 | 1.147 | 1.179 | 1.216 |
| 普工 | 工日 | 0.279 | 0.293 | 0.304 | 0.344 | 0.354 | 0.365 |
| 一般技工 | 工日 | 0.558 | 0.588 | 0.608 | 0.689 | 0.707 | 0.729 |
| 高级技工 | 工日 | 0.093 | 0.098 | 0.102 | 0.114 | 0.118 | 0.122 |
| 钢板卷管 | m | (0.338) | (0.338) | (0.338) | (0.359) | (0.359) | (0.359) |
| 角钢(综合) | kg | 0.100 | 0.100 | 0.100 | 0.100 | 0.100 | 0.100 |
| 棉纱线 | kg | 0.033 | 0.033 | 0.033 | 0.040 | 0.040 | 0.040 |
| 六角螺栓(综合) | 10套 | — | — | — | 0.024 | 0.024 | 0.024 |
| 尼龙砂轮片 $\phi 100$ | 片 | 0.168 | 0.183 | 0.190 | 0.210 | 0.228 | 0.237 |
| 低碳钢焊条(综合) | kg | 2.133 | 2.499 | 2.895 | 3.052 | 3.487 | 3.959 |
| 氧气 | m³ | 1.990 | 2.196 | 2.397 | 2.412 | 2.658 | 2.897 |
| 乙炔气 | kg | 0.765 | 0.845 | 0.922 | 0.928 | 1.022 | 1.114 |
| 其他材料费 | % | 0.50 | 0.50 | 0.50 | 0.50 | 0.50 | 0.50 |
| 直流弧焊机 20kV·A | 台班 | 0.334 | 0.350 | 0.363 | 0.467 | 0.479 | 0.487 |
| 电焊条烘干箱 60×50×75(cm³) | 台班 | 0.033 | 0.035 | 0.036 | 0.047 | 0.048 | 0.049 |

**工作内容:** 量尺寸、切管、组对、焊接成型、成品码垛等操作过程。　　　　　　**计量单位:** 个

| 编　号 | | 5-2-65 | 5-2-66 | 5-2-67 | 5-2-68 | 5-2-69 | 5-2-70 |
|---|---|---|---|---|---|---|---|
| 项　目 | | 管外径 × 壁厚（mm×mm 以内） | | | | | |
| | | 720×8 | 720×9 | 720×10 | 820×9 | 820×10 | 820×12 |
| 名　称 | 单位 | 消　耗　量 | | | | | |
| 合计工日 | 工日 | 1.304 | 1.344 | 1.381 | 1.556 | 1.594 | 1.682 |
| 普工 | 工日 | 0.391 | 0.403 | 0.414 | 0.467 | 0.478 | 0.505 |
| 一般技工 | 工日 | 0.782 | 0.807 | 0.829 | 0.933 | 0.957 | 1.009 |
| 高级技工 | 工日 | 0.131 | 0.134 | 0.138 | 0.156 | 0.159 | 0.168 |
| 钢板卷管 | m | （0.389） | （0.389） | （0.389） | （0.441） | （0.441） | （0.441） |
| 角钢（综合） | kg | 0.110 | 0.110 | 0.110 | 0.110 | 0.110 | 0.110 |
| 棉纱线 | kg | 0.045 | 0.045 | 0.045 | 0.052 | 0.052 | 0.052 |
| 六角螺栓（综合） | 10套 | 0.024 | 0.024 | 0.024 | 0.024 | 0.024 | 0.024 |
| 尼龙砂轮片 $\phi$100 | 片 | 0.241 | 0.261 | 0.271 | 0.322 | 0.334 | 0.355 |
| 低碳钢焊条（综合） | kg | 3.492 | 3.990 | 4.531 | 4.591 | 5.209 | 6.593 |
| 氧气 | m³ | 2.612 | 2.877 | 3.136 | 3.210 | 3.499 | 4.058 |
| 乙炔气 | kg | 1.005 | 1.107 | 1.206 | 1.235 | 1.346 | 1.561 |
| 其他材料费 | % | 0.50 | 0.50 | 0.50 | 0.50 | 0.50 | 0.50 |
| 直流弧焊机 20kV·A | 台班 | 0.536 | 0.549 | 0.559 | 0.626 | 0.638 | 0.675 |
| 电焊条烘干箱 60×50×75（cm³） | 台班 | 0.054 | 0.055 | 0.056 | 0.063 | 0.064 | 0.068 |

**工作内容**：量尺寸、切管、组对、焊接成型、成品码垛等操作过程。　　　　　　　　　　　计量单位：个

| 编　号 | | 5-2-71 | 5-2-72 | 5-2-73 | 5-2-74 | 5-2-75 | 5-2-76 |
|---|---|---|---|---|---|---|---|
| 项　目 | | 管外径 × 壁厚（mm×mm 以内） | | | | | |
| | | 920×9 | 920×10 | 920×12 | 1 020×10 | 1 020×12 | 1 020×14 |
| 名　称 | 单位 | 消　耗　量 | | | | | |
| 合计工日 | 工日 | 1.732 | 1.776 | 1.872 | 1.962 | 2.072 | 2.288 |
| 普工 | 工日 | 0.519 | 0.533 | 0.562 | 0.589 | 0.622 | 0.686 |
| 一般技工 | 工日 | 1.040 | 1.066 | 1.123 | 1.177 | 1.243 | 1.373 |
| 高级技工 | 工日 | 0.173 | 0.177 | 0.187 | 0.196 | 0.207 | 0.229 |
| 钢板卷管 | m | （0.471） | （0.471） | （0.471） | （0.492） | （0.492） | （0.492） |
| 角钢（综合） | kg | 0.110 | 0.110 | 0.110 | 0.110 | 0.110 | 0.110 |
| 棉纱线 | kg | 0.058 | 0.058 | 0.058 | 0.064 | 0.064 | 0.064 |
| 六角螺栓（综合） | 10套 | 0.024 | 0.024 | 0.024 | 0.024 | 0.024 | 0.024 |
| 尼龙砂轮片 $\phi100$ | 片 | 0.362 | 0.376 | 0.399 | 0.417 | 0.443 | 0.470 |
| 低碳钢焊条（综合） | kg | 5.155 | 5.849 | 7.405 | 6.490 | 8.217 | 10.191 |
| 氧气 | m³ | 3.581 | 3.941 | 4.535 | 4.284 | 4.976 | 5.644 |
| 乙炔气 | kg | 1.377 | 1.516 | 1.744 | 1.648 | 1.914 | 2.171 |
| 其他材料费 | % | 0.50 | 0.50 | 0.50 | 0.50 | 0.50 | 0.50 |
| 汽车式起重机 12t | 台班 | — | — | — | 0.010 | 0.013 | 0.015 |
| 载重汽车 8t | 台班 | — | — | — | 0.003 | 0.004 | 0.006 |
| 直流弧焊机 20kV·A | 台班 | 0.703 | 0.716 | 0.757 | 0.794 | 0.840 | 0.983 |
| 电焊条烘干箱 60×50×75（cm³） | 台班 | 0.070 | 0.072 | 0.076 | 0.079 | 0.084 | 0.098 |

**工作内容:** 量尺寸、切管、组对、焊接成型、成品码垛等操作过程。　　　　　　　　　　**计量单位:** 个

| 编　号 | 5-2-77 | 5-2-78 | 5-2-79 | 5-2-80 | 5-2-81 | 5-2-82 |
|---|---|---|---|---|---|---|
| 项　目 | 管外径 × 壁厚(mm×mm 以内) | | | | | |
| | 1 220×10 | 1 220×12 | 1 220×14 | 1 420×10 | 1 420×12 | 1 420×14 |
| 名　称 | 单位 | 消　耗　量 | | | | | | |
| 合计工日 | 工日 | 2.391 | 2.523 | 2.777 | 2.756 | 2.898 | 3.200 |
| 普工 | 工日 | 0.717 | 0.757 | 0.833 | 0.827 | 0.869 | 0.960 |
| 一般技工 | 工日 | 1.435 | 1.514 | 1.666 | 1.654 | 1.739 | 1.920 |
| 高级技工 | 工日 | 0.239 | 0.252 | 0.278 | 0.275 | 0.290 | 0.320 |
| 钢板卷管 | m | (0.594) | (0.594) | (0.594) | (0.661) | (0.661) | (0.661) |
| 角钢(综合) | kg | 0.147 | 0.147 | 0.147 | 0.147 | 0.147 | 0.147 |
| 棉纱线 | kg | 0.077 | 0.077 | 0.077 | 0.089 | 0.089 | 0.089 |
| 六角螺栓(综合) | 10 套 | 0.024 | 0.024 | 0.024 | 0.024 | 0.024 | 0.024 |
| 尼龙砂轮片 $\phi$100 | 片 | 0.499 | 0.531 | 0.564 | 0.566 | 0.603 | 0.642 |
| 低碳钢焊条(综合) | kg | 7.771 | 9.841 | 12.207 | 9.052 | 11.465 | 14.223 |
| 氧气 | m³ | 5.267 | 6.127 | 6.959 | 5.836 | 6.786 | 7.733 |
| 乙炔气 | kg | 2.026 | 2.357 | 2.677 | 2.245 | 2.610 | 2.974 |
| 其他材料费 | % | 0.50 | 0.50 | 0.50 | 0.50 | 0.50 | 0.50 |
| 汽车式起重机 12t | 台班 | 0.015 | 0.019 | — | — | — | — |
| 汽车式起重机 16t | 台班 | — | — | 0.021 | 0.019 | 0.024 | 0.025 |
| 载重汽车 8t | 台班 | 0.006 | 0.007 | 0.007 | 0.007 | 0.008 | 0.008 |
| 直流弧焊机 20kV·A | 台班 | 0.955 | 1.012 | 1.183 | 1.113 | 1.177 | 1.377 |
| 电焊条烘干箱 60×50×75(cm³) | 台班 | 0.096 | 0.101 | 0.118 | 0.111 | 0.118 | 0.138 |

**工作内容:**量尺寸、切管、组对、焊接成型、成品码垛等操作过程。 计量单位:个

| 编 号 | | 5-2-83 | 5-2-84 | 5-2-85 | 5-2-86 | 5-2-87 | 5-2-88 |
|---|---|---|---|---|---|---|---|
| 项 目 | | 管外径 × 壁厚(mm×mm 以内) | | | | | |
| | | 1 620 × 10 | 1 620 × 12 | 1 620 × 14 | 1 820 × 12 | 1 820 × 14 | 1 820 × 16 |
| 名 称 | 单位 | 消 耗 量 | | | | | |
| 合计工日 | 工日 | 3.111 | 3.293 | 3.638 | 3.714 | 4.100 | 4.202 |
| 普工 | 工日 | 0.933 | 0.988 | 1.091 | 1.114 | 1.230 | 1.261 |
| 一般技工 | 工日 | 1.867 | 1.976 | 2.183 | 2.228 | 2.460 | 2.521 |
| 高级技工 | 工日 | 0.311 | 0.329 | 0.364 | 0.372 | 0.410 | 0.420 |
| 钢板卷管 | m | (0.722) | (0.722) | (0.722) | (0.779) | (0.779) | (0.779) |
| 角钢(综合) | kg | 0.178 | 0.178 | 0.178 | 0.178 | 0.178 | 0.178 |
| 棉纱线 | kg | 0.102 | 0.102 | 0.102 | 0.114 | 0.114 | 0.114 |
| 六角螺栓(综合) | 10套 | 0.047 | 0.047 | 0.047 | 0.047 | 0.047 | 0.047 |
| 尼龙砂轮片 $\phi100$ | 片 | 0.665 | 0.707 | 0.752 | 0.795 | 0.845 | 0.908 |
| 低碳钢焊条(综合) | kg | 10.333 | 13.089 | 16.239 | 14.712 | 18.256 | 23.313 |
| 氧气 | $m^3$ | 6.768 | 7.530 | 8.900 | 8.785 | 9.964 | 11.109 |
| 乙炔气 | kg | 2.603 | 2.896 | 3.423 | 3.379 | 3.832 | 4.273 |
| 其他材料费 | % | 0.50 | 0.50 | 0.50 | 0.50 | 0.50 | 0.50 |
| 汽车式起重机 16t | 台班 | 0.024 | 0.026 | 0.026 | 0.029 | — | — |
| 汽车式起重机 20t | 台班 | — | — | — | — | 0.035 | 0.040 |
| 载重汽车 8t | 台班 | 0.008 | 0.008 | 0.008 | 0.009 | 0.010 | 0.012 |
| 直流弧焊机 20kV·A | 台班 | 1.270 | 1.345 | 1.572 | 1.512 | 1.767 | 1.794 |
| 电焊条烘干箱 60×50×75($cm^3$) | 台班 | 0.127 | 0.135 | 0.157 | 0.151 | 0.177 | 0.179 |

**工作内容:** 量尺寸、切管、组对、焊接成型、成品码垛等操作过程。　　　　　　　　　**计量单位:** 个

| 编　号 | | 5-2-89 | 5-2-90 | 5-2-91 |
|---|---|---|---|---|
| 项　目 | | 管外径 × 壁厚（mm×mm 以内） | | |
| | | 2 020×12 | 2 020×14 | 2 020×16 |
| 名　称 | 单位 | 消　耗　量 | | |
| 合计工日 | 工日 | 4.029 | 4.555 | 4.669 |
| 普工 | 工日 | 1.209 | 1.367 | 1.400 |
| 一般技工 | 工日 | 2.417 | 2.733 | 2.802 |
| 高级技工 | 工日 | 0.403 | 0.455 | 0.467 |
| 钢板卷管 | m | （0.840） | （0.840） | （0.840） |
| 角钢（综合） | kg | 0.178 | 0.178 | 0.178 |
| 棉纱线 | kg | 0.127 | 0.127 | 0.127 |
| 六角螺栓（综合） | 10套 | 0.047 | 0.047 | 0.047 |
| 尼龙砂轮片 $\phi$100 | 片 | 0.883 | 0.939 | 1.009 |
| 低碳钢焊条（综合） | kg | 16.336 | 20.273 | 25.889 |
| 氧气 | m³ | 9.718 | 11.026 | 12.298 |
| 乙炔气 | kg | 3.738 | 4.241 | 4.730 |
| 其他材料费 | % | 0.50 | 0.50 | 0.50 |
| 汽车式起重机 20t | 台班 | 0.035 | 0.040 | 0.059 |
| 载重汽车 8t | 台班 | 0.010 | 0.012 | 0.014 |
| 直流弧焊机 20kV·A | 台班 | 1.679 | 1.963 | 1.992 |
| 电焊条烘干箱 60×50×75（cm³） | 台班 | 0.168 | 0.196 | 0.199 |

②焊接弯头制作（45°、60°）

**工作内容：**量尺寸、切管、组对、焊接成型、成品码垛等操作过程。  计量单位：个

| 编　号 | | 5-2-92 | 5-2-93 | 5-2-94 | 5-2-95 | 5-2-96 | 5-2-97 |
|---|---|---|---|---|---|---|---|
| 项　目 | | 管外径 × 壁厚（mm×mm 以内） | | | | | |
| | | 219×5 | 219×6 | 219×7 | 273×6 | 273×7 | 273×8 |
| 名　称 | 单位 | 消　耗　量 | | | | | |
| 合计工日 | 工日 | 0.648 | 0.680 | 0.741 | 0.828 | 0.901 | 0.947 |
| 普工 | 工日 | 0.194 | 0.204 | 0.222 | 0.248 | 0.270 | 0.284 |
| 一般技工 | 工日 | 0.389 | 0.408 | 0.445 | 0.497 | 0.541 | 0.568 |
| 高级技工 | 工日 | 0.065 | 0.068 | 0.074 | 0.083 | 0.090 | 0.095 |
| 钢板卷管 45°弯头用 | m | （0.310） | （0.310） | （0.310） | （0.315） | （0.315） | （0.315） |
| 钢板卷管 60°弯头用 | m | （0.390） | （0.390） | （0.390） | （0.390） | （0.390） | （0.390） |
| 角钢（综合） | kg | 0.200 | 0.200 | 0.200 | 0.200 | 0.200 | 0.200 |
| 棉纱线 | kg | 0.028 | 0.028 | 0.028 | 0.034 | 0.034 | 0.034 |
| 尼龙砂轮片 $\phi$100 | 片 | 0.097 | 0.102 | 0.109 | 0.128 | 0.136 | 0.147 |
| 低碳钢焊条（综合） | kg | 0.890 | 1.101 | 1.445 | 1.398 | 1.827 | 2.167 |
| 氧气 | m³ | 1.457 | 1.689 | 1.919 | 1.886 | 2.137 | 2.378 |
| 乙炔气 | kg | 0.560 | 0.650 | 0.738 | 0.725 | 0.822 | 0.915 |
| 其他材料费 | % | 0.50 | 0.50 | 0.50 | 0.50 | 0.50 | 0.50 |
| 直流弧焊机 20kV·A | 台班 | 0.229 | 0.234 | 0.259 | 0.290 | 0.322 | 0.338 |
| 电焊条烘干箱 60×50×75（cm³） | 台班 | 0.023 | 0.023 | 0.026 | 0.029 | 0.032 | 0.034 |

**工作内容:**量尺寸、切管、组对、焊接成型、成品码垛等操作过程。　　　　　　　　　　　　**计量单位:个**

| 编　号 | | 5-2-98 | 5-2-99 | 5-2-100 | 5-2-101 | 5-2-102 | 5-2-103 |
|---|---|---|---|---|---|---|---|
| 项　目 | | 管外径 × 壁厚(mm×mm 以内) | | | | | |
| | | 325 × 6 | 325 × 7 | 325 × 8 | 377 × 8 | 377 × 9 | 377 × 10 |
| 名　　称 | 单位 | 消　耗　量 | | | | | |
| 合计工日 | 工日 | 1.011 | 1.093 | 1.145 | 1.308 | 1.365 | 1.411 |
| 普工 | 工日 | 0.303 | 0.328 | 0.344 | 0.392 | 0.410 | 0.423 |
| 一般技工 | 工日 | 0.607 | 0.656 | 0.687 | 0.785 | 0.818 | 0.847 |
| 高级技工 | 工日 | 0.101 | 0.109 | 0.114 | 0.131 | 0.137 | 0.141 |
| 钢板卷管 45°弯头用 | m | (0.315) | (0.315) | (0.315) | (0.340) | (0.340) | (0.340) |
| 钢板卷管 60°弯头用 | m | (0.390) | (0.390) | (0.390) | (0.430) | (0.430) | (0.430) |
| 角钢(综合) | kg | 0.200 | 0.200 | 0.200 | 0.200 | 0.200 | 0.200 |
| 棉纱线 | kg | 0.042 | 0.042 | 0.042 | 0.048 | 0.048 | 0.048 |
| 尼龙砂轮片 $\phi100$ | 片 | 0.152 | 0.163 | 0.176 | 0.216 | 0.236 | 0.247 |
| 低碳钢焊条(综合) | kg | 1.667 | 2.179 | 2.585 | 3.003 | 3.521 | 4.083 |
| 氧气 | m³ | 2.054 | 2.329 | 2.594 | 2.813 | 3.091 | 3.362 |
| 乙炔气 | kg | 0.790 | 0.896 | 0.998 | 1.082 | 1.189 | 1.293 |
| 其他材料费 | % | 0.50 | 0.50 | 0.50 | 0.50 | 0.50 | 0.50 |
| 直流弧焊机 20kV·A | 台班 | 0.348 | 0.386 | 0.404 | 0.470 | 0.494 | 0.511 |
| 电焊条烘干箱 60×50×75(cm³) | 台班 | 0.035 | 0.039 | 0.040 | 0.047 | 0.049 | 0.051 |

**工作内容:** 量尺寸、切管、组对、焊接成型、成品码垛等操作过程。　　　　　　　　　　　　　　**计量单位:** 个

| 编　号 | | 5-2-104 | 5-2-105 | 5-2-106 | 5-2-107 | 5-2-108 | 5-2-109 |
|---|---|---|---|---|---|---|---|
| 项　目 | | 管外径 × 壁厚（mm×mm 以内） | | | | | |
| | | 426×8 | 426×9 | 426×10 | 478×8 | 478×9 | 478×10 |
| 名　称 | 单位 | 消　耗　量 | | | | | |
| 合计工日 | 工日 | 1.468 | 1.531 | 1.583 | 1.673 | 1.745 | 1.800 |
| 普工 | 工日 | 0.440 | 0.459 | 0.475 | 0.502 | 0.523 | 0.540 |
| 一般技工 | 工日 | 0.881 | 0.919 | 0.950 | 1.004 | 1.047 | 1.080 |
| 高级技工 | 工日 | 0.147 | 0.153 | 0.158 | 0.167 | 0.175 | 0.180 |
| 钢板卷管 45°弯头用 | m | （0.380） | （0.380） | （0.380） | （0.420） | （0.420） | （0.420） |
| 钢板卷管 60°弯头用 | m | （0.480） | （0.480） | （0.480） | （0.530） | （0.530） | （0.530） |
| 角钢（综合） | kg | 0.200 | 0.200 | 0.200 | 0.200 | 0.200 | 0.200 |
| 棉纱线 | kg | 0.054 | 0.054 | 0.054 | 0.060 | 0.060 | 0.060 |
| 尼龙砂轮片 $\phi100$ | 片 | 0.245 | 0.267 | 0.279 | 0.289 | 0.315 | 0.329 |
| 低碳钢焊条（综合） | kg | 3.399 | 3.984 | 4.620 | 3.815 | 4.474 | 5.191 |
| 氧气 | m³ | 3.089 | 3.399 | 3.701 | 3.332 | 3.667 | 3.994 |
| 乙炔气 | kg | 1.188 | 1.307 | 1.423 | 1.282 | 1.410 | 1.536 |
| 其他材料费 | % | 0.50 | 0.50 | 0.50 | 0.50 | 0.50 | 0.50 |
| 直流弧焊机 20kV·A | 台班 | 0.532 | 0.558 | 0.579 | 0.600 | 0.629 | 0.652 |
| 电焊条烘干箱 60×50×75（cm³） | 台班 | 0.053 | 0.056 | 0.058 | 0.060 | 0.063 | 0.065 |

**工作内容：**量尺寸、切管、组对、焊接成型、成品码垛等操作过程。　　　　　　　　**计量单位：个**

| 编　　号 | | 5-2-110 | 5-2-111 | 5-2-112 | 5-2-113 | 5-2-114 | 5-2-115 |
|---|---|---|---|---|---|---|---|
| 项　　目 | | 管外径 × 壁厚（mm×mm 以内） | | | | | |
| | | 529×8 | 529×9 | 529×10 | 630×8 | 630×9 | 630×10 |
| 名　　称 | 单位 | 消　耗　量 | | | | | |
| 合计工日 | 工日 | 1.847 | 1.925 | 1.988 | 2.267 | 2.336 | 2.393 |
| 普工 | 工日 | 0.554 | 0.577 | 0.596 | 0.680 | 0.701 | 0.718 |
| 一般技工 | 工日 | 1.108 | 1.155 | 1.193 | 1.360 | 1.401 | 1.436 |
| 高级技工 | 工日 | 0.185 | 0.193 | 0.199 | 0.227 | 0.234 | 0.239 |
| 钢板卷管 45°弯头用 | m | （0.460） | （0.460） | （0.460） | （0.500） | （0.500） | （0.500） |
| 钢板卷管 60°弯头用 | m | （0.590） | （0.590） | （0.590） | （0.630） | （0.630） | （0.630） |
| 角钢（综合） | kg | 0.200 | 0.200 | 0.200 | 0.202 | 0.202 | 0.202 |
| 棉纱线 | kg | 0.066 | 0.066 | 0.066 | 0.080 | 0.080 | 0.080 |
| 六角螺栓（综合） | 10套 | — | — | — | 0.048 | 0.048 | 0.048 |
| 尼龙砂轮片 $\phi100$ | 片 | 0.337 | 0.365 | 0.381 | 0.421 | 0.455 | 0.474 |
| 低碳钢焊条（综合） | kg | 4.267 | 4.998 | 5.791 | 6.104 | 6.973 | 7.918 |
| 氧气 | $m^3$ | 3.569 | 3.930 | 4.280 | 4.328 | 4.757 | 5.174 |
| 乙炔气 | kg | 1.373 | 1.512 | 1.646 | 1.665 | 1.830 | 1.990 |
| 其他材料费 | % | 0.50 | 0.50 | 0.50 | 0.50 | 0.50 | 0.50 |
| 直流弧焊机 20kV·A | 台班 | 0.667 | 0.700 | 0.725 | 0.935 | 0.959 | 0.975 |
| 电焊条烘干箱 60×50×75（cm³） | 台班 | 0.067 | 0.070 | 0.073 | 0.094 | 0.096 | 0.098 |

**工作内容:** 量尺寸、切管、组对、焊接成型、成品码垛等操作过程。　　　　　　　　　　**计量单位:** 个

| 编　号 | | 5-2-116 | 5-2-117 | 5-2-118 | 5-2-119 | 5-2-120 | 5-2-121 |
|---|---|---|---|---|---|---|---|
| 项　目 | | 管外径 × 壁厚（mm×mm 以内） | | | | | |
| | | 720×8 | 720×9 | 720×10 | 820×9 | 820×10 | 820×12 |
| 名　称 | 单位 | 消　耗　量 | | | | | |
| 合计工日 | 工日 | 2.579 | 2.658 | 2.721 | 2.997 | 3.068 | 3.233 |
| 普工 | 工日 | 0.774 | 0.797 | 0.816 | 0.899 | 0.920 | 0.970 |
| 一般技工 | 工日 | 1.547 | 1.595 | 1.633 | 1.798 | 1.841 | 1.940 |
| 高级技工 | 工日 | 0.258 | 0.266 | 0.272 | 0.300 | 0.307 | 0.323 |
| 钢板卷管 45°弯头用 | m | （0.535） | （0.535） | （0.535） | （0.610） | （0.610） | （0.610） |
| 钢板卷管 60°弯头用 | m | （0.690） | （0.690） | （0.690） | （0.790） | （0.790） | （0.790） |
| 角钢（综合） | kg | 0.220 | 0.220 | 0.220 | 0.220 | 0.220 | 0.220 |
| 棉纱线 | kg | 0.090 | 0.090 | 0.090 | 0.104 | 0.104 | 0.104 |
| 六角螺栓（综合） | 10套 | 0.048 | 0.048 | 0.048 | 0.048 | 0.048 | 0.048 |
| 尼龙砂轮片 $\phi100$ | 片 | 0.482 | 0.521 | 0.542 | 0.644 | 0.668 | 0.710 |
| 低碳钢焊条（综合） | kg | 6.984 | 7.980 | 9.062 | 9.182 | 10.417 | 13.185 |
| 氧气 | m³ | 4.717 | 5.184 | 5.640 | 5.799 | 6.309 | 7.291 |
| 乙炔气 | kg | 1.814 | 1.994 | 2.169 | 2.230 | 2.427 | 2.804 |
| 其他材料费 | % | 0.50 | 0.50 | 0.50 | 0.50 | 0.50 | 0.50 |
| 汽车式起重机 8t | 台班 | — | — | — | 0.010 | 0.012 | 0.013 |
| 载重汽车 8t | 台班 | — | — | — | 0.003 | 0.004 | 0.005 |
| 直流弧焊机 20kV·A | 台班 | 1.071 | 1.099 | 1.118 | 1.254 | 1.275 | 1.349 |
| 电焊条烘干箱 60×50×75（cm³） | 台班 | 0.107 | 0.110 | 0.112 | 0.125 | 0.128 | 0.135 |

**工作内容:** 量尺寸、切管、组对、焊接成型、成品码垛等操作过程。 计量单位:个

| 编　号 | 5-2-122 | 5-2-123 | 5-2-124 | 5-2-125 | 5-2-126 | 5-2-127 |
|---|---|---|---|---|---|---|
| 项　目 | 管外径 × 壁厚(mm×mm 以内) | | | | | |
| | 920×9 | 920×10 | 920×12 | 1 020×10 | 1 020×12 | 1 020×14 |
| 名　称 | 单位 | 消　耗　量 | | | | |

| 名　称 | 单位 | | | | | |
|---|---|---|---|---|---|---|
| 合计工日 | 工日 | 3.337 | 3.413 | 3.598 | 3.770 | 3.978 | 4.395 |
| 普工 | 工日 | 1.001 | 1.024 | 1.079 | 1.131 | 1.193 | 1.319 |
| 一般技工 | 工日 | 2.002 | 2.048 | 2.159 | 2.262 | 2.387 | 2.637 |
| 高级技工 | 工日 | 0.334 | 0.341 | 0.360 | 0.377 | 0.398 | 0.439 |
| 钢板卷管 45°弯头用 | m | (0.650) | (0.650) | (0.650) | (0.690) | (0.690) | (0.690) |
| 钢板卷管 60°弯头用 | m | (0.830) | (0.830) | (0.830) | (0.880) | (0.880) | (0.880) |
| 角钢(综合) | kg | 0.220 | 0.220 | 0.220 | 0.220 | 0.220 | 0.220 |
| 棉纱线 | kg | 0.116 | 0.116 | 0.116 | 0.128 | 0.128 | 0.128 |
| 六角螺栓(综合) | 10套 | 0.048 | 0.048 | 0.048 | 0.048 | 0.048 | 0.048 |
| 尼龙砂轮片 φ100 | 片 | 0.724 | 0.751 | 0.798 | 0.834 | 0.886 | 0.941 |
| 低碳钢焊条(综合) | kg | 10.311 | 11.699 | 14.810 | 12.980 | 16.434 | 20.381 |
| 氧气 | m³ | 6.467 | 7.038 | 8.143 | 7.725 | 8.943 | 10.144 |
| 乙炔气 | kg | 2.487 | 2.707 | 3.132 | 2.971 | 3.440 | 3.902 |
| 其他材料费 | % | 0.50 | 0.50 | 0.50 | 0.50 | 0.50 | 0.50 |
| 汽车式起重机 8t | 台班 | 0.012 | 0.013 | 0.017 | 0.017 | — | — |
| 汽车式起重机 12t | 台班 | — | — | — | — | 0.019 | 0.021 |
| 载重汽车 8t | 台班 | 0.004 | 0.005 | 0.006 | 0.006 | 0.007 | 0.007 |
| 直流弧焊机 20kV·A | 台班 | 1.407 | 1.430 | 1.514 | 1.587 | 1.681 | 1.966 |
| 电焊条烘干箱 60×50×75(cm³) | 台班 | 0.141 | 0.143 | 0.151 | 0.159 | 0.168 | 0.197 |

**工作内容:** 量尺寸、切管、组对、焊接成型、成品码垛等操作过程。　　　　　　　　　　　　**计量单位:** 个

| 编　号 | | 5-2-128 | 5-2-129 | 5-2-130 | 5-2-131 | 5-2-132 | 5-2-133 |
|---|---|---|---|---|---|---|---|
| 项　目 | | 管外径 × 壁厚（mm × mm 以内） | | | | | |
| | | 1 220 × 10 | 1 220 × 12 | 1 220 × 14 | 1 420 × 10 | 1 420 × 12 | 1 420 × 14 |
| 名　称 | 单位 | 消　耗　量 | | | | | |
| 合计工日 | 工日 | 4.599 | 4.844 | 5.338 | 5.297 | 5.560 | 6.146 |
| 普工 | 工日 | 1.380 | 1.454 | 1.601 | 1.589 | 1.668 | 1.844 |
| 一般技工 | 工日 | 2.759 | 2.906 | 3.203 | 3.178 | 3.336 | 3.687 |
| 高级技工 | 工日 | 0.460 | 0.484 | 0.534 | 0.530 | 0.556 | 0.615 |
| 钢板卷管 45° 弯头用 | m | （0.810） | （0.810） | （0.810） | （0.910） | （0.910） | （0.910） |
| 钢板卷管 60° 弯头用 | m | （1.300） | （1.300） | （1.300） | （1.400） | （1.400） | （1.400） |
| 角钢（综合） | kg | 0.294 | 0.294 | 0.294 | 0.294 | 0.294 | 0.294 |
| 棉纱线 | kg | 0.154 | 0.154 | 0.154 | 0.178 | 0.178 | 0.178 |
| 六角螺栓（综合） | 10 套 | 0.048 | 0.048 | 0.048 | 0.048 | 0.048 | 0.048 |
| 尼龙砂轮片 $\phi100$ | 片 | 0.999 | 1.062 | 1.128 | 1.132 | 1.223 | 1.283 |
| 低碳钢焊条（综合） | kg | 15.542 | 19.681 | 24.414 | 18.104 | 22.929 | 28.447 |
| 氧气 | m³ | 9.447 | 10.952 | 12.401 | 10.539 | 12.213 | 13.824 |
| 乙炔气 | kg | 3.633 | 4.212 | 4.770 | 4.053 | 4.697 | 5.317 |
| 其他材料费 | % | 0.50 | 0.50 | 0.50 | 0.50 | 0.50 | 0.50 |
| 汽车式起重机 12t | 台班 | 0.021 | 0.022 | — | — | — | — |
| 汽车式起重机 16t | 台班 | — | — | 0.024 | 0.024 | 0.026 | 0.030 |
| 载重汽车 8t | 台班 | 0.007 | 0.008 | 0.008 | 0.008 | 0.008 | 0.010 |
| 直流弧焊机 20kV·A | 台班 | 1.912 | 2.023 | 2.365 | 2.225 | 2.356 | 2.754 |
| 电焊条烘干箱 60 × 50 × 75（cm³） | 台班 | 0.191 | 0.202 | 0.237 | 0.223 | 0.236 | 0.275 |

**工作内容:**量尺寸、切管、组对、焊接成型、成品码垛等操作过程。　　　　　　　　　　　　计量单位:个

| 编　号 | | 5-2-134 | 5-2-135 | 5-2-136 | 5-2-137 | 5-2-138 | 5-2-139 |
|---|---|---|---|---|---|---|---|
| 项　目 | | 管外径 × 壁厚(mm × mm 以内) | | | | | |
| | | 1 620 × 10 | 1 620 × 12 | 1 620 × 14 | 1 820 × 12 | 1 820 × 14 | 1 820 × 16 |
| 名　称 | 单位 | 消　耗　量 | | | | | |
| 合计工日 | 工日 | 5.980 | 6.317 | 6.983 | 7.764 | 7.866 | 8.053 |
| 普工 | 工日 | 1.794 | 1.895 | 2.095 | 2.329 | 2.360 | 2.416 |
| 一般技工 | 工日 | 3.588 | 3.790 | 4.190 | 4.658 | 4.719 | 4.831 |
| 高级技工 | 工日 | 0.598 | 0.632 | 0.698 | 0.777 | 0.787 | 0.806 |
| 钢板卷管 45°弯头用 | m | (0.980) | (0.980) | (0.980) | (1.300) | (1.300) | (1.300) |
| 钢板卷管 60°弯头用 | m | (1.500) | (1.500) | (1.500) | (1.600) | (1.600) | (1.600) |
| 角钢(综合) | kg | 0.356 | 0.356 | 0.356 | 0.356 | 0.356 | 0.356 |
| 棉纱线 | kg | 0.204 | 0.204 | 0.204 | 0.228 | 0.228 | 0.228 |
| 六角螺栓(综合) | 10 套 | 0.094 | 0.094 | 0.094 | 0.094 | 0.094 | 0.094 |
| 尼龙砂轮片 $\phi100$ | 片 | 1.330 | 1.414 | 1.503 | 1.590 | 1.690 | 1.816 |
| 低碳钢焊条(综合) | kg | 20.667 | 26.173 | 32.479 | 29.425 | 36.512 | 46.626 |
| 氧气 | m³ | 12.242 | 14.154 | 15.993 | 15.827 | 17.894 | 19.896 |
| 乙炔气 | kg | 4.708 | 5.444 | 6.151 | 6.087 | 6.882 | 7.652 |
| 其他材料费 | % | 0.50 | 0.50 | 0.50 | 0.50 | 0.50 | 0.50 |
| 汽车式起重机 16t | 台班 | 0.031 | 0.035 | 0.040 | 0.040 | — | — |
| 汽车式起重机 20t | 台班 | — | — | — | — | 0.059 | 0.071 |
| 载重汽车 8t | 台班 | 0.010 | 0.010 | 0.012 | 0.012 | 0.014 | 0.016 |
| 直流弧焊机 20kV·A | 台班 | 2.540 | 2.689 | 3.144 | 3.024 | 3.536 | 3.588 |
| 电焊条烘干箱 60×50×75(cm³) | 台班 | 0.254 | 0.269 | 0.314 | 0.302 | 0.354 | 0.359 |

**工作内容：**量尺寸、切管、组对、焊接成型、成品码垛等操作过程。 计量单位：个

| 编　　号 | | 5-2-140 | 5-2-141 | 5-2-142 |
|---|---|---|---|---|
| 项　　目 | | 管外径 × 壁厚（mm×mm 以内） | | |
| | | 2 020 × 12 | 2 020 × 14 | 2 020 × 16 |
| 名　　称 | 单位 | 消　耗　量 | | |
| 合计工日 | 工日 | 7.906 | 8.734 | 9.628 |
| 普工 | 工日 | 2.372 | 2.620 | 2.888 |
| 一般技工 | 工日 | 4.744 | 5.241 | 5.777 |
| 高级技工 | 工日 | 0.790 | 0.873 | 0.963 |
| 钢板卷管 45°弯头用 | m | （1.400） | （1.400） | （1.400） |
| 钢板卷管 60°弯头用 | m | （1.700） | （1.700） | （1.700） |
| 角钢（综合） | kg | 0.356 | 0.356 | 0.356 |
| 棉纱线 | kg | 0.254 | 0.254 | 0.254 |
| 六角螺栓（综合） | 10 套 | 0.094 | 0.094 | 0.094 |
| 尼龙砂轮片 φ100 | 片 | 1.766 | 1.878 | 2.017 |
| 低碳钢焊条（综合） | kg | 32.673 | 40.545 | 51.779 |
| 氧气 | m³ | 17.499 | 19.795 | 22.019 |
| 乙炔气 | kg | 6.730 | 7.613 | 8.469 |
| 其他材料费 | % | 0.50 | 0.50 | 0.50 |
| 汽车式起重机 20t | 台班 | 0.054 | 0.074 | 0.080 |
| 载重汽车 8t | 台班 | 0.013 | 0.017 | 0.018 |
| 直流弧焊机 20kV·A | 台班 | 3.356 | 3.926 | 3.985 |
| 电焊条烘干箱 60×50×75（cm³） | 台班 | 0.336 | 0.393 | 0.399 |

③焊接弯头制作（90°）

**工作内容:** 量尺寸、切管、组对、焊接成型、成品码垛等操作过程。　　　　　　计量单位:个

| 编　号 | | 5-2-143 | 5-2-144 | 5-2-145 | 5-2-146 | 5-2-147 | 5-2-148 |
|---|---|---|---|---|---|---|---|
| 项　目 | | 管外径 × 壁厚（mm×mm 以内） | | | | | |
| | | 219×5 | 219×6 | 219×7 | 273×6 | 273×7 | 273×8 |
| 名　称 | 单位 | 消　耗　量 | | | | | |
| 合计工日 | 工日 | 0.962 | 1.008 | 1.096 | 1.224 | 1.329 | 1.397 |
| 普工 | 工日 | 0.289 | 0.302 | 0.329 | 0.367 | 0.399 | 0.419 |
| 一般技工 | 工日 | 0.577 | 0.605 | 0.657 | 0.735 | 0.797 | 0.838 |
| 高级技工 | 工日 | 0.096 | 0.101 | 0.110 | 0.122 | 0.133 | 0.140 |
| 钢板卷管 | m | （0.528） | （0.528） | （0.528） | （0.543） | （0.543） | （0.543） |
| 角钢（综合） | kg | 0.300 | 0.300 | 0.300 | 0.300 | 0.300 | 0.300 |
| 棉纱线 | kg | 0.042 | 0.042 | 0.042 | 0.051 | 0.051 | 0.051 |
| 尼龙砂轮片 φ100 | 片 | 0.145 | 0.153 | 0.163 | 0.192 | 0.205 | 0.220 |
| 低碳钢焊条（综合） | kg | 1.336 | 1.653 | 2.168 | 2.097 | 2.741 | 3.250 |
| 氧气 | m³ | 2.099 | 2.429 | 2.745 | 2.721 | 3.079 | 3.423 |
| 乙炔气 | kg | 0.807 | 0.934 | 1.056 | 1.047 | 1.184 | 1.317 |
| 其他材料费 | % | 0.50 | 0.50 | 0.50 | 0.50 | 0.50 | 0.50 |
| 直流弧焊机 20kV·A | 台班 | 0.343 | 0.351 | 0.389 | 0.435 | 0.483 | 0.507 |
| 电焊条烘干箱 60×50×75（cm³） | 台班 | 0.034 | 0.035 | 0.039 | 0.044 | 0.048 | 0.051 |

**工作内容：**量尺寸、切管、组对、焊接成型、成品码垛等操作过程。 计量单位：个

| 编 号 | | 5-2-149 | 5-2-150 | 5-2-151 | 5-2-152 | 5-2-153 | 5-2-154 |
|---|---|---|---|---|---|---|---|
| 项 目 | | 管外径 × 壁厚（mm×mm 以内） | | | | | |
| | | 325×6 | 325×7 | 325×8 | 377×8 | 377×9 | 377×10 |
| 名 称 | 单位 | 消 耗 量 | | | | | |
| 合计工日 | 工日 | 1.497 | 1.617 | 1.693 | 1.936 | 2.017 | 2.082 |
| 普工 | 工日 | 0.449 | 0.485 | 0.508 | 0.581 | 0.605 | 0.625 |
| 一般技工 | 工日 | 0.899 | 0.970 | 1.016 | 1.161 | 1.210 | 1.249 |
| 高级技工 | 工日 | 0.149 | 0.162 | 0.169 | 0.194 | 0.202 | 0.208 |
| 钢板卷管 | m | （0.543） | （0.543） | （0.543） | （0.615） | （0.615） | （0.615） |
| 角钢（综合） | kg | 0.300 | 0.300 | 0.300 | 0.300 | 0.300 | 0.300 |
| 棉纱线 | kg | 0.063 | 0.063 | 0.063 | 0.072 | 0.072 | 0.072 |
| 尼龙砂轮片 $\phi100$ | 片 | 0.228 | 0.245 | 0.264 | 0.324 | 0.354 | 0.370 |
| 低碳钢焊条（综合） | kg | 2.500 | 3.269 | 3.878 | 4.505 | 5.282 | 6.124 |
| 氧气 | m³ | 2.741 | 3.361 | 3.741 | 4.062 | 4.461 | 4.848 |
| 乙炔气 | kg | 1.054 | 1.293 | 1.439 | 1.562 | 1.716 | 1.865 |
| 其他材料费 | % | 0.50 | 0.50 | 0.50 | 0.50 | 0.50 | 0.50 |
| 直流弧焊机 20kV·A | 台班 | 0.521 | 0.579 | 0.607 | 0.705 | 0.740 | 0.766 |
| 电焊条烘干箱 60×50×75（cm³） | 台班 | 0.052 | 0.058 | 0.061 | 0.071 | 0.074 | 0.077 |

**工作内容:**量尺寸、切管、组对、焊接成型、成品码垛等操作过程。　　　　　　　**计量单位:**个

| 编　号 | 5-2-155 | 5-2-156 | 5-2-157 | 5-2-158 | 5-2-159 | 5-2-160 |
|---|---|---|---|---|---|---|
| 项　目 | 管外径 × 壁厚（mm×mm 以内） | | | | | |
| | 426×8 | 426×9 | 426×10 | 478×8 | 478×9 | 478×10 |
| 名　称　　单位 | 消　耗　量 | | | | | |
| 合计工日　工日 | 2.171 | 2.265 | 2.367 | 3.276 | 3.409 | 3.522 |
| 普工　工日 | 0.652 | 0.680 | 0.710 | 0.983 | 1.022 | 1.057 |
| 一般技工　工日 | 1.302 | 1.358 | 1.420 | 1.965 | 2.046 | 2.113 |
| 高级技工　工日 | 0.217 | 0.227 | 0.237 | 0.328 | 0.341 | 0.352 |
| 钢板卷管　m | （0.692） | （0.692） | （0.692） | （0.779） | （0.779） | （0.779） |
| 角钢（综合）　kg | 0.300 | 0.300 | 0.300 | 0.400 | 0.400 | 0.400 |
| 棉纱线　kg | 0.081 | 0.081 | 0.081 | 0.120 | 0.120 | 0.120 |
| 尼龙砂轮片 $\phi100$　片 | 0.367 | 0.401 | 0.419 | 0.579 | 0.630 | 0.658 |
| 低碳钢焊条（综合）　kg | 5.098 | 5.975 | 6.930 | 7.630 | 8.949 | 10.381 |
| 氧气　$m^3$ | 4.455 | 4.897 | 5.328 | 6.279 | 6.902 | 7.509 |
| 乙炔气　kg | 1.713 | 1.883 | 2.049 | 2.415 | 2.655 | 2.888 |
| 其他材料费　% | 0.50 | 0.50 | 0.50 | 0.50 | 0.50 | 0.50 |
| 直流弧焊机 20kV·A　台班 | 0.797 | 0.837 | 0.867 | 1.199 | 1.259 | 1.304 |
| 电焊条烘干箱 60×50×75（$cm^3$）　台班 | 0.080 | 0.084 | 0.087 | 0.120 | 0.126 | 0.130 |

**工作内容:**量尺寸、切管、组对、焊接成型、成品码垛等操作过程。 计量单位:个

| 编 号 | | 5-2-161 | 5-2-162 | 5-2-163 | 5-2-164 | 5-2-165 | 5-2-166 |
|---|---|---|---|---|---|---|---|
| 项 目 | | 管外径 × 壁厚(mm×mm 以内) | | | | | |
| | | 529×8 | 529×9 | 529×10 | 630×8 | 630×9 | 630×10 |
| 名 称 | 单位 | 消 耗 量 | | | | | |
| 合计工日 | 工日 | 3.616 | 3.763 | 3.886 | 4.440 | 4.575 | 4.681 |
| 普工 | 工日 | 1.085 | 1.129 | 1.166 | 1.332 | 1.373 | 1.404 |
| 一般技工 | 工日 | 2.169 | 2.258 | 2.331 | 2.664 | 2.745 | 2.809 |
| 高级技工 | 工日 | 0.362 | 0.376 | 0.389 | 0.444 | 0.457 | 0.468 |
| 钢板卷管 | m | (0.861) | (0.861) | (0.861) | (0.922) | (0.922) | (0.922) |
| 角钢(综合) | kg | 0.400 | 0.400 | 0.400 | 0.404 | 0.404 | 0.404 |
| 棉纱线 | kg | 0.132 | 0.132 | 0.132 | 0.160 | 0.160 | 0.160 |
| 六角螺栓(综合) | 10套 | — | — | — | 0.096 | 0.096 | 0.096 |
| 尼龙砂轮片 φ100 | 片 | 0.673 | 0.731 | 0.761 | 0.842 | 0.910 | 0.947 |
| 低碳钢焊条(综合) | kg | 8.534 | 9.996 | 11.583 | 12.208 | 13.947 | 15.836 |
| 氧气 | m³ | 6.728 | 7.397 | 8.048 | 8.161 | 8.956 | 9.729 |
| 乙炔气 | kg | 2.588 | 2.845 | 3.095 | 3.139 | 3.445 | 3.742 |
| 其他材料费 | % | 0.50 | 0.50 | 0.50 | 0.50 | 0.50 | 0.50 |
| 汽车式起重机 8t | 台班 | 0.006 | 0.007 | 0.008 | 0.009 | 0.012 | 0.012 |
| 载重汽车 8t | 台班 | 0.002 | 0.003 | 0.004 | 0.004 | 0.004 | 0.005 |
| 直流弧焊机 20kV·A | 台班 | 1.334 | 1.400 | 1.451 | 1.870 | 1.918 | 1.951 |
| 电焊条烘干箱 60×50×75(cm³) | 台班 | 0.133 | 0.140 | 0.145 | 0.187 | 0.192 | 0.195 |

**工作内容:** 量尺寸、切管、组对、焊接成型、成品码垛等操作过程。　　　　　　　　　　　　　计量单位:个

| 编　号 | | 5-2-167 | 5-2-168 | 5-2-169 | 5-2-170 | 5-2-171 | 5-2-172 |
|---|---|---|---|---|---|---|---|
| 项　目 | | 管外径 × 壁厚(mm×mm 以内) | | | | | |
| | | 720×8 | 720×9 | 720×10 | 820×9 | 820×10 | 820×12 |
| 名　称 | 单位 | 消　耗　量 | | | | | |
| 合计工日 | 工日 | 5.058 | 5.210 | 5.331 | 5.877 | 6.012 | 6.334 |
| 普工 | 工日 | 1.517 | 1.563 | 1.599 | 1.763 | 1.804 | 1.900 |
| 一般技工 | 工日 | 3.035 | 3.126 | 3.199 | 3.526 | 3.607 | 3.800 |
| 高级技工 | 工日 | 0.506 | 0.521 | 0.533 | 0.588 | 0.601 | 0.634 |
| 钢板卷管 | m | (1.025) | (1.025) | (1.025) | (1.537) | (1.537) | (1.537) |
| 角钢(综合) | kg | 0.440 | 0.440 | 0.440 | 0.440 | 0.440 | 0.440 |
| 棉纱线 | kg | 0.180 | 0.180 | 0.180 | 0.208 | 0.208 | 0.208 |
| 六角螺栓(综合) | 10 套 | 0.096 | 0.096 | 0.096 | 0.096 | 0.096 | 0.096 |
| 尼龙砂轮片 $\phi100$ | 片 | 0.963 | 1.042 | 1.085 | 1.288 | 1.337 | 1.420 |
| 低碳钢焊条(综合) | kg | 13.968 | 15.959 | 18.124 | 18.364 | 20.834 | 26.370 |
| 氧气 | m³ | 8.926 | 9.799 | 10.647 | 10.980 | 11.930 | 13.764 |
| 乙炔气 | kg | 3.433 | 3.769 | 4.095 | 4.223 | 4.588 | 5.294 |
| 其他材料费 | % | 0.50 | 0.50 | 0.50 | 0.50 | 0.50 | 0.50 |
| 汽车式起重机 8t | 台班 | 0.013 | 0.015 | 0.017 | 0.019 | 0.020 | 0.021 |
| 载重汽车 8t | 台班 | 0.005 | 0.006 | 0.006 | 0.007 | 0.007 | 0.008 |
| 直流弧焊机 20kV·A | 台班 | 2.143 | 2.198 | 2.235 | 2.506 | 2.638 | 2.698 |
| 电焊条烘干箱 60×50×75(cm³) | 台班 | 0.214 | 0.220 | 0.224 | 0.251 | 0.264 | 0.270 |

**工作内容:**量尺寸、切管、组对、焊接成型、成品码垛等操作过程。 计量单位:个

| 编 号 | | 5-2-173 | 5-2-174 | 5-2-175 | 5-2-176 | 5-2-177 | 5-2-178 |
|---|---|---|---|---|---|---|---|
| 项 目 | | 管外径 × 壁厚(mm×mm 以内) | | | | | |
| | | 920 × 9 | 920 × 10 | 920 × 12 | 1 020 × 10 | 1 020 × 12 | 1 020 × 14 |
| 名 称 | 单位 | 消 耗 量 | | | | | |
| 合计工日 | 工日 | 6.540 | 6.690 | 7.045 | 7.382 | 7.787 | 8.610 |
| 普工 | 工日 | 1.962 | 2.007 | 2.113 | 2.215 | 2.336 | 2.583 |
| 一般技工 | 工日 | 3.924 | 4.014 | 4.227 | 4.429 | 4.672 | 5.166 |
| 高级技工 | 工日 | 0.654 | 0.669 | 0.705 | 0.738 | 0.779 | 0.861 |
| 钢板卷管 | m | (1.639) | (1.639) | (1.639) | (1.742) | (1.742) | (1.742) |
| 角钢(综合) | kg | 0.440 | 0.440 | 0.440 | 0.440 | 0.440 | 0.440 |
| 棉纱线 | kg | 0.232 | 0.232 | 0.232 | 0.256 | 0.256 | 0.256 |
| 六角螺栓(综合) | 10套 | 0.096 | 0.096 | 0.096 | 0.096 | 0.096 | 0.096 |
| 尼龙砂轮片 $\phi100$ | 片 | 1.447 | 1.502 | 1.596 | 1.667 | 1.772 | 1.881 |
| 低碳钢焊条(综合) | kg | 20.623 | 23.398 | 29.620 | 25.960 | 32.868 | 40.762 |
| 氧气 | m³ | 12.238 | 13.305 | 15.363 | 14.606 | 16.876 | 19.053 |
| 乙炔气 | kg | 4.707 | 5.117 | 5.909 | 5.618 | 6.491 | 7.501 |
| 其他材料费 | % | 0.50 | 0.50 | 0.50 | 0.50 | 0.50 | 0.50 |
| 汽车式起重机 8t | 台班 | 0.021 | 0.023 | 0.023 | 0.024 | — | — |
| 汽车式起重机 12t | 台班 | — | — | — | — | 0.028 | 0.029 |
| 载重汽车 8t | 台班 | 0.007 | 0.008 | 0.008 | 0.009 | 0.009 | 0.010 |
| 直流弧焊机 20kV·A | 台班 | 2.813 | 2.862 | 3.029 | 3.175 | 3.362 | 3.931 |
| 电焊条烘干箱 60×50×75(cm³) | 台班 | 0.281 | 0.286 | 0.303 | 0.318 | 0.336 | 0.393 |

**工作内容:** 量尺寸、切管、组对、焊接成型、成品码垛等操作过程。 计量单位: 个

| 编 号 | | 5-2-179 | 5-2-180 | 5-2-181 | 5-2-182 | 5-2-183 | 5-2-184 |
|---|---|---|---|---|---|---|---|
| 项 目 | | 管外径 × 壁厚（mm×mm 以内） | | | | | |
| | | 1 220 × 10 | 1 220 × 12 | 1 220 × 14 | 1 420 × 10 | 1 420 × 12 | 1 420 × 14 |
| 名 称 | 单位 | 消 耗 量 | | | | | |
| 合计工日 | 工日 | 9.012 | 9.485 | 10.464 | 10.369 | 10.883 | 12.039 |
| 普工 | 工日 | 2.704 | 2.845 | 3.139 | 3.110 | 3.265 | 3.612 |
| 一般技工 | 工日 | 5.407 | 5.691 | 6.278 | 6.222 | 6.530 | 7.223 |
| 高级技工 | 工日 | 0.901 | 0.949 | 1.047 | 1.037 | 1.088 | 1.204 |
| 钢板卷管 | m | （2.049） | （2.049） | （2.049） | （2.100） | （2.100） | （2.100） |
| 角钢（综合） | kg | 0.588 | 0.588 | 0.588 | 0.588 | 0.588 | 0.588 |
| 棉纱线 | kg | 0.308 | 0.308 | 0.308 | 0.356 | 0.356 | 0.356 |
| 六角螺栓（综合） | 10 套 | 0.096 | 0.096 | 0.096 | 0.096 | 0.096 | 0.096 |
| 尼龙砂轮片 $\phi100$ | 片 | 1.998 | 2.124 | 2.256 | 2.264 | 2.411 | 2.566 |
| 低碳钢焊条（综合） | kg | 31.085 | 39.363 | 48.828 | 36.209 | 45.869 | 56.894 |
| 氧气 | m³ | 17.806 | 20.600 | 23.285 | 19.943 | 23.068 | 26.065 |
| 乙炔气 | kg | 6.848 | 7.923 | 8.956 | 7.670 | 8.872 | 10.025 |
| 其他材料费 | % | 0.50 | 0.50 | 0.50 | 0.50 | 0.50 | 0.50 |
| 汽车式起重机 12t | 台班 | 0.035 | 0.040 | — | — | — | — |
| 汽车式起重机 16t | 台班 | — | — | 0.048 | 0.044 | 0.059 | 0.069 |
| 载重汽车 8t | 台班 | 0.011 | 0.012 | 0.013 | 0.013 | 0.013 | 0.015 |
| 直流弧焊机 20kV·A | 台班 | 3.823 | 4.046 | 4.730 | 4.450 | 4.711 | 5.508 |
| 电焊条烘干箱 60×50×75（cm³） | 台班 | 0.382 | 0.405 | 0.473 | 0.445 | 0.471 | 0.551 |

**工作内容：**量尺寸、切管、组对、焊接成型、成品码垛等操作过程。 计量单位：个

| 编　　号 | | 5-2-185 | 5-2-186 | 5-2-187 | 5-2-188 | 5-2-189 | 5-2-190 |
|---|---|---|---|---|---|---|---|
| 项　　目 | | 管外径 × 壁厚（mm×mm 以内） | | | | | |
| | | 1 620 × 10 | 1 620 × 12 | 1 620 × 14 | 1 820 × 12 | 1 820 × 14 | 1 820 × 16 |
| 名　　称 | 单位 | 消　耗　量 | | | | | |
| 合计工日 | 工日 | 11.717 | 12.361 | 13.671 | 13.448 | 15.394 | 15.750 |
| 普工 | 工日 | 3.515 | 3.708 | 4.101 | 4.034 | 4.618 | 4.725 |
| 一般技工 | 工日 | 7.030 | 7.417 | 8.203 | 8.069 | 9.237 | 9.450 |
| 高级技工 | 工日 | 1.172 | 1.236 | 1.367 | 1.345 | 1.539 | 1.575 |
| 钢板卷管 | m | （2.254） | （2.254） | （2.254） | （2.459） | （2.459） | （2.459） |
| 角钢（综合） | kg | 0.712 | 0.712 | 0.712 | 0.712 | 0.712 | 0.712 |
| 棉纱线 | kg | 0.408 | 0.408 | 0.408 | 0.456 | 0.456 | 0.456 |
| 六角螺栓（综合） | 10 套 | 0.188 | 0.188 | 0.188 | 0.188 | 0.188 | 0.188 |
| 尼龙砂轮片 $\phi$100 | 片 | 2.659 | 2.828 | 3.006 | 3.181 | 3.381 | 3.631 |
| 低碳钢焊条（综合） | kg | 41.334 | 52.354 | 64.959 | 58.850 | 73.024 | 93.252 |
| 氧气 | m³ | 23.189 | 26.755 | 30.178 | 29.909 | 33.755 | 37.471 |
| 乙炔气 | kg | 8.919 | 10.290 | 11.607 | 11.503 | 12.983 | 14.412 |
| 其他材料费 | % | 0.50 | 0.50 | 0.50 | 0.50 | 0.50 | 0.50 |
| 汽车式起重机 16t | 台班 | 0.071 | 0.073 | 0.080 | 0.088 | — | — |
| 汽车式起重机 20t | 台班 | — | — | — | — | 0.106 | 0.115 |
| 载重汽车 8t | 台班 | 0.016 | 0.016 | 0.018 | 0.017 | 0.019 | 0.022 |
| 直流弧焊机 20kV·A | 台班 | 5.079 | 5.378 | 6.288 | 6.047 | 7.071 | 7.177 |
| 电焊条烘干箱 60×50×75（cm³） | 台班 | 0.508 | 0.538 | 0.629 | 0.605 | 0.707 | 0.718 |

**工作内容:**量尺寸、切管、组对、焊接成型、成品码垛等操作过程。 计量单位:个

| 编　号 | | 5-2-191 | 5-2-192 | 5-2-193 |
|---|---|---|---|---|
| 项　目 | | 管外径 × 壁厚(mm×mm 以内) | | |
| | | 2 020 × 12 | 2 020 × 14 | 2 020 × 16 |
| 名　称 | 单位 | 消　耗　量 | | |
| 合计工日 | 工日 | 15.459 | 17.094 | 17.489 |
| 普工 | 工日 | 4.638 | 5.128 | 5.247 |
| 一般技工 | 工日 | 9.275 | 10.257 | 10.493 |
| 高级技工 | 工日 | 1.546 | 1.709 | 1.749 |
| 钢板卷管 | m | (2.562) | (2.562) | (2.562) |
| 角钢(综合) | kg | 0.712 | 0.712 | 0.712 |
| 棉纱线 | kg | 0.508 | 0.508 | 0.508 |
| 六角螺栓(综合) | 10 套 | 0.188 | 0.188 | 0.188 |
| 尼龙砂轮片 $\phi100$ | 片 | 3.533 | 3.756 | 4.034 |
| 低碳钢焊条(综合) | kg | 65.346 | 81.090 | 103.558 |
| 氧气 | m³ | 33.119 | 37.332 | 41.460 |
| 乙炔气 | kg | 12.738 | 14.358 | 15.946 |
| 其他材料费 | % | 0.50 | 0.50 | 0.50 |
| 汽车式起重机 20t | 台班 | 0.115 | 0.150 | 0.195 |
| 载重汽车 8t | 台班 | 0.022 | 0.023 | 0.025 |
| 直流弧焊机 20kV·A | 台班 | 6.713 | 7.853 | 7.970 |
| 电焊条烘干箱 60×50×75(cm³) | 台班 | 0.671 | 0.785 | 0.797 |

④异径管制作

**工作内容:** 下料、切管、组对、焊接、成品堆放等操作过程。 计量单位: 个

| 编 号 | | 5-2-194 | 5-2-195 | 5-2-196 | 5-2-197 | 5-2-198 | 5-2-199 |
|---|---|---|---|---|---|---|---|
| 项 目 | | 管外径 × 壁厚(mm×mm 以内) | | | | | |
| | | 219×5 | 219×6 | 219×7 | 273×6 | 273×7 | 273×8 |
| 名 称 | 单位 | 消 耗 量 | | | | | |
| 合计工日 | 工日 | 0.403 | 0.483 | 0.560 | 0.569 | 0.579 | 0.587 |
| 普工 | 工日 | 0.121 | 0.145 | 0.168 | 0.171 | 0.174 | 0.176 |
| 一般技工 | 工日 | 0.241 | 0.289 | 0.336 | 0.341 | 0.347 | 0.352 |
| 高级技工 | 工日 | 0.041 | 0.049 | 0.056 | 0.057 | 0.058 | 0.059 |
| 钢板卷管 | m | (0.266) | (0.266) | (0.266) | (0.287) | (0.287) | (0.287) |
| 尼龙砂轮片 $\phi100$ | 片 | 0.060 | 0.070 | 0.080 | 0.084 | 0.088 | 0.090 |
| 低碳钢焊条(综合) | kg | 0.190 | 0.210 | 0.250 | 0.270 | 0.282 | 0.320 |
| 氧气 | m³ | 0.530 | 0.630 | 0.740 | 0.780 | 0.835 | 0.952 |
| 乙炔气 | kg | 0.204 | 0.242 | 0.285 | 0.300 | 0.321 | 0.366 |
| 其他材料费 | % | 0.50 | 0.50 | 0.50 | 0.50 | 0.50 | 0.50 |
| 直流弧焊机 20kV·A | 台班 | 0.027 | 0.035 | 0.044 | 0.046 | 0.047 | 0.048 |
| 电焊条烘干箱 60×50×75(cm³) | 台班 | 0.003 | 0.004 | 0.004 | 0.005 | 0.005 | 0.005 |

**工作内容：** 下料、切管、组对、焊接、成品堆放等操作过程。 计量单位：个

| 编 号 | | 5-2-200 | 5-2-201 | 5-2-202 | 5-2-203 | 5-2-204 | 5-2-205 |
|---|---|---|---|---|---|---|---|
| 项 目 | | 管外径 × 壁厚（mm × mm 以内） | | | | | |
| | | 325 × 7 | 325 × 8 | 325 × 9 | 377 × 8 | 377 × 9 | 377 × 10 |
| 名 称 | 单位 | 消 耗 量 | | | | | |
| 合计工日 | 工日 | 0.604 | 0.604 | 0.771 | 0.771 | 0.803 | 0.893 |
| 普工 | 工日 | 0.181 | 0.181 | 0.231 | 0.231 | 0.241 | 0.268 |
| 一般技工 | 工日 | 0.363 | 0.363 | 0.463 | 0.463 | 0.482 | 0.536 |
| 高级技工 | 工日 | 0.060 | 0.060 | 0.077 | 0.077 | 0.080 | 0.089 |
| 钢板卷管 | m | （0.328） | （0.328） | （0.328） | （0.359） | （0.359） | （0.359） |
| 尼龙砂轮片 $\phi100$ | 片 | 0.092 | 0.094 | 0.105 | 0.109 | 0.112 | 0.125 |
| 低碳钢焊条（综合） | kg | 0.340 | 0.360 | 0.410 | 0.420 | 0.430 | 0.480 |
| 氧气 | m³ | 1.120 | 1.270 | 1.440 | 1.520 | 1.680 | 1.870 |
| 乙炔气 | kg | 0.431 | 0.488 | 0.554 | 0.585 | 0.646 | 0.719 |
| 其他材料费 | % | 0.50 | 0.50 | 0.50 | 0.50 | 0.50 | 0.50 |
| 直流弧焊机 20kV·A | 台班 | 0.049 | 0.051 | 0.053 | 0.056 | 0.062 | 0.071 |
| 电焊条烘干箱 60×50×75（cm³） | 台班 | 0.005 | 0.005 | 0.005 | 0.006 | 0.006 | 0.007 |

**工作内容：** 下料、切管、组对、焊接、成品堆放等操作过程。 计量单位：个

| 编 号 | | 5-2-206 | 5-2-207 | 5-2-208 | 5-2-209 | 5-2-210 | 5-2-211 |
|---|---|---|---|---|---|---|---|
| 项 目 | | 管外径 × 壁厚（mm × mm 以内） | | | | | |
| | | 426 × 8 | 426 × 9 | 426 × 10 | 478 × 8 | 478 × 9 | 478 × 10 |
| 名 称 | 单位 | 消 耗 量 | | | | | |
| 合计工日 | 工日 | 0.717 | 0.813 | 0.919 | 0.763 | 0.858 | 0.953 |
| 普工 | 工日 | 0.215 | 0.244 | 0.275 | 0.229 | 0.257 | 0.286 |
| 一般技工 | 工日 | 0.430 | 0.488 | 0.552 | 0.457 | 0.515 | 0.572 |
| 高级技工 | 工日 | 0.072 | 0.081 | 0.092 | 0.077 | 0.086 | 0.095 |
| 钢板卷管 | m | （0.420） | （0.420） | （0.420） | （0.444） | （0.444） | （0.444） |
| 尼龙砂轮片 $\phi100$ | 片 | 0.113 | 0.127 | 0.140 | 0.124 | 0.142 | 0.146 |
| 低碳钢焊条（综合） | kg | 0.450 | 0.490 | 0.540 | 0.470 | 0.560 | 0.620 |
| 氧气 | m³ | 1.840 | 2.180 | 2.440 | 2.020 | 2.480 | 2.520 |
| 乙炔气 | kg | 0.708 | 0.838 | 0.938 | 0.777 | 0.954 | 0.969 |
| 其他材料费 | % | 0.50 | 0.50 | 0.50 | 0.50 | 0.50 | 0.50 |
| 直流弧焊机 20kV·A | 台班 | 0.066 | 0.075 | 0.080 | 0.071 | 0.084 | 0.088 |
| 电焊条烘干箱 60×50×75（cm³） | 台班 | 0.007 | 0.008 | 0.008 | 0.007 | 0.008 | 0.009 |

**工作内容:** 下料、切管、组对、焊接、成品堆放等操作过程。　　　　　　　　　　　　　　　　　　**计量单位:** 个

| 编　号 | | 5-2-212 | 5-2-213 | 5-2-214 | 5-2-215 | 5-2-216 | 5-2-217 |
|---|---|---|---|---|---|---|---|
| 项　目 | | 管外径 × 壁厚（mm×mm 以内） | | | | | |
| | | 529×8 | 529×9 | 529×10 | 630×8 | 630×9 | 630×10 |
| 名　称 | 单位 | 消　耗　量 | | | | | |
| 合计工日 | 工日 | 0.771 | 0.866 | 0.962 | 0.901 | 1.007 | 1.119 |
| 普工 | 工日 | 0.231 | 0.260 | 0.289 | 0.270 | 0.302 | 0.336 |
| 一般技工 | 工日 | 0.463 | 0.520 | 0.577 | 0.541 | 0.604 | 0.671 |
| 高级技工 | 工日 | 0.077 | 0.086 | 0.096 | 0.090 | 0.101 | 0.112 |
| 钢板卷管 | m | （0.463） | （0.463） | （0.463） | （0.491） | （0.491） | （0.491） |
| 尼龙砂轮片 $\phi100$ | 片 | 0.140 | 0.141 | 0.176 | 0.156 | 0.200 | 0.220 |
| 低碳钢焊条（综合） | kg | 0.530 | 0.610 | 0.730 | 0.640 | 0.760 | 0.810 |
| 氧气 | m³ | 2.300 | 2.500 | 2.880 | 2.620 | 2.920 | 2.970 |
| 乙炔气 | kg | 0.885 | 0.962 | 1.108 | 1.008 | 1.123 | 1.142 |
| 其他材料费 | % | 0.50 | 0.50 | 0.50 | 0.50 | 0.50 | 0.50 |
| 直流弧焊机 20kV·A | 台班 | 0.080 | 0.087 | 0.097 | 0.093 | 0.106 | 0.115 |
| 电焊条烘干箱 60×50×75（cm³） | 台班 | 0.008 | 0.009 | 0.010 | 0.009 | 0.011 | 0.012 |

**工作内容：** 下料、切管、组对、焊接、成品堆放等操作过程。　　　　　　　　　　　　　　　　　　计量单位：个

| 编　号 | | 5-2-218 | 5-2-219 | 5-2-220 | 5-2-221 | 5-2-222 | 5-2-223 |
|---|---|---|---|---|---|---|---|
| 项　目 | | 管外径 × 壁厚（mm×mm 以内） | | | | | |
| | | 720×8 | 720×9 | 720×10 | 820×9 | 820×10 | 820×12 |
| 名　称 | 单位 | 消　耗　量 | | | | | |
| 合计工日 | 工日 | 1.119 | 1.260 | 1.401 | 1.443 | 1.488 | 1.793 |
| 普工 | 工日 | 0.336 | 0.378 | 0.420 | 0.433 | 0.446 | 0.538 |
| 一般技工 | 工日 | 0.671 | 0.756 | 0.841 | 0.866 | 0.893 | 1.076 |
| 高级技工 | 工日 | 0.112 | 0.126 | 0.140 | 0.144 | 0.149 | 0.179 |
| 钢板卷管 | m | （0.552） | （0.552） | （0.552） | （0.598） | （0.598） | （0.598） |
| 尼龙砂轮片 $\phi100$ | 片 | 0.201 | 0.240 | 0.250 | 0.270 | 0.300 | 0.350 |
| 低碳钢焊条（综合） | kg | 0.780 | 0.820 | 0.910 | 1.080 | 1.200 | 1.440 |
| 氧气 | $m^3$ | 2.950 | 3.490 | 3.880 | 4.210 | 4.680 | 5.620 |
| 乙炔气 | kg | 1.135 | 1.342 | 1.492 | 1.619 | 1.800 | 2.162 |
| 其他材料费 | % | 0.50 | 0.50 | 0.50 | 0.50 | 0.50 | 0.50 |
| 汽车式起重机 8t | 台班 | — | — | — | 0.010 | 0.010 | 0.011 |
| 载重汽车 8t | 台班 | — | — | — | 0.001 | 0.001 | 0.001 |
| 直流弧焊机 20kV·A | 台班 | 0.111 | 0.124 | 0.133 | 0.150 | 0.168 | 0.203 |
| 电焊条烘干箱 60×50×75（$cm^3$） | 台班 | 0.011 | 0.012 | 0.013 | 0.015 | 0.017 | 0.020 |

**工作内容：**下料、切管、组对、焊接、成品堆放等操作过程。 计量单位：个

| 编 号 | | 5-2-224 | 5-2-225 | 5-2-226 | 5-2-227 | 5-2-228 | 5-2-229 |
|---|---|---|---|---|---|---|---|
| 项 目 | | 管外径 × 壁厚（mm×mm 以内） | | | | | |
| | | 920×9 | 920×10 | 920×12 | 1 020×10 | 1 020×12 | 1 020×14 |
| 名 称 | 单位 | 消 耗 量 | | | | | |
| 合计工日 | 工日 | 1.443 | 1.610 | 1.829 | 1.628 | 1.916 | 2.179 |
| 普工 | 工日 | 0.433 | 0.483 | 0.549 | 0.488 | 0.575 | 0.653 |
| 一般技工 | 工日 | 0.866 | 0.966 | 1.097 | 0.977 | 1.149 | 1.308 |
| 高级技工 | 工日 | 0.144 | 0.161 | 0.183 | 0.163 | 0.192 | 0.218 |
| 钢板卷管 | m | （0.628） | （0.628） | （0.628） | （0.636） | （0.636） | （0.636） |
| 尼龙砂轮片 $\phi100$ | 片 | 0.320 | 0.340 | 0.370 | 0.360 | 0.440 | 0.510 |
| 低碳钢焊条（综合） | kg | 1.220 | 1.250 | 1.800 | 1.760 | 2.690 | 3.140 |
| 氧气 | m³ | 4.980 | 5.510 | 6.610 | 5.830 | 6.990 | 8.190 |
| 乙炔气 | kg | 1.915 | 2.119 | 2.542 | 2.242 | 2.688 | 3.150 |
| 其他材料费 | % | 0.50 | 0.50 | 0.50 | 0.50 | 0.50 | 0.50 |
| 汽车式起重机 8t | 台班 | 0.011 | 0.012 | 0.012 | 0.013 | — | — |
| 汽车式起重机 12t | 台班 | — | — | — | — | 0.013 | 0.015 |
| 载重汽车 8t | 台班 | 0.002 | 0.002 | 0.002 | 0.003 | 0.004 | 0.006 |
| 直流弧焊机 20kV·A | 台班 | 0.186 | 0.195 | 0.265 | 0.248 | 0.380 | 0.442 |
| 电焊条烘干箱 60×50×75（cm³） | 台班 | 0.019 | 0.020 | 0.027 | 0.025 | 0.038 | 0.044 |

**工作内容:** 下料、切管、组对、焊接、成品堆放等操作过程。　　　　　　　　**计量单位:** 个

| 编　号 | | 5-2-230 | 5-2-231 | 5-2-232 | 5-2-233 | 5-2-234 | 5-2-235 |
|---|---|---|---|---|---|---|---|
| 项　目 | | 管外径 × 壁厚(mm × mm 以内) | | | | | |
| | | 1 220 × 10 | 1 220 × 12 | 1 220 × 14 | 1 420 × 10 | 1 420 × 12 | 1 420 × 14 |
| 名　称 | 单位 | 消　耗　量 | | | | | |
| 合计工日 | 工日 | 1.637 | 1.926 | 2.301 | 1.645 | 1.977 | 2.310 |
| 普工 | 工日 | 0.491 | 0.578 | 0.690 | 0.493 | 0.593 | 0.693 |
| 一般技工 | 工日 | 0.982 | 1.155 | 1.381 | 0.987 | 1.186 | 1.386 |
| 高级技工 | 工日 | 0.164 | 0.193 | 0.230 | 0.165 | 0.198 | 0.231 |
| 钢板卷管 | m | (0.646) | (0.646) | (0.646) | (0.658) | (0.658) | (0.658) |
| 尼龙砂轮片 $\phi$100 | 片 | 0.390 | 0.470 | 0.550 | 0.510 | 0.501 | 0.570 |
| 低碳钢焊条(综合) | kg | 2.380 | 2.850 | 3.340 | 2.390 | 2.860 | 3.360 |
| 氧气 | m³ | 6.380 | 8.100 | 9.580 | 7.630 | 9.140 | 10.690 |
| 乙炔气 | kg | 2.454 | 3.115 | 3.685 | 2.935 | 3.515 | 4.112 |
| 其他材料费 | % | 0.50 | 0.50 | 0.50 | 0.50 | 0.50 | 0.50 |
| 汽车式起重机 12t | 台班 | 0.015 | 0.019 | — | — | — | — |
| 汽车式起重机 16t | 台班 | — | — | 0.019 | 0.019 | 0.024 | 0.025 |
| 载重汽车 8t | 台班 | 0.006 | 0.007 | 0.007 | 0.007 | 0.008 | 0.008 |
| 直流弧焊机 20kV·A | 台班 | 0.334 | 0.402 | 0.469 | 0.356 | 0.425 | 0.504 |
| 电焊条烘干箱 60×50×75(cm³) | 台班 | 0.033 | 0.040 | 0.047 | 0.036 | 0.043 | 0.050 |

**工作内容:**下料、切管、组对、焊接、成品堆放等操作过程。　　　　　　　　　　　　　**计量单位:**个

| 编　号 | | 5-2-236 | 5-2-237 | 5-2-238 | 5-2-239 | 5-2-240 |
|---|---|---|---|---|---|---|
| 项　目 | | 管外径 × 壁厚（mm×mm 以内） | | | | |
| | | 1 620×10 | 1 620×12 | 1 620×14 | 1 820×12 | 1 820×14 |
| 名　称 | 单位 | 消　耗　量 | | | | |
| 合计工日 | 工日 | 1.829 | 2.197 | 2.565 | 2.231 | 2.581 |
| 普工 | 工日 | 0.549 | 0.659 | 0.770 | 0.670 | 0.774 |
| 一般技工 | 工日 | 1.097 | 1.318 | 1.538 | 1.338 | 1.549 |
| 高级技工 | 工日 | 0.183 | 0.220 | 0.257 | 0.223 | 0.258 |
| 钢板卷管 | m | （0.669） | （0.669） | （0.669） | （0.680） | （0.680） |
| 尼龙砂轮片 $\phi$100 | 片 | 0.442 | 0.521 | 0.613 | 0.540 | 0.643 |
| 低碳钢焊条（综合） | kg | 2.430 | 2.880 | 3.400 | 2.920 | 3.480 |
| 氧气 | m³ | 8.810 | 10.580 | 12.320 | 11.340 | 12.860 |
| 乙炔气 | kg | 3.388 | 4.069 | 4.738 | 4.362 | 4.946 |
| 其他材料费 | % | 0.50 | 0.50 | 0.50 | 0.50 | 0.50 |
| 汽车式起重机 16t | 台班 | 0.024 | 0.026 | 0.026 | 0.029 | 0.035 |
| 载重汽车 8t | 台班 | 0.008 | 0.008 | 0.008 | 0.009 | 0.010 |
| 直流弧焊机 20kV·A | 台班 | 0.389 | 0.442 | 0.522 | 0.460 | 0.540 |
| 电焊条烘干箱 60×50×75（cm³） | 台班 | 0.039 | 0.044 | 0.052 | 0.046 | 0.054 |

**工作内容：**下料、切管、组对、焊接、成品堆放等操作过程。　　　　　　　　　　　**计量单位：**个

| 编　号 | | 5-2-241 | 5-2-242 | 5-2-243 | 5-2-244 |
|---|---|---|---|---|---|
| 项　目 | | 管外径 × 壁厚（mm×mm 以内） | | | |
| | | 1 820×16 | 2 020×12 | 2 020×14 | 2 020×16 |
| 名　称 | 单位 | 消　耗　量 | | | |
| 合计工日 | 工日 | 2.748 | 2.319 | 2.703 | 3.089 |
| 普工 | 工日 | 0.824 | 0.696 | 0.811 | 0.927 |
| 一般技工 | 工日 | 1.649 | 1.391 | 1.622 | 1.853 |
| 高级技工 | 工日 | 0.275 | 0.232 | 0.270 | 0.309 |
| 钢板卷管 | m | （0.680） | （0.689） | （0.689） | （0.689） |
| 尼龙砂轮片 $\phi100$ | 片 | 0.721 | 0.563 | 0.662 | 0.732 |
| 低碳钢焊条（综合） | kg | 3.520 | 3.230 | 3.500 | 3.740 |
| 氧气 | m³ | 13.790 | 12.760 | 13.080 | 15.260 |
| 乙炔气 | kg | 5.304 | 4.908 | 5.031 | 5.869 |
| 其他材料费 | % | 0.50 | 0.50 | 0.50 | 0.50 |
| 汽车式起重机 16t | 台班 | 0.040 | — | — | — |
| 汽车式起重机 20t | 台班 | — | 0.035 | 0.040 | 0.059 |
| 载重汽车 8t | 台班 | 0.012 | 0.010 | 0.012 | 0.014 |
| 直流弧焊机 20kV·A | 台班 | 0.558 | 0.479 | 0.550 | 0.585 |
| 电焊条烘干箱 60×50×75（cm³） | 台班 | 0.056 | 0.048 | 0.055 | 0.059 |

⑤三通制作

**工作内容:**下料、切管、组对、焊接、成品堆放等操作过程。　　　　　　　　　　　　计量单位:个

| 编　号 | | 5-2-245 | 5-2-246 | 5-2-247 | 5-2-248 | 5-2-249 | 5-2-250 |
|---|---|---|---|---|---|---|---|
| 项　目 | | 管外径 × 壁厚(mm×mm 以内) | | | | | |
| | | 219×5 | 219×6 | 219×7 | 273×6 | 273×7 | 273×8 |
| 名　称 | 单位 | 消　耗　量 | | | | | |
| 合计工日 | 工日 | 0.359 | 0.438 | 0.506 | 0.506 | 0.525 | 0.604 |
| 普工 | 工日 | 0.108 | 0.131 | 0.152 | 0.152 | 0.158 | 0.181 |
| 一般技工 | 工日 | 0.215 | 0.263 | 0.304 | 0.304 | 0.315 | 0.363 |
| 高级技工 | 工日 | 0.036 | 0.044 | 0.050 | 0.050 | 0.052 | 0.060 |
| 钢板卷管 | m | (0.572) | (0.572) | (0.572) | (0.573) | (0.573) | (0.573) |
| 尼龙砂轮片 $\phi100$ | 片 | 0.130 | 0.152 | 0.162 | 0.163 | 0.166 | 0.168 |
| 低碳钢焊条(综合) | kg | 0.970 | 1.160 | 1.240 | 1.300 | 1.360 | 1.400 |
| 氧气 | m³ | 0.340 | 0.404 | 0.470 | 0.480 | 0.500 | 0.557 |
| 乙炔气 | kg | 0.131 | 0.155 | 0.181 | 0.185 | 0.192 | 0.214 |
| 其他材料费 | % | 0.50 | 0.50 | 0.50 | 0.50 | 0.50 | 0.50 |
| 直流弧焊机 20kV·A | 台班 | 0.186 | 0.195 | 0.203 | 0.212 | 0.221 | 0.223 |
| 电焊条烘干箱 60×50×75(cm³) | 台班 | 0.019 | 0.020 | 0.020 | 0.021 | 0.022 | 0.022 |

**工作内容：**下料、切管、组对、焊接、成品堆放等操作过程。　　　　　　　　　　　计量单位：个

| 编　号 | | 5-2-251 | 5-2-252 | 5-2-253 | 5-2-254 | 5-2-255 | 5-2-256 |
|---|---|---|---|---|---|---|---|
| 项　目 | | 管外径 × 壁厚（mm×mm 以内） | | | | | |
| | | 325×6 | 325×7 | 325×8 | 377×8 | 377×9 | 377×10 |
| 名　称 | 单位 | 消　耗　量 | | | | | |
| 合计工日 | 工日 | 0.465 | 0.543 | 0.621 | 0.639 | 0.717 | 0.797 |
| 普工 | 工日 | 0.140 | 0.163 | 0.186 | 0.192 | 0.215 | 0.239 |
| 一般技工 | 工日 | 0.278 | 0.326 | 0.373 | 0.383 | 0.430 | 0.478 |
| 高级技工 | 工日 | 0.047 | 0.054 | 0.062 | 0.064 | 0.072 | 0.080 |
| 钢板卷管 | m | （0.626） | （0.626） | （0.626） | （0.639） | （0.639） | （0.639） |
| 尼龙砂轮片 $\phi100$ | 片 | 0.167 | 0.170 | 0.182 | 0.185 | 0.195 | 0.220 |
| 低碳钢焊条（综合） | kg | 1.380 | 1.430 | 1.479 | 1.800 | 2.020 | 2.250 |
| 氧气 | m³ | 0.540 | 0.600 | 0.642 | 0.654 | 0.700 | 0.744 |
| 乙炔气 | kg | 0.208 | 0.231 | 0.247 | 0.252 | 0.269 | 0.286 |
| 其他材料费 | % | 0.50 | 0.50 | 0.50 | 0.50 | 0.50 | 0.50 |
| 直流弧焊机 20kV·A | 台班 | 0.222 | 0.223 | 0.224 | 0.225 | 0.257 | 0.286 |
| 电焊条烘干箱 60×50×75（cm³） | 台班 | 0.022 | 0.022 | 0.022 | 0.023 | 0.026 | 0.029 |

**工作内容：**下料、切管、组对、焊接、成品堆放等操作过程。　　　　　　　　　　　计量单位：个

| 编　号 | | 5-2-257 | 5-2-258 | 5-2-259 | 5-2-260 | 5-2-261 | 5-2-262 |
|---|---|---|---|---|---|---|---|
| 项　目 | | 管外径 × 壁厚（mm×mm 以内） | | | | | |
| | | 426×8 | 426×9 | 426×10 | 478×8 | 478×9 | 478×10 |
| 名　称 | 单位 | 消　耗　量 | | | | | |
| 合计工日 | 工日 | 0.682 | 0.771 | 0.858 | 0.840 | 0.946 | 1.050 |
| 普工 | 工日 | 0.204 | 0.231 | 0.257 | 0.252 | 0.284 | 0.315 |
| 一般技工 | 工日 | 0.410 | 0.463 | 0.515 | 0.504 | 0.567 | 0.630 |
| 高级技工 | 工日 | 0.068 | 0.077 | 0.086 | 0.084 | 0.095 | 0.105 |
| 钢板卷管 | m | （0.692） | （0.692） | （0.692） | （0.835） | （0.835） | （0.835） |
| 尼龙砂轮片 $\phi100$ | 片 | 0.200 | 0.220 | 0.240 | 0.210 | 0.230 | 0.280 |
| 低碳钢焊条（综合） | kg | 2.100 | 2.300 | 2.400 | 2.280 | 2.380 | 2.880 |
| 氧气 | m³ | 0.720 | 0.754 | 0.840 | 0.740 | 0.800 | 1.010 |
| 乙炔气 | kg | 0.277 | 0.290 | 0.323 | 0.285 | 0.308 | 0.388 |
| 其他材料费 | % | 0.50 | 0.50 | 0.50 | 0.50 | 0.50 | 0.50 |
| 直流弧焊机 20kV·A | 台班 | 0.278 | 0.312 | 0.347 | 0.303 | 0.325 | 0.417 |
| 电焊条烘干箱 60×50×75（cm³） | 台班 | 0.028 | 0.031 | 0.035 | 0.030 | 0.033 | 0.042 |

**工作内容：**下料、切管、组对、焊接、成品堆放等操作过程。　　　　　　　　　　　　**计量单位：个**

| 编　号 | | 5-2-263 | 5-2-264 | 5-2-265 | 5-2-266 | 5-2-267 | 5-2-268 |
|---|---|---|---|---|---|---|---|
| 项　目 | | 管外径 × 壁厚（mm×mm 以内） | | | | | |
| | | 529×8 | 529×9 | 529×10 | 630×8 | 630×9 | 630×10 |
| 名　称 | 单位 | 消　耗　量 | | | | | |
| 合计工日 | 工日 | 0.866 | 0.980 | 1.087 | 1.104 | 1.243 | 1.374 |
| 普工 | 工日 | 0.260 | 0.294 | 0.326 | 0.331 | 0.373 | 0.412 |
| 一般技工 | 工日 | 0.520 | 0.588 | 0.652 | 0.662 | 0.746 | 0.824 |
| 高级技工 | 工日 | 0.086 | 0.098 | 0.109 | 0.111 | 0.124 | 0.138 |
| 钢板卷管 | m | （0.866） | （0.866） | （0.866） | （0.956） | （0.956） | （0.956） |
| 尼龙砂轮片 $\phi$100 | 片 | 0.220 | 0.270 | 0.320 | 0.290 | 0.340 | 0.360 |
| 低碳钢焊条（综合） | kg | 2.360 | 2.680 | 2.980 | 2.800 | 3.000 | 3.320 |
| 氧气 | m³ | 0.780 | 0.950 | 1.050 | 0.980 | 1.080 | 1.120 |
| 乙炔气 | kg | 0.300 | 0.365 | 0.404 | 0.377 | 0.415 | 0.431 |
| 其他材料费 | % | 0.50 | 0.50 | 0.50 | 0.50 | 0.50 | 0.50 |
| 直流弧焊机 20kV·A | 台班 | 0.311 | 0.377 | 0.435 | 0.384 | 0.461 | 0.480 |
| 电焊条烘干箱 60×50×75（cm³） | 台班 | 0.031 | 0.038 | 0.044 | 0.038 | 0.046 | 0.048 |

**工作内容：**下料、切管、组对、焊接、成品堆放等操作过程。 计量单位：个

| 编 号 | | 5-2-269 | 5-2-270 | 5-2-271 | 5-2-272 | 5-2-273 | 5-2-274 |
|---|---|---|---|---|---|---|---|
| 项 目 | | 管外径 × 壁厚（mm×mm 以内） | | | | | |
| | | 720×8 | 720×9 | 720×10 | 820×9 | 820×10 | 820×12 |
| 名 称 | 单位 | 消 耗 量 | | | | | |
| 合计工日 | 工日 | 1.409 | 1.583 | 1.758 | 1.916 | 2.126 | 2.556 |
| 普工 | 工日 | 0.423 | 0.475 | 0.527 | 0.575 | 0.638 | 0.767 |
| 一般技工 | 工日 | 0.845 | 0.950 | 1.055 | 1.149 | 1.276 | 1.533 |
| 高级技工 | 工日 | 0.141 | 0.158 | 0.176 | 0.192 | 0.212 | 0.256 |
| 钢板卷管 | m | （1.068） | （1.068） | （1.068） | （1.157） | （1.157） | （1.157） |
| 尼龙砂轮片 $\phi100$ | 片 | 0.350 | 0.380 | 0.430 | 0.400 | 0.420 | 0.570 |
| 低碳钢焊条（综合） | kg | 3.250 | 3.650 | 4.060 | 3.750 | 3.950 | 5.820 |
| 氧气 | m³ | 1.100 | 1.150 | 1.280 | 1.230 | 1.260 | 1.540 |
| 乙炔气 | kg | 0.423 | 0.442 | 0.492 | 0.473 | 0.485 | 0.592 |
| 其他材料费 | % | 0.50 | 0.50 | 0.50 | 0.50 | 0.50 | 0.50 |
| 汽车式起重机 8t | 台班 | 0.008 | 0.008 | 0.009 | 0.009 | 0.009 | 0.009 |
| 载重汽车 8t | 台班 | 0.009 | 0.009 | 0.009 | 0.018 | 0.018 | 0.018 |
| 直流弧焊机 20kV·A | 台班 | 0.478 | 0.540 | 0.598 | 0.575 | 0.593 | 0.840 |
| 电焊条烘干箱 60×50×75（cm³） | 台班 | 0.048 | 0.054 | 0.060 | 0.058 | 0.059 | 0.084 |

**工作内容:** 下料、切管、组对、焊接、成品堆放等操作过程。　　　　　　　　　　　　　　　　**计量单位:** 个

| 编　号 | | 5-2-275 | 5-2-276 | 5-2-277 | 5-2-278 | 5-2-279 | 5-2-280 |
|---|---|---|---|---|---|---|---|
| 项　目 | | 管外径 × 壁厚(mm × mm 以内) | | | | | |
| | | 920 × 9 | 920 × 10 | 920 × 12 | 1 020 × 10 | 1 020 × 12 | 1 020 × 14 |
| 名　称 | 单位 | 消　耗　量 | | | | | |
| 合计工日 | 工日 | 2.023 | 2.249 | 2.693 | 2.364 | 2.836 | 3.309 |
| 普工 | 工日 | 0.607 | 0.675 | 0.808 | 0.709 | 0.851 | 0.993 |
| 一般技工 | 工日 | 1.213 | 1.349 | 1.616 | 1.418 | 1.701 | 1.985 |
| 高级技工 | 工日 | 0.203 | 0.225 | 0.269 | 0.237 | 0.284 | 0.331 |
| 钢板卷管 | m | (1.216) | (1.216) | (1.216) | (1.421) | (1.421) | (1.421) |
| 尼龙砂轮片 $\phi100$ | 片 | 0.450 | 0.520 | 0.640 | 0.620 | 0.970 | 1.130 |
| 低碳钢焊条(综合) | kg | 4.890 | 5.430 | 6.520 | 6.160 | 7.390 | 8.620 |
| 氧气 | m³ | 1.300 | 1.420 | 2.000 | 1.900 | 3.460 | 4.030 |
| 乙炔气 | kg | 0.500 | 0.546 | 0.769 | 0.731 | 1.331 | 1.550 |
| 其他材料费 | % | 0.50 | 0.50 | 0.50 | 0.50 | 0.50 | 0.50 |
| 汽车式起重机 8t | 台班 | 0.010 | 0.010 | 0.010 | — | — | — |
| 汽车式起重机 12t | 台班 | — | — | — | 0.010 | 0.013 | 0.015 |
| 载重汽车 8t | 台班 | 0.027 | 0.027 | 0.027 | 0.003 | 0.004 | 0.006 |
| 直流弧焊机 20kV·A | 台班 | 0.681 | 0.787 | 1.276 | 1.189 | 1.424 | 1.663 |
| 电焊条烘干箱 60 × 50 × 75(cm³) | 台班 | 0.068 | 0.079 | 0.128 | 0.119 | 0.142 | 0.166 |

## （2）管 件 安 装

### ①弯头（异径管）安装（电弧焊）

**工作内容：** 管子切口、坡口加工、管口组对、焊接安装等操作过程。　　　　　　　　计量单位：个

| 编　号 | | 5-2-281 | 5-2-282 | 5-2-283 | 5-2-284 | 5-2-285 | 5-2-286 |
|---|---|---|---|---|---|---|---|
| 项　目 | | 管外径 × 壁厚（mm×mm 以内） | | | | | |
| | | 57×3.5 | 75×4 | 89×4 | 114×4 | 133×4.5 | 159×5 |
| 名　称 | 单位 | 消　耗　量 | | | | | |
| 合计工日 | 工日 | 0.189 | 0.252 | 0.285 | 0.347 | 0.426 | 0.543 |
| 普工 | 工日 | 0.057 | 0.076 | 0.086 | 0.104 | 0.128 | 0.163 |
| 一般技工 | 工日 | 0.113 | 0.151 | 0.170 | 0.208 | 0.256 | 0.326 |
| 高级技工 | 工日 | 0.019 | 0.025 | 0.029 | 0.035 | 0.042 | 0.054 |
| 弯头（异径管） | 个 | （1.000） | （1.000） | （1.000） | （1.000） | （1.000） | （1.000） |
| 棉纱线 | kg | 0.007 | 0.010 | 0.012 | 0.014 | 0.017 | 0.021 |
| 尼龙砂轮片 φ100 | 片 | 0.017 | 0.025 | 0.030 | 0.041 | 0.052 | 0.067 |
| 低碳钢焊条（综合） | kg | 0.116 | 0.208 | 0.246 | 0.317 | 0.507 | 0.645 |
| 氧气 | m³ | 0.267 | 0.329 | 0.371 | 0.449 | 0.568 | 0.724 |
| 乙炔气 | kg | 0.103 | 0.127 | 0.143 | 0.173 | 0.218 | 0.278 |
| 其他材料费 | % | 1.00 | 1.00 | 1.00 | 1.00 | 1.00 | 1.00 |
| 直流弧焊机 20kV·A | 台班 | 0.073 | 0.117 | 0.136 | 0.173 | 0.224 | 0.279 |
| 电焊条烘干箱 60×50×75（cm³） | 台班 | 0.007 | 0.012 | 0.014 | 0.017 | 0.022 | 0.028 |

**工作内容:** 管子切口、坡口加工、管口组对、焊接安装等操作过程。 计量单位:个

| 编 号 | | 5-2-287 | 5-2-288 | 5-2-289 | 5-2-290 | 5-2-291 | 5-2-292 |
|---|---|---|---|---|---|---|---|
| 项 目 | | 管外径 × 壁厚(mm×mm 以内) | | | | | |
| | | 219×5 | 219×6 | 219×7 | 273×6 | 273×7 | 273×8 |
| 名 称 | 单位 | 消 耗 量 | | | | | |
| 合计工日 | 工日 | 0.497 | 0.512 | 0.552 | 0.630 | 0.678 | 0.709 |
| 普工 | 工日 | 0.149 | 0.154 | 0.166 | 0.189 | 0.203 | 0.212 |
| 一般技工 | 工日 | 0.298 | 0.307 | 0.331 | 0.378 | 0.407 | 0.426 |
| 高级技工 | 工日 | 0.050 | 0.051 | 0.055 | 0.063 | 0.068 | 0.071 |
| 弯头(异径管) | 个 | (1.000) | (1.000) | (1.000) | (1.000) | (1.000) | (1.000) |
| 角钢(综合) | kg | 0.200 | 0.200 | 0.200 | 0.200 | 0.200 | 0.200 |
| 棉纱线 | kg | 0.028 | 0.028 | 0.028 | 0.034 | 0.034 | 0.034 |
| 尼龙砂轮片 $\phi100$ | 片 | 0.097 | 0.102 | 0.109 | 0.128 | 0.136 | 0.147 |
| 低碳钢焊条(综合) | kg | 0.891 | 1.102 | 1.445 | 1.447 | 1.667 | 2.167 |
| 氧气 | m³ | 1.116 | 1.282 | 1.436 | 1.454 | 1.600 | 1.801 |
| 乙炔气 | kg | 0.429 | 0.493 | 0.552 | 0.559 | 0.615 | 0.693 |
| 其他材料费 | % | 1.00 | 1.00 | 1.00 | 1.00 | 1.00 | 1.00 |
| 直流弧焊机 20kV·A | 台班 | 0.229 | 0.234 | 0.259 | 0.290 | 0.322 | 0.338 |
| 电焊条烘干箱 60×50×75(cm³) | 台班 | 0.023 | 0.023 | 0.026 | 0.029 | 0.032 | 0.034 |

**工作内容:** 管子切口、坡口加工、管口组对、焊接安装等操作过程。　　　　　　　　　　　　计量单位:个

| 编　号 | | 5-2-293 | 5-2-294 | 5-2-295 | 5-2-296 | 5-2-297 | 5-2-298 |
|---|---|---|---|---|---|---|---|
| 项　目 | | 管外径 × 壁厚(mm×mm 以内) | | | | | |
| | | 325×7 | 325×8 | 325×9 | 377×8 | 377×9 | 377×10 |
| 名　称 | 单位 | 消　耗　量 | | | | | |
| 合计工日 | 工日 | 0.780 | 0.835 | 0.866 | 0.993 | 1.040 | 1.071 |
| 普工 | 工日 | 0.234 | 0.250 | 0.260 | 0.298 | 0.312 | 0.321 |
| 一般技工 | 工日 | 0.468 | 0.501 | 0.520 | 0.596 | 0.624 | 0.643 |
| 高级技工 | 工日 | 0.078 | 0.084 | 0.086 | 0.099 | 0.104 | 0.107 |
| 弯头(异径管) | 个 | (1.000) | (1.000) | (1.000) | (1.000) | (1.000) | (1.000) |
| 角钢(综合) | kg | 0.200 | 0.200 | 0.200 | 0.200 | 0.200 | 0.200 |
| 棉纱线 | kg | 0.042 | 0.042 | 0.042 | 0.048 | 0.048 | 0.048 |
| 尼龙砂轮片 $\phi$100 | 片 | 0.140 | 0.163 | 0.176 | 0.216 | 0.236 | 0.247 |
| 低碳钢焊条(综合) | kg | 1.827 | 2.179 | 2.585 | 3.003 | 3.521 | 4.083 |
| 氧气 | m³ | 1.634 | 1.805 | 1.992 | 2.181 | 2.382 | 2.577 |
| 乙炔气 | kg | 0.628 | 0.694 | 0.766 | 0.839 | 0.916 | 0.991 |
| 其他材料费 | % | 1.00 | 1.00 | 1.00 | 1.00 | 1.00 | 1.00 |
| 直流弧焊机 20kV·A | 台班 | 0.335 | 0.386 | 0.404 | 0.470 | 0.494 | 0.511 |
| 电焊条烘干箱 60×50×75(cm³) | 台班 | 0.034 | 0.039 | 0.040 | 0.047 | 0.049 | 0.051 |

**工作内容:** 管子切口、坡口加工、管口组对、焊接安装等操作过程。 计量单位: 个

| 编　号 | | 5-2-299 | 5-2-300 | 5-2-301 | 5-2-302 | 5-2-303 | 5-2-304 |
|---|---|---|---|---|---|---|---|
| 项　目 | | 管外径 × 壁厚(mm×mm 以内) | | | | | |
| | | 426×8 | 426×9 | 426×10 | 478×8 | 478×9 | 478×10 |
| 名　称 | 单位 | 消　耗　量 | | | | | |
| 合计工日 | 工日 | 1.119 | 1.166 | 1.197 | 1.277 | 1.323 | 1.362 |
| 普工 | 工日 | 0.336 | 0.350 | 0.359 | 0.383 | 0.397 | 0.409 |
| 一般技工 | 工日 | 0.671 | 0.699 | 0.718 | 0.766 | 0.794 | 0.817 |
| 高级技工 | 工日 | 0.112 | 0.117 | 0.120 | 0.128 | 0.132 | 0.136 |
| 弯头(异径管) | 个 | (1.000) | (1.000) | (1.000) | (1.000) | (1.000) | (1.000) |
| 角钢(综合) | kg | 0.200 | 0.200 | 0.200 | 0.200 | 0.200 | 0.200 |
| 棉纱线 | kg | 0.054 | 0.054 | 0.054 | 0.060 | 0.060 | 0.060 |
| 尼龙砂轮片 $\phi100$ | 片 | 0.245 | 0.267 | 0.279 | 0.262 | 0.315 | 0.329 |
| 低碳钢焊条(综合) | kg | 3.720 | 4.340 | 4.620 | 3.815 | 4.840 | 5.191 |
| 氧气 | m³ | 2.490 | 2.640 | 2.810 | 2.563 | 2.920 | 3.037 |
| 乙炔气 | kg | 0.958 | 1.015 | 1.081 | 0.986 | 1.123 | 1.168 |
| 其他材料费 | % | 1.00 | 1.00 | 1.00 | 1.00 | 1.00 | 1.00 |
| 直流弧焊机 20kV·A | 台班 | 0.497 | 0.558 | 0.579 | 0.548 | 0.629 | 0.652 |
| 电焊条烘干箱 60×50×75(cm³) | 台班 | 0.050 | 0.056 | 0.058 | 0.055 | 0.063 | 0.065 |

**工作内容:**管子切口、坡口加工、管口组对、焊接安装等操作过程。　　　　　　　　计量单位:个

| 编　号 | | 5-2-305 | 5-2-306 | 5-2-307 | 5-2-308 | 5-2-309 | 5-2-310 |
|---|---|---|---|---|---|---|---|
| 项　目 | | 管外径 × 壁厚(mm×mm 以内) | | | | | |
| | | 529×8 | 529×9 | 529×10 | 630×8 | 630×9 | 630×10 |
| 名　称 | 单位 | 消　耗　量 | | | | | |
| 合计工日 | 工日 | 1.402 | 1.457 | 1.504 | 1.740 | 1.788 | 1.819 |
| 普工 | 工日 | 0.420 | 0.437 | 0.451 | 0.522 | 0.536 | 0.545 |
| 一般技工 | 工日 | 0.842 | 0.874 | 0.903 | 1.044 | 1.073 | 1.092 |
| 高级技工 | 工日 | 0.140 | 0.146 | 0.150 | 0.174 | 0.179 | 0.182 |
| 弯头(异径管) | 个 | (1.000) | (1.000) | (1.000) | (1.000) | (1.000) | (1.000) |
| 角钢(综合) | kg | 0.200 | 0.200 | 0.200 | 0.202 | 0.202 | 0.202 |
| 棉纱线 | kg | 0.066 | 0.066 | 0.066 | 0.080 | 0.080 | 0.080 |
| 六角螺栓(综合) | 10套 | — | — | — | 0.048 | 0.048 | 0.048 |
| 尼龙砂轮片 φ100 | 片 | 0.307 | 0.320 | 0.381 | 0.360 | 0.455 | 0.474 |
| 低碳钢焊条(综合) | kg | 4.267 | 4.998 | 5.791 | 5.600 | 6.973 | 7.918 |
| 氧气 | m³ | 2.747 | 3.007 | 3.257 | 3.100 | 3.641 | 3.937 |
| 乙炔气 | kg | 1.057 | 1.157 | 1.253 | 1.192 | 1.400 | 1.514 |
| 其他材料费 | % | 1.00 | 1.00 | 1.00 | 1.00 | 1.00 | 1.00 |
| 直流弧焊机 20kV·A | 台班 | 0.620 | 0.645 | 0.725 | 0.708 | 0.959 | 0.975 |
| 电焊条烘干箱 60×50×75(cm³) | 台班 | 0.062 | 0.065 | 0.073 | 0.071 | 0.096 | 0.098 |

**工作内容:** 管子切口、坡口加工、管口组对、焊接安装等操作过程。　　　　　　　　　　　　　　**计量单位:** 个

| 编　号 | | 5-2-311 | 5-2-312 | 5-2-313 | 5-2-314 | 5-2-315 | 5-2-316 |
|---|---|---|---|---|---|---|---|
| 项　目 | | 管外径 × 壁厚(mm×mm 以内) | | | | | |
| | | 720 × 8 | 720 × 9 | 720 × 10 | 820 × 9 | 820 × 10 | 820 × 12 |
| 名　称 | 单位 | 消　耗　量 | | | | | |
| 合计工日 | 工日 | 1.986 | 2.040 | 2.079 | 2.306 | 2.356 | 2.474 |
| 普工 | 工日 | 0.596 | 0.612 | 0.624 | 0.692 | 0.707 | 0.742 |
| 一般技工 | 工日 | 1.191 | 1.224 | 1.247 | 1.384 | 1.413 | 1.484 |
| 高级技工 | 工日 | 0.199 | 0.204 | 0.208 | 0.230 | 0.236 | 0.248 |
| 弯头(异径管) | 个 | (1.000) | (1.000) | (1.000) | (1.000) | (1.000) | (1.000) |
| 角钢(综合) | kg | 0.220 | 0.220 | 0.220 | 0.220 | 0.220 | 0.220 |
| 棉纱线 | kg | 0.090 | 0.090 | 0.090 | 0.104 | 0.104 | 0.104 |
| 六角螺栓(综合) | 10套 | 0.048 | 0.048 | 0.048 | 0.048 | 0.048 | 0.048 |
| 尼龙砂轮片 $\phi100$ | 片 | 0.460 | 0.521 | 0.543 | 0.644 | 0.668 | 0.710 |
| 低碳钢焊条(综合) | kg | 6.984 | 7.980 | 9.062 | 9.182 | 10.417 | 13.185 |
| 氧气 | m³ | 3.702 | 4.045 | 4.375 | 4.559 | 4.932 | 5.646 |
| 乙炔气 | kg | 1.424 | 1.556 | 1.683 | 1.753 | 1.897 | 2.172 |
| 其他材料费 | % | 1.00 | 1.00 | 1.00 | 1.00 | 1.00 | 1.00 |
| 汽车式起重机 8t | 台班 | — | — | — | 0.011 | 0.012 | 0.014 |
| 载重汽车 8t | 台班 | — | — | — | 0.004 | 0.004 | 0.006 |
| 直流弧焊机 20kV·A | 台班 | 0.972 | 1.099 | 1.118 | 1.254 | 1.275 | 1.349 |
| 电焊条烘干箱 60×50×75(cm³) | 台班 | 0.097 | 0.110 | 0.112 | 0.125 | 0.128 | 0.135 |

**工作内容：**管子切口、坡口加工、管口组对、焊接安装等操作过程。　　　　　　　　　计量单位：个

| 编　号 | | 5-2-317 | 5-2-318 | 5-2-319 | 5-2-320 | 5-2-321 | 5-2-322 |
|---|---|---|---|---|---|---|---|
| 项　目 | | 管外径 × 壁厚（mm×mm 以内） | | | | | |
| | | 920×9 | 920×10 | 920×12 | 1 020×10 | 1 020×12 | 1 020×14 |
| 名　称 | 单位 | 消　耗　量 | | | | | |
| 合计工日 | 工日 | 2.574 | 2.622 | 2.756 | 2.898 | 3.040 | 3.372 |
| 普工 | 工日 | 0.772 | 0.787 | 0.827 | 0.869 | 0.912 | 1.012 |
| 一般技工 | 工日 | 1.545 | 1.573 | 1.654 | 1.739 | 1.824 | 2.022 |
| 高级技工 | 工日 | 0.257 | 0.262 | 0.275 | 0.290 | 0.304 | 0.338 |
| 弯头（异径管） | 个 | （1.000） | （1.000） | （1.000） | （1.000） | （1.000） | （1.000） |
| 角钢（综合） | kg | 0.220 | 0.220 | 0.220 | 0.220 | 0.220 | 0.220 |
| 棉纱线 | kg | 0.116 | 0.116 | 0.116 | 0.128 | 0.128 | 0.128 |
| 六角螺栓（综合） | 10 套 | 0.048 | 0.048 | 0.048 | 0.048 | 0.048 | 0.048 |
| 尼龙砂轮片 $\phi100$ | 片 | 0.680 | 0.700 | 0.798 | 0.780 | 0.886 | 0.941 |
| 低碳钢焊条（综合） | kg | 10.311 | 11.700 | 14.810 | 12.980 | 16.434 | 20.381 |
| 氧气 | m³ | 5.074 | 5.493 | 6.293 | 6.040 | 6.925 | 7.765 |
| 乙炔气 | kg | 1.952 | 2.113 | 2.420 | 2.323 | 2.663 | 2.987 |
| 其他材料费 | % | 1.00 | 1.00 | 1.00 | 1.00 | 1.00 | 1.00 |
| 汽车式起重机 8t | 台班 | 0.013 | 0.014 | 0.018 | 0.018 | — | — |
| 汽车式起重机 12t | 台班 | — | — | — | — | 0.019 | 0.022 |
| 载重汽车 8t | 台班 | 0.005 | 0.006 | 0.007 | 0.007 | 0.008 | 0.008 |
| 直流弧焊机 20kV·A | 台班 | 1.327 | 1.337 | 1.514 | 1.506 | 1.681 | 1.966 |
| 电焊条烘干箱 60×50×75（cm³） | 台班 | 0.133 | 0.134 | 0.151 | 0.151 | 0.168 | 0.197 |

**工作内容:** 管子切口、坡口加工、管口组对、焊接安装等操作过程。　　　　　　　　　　　　**计量单位:** 个

| 编　号 | | 5-2-323 | 5-2-324 | 5-2-325 | 5-2-326 | 5-2-327 | 5-2-328 |
|---|---|---|---|---|---|---|---|
| 项　目 | | 管外径 × 壁厚（mm×mm 以内） | | | | | |
| | | 1 220 × 10 | 1 220 × 12 | 1 220 × 14 | 1 420 × 10 | 1 420 × 12 | 1 420 × 14 |
| 名　称 | 单位 | 消　耗　量 | | | | | |
| 合计工日 | 工日 | 3.545 | 3.717 | 4.103 | 4.088 | 4.277 | 4.726 |
| 普工 | 工日 | 1.063 | 1.115 | 1.231 | 1.226 | 1.283 | 1.418 |
| 一般技工 | 工日 | 2.127 | 2.230 | 2.462 | 2.453 | 2.566 | 2.835 |
| 高级技工 | 工日 | 0.355 | 0.372 | 0.410 | 0.409 | 0.428 | 0.473 |
| 弯头（异径管） | 个 | （1.000） | （1.000） | （1.000） | （1.000） | （1.000） | （1.000） |
| 角钢（综合） | kg | 0.294 | 0.294 | 0.294 | 0.294 | 0.294 | 0.294 |
| 棉纱线 | kg | 0.154 | 0.154 | 0.154 | 0.178 | 0.178 | 0.178 |
| 六角螺栓（综合） | 10 套 | 0.048 | 0.048 | 0.048 | 0.048 | 0.048 | 0.048 |
| 尼龙砂轮片 $\phi$100 | 片 | 0.870 | 1.062 | 1.128 | 1.020 | 1.113 | 1.283 |
| 低碳钢焊条（综合） | kg | 15.542 | 21.300 | 24.414 | 19.104 | 22.929 | 28.447 |
| 氧气 | m³ | 6.900 | 8.347 | 9.368 | 8.272 | 9.320 | 10.659 |
| 乙炔气 | kg | 2.654 | 3.210 | 3.603 | 3.182 | 3.585 | 4.100 |
| 其他材料费 | % | 1.00 | 1.00 | 1.00 | 1.00 | 1.00 | 1.00 |
| 汽车式起重机 12t | 台班 | 0.022 | 0.023 | — | — | — | — |
| 汽车式起重机 16t | 台班 | — | — | 0.025 | 0.025 | 0.027 | 0.031 |
| 载重汽车 8t | 台班 | 0.008 | 0.009 | 0.009 | 0.009 | 0.009 | 0.010 |
| 直流弧焊机 20kV·A | 台班 | 1.672 | 2.023 | 2.365 | 2.002 | 2.356 | 2.754 |
| 电焊条烘干箱 60×50×75（cm³） | 台班 | 0.167 | 0.202 | 0.237 | 0.200 | 0.236 | 0.275 |

**工作内容：**管子切口、坡口加工、管口组对、焊接安装等操作过程。 计量单位：个

| 编 号 | | 5-2-329 | 5-2-330 | 5-2-331 | 5-2-332 | 5-2-333 |
|---|---|---|---|---|---|---|
| 项 目 | | 管外径 × 壁厚（mm×mm 以内） | | | | |
| | | 1 620×10 | 1 620×12 | 1 620×14 | 1 820×12 | 1 820×14 |
| 名 称 | 单位 | 消 耗 量 | | | | |
| 合计工日 | 工日 | 4.638 | 4.859 | 5.371 | 5.481 | 6.048 |
| 普工 | 工日 | 1.391 | 1.458 | 1.611 | 1.644 | 1.814 |
| 一般技工 | 工日 | 2.783 | 2.915 | 3.223 | 3.289 | 3.629 |
| 高级技工 | 工日 | 0.464 | 0.486 | 0.537 | 0.548 | 0.605 |
| 弯头（异径管） | 个 | （1.000） | （1.000） | （1.000） | （1.000） | （1.000） |
| 角钢（综合） | kg | 0.356 | 0.356 | 0.356 | 0.356 | 0.356 |
| 棉纱线 | kg | 0.204 | 0.204 | 0.204 | 0.228 | 0.228 |
| 六角螺栓（综合） | 10套 | 0.094 | 0.094 | 0.094 | 0.094 | 0.094 |
| 尼龙砂轮片 $\phi100$ | 片 | 1.110 | 1.250 | 1.503 | 1.492 | 1.690 |
| 低碳钢焊条（综合） | kg | 20.667 | 26.177 | 32.479 | 29.425 | 36.512 |
| 氧气 | m³ | 9.200 | 10.500 | 12.378 | 12.030 | 13.828 |
| 乙炔气 | kg | 3.538 | 4.038 | 4.761 | 4.627 | 5.318 |
| 其他材料费 | % | 1.00 | 1.00 | 1.00 | 1.00 | 1.00 |
| 汽车式起重机 16t | 台班 | 0.032 | 0.035 | 0.041 | 0.041 | 0.058 |
| 载重汽车 8t | 台班 | 0.011 | 0.011 | 0.013 | 0.013 | 0.015 |
| 直流弧焊机 20kV·A | 台班 | 2.344 | 2.689 | 3.144 | 3.024 | 3.536 |
| 电焊条烘干箱 60×50×75（cm³） | 台班 | 0.234 | 0.269 | 0.314 | 0.302 | 0.354 |

**工作内容:**管子切口、坡口加工、管口组对、焊接安装等操作过程。　　　　　　　　　　　　　计量单位:个

| 编 号 | | 5-2-334 | 5-2-335 | 5-2-336 | 5-2-337 |
|---|---|---|---|---|---|
| 项 目 | | 管外径 × 壁厚（mm×mm 以内） | | | |
| | | 1 820×16 | 2 020×12 | 2 020×14 | 2 020×16 |
| 名 称 | 单位 | 消 耗 量 | | | |
| 合计工日 | 工日 | 6.173 | 6.087 | 6.726 | 6.859 |
| 普工 | 工日 | 1.852 | 1.826 | 2.018 | 2.057 |
| 一般技工 | 工日 | 3.704 | 3.653 | 4.036 | 4.116 |
| 高级技工 | 工日 | 0.617 | 0.608 | 0.672 | 0.686 |
| 弯头（异径管） | 个 | （1.000） | （1.000） | （1.000） | （1.000） |
| 角钢（综合） | kg | 0.356 | 0.356 | 0.356 | 0.356 |
| 棉纱线 | kg | 0.228 | 0.254 | 0.254 | 0.254 |
| 六角螺栓（综合） | 10 套 | 0.094 | 0.094 | 0.094 | 0.094 |
| 尼龙砂轮片 $\phi100$ | 片 | 1.816 | 1.650 | 1.802 | 2.017 |
| 低碳钢焊条（综合） | kg | 46.426 | 32.673 | 40.545 | 51.779 |
| 氧气 | m³ | 15.255 | 13.624 | 15.100 | 16.862 |
| 乙炔气 | kg | 5.867 | 5.240 | 5.808 | 6.485 |
| 其他材料费 | % | 1.00 | 1.00 | 1.00 | 1.00 |
| 汽车式起重机 16t | 台班 | 0.058 | — | — | — |
| 汽车式起重机 20t | 台班 | — | 0.055 | 0.073 | 0.080 |
| 载重汽车 8t | 台班 | 0.015 | 0.014 | 0.018 | 0.018 |
| 直流弧焊机 20kV·A | 台班 | 3.588 | 3.358 | 3.574 | 3.985 |
| 电焊条烘干箱 60×50×75（cm³） | 台班 | 0.359 | 0.336 | 0.357 | 0.399 |

②弯头（异径管）安装（氩电联焊）

**工作内容：**管子切口、坡口加工、管口组对、焊接安装等操作过程。 计量单位：个

| 编　号 | | 5-2-338 | 5-2-339 | 5-2-340 | 5-2-341 | 5-2-342 | 5-2-343 |
|---|---|---|---|---|---|---|---|
| 项　目 | | 管外径 × 壁厚（mm×mm 以内） | | | | | |
| | | 57×3.5 | 75×4 | 89×4 | 114×4 | 133×4.5 | 159×5 |
| 名　称 | 单位 | 消　耗　量 | | | | | |
| 合计工日 | 工日 | 0.277 | 0.378 | 0.433 | 0.576 | 0.591 | 0.567 |
| 普工 | 工日 | 0.083 | 0.113 | 0.130 | 0.173 | 0.177 | 0.170 |
| 一般技工 | 工日 | 0.166 | 0.227 | 0.260 | 0.345 | 0.355 | 0.340 |
| 高级技工 | 工日 | 0.028 | 0.038 | 0.043 | 0.058 | 0.059 | 0.057 |
| 弯头（异径管） | 个 | （1.000） | （1.000） | （1.000） | （1.000） | （1.000） | （1.000） |
| 铈钨棒 | g | 0.238 | 0.250 | 0.296 | 0.376 | 0.448 | 0.536 |
| 棉纱线 | kg | 0.007 | 0.010 | 0.012 | 0.014 | 0.017 | 0.021 |
| 尼龙砂轮片 $\phi100$ | 片 | 0.017 | 0.025 | 0.030 | 0.041 | 0.052 | 0.067 |
| 碳钢氩弧焊丝 | kg | 0.042 | 0.044 | 0.052 | 0.068 | 0.080 | 0.096 |
| 低碳钢焊条（综合） | kg | 0.084 | 0.106 | 0.128 | 0.181 | 0.389 | 0.459 |
| 氩气 | m³ | 0.118 | 0.124 | 0.148 | 0.188 | 0.224 | 0.280 |
| 氧气 | m³ | 0.267 | 0.329 | 0.371 | 0.449 | 0.568 | 0.724 |
| 乙炔气 | kg | 0.103 | 0.127 | 0.143 | 0.173 | 0.218 | 0.278 |
| 其他材料费 | % | 1.00 | 1.00 | 1.00 | 1.00 | 1.00 | 1.00 |
| 直流弧焊机 20kV·A | 台班 | 0.050 | 0.062 | 0.071 | 0.111 | 0.141 | 0.192 |
| 氩弧焊机 500A | 台班 | 0.057 | 0.058 | 0.069 | 0.087 | 0.104 | 0.124 |
| 半自动切割机 100mm | 台班 | — | — | — | — | — | 0.060 |
| 砂轮切割机 $\phi400$ | 台班 | 0.004 | 0.004 | 0.005 | 0.009 | 0.009 | — |
| 电焊条烘干箱 60×50×75（cm³） | 台班 | 0.005 | 0.006 | 0.007 | 0.011 | 0.014 | 0.019 |

**工作内容：**管子切口、坡口加工、管口组对、焊接安装等操作过程。 计量单位：个

| 编　号 | | 5-2-344 | 5-2-345 | 5-2-346 | 5-2-347 | 5-2-348 | 5-2-349 |
|---|---|---|---|---|---|---|---|
| 项　目 | | 管外径 × 壁厚（mm×mm 以内） | | | | | |
| | | 219×5 | 219×6 | 219×7 | 273×6 | 273×7 | 273×8 |
| 名　称 | 单位 | 消　耗　量 | | | | | |
| 合计工日 | 工日 | 0.480 | 0.503 | 0.543 | 0.584 | 0.639 | 0.669 |
| 普工 | 工日 | 0.144 | 0.151 | 0.163 | 0.175 | 0.192 | 0.201 |
| 一般技工 | 工日 | 0.288 | 0.302 | 0.326 | 0.350 | 0.383 | 0.401 |
| 高级技工 | 工日 | 0.048 | 0.050 | 0.054 | 0.059 | 0.064 | 0.067 |
| 弯头（异径管） | 个 | （1.000） | （1.000） | （1.000） | （1.000） | （1.000） | （1.000） |
| 角钢（综合） | kg | 0.200 | 0.200 | 0.200 | 0.200 | 0.200 | 0.200 |
| 铈钨棒 | g | 0.740 | 0.740 | 0.740 | 0.916 | 0.916 | 0.916 |
| 棉纱线 | kg | 0.028 | 0.028 | 0.028 | 0.034 | 0.034 | 0.034 |
| 尼龙砂轮片 $\phi100$ | 片 | 0.097 | 0.102 | 0.109 | 0.128 | 0.136 | 0.147 |
| 碳钢氩弧焊丝 | kg | 0.132 | 0.132 | 0.132 | 0.164 | 0.164 | 0.164 |
| 低碳钢焊条（综合） | kg | 0.625 | 0.836 | 1.179 | 1.101 | 1.321 | 1.821 |
| 氩气 | m³ | 0.370 | 0.370 | 0.370 | 0.458 | 0.458 | 0.458 |
| 氧气 | m³ | 1.116 | 1.282 | 1.436 | 1.454 | 1.600 | 1.801 |
| 乙炔气 | kg | 0.429 | 0.493 | 0.552 | 0.559 | 0.615 | 0.693 |
| 其他材料费 | % | 1.00 | 1.00 | 1.00 | 1.00 | 1.00 | 1.00 |
| 直流弧焊机 20kV·A | 台班 | 0.128 | 0.133 | 0.158 | 0.191 | 0.223 | 0.239 |
| 氩弧焊机 500A | 台班 | 0.172 | 0.172 | 0.172 | 0.212 | 0.212 | 0.212 |
| 半自动切割机 100mm | 台班 | 0.085 | 0.085 | 0.085 | 0.120 | 0.120 | 0.120 |
| 电焊条烘干箱 60×50×75（cm³） | 台班 | 0.013 | 0.013 | 0.016 | 0.019 | 0.022 | 0.024 |

**工作内容:**管子切口、坡口加工、管口组对、焊接安装等操作过程。　　　　　　　　　　　计量单位:个

| 编　号 | | 5-2-350 | 5-2-351 | 5-2-352 | 5-2-353 | 5-2-354 | 5-2-355 |
|---|---|---|---|---|---|---|---|
| 项　目 | | 管外径 × 壁厚（mm × mm 以内） | | | | | |
| | | 325 × 7 | 325 × 8 | 325 × 9 | 377 × 8 | 377 × 9 | 377 × 10 |
| 名　称 | 单位 | 消　耗　量 | | | | | |
| 合计工日 | 工日 | 0.757 | 0.811 | 0.852 | 1.252 | 1.293 | 1.331 |
| 普工 | 工日 | 0.227 | 0.243 | 0.256 | 0.375 | 0.388 | 0.400 |
| 一般技工 | 工日 | 0.454 | 0.487 | 0.510 | 0.752 | 0.775 | 0.798 |
| 高级技工 | 工日 | 0.076 | 0.081 | 0.086 | 0.125 | 0.130 | 0.133 |
| 弯头（异径管） | 个 | （1.000） | （1.000） | （1.000） | （1.000） | （1.000） | （1.000） |
| 角钢（综合） | kg | 0.200 | 0.200 | 0.200 | 0.200 | 0.200 | 0.200 |
| 铈钨棒 | g | 0.944 | 0.944 | 0.944 | 0.970 | 0.970 | 0.970 |
| 棉纱线 | kg | 0.042 | 0.042 | 0.042 | 0.048 | 0.048 | 0.048 |
| 尼龙砂轮片 $\phi$100 | 片 | 0.140 | 0.163 | 0.176 | 0.216 | 0.236 | 0.247 |
| 碳钢氩弧焊丝 | kg | 0.168 | 0.168 | 0.168 | 0.172 | 0.172 | 0.172 |
| 低碳钢焊条（综合） | kg | 1.457 | 1.809 | 2.215 | 2.609 | 3.127 | 3.689 |
| 氩气 | m³ | 0.472 | 0.472 | 0.472 | 0.484 | 0.484 | 0.484 |
| 氧气 | m³ | 1.634 | 1.805 | 1.992 | 2.181 | 2.382 | 2.577 |
| 乙炔气 | kg | 0.628 | 0.694 | 0.766 | 0.839 | 0.916 | 0.991 |
| 其他材料费 | % | 1.00 | 1.00 | 1.00 | 1.00 | 1.00 | 1.00 |
| 直流弧焊机 20kV·A | 台班 | 0.242 | 0.292 | 0.311 | 0.380 | 0.403 | 0.421 |
| 氩弧焊机 500A | 台班 | 0.219 | 0.219 | 0.219 | 0.225 | 0.225 | 0.225 |
| 半自动切割机 100mm | 台班 | 0.126 | 0.126 | 0.126 | 0.129 | 0.129 | 0.129 |
| 电焊条烘干箱 60×50×75(cm³) | 台班 | 0.024 | 0.029 | 0.031 | 0.038 | 0.040 | 0.042 |

**工作内容:** 管子切口、坡口加工、管口组对、焊接安装等操作过程。 计量单位:个

| 编 号 | | 5-2-356 | 5-2-357 | 5-2-358 | 5-2-359 | 5-2-360 | 5-2-361 |
|---|---|---|---|---|---|---|---|
| 项 目 | | 管外径 × 壁厚(mm×mm 以内) | | | | | |
| | | 426 × 8 | 426 × 9 | 426 × 10 | 478 × 8 | 478 × 9 | 478 × 10 |
| 名 称 | 单位 | 消 耗 量 | | | | | |
| 合计工日 | 工日 | 1.110 | 1.158 | 1.197 | 1.269 | 1.314 | 1.356 |
| 普工 | 工日 | 0.333 | 0.347 | 0.359 | 0.381 | 0.394 | 0.407 |
| 一般技工 | 工日 | 0.666 | 0.695 | 0.718 | 0.761 | 0.789 | 0.813 |
| 高级技工 | 工日 | 0.111 | 0.116 | 0.120 | 0.127 | 0.131 | 0.136 |
| 弯头(异径管) | 个 | (1.000) | (1.000) | (1.000) | (1.000) | (1.000) | (1.000) |
| 角钢(综合) | kg | 0.200 | 0.200 | 0.200 | 0.200 | 0.200 | 0.200 |
| 铈钨棒 | g | 1.102 | 1.102 | 1.102 | 1.238 | 1.238 | 1.238 |
| 棉纱线 | kg | 0.054 | 0.054 | 0.054 | 0.060 | 0.060 | 0.060 |
| 尼龙砂轮片 $\phi$100 | 片 | 0.245 | 0.267 | 0.279 | 0.262 | 0.315 | 0.329 |
| 碳钢氩弧焊丝 | kg | 0.196 | 0.196 | 0.196 | 0.220 | 0.220 | 0.220 |
| 低碳钢焊条(综合) | kg | 3.274 | 3.894 | 4.174 | 3.271 | 4.296 | 4.647 |
| 氩气 | m³ | 0.550 | 0.550 | 0.550 | 0.620 | 0.620 | 0.620 |
| 氧气 | m³ | 2.490 | 2.640 | 2.810 | 2.563 | 2.920 | 3.037 |
| 乙炔气 | kg | 0.958 | 1.015 | 1.081 | 0.986 | 1.123 | 1.168 |
| 其他材料费 | % | 1.00 | 1.00 | 1.00 | 1.00 | 1.00 | 1.00 |
| 直流弧焊机 20kV·A | 台班 | 0.395 | 0.456 | 0.476 | 0.449 | 0.530 | 0.553 |
| 氩弧焊机 500A | 台班 | 0.257 | 0.257 | 0.257 | 0.288 | 0.288 | 0.288 |
| 半自动切割机 100mm | 台班 | 0.140 | 0.140 | 0.140 | 0.161 | 0.161 | 0.161 |
| 电焊条烘干箱 60×50×75(cm³) | 台班 | 0.040 | 0.046 | 0.048 | 0.045 | 0.053 | 0.055 |

**工作内容：**管子切口、坡口加工、管口组对、焊接安装等操作过程。　　　　　　　　计量单位：个

| 编　号 | | 5-2-362 | 5-2-363 | 5-2-364 |
|---|---|---|---|---|
| 项　目 | | 管外径 × 壁厚（mm×mm 以内） | | |
| | | 529×8 | 529×9 | 529×10 |
| 名　称 | 单位 | 消　耗　量 | | |
| 合计工日 | 工日 | 1.402 | 1.457 | 1.496 |
| 普工 | 工日 | 0.420 | 0.437 | 0.449 |
| 一般技工 | 工日 | 0.842 | 0.874 | 0.898 |
| 高级技工 | 工日 | 0.140 | 0.146 | 0.149 |
| 弯头（异径管） | 个 | （1.000） | （1.000） | （1.000） |
| 角钢（综合） | kg | 0.200 | 0.200 | 0.200 |
| 铈钨棒 | g | 1.372 | 1.372 | 1.372 |
| 棉纱线 | kg | 0.066 | 0.066 | 0.066 |
| 尼龙砂轮片 $\phi$100 | 片 | 0.307 | 0.320 | 0.381 |
| 碳钢氩弧焊丝 | kg | 0.244 | 0.244 | 0.244 |
| 低碳钢焊条（综合） | kg | 3.667 | 4.398 | 5.191 |
| 氩气 | m³ | 0.686 | 0.686 | 0.686 |
| 氧气 | m³ | 2.747 | 3.007 | 3.257 |
| 乙炔气 | kg | 1.057 | 1.157 | 1.253 |
| 其他材料费 | % | 1.00 | 1.00 | 1.00 |
| 直流弧焊机 20kV·A | 台班 | 0.510 | 0.535 | 0.616 |
| 氩弧焊机 500A | 台班 | 0.318 | 0.318 | 0.318 |
| 半自动切割机 100mm | 台班 | 0.182 | 0.182 | 0.182 |
| 电焊条烘干箱 60×50×75（cm³） | 台班 | 0.051 | 0.054 | 0.062 |

③三通安装（电弧焊）

**工作内容：**管子切口、坡口加工、管口组对、焊接安装等操作过程。 计量单位：个

| 编 号 | | 5-2-365 | 5-2-366 | 5-2-367 | 5-2-368 | 5-2-369 | 5-2-370 |
|---|---|---|---|---|---|---|---|
| 项 目 | | 管外径 × 壁厚（mm×mm 以内） | | | | | |
| | | 219×5 | 219×6 | 219×7 | 273×6 | 273×7 | 273×8 |
| 名 称 | 单位 | 消 耗 量 | | | | | |
| 合计工日 | 工日 | 0.732 | 0.765 | 0.819 | 0.938 | 1.008 | 1.046 |
| 普工 | 工日 | 0.220 | 0.230 | 0.246 | 0.281 | 0.302 | 0.314 |
| 一般技工 | 工日 | 0.439 | 0.458 | 0.491 | 0.563 | 0.605 | 0.628 |
| 高级技工 | 工日 | 0.073 | 0.077 | 0.082 | 0.094 | 0.101 | 0.104 |
| 三通 | 个 | （1.000） | （1.000） | （1.000） | （1.000） | （1.000） | （1.000） |
| 角钢（综合） | kg | 0.300 | 0.300 | 0.300 | 0.300 | 0.300 | 0.300 |
| 棉纱线 | kg | 0.042 | 0.042 | 0.042 | 0.051 | 0.051 | 0.051 |
| 尼龙砂轮片 $\phi100$ | 片 | 0.145 | 0.153 | 0.163 | 0.192 | 0.205 | 0.220 |
| 低碳钢焊条（综合） | kg | 1.336 | 1.653 | 2.168 | 2.421 | 2.741 | 3.250 |
| 氧气 | m³ | 1.588 | 1.819 | 2.035 | 2.073 | 2.325 | 2.564 |
| 乙炔气 | kg | 0.611 | 0.700 | 0.783 | 0.797 | 0.894 | 0.986 |
| 其他材料费 | % | 1.00 | 1.00 | 1.00 | 1.00 | 1.00 | 1.00 |
| 直流弧焊机 20kV·A | 台班 | 0.343 | 0.351 | 0.389 | 0.435 | 0.483 | 0.507 |
| 电焊条烘干箱 60×50×75（cm³） | 台班 | 0.034 | 0.035 | 0.039 | 0.044 | 0.048 | 0.051 |

**工作内容：**管子切口、坡口加工、管口组对、焊接安装等操作过程。　　　　　　　　**计量单位：**个

| 编　号 | | 5-2-371 | 5-2-372 | 5-2-373 | 5-2-374 | 5-2-375 | 5-2-376 |
|---|---|---|---|---|---|---|---|
| 项　目 | | 管外径 × 壁厚（mm×mm 以内） | | | | | |
| | | 325×6 | 325×7 | 325×8 | 377×8 | 377×9 | 377×10 |
| 名　称 | 单位 | 消　耗　量 | | | | | |
| 合计工日 | 工日 | 1.158 | 1.236 | 1.284 | 1.482 | 1.537 | 1.583 |
| 普工 | 工日 | 0.347 | 0.371 | 0.385 | 0.445 | 0.461 | 0.475 |
| 一般技工 | 工日 | 0.695 | 0.742 | 0.770 | 0.888 | 0.922 | 0.950 |
| 高级技工 | 工日 | 0.116 | 0.123 | 0.129 | 0.149 | 0.154 | 0.158 |
| 三通 | 个 | （1.000） | （1.000） | （1.000） | （1.000） | （1.000） | （1.000） |
| 角钢（综合） | kg | 0.300 | 0.300 | 0.300 | 0.300 | 0.300 | 0.300 |
| 棉纱线 | kg | 0.063 | 0.063 | 0.063 | 0.072 | 0.072 | 0.072 |
| 尼龙砂轮片 $\phi$100 | 片 | 0.218 | 0.245 | 0.264 | 0.324 | 0.354 | 0.370 |
| 低碳钢焊条（综合） | kg | 2.820 | 3.269 | 3.878 | 4.505 | 5.282 | 6.124 |
| 氧气 | m³ | 2.400 | 2.620 | 2.838 | 3.114 | 3.397 | 3.670 |
| 乙炔气 | kg | 0.923 | 1.008 | 1.092 | 1.198 | 1.307 | 1.412 |
| 其他材料费 | % | 1.00 | 1.00 | 1.00 | 1.00 | 1.00 | 1.00 |
| 直流弧焊机 20kV·A | 台班 | 0.497 | 0.579 | 0.607 | 0.705 | 0.740 | 0.766 |
| 电焊条烘干箱 60×50×75（cm³） | 台班 | 0.050 | 0.058 | 0.061 | 0.071 | 0.074 | 0.077 |

**工作内容：**管子切口、坡口加工、管口组对、焊接安装等操作过程。　　　　　　　　　　　　计量单位：个

| 编　号 | | 5-2-377 | 5-2-378 | 5-2-379 | 5-2-380 | 5-2-381 | 5-2-382 |
|---|---|---|---|---|---|---|---|
| 项　目 | | 管外径 × 壁厚（mm×mm 以内） | | | | | |
| | | 426 × 8 | 426 × 9 | 426 × 10 | 478 × 8 | 478 × 9 | 478 × 10 |
| 名　称 | 单位 | 消　耗　量 | | | | | |
| 合计工日 | 工日 | 1.663 | 1.726 | 1.780 | 1.890 | 1.961 | 2.025 |
| 普工 | 工日 | 0.499 | 0.518 | 0.534 | 0.567 | 0.589 | 0.608 |
| 一般技工 | 工日 | 0.997 | 1.035 | 1.068 | 1.134 | 1.176 | 1.214 |
| 高级技工 | 工日 | 0.167 | 0.173 | 0.178 | 0.189 | 0.196 | 0.203 |
| 三通 | 个 | （1.000） | （1.000） | （1.000） | （1.000） | （1.000） | （1.000） |
| 角钢（综合） | kg | 0.300 | 0.300 | 0.300 | 0.300 | 0.300 | 0.300 |
| 棉纱线 | kg | 0.081 | 0.081 | 0.081 | 0.090 | 0.090 | 0.090 |
| 尼龙砂轮片 $\phi100$ | 片 | 0.367 | 0.401 | 0.419 | 0.393 | 0.473 | 0.493 |
| 低碳钢焊条（综合） | kg | 5.820 | 6.420 | 6.930 | 6.200 | 7.320 | 7.786 |
| 氧气 | m³ | 3.510 | 3.692 | 3.991 | 3.652 | 4.200 | 4.316 |
| 乙炔气 | kg | 1.350 | 1.420 | 1.535 | 1.405 | 1.615 | 1.660 |
| 其他材料费 | % | 1.00 | 1.00 | 1.00 | 1.00 | 1.00 | 1.00 |
| 直流弧焊机 20kV·A | 台班 | 0.754 | 0.837 | 0.867 | 0.823 | 0.944 | 0.978 |
| 电焊条烘干箱 60×50×75（cm³） | 台班 | 0.075 | 0.084 | 0.087 | 0.082 | 0.094 | 0.098 |

**工作内容:**管子切口、坡口加工、管口组对、焊接安装等操作过程。 **计量单位:**个

| 编 号 | | 5-2-383 | 5-2-384 | 5-2-385 | 5-2-386 | 5-2-387 | 5-2-388 |
|---|---|---|---|---|---|---|---|
| 项 目 | | 管外径 × 壁厚(mm×mm 以内) | | | | | |
| | | 529×8 | 529×9 | 529×10 | 630×8 | 630×9 | 630×10 |
| 名 称 | 单位 | 消 耗 量 | | | | | |
| 合计工日 | 工日 | 2.087 | 2.167 | 2.229 | 2.583 | 2.647 | 2.701 |
| 普工 | 工日 | 0.626 | 0.650 | 0.669 | 0.775 | 0.794 | 0.810 |
| 一般技工 | 工日 | 1.252 | 1.300 | 1.337 | 1.550 | 1.588 | 1.621 |
| 高级技工 | 工日 | 0.209 | 0.217 | 0.223 | 0.258 | 0.265 | 0.270 |
| 三通 | 个 | (1.000) | (1.000) | (1.000) | (1.000) | (1.000) | (1.000) |
| 角钢(综合) | kg | 0.300 | 0.300 | 0.300 | 0.303 | 0.303 | 0.303 |
| 棉纱线 | kg | 0.099 | 0.099 | 0.099 | 0.120 | 0.120 | 0.120 |
| 六角螺栓(综合) | 10套 | — | — | — | 0.072 | 0.072 | 0.072 |
| 尼龙砂轮片 $\phi100$ | 片 | 0.462 | 0.483 | 0.571 | 0.569 | 0.683 | 0.710 |
| 低碳钢焊条(综合) | kg | 6.401 | 7.497 | 8.687 | 8.640 | 10.460 | 11.877 |
| 氧气 | m³ | 3.915 | 4.279 | 4.630 | 4.600 | 5.183 | 5.596 |
| 乙炔气 | kg | 1.506 | 1.646 | 1.781 | 1.769 | 1.993 | 2.152 |
| 其他材料费 | % | 1.00 | 1.00 | 1.00 | 1.00 | 1.00 | 1.00 |
| 直流弧焊机 20kV·A | 台班 | 0.905 | 0.973 | 1.088 | 1.070 | 1.438 | 1.463 |
| 电焊条烘干箱 60×50×75(cm³) | 台班 | 0.091 | 0.097 | 0.109 | 0.107 | 0.144 | 0.146 |

**工作内容：**管子切口、坡口加工、管口组对、焊接安装等操作过程。　　　　　　　　　　　计量单位：个

| 编　号 | | 5-2-389 | 5-2-390 | 5-2-391 | 5-2-392 | 5-2-393 | 5-2-394 |
|---|---|---|---|---|---|---|---|
| 项　目 | | 管外径 × 壁厚（mm × mm 以内） | | | | | |
| | | 720×8 | 720×9 | 720×10 | 820×9 | 820×10 | 820×12 |
| 名　称 | 单位 | 消　耗　量 | | | | | |
| 合计工日 | 工日 | 2.953 | 3.032 | 3.096 | 3.435 | 3.497 | 3.670 |
| 普工 | 工日 | 0.886 | 0.910 | 0.929 | 1.031 | 1.049 | 1.101 |
| 一般技工 | 工日 | 1.772 | 1.819 | 1.857 | 2.060 | 2.098 | 2.202 |
| 高级技工 | 工日 | 0.295 | 0.303 | 0.310 | 0.344 | 0.350 | 0.367 |
| 三通 | 个 | （1.000） | （1.000） | （1.000） | （1.000） | （1.000） | （1.000） |
| 角钢（综合） | kg | 0.330 | 0.330 | 0.330 | 0.330 | 0.330 | 0.330 |
| 棉纱线 | kg | 0.135 | 0.135 | 0.135 | 0.156 | 0.156 | 0.156 |
| 六角螺栓（综合） | 10套 | 0.072 | 0.072 | 0.072 | 0.072 | 0.072 | 0.072 |
| 尼龙砂轮片 $\phi100$ | 片 | 0.692 | 0.782 | 0.814 | 0.966 | 1.002 | 1.065 |
| 低碳钢焊条（综合） | kg | 10.476 | 11.969 | 13.593 | 13.773 | 15.626 | 19.778 |
| 氧气 | m³ | 5.300 | 5.783 | 6.247 | 6.529 | 7.055 | 8.057 |
| 乙炔气 | kg | 2.038 | 2.224 | 2.403 | 2.511 | 2.713 | 3.099 |
| 其他材料费 | % | 1.00 | 1.00 | 1.00 | 1.00 | 1.00 | 1.00 |
| 汽车式起重机 8t | 台班 | 0.019 | 0.020 | 0.021 | 0.022 | 0.026 | 0.029 |
| 载重汽车 8t | 台班 | 0.007 | 0.007 | 0.007 | 0.008 | 0.008 | 0.009 |
| 直流弧焊机 20kV·A | 台班 | 1.453 | 1.649 | 1.676 | 1.880 | 1.913 | 2.024 |
| 电焊条烘干箱 60×50×75（cm³） | 台班 | 0.145 | 0.165 | 0.168 | 0.188 | 0.191 | 0.202 |

**工作内容：**管子切口、坡口加工、管口组对、焊接安装等操作过程。 　　　　　　　　　**计量单位：**个

| 编　号 | | 5-2-395 | 5-2-396 | 5-2-397 | 5-2-398 | 5-2-399 | 5-2-400 |
|---|---|---|---|---|---|---|---|
| 项　目 | | 管外径 × 壁厚（mm × mm 以内） | | | | | |
| | | 920 × 9 | 920 × 10 | 920 × 12 | 1 020 × 10 | 1 020 × 12 | 1 020 × 14 |
| 名　称 | 单位 | 消　耗　量 | | | | | |
| 合计工日 | 工日 | 3.819 | 3.898 | 4.088 | 4.300 | 4.512 | 5.001 |
| 普工 | 工日 | 1.146 | 1.169 | 1.226 | 1.290 | 1.354 | 1.500 |
| 一般技工 | 工日 | 2.291 | 2.339 | 2.453 | 2.580 | 2.707 | 3.001 |
| 高级技工 | 工日 | 0.382 | 0.390 | 0.409 | 0.430 | 0.451 | 0.500 |
| 三通 | 个 | （1.000） | （1.000） | （1.000） | （1.000） | （1.000） | （1.000） |
| 角钢（综合） | kg | 0.330 | 0.330 | 0.330 | 0.330 | 0.330 | 0.330 |
| 棉纱线 | kg | 0.174 | 0.174 | 0.174 | 0.192 | 0.192 | 0.192 |
| 六角螺栓（综合） | 10 套 | 0.072 | 0.072 | 0.072 | 0.072 | 0.072 | 0.072 |
| 尼龙砂轮片 $\phi$100 | 片 | 1.085 | 1.062 | 1.197 | 1.162 | 1.329 | 1.411 |
| 低碳钢焊条（综合） | kg | 16.010 | 17.549 | 22.215 | 19.470 | 24.651 | 30.572 |
| 氧气 | m³ | 7.263 | 7.854 | 8.978 | 8.637 | 9.882 | 11.059 |
| 乙炔气 | kg | 2.793 | 3.021 | 3.453 | 3.322 | 3.801 | 4.253 |
| 其他材料费 | % | 1.00 | 1.00 | 1.00 | 1.00 | 1.00 | 1.00 |
| 汽车式起重机 8t | 台班 | 0.026 | 0.029 | 0.036 | — | — | — |
| 汽车式起重机 12t | 台班 | — | — | — | 0.035 | 0.041 | 0.059 |
| 载重汽车 8t | 台班 | 0.008 | 0.009 | 0.011 | 0.010 | 0.013 | 0.014 |
| 直流弧焊机 20kV · A | 台班 | 1.964 | 1.999 | 2.272 | 2.150 | 2.521 | 2.948 |
| 电焊条烘干箱 60×50×75（cm³） | 台班 | 0.196 | 0.200 | 0.227 | 0.215 | 0.252 | 0.295 |

**工作内容:** 管子切口、坡口加工、管口组对、焊接安装等操作过程。　　　　　　　　　　　　　**计量单位:** 个

| 编　号 | | 5-2-401 | 5-2-402 | 5-2-403 | 5-2-404 | 5-2-405 | 5-2-406 |
|---|---|---|---|---|---|---|---|
| 项　目 | | 管外径 × 壁厚（mm × mm 以内） | | | | | |
| | | 1 220 × 10 | 1 220 × 12 | 1 220 × 14 | 1 420 × 10 | 1 420 × 12 | 1 420 × 14 |
| 名　称 | 单位 | 消　耗　量 | | | | | |
| 合计工日 | 工日 | 5.268 | 5.514 | 6.087 | 6.073 | 6.354 | 7.017 |
| 普工 | 工日 | 1.580 | 1.654 | 1.826 | 1.822 | 1.906 | 2.105 |
| 一般技工 | 工日 | 3.161 | 3.308 | 3.653 | 3.643 | 3.813 | 4.210 |
| 高级技工 | 工日 | 0.527 | 0.552 | 0.608 | 0.608 | 0.635 | 0.702 |
| 三通 | 个 | （1.000） | （1.000） | （1.000） | （1.000） | （1.000） | （1.000） |
| 角钢（综合） | kg | 0.441 | 0.441 | 0.441 | 0.441 | 0.441 | 0.441 |
| 棉纱线 | kg | 0.231 | 0.231 | 0.231 | 0.267 | 0.267 | 0.267 |
| 六角螺栓（综合） | 10 套 | 0.072 | 0.072 | 0.072 | 0.072 | 0.072 | 0.072 |
| 尼龙砂轮片 $\phi100$ | 片 | 1.310 | 1.593 | 1.692 | 1.580 | 1.689 | 1.925 |
| 低碳钢焊条（综合） | kg | 23.314 | 32.522 | 36.621 | 27.057 | 38.394 | 42.670 |
| 氧气 | m³ | 9.800 | 11.869 | 13.293 | 11.840 | 13.200 | 15.197 |
| 乙炔气 | kg | 3.769 | 4.565 | 5.113 | 4.554 | 5.077 | 5.845 |
| 其他材料费 | % | 1.00 | 1.00 | 1.00 | 1.00 | 1.00 | 1.00 |
| 汽车式起重机 12t | 台班 | 0.059 | 0.069 | — | — | — | — |
| 汽车式起重机 16t | 台班 | — | — | 0.087 | 0.077 | 0.097 | 0.124 |
| 载重汽车 8t | 台班 | 0.014 | 0.015 | 0.019 | 0.018 | 0.027 | 0.036 |
| 直流弧焊机 20kV·A | 台班 | 2.442 | 3.035 | 3.547 | 2.937 | 3.533 | 4.131 |
| 电焊条烘干箱 60×50×75（cm³） | 台班 | 0.244 | 0.304 | 0.355 | 0.294 | 0.353 | 0.413 |

**工作内容**：管子切口、坡口加工、管口组对、焊接安装等操作过程。　　　　　　　　　　计量单位：个

| 编　号 | | 5-2-407 | 5-2-408 | 5-2-409 | 5-2-410 | 5-2-411 |
|---|---|---|---|---|---|---|
| 项　目 | | 管外径 × 壁厚（mm×mm 以内） | | | | |
| | | 1 620×10 | 1 620×12 | 1 620×14 | 1 820×12 | 1 820×14 |
| 名　称 | 单位 | 消　耗　量 | | | | |
| 合计工日 | 工日 | 6.884 | 7.215 | 7.970 | 8.127 | 8.979 |
| 普工 | 工日 | 2.065 | 2.165 | 2.391 | 2.438 | 2.694 |
| 一般技工 | 工日 | 4.130 | 4.328 | 4.782 | 4.876 | 5.387 |
| 高级技工 | 工日 | 0.689 | 0.722 | 0.797 | 0.813 | 0.898 |
| 三通 | 个 | （1.000） | （1.000） | （1.000） | （1.000） | （1.000） |
| 角钢（综合） | kg | 0.534 | 0.534 | 0.534 | 0.534 | 0.534 |
| 棉纱线 | kg | 0.306 | 0.306 | 0.306 | 0.342 | 0.342 |
| 六角螺栓（综合） | 10 套 | 0.141 | 0.141 | 0.141 | 0.141 | 0.141 |
| 尼龙砂轮片 $\phi100$ | 片 | 1.676 | 1.901 | 2.254 | 2.236 | 2.536 |
| 低碳钢焊条（综合） | kg | 31.001 | 39.266 | 48.719 | 44.137 | 54.768 |
| 氧气 | m³ | 13.000 | 15.020 | 17.662 | 17.634 | 19.726 |
| 乙炔气 | kg | 5.000 | 5.777 | 6.793 | 6.782 | 7.587 |
| 其他材料费 | % | 1.00 | 1.00 | 1.00 | 1.00 | 1.00 |
| 汽车式起重机 16t | 台班 | 0.115 | 0.133 | 0.150 | 0.168 | — |
| 汽车式起重机 20t | 台班 | — | — | — | — | 0.195 |
| 载重汽车 8t | 台班 | 0.036 | 0.045 | 0.063 | 0.063 | 0.072 |
| 直流弧焊机 20kV·A | 台班 | 3.379 | 4.034 | 4.716 | 4.535 | 5.303 |
| 电焊条烘干箱 60×50×75（cm³） | 台班 | 0.338 | 0.403 | 0.472 | 0.454 | 0.530 |

**工作内容：**管子切口、坡口加工、管口组对、焊接安装等操作过程。 　　　　　　**计量单位：**个

| 编　号 | | 5-2-412 | 5-2-413 | 5-2-414 | 5-2-415 |
|---|---|---|---|---|---|
| 项　目 | | 管外径 × 壁厚（mm×mm 以内） | | | |
| | | 1 820 × 16 | 2 020 × 12 | 2 020 × 14 | 2 020 × 16 |
| 名　称 | 单位 | 消　耗　量 | | | |
| 合计工日 | 工日 | 9.143 | 9.025 | 9.100 | 10.176 |
| 普工 | 工日 | 2.743 | 2.707 | 2.730 | 3.053 |
| 一般技工 | 工日 | 5.486 | 5.415 | 5.460 | 6.105 |
| 高级技工 | 工日 | 0.914 | 0.903 | 0.910 | 1.018 |
| 三通 | 个 | （1.000） | （1.000） | （1.000） | （1.000） |
| 角钢（综合） | kg | 0.534 | 0.534 | 0.534 | 0.534 |
| 棉纱线 | kg | 0.342 | 0.381 | 0.381 | 0.381 |
| 六角螺栓（综合） | 10 套 | 0.141 | 0.141 | 0.141 | 0.141 |
| 尼龙砂轮片 $\phi100$ | 片 | 2.723 | 2.430 | 2.620 | 3.026 |
| 低碳钢焊条（综合） | kg | 69.939 | 49.009 | 60.818 | 77.668 |
| 氧气 | m³ | 21.721 | 19.466 | 21.620 | 24.005 |
| 乙炔气 | kg | 8.354 | 7.487 | 8.315 | 9.233 |
| 其他材料费 | % | 1.00 | 1.00 | 1.00 | 1.00 |
| 汽车式起重机 20t | 台班 | 0.212 | 0.203 | 0.221 | 0.239 |
| 载重汽车 8t | 台班 | 0.072 | 0.072 | 0.072 | 0.081 |
| 直流弧焊机 20kV·A | 台班 | 5.383 | 5.036 | 5.325 | 5.977 |
| 电焊条烘干箱 60×50×75（cm³） | 台班 | 0.538 | 0.504 | 0.533 | 0.598 |

④三通安装（氩电联焊）

**工作内容：**管子切口、坡口加工、管口组对、焊接安装等操作过程。 **计量单位：**个

| 编 号 | | 5-2-416 | 5-2-417 | 5-2-418 | 5-2-419 | 5-2-420 | 5-2-421 |
|---|---|---|---|---|---|---|---|
| 项 目 | | 管外径 × 壁厚（mm × mm 以内） | | | | | |
| | | 219 × 5 | 219 × 6 | 219 × 7 | 273 × 6 | 273 × 7 | 273 × 8 |
| 名 称 | 单位 | 消 耗 量 | | | | | |
| 合计工日 | 工日 | 0.717 | 0.748 | 0.803 | 0.874 | 0.946 | 0.993 |
| 普工 | 工日 | 0.215 | 0.224 | 0.241 | 0.262 | 0.284 | 0.298 |
| 一般技工 | 工日 | 0.430 | 0.449 | 0.482 | 0.525 | 0.567 | 0.596 |
| 高级技工 | 工日 | 0.072 | 0.075 | 0.080 | 0.087 | 0.095 | 0.099 |
| 三通 | 个 | （1.000） | （1.000） | （1.000） | （1.000） | （1.000） | （1.000） |
| 角钢（综合） | kg | 0.300 | 0.300 | 0.300 | 0.300 | 0.300 | 0.300 |
| 铈钨棒 | g | 1.055 | 1.055 | 1.055 | 1.305 | 1.305 | 1.305 |
| 棉纱线 | kg | 0.042 | 0.042 | 0.042 | 0.051 | 0.051 | 0.051 |
| 尼龙砂轮片 $\phi100$ | 片 | 0.145 | 0.153 | 0.163 | 0.192 | 0.205 | 0.220 |
| 碳钢氩弧焊丝 | kg | 0.188 | 0.188 | 0.188 | 0.234 | 0.234 | 0.234 |
| 低碳钢焊条（综合） | kg | 0.957 | 1.274 | 1.789 | 1.928 | 2.248 | 2.757 |
| 氩气 | $m^3$ | 0.527 | 0.527 | 0.527 | 0.653 | 0.653 | 0.653 |
| 氧气 | $m^3$ | 1.588 | 1.819 | 2.035 | 2.073 | 2.325 | 2.564 |
| 乙炔气 | kg | 0.611 | 0.700 | 0.783 | 0.797 | 0.894 | 0.986 |
| 其他材料费 | % | 1.00 | 1.00 | 1.00 | 1.00 | 1.00 | 1.00 |
| 直流弧焊机 20kV·A | 台班 | 0.200 | 0.208 | 0.246 | 0.294 | 0.341 | 0.365 |
| 氩弧焊机 500A | 台班 | 0.244 | 0.244 | 0.244 | 0.303 | 0.303 | 0.303 |
| 半自动切割机 100mm | 台班 | 0.121 | 0.121 | 0.121 | 0.172 | 0.172 | 0.172 |
| 电焊条烘干箱 $60 \times 50 \times 75（cm^3）$ | 台班 | 0.020 | 0.021 | 0.025 | 0.029 | 0.034 | 0.037 |

**工作内容：**管子切口、坡口加工、管口组对、焊接安装等操作过程。　　　　　　　　　　计量单位：个

| 编　号 | | 5-2-422 | 5-2-423 | 5-2-424 | 5-2-425 | 5-2-426 | 5-2-427 |
|---|---|---|---|---|---|---|---|
| 项　目 | | 管外径 × 壁厚（mm×mm 以内） | | | | | |
| | | 325×6 | 325×7 | 325×8 | 377×8 | 377×9 | 377×10 |
| 名　称 | 单位 | 消　耗　量 | | | | | |
| 合计工日 | 工日 | 1.127 | 1.206 | 1.260 | 1.851 | 1.907 | 1.953 |
| 普工 | 工日 | 0.338 | 0.362 | 0.378 | 0.555 | 0.572 | 0.586 |
| 一般技工 | 工日 | 0.676 | 0.723 | 0.756 | 1.111 | 1.144 | 1.172 |
| 高级技工 | 工日 | 0.113 | 0.121 | 0.126 | 0.185 | 0.191 | 0.195 |
| 三通 | 个 | （1.000） | （1.000） | （1.000） | （1.000） | （1.000） | （1.000） |
| 角钢（综合） | kg | 0.300 | 0.300 | 0.300 | 0.300 | 0.300 | 0.300 |
| 铈钨棒 | g | 1.345 | 1.345 | 1.345 | 1.382 | 1.382 | 1.382 |
| 棉纱线 | kg | 0.063 | 0.063 | 0.063 | 0.072 | 0.072 | 0.072 |
| 尼龙砂轮片 $\phi100$ | 片 | 0.218 | 0.245 | 0.264 | 0.324 | 0.354 | 0.370 |
| 碳钢氩弧焊丝 | kg | 0.239 | 0.239 | 0.239 | 0.245 | 0.245 | 0.245 |
| 低碳钢焊条（综合） | kg | 2.293 | 2.742 | 3.351 | 3.944 | 4.721 | 5.563 |
| 氩气 | m³ | 0.673 | 0.673 | 0.673 | 0.690 | 0.690 | 0.690 |
| 氧气 | m³ | 2.400 | 2.620 | 2.838 | 3.114 | 3.397 | 3.670 |
| 乙炔气 | kg | 0.923 | 1.008 | 1.092 | 1.198 | 1.307 | 1.412 |
| 其他材料费 | % | 1.00 | 1.00 | 1.00 | 1.00 | 1.00 | 1.00 |
| 直流弧焊机 20kV·A | 台班 | 0.364 | 0.445 | 0.473 | 0.577 | 0.611 | 0.638 |
| 氩弧焊机 500A | 台班 | 0.312 | 0.312 | 0.312 | 0.320 | 0.320 | 0.320 |
| 半自动切割机 100mm | 台班 | 0.179 | 0.179 | 0.179 | 0.184 | 0.184 | 0.184 |
| 电焊条烘干箱 60×50×75（cm³） | 台班 | 0.036 | 0.045 | 0.047 | 0.058 | 0.061 | 0.064 |

**工作内容:** 管子切口、坡口加工、管口组对、焊接安装等操作过程。　　　　　　　　计量单位:个

| 编　号 | | 5-2-428 | 5-2-429 | 5-2-430 | 5-2-431 | 5-2-432 | 5-2-433 |
|---|---|---|---|---|---|---|---|
| 项　目 | | 管外径 × 壁厚(mm × mm 以内) | | | | | |
| | | 426 × 8 | 426 × 9 | 426 × 10 | 478 × 8 | 478 × 9 | 478 × 10 |
| 名　称 | 单位 | 消　耗　量 | | | | | |
| 合计工日 | 工日 | 1.655 | 1.718 | 1.772 | 1.882 | 1.953 | 2.017 |
| 普工 | 工日 | 0.496 | 0.515 | 0.532 | 0.564 | 0.586 | 0.605 |
| 一般技工 | 工日 | 0.993 | 1.031 | 1.063 | 1.130 | 1.172 | 1.210 |
| 高级技工 | 工日 | 0.166 | 0.172 | 0.177 | 0.188 | 0.195 | 0.202 |
| 三通 | 个 | (1.000) | (1.000) | (1.000) | (1.000) | (1.000) | (1.000) |
| 角钢(综合) | kg | 0.300 | 0.300 | 0.300 | 0.300 | 0.300 | 0.300 |
| 铈钨棒 | g | 1.570 | 0.157 | 1.570 | 1.764 | 1.764 | 1.764 |
| 棉纱线 | kg | 0.081 | 0.081 | 0.081 | 0.090 | 0.090 | 0.090 |
| 尼龙砂轮片 $\phi100$ | 片 | 0.367 | 0.401 | 0.419 | 0.393 | 0.473 | 0.493 |
| 碳钢氩弧焊丝 | kg | 0.279 | 0.279 | 0.279 | 0.314 | 0.314 | 0.314 |
| 低碳钢焊条(综合) | kg | 5.184 | 5.784 | 6.294 | 5.425 | 6.545 | 7.011 |
| 氩气 | m³ | 0.784 | 0.784 | 0.784 | 0.884 | 0.884 | 0.884 |
| 氧气 | m³ | 3.510 | 3.692 | 3.991 | 3.652 | 4.200 | 4.316 |
| 乙炔气 | kg | 1.350 | 1.420 | 1.535 | 1.405 | 1.615 | 1.660 |
| 其他材料费 | % | 1.00 | 1.00 | 1.00 | 1.00 | 1.00 | 1.00 |
| 直流弧焊机 20kV·A | 台班 | 0.608 | 0.691 | 0.721 | 0.681 | 0.802 | 0.836 |
| 氩弧焊机 500A | 台班 | 0.365 | 0.365 | 0.365 | 0.411 | 0.411 | 0.411 |
| 半自动切割机 100mm | 台班 | 0.199 | 0.199 | 0.199 | 0.229 | 0.229 | 0.229 |
| 电焊条烘干箱 60×50×75(cm³) | 台班 | 0.061 | 0.069 | 0.072 | 0.068 | 0.080 | 0.084 |

**工作内容:** 管子切口、坡口加工、管口组对、焊接安装等操作过程。 　　　　　　　　**计量单位:** 个

| 编　号 | | 5-2-434 | 5-2-435 | 5-2-436 |
|---|---|---|---|---|
| 项　目 | | 管外径 × 壁厚(mm × mm 以内) | | |
| | | 529 × 8 | 529 × 9 | 529 × 10 |
| 名　称 | 单位 | 消　耗　量 | | |
| 合计工日 | 工日 | 2.079 | 2.158 | 2.221 |
| 普工 | 工日 | 0.624 | 0.647 | 0.666 |
| 一般技工 | 工日 | 1.247 | 1.295 | 1.333 |
| 高级技工 | 工日 | 0.208 | 0.216 | 0.222 |
| 三通 | 个 | (1.000) | (1.000) | (1.000) |
| 角钢(综合) | kg | 0.300 | 0.300 | 0.300 |
| 铈钨棒 | g | 1.955 | 1.955 | 1.955 |
| 棉纱线 | kg | 0.099 | 0.099 | 0.099 |
| 尼龙砂轮片 $\phi$100 | 片 | 0.462 | 0.483 | 0.571 |
| 碳钢氩弧焊丝 | kg | 0.348 | 0.348 | 0.348 |
| 低碳钢焊条(综合) | kg | 5.546 | 6.642 | 7.832 |
| 氩气 | m³ | 0.978 | 0.978 | 0.978 |
| 氧气 | m³ | 3.915 | 4.279 | 4.630 |
| 乙炔气 | kg | 1.506 | 1.646 | 1.781 |
| 其他材料费 | % | 1.00 | 1.00 | 1.00 |
| 直流弧焊机 20kV·A | 台班 | 0.748 | 0.817 | 0.932 |
| 氩弧焊机 500A | 台班 | 0.454 | 0.454 | 0.454 |
| 半自动切割机 100mm | 台班 | 0.260 | 0.260 | 0.260 |
| 电焊条烘干箱 60 × 50 × 75(cm³) | 台班 | 0.075 | 0.082 | 0.093 |

# 3. 塑料管件安装

## （1）塑料管件（黏接）

**工作内容:** 切管、坡口、清理工作面、管件安装。

计量单位:个

| 编　号 | | 5-2-437 | 5-2-438 | 5-2-439 | 5-2-440 |
|---|---|---|---|---|---|
| 项　目 | | 管外径（mm 以内） | | | |
| | | 110 | 125 | 140 | 160 |
| 名　称 | 单位 | 消　耗　量 | | | |
| 合计工日 | 工日 | 0.078 | 0.090 | 0.108 | 0.116 |
| 普工 | 工日 | 0.024 | 0.027 | 0.033 | 0.035 |
| 一般技工 | 工日 | 0.046 | 0.054 | 0.064 | 0.070 |
| 高级技工 | 工日 | 0.008 | 0.009 | 0.011 | 0.011 |
| 塑料管件 | 个 | （1.010） | （1.010） | （1.010） | （1.010） |
| 砂布 | 张 | 0.600 | 0.800 | 0.800 | 0.800 |
| 丙酮 | kg | 0.038 | 0.043 | 0.047 | 0.055 |
| 黏接胶 | kg | 0.025 | 0.029 | 0.032 | 0.037 |
| 其他材料费 | % | 1.00 | 1.00 | 1.00 | 1.00 |

## （2）塑料管件（胶圈连接）

**工作内容:** 切管、坡口、清理工作面、管件安装、上胶圈。

计量单位:个

| 编　号 | | 5-2-441 | 5-2-442 | 5-2-443 | 5-2-444 | 5-2-445 | 5-2-446 |
|---|---|---|---|---|---|---|---|
| 项　目 | | 管外径（mm 以内） | | | | | |
| | | 110 | 125 | 160 | 250 | 315 | 355 |
| 名　称 | 单位 | 消　耗　量 | | | | | |
| 合计工日 | 工日 | 0.057 | 0.067 | 0.083 | 0.140 | 0.168 | 0.203 |
| 普工 | 工日 | 0.017 | 0.020 | 0.025 | 0.042 | 0.050 | 0.061 |
| 一般技工 | 工日 | 0.034 | 0.040 | 0.050 | 0.084 | 0.101 | 0.122 |
| 高级技工 | 工日 | 0.006 | 0.007 | 0.008 | 0.014 | 0.017 | 0.020 |
| 橡胶圈 | 个 | （2.369） | （2.369） | （2.369） | （2.369） | （2.369） | （2.369） |
| 塑料管件 | 个 | （1.010） | （1.010） | （1.010） | （1.010） | （1.010） | （1.010） |
| 砂布 | 张 | 0.600 | 0.800 | 0.800 | 1.270 | 1.400 | 1.500 |
| 润滑油 | kg | 0.072 | 0.091 | 0.116 | 0.162 | 0.184 | 0.208 |
| 其他材料费 | % | 1.00 | 1.00 | 1.00 | 1.00 | 1.00 | 1.00 |

**工作内容:** 切管、坡口、清理工作面、管件安装、上胶圈。　　　　　　　　　　　　　　　　　计量单位: 个

| 编　号 | | 5-2-447 | 5-2-448 | 5-2-449 | 5-2-450 | 5-2-451 | 5-2-452 |
|---|---|---|---|---|---|---|---|
| 项　目 | | 管外径(mm 以内) | | | | | |
| | | 400 | 500 | 600 | 700 | 800 | 900 |
| 名　称 | 单位 | 消　耗　量 | | | | | |
| 合计工日 | 工日 | 0.223 | 0.260 | 0.277 | 0.308 | 0.340 | 0.371 |
| 普工 | 工日 | 0.067 | 0.078 | 0.083 | 0.092 | 0.102 | 0.111 |
| 一般技工 | 工日 | 0.134 | 0.156 | 0.166 | 0.185 | 0.204 | 0.223 |
| 高级技工 | 工日 | 0.022 | 0.026 | 0.028 | 0.031 | 0.034 | 0.037 |
| 橡胶圈 | 个 | (2.369) | (2.369) | (2.369) | (2.369) | (2.369) | (2.369) |
| 塑料管件 | 个 | (1.010) | (1.010) | (1.010) | (1.010) | (1.010) | (1.010) |
| 砂布 | 张 | 1.700 | 1.800 | 1.800 | 1.800 | 1.800 | 1.900 |
| 润滑油 | kg | 0.208 | 0.254 | 0.300 | 0.300 | 0.300 | 0.350 |
| 其他材料费 | % | 1.00 | 1.00 | 1.00 | 1.00 | 1.00 | 1.00 |

**工作内容:** 切管、坡口、清理工作面、管件安装、上胶圈。　　　　　　　　　　　　　　　　　计量单位: 个

| 编　号 | | 5-2-453 | 5-2-454 | 5-2-455 | 5-2-456 | 5-2-457 |
|---|---|---|---|---|---|---|
| 项　目 | | 管外径(mm 以内) | | | | |
| | | 1 000 | 1 200 | 1 500 | 1 800 | 2 000 |
| 名　称 | 单位 | 消　耗　量 | | | | |
| 合计工日 | 工日 | 0.407 | 0.423 | 0.437 | 0.470 | 0.500 |
| 普工 | 工日 | 0.122 | 0.127 | 0.131 | 0.141 | 0.150 |
| 一般技工 | 工日 | 0.244 | 0.254 | 0.262 | 0.282 | 0.300 |
| 高级技工 | 工日 | 0.041 | 0.042 | 0.044 | 0.047 | 0.050 |
| 橡胶圈 | 个 | (2.369) | (2.369) | (2.369) | (2.369) | (2.369) |
| 塑料管件 | 个 | (1.010) | (1.010) | (1.010) | (1.010) | (1.010) |
| 砂布 | 张 | 1.900 | 2.000 | 2.000 | 2.000 | 2.000 |
| 润滑油 | kg | 0.350 | 0.400 | 0.400 | 0.400 | 0.400 |
| 其他材料费 | % | 1.00 | 1.00 | 1.00 | 1.00 | 1.00 |

## （3）塑料管件（对接熔接）

**工作内容：** 管口切削、对口、升温、熔接等操作过程。 计量单位：个

| 编　号 | | 5-2-458 | 5-2-459 | 5-2-460 | 5-2-461 | 5-2-462 |
|---|---|---|---|---|---|---|
| 项　目 | | 管外径（mm 以内） | | | | |
| | | 110 | 125 | 160 | 200 | 250 |
| 名　称 | 单位 | 消　耗　量 | | | | |
| 合计工日 | 工日 | 0.123 | 0.143 | 0.197 | 0.248 | 0.337 |
| 普工 | 工日 | 0.037 | 0.043 | 0.059 | 0.074 | 0.101 |
| 一般技工 | 工日 | 0.074 | 0.086 | 0.118 | 0.149 | 0.202 |
| 高级技工 | 工日 | 0.012 | 0.014 | 0.020 | 0.025 | 0.034 |
| 中密度聚乙烯管件（对接熔接） | 个 | （1.010） | （1.010） | （1.010） | （1.010） | （1.010） |
| 三氯乙烯 | kg | 0.020 | 0.040 | 0.040 | 0.040 | 0.080 |
| 破布 | kg | 0.034 | 0.040 | 0.068 | 0.094 | 0.122 |
| 其他材料费 | % | 1.00 | 1.00 | 1.00 | 1.00 | 1.00 |
| 热熔对接焊机 630mm | 台班 | 0.251 | 0.334 | 0.439 | 0.543 | 0.678 |

**工作内容：** 管口切削、对口、升温、熔接等操作过程。 计量单位：个

| 编　号 | | 5-2-463 | 5-2-464 | 5-2-465 | 5-2-466 |
|---|---|---|---|---|---|
| 项　目 | | 管外径（mm 以内） | | | |
| | | 315 | 355 | 400 | 450 |
| 名　称 | 单位 | 消　耗　量 | | | |
| 合计工日 | 工日 | 0.511 | 0.697 | 0.893 | 1.165 |
| 普工 | 工日 | 0.153 | 0.209 | 0.268 | 0.350 |
| 一般技工 | 工日 | 0.307 | 0.418 | 0.536 | 0.699 |
| 高级技工 | 工日 | 0.051 | 0.070 | 0.089 | 0.116 |
| 中密度聚乙烯管件（对接熔接） | 个 | （1.010） | （1.010） | （1.010） | （1.010） |
| 三氯乙烯 | kg | 0.080 | 0.080 | 0.120 | 0.060 |
| 破布 | kg | 0.158 | 0.206 | 0.266 | 0.174 |
| 其他材料费 | % | 1.00 | 1.00 | 1.00 | 1.00 |
| 热熔对接焊机 630mm | 台班 | 0.968 | 1.185 | 1.580 | 1.778 |

**工作内容：**管口切削、对口、升温、熔接等操作过程。 计量单位：个

| 编　号 | | 5-2-467 | 5-2-468 | 5-2-469 |
|---|---|---|---|---|
| 项　目 | | 管外径（mm 以内） | | |
| | | 500 | 560 | 630 |
| 名　称 | 单位 | 消　耗　量 | | |
| 合计工日 | 工日 | 1.359 | 1.387 | 1.501 |
| 普工 | 工日 | 0.408 | 0.416 | 0.450 |
| 一般技工 | 工日 | 0.815 | 0.832 | 0.901 |
| 高级技工 | 工日 | 0.136 | 0.139 | 0.150 |
| 中密度聚乙烯管件（对接熔接） | 个 | （1.010） | （1.010） | （1.010） |
| 三氯乙烯 | kg | 0.120 | 0.126 | 0.132 |
| 破布 | kg | 0.452 | 0.474 | 0.498 |
| 其他材料费 | % | 1.00 | 1.00 | 1.00 |
| 热熔对接焊机 630mm | 台班 | 2.222 | 2.480 | 2.737 |

## （4）塑料管件（电熔熔接）

**工作内容：**管座整理、切管、对口、管件安装、升温、熔接等操作过程。 计量单位：个

| 编　号 | | 5-2-470 | 5-2-471 | 5-2-472 | 5-2-473 | 5-2-474 | 5-2-475 |
|---|---|---|---|---|---|---|---|
| 项　目 | | 管外径（mm 以内） | | | | | |
| | | 160 | 200 | 250 | 315 | 400 | 500 |
| 名　称 | 单位 | 消　耗　量 | | | | | |
| 合计工日 | 工日 | 0.087 | 0.097 | 0.106 | 0.115 | 0.137 | 0.159 |
| 普工 | 工日 | 0.026 | 0.029 | 0.032 | 0.034 | 0.041 | 0.048 |
| 一般技工 | 工日 | 0.052 | 0.058 | 0.064 | 0.069 | 0.082 | 0.095 |
| 高级技工 | 工日 | 0.009 | 0.010 | 0.010 | 0.012 | 0.014 | 0.016 |
| 塑料管件（电熔熔接） | 个 | （1.010） | （1.010） | （1.010） | （1.010） | （1.010） | （1.010） |
| 破布 | kg | 0.260 | 0.260 | 0.260 | 0.280 | 0.280 | 0.280 |
| 其他材料费 | % | 1.00 | 1.00 | 1.00 | 1.00 | 1.00 | 1.00 |
| 电熔焊接机 3.5kW | 台班 | 0.053 | 0.058 | 0.062 | 0.066 | 0.071 | 0.075 |

**工作内容：**管座整理、切管、对口、管件安装、升温、熔接等操作过程。　　　　　**计量单位：**个

| 编　　号 | | 5-2-476 | 5-2-477 | 5-2-478 | 5-2-479 | 5-2-480 | 5-2-481 |
|---|---|---|---|---|---|---|---|
| 项　　目 | | 管外径（mm 以内） | | | | | |
| | | 600 | 700 | 800 | 900 | 1 000 | 1 200 |
| 名　　称 | 单位 | 消　耗　量 | | | | | |
| 合计工日 | 工日 | 0.180 | 0.208 | 0.232 | 0.246 | 0.260 | 0.273 |
| 普工 | 工日 | 0.054 | 0.062 | 0.070 | 0.074 | 0.078 | 0.082 |
| 一般技工 | 工日 | 0.108 | 0.125 | 0.139 | 0.148 | 0.156 | 0.164 |
| 高级技工 | 工日 | 0.018 | 0.021 | 0.023 | 0.024 | 0.026 | 0.027 |
| 塑料管件（电熔熔接） | 个 | （1.010） | （1.010） | （1.010） | （1.010） | （1.010） | （1.010） |
| 破布 | kg | 0.300 | 0.300 | 0.300 | 0.320 | 0.320 | 0.320 |
| 其他材料费 | % | 1.00 | 1.00 | 1.00 | 1.00 | 1.00 | 1.00 |
| 电熔焊接机 3.5kW | 台班 | 0.080 | 0.084 | 0.088 | 0.133 | 0.177 | 0.221 |

**工作内容：**管座整理、切管、对口、管件安装、升温、熔接等操作过程。　　　　　**计量单位：**个

| 编　　号 | | 5-2-482 | 5-2-483 | 5-2-484 | 5-2-485 | 5-2-486 |
|---|---|---|---|---|---|---|
| 项　　目 | | 管外径（mm 以内） | | | | |
| | | 1 500 | 1 800 | 2 000 | 2 500 | 3 000 |
| 名　　称 | 单位 | 消　耗　量 | | | | |
| 合计工日 | 工日 | 0.286 | 0.299 | 0.312 | 0.325 | 0.340 |
| 普工 | 工日 | 0.086 | 0.090 | 0.094 | 0.098 | 0.102 |
| 一般技工 | 工日 | 0.172 | 0.179 | 0.187 | 0.195 | 0.204 |
| 高级技工 | 工日 | 0.028 | 0.030 | 0.031 | 0.032 | 0.034 |
| 塑料管件（电熔熔接） | 个 | （1.010） | （1.010） | （1.010） | （1.010） | （1.010） |
| 破布 | kg | 0.340 | 0.340 | 0.340 | 0.360 | 0.360 |
| 其他材料费 | % | 1.00 | 1.00 | 1.00 | 1.00 | 1.00 |
| 电熔焊接机 3.5kW | 台班 | 0.265 | 0.310 | 0.354 | 0.398 | 0.442 |

# 4. 直埋式预制保温管管件安装

## （1）电 弧 焊

**工作内容**：收缩带下料、制作塑料焊条，切、坡口及打磨、组对、安装、焊接，连接套管、
找正、就位、固定、塑料焊、人工发泡，做收缩带、防毒等操作过程。　　　　　　计量单位：个

| 编　　号 | | 5-2-487 | 5-2-488 | 5-2-489 | 5-2-490 | 5-2-491 | 5-2-492 |
|---|---|---|---|---|---|---|---|
| 项　　目 | | 公称直径（mm） | | | | | |
| | | 50 | 65 | 80 | 100 | 125 | 150 |
| 名　　称 | 单位 | 消　耗　量 | | | | | |
| 合计工日 | 工日 | 0.622 | 0.795 | 0.898 | 1.008 | 1.206 | 1.441 |
| 普工 | 工日 | 0.186 | 0.239 | 0.269 | 0.302 | 0.362 | 0.432 |
| 一般技工 | 工日 | 0.374 | 0.477 | 0.539 | 0.605 | 0.723 | 0.865 |
| 高级技工 | 工日 | 0.062 | 0.079 | 0.090 | 0.101 | 0.121 | 0.144 |
| 高密度聚乙烯连接套管 | m | （1.428） | （1.428） | （1.428） | （1.428） | （1.428） | （1.428） |
| 收缩带 | m² | （0.378） | （0.410） | （0.442） | （0.536） | （0.586） | （0.730） |
| 聚氨酯硬质泡沫预制管件 | 个 | （1.000） | （1.000） | （1.000） | （1.000） | （1.000） | （1.000） |
| 棉纱线 | kg | 0.009 | 0.011 | 0.014 | 0.016 | 0.019 | 0.024 |
| 破布 | kg | 0.075 | 0.084 | 0.090 | 0.105 | 0.114 | 0.120 |
| 尼龙砂轮片 $\phi100$ | 片 | 0.051 | 0.081 | 0.097 | 0.118 | 0.172 | 0.286 |
| 低碳钢焊条（综合） | kg | 0.116 | 0.207 | 0.246 | 0.302 | 0.507 | 0.796 |
| 硬聚氯乙烯焊条 $\phi4$ | m | 1.980 | 2.160 | 2.420 | 2.920 | 3.220 | 3.560 |
| 塑料钻头 $\phi26$ | 个 | 0.010 | 0.010 | 0.010 | 0.010 | 0.010 | 0.010 |
| 镀锌铁丝 $\phi4.0$ | kg | 0.023 | 0.024 | 0.024 | 0.024 | 0.024 | 0.024 |
| 汽油（综合） | kg | 2.397 | 4.120 | 4.437 | 5.387 | 5.882 | 6.338 |
| 氧气 | m³ | 0.227 | 0.330 | 0.371 | 0.428 | 0.568 | 0.838 |
| 乙炔气 | kg | 0.087 | 0.127 | 0.143 | 0.165 | 0.218 | 0.322 |
| 聚氨酯硬质泡沫 A、B 料 | m³ | 0.014 | 0.015 | 0.018 | 0.028 | 0.032 | 0.036 |
| 其他材料费 | % | 1.00 | 1.00 | 1.00 | 1.00 | 1.00 | 1.00 |
| 直流弧焊机 20kV·A | 台班 | 0.073 | 0.117 | 0.136 | 0.164 | 0.224 | 0.286 |
| 电焊条烘干箱 60×50×75（cm³） | 台班 | 0.007 | 0.012 | 0.014 | 0.016 | 0.022 | 0.029 |

**工作内容：** 收缩带下料、制作塑料焊条，切、坡口及打磨、组对、安装、焊接，连接套管、找正、就位、固定、塑料焊、人工发泡，做收缩带、防毒等操作过程。

计量单位：个

| 编 号 | | 5-2-493 | 5-2-494 | 5-2-495 | 5-2-496 | 5-2-497 | 5-2-498 |
|---|---|---|---|---|---|---|---|
| 项 目 | | 公称直径（mm） | | | | | |
| | | 200 | 250 | 300 | 350 | 400 | 500 |
| 名 称 | 单位 | 消 耗 量 | | | | | |
| 合计工日 | 工日 | 1.734 | 2.300 | 2.734 | 3.159 | 3.639 | 4.757 |
| 普工 | 工日 | 0.520 | 0.690 | 0.820 | 0.948 | 1.092 | 1.427 |
| 一般技工 | 工日 | 1.040 | 1.380 | 1.640 | 1.895 | 2.183 | 2.854 |
| 高级技工 | 工日 | 0.174 | 0.230 | 0.274 | 0.316 | 0.364 | 0.476 |
| 高密度聚乙烯连接套管 | m | （1.428） | （1.428） | （1.428） | （1.428） | （1.428） | （1.428） |
| 收缩带 | m² | （0.788） | （1.418） | （1.560） | （1.654） | （1.938） | （2.316） |
| 聚氨酯硬质泡沫预制管件 | 个 | （1.000） | （1.000） | （1.000） | （1.000） | （1.000） | （1.000） |
| 角钢（综合） | kg | 0.200 | 0.200 | 0.200 | 0.200 | 0.200 | 0.200 |
| 棉纱线 | kg | 0.033 | 0.040 | 0.049 | 0.056 | 0.062 | 0.076 |
| 破布 | kg | 0.144 | 0.156 | 0.165 | 0.174 | 0.180 | 0.195 |
| 尼龙砂轮片 φ100 | 片 | 0.400 | 0.682 | 0.814 | 1.091 | 1.374 | 1.746 |
| 低碳钢焊条（综合） | kg | 1.102 | 2.167 | 2.585 | 3.521 | 4.620 | 5.802 |
| 硬聚氯乙烯焊条 φ4 | m | 4.360 | 5.520 | 6.220 | 6.920 | 7.740 | 9.080 |
| 塑料钻头 φ26 | 个 | 0.010 | 0.010 | 0.010 | 0.010 | 0.010 | 0.010 |
| 镀锌铁丝 φ4.0 | kg | 0.024 | 0.024 | 0.030 | 0.030 | 0.030 | 0.036 |
| 汽油（综合） | kg | 7.922 | 14.260 | 14.696 | 16.637 | 19.489 | 23.292 |
| 氧气 | m³ | 1.282 | 1.805 | 1.992 | 2.384 | 2.811 | 3.257 |
| 乙炔气 | kg | 0.493 | 0.694 | 0.766 | 0.917 | 1.081 | 1.253 |
| 聚氨酯硬质泡沫 A、B 料 | m³ | 0.050 | 0.084 | 0.096 | 0.110 | 0.134 | 0.160 |
| 其他材料费 | % | 1.00 | 1.00 | 1.00 | 1.00 | 1.00 | 1.00 |
| 汽车式起重机 8t | 台班 | — | 0.012 | — | — | — | — |
| 汽车式起重机 12t | 台班 | — | — | 0.015 | 0.017 | — | — |
| 汽车式起重机 16t | 台班 | — | — | — | — | 0.019 | 0.022 |
| 载重汽车 8t | 台班 | — | 0.004 | 0.005 | 0.006 | 0.007 | 0.008 |
| 直流弧焊机 20kV·A | 台班 | 0.387 | 0.546 | 0.652 | 0.781 | 0.916 | 1.147 |
| 电焊条烘干箱 60×50×75（cm³） | 台班 | 0.039 | 0.055 | 0.065 | 0.078 | 0.092 | 0.115 |

**工作内容:** 收缩带下料、制作塑料焊条,切、坡口及打磨、组对、安装、焊接,连接套管、找正、就位、固定、塑料焊、人工发泡,做收缩带、防毒等操作过程。　　　　计量单位:个

| 编　号 | | 5-2-499 | 5-2-500 | 5-2-501 | 5-2-502 | 5-2-503 | 5-2-504 |
|---|---|---|---|---|---|---|---|
| 项　目 | | 公称直径(mm) | | | | | |
| | | 600 | 700 | 800 | 900 | 1 000 | 1 200 |
| 名　称 | 单位 | 消　耗　量 | | | | | |
| 合计工日 | 工日 | 5.781 | 6.585 | 7.466 | 8.301 | 9.639 | 11.743 |
| 普工 | 工日 | 1.734 | 1.976 | 2.240 | 2.490 | 2.892 | 3.523 |
| 一般技工 | 工日 | 3.469 | 3.950 | 4.479 | 4.981 | 5.783 | 7.045 |
| 高级技工 | 工日 | 0.578 | 0.659 | 0.747 | 0.830 | 0.964 | 1.175 |
| 高密度聚乙烯连接套管 | m | (1.428) | (1.428) | (1.428) | (1.428) | (1.428) | (1.428) |
| 收缩带 | m² | (2.600) | (2.731) | (3.029) | (3.322) | (3.622) | (4.215) |
| 聚氨酯硬质泡沫预制管件 | 个 | (1.000) | (1.000) | (1.000) | (1.000) | (1.000) | (1.000) |
| 角钢(综合) | kg | 0.202 | 0.220 | 0.220 | 0.220 | 0.220 | 0.294 |
| 棉纱线 | kg | 0.093 | 0.113 | 0.137 | 0.166 | 0.201 | 0.244 |
| 破布 | kg | 0.204 | 0.221 | 0.239 | 0.258 | 0.279 | 0.302 |
| 粗制六角螺栓带螺母 | 10套 | 0.048 | 0.048 | 0.048 | 0.048 | 0.048 | 0.048 |
| 尼龙砂轮片 φ100 | 片 | 2.103 | 2.244 | 2.556 | 2.867 | 3.179 | 3.803 |
| 低碳钢焊条(综合) | kg | 7.935 | 9.062 | 10.413 | 11.694 | 16.428 | 19.653 |
| 硬聚氯乙烯焊条 φ4 | m | 10.360 | 11.540 | 12.860 | 14.180 | 15.500 | 18.120 |
| 塑料钻头 φ26 | 个 | 0.010 | 0.020 | 0.020 | 0.020 | 0.020 | 0.031 |
| 镀锌铁丝 φ4.0 | kg | 0.036 | 0.045 | 0.045 | 0.056 | 0.056 | 0.070 |
| 汽油(综合) | kg | 26.144 | 28.243 | 31.570 | 34.898 | 38.205 | 44.860 |
| 氧气 | m³ | 3.937 | 4.375 | 4.932 | 5.493 | 6.925 | 8.347 |
| 乙炔气 | kg | 1.514 | 1.683 | 1.897 | 2.113 | 2.663 | 3.210 |
| 聚氨酯硬质泡沫 A、B 料 | m³ | 0.182 | 0.191 | 0.218 | 0.242 | 0.266 | 0.316 |
| 其他材料费 | % | 1.00 | 1.00 | 1.00 | 1.00 | 1.00 | 1.00 |
| 汽车式起重机 16t | 台班 | 0.027 | — | — | — | — | — |
| 汽车式起重机 20t | 台班 | — | 0.034 | 0.042 | 0.051 | — | — |
| 汽车式起重机 25t | 台班 | — | — | — | — | 0.064 | 0.079 |
| 载重汽车 8t | 台班 | 0.008 | 0.008 | 0.008 | 0.009 | 0.009 | 0.322 |
| 直流弧焊机 20kV·A | 台班 | 1.360 | 1.611 | 1.909 | 2.262 | 2.680 | 3.177 |
| 电焊条烘干箱 60×50×75(cm³) | 台班 | 0.136 | 0.161 | 0.191 | 0.226 | 0.268 | 0.318 |

# （2）氩 电 联 焊

**工作内容：**收缩带下料、制作塑料焊条，切、坡口及打磨、组对、安装、焊接，连接套管、找正、就位、固定、塑料焊、人工发泡，做收缩带、防毒等操作过程。

计量单位：个

| 编　　号 | | 5-2-505 | 5-2-506 | 5-2-507 | 5-2-508 | 5-2-509 | 5-2-510 |
|---|---|---|---|---|---|---|---|
| 项　　目 | | 公称直径（mm） | | | | | |
| | | 50 | 65 | 80 | 100 | 125 | 150 |
| 名　　称 | 单位 | 消　耗　量 | | | | | |
| 合计工日 | 工日 | 0.647 | 0.803 | 0.915 | 1.033 | 1.236 | 1.504 |
| 普工 | 工日 | 0.194 | 0.241 | 0.275 | 0.310 | 0.371 | 0.451 |
| 一般技工 | 工日 | 0.388 | 0.482 | 0.548 | 0.619 | 0.742 | 0.903 |
| 高级技工 | 工日 | 0.065 | 0.080 | 0.092 | 0.104 | 0.123 | 0.150 |
| 高密度聚乙烯连接套管 | m | （1.428） | （1.428） | （1.428） | （1.428） | （1.428） | （1.428） |
| 收缩带 | m² | （0.378） | （0.410） | （0.442） | （0.536） | （0.586） | （0.730） |
| 聚氨酯硬质泡沫预制管件 | 个 | （1.000） | （1.000） | （1.000） | （1.000） | （1.000） | （1.000） |
| 铈钨棒 | g | 0.211 | 0.270 | 0.319 | 0.414 | 0.483 | 0.570 |
| 棉纱线 | kg | 0.009 | 0.011 | 0.014 | 0.016 | 0.019 | 0.024 |
| 破布 | kg | 0.075 | 0.084 | 0.090 | 0.105 | 0.114 | 0.120 |
| 尼龙砂轮片 φ100 | 片 | 0.046 | 0.076 | 0.092 | 0.122 | 0.164 | 0.275 |
| 碳钢氩弧焊丝 | kg | 0.038 | 0.048 | 0.057 | 0.074 | 0.086 | 0.102 |
| 低碳钢焊条（综合） | kg | 0.082 | 0.111 | 0.133 | 0.165 | 0.315 | 0.602 |
| 硬聚氯乙烯焊条 φ4 | m | 1.980 | 2.160 | 2.420 | 2.920 | 3.220 | 3.560 |
| 塑料钻头 φ26 | 个 | 0.010 | 0.010 | 0.010 | 0.010 | 0.010 | 0.010 |
| 镀锌铁丝 φ4.0 | kg | 0.023 | 0.024 | 0.024 | 0.024 | 0.024 | 0.024 |
| 汽油（综合） | kg | 2.397 | 4.120 | 4.437 | 5.387 | 5.882 | 6.338 |
| 氩气 | m³ | 0.106 | 0.135 | 0.160 | 0.207 | 0.242 | 0.285 |
| 氧气 | m³ | 0.227 | 0.330 | 0.371 | 0.428 | 0.568 | 0.838 |
| 乙炔气 | kg | 0.087 | 0.127 | 0.143 | 0.165 | 0.218 | 0.322 |
| 聚氨酯硬质泡沫 A、B 料 | m³ | 0.014 | 0.015 | 0.018 | 0.028 | 0.032 | 0.036 |
| 其他材料费 | % | 1.00 | 1.00 | 1.00 | 1.00 | 1.00 | 1.00 |
| 直流弧焊机 20kV·A | 台班 | 0.049 | 0.061 | 0.071 | 0.088 | 0.140 | 0.217 |
| 氩弧焊机 500A | 台班 | 0.055 | 0.070 | 0.082 | 0.103 | 0.117 | 0.139 |
| 半自动切割机 100mm | 台班 | — | — | — | — | — | 0.060 |
| 砂轮切割机 φ400 | 台班 | 0.004 | 0.004 | 0.005 | 0.009 | 0.009 | — |
| 电焊条烘干箱 60×50×75（cm³） | 台班 | 0.005 | 0.006 | 0.007 | 0.009 | 0.014 | 0.022 |

**工作内容:** 收缩带下料、制作塑料焊条,切、坡口及打磨、组对、安装、焊接,连接套管、找正、就位、固定、塑料焊、人工发泡,做收缩带、防毒等操作过程。

计量单位:个

| 编 号 | | 5-2-511 | 5-2-512 | 5-2-513 | 5-2-514 | 5-2-515 | 5-2-516 |
|---|---|---|---|---|---|---|---|
| 项 目 | | 公称直径(mm) | | | | | |
| | | 200 | 250 | 300 | 350 | 400 | 500 |
| 名 称 | 单位 | 消 耗 量 | | | | | |
| 合计工日 | 工日 | 1.819 | 2.426 | 2.890 | 3.339 | 3.867 | 5.049 |
| 普工 | 工日 | 0.545 | 0.728 | 0.867 | 1.002 | 1.160 | 1.515 |
| 一般技工 | 工日 | 1.092 | 1.455 | 1.734 | 2.003 | 2.320 | 3.029 |
| 高级技工 | 工日 | 0.182 | 0.243 | 0.289 | 0.334 | 0.387 | 0.505 |
| 高密度聚乙烯连接套管 | m | (1.428) | (1.428) | (1.428) | (1.428) | (1.428) | (1.428) |
| 收缩带 | m² | (0.788) | (1.418) | (1.560) | (1.654) | (1.938) | (2.316) |
| 聚氨酯硬质泡沫预制管件 | 个 | (1.000) | (1.000) | (1.000) | (1.000) | (1.000) | (1.000) |
| 角钢(综合) | kg | 0.200 | 0.200 | 0.200 | 0.200 | 0.200 | 0.200 |
| 铈钨棒 | g | 0.798 | 0.988 | 1.186 | 1.382 | 1.554 | 1.949 |
| 棉纱线 | kg | 0.033 | 0.040 | 0.049 | 0.056 | 0.062 | 0.076 |
| 破布 | kg | 0.144 | 0.156 | 0.165 | 0.174 | 0.180 | 0.195 |
| 尼龙砂轮片 $\phi100$ | 片 | 0.385 | 0.662 | 0.790 | 1.091 | 1.342 | 1.706 |
| 碳钢氩弧焊丝 | kg | 0.143 | 0.176 | 0.212 | 0.247 | 0.277 | 0.348 |
| 低碳钢焊条(综合) | kg | 0.833 | 1.826 | 2.178 | 3.048 | 4.076 | 5.123 |
| 硬聚氯乙烯焊条 $\phi4$ | m | 4.360 | 5.520 | 6.220 | 6.920 | 7.740 | 9.080 |
| 塑料钻头 $\phi26$ | 个 | 0.010 | 0.010 | 0.010 | 0.010 | 0.010 | 0.010 |
| 镀锌铁丝 $\phi4.0$ | kg | 0.024 | 0.024 | 0.030 | 0.030 | 0.030 | 0.036 |
| 汽油(综合) | kg | 7.922 | 14.260 | 14.696 | 16.637 | 19.489 | 23.292 |
| 氩气 | m³ | 0.399 | 0.494 | 0.593 | 0.691 | 0.777 | 0.975 |
| 氧气 | m³ | 1.282 | 1.805 | 1.992 | 2.384 | 2.811 | 3.257 |
| 乙炔气 | kg | 0.493 | 0.694 | 0.766 | 0.917 | 1.081 | 1.253 |
| 聚氨酯硬质泡沫 A、B 料 | m³ | 0.050 | 0.084 | 0.096 | 0.110 | 0.134 | 0.160 |
| 其他材料费 | % | 1.00 | 1.00 | 1.00 | 1.00 | 1.00 | 1.00 |
| 汽车式起重机 8t | 台班 | — | 0.012 | — | — | — | — |
| 汽车式起重机 12t | 台班 | — | — | 0.015 | 0.017 | — | — |
| 汽车式起重机 16t | 台班 | — | — | — | — | 0.019 | 0.022 |
| 载重汽车 8t | 台班 | — | 0.004 | 0.005 | 0.006 | 0.007 | 0.008 |
| 直流弧焊机 20kV·A | 台班 | 0.294 | 0.461 | 0.550 | 0.659 | 0.809 | 1.014 |
| 氩弧焊机 500A | 台班 | 0.190 | 0.234 | 0.280 | 0.337 | 0.367 | 0.463 |
| 半自动切割机 100mm | 台班 | 0.085 | 0.120 | 0.126 | 0.129 | 0.140 | 0.182 |
| 电焊条烘干箱 $60 \times 50 \times 75$(cm³) | 台班 | 0.029 | 0.046 | 0.055 | 0.066 | 0.081 | 0.101 |

**工作内容：**收缩带下料、制作塑料焊条，切、坡口及打磨、组对、安装、焊接，连接套管、
找正、就位、固定、塑料焊、人工发泡，做收缩带、防毒等操作过程。　　　　　计量单位：个

| 编　号 | | 5-2-517 | 5-2-518 | 5-2-519 | 5-2-520 | 5-2-521 | 5-2-522 |
|---|---|---|---|---|---|---|---|
| 项　目 | | 公称直径（mm） | | | | | |
| | | 600 | 700 | 800 | 900 | 1 000 | 1 200 |
| 名　称 | 单位 | 消　耗　量 | | | | | |
| 合计工日 | 工日 | 6.128 | 7.001 | 7.963 | 8.891 | 10.340 | 12.576 |
| 普工 | 工日 | 1.838 | 2.101 | 2.389 | 2.668 | 3.102 | 3.773 |
| 一般技工 | 工日 | 3.677 | 4.200 | 4.777 | 5.334 | 6.204 | 7.546 |
| 高级技工 | 工日 | 0.613 | 0.700 | 0.797 | 0.889 | 1.034 | 1.257 |
| 高密度聚乙烯连接套管 | m | （1.428） | （1.428） | （1.428） | （1.428） | （1.428） | （1.428） |
| 收缩带 | m² | （2.600） | （2.731） | （3.029） | （3.322） | （3.622） | （4.215） |
| 聚氨酯硬质泡沫预制管件 | 个 | （1.000） | （1.000） | （1.000） | （1.000） | （1.000） | （1.000） |
| 角钢（综合） | kg | 0.202 | 0.220 | 0.220 | 0.220 | 0.220 | 0.294 |
| 铈钨棒 | g | 2.331 | 3.035 | 3.487 | 3.916 | 5.501 | 6.583 |
| 棉纱线 | kg | 0.093 | 0.113 | 0.137 | 0.166 | 0.201 | 0.244 |
| 破布 | kg | 0.204 | 0.221 | 0.239 | 0.258 | 0.279 | 0.302 |
| 粗制六角螺栓带螺母 | 10套 | 0.048 | 0.048 | 0.048 | 0.048 | 0.048 | 0.048 |
| 尼龙砂轮片 $\phi100$ | 片 | 2.103 | 2.244 | 2.486 | 2.788 | 3.068 | 3.670 |
| 碳钢氩弧焊丝 | kg | 0.416 | 0.542 | 0.623 | 0.699 | 0.982 | 1.175 |
| 低碳钢焊条（综合） | kg | 7.128 | 8.011 | 9.205 | 10.338 | 14.523 | 17.374 |
| 硬聚氯乙烯焊条 $\phi4$ | m | 10.360 | 11.540 | 12.860 | 14.180 | 15.500 | 18.120 |
| 塑料钻头 $\phi26$ | 个 | 0.010 | 0.020 | 0.020 | 0.020 | 0.020 | 0.031 |
| 镀锌铁丝 $\phi4.0$ | kg | 0.036 | 0.045 | 0.045 | 0.056 | 0.056 | 0.070 |
| 汽油（综合） | kg | 26.144 | 28.243 | 31.570 | 34.898 | 38.205 | 44.860 |
| 氩气 | m³ | 1.166 | 1.518 | 1.744 | 1.958 | 2.751 | 3.292 |
| 氧气 | m³ | 3.937 | 4.375 | 4.932 | 5.493 | 6.925 | 8.347 |
| 乙炔气 | kg | 1.514 | 1.683 | 1.897 | 2.113 | 2.663 | 3.210 |
| 聚氨酯硬质泡沫 A、B 料 | m³ | 0.182 | 0.191 | 0.218 | 0.242 | 0.266 | 0.316 |
| 其他材料费 | % | 1.00 | 1.00 | 1.00 | 1.00 | 1.00 | 1.00 |
| 汽车式起重机 16t | 台班 | 0.027 | — | — | — | — | — |
| 汽车式起重机 20t | 台班 | — | 0.034 | 0.042 | 0.051 | — | — |
| 汽车式起重机 25t | 台班 | — | — | — | — | 0.064 | 0.079 |
| 载重汽车 8t | 台班 | 0.008 | 0.008 | 0.008 | 0.009 | 0.009 | 0.010 |
| 直流弧焊机 20kV·A | 台班 | 1.201 | 1.424 | 1.688 | 1.999 | 2.369 | 2.808 |
| 氩弧焊机 500A | 台班 | 0.551 | 0.652 | 0.772 | 0.915 | 1.085 | 1.285 |
| 半自动切割机 100mm | 台班 | 0.218 | 0.257 | 0.290 | 0.343 | 0.363 | 0.435 |
| 电焊条烘干箱 60×50×75（cm³） | 台班 | 0.120 | 0.142 | 0.169 | 0.200 | 0.237 | 0.281 |

# 5. 预制钢套钢复合保温管管件安装

## （1）电　弧　焊

**工作内容**：坡口加工，坡口磨平，管口组对、焊接安装等操作过程。　　　　　　　　　**计量单位**：个

| 编　号 | | 5-2-523 | 5-2-524 | 5-2-525 | 5-2-526 | 5-2-527 | 5-2-528 |
|---|---|---|---|---|---|---|---|
| 项　目 | | 公称直径（mm 以内） | | | | | |
| | | 65 | 80 | 100 | 125 | 150 | 200 |
| 名　称 | 单位 | 消　耗　量 | | | | | |
| 合计工日 | 工日 | 0.678 | 0.795 | 0.890 | 1.096 | 1.339 | 1.646 |
| 普工 | 工日 | 0.203 | 0.239 | 0.267 | 0.329 | 0.401 | 0.494 |
| 一般技工 | 工日 | 0.407 | 0.477 | 0.534 | 0.657 | 0.804 | 0.987 |
| 高级技工 | 工日 | 0.068 | 0.079 | 0.089 | 0.110 | 0.134 | 0.165 |
| 预制钢套钢复合保温管管件 | 个 | （1.000） | （1.000） | （1.000） | （1.000） | （1.000） | （1.000） |
| 角钢（综合） | kg | — | — | — | — | — | 0.200 |
| 棉纱线 | kg | 0.011 | 0.014 | 0.016 | 0.019 | 0.024 | 0.033 |
| 尼龙砂轮片 $\phi100$ | 片 | 0.081 | 0.097 | 0.118 | 0.172 | 0.286 | 0.400 |
| 低碳钢焊条（综合） | kg | 0.207 | 0.246 | 0.302 | 0.507 | 0.796 | 1.102 |
| 氧气 | m³ | 0.734 | 0.832 | 0.966 | 1.223 | 1.449 | 2.025 |
| 乙炔气 | kg | 0.282 | 0.320 | 0.372 | 0.470 | 0.557 | 0.779 |
| 其他材料费 | % | 1.00 | 1.00 | 1.00 | 1.00 | 1.00 | 1.00 |
| 汽车式起重机 8t | 台班 | — | — | 0.009 | 0.013 | 0.018 | 0.022 |
| 载重汽车 8t | 台班 | — | — | 0.007 | 0.007 | 0.007 | 0.007 |
| 直流弧焊机 20kV·A | 台班 | 0.117 | 0.136 | 0.164 | 0.224 | 0.286 | 0.387 |
| 电焊条烘干箱 60×50×75（cm³） | 台班 | 0.012 | 0.014 | 0.016 | 0.022 | 0.029 | 0.039 |

**工作内容:** 坡口加工,坡口磨平,管口组对、焊接安装等操作过程。　　　　　　　　　　计量单位:个

| 编　　号 | | 5-2-529 | 5-2-530 | 5-2-531 | 5-2-532 | 5-2-533 | 5-2-534 |
|---|---|---|---|---|---|---|---|
| 项　　目 | | 公称直径(mm 以内) | | | | | |
| | | 250 | 300 | 350 | 400 | 450 | 500 |
| 名　　称 | 单位 | 消　耗　量 | | | | | |
| 合计工日 | 工日 | 2.221 | 2.655 | 3.126 | 3.693 | 4.111 | 4.962 |
| 普工 | 工日 | 0.666 | 0.797 | 0.938 | 1.108 | 1.233 | 1.489 |
| 一般技工 | 工日 | 1.333 | 1.592 | 1.876 | 2.216 | 2.467 | 2.977 |
| 高级技工 | 工日 | 0.222 | 0.266 | 0.312 | 0.369 | 0.411 | 0.496 |
| 预制钢套钢复合保温管管件 | 个 | (1.000) | (1.000) | (1.000) | (1.000) | (1.000) | (1.000) |
| 角钢(综合) | kg | 0.200 | 0.200 | 0.200 | 0.200 | 0.200 | 0.200 |
| 棉纱线 | kg | 0.040 | 0.049 | 0.056 | 0.062 | 0.064 | 0.076 |
| 尼龙砂轮片 $\phi$100 | 片 | 0.682 | 0.814 | 1.091 | 1.374 | 1.560 | 1.746 |
| 低碳钢焊条(综合) | kg | 2.167 | 2.585 | 3.521 | 4.620 | 5.191 | 5.802 |
| 氧气 | m³ | 2.411 | 2.765 | 3.358 | 4.076 | 4.303 | 4.666 |
| 乙炔气 | kg | 0.927 | 1.063 | 1.292 | 1.568 | 1.655 | 1.795 |
| 其他材料费 | % | 1.00 | 1.00 | 1.00 | 1.00 | 1.00 | 1.00 |
| 汽车式起重机 8t | 台班 | 0.027 | — | — | — | — | — |
| 汽车式起重机 12t | 台班 | — | 0.044 | 0.044 | — | — | — |
| 汽车式起重机 16t | 台班 | — | — | — | 0.044 | 0.044 | 0.071 |
| 载重汽车 8t | 台班 | 0.007 | 0.009 | 0.009 | 0.011 | 0.011 | 0.011 |
| 直流弧焊机 20kV·A | 台班 | 0.546 | 0.652 | 0.781 | 0.916 | 1.031 | 1.147 |
| 电焊条烘干箱 60×50×75(cm³) | 台班 | 0.055 | 0.065 | 0.078 | 0.092 | 0.103 | 0.115 |

**工作内容:** 坡口加工,坡口磨平,管口组对、焊接安装等操作过程。　　　　　　　　计量单位:个

| 编　号 | | 5-2-535 | 5-2-536 | 5-2-537 | 5-2-538 |
|---|---|---|---|---|---|
| 项　目 | | 公称直径(mm 以内) | | | |
| | | 600 | 700 | 800 | 900 |
| 名　称 | 单位 | 消　耗　量 | | | |
| 合计工日 | 工日 | 5.884 | 6.333 | 7.182 | 8.214 |
| 普工 | 工日 | 1.765 | 1.900 | 2.155 | 2.464 |
| 一般技工 | 工日 | 3.530 | 3.799 | 4.309 | 4.928 |
| 高级技工 | 工日 | 0.589 | 0.634 | 0.718 | 0.822 |
| 预制钢套钢复合保温管管件 | 个 | (1.000) | (1.000) | (1.000) | (1.000) |
| 角钢(综合) | kg | 0.202 | 0.220 | 0.220 | 0.220 |
| 棉纱线 | kg | 0.093 | 0.098 | 0.104 | 0.116 |
| 六角螺栓(综合) | 10套 | 0.048 | 0.048 | 0.048 | 0.048 |
| 尼龙砂轮片 $\phi100$ | 片 | 2.103 | 2.543 | 2.868 | 3.151 |
| 低碳钢焊条(综合) | kg | 7.935 | 9.062 | 13.185 | 14.810 |
| 氧气 | m³ | 5.488 | 6.497 | 7.768 | 8.742 |
| 乙炔气 | kg | 2.111 | 2.499 | 2.988 | 3.362 |
| 其他材料费 | % | 1.00 | 1.00 | 1.00 | 1.00 |
| 汽车式起重机 16t | 台班 | 0.071 | — | — | — |
| 汽车式起重机 20t | 台班 | — | 0.088 | 0.088 | 0.088 |
| 载重汽车 8t | 台班 | 0.016 | 0.016 | 0.016 | 0.020 |
| 直流弧焊机 20kV·A | 台班 | 1.360 | 1.566 | 1.657 | 1.859 |
| 电焊条烘干箱 60×50×75(cm³) | 台班 | 0.136 | 0.157 | 0.166 | 0.186 |

## （2）氩电联焊

**工作内容：**坡口加工，坡口磨平，管口组对、焊接安装等操作过程。　　　　　　　　计量单位：个

| 编　号 | | 5-2-539 | 5-2-540 | 5-2-541 | 5-2-542 | 5-2-543 | 5-2-544 |
|---|---|---|---|---|---|---|---|
| 项　目 | | 公称直径（mm 以内） | | | | | |
| | | 65 | 80 | 100 | 125 | 150 | 200 |
| 名　称 | 单位 | 消　耗　量 | | | | | |
| 合计工日 | 工日 | 0.701 | 0.819 | 0.921 | 1.127 | 1.362 | 1.701 |
| 普工 | 工日 | 0.211 | 0.246 | 0.276 | 0.338 | 0.409 | 0.510 |
| 一般技工 | 工日 | 0.420 | 0.491 | 0.553 | 0.676 | 0.817 | 1.021 |
| 高级技工 | 工日 | 0.070 | 0.082 | 0.092 | 0.113 | 0.136 | 0.170 |
| 预制钢套钢复合保温管管件 | 个 | （1.000） | （1.000） | （1.000） | （1.000） | （1.000） | （1.000） |
| 角钢（综合） | kg | — | — | — | — | — | 0.200 |
| 铈钨棒 | g | 0.245 | 0.290 | 0.373 | 0.439 | 0.544 | 0.726 |
| 棉纱线 | kg | 0.011 | 0.014 | 0.016 | 0.019 | 0.024 | 0.033 |
| 尼龙砂轮片 $\phi100$ | 片 | 0.081 | 0.097 | 0.118 | 0.172 | 0.286 | 0.400 |
| 碳钢氩弧焊丝 | kg | 0.044 | 0.052 | 0.067 | 0.078 | 0.097 | 0.130 |
| 低碳钢焊条（综合） | kg | 0.103 | 0.123 | 0.143 | 0.310 | 0.581 | 0.812 |
| 氩气 | m³ | 0.123 | 0.145 | 0.186 | 0.220 | 0.272 | 0.363 |
| 氧气 | m³ | 0.734 | 0.832 | 0.966 | 1.223 | 1.449 | 2.025 |
| 乙炔气 | kg | 0.282 | 0.320 | 0.372 | 0.470 | 0.557 | 0.779 |
| 其他材料费 | % | 1.00 | 1.00 | 1.00 | 1.00 | 1.00 | 1.00 |
| 汽车式起重机 8t | 台班 | — | — | 0.009 | 0.013 | 0.018 | 0.022 |
| 载重汽车 8t | 台班 | — | — | 0.007 | 0.007 | 0.007 | 0.007 |
| 直流弧焊机 20kV·A | 台班 | 0.062 | 0.072 | 0.074 | 0.141 | 0.197 | 0.296 |
| 氩弧焊机 500A | 台班 | 0.057 | 0.067 | 0.087 | 0.102 | 0.127 | 0.169 |
| 电焊条烘干箱 60×50×75（cm³） | 台班 | 0.006 | 0.007 | 0.007 | 0.014 | 0.020 | 0.030 |

**工作内容:**坡口加工,坡口磨平,管口组对、焊接安装等操作过程。 计量单位:个

| 编 号 | | 5-2-545 | 5-2-546 | 5-2-547 | 5-2-548 | 5-2-549 | 5-2-550 |
|---|---|---|---|---|---|---|---|
| 项 目 | | 公称直径(mm 以内) | | | | | |
| | | 250 | 300 | 350 | 400 | 450 | 500 |
| 名 称 | 单位 | 消 耗 量 | | | | | |
| 合计工日 | 工日 | 2.300 | 2.756 | 3.261 | 3.843 | 4.300 | 5.167 |
| 普工 | 工日 | 0.690 | 0.827 | 0.978 | 1.153 | 1.290 | 1.550 |
| 一般技工 | 工日 | 1.380 | 1.654 | 1.957 | 2.306 | 2.580 | 3.100 |
| 高级技工 | 工日 | 0.230 | 0.275 | 0.326 | 0.384 | 0.430 | 0.517 |
| 预制钢套钢复合保温管管件 | 个 | (1.000) | (1.000) | (1.000) | (1.000) | (1.000) | (1.000) |
| 角钢(综合) | kg | 0.200 | 0.200 | 0.200 | 0.200 | 0.200 | 0.200 |
| 铈钨棒 | g | 0.898 | 1.078 | 1.320 | 1.412 | 1.679 | 1.861 |
| 棉纱线 | kg | 0.040 | 0.049 | 0.056 | 0.062 | 0.064 | 0.076 |
| 尼龙砂轮片 $\phi100$ | 片 | 0.682 | 0.814 | 1.091 | 1.374 | 1.560 | 1.746 |
| 碳钢氩弧焊丝 | kg | 0.160 | 0.193 | 0.236 | 0.252 | 0.299 | 0.332 |
| 低碳钢焊条(综合) | kg | 1.770 | 2.111 | 2.437 | 3.959 | 4.463 | 4.932 |
| 氩气 | m³ | 0.449 | 0.539 | 0.660 | 0.706 | 0.840 | 0.930 |
| 氧气 | m³ | 2.411 | 2.765 | 3.358 | 4.076 | 4.303 | 4.666 |
| 乙炔气 | kg | 0.927 | 1.063 | 1.292 | 1.568 | 1.655 | 1.795 |
| 其他材料费 | % | 1.00 | 1.00 | 1.00 | 1.00 | 1.00 | 1.00 |
| 汽车式起重机 8t | 台班 | 0.027 | — | — | — | — | — |
| 汽车式起重机 12t | 台班 | — | 0.044 | 0.044 | — | — | — |
| 汽车式起重机 16t | 台班 | — | — | — | 0.044 | 0.044 | 0.071 |
| 载重汽车 8t | 台班 | 0.007 | 0.009 | 0.009 | 0.011 | 0.011 | 0.011 |
| 直流弧焊机 20kV·A | 台班 | 0.462 | 0.554 | 0.599 | 0.794 | 0.858 | 0.948 |
| 氩弧焊机 500A | 台班 | 0.209 | 0.250 | 0.307 | 0.328 | 0.390 | 0.432 |
| 电焊条烘干箱 60×50×75(cm³) | 台班 | 0.046 | 0.055 | 0.060 | 0.079 | 0.086 | 0.095 |

**工作内容:** 坡口加工,坡口磨平,管口组对、焊接安装等操作过程。　　　　　　　　　　　　　　计量单位:个

| 编　　号 | | 5-2-551 | 5-2-552 | 5-2-553 | 5-2-554 |
|---|---|---|---|---|---|
| 项　目 | | 公称直径(mm 以内) | | | |
| | | 600 | 700 | 800 | 900 |
| 名　　称 | 单位 | 消　耗　量 | | | |
| 合计工日 | 工日 | 6.086 | 6.647 | 7.552 | 8.648 |
| 普工 | 工日 | 1.826 | 1.994 | 2.265 | 2.594 |
| 一般技工 | 工日 | 3.652 | 3.988 | 4.532 | 5.189 |
| 高级技工 | 工日 | 0.608 | 0.665 | 0.755 | 0.865 |
| 预制钢套钢复合保温管管件 | 个 | (1.000) | (1.000) | (1.000) | (1.000) |
| 角钢(综合) | kg | 0.202 | 0.220 | 0.220 | 0.220 |
| 铈钨棒 | g | 2.225 | 2.519 | 2.862 | 3.213 |
| 棉纱线 | kg | 0.093 | 0.098 | 0.104 | 0.116 |
| 六角螺栓(综合) | 10 套 | 0.048 | 0.048 | 0.048 | 0.048 |
| 尼龙砂轮片 $\phi100$ | 片 | 2.103 | 2.543 | 2.868 | 3.151 |
| 碳钢氩弧焊丝 | kg | 0.397 | 0.449 | 0.511 | 0.578 |
| 低碳钢焊条(综合) | kg | 5.873 | 6.908 | 10.670 | 11.980 |
| 氩气 | m³ | 1.113 | 1.260 | 1.431 | 1.610 |
| 氧气 | m³ | 5.488 | 6.497 | 7.768 | 8.742 |
| 乙炔气 | kg | 2.111 | 2.499 | 2.988 | 3.362 |
| 其他材料费 | % | 1.00 | 1.00 | 1.00 | 1.00 |
| 汽车式起重机 16t | 台班 | 0.071 | — | — | — |
| 汽车式起重机 20t | 台班 | — | 0.088 | 0.088 | 0.088 |
| 载重汽车 8t | 台班 | 0.016 | 0.016 | 0.016 | 0.020 |
| 直流弧焊机 20kV·A | 台班 | 1.085 | 1.524 | 1.672 | 1.741 |
| 氩弧焊机 500A | 台班 | 0.517 | 0.652 | 0.741 | 0.834 |
| 电焊条烘干箱 60×50×75(cm³) | 台班 | 0.109 | 0.152 | 0.167 | 0.174 |

## （3）外套管接口制作、安装

**工作内容：**下料、切管、坡口加工，坡口磨平，组对、焊接等操作过程。 计量单位：个

| 编　号 | | 5-2-555 | 5-2-556 | 5-2-557 | 5-2-558 | 5-2-559 | 5-2-560 |
|---|---|---|---|---|---|---|---|
| 项　目 | | 公称直径（mm 以内） | | | | | |
| | | 200 | 250 | 300 | 350 | 400 | 450 |
| 名　称 | 单位 | 消　耗　量 | | | | | |
| 合计工日 | 工日 | 0.819 | 1.088 | 1.347 | 1.474 | 1.591 | 1.749 |
| 普工 | 工日 | 0.246 | 0.326 | 0.404 | 0.442 | 0.477 | 0.525 |
| 一般技工 | 工日 | 0.491 | 0.653 | 0.808 | 0.884 | 0.955 | 1.049 |
| 高级技工 | 工日 | 0.082 | 0.109 | 0.135 | 0.148 | 0.159 | 0.175 |
| 钢板卷管 | m | （0.533） | （0.533） | （0.533） | （0.533） | （0.533） | （0.533） |
| 角钢（综合） | kg | 0.200 | 0.200 | 0.200 | 0.200 | 0.200 | 0.200 |
| 棉纱线 | kg | 0.069 | 0.076 | 0.083 | 0.089 | 0.094 | 0.100 |
| 尼龙砂轮片 $\phi100$ | 片 | 0.479 | 0.493 | 0.506 | 0.547 | 0.585 | 0.682 |
| 低碳钢焊条（综合） | kg | 1.969 | 2.825 | 3.649 | 4.492 | 5.287 | 6.052 |
| 氧气 | m³ | 1.910 | 2.118 | 2.319 | 2.638 | 2.938 | 3.237 |
| 乙炔气 | kg | 0.735 | 0.815 | 0.892 | 1.015 | 1.130 | 1.245 |
| 其他材料费 | % | 1.00 | 1.00 | 1.00 | 1.00 | 1.00 | 1.00 |
| 直流弧焊机 20kV·A | 台班 | 0.494 | 0.594 | 0.690 | 0.752 | 0.810 | 0.810 |
| 电焊条烘干箱 60×50×75（cm³） | 台班 | 0.049 | 0.059 | 0.069 | 0.075 | 0.081 | 0.081 |

**工作内容:** 下料、切管、坡口加工,坡口磨平,组对、焊接等操作过程。 计量单位:个

| 编 号 | | 5-2-561 | 5-2-562 | 5-2-563 | 5-2-564 |
|---|---|---|---|---|---|
| 项 目 | | 公称直径(mm 以内) | | | |
| | | 500 | 600 | 700 | 800 |
| 名 称 | 单位 | 消 耗 量 | | | |
| 合计工日 | 工日 | 1.907 | 2.339 | 2.622 | 3.040 |
| 普工 | 工日 | 0.572 | 0.702 | 0.787 | 0.912 |
| 一般技工 | 工日 | 1.144 | 1.403 | 1.573 | 1.824 |
| 高级技工 | 工日 | 0.191 | 0.234 | 0.262 | 0.304 |
| 钢板卷管 | m | (0.533) | (0.533) | (0.533) | (0.533) |
| 角钢(综合) | kg | 0.200 | 0.202 | 0.220 | 0.220 |
| 棉纱线 | kg | 0.106 | 0.121 | 0.130 | 0.116 |
| 六角螺栓(综合) | 10 套 | — | — | 0.048 | 0.048 |
| 尼龙砂轮片 $\phi100$ | 片 | 0.776 | 0.836 | 0.875 | 0.973 |
| 低碳钢焊条(综合) | kg | 6.802 | 9.761 | 10.921 | 12.267 |
| 氧气 | m³ | 3.530 | 4.482 | 4.896 | 5.489 |
| 乙炔气 | kg | 1.358 | 1.724 | 1.883 | 2.111 |
| 其他材料费 | % | 1.00 | 1.00 | 1.00 | 1.00 |
| 直流弧焊机 20kV·A | 台班 | 0.981 | 1.216 | 1.336 | 1.429 |
| 电焊条烘干箱 60×50×75(cm³) | 台班 | 0.098 | 0.122 | 0.134 | 0.143 |

**工作内容：** 下料、切管、坡口加工，坡口磨平，组对、焊接等操作过程。　　　　　　　　　　　　　　计量单位：个

| 编　号 | 5-2-565 | 5-2-566 | 5-2-567 | 5-2-568 |
|---|---|---|---|---|
| 项　目 | 公称直径（mm 以内） | | | |
| | 900 | 1 000 | 1 200 | 1 400 |
| 名　称 | 单位 | 消　耗　量 | | | |

| 名　称 | 单位 | 消耗量 | | | |
|---|---|---|---|---|---|
| 合计工日 | 工日 | 3.323 | 3.953 | 4.646 | 5.356 |
| 普工 | 工日 | 0.997 | 1.186 | 1.394 | 1.607 |
| 一般技工 | 工日 | 1.994 | 2.372 | 2.788 | 3.213 |
| 高级技工 | 工日 | 0.332 | 0.395 | 0.464 | 0.536 |
| 钢板卷管 | m | （0.533） | （0.533） | （0.533） | （0.533） |
| 角钢（综合） | kg | 0.220 | 0.220 | 0.294 | 0.294 |
| 棉纱线 | kg | 0.156 | 0.175 | 0.194 | 0.218 |
| 六角螺栓（综合） | 10 套 | 0.048 | 0.048 | 0.048 | 0.048 |
| 尼龙砂轮片 $\phi100$ | 片 | 1.057 | 1.180 | 1.344 | 1.560 |
| 低碳钢焊条（综合） | kg | 13.548 | 15.032 | 17.862 | 22.340 |
| 氧气 | m³ | 6.042 | 6.626 | 7.864 | 8.922 |
| 乙炔气 | kg | 2.324 | 2.548 | 3.025 | 3.432 |
| 其他材料费 | % | 1.00 | 1.00 | 1.00 | 1.00 |
| 直流弧焊机 20kV·A | 台班 | 1.671 | 1.851 | 2.158 | 2.557 |
| 电焊条烘干箱 60×50×75（cm³） | 台班 | 0.167 | 0.185 | 0.216 | 0.256 |

# 二、转换件安装

## 承插式预应力混凝土转换件安装

**工作内容:** 管件安装、接口、养护。                                    计量单位:个

| 编　号 | 5-2-569 | 5-2-570 | 5-2-571 | 5-2-572 | 5-2-573 | 5-2-574 |
|---|---|---|---|---|---|---|
| 项　目 | 公称直径(mm 以内) | | | | | |
| | 300 | 400 | 500 | 600 | 700 | 800 |
| 名　称 | 单位 | 消　耗　量 | | | | | |

| 名　称 | 单位 | 消　耗　量 | | | | | |
|---|---|---|---|---|---|---|---|
| 合计工日 | 工日 | 1.788 | 3.035 | 4.196 | 5.370 | 6.022 | 6.664 |
| 普工 | 工日 | 0.536 | 0.911 | 1.259 | 1.611 | 1.806 | 1.999 |
| 一般技工 | 工日 | 1.073 | 1.821 | 2.518 | 3.222 | 3.614 | 3.999 |
| 高级技工 | 工日 | 0.179 | 0.303 | 0.419 | 0.537 | 0.602 | 0.666 |
| 混凝土转换件 | 个 | (1.010) | (1.010) | (1.010) | (1.010) | (1.010) | (1.010) |
| 油麻丝 | kg | 0.599 | 0.683 | 0.945 | 1.197 | 1.628 | 2.048 |
| 膨胀水泥 | kg | 4.795 | 5.388 | 7.478 | 9.558 | 12.952 | 16.347 |
| 其他材料费 | % | 1.00 | 1.00 | 1.00 | 1.00 | 1.00 | 1.00 |
| 汽车式起重机 8t | 台班 | — | — | — | 0.044 | 0.044 | 0.044 |
| 载重汽车 8t | 台班 | — | — | — | 0.009 | 0.009 | 0.011 |

**工作内容：**管件安装、接口、养护。　　　　　　　　　　　　　　计量单位：个

| 编　号 | | 5-2-575 | 5-2-576 | 5-2-577 | 5-2-578 | 5-2-579 | 5-2-580 |
|---|---|---|---|---|---|---|---|
| 项　　目 | | 公称直径（mm 以内） | | | | | |
| | | 900 | 1 000 | 1 200 | 1 400 | 1 600 | 1 800 |
| 名　　称 | 单位 | 消　耗　量 | | | | | |
| 合计工日 | 工日 | 7.647 | 8.640 | 11.231 | 13.821 | 16.414 | 19.006 |
| 普工 | 工日 | 2.294 | 2.592 | 3.370 | 4.146 | 4.924 | 5.702 |
| 一般技工 | 工日 | 4.588 | 5.184 | 6.738 | 8.293 | 9.848 | 11.403 |
| 高级技工 | 工日 | 0.765 | 0.864 | 1.123 | 1.382 | 1.642 | 1.901 |
| 混凝土转换件 | 个 | （1.010） | （1.010） | （1.010） | （1.010） | （1.010） | （1.010） |
| 油麻丝 | kg | 2.625 | 3.182 | 5.145 | 7.109 | 9.072 | 11.036 |
| 水泥 42.5 | kg | 20.819 | 25.280 | 40.969 | 56.658 | 72.347 | 88.036 |
| 其他材料费 | % | 1.00 | 1.00 | 1.00 | 1.00 | 1.00 | 1.00 |
| 汽车式起重机 8t | 台班 | 0.071 | — | — | — | — | — |
| 汽车式起重机 16t | 台班 | — | 0.071 | 0.088 | — | — | — |
| 汽车式起重机 20t | 台班 | — | — | — | 0.088 | 0.106 | 0.124 |
| 载重汽车 8t | 台班 | 0.011 | 0.016 | 0.016 | 0.020 | 0.023 | 0.027 |

# 三、阀 门 安 装

## 1. 法兰阀门安装

**工作内容：**制作加垫、拧紧螺栓等操作过程。　　　　　　　　　　计量单位：个

| 编　号 | | 5-2-581 | 5-2-582 | 5-2-583 | 5-2-584 | 5-2-585 | 5-2-586 |
|---|---|---|---|---|---|---|---|
| 项　　目 | | 公称直径（mm 以内） | | | | | |
| | | 50 | 65 | 80 | 100 | 125 | 150 |
| 名　　称 | 单位 | 消　耗　量 | | | | | |
| 合计工日 | 工日 | 0.129 | 0.228 | 0.233 | 0.342 | 0.416 | 0.425 |
| 普工 | 工日 | 0.039 | 0.068 | 0.070 | 0.103 | 0.125 | 0.128 |
| 一般技工 | 工日 | 0.077 | 0.137 | 0.140 | 0.205 | 0.250 | 0.255 |
| 高级技工 | 工日 | 0.013 | 0.023 | 0.023 | 0.034 | 0.041 | 0.042 |
| 法兰阀门 | 个 | （1.000） | （1.000） | （1.000） | （1.000） | （1.000） | （1.000） |
| 无石棉橡胶板 低中压 δ0.8~6.0 | kg | 0.070 | 0.090 | 0.130 | 0.170 | 0.230 | 0.280 |
| 其他材料费 | % | 1.00 | 1.00 | 1.00 | 1.00 | 1.00 | 1.00 |

**工作内容:** 制作加垫、拧紧螺栓等操作过程。　　　　　　　　　　　　　计量单位:个

| 编　号 | | 5-2-587 | 5-2-588 | 5-2-589 | 5-2-590 | 5-2-591 | 5-2-592 |
|---|---|---|---|---|---|---|---|
| 项　目 | | 公称直径(mm 以内) | | | | | |
| | | 200 | 250 | 300 | 350 | 400 | 450 |
| 名　称 | 单位 | 消　耗　量 | | | | | |
| 合计工日 | 工日 | 0.567 | 0.847 | 0.877 | 0.909 | 1.156 | 1.317 |
| 普工 | 工日 | 0.170 | 0.254 | 0.263 | 0.273 | 0.347 | 0.395 |
| 一般技工 | 工日 | 0.340 | 0.508 | 0.527 | 0.545 | 0.694 | 0.791 |
| 高级技工 | 工日 | 0.057 | 0.085 | 0.087 | 0.091 | 0.115 | 0.131 |
| 法兰阀门 | 个 | (1.000) | (1.000) | (1.000) | (1.000) | (1.000) | (1.000) |
| 无石棉橡胶板 低中压 δ0.8~6.0 | kg | 0.330 | 0.370 | 0.400 | 0.540 | 0.690 | 0.810 |
| 其他材料费 | % | 1.00 | 1.00 | 1.00 | 1.00 | 1.00 | 1.00 |
| 汽车式起重机 8t | 台班 | — | — | 0.088 | 0.133 | 0.133 | 0.133 |
| 载重汽车 8t | 台班 | — | — | 0.009 | 0.018 | 0.018 | 0.027 |

**工作内容:** 制作加垫、拧紧螺栓等操作过程。　　　　　　　　　　　　　计量单位:个

| 编　号 | | 5-2-593 | 5-2-594 | 5-2-595 | 5-2-596 | 5-2-597 | 5-2-598 |
|---|---|---|---|---|---|---|---|
| 项　目 | | 公称直径(mm 以内) | | | | | |
| | | 500 | 600 | 700 | 800 | 900 | 1 000 |
| 名　称 | 单位 | 消　耗　量 | | | | | |
| 合计工日 | 工日 | 1.433 | 1.739 | 2.078 | 2.289 | 2.370 | 2.618 |
| 普工 | 工日 | 0.430 | 0.522 | 0.623 | 0.687 | 0.711 | 0.785 |
| 一般技工 | 工日 | 0.860 | 1.043 | 1.247 | 1.373 | 1.422 | 1.571 |
| 高级技工 | 工日 | 0.143 | 0.174 | 0.208 | 0.229 | 0.237 | 0.262 |
| 法兰阀门 | 个 | (1.000) | (1.000) | (1.000) | (1.000) | (1.000) | (1.000) |
| 无石棉橡胶板 低中压 δ0.8~6.0 | kg | 0.830 | 0.840 | 1.030 | 1.160 | 1.300 | 1.310 |
| 其他材料费 | % | 1.00 | 1.00 | 1.00 | 1.00 | 1.00 | 1.00 |
| 汽车式起重机 8t | 台班 | 0.177 | 0.221 | 0.265 | 0.310 | 0.354 | 0.398 |
| 载重汽车 8t | 台班 | 0.027 | 0.027 | 0.036 | 0.054 | 0.054 | 0.116 |

**工作内容：**制作加垫、拧紧螺栓等操作过程。　　　　　　　　　　　　　　　　　　　计量单位：个

| 编　号 | | 5-2-599 | 5-2-600 | 5-2-601 | 5-2-602 |
|---|---|---|---|---|---|
| 项　目 | | 公称直径（mm 以内） | | | |
| | | 1 200 | 1 400 | 1 600 | 1 800 |
| 名　称 | 单位 | 消　耗　量 | | | |
| 合计工日 | 工日 | 2.969 | 3.174 | 3.687 | 4.157 |
| 普工 | 工日 | 0.891 | 0.952 | 1.106 | 1.247 |
| 一般技工 | 工日 | 1.781 | 1.904 | 2.212 | 2.494 |
| 高级技工 | 工日 | 0.297 | 0.318 | 0.369 | 0.416 |
| 法兰阀门 | 个 | （1.000） | （1.000） | （1.000） | （1.000） |
| 无石棉橡胶板 低中压 δ0.8~6.0 | kg | 1.460 | 2.160 | 2.450 | 2.600 |
| 其他材料费 | % | 1.00 | 1.00 | 1.00 | 1.00 |
| 汽车式起重机 12t | 台班 | 0.451 | — | — | — |
| 汽车式起重机 16t | 台班 | — | 0.540 | 0.717 | — |
| 汽车式起重机 20t | 台班 | — | — | — | 0.893 |
| 载重汽车 8t | 台班 | 0.143 | 0.170 | 0.224 | 0.278 |

**工作内容：**制作加垫、拧紧螺栓等操作过程。　　　　　　　　　　　　　　　　　　　计量单位：个

| 编　号 | | 5-2-603 | 5-2-604 | 5-2-605 |
|---|---|---|---|---|
| 项　目 | | 公称直径（mm 以内） | | |
| | | 2 000 | 2 200 | 2 400 |
| 名　称 | 单位 | 消　耗　量 | | |
| 合计工日 | 工日 | 4.652 | 5.026 | 5.303 |
| 普工 | 工日 | 1.396 | 1.508 | 1.591 |
| 一般技工 | 工日 | 2.791 | 3.016 | 3.182 |
| 高级技工 | 工日 | 0.465 | 0.502 | 0.530 |
| 法兰阀门 | 个 | （1.000） | （1.000） | （1.000） |
| 无石棉橡胶板 低中压 δ0.8~6.0 | kg | 2.900 | 3.200 | 3.500 |
| 其他材料费 | % | 1.00 | 1.00 | 1.00 |
| 汽车式起重机 20t | 台班 | 1.070 | 1.247 | 1.424 |
| 载重汽车 8t | 台班 | 0.332 | 0.385 | 0.439 |

## 2.低压齿轮、电动传动阀门安装

**工作内容:**除锈、制作加垫、吊装、拧紧螺栓等操作过程。　　　　　　　　　　　　　　　　**计量单位:**个

| 编　号 | | 5-2-606 | 5-2-607 | 5-2-608 | 5-2-609 | 5-2-610 |
|---|---|---|---|---|---|---|
| 项　目 | | 公称直径(mm 以内) | | | | |
| | | 250 | 300 | 400 | 500 | 600 |
| 名　称 | 单位 | 消　耗　量 | | | | |
| 合计工日 | 工日 | 0.971 | 1.024 | 1.632 | 1.925 | 2.379 |
| 普工 | 工日 | 0.292 | 0.307 | 0.490 | 0.577 | 0.714 |
| 一般技工 | 工日 | 0.582 | 0.614 | 0.979 | 1.155 | 1.427 |
| 高级技工 | 工日 | 0.097 | 0.103 | 0.163 | 0.193 | 0.238 |
| 阀门 | 个 | (1.000) | (1.000) | (1.000) | (1.000) | (1.000) |
| 黑铅粉 | kg | — | — | — | — | 0.180 |
| 无石棉橡胶板 低中压 δ0.8~6.0 | kg | 0.370 | 0.400 | 0.690 | 0.830 | 0.840 |
| 破布 | kg | 0.040 | 0.050 | 0.060 | 0.070 | 0.070 |
| 清油 | kg | 0.040 | 0.050 | 0.060 | 0.060 | 0.060 |
| 铅油(厚漆) | kg | 0.200 | 0.250 | 0.300 | 0.330 | — |
| 机油 5#~7# | kg | 0.050 | 0.050 | 0.050 | 0.050 | 0.060 |
| 其他材料费 | % | 1.00 | 1.00 | 1.00 | 1.00 | 1.00 |
| 汽车式起重机 8t | 台班 | 0.021 | 0.029 | 0.054 | 0.097 | 0.133 |
| 载重汽车 8t | 台班 | 0.007 | 0.009 | 0.013 | 0.027 | 0.054 |

**工作内容：**除锈、制作加垫、吊装、拧紧螺栓等操作过程。 计量单位：个

| 编　号 | | 5-2-611 | 5-2-612 | 5-2-613 | 5-2-614 | 5-2-615 |
|---|---|---|---|---|---|---|
| 项　目 | | 公称直径（mm 以内） | | | | |
| | | 700 | 800 | 900 | 1 000 | 1 200 |
| 名　称 | 单位 | 消　耗　量 | | | | |
| 合计工日 | 工日 | 3.103 | 3.754 | 3.943 | 4.432 | 4.974 |
| 普工 | 工日 | 0.931 | 1.126 | 1.183 | 1.329 | 1.492 |
| 一般技工 | 工日 | 1.861 | 2.253 | 2.366 | 2.660 | 2.984 |
| 高级技工 | 工日 | 0.311 | 0.375 | 0.394 | 0.443 | 0.498 |
| 阀门 | 个 | （1.000） | （1.000） | （1.000） | （1.000） | （1.000） |
| 黑铅粉 | kg | 0.180 | 0.200 | 0.200 | 0.240 | 0.280 |
| 无石棉橡胶板 低中压 δ0.8~6.0 | kg | 1.030 | 1.160 | 1.300 | 1.310 | 1.460 |
| 破布 | kg | 0.080 | 0.080 | 0.090 | 0.090 | 0.100 |
| 清油 | kg | 0.060 | 0.070 | 0.070 | 0.070 | 0.080 |
| 机油 5#~7# | kg | 0.060 | 0.060 | 0.070 | 0.070 | 0.070 |
| 其他材料费 | % | 1.00 | 1.00 | 1.00 | 1.00 | 1.00 |
| 汽车式起重机 8t | 台班 | 0.186 | 0.221 | 0.239 | — | — |
| 汽车式起重机 12t | 台班 | — | — | — | 0.257 | 0.398 |
| 载重汽车 8t | 台班 | 0.072 | 0.081 | 0.081 | 0.081 | 0.116 |

### 3. 中压齿轮、电动传动阀门安装

**工作内容：**除锈、制作加垫、吊装、拧紧螺栓等操作过程。 计量单位：个

| 编 号 | | 5-2-616 | 5-2-617 | 5-2-618 | 5-2-619 | 5-2-620 |
|---|---|---|---|---|---|---|
| 项 目 | | 公称直径（mm 以内） | | | | |
| | | 250 | 300 | 400 | 500 | 600 |
| 名 称 | 单位 | 消 耗 量 | | | | |
| 合计工日 | 工日 | 1.083 | 1.237 | 1.804 | 2.148 | 2.663 |
| 普工 | 工日 | 0.325 | 0.371 | 0.541 | 0.644 | 0.799 |
| 一般技工 | 工日 | 0.650 | 0.743 | 1.083 | 1.289 | 1.598 |
| 高级技工 | 工日 | 0.108 | 0.123 | 0.180 | 0.215 | 0.266 |
| 阀门 | 个 | （1.000） | （1.000） | （1.000） | （1.000） | （1.000） |
| 黑铅粉 | kg | — | — | — | — | 0.180 |
| 无石棉橡胶板 低中压 δ0.8~6.0 | kg | 0.370 | 0.400 | 0.690 | 0.830 | 0.840 |
| 破布 | kg | 0.040 | 0.050 | 0.060 | 0.070 | 0.070 |
| 清油 | kg | 0.040 | 0.050 | 0.060 | 0.060 | 0.060 |
| 铅油（厚漆） | kg | 0.200 | 0.250 | 0.300 | 0.330 | — |
| 机油 5#~7# | kg | 0.050 | 0.050 | 0.050 | 0.050 | 0.060 |
| 其他材料费 | % | 1.00 | 1.00 | 1.00 | 1.00 | 1.00 |
| 汽车式起重机 8t | 台班 | 0.021 | 0.029 | 0.054 | 0.097 | 0.133 |
| 载重汽车 8t | 台班 | 0.007 | 0.009 | 0.013 | 0.027 | 0.054 |

# 4. 阀门水压试验

**工作内容:** 除锈、切管、焊接、制作加垫、固定、拧紧螺栓、压力试验等操作过程。　　　　　　　　计量单位: 个

| 编　号 | | 5-2-621 | 5-2-622 | 5-2-623 | 5-2-624 | 5-2-625 |
|---|---|---|---|---|---|---|
| 项　目 | | 公称直径(mm 以内) | | | | |
| | | 50 | 100 | 150 | 200 | 300 |
| 名　称 | 单位 | 消　耗　量 | | | | |
| 合计工日 | 工日 | 0.084 | 0.103 | 0.155 | 0.206 | 0.292 |
| 普工 | 工日 | 0.025 | 0.031 | 0.047 | 0.062 | 0.087 |
| 一般技工 | 工日 | 0.051 | 0.062 | 0.093 | 0.123 | 0.176 |
| 高级技工 | 工日 | 0.008 | 0.010 | 0.015 | 0.021 | 0.029 |
| 钢板 $\delta20$ | kg | 0.200 | 0.361 | 0.612 | 0.875 | 1.651 |
| 无石棉橡胶板 低中压 $\delta0.8\sim6.0$ | kg | 0.140 | 0.340 | 0.560 | 0.660 | 0.800 |
| 破布 | kg | 0.040 | 0.060 | 0.060 | 0.060 | 0.100 |
| 六角螺栓带螺母 M16×80 | 套 | 1.600 | — | — | — | — |
| 六角螺栓带螺母 M20×80 | 套 | — | 3.200 | — | — | — |
| 六角螺栓带螺母 M22×90 | 套 | — | — | 3.200 | — | — |
| 六角螺栓带螺母 M27×95 | 套 | — | — | — | 4.800 | — |
| 六角螺栓带螺母 M27×120 | 套 | — | — | — | — | 6.400 |
| 低碳钢焊条(综合) | kg | 0.165 | 0.165 | 0.165 | 0.165 | 0.165 |
| 清油 | kg | 0.020 | 0.040 | 0.060 | 0.060 | 0.100 |
| 铅油(厚漆) | kg | 0.080 | 0.200 | 0.280 | 0.340 | 0.500 |
| 机油 $5^{\#}\sim7^{\#}$ | kg | 0.070 | 0.100 | 0.100 | 0.150 | 0.150 |
| 氧气 | m³ | 0.141 | 0.204 | 0.312 | 0.447 | 0.750 |
| 乙炔气 | kg | 0.054 | 0.078 | 0.120 | 0.172 | 0.288 |
| 无缝钢管 D22×2.5 | m | 0.100 | 0.100 | 0.100 | 0.100 | 0.100 |
| 胶管 D25 | m | 0.200 | 0.200 | 0.200 | 0.200 | 0.200 |
| 螺纹截止阀 J11T-16 DN15 | 个 | 0.200 | 0.200 | 0.200 | 0.200 | 0.200 |
| 弹簧压力表 0~40kg/cm² | 个 | 0.200 | 0.200 | 0.200 | 0.200 | 0.200 |
| 压力表弯管 DN15 | 个 | 0.200 | 0.200 | 0.200 | 0.200 | 0.200 |
| 压力表汽门 DN15 | 个 | 0.200 | 0.200 | 0.200 | 0.200 | 0.200 |
| 压力表补芯 15×10 | 个 | 0.200 | 0.200 | 0.200 | 0.200 | 0.200 |
| 水 | kg | 0.133 | 1.047 | 3.534 | 8.377 | 28.273 |
| 其他材料费 | % | 1.00 | 1.00 | 1.00 | 1.00 | 1.00 |
| 试压泵 6MPa | 台班 | 0.018 | 0.027 | 0.071 | 0.071 | 0.071 |
| 直流弧焊机 20kV·A | 台班 | 0.027 | 0.027 | 0.027 | 0.027 | 0.027 |
| 电焊条烘干箱 60×50×75(cm³) | 台班 | 0.003 | 0.003 | 0.003 | 0.003 | 0.003 |

**工作内容:** 除锈、切管、焊接、制作加垫、固定、拧紧螺栓、压力试验等操作过程。　　　　　**计量单位:** 个

| 编　号 | 5-2-626 | 5-2-627 | 5-2-628 | 5-2-629 | 5-2-630 |
|---|---|---|---|---|---|
| 项　目 | 公称直径(mm 以内) | | | | |
| | 400 | 600 | 800 | 1 000 | 1 200 |
| 名　称 | 单位 | 消　耗　量 | | | | |

| 名　称 | 单位 | | | | | |
|---|---|---|---|---|---|---|
| 合计工日 | 工日 | 0.533 | 1.056 | 2.079 | 3.179 | 5.223 |
| 普工 | 工日 | 0.160 | 0.317 | 0.624 | 0.954 | 1.567 |
| 一般技工 | 工日 | 0.320 | 0.634 | 1.247 | 1.907 | 3.134 |
| 高级技工 | 工日 | 0.053 | 0.105 | 0.208 | 0.318 | 0.522 |
| 热轧厚钢板 $\delta30$ | kg | — | 8.256 | 12.173 | 18.428 | 20.254 |
| 钢板 $\delta20$ | kg | 2.624 | — | — | — | — |
| 无石棉橡胶板 低中压 $\delta0.8\sim6.0$ | kg | 1.400 | 1.680 | 2.320 | 2.620 | 2.920 |
| 破布 | kg | 0.120 | 0.140 | 0.160 | 0.180 | 0.200 |
| 六角螺栓带螺母 M30×130 | 套 | 6.400 | — | — | — | — |
| 六角螺栓带螺母 M36×160 | 套 | — | 8.000 | — | — | — |
| 六角螺栓带螺母 M42×180 | 套 | — | — | 9.600 | — | — |
| 低碳钢焊条(综合) | kg | 0.165 | 0.165 | 0.165 | 0.165 | 0.292 |
| 清油 | kg | 0.120 | 0.120 | 0.140 | 0.140 | 0.160 |
| 铅油(厚漆) | kg | 0.600 | 0.750 | 0.880 | 1.000 | 1.100 |
| 机油 $5^{\#}\sim7^{\#}$ | kg | 0.200 | 0.250 | 0.250 | 0.300 | 0.300 |
| 氧气 | $m^3$ | 0.910 | 1.275 | 1.590 | 2.160 | 2.790 |
| 乙炔气 | kg | 0.350 | 0.490 | 0.612 | 0.831 | 1.073 |
| 无缝钢管 D22×2.5 | m | 0.100 | 0.100 | 0.100 | 0.150 | 0.150 |
| 胶管 D25 | m | 0.200 | 0.200 | 0.200 | 0.400 | 0.400 |
| 螺纹截止阀 J11T-16 DN15 | 个 | 0.200 | 0.200 | 0.200 | 0.200 | 0.200 |
| 弹簧压力表 $0\sim40kg/cm^2$ | 个 | 0.200 | 0.200 | 0.200 | 0.200 | 0.200 |
| 压力表弯管 DN15 | 个 | 0.200 | 0.200 | 0.200 | 0.200 | 0.200 |
| 压力表汽门 DN15 | 个 | 0.200 | 0.200 | 0.200 | 0.200 | 0.200 |
| 压力表补芯 15×10 | 个 | 0.200 | 0.200 | 0.200 | 0.200 | 0.200 |
| 水 | kg | 67.020 | 226.200 | 315.065 | 437.859 | 517.029 |
| 其他材料费 | % | 1.00 | 1.00 | 1.00 | 1.00 | 1.00 |
| 试压泵 6MPa | 台班 | 0.149 | 0.179 | 0.249 | 0.345 | 0.408 |
| 直流弧焊机 20kV·A | 台班 | 0.027 | 0.027 | 0.027 | 0.027 | 0.047 |
| 电焊条烘干箱 60×50×75(cm³) | 台班 | 0.003 | 0.003 | 0.003 | 0.003 | 0.005 |

# 5. 阀门操纵装置安装

**工作内容**：部件检查及组合装配、找平、找正、安装、固定、试调、调整等操作过程。　　　计量单位：100kg

| 编　号 | | 5-2-631 |
|---|---|---|
| 项　目 | | 阀门操纵装置安装 |
| 名　称 | 单位 | 消　耗　量 |
| 合计工日 | 工日 | 7.362 |
| 普工 | 工日 | 2.209 |
| 一般技工 | 工日 | 4.417 |
| 高级技工 | 工日 | 0.736 |
| 阀门操纵装置 | kg | （100.000） |
| 尼龙砂轮片 $\phi 100$ | 片 | 0.080 |
| 低碳钢焊条（综合） | kg | 0.836 |
| 氧气 | m³ | 0.950 |
| 乙炔气 | kg | 0.365 |
| 其他材料费 | % | 1.00 |
| 直流弧焊机 20kV·A | 台班 | 0.292 |
| 电焊条烘干箱 $60 \times 50 \times 75$（cm³） | 台班 | 0.029 |

# 四、法兰安装

## 1. 平焊法兰

**工作内容:**切管、坡口、组对、制作加垫、拧紧螺栓、焊接等操作过程。 计量单位:副

| 编　号 | | 5-2-632 | 5-2-633 | 5-2-634 | 5-2-635 | 5-2-636 | 5-2-637 |
|---|---|---|---|---|---|---|---|
| 项　目 | | 公称直径(mm 以内) | | | | | |
| | | 50 | 65 | 80 | 100 | 125 | 150 |
| 名　称 | 单位 | 消　耗　量 | | | | | |
| 合计工日 | 工日 | 0.246 | 0.273 | 0.304 | 0.350 | 0.378 | 0.493 |
| 普工 | 工日 | 0.074 | 0.082 | 0.091 | 0.105 | 0.113 | 0.148 |
| 一般技工 | 工日 | 0.148 | 0.164 | 0.182 | 0.210 | 0.227 | 0.295 |
| 高级技工 | 工日 | 0.024 | 0.027 | 0.031 | 0.035 | 0.038 | 0.050 |
| 平焊法兰 | 片 | (2.000) | (2.000) | (2.000) | (2.000) | (2.000) | (2.000) |
| 无石棉橡胶板 低中压 $\delta 0.8{\sim}6.0$ | kg | 0.070 | 0.090 | 0.130 | 0.170 | 0.230 | 0.280 |
| 棉纱线 | kg | 0.007 | 0.010 | 0.012 | 0.014 | 0.017 | 0.021 |
| 破布 | kg | 0.020 | 0.020 | 0.020 | 0.030 | 0.030 | 0.030 |
| 尼龙砂轮片 $\phi 100$ | 片 | 0.022 | 0.030 | 0.037 | 0.054 | 0.066 | 0.086 |
| 低碳钢焊条(综合) | kg | 0.117 | 0.216 | 0.254 | 0.337 | 0.393 | 0.515 |
| 清油 | kg | 0.010 | 0.010 | 0.020 | 0.020 | 0.020 | 0.030 |
| 铅油(厚漆) | kg | 0.040 | 0.050 | 0.070 | 0.100 | 0.120 | 0.140 |
| 氧气 | $m^3$ | 0.051 | 0.068 | 0.079 | 0.117 | 0.137 | 0.176 |
| 乙炔气 | kg | 0.020 | 0.026 | 0.030 | 0.045 | 0.053 | 0.068 |
| 其他材料费 | % | 1.00 | 1.00 | 1.00 | 1.00 | 1.00 | 1.00 |
| 直流弧焊机 20kV·A | 台班 | 0.063 | 0.078 | 0.090 | 0.117 | 0.124 | 0.163 |
| 电焊条烘干箱 $60\times 50\times 75(cm^3)$ | 台班 | 0.006 | 0.008 | 0.009 | 0.012 | 0.012 | 0.016 |

**工作内容:**切管、坡口、组对、制作加垫、拧紧螺栓、焊接等操作过程。　　　　　　　　　　　**计量单位:**副

| 编　号 | | 5-2-638 | 5-2-639 | 5-2-640 | 5-2-641 | 5-2-642 | 5-2-643 |
|---|---|---|---|---|---|---|---|
| 项　目 | | 公称直径（mm 以内） | | | | | |
| | | 200 | 250 | 300 | 350 | 400 | 450 |
| 名　称 | 单位 | 消　耗　量 | | | | | |
| 合计工日 | 工日 | 0.677 | 0.909 | 1.140 | 1.257 | 1.430 | 1.645 |
| 普工 | 工日 | 0.203 | 0.273 | 0.342 | 0.377 | 0.429 | 0.493 |
| 一般技工 | 工日 | 0.406 | 0.545 | 0.684 | 0.754 | 0.858 | 0.987 |
| 高级技工 | 工日 | 0.068 | 0.091 | 0.114 | 0.126 | 0.143 | 0.165 |
| 平焊法兰 | 片 | （2.000） | （2.000） | （2.000） | （2.000） | （2.000） | （2.000） |
| 角钢（综合） | kg | 0.200 | 0.200 | 0.200 | 0.200 | 0.200 | 0.200 |
| 无石棉橡胶板 低中压 $\delta0.8\sim6.0$ | kg | 0.330 | 0.370 | 0.400 | 0.540 | 0.690 | 0.810 |
| 棉纱线 | kg | 0.028 | 0.034 | 0.042 | 0.048 | 0.054 | 0.060 |
| 破布 | kg | 0.030 | 0.040 | 0.050 | 0.050 | 0.060 | 0.060 |
| 尼龙砂轮片 $\phi100$ | 片 | 0.123 | 0.180 | 0.215 | 0.303 | 0.344 | 0.403 |
| 低碳钢焊条（综合） | kg | 1.140 | 2.358 | 2.924 | 4.342 | 4.905 | 5.525 |
| 清油 | kg | 0.030 | 0.040 | 0.050 | 0.050 | 0.060 | 0.060 |
| 铅油（厚漆） | kg | 0.170 | 0.200 | 0.250 | 0.250 | 0.300 | 0.300 |
| 氧气 | m³ | 0.448 | 0.550 | 0.570 | 0.677 | 0.736 | 0.786 |
| 乙炔气 | kg | 0.172 | 0.212 | 0.219 | 0.260 | 0.283 | 0.302 |
| 其他材料费 | % | 1.00 | 1.00 | 1.00 | 1.00 | 1.00 | 1.00 |
| 直流弧焊机 20kV·A | 台班 | 0.340 | 0.479 | 0.594 | 0.628 | 0.709 | 0.801 |
| 电焊条烘干箱 60×50×75（cm³） | 台班 | 0.034 | 0.048 | 0.059 | 0.063 | 0.071 | 0.080 |

**工作内容:**切管、坡口、组对、制作加垫、拧紧螺栓、焊接等操作过程。 计量单位:副

| 编 号 | | 5-2-644 | 5-2-645 | 5-2-646 | 5-2-647 | 5-2-648 | 5-2-649 |
|---|---|---|---|---|---|---|---|
| 项 目 | | 公称直径(mm 以内) | | | | | |
| | | 500 | 600 | 700 | 800 | 900 | 1 000 |
| 名 称 | 单位 | 消 耗 量 | | | | | |
| 合计工日 | 工日 | 1.838 | 1.983 | 2.447 | 2.855 | 3.259 | 3.669 |
| 普工 | 工日 | 0.551 | 0.595 | 0.734 | 0.857 | 0.977 | 1.101 |
| 一般技工 | 工日 | 1.103 | 1.190 | 1.468 | 1.713 | 1.956 | 2.201 |
| 高级技工 | 工日 | 0.184 | 0.198 | 0.245 | 0.285 | 0.326 | 0.367 |
| 平焊法兰 | 片 | (2.000) | (2.000) | (2.000) | (2.000) | (2.000) | (2.000) |
| 角钢(综合) | kg | 0.200 | 0.202 | 0.220 | 0.220 | 0.220 | 0.220 |
| 黑铅粉 | kg | — | 0.060 | 0.060 | 0.070 | 0.070 | 0.070 |
| 无石棉橡胶板 低中压 δ0.8~6.0 | kg | 0.830 | 0.840 | 1.030 | 1.160 | 1.300 | 1.310 |
| 棉纱线 | kg | 0.066 | 0.080 | 0.090 | 0.104 | 0.116 | 0.128 |
| 破布 | kg | 0.070 | 0.070 | 0.080 | 0.080 | 0.090 | 0.090 |
| 尼龙砂轮片 $\phi100$ | 片 | 0.462 | 0.523 | 0.653 | 0.794 | 0.893 | 0.991 |
| 低碳钢焊条(综合) | kg | 6.141 | 7.019 | 8.784 | 10.090 | 11.314 | 12.541 |
| 清油 | kg | 0.060 | 0.180 | 0.180 | 0.200 | 0.200 | 0.240 |
| 铅油(厚漆) | kg | 0.330 | — | — | — | — | — |
| 氧气 | m³ | 0.837 | 0.979 | 1.134 | 1.241 | 1.352 | 1.448 |
| 乙炔气 | kg | 0.322 | 0.377 | 0.436 | 0.477 | 0.520 | 0.557 |
| 其他材料费 | % | 1.00 | 1.00 | 1.00 | 1.00 | 1.00 | 1.00 |
| 汽车式起重机 12t | 台班 | — | — | — | — | — | 0.015 |
| 载重汽车 8t | 台班 | — | — | — | — | — | 0.006 |
| 直流弧焊机 20kV·A | 台班 | 0.888 | 0.891 | 1.113 | 1.267 | 1.421 | 1.575 |
| 电焊条烘干箱 60×50×75(cm³) | 台班 | 0.089 | 0.089 | 0.111 | 0.127 | 0.142 | 0.158 |

**工作内容**：切管、坡口、组对、制作加垫、拧紧螺栓、焊接等操作过程。  计量单位：副

| 编　号 | | 5-2-650 | 5-2-651 | 5-2-652 | 5-2-653 | 5-2-654 | 5-2-655 |
|---|---|---|---|---|---|---|---|
| 项　目 | | 公称直径（mm 以内） | | | | | |
| | | 1 200 | 1 400 | 1 600 | 1 800 | 2 000 | 2 200 |
| 名　称 | 单位 | 消　耗　量 | | | | | |
| 合计工日 | 工日 | 4.286 | 5.291 | 5.942 | 8.044 | 9.147 | 10.763 |
| 普工 | 工日 | 1.286 | 1.588 | 1.783 | 2.413 | 2.744 | 3.229 |
| 一般技工 | 工日 | 2.572 | 3.174 | 3.565 | 4.826 | 5.489 | 6.458 |
| 高级技工 | 工日 | 0.428 | 0.529 | 0.594 | 0.805 | 0.914 | 1.076 |
| 平焊法兰 | 片 | （2.000） | （2.000） | （2.000） | （2.000） | （2.000） | （2.000） |
| 角钢（综合） | kg | 0.294 | 0.294 | 0.356 | 0.356 | 0.356 | 0.434 |
| 黑铅粉 | kg | 0.080 | 0.080 | 0.090 | 0.100 | 0.110 | 0.120 |
| 无石棉橡胶板 低中压 δ0.8~6.0 | kg | 1.460 | 2.160 | 2.450 | 2.600 | 2.900 | 3.230 |
| 棉纱线 | kg | 0.154 | 0.178 | 0.204 | 0.228 | 0.254 | 0.280 |
| 破布 | kg | 0.100 | 0.100 | 0.110 | 0.120 | 0.120 | 0.130 |
| 尼龙砂轮片 φ100 | 片 | 1.188 | 1.352 | 1.606 | 2.211 | 2.345 | 2.702 |
| 低碳钢焊条（综合） | kg | 17.045 | 22.372 | 28.589 | 39.706 | 44.069 | 53.592 |
| 清油 | kg | 0.280 | 0.320 | 0.360 | 0.400 | 0.450 | 0.510 |
| 氧气 | m³ | 1.781 | 1.880 | 2.361 | 3.439 | 3.748 | 4.058 |
| 乙炔气 | kg | 0.685 | 0.723 | 0.908 | 1.323 | 1.442 | 1.561 |
| 其他材料费 | % | 1.00 | 1.00 | 1.00 | 1.00 | 1.00 | 1.00 |
| 汽车式起重机 12t | 台班 | 0.017 | — | — | — | — | — |
| 汽车式起重机 16t | 台班 | — | 0.021 | 0.026 | 0.029 | — | — |
| 汽车式起重机 20t | 台班 | — | — | — | — | 0.035 | 0.040 |
| 载重汽车 8t | 台班 | 0.006 | 0.007 | 0.008 | 0.009 | 0.010 | 0.012 |
| 直流弧焊机 20kV·A | 台班 | 1.746 | 2.277 | 2.330 | 3.203 | 3.555 | 4.305 |
| 电焊条烘干箱 60×50×75(cm³) | 台班 | 0.175 | 0.228 | 0.233 | 0.320 | 0.356 | 0.431 |

**工作内容:** 切管、坡口、组对、制作加垫、拧紧螺栓、焊接等操作过程。　　　　　　　　　　　　**计量单位:** 副

| 编　号 | | 5-2-656 | 5-2-657 | 5-2-658 | 5-2-659 |
|---|---|---|---|---|---|
| 项　目 | | 公称直径（mm 以内） | | | |
| | | 2 400 | 2 600 | 2 800 | 3 000 |
| 名　称 | 单位 | 消　耗　量 | | | |
| 合计工日 | 工日 | 12.107 | 13.620 | 15.967 | 17.416 |
| 普工 | 工日 | 3.632 | 4.086 | 4.790 | 5.225 |
| 一般技工 | 工日 | 7.264 | 8.172 | 9.580 | 10.449 |
| 高级技工 | 工日 | 1.211 | 1.362 | 1.597 | 1.742 |
| 平焊法兰 | 片 | （2.000） | （2.000） | （2.000） | （2.000） |
| 角钢（综合） | kg | 0.434 | 0.434 | 0.434 | 0.434 |
| 黑铅粉 | kg | 0.130 | 0.150 | 0.160 | 0.180 |
| 无石棉橡胶板 低中压 $\delta0.8\sim6.0$ | kg | 3.600 | 4.020 | 4.480 | 5.000 |
| 棉纱线 | kg | 0.304 | 0.330 | 0.354 | 0.380 |
| 破布 | kg | 0.140 | 0.150 | 0.170 | 0.180 |
| 尼龙砂轮片 $\phi100$ | 片 | 2.948 | 3.194 | 3.440 | 3.604 |
| 低碳钢焊条（综合） | kg | 58.419 | 63.245 | 74.930 | 86.380 |
| 清油 | kg | 0.580 | 0.640 | 0.720 | 0.810 |
| 氧气 | m³ | 4.403 | 4.510 | 5.018 | 5.846 |
| 乙炔气 | kg | 1.693 | 1.735 | 1.930 | 2.248 |
| 其他材料费 | % | 1.00 | 1.00 | 1.00 | 1.00 |
| 汽车式起重机 20t | 台班 | 0.058 | 0.062 | 0.086 | 0.115 |
| 载重汽车 8t | 台班 | 0.013 | 0.017 | 0.027 | 0.036 |
| 直流弧焊机 20kV·A | 台班 | 4.692 | 5.082 | 6.009 | 6.944 |
| 电焊条烘干箱 $60\times50\times75$（cm³） | 台班 | 0.469 | 0.508 | 0.601 | 0.694 |

# 2.对焊法兰

**工作内容**:切管、坡口、组对、制作加垫、拧紧螺栓、焊接等操作过程。                    计量单位:副

| 编　号 | | 5-2-660 | 5-2-661 | 5-2-662 | 5-2-663 | 5-2-664 | 5-2-665 |
|---|---|---|---|---|---|---|---|
| 项　目 | | 公称直径(mm 以内) | | | | | |
| | | 50 | 65 | 80 | 100 | 125 | 150 |
| 名　称 | 单位 | 消　耗　量 | | | | | |
| 合计工日 | 工日 | 0.326 | 0.390 | 0.429 | 0.490 | 0.620 | 0.758 |
| 普工 | 工日 | 0.098 | 0.117 | 0.129 | 0.147 | 0.186 | 0.227 |
| 一般技工 | 工日 | 0.196 | 0.234 | 0.257 | 0.294 | 0.372 | 0.455 |
| 高级技工 | 工日 | 0.032 | 0.039 | 0.043 | 0.049 | 0.062 | 0.076 |
| 对焊法兰 | 片 | (2.000) | (2.000) | (2.000) | (2.000) | (2.000) | (2.000) |
| 无石棉橡胶板 低中压 δ0.8~6.0 | kg | 0.071 | 0.090 | 0.130 | 0.170 | 0.230 | 0.280 |
| 棉纱线 | kg | 0.007 | 0.010 | 0.012 | 0.014 | 0.019 | 0.023 |
| 破布 | kg | 0.020 | 0.020 | 0.020 | 0.030 | 0.030 | 0.030 |
| 尼龙砂轮片 $\phi$100 | 片 | 0.017 | 0.025 | 0.030 | 0.040 | 0.052 | 0.067 |
| 低碳钢焊条(综合) | kg | 0.121 | 0.213 | 0.255 | 0.328 | 0.528 | 0.683 |
| 清油 | kg | 0.010 | 0.010 | 0.020 | 0.020 | 0.020 | 0.030 |
| 铅油(厚漆) | kg | 0.040 | 0.050 | 0.070 | 0.110 | 0.120 | 0.140 |
| 氧气 | $m^3$ | 0.137 | 0.198 | 0.225 | 0.274 | 0.347 | 0.556 |
| 乙炔气 | kg | 0.053 | 0.076 | 0.087 | 0.105 | 0.133 | 0.214 |
| 其他材料费 | % | 1.00 | 1.00 | 1.00 | 1.00 | 1.00 | 1.00 |
| 直流弧焊机 20kV·A | 台班 | 0.080 | 0.125 | 0.145 | 0.182 | 0.234 | 0.291 |
| 电焊条烘干箱 $60 \times 50 \times 75$(cm$^3$) | 台班 | 0.008 | 0.013 | 0.015 | 0.018 | 0.023 | 0.029 |

**工作内容:** 切管、坡口、组对、制作加垫、拧紧螺栓、焊接等操作过程。 计量单位:副

| 编 号 | | 5-2-666 | 5-2-667 | 5-2-668 | 5-2-669 | 5-2-670 | 5-2-671 |
|---|---|---|---|---|---|---|---|
| 项 目 | | 公称直径(mm 以内) | | | | | |
| | | 200 | 250 | 300 | 350 | 400 | 450 |
| 名 称 | 单位 | 消 耗 量 | | | | | |
| 合计工日 | 工日 | 0.777 | 1.029 | 1.313 | 1.888 | 2.190 | 2.499 |
| 普工 | 工日 | 0.233 | 0.309 | 0.394 | 0.566 | 0.657 | 0.750 |
| 一般技工 | 工日 | 0.467 | 0.617 | 0.788 | 1.133 | 1.314 | 1.499 |
| 高级技工 | 工日 | 0.077 | 0.103 | 0.131 | 0.189 | 0.219 | 0.250 |
| 对焊法兰 | 片 | (2.000) | (2.000) | (2.000) | (2.000) | (2.000) | (2.000) |
| 角钢(综合) | kg | 0.200 | 0.200 | 0.200 | 0.200 | 0.200 | 0.200 |
| 无石棉橡胶板 低中压 δ0.8~6.0 | kg | 0.330 | 0.370 | 0.400 | 0.540 | 0.690 | 0.810 |
| 棉纱线 | kg | 0.028 | 0.034 | 0.042 | 0.048 | 0.054 | 0.060 |
| 破布 | kg | 0.040 | 0.040 | 0.040 | 0.040 | 0.060 | 0.060 |
| 尼龙砂轮片 $\phi100$ | 片 | 0.102 | 0.136 | 0.163 | 0.236 | 0.267 | 0.315 |
| 低碳钢焊条(综合) | kg | 1.198 | 1.947 | 2.319 | 3.687 | 4.002 | 4.684 |
| 清油 | kg | 0.030 | 0.040 | 0.040 | 0.040 | 0.060 | 0.060 |
| 铅油(厚漆) | kg | 0.200 | 0.200 | 0.200 | 0.250 | 0.300 | 0.300 |
| 氧气 | m³ | 0.865 | 1.074 | 1.167 | 1.510 | 1.644 | 1.772 |
| 乙炔气 | kg | 0.333 | 0.413 | 0.449 | 0.581 | 0.632 | 0.682 |
| 其他材料费 | % | 1.00 | 1.00 | 1.00 | 1.00 | 1.00 | 1.00 |
| 直流弧焊机 20kV·A | 台班 | 0.336 | 0.327 | 0.354 | 0.478 | 0.610 | 0.717 |
| 电焊条烘干箱 60×50×75(cm³) | 台班 | 0.034 | 0.033 | 0.035 | 0.048 | 0.061 | 0.072 |

**工作内容:** 切管、坡口、组对、制作加垫、拧紧螺栓、焊接等操作过程。　　　　　　　　　　计量单位:副

| 编　号 | | 5-2-672 | 5-2-673 | 5-2-674 | 5-2-675 | 5-2-676 |
|---|---|---|---|---|---|---|
| 项　目 | | 公称直径（mm 以内） | | | | |
| | | 500 | 600 | 700 | 800 | 900 |
| 名　称 | 单位 | 消　耗　量 | | | | |
| 合计工日 | 工日 | 3.081 | 4.053 | 5.179 | 6.715 | 8.686 |
| 普工 | 工日 | 0.924 | 1.216 | 1.553 | 2.015 | 2.606 |
| 一般技工 | 工日 | 1.849 | 2.432 | 3.108 | 4.029 | 5.211 |
| 高级技工 | 工日 | 0.308 | 0.405 | 0.518 | 0.671 | 0.869 |
| 对焊法兰 | 片 | （2.000） | （2.000） | （2.000） | （2.000） | （2.000） |
| 角钢（综合） | kg | 0.200 | 0.202 | 0.220 | 0.220 | 0.220 |
| 黑铅粉 | kg | — | 0.060 | 0.060 | 0.070 | 0.070 |
| 无石棉橡胶板 低中压 δ0.8~6.0 | kg | 0.830 | 0.840 | 1.030 | 1.160 | 1.300 |
| 棉纱线 | kg | 0.066 | 0.080 | 0.090 | 0.104 | 0.116 |
| 破布 | kg | 0.070 | 0.070 | 0.080 | 0.080 | 0.090 |
| 尼龙砂轮片 $\phi100$ | 片 | 0.365 | 0.455 | 0.521 | 0.668 | 0.798 |
| 低碳钢焊条（综合） | kg | 5.231 | 7.250 | 8.264 | 10.778 | 15.251 |
| 清油 | kg | 0.060 | 0.180 | 0.180 | 0.200 | 0.200 |
| 铅油（厚漆） | kg | 0.330 | — | — | — | — |
| 氧气 | m³ | 1.897 | 2.341 | 2.558 | 3.087 | 3.423 |
| 乙炔气 | kg | 0.730 | 0.900 | 0.984 | 1.187 | 1.317 |
| 其他材料费 | % | 1.00 | 1.00 | 1.00 | 1.00 | 1.00 |
| 直流弧焊机 20kV·A | 台班 | 0.752 | 1.021 | 1.163 | 1.348 | 1.513 |
| 电焊条烘干箱 60×50×75（cm³） | 台班 | 0.075 | 0.102 | 0.116 | 0.135 | 0.151 |

# 3. 绝 缘 法 兰

**工作内容:** 切管、坡口、组对、制作加绝缘垫片、垫圈、制作加绝缘套管、组对、拧紧
螺栓等操作过程。

计量单位:副

| 编　号 | 5-2-677 | 5-2-678 | 5-2-679 | 5-2-680 | 5-2-681 |
|---|---|---|---|---|---|
| 项　目 | 公称直径(mm 以内) | | | | |
| | 150 | 200 | 300 | 400 | 500 |
| 名　称 | 单位 | 消 耗 量 | | | |
| 合计工日 | 工日 | 0.524 | 0.850 | 1.323 | 2.035 | 2.225 |
| 普工 | 工日 | 0.158 | 0.255 | 0.397 | 0.611 | 0.668 |
| 一般技工 | 工日 | 0.314 | 0.510 | 0.794 | 1.221 | 1.335 |
| 高级技工 | 工日 | 0.052 | 0.085 | 0.132 | 0.203 | 0.222 |
| 碳钢法兰 | 片 | (2.000) | (2.000) | (2.000) | (2.000) | (2.000) |
| 角钢(综合) | kg | — | 0.200 | 0.200 | 0.200 | 0.200 |
| 无石棉橡胶板 低中压 δ0.8~6.0 | kg | 0.280 | 0.330 | 0.400 | 0.690 | 0.830 |
| 棉纱线 | kg | 0.023 | 0.028 | 0.042 | 0.054 | 0.066 |
| 破布 | kg | 0.030 | 0.040 | 0.040 | 0.060 | 0.070 |
| 尼龙砂轮片 $\phi100$ | 片 | 0.067 | 0.102 | 0.163 | 0.267 | 0.365 |
| 低碳钢焊条(综合) | kg | 0.683 | 1.198 | 2.319 | 4.002 | 5.231 |
| 清油 | kg | 0.030 | 0.030 | 0.040 | 0.060 | 0.060 |
| 铅油(厚漆) | kg | 0.140 | 0.200 | 0.200 | 0.300 | 0.330 |
| 氧气 | m³ | 0.556 | 0.865 | 1.167 | 1.644 | 1.897 |
| 乙炔气 | kg | 0.214 | 0.333 | 0.449 | 0.632 | 0.730 |
| 绝缘垫片 3 240 酚醛玻璃布板 | m² | 0.033 | 0.050 | 0.110 | 0.190 | 0.290 |
| 绝缘套管 3 240 酚醛玻璃布板 | m | 0.006 | 0.009 | 0.009 | 0.012 | 0.015 |
| 绝缘垫圈 3 240 酚醛玻璃布板 | m² | 0.003 | 0.005 | 0.005 | 0.006 | 0.008 |
| 其他材料费 | % | 1.00 | 1.00 | 1.00 | 1.00 | 1.00 |
| 直流弧焊机 20kV·A | 台班 | 0.291 | 0.336 | 0.417 | 0.601 | 0.752 |
| 电焊条烘干箱 60×50×75(cm³) | 台班 | 0.029 | 0.034 | 0.042 | 0.060 | 0.075 |

**工作内容:** 切管、坡口、组对、制作加绝缘垫片、垫圈、制作加绝缘套管、组对、拧紧
螺栓等操作过程。

计量单位:副

| 编　号 | | 5-2-682 | 5-2-683 | 5-2-684 | 5-2-685 | 5-2-686 |
|---|---|---|---|---|---|---|
| 项　目 | | 公称直径（mm 以内） | | | | |
| | | 600 | 700 | 800 | 900 | 1 000 |
| 名　称 | 单位 | 消　耗　量 | | | | |
| 合计工日 | 工日 | 2.536 | 3.032 | 3.737 | 4.227 | 4.597 |
| 普工 | 工日 | 0.761 | 0.910 | 1.121 | 1.268 | 1.379 |
| 一般技工 | 工日 | 1.521 | 1.819 | 2.242 | 2.536 | 2.758 |
| 高级技工 | 工日 | 0.254 | 0.303 | 0.374 | 0.423 | 0.460 |
| 碳钢法兰 | 片 | （2.000） | （2.000） | （2.000） | （2.000） | （2.000） |
| 角钢（综合） | kg | 0.202 | 0.220 | 0.220 | 0.220 | 0.220 |
| 黑铅粉 | kg | 0.060 | 0.060 | 0.070 | 0.070 | 0.070 |
| 无石棉橡胶板 低中压 $\delta$0.8~6.0 | kg | 0.840 | 1.030 | 1.160 | 1.300 | 1.310 |
| 棉纱线 | kg | 0.080 | 0.090 | 0.104 | 0.116 | 0.128 |
| 破布 | kg | 0.070 | 0.080 | 0.080 | 0.090 | 0.090 |
| 尼龙砂轮片 $\phi$100 | 片 | 0.455 | 0.546 | 0.668 | 0.798 | 0.834 |
| 低碳钢焊条（综合） | kg | 7.250 | 8.264 | 10.778 | 15.251 | 19.724 |
| 清油 | kg | 0.180 | 0.180 | 0.200 | 0.200 | 0.240 |
| 氧气 | m³ | 2.341 | 2.558 | 3.087 | 3.423 | 3.759 |
| 乙炔气 | kg | 0.900 | 0.984 | 1.187 | 1.317 | 1.446 |
| 绝缘垫片 3 240 酚醛玻璃布板 | m² | 0.410 | 0.540 | 0.710 | 0.890 | 1.090 |
| 绝缘套管 3 240 酚醛玻璃布板 | m | 0.015 | 0.018 | 0.018 | 0.021 | 0.021 |
| 绝缘垫圈 3 240 酚醛玻璃布板 | m² | 0.008 | 0.009 | 0.009 | 0.105 | 0.105 |
| 其他材料费 | % | 1.00 | 1.00 | 1.00 | 1.00 | 1.00 |
| 汽车式起重机 12t | 台班 | — | — | — | — | 0.015 |
| 载重汽车 8t | 台班 | — | — | — | — | 0.006 |
| 直流弧焊机 20kV·A | 台班 | 1.021 | 1.163 | 1.348 | 1.513 | 1.587 |
| 电焊条烘干箱 60×50×75（cm³） | 台班 | 0.102 | 0.116 | 0.135 | 0.151 | 0.159 |

# 五、盲（堵）板及套管制作、安装

## 1. 盲（堵）板安装

**工作内容**：切管、坡口、对口、焊接、上法兰、找平、找正，制作加垫，拧紧螺栓、压力
试验等操作过程。

计量单位：组

| 编　号 | | 5-2-687 | 5-2-688 | 5-2-689 | 5-2-690 | 5-2-691 |
|---|---|---|---|---|---|---|
| 项　目 | | 公称直径（mm 以内） | | | | |
| | | 50 | 100 | 150 | 200 | 300 |
| 名　称 | 单位 | 消　耗　量 | | | | |
| 合计工日 | 工日 | 0.151 | 0.204 | 0.255 | 0.434 | 0.706 |
| 普工 | 工日 | 0.045 | 0.061 | 0.077 | 0.131 | 0.212 |
| 一般技工 | 工日 | 0.091 | 0.122 | 0.153 | 0.260 | 0.424 |
| 高级技工 | 工日 | 0.015 | 0.021 | 0.025 | 0.043 | 0.070 |
| 平焊法兰 | 片 | （1.000） | （1.000） | （1.000） | （1.000） | （1.000） |
| 封头 | 个 | （1.000） | （1.000） | （1.000） | （1.000） | （1.000） |
| 无石棉橡胶板 低中压 $\delta$0.8~6.0 | kg | 0.070 | 0.170 | 0.280 | 0.330 | 0.400 |
| 破布 | kg | 0.020 | 0.030 | 0.030 | 0.030 | 0.050 |
| 尼龙砂轮片 $\phi$100 | 片 | 0.016 | 0.037 | 0.082 | 0.115 | 0.235 |
| 低碳钢焊条（综合） | kg | 0.057 | 0.156 | 0.247 | 0.556 | 1.428 |
| 清油 | kg | 0.010 | 0.020 | 0.030 | 0.030 | 0.050 |
| 铅油（厚漆） | kg | 0.040 | 0.100 | 0.140 | 0.170 | 0.250 |
| 机油 15$^{\#}$ | kg | 0.070 | 0.100 | 0.100 | 0.150 | 0.150 |
| 氧气 | m$^3$ | 0.036 | 0.073 | 0.122 | 0.203 | 0.300 |
| 乙炔气 | kg | 0.014 | 0.028 | 0.047 | 0.078 | 0.115 |
| 其他材料费 | % | 1.00 | 1.00 | 1.00 | 1.00 | 1.00 |
| 直流弧焊机 20kV·A | 台班 | 0.027 | 0.050 | 0.071 | 0.158 | 0.280 |
| 电焊条烘干箱 60×50×75（cm$^3$） | 台班 | 0.003 | 0.005 | 0.007 | 0.016 | 0.028 |

**工作内容:**切管、坡口、对口、焊接、上法兰、找平、找正,制作加垫,拧紧螺栓、压力试验等操作过程。

计量单位:组

| 编　号 | | 5-2-692 | 5-2-693 | 5-2-694 | 5-2-695 | 5-2-696 |
|---|---|---|---|---|---|---|
| 项　目 | | 公称直径(mm 以内) | | | | |
| | | 400 | 500 | 600 | 800 | 1 000 |
| 名　称 | 单位 | 消　耗　量 | | | | |
| 合计工日 | 工日 | 1.065 | 1.250 | 1.388 | 1.974 | 2.544 |
| 普工 | 工日 | 0.320 | 0.375 | 0.416 | 0.592 | 0.763 |
| 一般技工 | 工日 | 0.639 | 0.750 | 0.833 | 1.185 | 1.526 |
| 高级技工 | 工日 | 0.106 | 0.125 | 0.139 | 0.197 | 0.255 |
| 平焊法兰 | 片 | (1.000) | (1.000) | (1.000) | (1.000) | (1.000) |
| 封头 | 个 | (1.000) | (1.000) | (1.000) | (1.000) | (1.000) |
| 黑铅粉 | kg | — | — | 0.060 | 0.070 | 0.070 |
| 无石棉橡胶板 低中压 δ0.8~6.0 | kg | 0.690 | 0.830 | 0.840 | 1.160 | 1.310 |
| 破布 | kg | 0.060 | 0.070 | 0.070 | 0.080 | 0.090 |
| 尼龙砂轮片 $\phi100$ | 片 | 0.397 | 0.498 | 0.585 | 0.773 | 0.964 |
| 低碳钢焊条(综合) | kg | 2.407 | 2.993 | 3.780 | 4.860 | 6.046 |
| 清油 | kg | 0.060 | 0.060 | 0.060 | 0.070 | 0.070 |
| 铅油(厚漆) | kg | 0.300 | 0.330 | — | — | — |
| 机油 15# | kg | 0.200 | 0.200 | 0.250 | 0.250 | 0.300 |
| 氧气 | m³ | 0.445 | 0.512 | 0.619 | 0.688 | 0.842 |
| 乙炔气 | kg | 0.171 | 0.197 | 0.238 | 0.265 | 0.324 |
| 其他材料费 | % | 1.00 | 1.00 | 1.00 | 1.00 | 1.00 |
| 汽车式起重机 12t | 台班 | — | — | — | — | 0.071 |
| 载重汽车 8t | 台班 | — | — | — | — | 0.016 |
| 直流弧焊机 20kV·A | 台班 | 0.333 | 0.414 | 0.453 | 0.589 | 0.732 |
| 电焊条烘干箱 60×50×75(cm³) | 台班 | 0.033 | 0.041 | 0.045 | 0.059 | 0.073 |

## 2. 套管制作、安装

**工作内容:**加工、制作、埋设、固定。　　　　　　　　　　　　　　　　　　　计量单位:t

| 编　号 | | 5-2-697 |
|---|---|---|
| 项　目 | | 钢套管 |
| 名　称 | 单位 | 消　耗　量 |
| 合计工日 | 工日 | 16.136 |
| 普工 | 工日 | 4.841 |
| 一般技工 | 工日 | 9.681 |
| 高级技工 | 工日 | 1.614 |
| 焊接钢管（综合） | kg | （1 020.000） |
| 薄砂轮片 | 片 | 0.510 |
| 防锈漆 | kg | 9.430 |
| 稀释剂 | kg | 2.884 |
| 氧气 | m³ | 1.500 |
| 乙炔气 | kg | 0.577 |
| 其他材料费 | % | 1.00 |
| 管子切断机 150mm | 台班 | 0.442 |

# 六、法兰式水表组成与安装

## 1. 法兰水表（不带旁通管）

**工作内容**：切管、焊接、加垫，水表、阀门安装，上螺栓，水压试验。                    计量单位：组

| 编　号 | | 5-2-698 | 5-2-699 | 5-2-700 | 5-2-701 | 5-2-702 | 5-2-703 |
|---|---|---|---|---|---|---|---|
| 项　目 | | 公称直径（mm 以内） | | | | | |
| | | 100 | 150 | 200 | 250 | 300 | 400 |
| 名　称 | 单位 | 消　耗　量 | | | | | |
| 合计工日 | 工日 | 1.242 | 1.951 | 2.774 | 3.561 | 4.183 | 5.023 |
| 普工 | 工日 | 0.373 | 0.585 | 0.833 | 1.068 | 1.255 | 1.507 |
| 一般技工 | 工日 | 0.745 | 1.171 | 1.664 | 2.137 | 2.509 | 3.014 |
| 高级技工 | 工日 | 0.124 | 0.195 | 0.277 | 0.356 | 0.419 | 0.502 |
| 碳钢平焊法兰 | 片 | （2.000） | （2.000） | （2.000） | （2.000） | （2.000） | （2.000） |
| 法兰闸阀 | 个 | （1.000） | （1.000） | （1.000） | （1.000） | （1.000） | （1.000） |
| 法兰水表 | 个 | （1.000） | （1.000） | （1.000） | （1.000） | （1.000） | （1.000） |
| 六角螺栓带螺母、垫圈 M16×65~80 | 套 | 24.720 | — | — | — | — | — |
| 六角螺栓带螺母、垫圈 M20×85~100 | 套 | — | 24.720 | 37.080 | — | — | — |
| 六角螺栓带螺母、垫圈 M22×90~120 | 套 | — | — | — | 37.080 | 37.080 | — |
| 六角螺栓带螺母、垫圈 M27×120~140 | 套 | — | — | — | — | — | 49.440 |
| 砂纸 | 张 | 0.500 | 0.700 | 0.800 | 1.000 | 1.200 | 1.560 |
| 低碳钢焊条 J422 $\phi$3.2 | kg | 0.590 | 0.880 | 2.350 | 4.880 | 5.790 | 7.525 |
| 厚漆 | kg | 0.150 | 0.280 | 0.340 | 0.400 | 0.500 | 0.650 |
| 清油 C01-1 | kg | 0.020 | 0.030 | 0.030 | 0.040 | 0.050 | 0.060 |
| 氧气 | m³ | 0.070 | 0.110 | 0.150 | 0.220 | 0.260 | 0.330 |
| 乙炔气 | kg | 0.027 | 0.042 | 0.058 | 0.085 | 0.100 | 0.127 |
| 石棉橡胶垫 $\phi$100 | 个 | 3.450 | — | — | — | — | — |
| 石棉橡胶垫 $\phi$150 | 个 | — | 3.450 | — | — | — | — |
| 石棉橡胶垫 $\phi$200 | 个 | — | — | 3.450 | — | — | — |
| 石棉橡胶垫 $\phi$250 | 个 | — | — | — | 3.450 | — | — |
| 石棉橡胶垫 $\phi$300 | 个 | — | — | — | — | 3.450 | — |
| 石棉橡胶垫 $\phi$400 | 个 | — | — | — | — | — | 3.450 |
| 其他材料费 | % | 1.00 | 1.00 | 1.00 | 1.00 | 1.00 | 1.00 |
| 载重汽车 8t | 台班 | — | — | — | 0.054 | 0.054 | 0.054 |
| 直流弧焊机 20kV·A | 台班 | 0.239 | 0.265 | 0.584 | 0.832 | 1.053 | 1.371 |
| 电焊条烘干箱 60×50×75（cm³） | 台班 | 0.024 | 0.027 | 0.058 | 0.083 | 0.105 | 0.137 |

## 2. 法兰水表(带旁通管及止回阀)

**工作内容:**切管、焊接、加垫,水表、阀门、过滤器、伸缩节安装,上螺栓,水压试验。　　　　　　　　**计量单位:**组

| 编　　号 | | 5-2-704 | 5-2-705 | 5-2-706 | 5-2-707 | 5-2-708 | 5-2-709 |
|---|---|---|---|---|---|---|---|
| 项　　目 | | 公称直径(mm 以内) | | | | | |
| | | 100 | 150 | 200 | 250 | 300 | 400 |
| 名　　称 | 单位 | 消　耗　量 | | | | | |
| 合计工日 | 工日 | 2.373 | 3.675 | 5.443 | 6.833 | 8.470 | 10.167 |
| 普工 | 工日 | 0.712 | 1.103 | 1.633 | 2.050 | 2.541 | 3.050 |
| 一般技工 | 工日 | 1.423 | 2.205 | 3.265 | 4.100 | 5.082 | 6.100 |
| 高级技工 | 工日 | 0.238 | 0.367 | 0.545 | 0.683 | 0.847 | 1.017 |
| 碳钢平焊法兰 | 片 | (4.000) | (4.000) | (4.000) | (4.000) | (4.000) | (4.000) |
| 法兰闸阀 | 个 | (3.000) | (3.000) | (3.000) | (3.000) | (3.000) | (3.000) |
| 法兰止回阀 | 个 | (1.000) | (1.000) | (1.000) | (1.000) | (1.000) | (1.000) |
| 法兰水表 | 个 | (1.000) | (1.000) | (1.000) | (1.000) | (1.000) | (1.000) |
| 法兰过滤器 | 个 | (1.000) | (1.000) | (1.000) | (1.000) | (1.000) | (1.000) |
| 法兰式补偿器 | 个 | (1.000) | (1.000) | (1.000) | (1.000) | (1.000) | (1.000) |
| 六角螺栓带螺母、垫圈 M16×65~80 | 套 | 74.160 | — | — | — | — | — |
| 六角螺栓带螺母、垫圈 M20×85~100 | 套 | — | 74.160 | 111.240 | — | — | — |
| 六角螺栓带螺母、垫圈 M22×90~120 | 套 | — | — | — | 111.240 | 111.240 | — |
| 六角螺栓带螺母、垫圈 M27×120~140 | 套 | — | — | — | — | — | 148.320 |
| 砂纸 | 张 | 3.000 | 4.200 | 4.800 | 6.000 | 7.200 | 9.360 |
| 低碳钢焊条 J422 φ3.2 | kg | 4.770 | 7.060 | 18.150 | 36.270 | 41.360 | 53.768 |
| 厚漆 | kg | 0.900 | 1.680 | 2.040 | 2.400 | 3.260 | 4.238 |
| 清油 C01-1 | kg | 0.120 | 0.180 | 0.180 | 0.240 | 0.330 | 0.429 |
| 机油 | kg | 1.200 | 1.500 | 1.800 | 1.800 | 2.450 | 3.185 |
| 氧气 | m³ | 0.780 | 1.240 | 1.810 | 2.580 | 3.040 | 3.952 |
| 乙炔气 | kg | 0.300 | 0.477 | 0.696 | 0.992 | 1.169 | 1.520 |
| 焊接钢管 DN100 | m | 2.250 | — | — | — | — | — |
| 焊接钢管 DN150 | m | — | 2.500 | — | — | — | — |
| 无缝钢管 D219×7 | m | — | — | 3.000 | — | — | — |
| 无缝钢管 D273×7 | m | — | — | — | 3.250 | — | — |
| 无缝钢管 D325×8 | m | — | — | — | — | 3.450 | — |
| 无缝钢管 D426×10 | m | — | — | — | — | — | 3.950 |
| 压制弯头 φ108×7 | 个 | 2.000 | — | — | — | — | — |
| 压制弯头 φ159×8 | 个 | — | 2.000 | — | — | — | — |
| 压制弯头 φ219×9 | 个 | — | — | 2.000 | — | — | — |
| 压制弯头 φ273×8 | 个 | — | — | — | 2.000 | — | — |
| 压制弯头 φ325×8 | 个 | — | — | — | — | 2.000 | — |
| 压制弯头 φ426×10 | 个 | — | — | — | — | — | 2.000 |
| 石棉橡胶垫 φ100 | 个 | 10.350 | — | — | — | — | — |
| 石棉橡胶垫 φ150 | 个 | — | 10.350 | — | — | — | — |
| 石棉橡胶垫 φ200 | 个 | — | — | 10.350 | — | — | — |
| 石棉橡胶垫 φ250 | 个 | — | — | — | 10.350 | — | — |
| 石棉橡胶垫 φ300 | 个 | — | — | — | — | 10.350 | — |
| 石棉橡胶垫 φ400 | 个 | — | — | — | — | — | 10.350 |
| 其他材料费 | % | 1.00 | 1.00 | 1.00 | 1.00 | 1.00 | 1.00 |
| 载重汽车 8t | 台班 | — | — | — | 0.054 | 0.054 | 0.054 |
| 直流弧焊机 20kV·A | 台班 | 1.796 | 1.990 | 4.379 | 6.237 | 7.563 | 9.837 |
| 电焊条烘干箱 60×50×75(cm³) | 台班 | 0.180 | 0.199 | 0.438 | 0.624 | 0.756 | 0.984 |

# 七、补偿器安装

## 1.焊接钢套筒补偿器安装

**工作内容：**切管、补偿器安装、对口、焊接，制作加垫，拧紧螺栓、压力试验等操作过程。　　　计量单位：个

| 编　号 | | 5-2-710 | 5-2-711 | 5-2-712 | 5-2-713 | 5-2-714 |
|---|---|---|---|---|---|---|
| 项　目 | | 公称直径（mm 以内） | | | | |
| | | 50 | 80 | 100 | 150 | 200 |
| 名　称 | 单位 | 消　耗　量 | | | | |
| 合计工日 | 工日 | 0.405 | 0.577 | 0.766 | 1.168 | 1.539 |
| 普工 | 工日 | 0.122 | 0.173 | 0.230 | 0.350 | 0.462 |
| 一般技工 | 工日 | 0.242 | 0.346 | 0.459 | 0.701 | 0.923 |
| 高级技工 | 工日 | 0.041 | 0.058 | 0.077 | 0.117 | 0.154 |
| 法兰套筒补偿器 | 个 | （1.000） | （1.000） | （1.000） | （1.000） | （1.000） |
| 角钢（综合） | kg | — | — | — | — | 0.200 |
| 棉纱线 | kg | 0.008 | 0.012 | 0.014 | 0.021 | 0.028 |
| 尼龙砂轮片 $\phi100$ | 片 | 0.034 | 0.063 | 0.077 | 0.179 | 0.250 |
| 铁砂布 0#~2# | 张 | 0.400 | 0.500 | 0.500 | 1.000 | 1.000 |
| 低碳钢焊条（综合） | kg | 0.116 | 0.246 | 0.302 | 0.796 | 1.102 |
| 钢锯条 | 条 | 0.200 | 0.400 | 0.400 | 0.800 | 1.000 |
| 单切面 M8 金刚钻头（磨头） | 支 | 0.053 | 0.083 | 0.100 | — | — |
| 机油 45# | kg | 0.040 | 0.050 | 0.050 | 0.070 | 0.090 |
| 氧气 | m³ | 0.136 | 0.225 | 0.260 | 0.507 | 0.865 |
| 乙炔气 | kg | 0.052 | 0.087 | 0.100 | 0.195 | 0.333 |
| 其他材料费 | % | 1.00 | 1.00 | 1.00 | 1.00 | 1.00 |
| 直流弧焊机 20kV·A | 台班 | 0.124 | 0.150 | 0.195 | 0.310 | 0.407 |
| 电焊条烘干箱 60×50×75（cm³） | 台班 | 0.012 | 0.015 | 0.020 | 0.031 | 0.041 |

**工作内容：**切管、补偿器安装、对口、焊接，制作、加垫，拧紧螺栓、压力试验等操作过程。　　　计量单位：个

| 编　号 | | 5-2-715 | 5-2-716 | 5-2-717 | 5-2-718 | 5-2-719 | 5-2-720 |
|---|---|---|---|---|---|---|---|
| 项　目 | | 公称直径（mm 以内） | | | | | |
| | | 300 | 400 | 500 | 600 | 800 | 1 000 |
| 名　称 | 单位 | 消　耗　量 | | | | | |
| 合计工日 | 工日 | 2.184 | 2.946 | 3.513 | 4.570 | 6.761 | 7.878 |
| 普工 | 工日 | 0.655 | 0.884 | 1.054 | 1.371 | 2.029 | 2.363 |
| 一般技工 | 工日 | 1.310 | 1.768 | 2.108 | 2.742 | 4.056 | 4.727 |
| 高级技工 | 工日 | 0.219 | 0.294 | 0.351 | 0.457 | 0.676 | 0.788 |
| 法兰套筒补偿器 | 个 | （1.000） | （1.000） | （1.000） | （1.000） | （1.000） | （1.000） |
| 角钢（综合） | kg | 0.200 | 0.200 | 0.200 | 0.202 | 0.220 | 0.220 |
| 棉纱线 | kg | 0.042 | 0.054 | 0.066 | 0.080 | 0.200 | 0.230 |
| 六角螺栓带螺母（综合） | kg | — | — | — | 0.480 | 0.480 | 0.480 |
| 尼龙砂轮片 $\phi100$ | 片 | 0.495 | 0.827 | 1.063 | 1.288 | 1.730 | 2.160 |
| 铁砂布 $0^{\#}\sim2^{\#}$ | 张 | 1.200 | 1.500 | 2.000 | 2.500 | 3.000 | 3.500 |
| 低碳钢焊条（综合） | kg | 2.585 | 4.620 | 5.802 | 7.935 | 10.417 | 12.980 |
| 钢锯条 | 条 | 1.500 | 2.000 | 2.000 | 2.500 | 2.500 | 3.000 |
| 机油 $45^{\#}$ | kg | 0.100 | 0.100 | 0.100 | 0.120 | 0.140 | 0.140 |
| 氧气 | $m^3$ | 1.281 | 1.773 | 2.047 | 2.519 | 3.086 | 3.744 |
| 乙炔气 | kg | 0.493 | 0.682 | 0.787 | 0.969 | 1.187 | 1.440 |
| 其他材料费 | % | 1.00 | 1.00 | 1.00 | 1.00 | 1.00 | 1.00 |
| 汽车式起重机 8t | 台班 | 0.013 | 0.018 | 0.021 | 0.027 | 0.033 | 0.045 |
| 载重汽车 8t | 台班 | 0.005 | 0.007 | 0.008 | 0.009 | 0.010 | 0.013 |
| 直流弧焊机 $20kV\cdot A$ | 台班 | 0.655 | 0.920 | 1.150 | 1.362 | 1.645 | 2.017 |
| 电焊条烘干箱 $60\times50\times75（cm^3）$ | 台班 | 0.066 | 0.092 | 0.115 | 0.136 | 0.165 | 0.202 |

## 2. 焊接法兰式波纹补偿器安装

**工作内容:** 除锈、切管、焊法兰、吊装、就位、找正、找平,制作加垫,拧紧螺栓、水压
试验等操作过程。

计量单位:个

| 编　号 | | 5-2-721 | 5-2-722 | 5-2-723 | 5-2-724 | 5-2-725 | 5-2-726 | 5-2-727 |
|---|---|---|---|---|---|---|---|---|
| 项　目 | | 公称直径(mm 以内) | | | | | | |
| | | 200 | 250 | 400 | 500 | 600 | 800 | 1 000 |
| 名　称 | 单位 | 消　耗　量 | | | | | | |
| 合计工日 | 工日 | 1.427 | 2.053 | 2.766 | 3.050 | 3.522 | 5.138 | 6.168 |
| 普工 | 工日 | 0.428 | 0.616 | 0.830 | 0.915 | 1.057 | 1.541 | 1.850 |
| 一般技工 | 工日 | 0.856 | 1.232 | 1.660 | 1.830 | 2.113 | 3.083 | 3.701 |
| 高级技工 | 工日 | 0.143 | 0.205 | 0.276 | 0.305 | 0.352 | 0.514 | 0.617 |
| 法兰波纹补偿器 | 个 | (1.000) | (1.000) | (1.000) | (1.000) | (1.000) | (1.000) | (1.000) |
| 平焊法兰 | 片 | (2.000) | (2.000) | (2.000) | (2.000) | (2.000) | (2.000) | (2.000) |
| 黑铅粉 | kg | — | — | — | — | 0.360 | 0.400 | 0.480 |
| 无石棉橡胶板 低中压 $\delta 0.8\sim6.0$ | kg | 0.660 | 0.740 | 1.380 | 1.660 | 1.680 | 2.320 | 2.620 |
| 破布 | kg | 0.060 | 0.080 | 0.120 | 0.140 | 0.160 | 0.160 | 0.180 |
| 尼龙砂轮片 $\phi100$ | 片 | 0.229 | 0.394 | 0.794 | 0.993 | 1.169 | 1.547 | 1.929 |
| 低碳钢焊条(综合) | kg | 1.110 | 2.300 | 4.813 | 5.986 | 7.476 | 9.726 | 12.093 |
| 清油 | kg | 0.060 | 0.080 | 0.120 | 0.120 | 0.120 | 0.140 | 0.140 |
| 铅油(厚漆) | kg | 0.340 | 0.400 | 0.600 | 0.660 | — | — | — |
| 机油 $5^{\#}\sim7^{\#}$ | kg | 0.090 | 0.100 | 0.100 | 0.100 | 0.120 | 0.120 | 0.140 |
| 氧气 | m³ | 0.174 | 0.261 | 0.429 | 0.479 | 0.571 | 0.688 | 0.842 |
| 乙炔气 | kg | 0.067 | 0.100 | 0.165 | 0.184 | 0.220 | 0.265 | 0.324 |
| 其他材料费 | % | 1.00 | 1.00 | 1.00 | 1.00 | 1.00 | 1.00 | 1.00 |
| 汽车式起重机 8t | 台班 | — | — | 0.012 | 0.017 | 0.021 | 0.022 | — |
| 汽车式起重机 12t | 台班 | — | — | — | — | — | — | 0.029 |
| 载重汽车 8t | 台班 | — | — | 0.004 | 0.006 | 0.007 | 0.008 | 0.009 |
| 直流弧焊机 20kV·A | 台班 | 0.317 | 0.452 | 0.665 | 0.827 | 0.906 | 1.178 | 1.466 |
| 电焊条烘干箱 $60\times50\times75(cm^3)$ | 台班 | 0.032 | 0.045 | 0.067 | 0.083 | 0.091 | 0.118 | 0.147 |

# 八、除污器组成与安装

## 1.除污器组成与安装（带调温、调压装置）

**工作内容：**清洗、切管、套丝、上零件、焊接、组对，制作加垫，找平、找正、器具安装、
压力试验等操作过程。

计量单位：组

| 编　号 | | 5-2-728 | 5-2-729 | 5-2-730 | 5-2-731 | 5-2-732 |
|---|---|---|---|---|---|---|
| 项　目 | | 公称直径（mm 以内） | | | | |
| | | 50 | 65 | 80 | 100 | 150 |
| 名　称 | 单位 | 消　耗　量 | | | | |
| 合计工日 | 工日 | 3.264 | 4.166 | 4.984 | 6.409 | 9.879 |
| 普工 | 工日 | 0.979 | 1.250 | 1.495 | 1.922 | 2.964 |
| 一般技工 | 工日 | 1.958 | 2.499 | 2.990 | 3.846 | 5.927 |
| 高级技工 | 工日 | 0.327 | 0.417 | 0.499 | 0.641 | 0.988 |
| 调压板 | 个 | （1.000） | （1.000） | （1.000） | （1.000） | （1.000） |
| 法兰闸阀 Z45T-10 DN50 | 个 | （4.040） | — | — | （1.000） | — |
| 法兰闸阀 Z45T-10 DN65 | 个 | — | （4.040） | — | — | （1.000） |
| 法兰闸阀 Z45T-10 DN80 | 个 | — | — | （4.040） | — | — |
| 法兰闸阀 Z45T-10 DN100 | 个 | — | — | — | （4.040） | — |
| 法兰闸阀 Z45T-10 DN150 | 个 | — | — | — | — | （4.040） |
| 平焊法兰 DN50 | 片 | （12.000） | — | — | （2.000） | — |
| 平焊法兰 DN65 | 片 | — | （12.000） | — | — | （2.000） |
| 平焊法兰 DN80 | 片 | — | — | （12.000） | — | — |
| 平焊法兰 DN100 | 片 | — | — | — | （12.000） | — |
| 平焊法兰 DN150 | 片 | — | — | — | — | （12.000） |
| 除污器 | 个 | （1.000） | （1.000） | （1.000） | （1.000） | （1.000） |
| 无石棉橡胶板 低中压 δ0.8~6.0 | kg | 0.840 | 1.050 | 1.560 | 2.040 | 3.360 |
| 破布 | kg | 0.240 | 0.240 | 0.240 | 0.360 | 0.360 |
| 线麻 | kg | 0.120 | 0.120 | 0.120 | 0.120 | 0.120 |
| 尼龙砂轮片 φ100 | 片 | 0.197 | 0.298 | 0.351 | 0.438 | 0.994 |
| 低碳钢焊条（综合） | kg | 1.750 | 2.190 | 2.460 | 3.210 | 5.970 |
| 碳钢气焊条 φ2 以内 | kg | 0.120 | 0.140 | 0.140 | 0.080 | 0.080 |
| 钢锯条 | 条 | 2.000 | 2.000 | 2.000 | 2.000 | 2.000 |
| 清油 | kg | 0.120 | 0.120 | 0.240 | 0.240 | 0.360 |
| 铅油（厚漆） | kg | 0.530 | 0.840 | 0.960 | 1.380 | 1.950 |
| 机油 5#~7# | kg | 0.700 | 0.700 | 0.700 | 0.700 | 1.100 |

续前

| 编　号 | | 5-2-728 | 5-2-729 | 5-2-730 | 5-2-731 | 5-2-732 |
|---|---|---|---|---|---|---|
| 项　目 | | 公称直径（mm 以内） | | | | |
| | | 50 | 65 | 80 | 100 | 150 |
| 名　称 | 单位 | 消　耗　量 | | | | |
| 氧气 | m³ | 0.480 | 0.520 | 0.620 | 0.710 | 0.860 |
| 乙炔气 | kg | 0.185 | 0.200 | 0.238 | 0.273 | 0.331 |
| 石棉扭绳 $\phi$13~19 | kg | 0.020 | 0.020 | 0.020 | 0.020 | 0.020 |
| 焊接钢管 DN15 | m | 1.000 | 1.000 | 1.200 | 1.200 | 1.200 |
| 焊接钢管 DN20 | m | 0.500 | 0.500 | 0.500 | 0.500 | 0.500 |
| 焊接钢管 DN25 | m | 0.500 | — | — | — | — |
| 焊接钢管 DN32 | m | — | 0.600 | 0.600 | — | — |
| 无缝钢管 D57×3.5 | m | 7.000 | — | — | 0.700 | — |
| 无缝钢管 D108×4 | m | — | — | — | 8.000 | — |
| 无缝钢管 D73×4 | m | — | 7.000 | — | — | 0.800 |
| 无缝钢管 D89×4 | m | — | — | 7.600 | — | — |
| 无缝钢管 D159×4.5 | m | — | — | — | — | 8.500 |
| 黑玛钢活接头 DN15 | 个 | 1.010 | 1.010 | 1.010 | 1.010 | 1.010 |
| 黑玛钢活接头 DN25 | 个 | 1.010 | — | — | — | — |
| 黑玛钢活接头 DN32 | 个 | — | 1.010 | 1.010 | — | — |
| 黑玛钢管箍 DN15 | 个 | 7.070 | 7.070 | 7.070 | 7.070 | 7.070 |
| 螺纹截止阀 J11T-16 DN15 | 个 | 1.010 | 1.010 | 1.010 | 1.010 | 1.010 |
| 螺纹截止阀 J11T-16 DN25 | 个 | 1.010 | — | — | — | — |
| 螺纹截止阀 J11T-16 DN32 | 个 | — | 1.010 | 1.010 | — | — |
| 螺纹旋塞阀（灰铸铁）X13T-10 DN15 | 个 | 3.030 | 3.030 | 3.030 | 3.030 | 3.030 |
| 螺纹旋塞阀（灰铸铁）X13T-10 DN20 | 个 | 1.010 | 1.010 | 1.010 | 1.010 | 1.010 |
| 温度计 0~100℃ | 支 | 1.000 | 1.000 | 1.000 | 1.000 | 1.000 |
| 弹簧压力表 0~16kg/cm² | 个 | 2.000 | 2.000 | 2.000 | 2.000 | 2.000 |
| 压力表弯管 DN15 | 个 | 2.000 | 2.000 | 2.000 | 2.000 | 2.000 |
| 压力表汽门 DN15 | 个 | 2.000 | 2.000 | 2.000 | 2.000 | 2.000 |
| 压力表补芯 15×10 | 个 | 2.000 | 2.000 | 2.000 | 2.000 | 2.000 |
| 焦炭 | kg | 5.010 | 7.000 | 10.000 | 20.040 | 46.680 |
| 其他材料费 | % | 1.00 | 1.00 | 1.00 | 1.00 | 1.00 |
| 液压弯管机 60mm | 台班 | 0.053 | 0.071 | 0.080 | 0.142 | 0.159 |
| 直流弧焊机 20kV·A | 台班 | 0.725 | 0.920 | 1.115 | 1.389 | 2.167 |
| 电焊条烘干箱 60×50×75（cm³） | 台班 | 0.073 | 0.092 | 0.112 | 0.139 | 0.217 |

## 2. 除污器组成与安装（不带调温、调压装置）

**工作内容:** 清洗、切管、套丝、上零件、焊接、组对,制作加垫,找平、找正、器具安装、
压力试验等操作过程。

计量单位:组

| 编 号 | | 5-2-733 | 5-2-734 | 5-2-735 | 5-2-736 | 5-2-737 |
|---|---|---|---|---|---|---|
| 项 目 | | 公称直径（mm 以内） | | | | |
| | | 50 | 65 | 80 | 100 | 150 |
| 名 称 | 单位 | 消 耗 量 | | | | |
| 合计工日 | 工日 | 2.922 | 3.720 | 4.449 | 5.714 | 8.789 |
| 普工 | 工日 | 0.877 | 1.116 | 1.335 | 1.714 | 2.637 |
| 一般技工 | 工日 | 1.752 | 2.232 | 2.669 | 3.428 | 5.273 |
| 高级技工 | 工日 | 0.293 | 0.372 | 0.445 | 0.572 | 0.879 |
| 法兰闸阀 | 个 | （3.030） | （3.030） | （3.030） | （3.030） | （3.030） |
| 平焊法兰 | 片 | （8.000） | （8.000） | （8.000） | （8.000） | （8.000） |
| 除污器 | 个 | （1.000） | （1.000） | （1.000） | （1.000） | （1.000） |
| 无石棉橡胶板 低中压 $\delta 0.8\sim6.0$ | kg | 0.560 | 0.740 | 1.060 | 1.400 | 2.240 |
| 破布 | kg | 0.160 | 0.160 | 0.160 | 0.240 | 0.240 |
| 线麻 | kg | 0.010 | 0.010 | 0.010 | 0.010 | 0.010 |
| 尼龙砂轮片 $\phi100$ | 片 | 0.131 | 0.200 | 0.234 | 0.292 | 0.660 |
| 低碳钢焊条（综合） | kg | 1.190 | 1.720 | 1.880 | 2.630 | 4.730 |
| 碳钢气焊条 $\phi2$ 以内 | kg | 0.100 | 0.100 | 0.100 | 0.100 | 0.100 |
| 钢锯条 | 条 | 1.500 | 1.500 | 1.500 | 1.500 | 1.500 |
| 清油 | kg | 0.080 | 0.080 | 0.160 | 0.160 | 0.240 |
| 铅油（厚漆） | kg | 0.320 | 0.400 | 0.560 | 0.810 | 1.130 |
| 机油 $5^{\#}\sim7^{\#}$ | kg | 0.560 | 0.560 | 0.560 | 0.800 | 0.800 |
| 氧气 | m³ | 0.350 | 0.490 | 0.830 | 1.050 | 1.430 |
| 乙炔气 | kg | 0.135 | 0.188 | 0.319 | 0.404 | 0.550 |
| 石棉绳 | kg | 0.010 | 0.010 | 0.010 | 0.010 | 0.010 |
| 焊接钢管 $DN15$ | m | 0.300 | 0.300 | 0.300 | 0.300 | 0.300 |
| 焊接钢管 $DN20$ | m | 0.300 | 0.300 | 0.300 | 0.300 | 0.300 |
| 无缝钢管 $D57\times3.5$ | m | 3.000 | — | — | — | — |
| 无缝钢管 $D108\times4$ | m | — | — | — | 3.000 | — |
| 无缝钢管 $D73\times4$ | m | — | 3.000 | — | — | — |
| 无缝钢管 $D89\times4$ | m | — | — | 3.000 | — | — |
| 无缝钢管 $D159\times4.5$ | m | — | — | — | — | 3.000 |
| 螺纹旋塞阀（灰铸铁）X13T-10 $DN15$ | 个 | 1.010 | 1.010 | 1.010 | 1.010 | 1.010 |
| 螺纹旋塞阀（灰铸铁）X13T-10 $DN20$ | 个 | 1.010 | 1.010 | 1.010 | 1.010 | 1.010 |
| 焦炭 | kg | 5.010 | 7.020 | 10.020 | 20.060 | 45.090 |
| 其他材料费 | % | 1.00 | 1.00 | 1.00 | 1.00 | 1.00 |
| 液压弯管机 60mm | 台班 | 0.053 | 0.071 | 0.080 | 0.142 | 0.159 |
| 直流弧焊机 20kV·A | 台班 | 0.663 | 0.840 | 1.017 | 1.265 | 1.973 |
| 电焊条烘干箱 $60\times50\times75$（cm³） | 台班 | 0.066 | 0.084 | 0.102 | 0.127 | 0.197 |

# 3. 除污器安装

**工作内容**: 切管、焊接、制作加垫，除污器、放风管、阀门安装，压力试验等操作过程。　　　　计量单位: 组

| 编　号 | | 5-2-738 | 5-2-739 | 5-2-740 | 5-2-741 | 5-2-742 |
|---|---|---|---|---|---|---|
| 项　目 | | 公称直径（mm 以内） | | | | |
| | | 200 | 250 | 300 | 350 | 400 |
| 名　称 | 单位 | 消　耗　量 | | | | |
| 合计工日 | 工日 | 2.748 | 3.940 | 5.229 | 8.265 | 11.814 |
| 普工 | 工日 | 0.824 | 1.182 | 1.569 | 2.480 | 3.544 |
| 一般技工 | 工日 | 1.649 | 2.364 | 3.137 | 4.959 | 7.088 |
| 高级技工 | 工日 | 0.275 | 0.394 | 0.523 | 0.826 | 1.182 |
| 平焊法兰 | 片 | （2.000） | （2.000） | （2.000） | （2.000） | （2.000） |
| 除污器 | 个 | （1.000） | （1.000） | （1.000） | （1.000） | （1.000） |
| 无石棉橡胶板 低中压 $\delta 0.8{\sim}6.0$ | kg | 0.660 | 0.740 | 0.800 | 1.080 | 1.380 |
| 破布 | kg | 0.060 | 0.080 | 0.100 | 0.100 | 0.120 |
| 六角螺栓带螺母 M20×80 | 套 | 16.320 | 24.480 | 24.480 | 32.640 | — |
| 六角螺栓带螺母 M22×90 | 套 | — | — | — | — | 32.640 |
| 尼龙砂轮片 $\phi100$ | 片 | 0.229 | 0.394 | 0.471 | 0.645 | 0.794 |
| 低碳钢焊条（综合） | kg | 1.110 | 2.300 | 2.850 | 4.610 | 4.820 |
| 清油 | kg | 0.060 | 0.080 | 0.100 | 0.100 | 0.120 |
| 铅油（厚漆） | kg | 0.340 | 0.400 | 0.500 | 0.500 | 0.600 |
| 机油 $5^{\#}{\sim}7^{\#}$ | kg | 0.090 | 0.100 | 0.100 | 0.100 | 0.100 |
| 氧气 | m³ | 0.174 | 0.260 | 0.290 | 0.360 | 0.430 |
| 乙炔气 | kg | 0.067 | 0.100 | 0.112 | 0.138 | 0.165 |
| 焊接钢管 DN20 | m | 0.700 | 0.700 | 0.700 | 0.700 | 0.700 |
| 螺纹截止阀 J11T-16 DN20 | 个 | 1.010 | 1.010 | 1.010 | 1.010 | 1.010 |
| 其他材料费 | % | 1.00 | 1.00 | 1.00 | 1.00 | 1.00 |
| 载重汽车 8t | 台班 | 0.007 | 0.007 | 0.007 | 0.008 | 0.009 |
| 直流弧焊机 20kV·A | 台班 | 0.317 | 0.452 | 0.561 | 0.589 | 0.665 |
| 电焊条烘干箱 60×50×75（cm³） | 台班 | 0.032 | 0.045 | 0.056 | 0.059 | 0.067 |

# 九、凝水缸制作、安装

## 1. 低压碳钢凝水缸制作

**工作内容:**放样、下料、切割、坡口、对口、点焊、焊接成型、强度试验等操作过程。　　　　　计量单位:个

| 编　号 | | 5-2-743 | 5-2-744 | 5-2-745 | 5-2-746 | 5-2-747 |
|---|---|---|---|---|---|---|
| 项　目 | | 公称直径(mm 以内) | | | | |
| | | 80 | 100 | 150 | 200 | 250 |
| 名　称 | 单位 | 消　耗　量 | | | | |
| 合计工日 | 工日 | 1.512 | 1.659 | 2.491 | 2.603 | 2.742 |
| 普工 | 工日 | 0.454 | 0.498 | 0.747 | 0.781 | 0.823 |
| 一般技工 | 工日 | 0.907 | 0.995 | 1.495 | 1.562 | 1.644 |
| 高级技工 | 工日 | 0.151 | 0.166 | 0.249 | 0.260 | 0.275 |
| 热轧厚钢板 $\delta 8$ | kg | 7.740 | 7.740 | 7.740 | 7.740 | — |
| 钢板 $\delta 10$ 以外 | kg | — | — | — | — | 9.153 |
| 尼龙砂轮片 $\phi 100$ | 片 | 0.110 | 0.115 | 0.125 | 0.145 | 0.155 |
| 低碳钢焊条(综合) | kg | 2.040 | 2.200 | 2.380 | 2.880 | 3.233 |
| 氧气 | $m^3$ | 1.290 | 1.430 | 1.650 | 2.010 | 2.230 |
| 乙炔气 | kg | 0.496 | 0.550 | 0.635 | 0.773 | 0.858 |
| 钢管 $D219 \times 6$ | m | — | — | — | 0.402 | — |
| 碳钢管 $D89 \times 4.5$ | m | 0.360 | — | — | — | — |
| 碳钢管 $D42 \times 3.5$ | m | 0.160 | 0.160 | 0.160 | 0.160 | 0.160 |
| 碳钢管 $D108 \times 4.5$ | m | — | 0.360 | — | — | — |
| 碳钢管 $D159 \times 4.5$ | m | — | — | 0.360 | — | — |
| 碳钢管 $D273 \times 7$ | m | 0.465 | 0.495 | 0.556 | 0.617 | 1.011 |
| 其他材料费 | % | 1.00 | 1.00 | 1.00 | 1.00 | 1.00 |
| 直流弧焊机 20kV·A | 台班 | 0.646 | 0.699 | 0.770 | 0.885 | 0.993 |
| 电焊条烘干箱 $60 \times 50 \times 75 (cm^3)$ | 台班 | 0.065 | 0.070 | 0.077 | 0.089 | 0.099 |

**工作内容:** 放样、下料、切割、坡口、对口、点焊、焊接成型、强度试验等操作过程。 计量单位:个

| 编 号 | | 5-2-748 | 5-2-749 | 5-2-750 |
|---|---|---|---|---|
| 项 目 | | 公称直径(mm 以内) | | |
| | | 300 | 400 | 500 |
| 名 称 | 单位 | 消 耗 量 | | |
| 合计工日 | 工日 | 3.094 | 3.977 | 5.173 |
| 普工 | 工日 | 0.928 | 1.193 | 1.552 |
| 一般技工 | 工日 | 1.856 | 2.386 | 3.103 |
| 高级技工 | 工日 | 0.310 | 0.398 | 0.518 |
| 钢板 $\delta 10$ 以外 | kg | 10.567 | 11.980 | 18.530 |
| 尼龙砂轮片 $\phi 100$ | 片 | 0.165 | 0.175 | 0.235 |
| 低碳钢焊条(综合) | kg | 3.587 | 3.940 | 5.700 |
| 氧气 | m³ | 2.450 | 2.670 | 3.330 |
| 乙炔气 | kg | 0.942 | 1.027 | 1.281 |
| 碳钢管 $D42 \times 3.5$ | m | 0.160 | 0.160 | 0.160 |
| 碳钢管 $D325 \times 8$ | m | 1.050 | — | — |
| 碳钢管 $D426 \times 9$ | m | — | 1.150 | — |
| 碳钢管 $D530 \times 10$ | m | — | — | 1.250 |
| 其他材料费 | % | 1.00 | 1.00 | 1.00 |
| 汽车式起重机 8t | 台班 | 0.035 | 0.035 | 0.053 |
| 载重汽车 8t | 台班 | 0.004 | 0.004 | 0.004 |
| 直流弧焊机 20kV·A | 台班 | 1.102 | 1.211 | 1.751 |
| 电焊条烘干箱 $60 \times 50 \times 75 (cm^3)$ | 台班 | 0.110 | 0.121 | 0.175 |

## 2.中压碳钢凝水缸制作

**工作内容:** 放样、下料、切割、坡口、对口、点焊、焊接成型、强度试验等操作过程。　　　　　　　　　　计量单位:个

| 编　号 | | 5-2-751 | 5-2-752 | 5-2-753 | 5-2-754 | 5-2-755 |
|---|---|---|---|---|---|---|
| 项　目 | | 公称直径(mm 以内) | | | | |
| | | 80 | 100 | 150 | 200 | 250 |
| 名　称 | 单位 | 消　耗　量 | | | | |
| 合计工日 | 工日 | 1.812 | 1.986 | 2.990 | 3.119 | 3.283 |
| 普工 | 工日 | 0.544 | 0.596 | 0.897 | 0.936 | 0.985 |
| 一般技工 | 工日 | 1.087 | 1.191 | 1.794 | 1.871 | 1.969 |
| 高级技工 | 工日 | 0.181 | 0.199 | 0.299 | 0.312 | 0.329 |
| 热轧厚钢板 $\delta 8$ | kg | 5.560 | 5.560 | — | — | — |
| 钢板 $\delta 10$ 以外 | kg | — | — | 9.420 | 9.420 | 9.420 |
| 尼龙砂轮片 $\phi 100$ | 片 | 0.135 | 0.140 | 0.190 | 0.215 | 0.240 |
| 低碳钢焊条(综合) | kg | 2.820 | 3.000 | 4.080 | 4.580 | 5.260 |
| 氧气 | $m^3$ | 1.590 | 1.720 | 2.190 | 2.570 | 2.970 |
| 乙炔气 | kg | 0.612 | 0.662 | 0.842 | 0.988 | 1.142 |
| 钢管 $D219 \times 6$ | m | — | — | — | 0.360 | — |
| 碳钢管 $D60 \times 3.5$ | m | 0.160 | 0.160 | 0.160 | 0.160 | 0.160 |
| 碳钢管 $D89 \times 4$ | m | 0.360 | — | — | — | — |
| 碳钢管 $D108 \times 4.5$ | m | — | 0.360 | — | — | — |
| 碳钢管 $D159 \times 4.5$ | m | — | — | 0.360 | — | — |
| 碳钢管 $D273 \times 7$ | m | — | — | — | — | 0.360 |
| 碳钢管 $D325 \times 8$ | m | 0.410 | 0.460 | — | — | — |
| 碳钢管 $D377 \times 9$ | m | — | — | 0.510 | 0.560 | 0.610 |
| 其他材料费 | % | 1.00 | 1.00 | 1.00 | 1.00 | 1.00 |
| 直流弧焊机 20kV·A | 台班 | 0.778 | 0.832 | 1.008 | 1.150 | 1.274 |
| 电焊条烘干箱 $60 \times 50 \times 75 (cm^3)$ | 台班 | 0.078 | 0.083 | 0.101 | 0.115 | 0.127 |

**工作内容：** 放样、下料、切割、坡口、对口、点焊、焊接成型、强度试验等操作过程。　　　　　**计量单位：** 个

| 编　号 | | 5-2-756 | 5-2-757 | 5-2-758 | 5-2-759 |
|---|---|---|---|---|---|
| 项　目 | | 公称直径（mm 以内） | | | |
| | | 300 | 400 | 500 | 600 |
| 名　称 | 单位 | 消　耗　量 | | | |
| 合计工日 | 工日 | 3.693 | 4.759 | 6.194 | 7.208 |
| 普工 | 工日 | 1.108 | 1.427 | 1.859 | 2.162 |
| 一般技工 | 工日 | 2.216 | 2.856 | 3.716 | 4.325 |
| 高级技工 | 工日 | 0.369 | 0.476 | 0.619 | 0.721 |
| 碳钢管 $D630 \times 10$ | m | — | — | — | 1.510 |
| 热轧厚钢板 $\delta 12$ | kg | — | — | 22.260 | 31.460 |
| 钢板 $\delta 10$ 以外 | kg | 11.980 | 11.980 | — | — |
| 尼龙砂轮片 $\phi 100$ | 片 | 0.285 | 0.175 | 0.235 | 0.280 |
| 低碳钢焊条（综合） | kg | 6.480 | 3.960 | 5.700 | 6.780 |
| 氧气 | m³ | 3.500 | 2.860 | 3.580 | 4.180 |
| 乙炔气 | kg | 1.346 | 1.100 | 1.377 | 1.608 |
| 碳钢管 $D60 \times 3.5$ | m | 0.160 | 0.160 | 0.160 | 0.160 |
| 碳钢管 $D325 \times 8$ | m | 0.360 | — | — | — |
| 碳钢管 $D426 \times 9$ | m | 0.690 | 1.200 | — | — |
| 碳钢管 $D530 \times 10$ | m | — | — | 1.410 | — |
| 其他材料费 | % | 1.00 | 1.00 | 1.00 | 1.00 |
| 汽车式起重机 8t | 台班 | 0.035 | 0.035 | 0.053 | 0.062 |
| 载重汽车 8t | 台班 | 0.004 | 0.004 | 0.004 | 0.005 |
| 直流弧焊机 20kV·A | 台班 | 1.486 | 0.867 | 1.115 | 1.327 |
| 电焊条烘干箱 $60 \times 50 \times 75 (\text{cm}^3)$ | 台班 | 0.149 | 0.087 | 0.112 | 0.133 |

### 3. 低压碳钢凝水缸安装

**工作内容：** 安装罐体、找平、找正、对口、焊接、量尺寸、配管、组装、防护罩安装等
操作过程。

计量单位：组

| 编　　号 | | 5-2-760 | 5-2-761 | 5-2-762 | 5-2-763 | 5-2-764 |
|---|---|---|---|---|---|---|
| 项　　目 | | 公称直径（mm 以内） | | | | |
| | | 80 | 100 | 150 | 200 | 250 |
| 名　　称 | 单位 | 消　耗　量 | | | | |
| 合计工日 | 工日 | 0.979 | 1.126 | 1.727 | 1.753 | 1.812 |
| 普工 | 工日 | 0.293 | 0.338 | 0.518 | 0.526 | 0.544 |
| 一般技工 | 工日 | 0.588 | 0.675 | 1.036 | 1.051 | 1.087 |
| 高级技工 | 工日 | 0.098 | 0.113 | 0.173 | 0.176 | 0.181 |
| 碳钢凝水缸 | 个 | （1.000） | （1.000） | （1.000） | （1.000） | （1.000） |
| 防护罩 | 套 | （1.000） | （1.000） | （1.000） | （1.000） | （1.000） |
| 低碳钢焊条（综合） | kg | 0.500 | 0.600 | 0.690 | 1.250 | 2.470 |
| 碳钢气焊条 $\phi 2$ 以内 | kg | 0.070 | 0.090 | 0.110 | 0.130 | 0.150 |
| 标准砖 $240 \times 115 \times 53$ | 千块 | 0.013 | 0.013 | 0.013 | 0.013 | 0.013 |
| 氧气 | m³ | 0.520 | 0.600 | 0.700 | 0.990 | 1.300 |
| 乙炔气 | kg | 0.200 | 0.231 | 0.269 | 0.381 | 0.500 |
| 镀锌钢管 DN25 | m | 2.330 | 2.440 | 2.540 | 2.590 | 2.640 |
| 镀锌钢管 DN50 | m | 2.060 | 2.060 | 2.060 | 2.060 | 2.060 |
| 镀锌丝堵 DN25（堵头） | 个 | 1.010 | 1.010 | 1.010 | 1.010 | 1.010 |
| 其他材料费 | % | 1.00 | 1.00 | 1.00 | 1.00 | 1.00 |
| 直流弧焊机 20kV·A | 台班 | 0.389 | 0.442 | 0.469 | 0.593 | 0.610 |
| 电焊条烘干箱 $60 \times 50 \times 75$（cm³） | 台班 | 0.039 | 0.044 | 0.047 | 0.059 | 0.061 |

**工作内容:** 安装罐体、找平、找正、对口、焊接、量尺寸、配管、组装、防护罩安装等操作过程。

计量单位:组

| 编　号 | | 5-2-765 | 5-2-766 | 5-2-767 | 5-2-768 | 5-2-769 |
|---|---|---|---|---|---|---|
| 项　目 | | 公称直径(mm 以内) | | | | |
| | | 300 | 400 | 500 | 600 | 700 |
| 名　称 | 单位 | 消　耗　量 | | | | |
| 合计工日 | 工日 | 2.019 | 2.483 | 3.203 | 4.269 | 5.060 |
| 普工 | 工日 | 0.606 | 0.745 | 0.961 | 1.281 | 1.518 |
| 一般技工 | 工日 | 1.211 | 1.490 | 1.922 | 2.561 | 3.036 |
| 高级技工 | 工日 | 0.202 | 0.248 | 0.320 | 0.427 | 0.506 |
| 碳钢凝水缸 | 个 | (1.000) | (1.000) | (1.000) | (1.000) | (1.000) |
| 防护罩 | 套 | (1.000) | (1.000) | (1.000) | (1.000) | (1.000) |
| 低碳钢焊条(综合) | kg | 2.970 | 4.830 | 6.160 | 6.780 | 9.480 |
| 碳钢气焊条 $\phi 2$ 以内 | kg | 0.180 | 0.200 | 0.220 | 0.240 | 0.280 |
| 标准砖 $240 \times 115 \times 53$ | 千块 | 0.013 | 0.013 | 0.013 | 0.013 | 0.013 |
| 氧气 | m³ | 1.590 | 2.270 | 2.600 | 2.830 | 3.240 |
| 乙炔气 | kg | 0.612 | 0.873 | 1.000 | 1.088 | 1.246 |
| 镀锌钢管 $DN25$ | m | 2.740 | 2.890 | 3.050 | 3.150 | 3.350 |
| 镀锌钢管 $DN50$ | m | 2.060 | 2.060 | 2.060 | 2.060 | 2.060 |
| 镀锌丝堵 $DN25$(堵头) | 个 | 1.010 | 1.010 | 1.010 | 1.010 | 1.010 |
| 其他材料费 | % | 1.00 | 1.00 | 1.00 | 1.00 | 1.00 |
| 汽车式起重机 8t | 台班 | 0.035 | 0.035 | 0.009 | 0.009 | 0.022 |
| 载重汽车 8t | 台班 | 0.004 | 0.004 | 0.004 | 0.004 | 0.004 |
| 直流弧焊机 20kV·A | 台班 | 0.725 | 0.876 | 0.920 | 0.920 | 1.017 |
| 电焊条烘干箱 $60 \times 50 \times 75$(cm³) | 台班 | 0.073 | 0.088 | 0.092 | 0.092 | 0.102 |

**工作内容：**安装罐体、找平、找正、对口、焊接、量尺寸、配管、组装、防护罩安装等
操作过程。

计量单位：组

| 编　号 | | 5-2-770 | 5-2-771 | 5-2-772 | 5-2-773 |
|---|---|---|---|---|---|
| 项　目 | | 公称直径（mm 以内） | | | |
| | | 800 | 900 | 1 000 | 1 200 |
| 名　称 | 单位 | 消　耗　量 | | | |
| 合计工日 | 工日 | 5.955 | 7.054 | 8.418 | 10.096 |
| 普工 | 工日 | 1.787 | 2.116 | 2.525 | 3.029 |
| 一般技工 | 工日 | 3.572 | 4.232 | 5.051 | 6.057 |
| 高级技工 | 工日 | 0.596 | 0.706 | 0.842 | 1.010 |
| 碳钢凝水缸 | 个 | （1.000） | （1.000） | （1.000） | （1.000） |
| 防护罩 | 套 | （1.000） | （1.000） | （1.000） | （1.000） |
| 低碳钢焊条（综合） | kg | 10.680 | 11.980 | 17.060 | 20.430 |
| 碳钢气焊条 $\phi2$ 以内 | kg | 0.320 | 0.340 | 0.380 | 0.420 |
| 标准砖 240×115×53 | 千块 | 0.013 | 0.013 | 0.013 | 0.013 |
| 氧气 | m³ | 3.530 | 3.940 | 5.010 | 5.980 |
| 乙炔气 | kg | 1.358 | 1.515 | 1.927 | 2.300 |
| 镀锌钢管 DN25 | m | 3.450 | 3.650 | 3.850 | 4.060 |
| 镀锌钢管 DN50 | m | 2.060 | 2.060 | 2.060 | 2.060 |
| 镀锌丝堵 DN25（堵头） | 个 | 1.010 | 1.010 | 1.010 | 1.010 |
| 其他材料费 | % | 1.00 | 1.00 | 1.00 | 1.00 |
| 汽车式起重机 8t | 台班 | 0.022 | 0.027 | — | — |
| 汽车式起重机 12t | 台班 | — | — | 0.027 | 0.035 |
| 载重汽车 8t | 台班 | 0.005 | 0.005 | 0.006 | 0.006 |
| 直流弧焊机 20kV·A | 台班 | 1.460 | 1.610 | 1.769 | 1.946 |
| 电焊条烘干箱 60×50×75（cm³） | 台班 | 0.146 | 0.161 | 0.177 | 0.195 |

## 4.中压碳钢凝水缸安装

**工作内容:** 安装罐体、找平、找正、对口、焊接、量尺寸、配管、组装、头部安装、抽水缸
小井砌筑等操作过程。　　　　　　　　　　　　　　　　　　计量单位:组

| 编　号 | | 5-2-774 | 5-2-775 | 5-2-776 | 5-2-777 | 5-2-778 |
|---|---|---|---|---|---|---|
| 项　目 | | 公称直径（mm 以内） | | | | |
| | | 80 | 100 | 150 | 200 | 250 |
| 名　称 | 单位 | 消　耗　量 | | | | |
| 合计工日 | 工日 | 1.018 | 1.190 | 1.920 | 1.945 | 2.015 |
| 普工 | 工日 | 0.305 | 0.357 | 0.576 | 0.584 | 0.604 |
| 一般技工 | 工日 | 0.611 | 0.714 | 1.152 | 1.167 | 1.209 |
| 高级技工 | 工日 | 0.102 | 0.119 | 0.192 | 0.194 | 0.202 |
| 碳钢凝水缸 | 个 | （1.000） | （1.000） | （1.000） | （1.000） | （1.000） |
| 头部装置 | 套 | （1.000） | （1.000） | （1.000） | （1.000） | （1.000） |
| 铸铁井盖 $\phi760$ | 套 | （1.000） | （1.000） | （1.000） | （1.000） | （1.000） |
| 预拌混凝土 C20 | m³ | （0.120） | （0.120） | （0.120） | （0.120） | （0.120） |
| 低碳钢焊条（综合） | kg | 0.500 | 0.610 | 0.690 | 1.240 | 2.500 |
| 碳钢气焊条 $\phi2$ 以内 | kg | 0.120 | 0.130 | 0.140 | 0.150 | 0.160 |
| 标准砖 240×115×53 | 千块 | 0.389 | 0.389 | 0.389 | 0.389 | 0.389 |
| 氧气 | m³ | 0.540 | 0.620 | 0.720 | 1.020 | 1.370 |
| 乙炔气 | kg | 0.208 | 0.238 | 0.277 | 0.392 | 0.527 |
| 镀锌钢管 DN25 | m | 2.050 | 2.440 | 2.540 | 2.590 | 2.640 |
| 镀锌钢管 DN50 | m | 2.060 | 2.060 | 2.060 | 2.060 | 2.060 |
| 水 | m³ | 0.048 | 0.048 | 0.048 | 0.048 | 0.048 |
| 电 | kW·h | 0.040 | 0.050 | 0.049 | 0.067 | 0.065 |
| 预拌混合砂浆 M7.5 | m³ | 0.197 | 0.197 | 0.197 | 0.197 | 0.197 |
| 灰土 3:7 | m³ | 0.740 | 0.740 | 0.740 | 0.740 | 0.740 |
| 其他材料费 | % | 1.00 | 1.00 | 1.00 | 1.00 | 1.00 |
| 直流弧焊机 20kV·A | 台班 | 0.389 | 0.442 | 0.469 | 0.593 | 0.610 |
| 干混砂浆罐式搅拌机 | 台班 | 0.007 | 0.007 | 0.007 | 0.007 | 0.007 |
| 电焊条烘干箱 60×50×75（cm³） | 台班 | 0.039 | 0.044 | 0.047 | 0.059 | 0.061 |

**工作内容：** 安装罐体、找平、找正、对口、焊接、量尺寸、配管、组装、头部安装、抽水缸
小井砌筑等操作过程。

计量单位：组

| 编　号 | | 5-2-779 | 5-2-780 | 5-2-781 | 5-2-782 | 5-2-783 |
|---|---|---|---|---|---|---|
| 项　目 | | 公称直径（mm 以内） | | | | |
| | | 300 | 400 | 500 | 600 | 700 |
| 名　称 | 单位 | 消　耗　量 | | | | |
| 合计工日 | 工日 | 2.265 | 2.814 | 3.681 | 4.395 | 5.322 |
| 普工 | 工日 | 0.680 | 0.844 | 1.104 | 1.319 | 1.597 |
| 一般技工 | 工日 | 1.358 | 1.688 | 2.209 | 2.637 | 3.193 |
| 高级技工 | 工日 | 0.227 | 0.282 | 0.368 | 0.439 | 0.532 |
| 碳钢凝水缸 | 个 | （1.000） | （1.000） | （1.000） | （1.000） | （1.000） |
| 头部装置 | 套 | （1.000） | （1.000） | （1.000） | （1.000） | （1.000） |
| 铸铁井盖 φ760 | 套 | （1.000） | （1.000） | （1.000） | （1.000） | （1.000） |
| 预拌混凝土 C20 | m³ | （0.120） | （0.120） | （0.120） | （0.120） | （0.120） |
| 低碳钢焊条（综合） | kg | 2.970 | 4.830 | 6.160 | 6.770 | 9.480 |
| 碳钢气焊条 φ2 以内 | kg | 0.180 | 0.200 | 0.220 | 0.240 | 0.280 |
| 标准砖 240×115×53 | 千块 | 0.389 | 0.389 | 0.389 | 0.389 | 0.389 |
| 氧气 | m³ | 1.610 | 2.290 | 2.620 | 2.850 | 3.240 |
| 乙炔气 | kg | 0.619 | 0.881 | 1.008 | 1.096 | 1.246 |
| 镀锌钢管 DN25 | m | 2.740 | 2.890 | 3.050 | 3.150 | 3.350 |
| 镀锌钢管 DN50 | m | 2.060 | 2.060 | 2.060 | 2.060 | 2.060 |
| 水 | m³ | 0.048 | 0.048 | 0.048 | 0.048 | 0.048 |
| 电 | kW·h | 0.071 | 0.088 | 0.098 | 0.098 | 0.104 |
| 预拌混合砂浆 M7.5 | m³ | 0.197 | 0.197 | 0.197 | 0.197 | 0.197 |
| 灰土 3:7 | m³ | 0.740 | 0.740 | 0.740 | 0.740 | 0.740 |
| 其他材料费 | % | 1.00 | 1.00 | 1.00 | 1.00 | 1.00 |
| 汽车式起重机 8t | 台班 | 0.035 | 0.035 | 0.053 | 0.062 | 0.071 |
| 载重汽车 8t | 台班 | 0.004 | 0.004 | 0.009 | 0.009 | 0.022 |
| 直流弧焊机 20kV·A | 台班 | 0.725 | 0.876 | 0.920 | 0.920 | 1.017 |
| 干混砂浆罐式搅拌机 | 台班 | 0.007 | 0.007 | 0.007 | 0.007 | 0.007 |
| 电焊条烘干箱 60×50×75（cm³） | 台班 | 0.073 | 0.088 | 0.092 | 0.092 | 0.102 |

**工作内容:** 安装罐体、找平、找正、对口、焊接、量尺寸、配管、组装、头部安装、抽水缸
小井砌筑等操作过程。

计量单位:组

| 编　号 | | 5-2-784 | 5-2-785 | 5-2-786 | 5-2-787 |
|---|---|---|---|---|---|
| 项　目 | | 公称直径(mm 以内) | | | |
| | | 800 | 900 | 1 000 | 1 200 |
| 名　称 | 单位 | 消　耗　量 | | | |
| 合计工日 | 工日 | 6.397 | 7.719 | 9.369 | 11.370 |
| 普工 | 工日 | 1.919 | 2.316 | 2.811 | 3.411 |
| 一般技工 | 工日 | 3.838 | 4.631 | 5.621 | 6.822 |
| 高级技工 | 工日 | 0.640 | 0.772 | 0.937 | 1.137 |
| 碳钢凝水缸 | 个 | (1.000) | (1.000) | (1.000) | (1.000) |
| 头部装置 | 套 | (1.000) | (1.000) | (1.000) | (1.000) |
| 铸铁井盖 $\phi760$ | 套 | (1.000) | (1.000) | (1.000) | (1.000) |
| 预拌混凝土 C20 | m³ | (0.120) | (0.120) | (0.120) | (0.120) |
| 低碳钢焊条(综合) | kg | 10.680 | 11.980 | 17.060 | 20.430 |
| 碳钢气焊条 $\phi2$ 以内 | kg | 0.320 | 0.340 | 0.380 | 0.420 |
| 标准砖 240×115×53 | 千块 | 0.389 | 0.389 | 0.389 | 0.389 |
| 氧气 | m³ | 3.530 | 3.940 | 5.010 | 5.980 |
| 乙炔气 | kg | 1.358 | 1.515 | 1.927 | 2.300 |
| 镀锌钢管 DN25 | m | 3.450 | 3.650 | 3.850 | 4.060 |
| 镀锌钢管 DN50 | m | 2.060 | 2.060 | 2.060 | 2.060 |
| 水 | m³ | 0.048 | 0.048 | 0.048 | 0.048 |
| 电 | kW·h | 0.155 | 0.171 | 0.188 | 0.202 |
| 预拌混合砂浆 M7.5 | m³ | 0.197 | 0.197 | 0.197 | 0.197 |
| 灰土 3:7 | m³ | 0.740 | 0.740 | 0.740 | 0.740 |
| 其他材料费 | % | 1.00 | 1.00 | 1.00 | 1.00 |
| 汽车式起重机 8t | 台班 | 0.080 | 0.088 | — | — |
| 汽车式起重机 12t | 台班 | — | — | 0.115 | 0.133 |
| 载重汽车 8t | 台班 | 0.022 | 0.027 | 0.027 | 0.036 |
| 直流弧焊机 20kV·A | 台班 | 1.460 | 1.610 | 1.769 | 1.946 |
| 干混砂浆罐式搅拌机 | 台班 | 0.007 | 0.007 | 0.007 | 0.007 |
| 电焊条烘干箱 60×50×75(cm³) | 台班 | 0.146 | 0.161 | 0.177 | 0.195 |

## 5. 低压铸铁凝水缸安装（机械接口）

**工作内容**：抽水立管安装、抽水缸与管道连接，防护罩、井盖安装等操作过程。　　　　计量单位：组

| 编　　号 | | 5-2-788 | 5-2-789 | 5-2-790 | 5-2-791 | 5-2-792 | 5-2-793 | 5-2-794 |
|---|---|---|---|---|---|---|---|---|
| 项　　目 | | 公称直径（mm 以内） | | | | | | |
| | | 100 | 150 | 200 | 300 | 400 | 500 | 600 |
| 名　　称 | 单位 | 消　耗　量 | | | | | | |
| 合计工日 | 工日 | 1.522 | 1.890 | 2.148 | 2.337 | 2.802 | 3.516 | 4.296 |
| 普工 | 工日 | 0.456 | 0.567 | 0.644 | 0.701 | 0.841 | 1.055 | 1.289 |
| 一般技工 | 工日 | 0.914 | 1.134 | 1.289 | 1.402 | 1.681 | 2.109 | 2.578 |
| 高级技工 | 工日 | 0.152 | 0.189 | 0.215 | 0.234 | 0.280 | 0.352 | 0.429 |
| 活动法兰 | 片 | （2.000） | （2.000） | （2.000） | （2.000） | （2.000） | （2.000） | （2.000） |
| 平焊法兰 | 片 | （2.000） | （2.000） | （2.000） | （2.000） | （2.000） | （2.000） | （2.000） |
| 铸铁凝水器 | 个 | （1.000） | （1.000） | （1.000） | （1.000） | （1.000） | （1.000） | （1.000） |
| 防护罩 | 套 | （1.000） | （1.000） | （1.000） | （1.000） | （1.000） | （1.000） | （1.000） |
| 预拌混凝土 C20 | m³ | （0.011） | （0.011） | （0.011） | （0.011） | （0.011） | （0.011） | （0.011） |
| 耐酸橡胶板 δ3 | kg | 0.560 | 0.810 | 0.920 | 1.500 | 2.190 | 3.010 | 3.980 |
| 橡胶密封圈 DN100 | 个 | 2.060 | — | — | — | — | — | — |
| 橡胶密封圈 DN150 | 个 | — | 2.060 | — | — | — | — | — |
| 橡胶密封圈 DN200 | 个 | — | — | 2.060 | — | — | — | — |
| 橡胶密封圈 DN300 | 个 | — | — | — | 2.060 | — | — | — |
| 橡胶密封圈 DN400 | 个 | — | — | — | — | 2.060 | — | — |
| 橡胶密封圈 DN500 | 个 | — | — | — | — | — | 2.060 | — |
| 橡胶密封圈 DN600 | 个 | — | — | — | — | — | — | 2.060 |
| 塑料薄膜 | m² | 0.510 | 0.510 | 0.510 | 0.510 | 0.510 | 0.510 | 0.510 |
| 带帽螺栓 玛钢 M20×100 | 套 | 8.240 | 12.360 | 12.360 | 16.480 | 20.600 | 28.840 | 32.960 |
| 镀锌垫圈 M20 | 个 | 8.240 | 12.360 | 12.360 | 16.480 | 20.600 | 28.840 | 32.960 |
| 标准砖 240×115×53 | 千块 | 0.017 | 0.017 | 0.017 | 0.017 | 0.017 | 0.017 | 0.017 |
| 石油沥青 | kg | 0.960 | 0.960 | 0.960 | 0.960 | 0.960 | 0.960 | 0.960 |
| 氧气 | m³ | 0.060 | 0.100 | 0.160 | 0.240 | 0.460 | 0.560 | 0.680 |
| 乙炔气 | kg | 0.023 | 0.038 | 0.062 | 0.092 | 0.177 | 0.215 | 0.262 |
| 玻璃布（综合） | m² | 0.550 | 0.550 | 0.550 | 0.550 | 0.550 | 0.550 | 0.550 |
| 镀锌钢管 DN25 | m | 2.440 | 2.540 | 2.590 | 2.740 | 2.890 | 3.050 | 3.150 |
| 镀锌钢管 DN50 | m | 2.060 | 2.060 | 2.060 | 2.060 | 2.060 | 2.060 | 2.060 |
| 镀锌丝堵 DN25（堵头） | 个 | 1.010 | 1.010 | 1.010 | 1.010 | 1.010 | 1.010 | 1.010 |
| 镀锌管箍 DN25 | 个 | 2.020 | 2.020 | 2.020 | 2.020 | 2.020 | 2.020 | 2.020 |
| 支撑圈 DN100 | 套 | 2.060 | — | — | — | — | — | — |
| 支撑圈 DN150 | 套 | — | 2.060 | — | — | — | — | — |
| 支撑圈 DN200 | 套 | — | — | 2.060 | — | — | — | — |
| 支撑圈 DN300 | 套 | — | — | — | 2.060 | — | — | — |
| 支撑圈 DN400 | 套 | — | — | — | — | 2.060 | — | — |
| 支撑圈 DN500 | 套 | — | — | — | — | — | 2.060 | — |
| 支撑圈 DN600 | 套 | — | — | — | — | — | — | 2.060 |
| 其他材料费 | % | 1.00 | 1.00 | 1.00 | 1.00 | 1.00 | 1.00 | 1.00 |
| 汽车式起重机 8t | 台班 | — | — | — | 0.035 | 0.035 | 0.053 | 0.062 |
| 载重汽车 8t | 台班 | — | — | — | 0.004 | 0.004 | 0.004 | 0.004 |

## 6. 中压铸铁凝水缸安装（机械接口）

**工作内容：** 抽水立管安装、抽水缸与管道连接、凝水缸小井砌筑，防护罩、井座、井盖安装等操作过程。

计量单位：组

| 编　号 | | 5-2-795 | 5-2-796 | 5-2-797 | 5-2-798 | 5-2-799 | 5-2-800 | 5-2-801 |
|---|---|---|---|---|---|---|---|---|
| 项　目 | | 公称直径（mm 以内） | | | | | | |
| | | 100 | 150 | 200 | 300 | 400 | 500 | 600 |
| 名　称 | 单位 | 消　耗　量 | | | | | | |
| 合计工日 | 工日 | 5.816 | 6.377 | 6.756 | 7.021 | 7.674 | 8.670 | 9.754 |
| 普工 | 工日 | 1.745 | 1.913 | 2.027 | 2.106 | 2.302 | 2.601 | 2.926 |
| 一般技工 | 工日 | 3.490 | 3.826 | 4.053 | 4.213 | 4.604 | 5.202 | 5.852 |
| 高级技工 | 工日 | 0.581 | 0.638 | 0.676 | 0.702 | 0.768 | 0.867 | 0.976 |
| 活动法兰 | 片 | （2.000） | （2.000） | （2.000） | （2.000） | （2.000） | （2.000） | （2.000） |
| 平焊法兰 | 片 | （2.000） | （2.000） | （2.000） | （2.000） | （2.000） | （2.000） | （2.000） |
| 铸铁凝水器 | 个 | （1.000） | （1.000） | （1.000） | （1.000） | （1.000） | （1.000） | （1.000） |
| 头部装置 | 套 | （1.000） | （1.000） | （1.000） | （1.000） | （1.000） | （1.000） | （1.000） |
| 铸铁井盖 $\phi760$ | 套 | （1.000） | （1.000） | （1.000） | （1.000） | （1.000） | （1.000） | （1.000） |
| 预拌混凝土 C10 | m³ | （0.235） | （0.235） | （0.235） | （0.235） | （0.235） | （0.235） | （0.235） |
| 预拌混凝土 C20 | m³ | （0.112） | （0.112） | （0.112） | （0.112） | （0.112） | （0.112） | （0.112） |
| 耐酸橡胶板 $\delta3$ | kg | 0.560 | 0.810 | 0.920 | 1.500 | 2.190 | 3.010 | 3.980 |
| 橡胶密封圈 DN100 | 个 | 2.060 | — | — | — | — | — | — |
| 橡胶密封圈 DN150 | 个 | — | 2.060 | — | — | — | — | — |
| 橡胶密封圈 DN200 | 个 | — | — | 2.060 | — | — | — | — |
| 橡胶密封圈 DN300 | 个 | — | — | — | 2.060 | — | — | — |
| 橡胶密封圈 DN400 | 个 | — | — | — | — | 2.060 | — | — |
| 橡胶密封圈 DN500 | 个 | — | — | — | — | — | 2.060 | — |
| 橡胶密封圈 DN600 | 个 | — | — | — | — | — | — | 2.060 |
| 塑料薄膜 | m² | 0.510 | 0.510 | 0.510 | 0.510 | 0.510 | 0.510 | 0.510 |
| 带帽螺栓 玛钢 M20×100 | 套 | 8.240 | 12.360 | 12.360 | 16.480 | 20.600 | 28.840 | 32.960 |
| 镀锌垫圈 M20 | 个 | 8.240 | 12.360 | 12.360 | 16.480 | 20.600 | 28.840 | 32.960 |
| 标准砖 240×115×53 | 千块 | 0.610 | 0.610 | 0.610 | 0.610 | 0.610 | 0.610 | 0.610 |
| 石油沥青 | kg | 0.960 | 0.960 | 0.960 | 0.960 | 0.960 | 0.960 | 0.960 |
| 氧气 | m³ | 0.060 | 0.100 | 0.160 | 0.240 | 0.460 | 0.560 | 0.680 |
| 乙炔气 | kg | 0.023 | 0.038 | 0.062 | 0.092 | 0.177 | 0.215 | 0.262 |
| 玻璃布（综合） | m² | 0.550 | 0.550 | 0.550 | 0.550 | 0.550 | 0.550 | 0.550 |
| 镀锌钢管 DN25 | m | 2.440 | 2.540 | 2.590 | 2.740 | 2.890 | 3.050 | 3.150 |
| 镀锌钢管 DN50 | m | 2.060 | 2.060 | 2.060 | 2.060 | 2.060 | 2.060 | 2.060 |
| 支撑圈 DN100 | 套 | 2.060 | — | — | — | — | — | — |
| 支撑圈 DN150 | 套 | — | 2.060 | — | — | — | — | — |
| 支撑圈 DN200 | 套 | — | — | 2.060 | — | — | — | — |
| 支撑圈 DN300 | 套 | — | — | — | 2.060 | — | — | — |
| 支撑圈 DN400 | 套 | — | — | — | — | 2.060 | — | — |
| 支撑圈 DN500 | 套 | — | — | — | — | — | 2.060 | — |
| 支撑圈 DN600 | 套 | — | — | — | — | — | — | 2.060 |
| 塑钢爬梯 | kg | 3.200 | 3.200 | 3.200 | 3.200 | 3.200 | 3.200 | 3.200 |
| 水 | m³ | 0.065 | 0.065 | 0.065 | 0.065 | 0.065 | 0.065 | 0.065 |
| 预拌水泥砂浆 1:2.5 | m³ | 0.234 | 0.234 | 0.234 | 0.234 | 0.234 | 0.234 | 0.234 |
| 预拌混合砂浆 M7.5 | m³ | 0.033 | 0.033 | 0.033 | 0.033 | 0.033 | 0.033 | 0.033 |
| 其他材料费 | % | 1.00 | 1.00 | 1.00 | 1.00 | 1.00 | 1.00 | 1.00 |
| 汽车式起重机 8t | 台班 | — | — | — | 0.035 | 0.035 | 0.053 | 0.062 |
| 载重汽车 8t | 台班 | — | — | — | 0.004 | 0.004 | 0.004 | 0.004 |
| 干混砂浆罐式搅拌机 | 台班 | 0.010 | 0.010 | 0.010 | 0.010 | 0.010 | 0.010 | 0.010 |

# 十、调压器安装

## 1. 雷诺调压器

**工作内容：** 安装、调试等操作过程。　　　　　　　　　　　　　　　　　　　　**计量单位：** 组

| 编　号 | | 5-2-802 | 5-2-803 | 5-2-804 | 5-2-805 |
|---|---|---|---|---|---|
| 项　目 | | 雷诺调压器 | | | |
| | | LN100 | LN150 | LN200 | LN300 |
| 名　称 | 单位 | 消　耗　量 | | | |
| 合计工日 | 工日 | 7.775 | 10.180 | 13.393 | 21.219 |
| 普工 | 工日 | 2.332 | 3.054 | 4.018 | 6.366 |
| 一般技工 | 工日 | 4.665 | 6.108 | 8.036 | 12.731 |
| 高级技工 | 工日 | 0.778 | 1.018 | 1.339 | 2.122 |
| 雷诺调压器 | 台 | （1.000） | （1.000） | （1.000） | （1.000） |
| 碳钢法兰 | 片 | （4.000） | （4.000） | （4.000） | （4.000） |
| 耐酸橡胶板 $\delta3$ | kg | 0.520 | 0.830 | 1.000 | 1.200 |
| 低碳钢焊条（综合） | kg | 0.790 | 0.870 | 1.620 | 2.316 |
| 氧气 | $m^3$ | 0.380 | 0.660 | 1.030 | 1.840 |
| 乙炔气 | kg | 0.146 | 0.254 | 0.396 | 0.708 |
| 无缝钢管 $D108 \times 4.5$ | m | 0.410 | — | — | — |
| 无缝钢管 $D159 \times 6$ | m | — | 0.410 | — | — |
| 无缝钢管 $D219 \times 8$ | m | — | — | 0.410 | — |
| 无缝钢管 $D325 \times 8$ | m | — | — | — | 0.410 |
| 其他材料费 | % | 1.00 | 1.00 | 1.00 | 1.00 |
| 载重汽车 8t | 台班 | 0.054 | 0.054 | 0.072 | 0.072 |
| 直流弧焊机 20kV·A | 台班 | 0.487 | 0.531 | 0.619 | 0.885 |
| 电焊条烘干箱 $60 \times 50 \times 75（cm^3）$ | 台班 | 0.049 | 0.053 | 0.062 | 0.089 |

## 2. T型调压器

**工作内容:** 安装、调试等操作过程。 计量单位:组

| 编　号 | | 5-2-806 | 5-2-807 | 5-2-808 | 5-2-809 |
|---|---|---|---|---|---|
| 项　目 | | T 型调压器 | | | |
| | | TMJ314 | TMJ316 | TMJ318 | TMJ439 |
| 名　称 | 单位 | 消　耗　量 | | | |
| 合计工日 | 工日 | 3.170 | 4.330 | 5.267 | 7.491 |
| 普工 | 工日 | 0.951 | 1.299 | 1.580 | 2.247 |
| 一般技工 | 工日 | 1.902 | 2.598 | 3.160 | 4.495 |
| 高级技工 | 工日 | 0.317 | 0.433 | 0.527 | 0.749 |
| 碳钢法兰 | 片 | (4.000) | (4.000) | (4.000) | (4.000) |
| T 型调压器 | 台 | (1.000) | (1.000) | (1.000) | (1.000) |
| 无石棉橡胶板 低中压 $\delta0.8\sim6.0$ | kg | 0.520 | 0.830 | 1.000 | 1.200 |
| 低碳钢焊条(综合) | kg | 0.790 | 0.870 | 1.620 | 2.316 |
| 氧气 | $m^3$ | 0.380 | 0.660 | 1.030 | 1.840 |
| 乙炔气 | kg | 0.146 | 0.254 | 0.396 | 0.708 |
| 无缝钢管 $D108\times4.5$ | m | 0.410 | — | — | — |
| 无缝钢管 $D159\times6$ | m | — | 0.410 | — | — |
| 无缝钢管 $D219\times8$ | m | — | — | 0.410 | — |
| 无缝钢管 $D325\times8$ | m | — | — | — | 0.410 |
| 其他材料费 | % | 1.00 | 1.00 | 1.00 | 1.00 |
| 载重汽车 8t | 台班 | 0.027 | 0.036 | 0.045 | 0.054 |
| 直流弧焊机 20kV·A | 台班 | 0.487 | 0.531 | 0.619 | 0.885 |
| 电焊条烘干箱 $60\times50\times75(cm^3)$ | 台班 | 0.049 | 0.053 | 0.062 | 0.089 |

## 3. 箱式调压器

**工作内容:** 进、出管焊接,调试、调压箱体固定安装等操作过程。　　　　　　　　　　　计量单位:组

| 编　号 | | 5-2-810 | 5-2-811 | 5-2-812 |
|---|---|---|---|---|
| 项　目 | | 箱式调压器 | | |
| | | 24 | 40 | 50 |
| 名　称 | 单位 | 消　耗　量 | | |
| 合计工日 | 工日 | 0.962 | 1.479 | 1.899 |
| 普工 | 工日 | 0.289 | 0.444 | 0.570 |
| 一般技工 | 工日 | 0.577 | 0.887 | 1.139 |
| 高级技工 | 工日 | 0.096 | 0.148 | 0.190 |
| 箱式调压器 | 台 | (1.000) | (1.000) | (1.000) |
| 调压箱罩 | 套 | (1.000) | (1.000) | (1.000) |
| 无石棉橡胶板 低中压 $\delta 0.8\sim6.0$ | kg | — | 0.070 | 0.070 |
| 膨胀螺栓 M8×60 | 10 个 | 2.000 | 2.000 | 2.000 |
| 尼龙砂轮片 $\phi100$ | 片 | 0.005 | 0.010 | 0.010 |
| 低碳钢焊条(综合) | kg | 0.034 | 0.060 | 0.080 |
| 镀锌活接头 DN25 | 个 | 2.020 | — | — |
| 镀锌活接头 DN40 | 个 | — | 2.020 | — |
| 镀锌活接头 DN50 | 个 | — | — | 2.020 |
| 其他材料费 | % | 1.00 | 1.00 | 1.00 |
| 载重汽车 8t | 台班 | 0.009 | 0.009 | 0.009 |
| 直流弧焊机 20kV·A | 台班 | 0.018 | 0.035 | 0.053 |
| 电焊条烘干箱 60×50×75(cm³) | 台班 | 0.002 | 0.004 | 0.005 |

# 4. 成品调压柜

**工作内容:** 调压柜体固定、安装等操作过程。 计量单位:台

| 编　号 | | 5-2-813 |
|---|---|---|
| 项　目 | | 成品调压柜 |
| 名　称 | 单位 | 消　耗　量 |
| 合计工日 | 工日 | 3.309 |
| 普工 | 工日 | 0.993 |
| 一般技工 | 工日 | 1.985 |
| 高级技工 | 工日 | 0.331 |
| 成品调压柜 | 台 | （1.000） |
| 其他材料费 | % | 1.00 |
| 汽车式起重机 8t | 台班 | 0.299 |
| 载重汽车 8t | 台班 | 0.079 |

# 十一、鬃毛过滤器安装

**工作内容**：成品安装、调试等操作过程。　　　　　　　　　　　　　　　　　　　计量单位：组

| 编　号 | | 5-2-814 | 5-2-815 | 5-2-816 | 5-2-817 | 5-2-818 |
|---|---|---|---|---|---|---|
| 项　目 | | 公称直径（mm 以内） | | | | |
| | | 100 | 150 | 200 | 300 | 400 |
| 名　称 | 单位 | 消　耗　量 | | | | |
| 合计工日 | 工日 | 0.412 | 0.637 | 0.902 | 1.263 | 2.251 |
| 普工 | 工日 | 0.123 | 0.191 | 0.271 | 0.379 | 0.675 |
| 一般技工 | 工日 | 0.248 | 0.382 | 0.541 | 0.758 | 1.351 |
| 高级技工 | 工日 | 0.041 | 0.064 | 0.090 | 0.126 | 0.225 |
| 鬃毛过滤器 | 台 | （1.000） | （1.000） | （1.000） | （1.000） | （1.000） |
| 碳钢法兰 | 片 | （4.000） | （4.000） | （4.000） | （4.000） | （4.000） |
| 无石棉橡胶板 低中压 $\delta 0.8{\sim}6.0$ | kg | 0.340 | 0.560 | 0.660 | 0.800 | 1.380 |
| 破布 | kg | 0.060 | 0.060 | 0.080 | 0.080 | 0.120 |
| 尼龙砂轮片 $\phi 100$ | 片 | 0.081 | 0.135 | 0.205 | 0.326 | 0.535 |
| 低碳钢焊条（综合） | kg | 0.656 | 1.366 | 2.396 | 4.638 | 8.004 |
| 清油 | kg | 0.040 | 0.060 | 0.060 | 0.080 | 0.120 |
| 铅油（厚漆） | kg | 0.220 | 0.280 | 0.400 | 0.400 | 0.600 |
| 氧气 | $m^3$ | 0.548 | 1.112 | 1.730 | 2.334 | 3.288 |
| 乙炔气 | kg | 0.211 | 0.428 | 0.665 | 0.898 | 1.265 |
| 其他材料费 | % | 1.00 | 1.00 | 1.00 | 1.00 | 1.00 |
| 直流弧焊机 20kV·A | 台班 | 0.364 | 0.582 | 0.598 | 0.833 | 1.201 |
| 电焊条烘干箱 $60 \times 50 \times 75$（$cm^3$） | 台班 | 0.036 | 0.058 | 0.060 | 0.083 | 0.120 |

# 十二、萘油分离器安装

**工作内容：** 成品安装、调试等操作过程。　　　　　　　　　　　　　　　　　　计量单位：组

| 编　号 | | 5-2-819 | 5-2-820 | 5-2-821 | 5-2-822 |
|---|---|---|---|---|---|
| 项　目 | | 公称直径（mm 以内） | | | |
| | | 100 | 150 | 200 | 300 |
| 名　称 | 单位 | 消　耗　量 | | | |
| 合计工日 | 工日 | 0.885 | 1.108 | 1.263 | 1.719 |
| 普工 | 工日 | 0.266 | 0.332 | 0.379 | 0.516 |
| 一般技工 | 工日 | 0.531 | 0.665 | 0.758 | 1.031 |
| 高级技工 | 工日 | 0.088 | 0.111 | 0.126 | 0.172 |
| 碳钢法兰 | 片 | （4.000） | （4.000） | （4.000） | （4.000） |
| 萘油分离器 | 个 | （1.000） | （1.000） | （1.000） | （1.000） |
| 无石棉橡胶板 低中压 $\delta 0.8{\sim}6.0$ | kg | 0.340 | 0.560 | 0.660 | 0.800 |
| 低碳钢焊条（综合） | kg | 0.656 | 1.366 | 2.396 | 4.638 |
| 氧气 | $m^3$ | 0.548 | 1.112 | 1.730 | 2.334 |
| 乙炔气 | kg | 0.211 | 0.428 | 0.665 | 0.898 |
| 其他材料费 | % | 1.00 | 1.00 | 1.00 | 1.00 |
| 载重汽车 8t | 台班 | — | — | — | 0.009 |
| 直流弧焊机 20kV·A | 台班 | 0.414 | 0.582 | 0.609 | 0.870 |
| 电焊条烘干箱 $60 \times 50 \times 75$（$cm^3$） | 台班 | 0.041 | 0.058 | 0.061 | 0.087 |

# 十三、安全水封、检漏管安装

**工作内容：**排尺、下料、焊接法兰、紧螺栓等操作过程。 计量单位：组

| 编 号 | | 5-2-823 | 5-2-824 | 5-2-825 |
|---|---|---|---|---|
| 项 目 | | 安全水封安装（公称直径 mm 以内） | | 检漏管安装 |
| | | 200 | 300 | |
| 名 称 | 单位 | 消 耗 量 | | |
| 合计工日 | 工日 | 0.884 | 1.507 | 1.491 |
| 普工 | 工日 | 0.266 | 0.452 | 0.447 |
| 一般技工 | 工日 | 0.530 | 0.905 | 0.895 |
| 高级技工 | 工日 | 0.088 | 0.150 | 0.149 |
| 安全水封 | 组 | （1.000） | （1.000） | — |
| 防护罩 | 套 | — | — | （1.000） |
| 热轧薄钢板 δ4.0 | kg | — | — | 0.300 |
| 热轧厚钢板 δ8 | kg | 8.480 | 8.480 | — |
| 低碳钢焊条（综合） | kg | 2.370 | 3.040 | — |
| 标准砖 240×115×53 | 千块 | — | — | 0.024 |
| 氧气 | m³ | 1.590 | 1.990 | — |
| 乙炔气 | kg | 0.612 | 0.765 | — |
| 镀锌钢管 DN20 | m | 0.620 | 0.620 | 2.120 |
| 镀锌钢管 DN32 | m | — | — | 0.200 |
| 玻璃管 φ12 | m | 0.900 | 0.900 | — |
| 镀锌丝堵 DN20（堵头） | 个 | — | — | 1.000 |
| 镀锌补芯 DN20 | 个 | 1.010 | 1.010 | — |
| 黑玛钢活接头 | 个 | 2.020 | 2.020 | 1.000 |
| 螺纹闸阀 Z15T-10 DN20 | 个 | 1.010 | 1.010 | — |
| 水 | m³ | — | — | 0.003 |
| 预拌混合砂浆 M7.5 | m³ | — | — | 0.013 |
| 其他材料费 | % | 1.00 | 1.00 | 1.00 |
| 载重汽车 8t | 台班 | 0.009 | 0.018 | — |
| 直流弧焊机 20kV·A | 台班 | 0.609 | 0.870 | — |
| 电焊条烘干箱 60×50×75（cm³） | 台班 | 0.061 | 0.087 | — |
| 干混砂浆罐式搅拌机 | 台班 | — | — | 0.001 |

# 十四、附　　件

## 1. 给水附件安装

### （1）分水栓安装

**工作内容：**定位、开关阀门、开孔、接驳、通水试验。 计量单位：个

| 编　号 | | 5-2-826 | 5-2-827 | 5-2-828 | 5-2-829 | 5-2-830 |
|---|---|---|---|---|---|---|
| 项　目 | | 公称直径（mm 以内） | | | | |
| | | 20 | 25 | 32 | 40 | 50 |
| 名　称 | 单位 | 消　耗　量 | | | | |
| 合计工日 | 工日 | 1.552 | 1.713 | 1.902 | 2.109 | 2.376 |
| 普工 | 工日 | 0.465 | 0.514 | 0.571 | 0.633 | 0.713 |
| 一般技工 | 工日 | 0.932 | 1.028 | 1.141 | 1.265 | 1.425 |
| 高级技工 | 工日 | 0.155 | 0.171 | 0.190 | 0.211 | 0.238 |
| 镀锌弯头 DN20 | 个 | 2.020 | — | — | — | — |
| 镀锌弯头 DN25 | 个 | — | 2.020 | — | — | — |
| 镀锌弯头 DN32 | 个 | — | — | 2.020 | — | — |
| 镀锌弯头 DN40 | 个 | — | — | — | 2.020 | — |
| 镀锌弯头 DN50 | 个 | — | — | — | — | 2.020 |
| 镀锌内接头 DN20 | 个 | 2.020 | — | — | — | — |
| 镀锌内接头 DN25 | 个 | — | 2.020 | — | — | — |
| 镀锌内接头 DN32 | 个 | — | — | 2.020 | — | — |
| 镀锌内接头 DN40 | 个 | — | — | — | 2.020 | — |
| 镀锌内接头 DN50 | 个 | — | — | — | — | 2.020 |
| 镀锌管堵 DN20 | 个 | 1.010 | — | — | — | — |
| 镀锌管堵 DN25 | 个 | — | 1.010 | — | — | — |
| 镀锌管堵 DN32 | 个 | — | — | 1.010 | — | — |
| 镀锌管堵 DN40 | 个 | — | — | — | 1.010 | — |
| 镀锌管堵 DN50 | 个 | — | — | — | — | 1.010 |
| 镀锌活接头 DN20 | 个 | 1.010 | — | — | — | — |
| 镀锌活接头 DN25 | 个 | — | 1.010 | — | — | — |
| 镀锌活接头 DN32 | 个 | — | — | 1.010 | — | — |
| 镀锌活接头 DN40 | 个 | — | — | — | 1.010 | — |
| 镀锌活接头 DN50 | 个 | — | — | — | — | 1.010 |
| 其他材料费 | % | 1.00 | 1.00 | 1.00 | 1.00 | 1.00 |

# （2）马鞍卡子安装

**工作内容：**定位、安装、钻孔、通水试验。　　　　　　　　　　　　　　　　　**计量单位：**个

| 编　号 | | 5-2-831 | 5-2-832 | 5-2-833 | 5-2-834 | 5-2-835 | 5-2-836 |
|---|---|---|---|---|---|---|---|
| 项　目 | | 公称直径（mm 以内） | | | | | |
| | | 100 | 150 | 200 | 300 | 400 | 500 |
| 名　称 | 单位 | 消　耗　量 | | | | | |
| 合计工日 | 工日 | 1.312 | 1.447 | 1.744 | 2.047 | 3.193 | 3.495 |
| 普工 | 工日 | 0.393 | 0.434 | 0.523 | 0.614 | 0.958 | 1.049 |
| 一般技工 | 工日 | 0.788 | 0.868 | 1.046 | 1.229 | 1.915 | 2.097 |
| 高级技工 | 工日 | 0.131 | 0.145 | 0.175 | 0.204 | 0.320 | 0.349 |
| 铸铁马鞍卡子 | 个 | （1.000） | （1.000） | （1.000） | （1.000） | （1.000） | （1.000） |
| 橡胶板 $\delta 3$ | kg | 0.145 | 0.145 | 0.189 | 0.223 | 0.233 | 0.273 |
| 油麻丝 | kg | 0.340 | 0.469 | 0.759 | 1.273 | 1.742 | 2.457 |
| 六角螺栓带螺母、垫圈（综合） | kg | 1.802 | 1.844 | 2.007 | 2.742 | 2.823 | 2.956 |
| 膨胀水泥 | kg | 2.439 | 3.587 | 4.826 | 7.723 | 10.592 | 14.937 |
| 其他材料费 | % | 1.00 | 1.00 | 1.00 | 1.00 | 1.00 | 1.00 |
| 开孔机 200mm | 台班 | 0.088 | 0.097 | 0.097 | — | — | — |
| 开孔机 400mm | 台班 | — | — | — | 0.111 | 0.111 | — |
| 开孔机 600mm | 台班 | — | — | — | — | — | 0.133 |

**工作内容:** 定位、安装、钻孔、通水试验。 计量单位:个

| 编 号 | | 5-2-837 | 5-2-838 | 5-2-839 | 5-2-840 | 5-2-841 |
|---|---|---|---|---|---|---|
| 项 目 | | 公称直径(mm 以内) | | | | |
| | | 600 | 700 | 800 | 900 | 1 000 |
| 名 称 | 单位 | 消 耗 量 | | | | |
| 合计工日 | 工日 | 4.367 | 5.238 | 6.300 | 7.548 | 8.799 |
| 普工 | 工日 | 1.310 | 1.571 | 1.890 | 2.264 | 2.640 |
| 一般技工 | 工日 | 2.620 | 3.143 | 3.780 | 4.529 | 5.279 |
| 高级技工 | 工日 | 0.437 | 0.524 | 0.630 | 0.755 | 0.880 |
| 铸铁马鞍卡子 | 个 | (1.000) | (1.000) | (1.000) | (1.000) | (1.000) |
| 橡胶板 $\delta 3$ | kg | 0.365 | 0.522 | 0.662 | 0.895 | 1.242 |
| 油麻丝 | kg | 3.052 | 3.686 | 4.363 | 5.081 | 6.328 |
| 六角螺栓带螺母、垫圈(综合) | kg | 3.868 | 3.868 | 4.276 | 5.386 | 5.630 |
| 膨胀水泥 | kg | 18.554 | 22.402 | 26.518 | 30.883 | 38.441 |
| 其他材料费 | % | 1.00 | 1.00 | 1.00 | 1.00 | 1.00 |
| 汽车式起重机 8t | 台班 | — | 0.044 | 0.044 | 0.071 | — |
| 汽车式起重机 16t | 台班 | — | — | — | — | 0.071 |
| 载重汽车 8t | 台班 | — | 0.009 | 0.011 | 0.011 | 0.016 |
| 开孔机 600mm | 台班 | 0.155 | 0.177 | 0.195 | 0.212 | 0.230 |

# （3）铸铁穿墙管安装

**工作内容：**切管、管件安装、接口、养护。 计量单位：个

| 编　号 | | 5-2-842 | 5-2-843 | 5-2-844 | 5-2-845 | 5-2-846 | 5-2-847 |
|---|---|---|---|---|---|---|---|
| 项　目 | | 公称直径（mm 以内） | | | | | |
| | | 法兰<br>DN100 | 承口<br>DN100 | 法兰<br>DN150 | 承口<br>DN150 | 法兰<br>DN200 | 承口<br>DN200 |
| 名　称 | 单位 | 消　耗　量 | | | | | |
| 合计工日 | 工日 | 2.062 | 1.407 | 2.276 | 1.873 | 2.852 | 2.431 |
| 普工 | 工日 | 0.618 | 0.422 | 0.683 | 0.562 | 0.856 | 0.729 |
| 一般技工 | 工日 | 1.238 | 0.845 | 1.365 | 1.124 | 1.711 | 1.459 |
| 高级技工 | 工日 | 0.206 | 0.140 | 0.228 | 0.187 | 0.285 | 0.243 |
| 铸铁穿墙管 | 个 | （1.000） | （1.000） | （1.000） | （1.000） | （1.000） | （1.000） |
| 角钢（综合） | kg | 5.050 | 5.050 | 5.050 | 5.050 | 5.050 | 5.050 |
| 无石棉橡胶板 低中压 δ0.8~6.0 | kg | 0.350 | — | 0.550 | — | 0.660 | — |
| 油麻丝 | kg | — | 0.240 | — | 0.340 | — | 0.440 |
| 六角螺栓带螺母、垫圈（综合） | kg | 5.040 | — | 5.040 | — | 5.040 | — |
| 膨胀水泥 | kg | — | 1.640 | — | 2.280 | — | 2.980 |
| 氧气 | m³ | — | 0.060 | — | 0.100 | — | 0.160 |
| 乙炔气 | kg | — | 0.023 | — | 0.038 | — | 0.062 |
| 其他材料费 | % | 1.00 | 1.00 | 1.00 | 1.00 | 1.00 | 1.00 |

**工作内容:**切管、管件安装、接口、养护。 计量单位:个

| 编 号 | | 5-2-848 | 5-2-849 | 5-2-850 | 5-2-851 | 5-2-852 | 5-2-853 |
|---|---|---|---|---|---|---|---|
| 项 目 | | 公称直径(mm 以内) | | | | | |
| | | 法兰 DN300 | 承口 DN300 | 法兰 DN400 | 承口 DN400 | 法兰 DN500 | 承口 DN500 |
| 名 称 | 单位 | 消 耗 量 | | | | | |
| 合计工日 | 工日 | 3.943 | 3.203 | 5.430 | 4.699 | 7.423 | 6.211 |
| 普工 | 工日 | 1.183 | 0.961 | 1.629 | 1.409 | 2.227 | 1.863 |
| 一般技工 | 工日 | 2.366 | 1.922 | 3.258 | 2.820 | 4.453 | 3.727 |
| 高级技工 | 工日 | 0.394 | 0.320 | 0.543 | 0.470 | 0.743 | 0.621 |
| 铸铁穿墙管 | 个 | (1.000) | (1.000) | (1.000) | (1.000) | (1.000) | (1.000) |
| 角钢(综合) | kg | 6.060 | 6.060 | 6.060 | 6.060 | 6.060 | 6.060 |
| 无石棉橡胶板 低中压 δ0.8~6.0 | kg | 0.800 | — | 1.380 | — | 1.660 | — |
| 油麻丝 | kg | — | 0.720 | — | 0.980 | — | 1.400 |
| 六角螺栓带螺母、垫圈(综合) | kg | 7.560 | — | 10.080 | — | 12.600 | — |
| 低碳钢焊条(综合) | kg | — | — | — | — | 0.790 | 0.790 |
| 膨胀水泥 | kg | — | 5.040 | — | 7.000 | — | 9.900 |
| 氧气 | m³ | — | 0.240 | — | 0.500 | — | 0.560 |
| 乙炔气 | kg | — | 0.092 | — | 0.192 | — | 0.215 |
| 其他材料费 | % | 1.00 | 1.00 | 1.00 | 1.00 | 1.00 | 1.00 |
| 汽车式起重机 8t | 台班 | 0.009 | 0.009 | 0.018 | 0.018 | 0.027 | 0.027 |
| 载重汽车 8t | 台班 | 0.007 | 0.007 | 0.007 | 0.007 | 0.007 | 0.007 |
| 直流弧焊机 20kV·A | 台班 | — | — | — | — | 0.230 | 0.230 |
| 电焊条烘干箱 60×50×75(cm³) | 台班 | — | — | — | — | 0.023 | 0.023 |

**工作内容:**切管、管件安装、接口、养护。

计量单位:个

| 编　　号 | | 5-2-854 | 5-2-855 | 5-2-856 | 5-2-857 | 5-2-858 | 5-2-859 |
|---|---|---|---|---|---|---|---|
| 项　　目 | | 公称直径(mm以内) | | | | | |
| | | 法兰 DN600 | 承口 DN600 | 法兰 DN700 | 承口 DN700 | 法兰 DN800 | 承口 DN800 |
| 名　　称 | 单位 | 消　耗　量 | | | | | |
| 合计工日 | 工日 | 8.256 | 7.267 | 9.381 | 8.152 | 10.215 | 9.233 |
| 普工 | 工日 | 2.477 | 2.180 | 2.814 | 2.445 | 3.065 | 2.770 |
| 一般技工 | 工日 | 4.954 | 4.361 | 5.629 | 4.892 | 6.128 | 5.540 |
| 高级技工 | 工日 | 0.825 | 0.726 | 0.938 | 0.815 | 1.022 | 0.923 |
| 铸铁穿墙管 | 个 | (1.000) | (1.000) | (1.000) | (1.000) | (1.000) | (1.000) |
| 角钢(综合) | kg | 6.060 | 6.060 | 15.150 | 15.150 | 15.150 | 15.150 |
| 无石棉橡胶板 低中压 δ0.8~6.0 | kg | 2.660 | — | 2.980 | — | 3.360 | — |
| 油麻丝 | kg | — | 1.740 | — | 2.160 | — | 2.580 |
| 六角螺栓带螺母、垫圈(综合) | kg | 12.600 | — | 15.120 | — | 15.120 | — |
| 低碳钢焊条(综合) | kg | 0.790 | 0.790 | 1.060 | 1.060 | 1.060 | 1.060 |
| 氧气 | m³ | — | 0.700 | — | 0.820 | — | 0.900 |
| 膨胀水泥 | kg | — | 12.100 | — | 14.900 | — | 17.600 |
| 乙炔气 | kg | — | 0.269 | — | 0.315 | — | 0.346 |
| 其他材料费 | % | 1.00 | 1.00 | 1.00 | 1.00 | 1.00 | 1.00 |
| 汽车式起重机 8t | 台班 | 0.044 | 0.044 | 0.044 | 0.044 | 0.044 | 0.044 |
| 载重汽车 8t | 台班 | 0.009 | 0.009 | 0.009 | 0.009 | 0.011 | 0.011 |
| 直流弧焊机 20kV·A | 台班 | 0.230 | 0.230 | 0.310 | 0.310 | 0.310 | 0.310 |
| 电焊条烘干箱 60×50×75(cm³) | 台班 | 0.023 | 0.023 | 0.031 | 0.031 | 0.031 | 0.031 |

**工作内容:**切管、管件安装、接口、养护。 计量单位:个

| 编 号 | | 5-2-860 | 5-2-861 | 5-2-862 | 5-2-863 | 5-2-864 | 5-2-865 |
|---|---|---|---|---|---|---|---|
| 项 目 | | 公称直径(mm 以内) | | | | | |
| | | 法兰 DN900 | 承口 DN900 | 法兰 DN1 000 | 承口 DN1 000 | 法兰 DN1 200 | 承口 DN1 200 |
| 名 称 | 单位 | 消 耗 量 | | | | | |
| 合计工日 | 工日 | 11.606 | 11.109 | 12.225 | 12.206 | 16.752 | 16.271 |
| 普工 | 工日 | 3.482 | 3.333 | 3.668 | 3.662 | 5.026 | 4.882 |
| 一般技工 | 工日 | 6.963 | 6.665 | 7.335 | 7.324 | 10.051 | 9.762 |
| 高级技工 | 工日 | 1.161 | 1.111 | 1.222 | 1.220 | 1.675 | 1.627 |
| 铸铁穿墙管 | 个 | (1.000) | (1.000) | (1.000) | (1.000) | (1.000) | (1.000) |
| 角钢(综合) | kg | 17.170 | 17.170 | 17.170 | 17.170 | 17.170 | 17.170 |
| 无石棉橡胶板 低中压 $\delta0.8\sim6.0$ | kg | 3.760 | — | 4.160 | — | 4.940 | — |
| 油麻丝 | kg | — | 2.940 | — | 3.900 | — | 4.620 |
| 六角螺栓带螺母、垫圈(综合) | kg | 17.640 | — | 17.640 | — | 20.160 | — |
| 低碳钢焊条(综合) | kg | 1.210 | 1.210 | 1.210 | 1.210 | 1.380 | 1.380 |
| 膨胀水泥 | kg | — | 19.880 | — | 24.920 | — | 31.520 |
| 氧气 | m³ | — | 1.000 | — | 1.120 | — | 1.220 |
| 乙炔气 | kg | — | 0.385 | — | 0.431 | — | 0.469 |
| 其他材料费 | % | 1.00 | 1.00 | 1.00 | 1.00 | 1.00 | 1.00 |
| 汽车式起重机 8t | 台班 | 0.071 | 0.071 | — | — | — | — |
| 汽车式起重机 16t | 台班 | — | — | 0.071 | 0.071 | 0.088 | 0.088 |
| 载重汽车 8t | 台班 | 0.011 | 0.011 | 0.016 | 0.016 | 0.016 | 0.016 |
| 直流弧焊机 20kV·A | 台班 | 0.354 | 0.354 | 0.354 | 0.354 | 0.407 | 0.407 |
| 电焊条烘干箱 60×50×75(cm³) | 台班 | 0.035 | 0.035 | 0.035 | 0.035 | 0.041 | 0.041 |

## 2. 燃气与集中供热附件安装

### （1）挖 眼 接 管

#### ①挖眼接管（电弧焊）

**工作内容：**画线、切割、坡口加工、接管焊接等操作过程。　　　　　　　　　　　　计量单位：个

| 编　号 | | 5-2-866 | 5-2-867 | 5-2-868 | 5-2-869 | 5-2-870 | 5-2-871 |
|---|---|---|---|---|---|---|---|
| 项　目 | | 管外径 × 壁厚（mm×mm 以内） | | | | | |
| | | 219×5 | 219×6 | 219×7 | 273×6 | 273×7 | 273×8 |
| 名　称 | 单位 | 消　耗　量 | | | | | |
| 合计工日 | 工日 | 0.280 | 0.298 | 0.323 | 0.359 | 0.395 | 0.411 |
| 普工 | 工日 | 0.084 | 0.089 | 0.097 | 0.108 | 0.118 | 0.123 |
| 一般技工 | 工日 | 0.168 | 0.179 | 0.194 | 0.215 | 0.237 | 0.247 |
| 高级技工 | 工日 | 0.028 | 0.030 | 0.032 | 0.036 | 0.040 | 0.041 |
| 圆钢 $\phi$10~14 | kg | 0.540 | 0.540 | 0.540 | 1.190 | 1.190 | 1.190 |
| 角钢（综合） | kg | 0.100 | 0.100 | 0.100 | 0.100 | 0.100 | 0.100 |
| 棉纱线 | kg | 0.014 | 0.014 | 0.014 | 0.017 | 0.017 | 0.017 |
| 尼龙砂轮片 $\phi$100 | 片 | 0.048 | 0.051 | 0.055 | 0.064 | 0.068 | 0.074 |
| 低碳钢焊条（综合） | kg | 0.445 | 0.551 | 0.723 | 0.866 | 0.914 | 1.083 |
| 氧气 | m³ | 0.644 | 0.743 | 0.836 | 0.903 | 0.942 | 1.046 |
| 乙炔气 | kg | 0.248 | 0.286 | 0.322 | 0.347 | 0.362 | 0.402 |
| 其他材料费 | % | 1.00 | 1.00 | 1.00 | 1.00 | 1.00 | 1.00 |
| 直流弧焊机 20kV·A | 台班 | 0.114 | 0.117 | 0.130 | 0.145 | 0.161 | 0.169 |
| 电焊条烘干箱 60×50×75（cm³） | 台班 | 0.011 | 0.012 | 0.013 | 0.015 | 0.016 | 0.017 |

**工作内容：**画线、切割、坡口加工、接管焊接等操作过程。 计量单位：个

| 编 号 | | 5-2-872 | 5-2-873 | 5-2-874 | 5-2-875 | 5-2-876 | 5-2-877 |
|---|---|---|---|---|---|---|---|
| 项 目 | | 管外径 × 壁厚（mm×mm 以内） | | | | | |
| | | 325×6 | 325×7 | 325×8 | 377×8 | 377×9 | 377×10 |
| 名 称 | 单位 | 消 耗 量 | | | | | |
| 合计工日 | 工日 | 0.447 | 0.483 | 0.498 | 0.569 | 0.594 | 0.613 |
| 普工 | 工日 | 0.134 | 0.145 | 0.149 | 0.171 | 0.178 | 0.184 |
| 一般技工 | 工日 | 0.268 | 0.289 | 0.299 | 0.341 | 0.357 | 0.368 |
| 高级技工 | 工日 | 0.045 | 0.049 | 0.050 | 0.057 | 0.059 | 0.061 |
| 圆钢 $\phi$10~14 | kg | 1.420 | 1.420 | 1.420 | 1.680 | 1.680 | 1.680 |
| 角钢（综合） | kg | 0.100 | 0.100 | 0.100 | 0.100 | 0.100 | 0.100 |
| 棉纱线 | kg | 0.021 | 0.021 | 0.021 | 0.024 | 0.024 | 0.024 |
| 尼龙砂轮片 $\phi$100 | 片 | 0.072 | 0.082 | 0.088 | 0.108 | 0.118 | 0.123 |
| 低碳钢焊条（综合） | kg | 1.020 | 1.090 | 1.293 | 1.502 | 1.761 | 2.041 |
| 氧气 | m³ | 0.974 | 1.096 | 1.147 | 1.248 | 1.368 | 1.485 |
| 乙炔气 | kg | 0.375 | 0.422 | 0.441 | 0.480 | 0.526 | 0.571 |
| 其他材料费 | % | 1.00 | 1.00 | 1.00 | 1.00 | 1.00 | 1.00 |
| 直流弧焊机 20kV·A | 台班 | 0.167 | 0.193 | 0.203 | 0.235 | 0.247 | 0.256 |
| 电焊条烘干箱 60×50×75（cm³） | 台班 | 0.017 | 0.019 | 0.020 | 0.024 | 0.025 | 0.026 |

**工作内容:** 画线、切割、坡口加工、接管焊接等操作过程。　　　　　　　　　　　　　　　　　计量单位:个

| 编　号 | | 5-2-878 | 5-2-879 | 5-2-880 | 5-2-881 | 5-2-882 | 5-2-883 |
|---|---|---|---|---|---|---|---|
| 项　目 | | 管外径 × 壁厚(mm×mm 以内) | | | | | |
| | | 426×8 | 426×9 | 426×10 | 478×8 | 478×9 | 478×10 |
| 名　称 | 单位 | 消　耗　量 | | | | | |
| 合计工日 | 工日 | 0.639 | 0.666 | 0.691 | 0.727 | 0.763 | 0.779 |
| 普工 | 工日 | 0.192 | 0.200 | 0.207 | 0.218 | 0.229 | 0.234 |
| 一般技工 | 工日 | 0.383 | 0.399 | 0.415 | 0.436 | 0.457 | 0.467 |
| 高级技工 | 工日 | 0.064 | 0.067 | 0.069 | 0.073 | 0.077 | 0.078 |
| 圆钢 $\phi15\sim24$ | kg | — | — | — | 3.336 | 3.336 | 3.336 |
| 圆钢 $\phi10\sim14$ | kg | 1.860 | 1.860 | 1.860 | — | — | — |
| 角钢(综合) | kg | 0.100 | 0.100 | 0.100 | 0.100 | 0.100 | 0.100 |
| 棉纱线 | kg | 0.027 | 0.027 | 0.027 | 0.030 | 0.030 | 0.030 |
| 尼龙砂轮片 $\phi100$ | 片 | 0.122 | 0.134 | 0.140 | 0.130 | 0.158 | 0.165 |
| 低碳钢焊条(综合) | kg | 1.901 | 1.992 | 2.310 | 1.908 | 2.420 | 2.595 |
| 氧气 | m³ | 1.440 | 1.498 | 1.627 | 1.474 | 1.678 | 1.758 |
| 乙炔气 | kg | 0.554 | 0.576 | 0.626 | 0.567 | 0.645 | 0.676 |
| 其他材料费 | % | 1.00 | 1.00 | 1.00 | 1.00 | 1.00 | 1.00 |
| 直流弧焊机 20kV·A | 台班 | 0.252 | 0.279 | 0.289 | 0.268 | 0.315 | 0.326 |
| 电焊条烘干箱 60×50×75(cm³) | 台班 | 0.025 | 0.028 | 0.029 | 0.027 | 0.032 | 0.033 |

**工作内容：**画线、切割、坡口加工、接管焊接等操作过程。　　　　　　　　　　　　**计量单位：**个

| 编　号 | | 5-2-884 | 5-2-885 | 5-2-886 | 5-2-887 | 5-2-888 | 5-2-889 |
|---|---|---|---|---|---|---|---|
| 项　目 | | 管外径 × 壁厚（mm×mm 以内） | | | | | |
| | | 529 × 8 | 529 × 9 | 529 × 10 | 630 × 8 | 630 × 9 | 630 × 10 |
| 名　称 | 单位 | 消　耗　量 | | | | | |
| 合计工日 | 工日 | 0.803 | 0.840 | 0.866 | 0.989 | 1.025 | 1.041 |
| 普工 | 工日 | 0.241 | 0.252 | 0.260 | 0.297 | 0.307 | 0.312 |
| 一般技工 | 工日 | 0.482 | 0.504 | 0.520 | 0.593 | 0.615 | 0.625 |
| 高级技工 | 工日 | 0.080 | 0.084 | 0.086 | 0.099 | 0.103 | 0.104 |
| 圆钢 $\phi15\sim24$ | kg | 3.620 | 3.620 | 3.620 | 4.310 | 4.310 | 4.310 |
| 角钢（综合） | kg | 0.100 | 0.100 | 0.100 | 0.101 | 0.101 | 0.101 |
| 棉纱线 | kg | 0.033 | 0.033 | 0.033 | 0.040 | 0.040 | 0.040 |
| 六角螺栓（综合） | 10 套 | — | — | — | 0.024 | 0.024 | 0.024 |
| 尼龙砂轮片 $\phi100$ | 片 | 0.152 | 0.163 | 0.190 | 0.180 | 0.228 | 0.237 |
| 低碳钢焊条（综合） | kg | 2.134 | 2.499 | 2.896 | 2.890 | 3.487 | 3.959 |
| 氧气 | $m^3$ | 1.579 | 1.735 | 1.885 | 1.872 | 2.100 | 2.278 |
| 乙炔气 | kg | 0.607 | 0.667 | 0.725 | 0.720 | 0.808 | 0.876 |
| 其他材料费 | % | 1.00 | 1.00 | 1.00 | 1.00 | 1.00 | 1.00 |
| 直流弧焊机 20kV·A | 台班 | 0.310 | 0.320 | 0.363 | 0.355 | 0.479 | 0.487 |
| 电焊条烘干箱 $60\times50\times75$（$cm^3$） | 台班 | 0.031 | 0.032 | 0.036 | 0.036 | 0.048 | 0.049 |

**工作内容：**画线、切割、坡口加工、接管焊接等操作过程。　　　　　　　　　　　计量单位：个

| 编　号 | | 5-2-890 | 5-2-891 | 5-2-892 | 5-2-893 | 5-2-894 | 5-2-895 |
|---|---|---|---|---|---|---|---|
| 项　目 | | 管外径 × 壁厚（mm×mm 以内） | | | | | |
| | | 720×8 | 720×9 | 720×10 | 820×9 | 820×10 | 820×12 |
| 名　称 | 单位 | 消　耗　量 | | | | | |
| 合计工日 | 工日 | 1.136 | 1.163 | 1.190 | 1.312 | 1.347 | 1.419 |
| 普工 | 工日 | 0.341 | 0.349 | 0.357 | 0.393 | 0.404 | 0.426 |
| 一般技工 | 工日 | 0.682 | 0.698 | 0.714 | 0.788 | 0.808 | 0.851 |
| 高级技工 | 工日 | 0.113 | 0.116 | 0.119 | 0.131 | 0.135 | 0.142 |
| 圆钢 $\phi$15~24 | kg | 4.920 | 4.920 | 4.920 | 5.610 | 5.610 | 5.610 |
| 角钢（综合） | kg | 0.110 | 0.110 | 0.110 | 0.110 | 0.110 | 0.110 |
| 棉纱线 | kg | 0.045 | 0.045 | 0.045 | 0.052 | 0.052 | 0.052 |
| 六角螺栓（综合） | 10套 | 0.024 | 0.024 | 0.024 | 0.024 | 0.024 | 0.024 |
| 尼龙砂轮片 $\phi$100 | 片 | 0.230 | 0.261 | 0.271 | 0.322 | 0.334 | 0.355 |
| 低碳钢焊条（综合） | kg | 3.492 | 3.990 | 4.531 | 4.591 | 5.209 | 6.593 |
| 氧气 | m³ | 2.105 | 2.307 | 2.504 | 2.590 | 2.811 | 3.235 |
| 乙炔气 | kg | 0.810 | 0.887 | 0.963 | 0.996 | 1.081 | 1.244 |
| 其他材料费 | % | 1.00 | 1.00 | 1.00 | 1.00 | 1.00 | 1.00 |
| 直流弧焊机 20kV·A | 台班 | 0.487 | 0.549 | 0.559 | 0.626 | 0.638 | 0.675 |
| 电焊条烘干箱 60×50×75（cm³） | 台班 | 0.049 | 0.055 | 0.056 | 0.063 | 0.064 | 0.068 |

**工作内容:** 画线、切割、坡口加工、接管焊接等操作过程。计量单位:个

| 编　号 | | 5-2-896 | 5-2-897 | 5-2-898 | 5-2-899 | 5-2-900 | 5-2-901 |
|---|---|---|---|---|---|---|---|
| 项　目 | | 管外径 × 壁厚 ( mm × mm 以内 ) | | | | | |
| | | 920 × 9 | 920 × 10 | 920 × 12 | 1 020 × 10 | 1 020 × 12 | 1 020 × 14 |
| 名　称 | 单位 | 消　耗　量 | | | | | |
| 合计工日 | 工日 | 1.470 | 1.496 | 1.576 | 1.655 | 1.743 | 1.935 |
| 普工 | 工日 | 0.441 | 0.449 | 0.473 | 0.496 | 0.523 | 0.581 |
| 一般技工 | 工日 | 0.882 | 0.898 | 0.945 | 0.993 | 1.045 | 1.160 |
| 高级技工 | 工日 | 0.147 | 0.149 | 0.158 | 0.166 | 0.175 | 0.194 |
| 圆钢 $\phi$15~24 | kg | 6.290 | 6.290 | 6.290 | 6.980 | 6.980 | 6.980 |
| 角钢(综合) | kg | 0.110 | 0.110 | 0.110 | 0.110 | 0.110 | 0.110 |
| 棉纱线 | kg | 0.058 | 0.058 | 0.058 | 0.064 | 0.064 | 0.064 |
| 六角螺栓(综合) | 10套 | 0.024 | 0.024 | 0.024 | 0.024 | 0.024 | 0.024 |
| 尼龙砂轮片 $\phi$100 | 片 | 0.341 | 0.350 | 0.399 | 0.382 | 0.443 | 0.470 |
| 低碳钢焊条(综合) | kg | 5.460 | 5.850 | 7.405 | 6.490 | 8.217 | 10.191 |
| 氧气 | m³ | 2.885 | 3.134 | 3.610 | 3.441 | 3.967 | 4.470 |
| 乙炔气 | kg | 1.110 | 1.205 | 1.388 | 1.323 | 1.526 | 1.719 |
| 其他材料费 | % | 1.00 | 1.00 | 1.00 | 1.00 | 1.00 | 1.00 |
| 直流弧焊机 20kV·A | 台班 | 0.671 | 0.672 | 0.757 | 0.726 | 0.840 | 0.983 |
| 电焊条烘干箱 60×50×75(cm³) | 台班 | 0.067 | 0.067 | 0.076 | 0.073 | 0.084 | 0.098 |

②挖眼接管（氩电联焊）

**工作内容：**画线、切割、坡口加工、接管焊接等操作过程。 计量单位：个

| 编　号 | 5-2-902 | 5-2-903 | 5-2-904 | 5-2-905 | 5-2-906 | 5-2-907 |
|---|---|---|---|---|---|---|
| 项　目 | 管外径 × 壁厚（mm×mm 以内） | | | | | |
| | 219×5 | 219×6 | 219×7 | 273×6 | 273×7 | 273×8 |
| 名　称 | 单位 | 消　耗　量 | | | | |
| 合计工日 | 工日 | 0.271 | 0.289 | 0.316 | 0.323 | 0.359 | 0.377 |
| 普工 | 工日 | 0.081 | 0.086 | 0.095 | 0.097 | 0.108 | 0.113 |
| 一般技工 | 工日 | 0.163 | 0.174 | 0.189 | 0.194 | 0.215 | 0.226 |
| 高级技工 | 工日 | 0.027 | 0.029 | 0.032 | 0.032 | 0.036 | 0.038 |
| 圆钢 $\phi$10~14 | kg | 0.540 | 0.540 | 0.540 | 1.190 | 1.190 | 1.190 |
| 角钢（综合） | kg | 0.100 | 0.100 | 0.100 | 0.100 | 0.100 | 0.100 |
| 铈钨棒 | g | 0.481 | 0.481 | 0.481 | 0.595 | 0.595 | 0.595 |
| 棉纱线 | kg | 0.014 | 0.014 | 0.014 | 0.017 | 0.017 | 0.017 |
| 尼龙砂轮片 $\phi$100 | 片 | 0.048 | 0.051 | 0.055 | 0.064 | 0.068 | 0.074 |
| 碳钢氩弧焊丝 | kg | 0.086 | 0.086 | 0.086 | 0.107 | 0.107 | 0.107 |
| 低碳钢焊条（综合） | kg | 0.272 | 0.378 | 0.550 | 0.641 | 0.689 | 0.856 |
| 氩气 | m³ | 0.241 | 0.241 | 0.241 | 0.298 | 0.298 | 0.298 |
| 氧气 | m³ | 0.644 | 0.743 | 0.836 | 0.903 | 0.942 | 1.046 |
| 乙炔气 | kg | 0.248 | 0.286 | 0.322 | 0.347 | 0.362 | 0.402 |
| 其他材料费 | % | 1.00 | 1.00 | 1.00 | 1.00 | 1.00 | 1.00 |
| 直流弧焊机 20kV·A | 台班 | 0.049 | 0.051 | 0.065 | 0.081 | 0.096 | 0.104 |
| 氩弧焊机 500A | 台班 | 0.111 | 0.111 | 0.111 | 0.138 | 0.138 | 0.138 |
| 半自动切割机 100mm | 台班 | 0.055 | 0.055 | 0.055 | 0.078 | 0.078 | 0.078 |
| 电焊条烘干箱 60×50×75（cm³） | 台班 | 0.005 | 0.005 | 0.007 | 0.008 | 0.010 | 0.010 |

**工作内容:** 画线、切割、坡口加工、接管焊接等操作过程。　　　　　　　　　　　　　　　　计量单位:个

| 编　号 | | 5-2-908 | 5-2-909 | 5-2-910 | 5-2-911 | 5-2-912 | 5-2-913 |
|---|---|---|---|---|---|---|---|
| 项　目 | | 管外径 × 壁厚（mm×mm 以内） | | | | | |
| | | 325×6 | 325×7 | 325×8 | 377×8 | 377×9 | 377×10 |
| 名　称 | 单位 | 消　耗　量 | | | | | |
| 合计工日 | 工日 | 0.429 | 0.465 | 0.483 | 0.754 | 0.779 | 0.797 |
| 普工 | 工日 | 0.129 | 0.140 | 0.145 | 0.226 | 0.234 | 0.239 |
| 一般技工 | 工日 | 0.257 | 0.278 | 0.289 | 0.452 | 0.467 | 0.478 |
| 高级技工 | 工日 | 0.043 | 0.047 | 0.049 | 0.076 | 0.078 | 0.080 |
| 圆钢 $\phi$10~14 | kg | 1.420 | 1.420 | 1.420 | 1.680 | 1.680 | 1.680 |
| 角钢（综合） | kg | 0.100 | 0.100 | 0.100 | 0.100 | 0.100 | 0.100 |
| 铈钨棒 | g | 0.614 | 0.614 | 0.614 | 0.631 | 0.631 | 0.631 |
| 棉纱线 | kg | 0.021 | 0.021 | 0.021 | 0.024 | 0.024 | 0.024 |
| 尼龙砂轮片 $\phi$100 | 片 | 0.072 | 0.082 | 0.088 | 0.108 | 0.118 | 0.123 |
| 碳钢氩弧焊丝 | kg | 0.109 | 0.109 | 0.109 | 0.112 | 0.112 | 0.112 |
| 低碳钢焊条（综合） | kg | 0.780 | 0.850 | 1.053 | 1.246 | 1.505 | 1.785 |
| 氩气 | m³ | 0.307 | 0.307 | 0.307 | 0.315 | 0.315 | 0.315 |
| 氧气 | m³ | 0.974 | 1.096 | 1.147 | 1.248 | 1.368 | 1.485 |
| 乙炔气 | kg | 0.375 | 0.422 | 0.441 | 0.480 | 0.526 | 0.571 |
| 其他材料费 | % | 1.00 | 1.00 | 1.00 | 1.00 | 1.00 | 1.00 |
| 直流弧焊机 20kV·A | 台班 | 0.106 | 0.132 | 0.142 | 0.177 | 0.188 | 0.197 |
| 氩弧焊机 500A | 台班 | 0.142 | 0.142 | 0.142 | 0.146 | 0.146 | 0.146 |
| 半自动切割机 100mm | 台班 | 0.081 | 0.081 | 0.081 | 0.084 | 0.084 | 0.084 |
| 电焊条烘干箱 60×50×75（cm³） | 台班 | 0.011 | 0.013 | 0.014 | 0.018 | 0.019 | 0.020 |

**工作内容**：画线、切割、坡口加工、接管焊接等操作过程。 计量单位：个

| 编　号 | | 5-2-914 | 5-2-915 | 5-2-916 | 5-2-917 | 5-2-918 | 5-2-919 |
|---|---|---|---|---|---|---|---|
| 项　目 | | 管外径 × 壁厚（mm×mm 以内） | | | | | |
| | | 426×8 | 426×9 | 426×10 | 478×8 | 478×9 | 478×10 |
| 名　称 | 单位 | 消　耗　量 | | | | | |
| 合计工日 | 工日 | 0.630 | 0.666 | 0.682 | 0.717 | 0.754 | 0.771 |
| 普工 | 工日 | 0.189 | 0.200 | 0.204 | 0.215 | 0.226 | 0.231 |
| 一般技工 | 工日 | 0.378 | 0.399 | 0.410 | 0.430 | 0.452 | 0.463 |
| 高级技工 | 工日 | 0.063 | 0.067 | 0.068 | 0.072 | 0.076 | 0.077 |
| 圆钢 $\phi15\sim24$ | kg | — | — | — | 3.336 | 3.336 | 3.336 |
| 圆钢 $\phi10\sim14$ | kg | 1.860 | 1.860 | 1.860 | — | — | — |
| 角钢（综合） | kg | 0.100 | 0.100 | 0.100 | 0.100 | 0.100 | 0.100 |
| 铈钨棒 | g | 0.716 | 0.716 | 0.716 | 0.805 | 0.805 | 0.805 |
| 棉纱线 | kg | 0.027 | 0.027 | 0.027 | 0.030 | 0.030 | 0.030 |
| 尼龙砂轮片 $\phi100$ | 片 | 0.122 | 0.134 | 0.140 | 0.130 | 0.158 | 0.165 |
| 碳钢氩弧焊丝 | kg | 0.127 | 0.127 | 0.127 | 0.143 | 0.143 | 0.143 |
| 低碳钢焊条（综合） | kg | 1.611 | 1.702 | 2.020 | 1.807 | 2.066 | 2.241 |
| 氩气 | m³ | 0.358 | 0.358 | 0.358 | 0.403 | 0.403 | 0.403 |
| 氧气 | m³ | 1.440 | 1.498 | 1.627 | 1.474 | 1.678 | 1.758 |
| 乙炔气 | kg | 0.554 | 0.576 | 0.626 | 0.567 | 0.645 | 0.676 |
| 其他材料费 | % | 1.00 | 1.00 | 1.00 | 1.00 | 1.00 | 1.00 |
| 直流弧焊机 20kV·A | 台班 | 0.186 | 0.212 | 0.223 | 0.203 | 0.250 | 0.261 |
| 氩弧焊机 500A | 台班 | 0.167 | 0.167 | 0.167 | 0.188 | 0.188 | 0.188 |
| 半自动切割机 100mm | 台班 | 0.091 | 0.091 | 0.091 | 0.104 | 0.104 | 0.104 |
| 电焊条烘干箱 60×50×75（cm³） | 台班 | 0.019 | 0.021 | 0.022 | 0.020 | 0.025 | 0.026 |

**工作内容：**画线、切割、坡口加工、接管焊接等操作过程。　　　　　　　　　　　计量单位：个

| 编　号 | | 5-2-920 | 5-2-921 | 5-2-922 |
|---|---|---|---|---|
| 项　目 | | 管外径 × 壁厚（mm × mm 以内） | | |
| | | 529 × 8 | 529 × 9 | 529 × 10 |
| 名　称 | 单位 | 消　耗　量 | | |
| 合计工日 | 工日 | 0.797 | 0.831 | 0.858 |
| 普工 | 工日 | 0.239 | 0.249 | 0.257 |
| 一般技工 | 工日 | 0.478 | 0.499 | 0.515 |
| 高级技工 | 工日 | 0.080 | 0.083 | 0.086 |
| 圆钢 $\phi15\sim24$ | kg | 3.620 | 3.620 | 3.620 |
| 角钢（综合） | kg | 0.100 | 0.100 | 0.100 |
| 铈钨棒 | g | 0.892 | 0.892 | 0.892 |
| 棉纱线 | kg | 0.033 | 0.033 | 0.033 |
| 尼龙砂轮片 $\phi100$ | 片 | 0.152 | 0.163 | 0.190 |
| 碳钢氩弧焊丝 | kg | 0.159 | 0.159 | 0.159 |
| 低碳钢焊条（综合） | kg | 2.000 | 2.109 | 2.506 |
| 氩气 | m³ | 0.446 | 0.446 | 0.446 |
| 氧气 | m³ | 1.579 | 1.735 | 1.885 |
| 乙炔气 | kg | 0.607 | 0.667 | 0.725 |
| 其他材料费 | % | 1.00 | 1.00 | 1.00 |
| 直流弧焊机 20kV·A | 台班 | 0.238 | 0.249 | 0.291 |
| 氩弧焊机 500A | 台班 | 0.207 | 0.207 | 0.207 |
| 半自动切割机 100mm | 台班 | 0.119 | 0.119 | 0.119 |
| 电焊条烘干箱 $60\times50\times75$（cm³） | 台班 | 0.024 | 0.025 | 0.029 |

## （2）钢管揻弯

①钢管揻弯（机械揻弯）

**工作内容：**画线、涂机油、上管压紧、揻弯、修整等操作过程。　　　　　　　　　　计量单位：个

| 编　号 | | 5-2-923 | 5-2-924 | 5-2-925 | 5-2-926 |
|---|---|---|---|---|---|
| 项　目 | | 管外径（mm 以内） | | | |
| | | 57 | 76 | 89 | 108 |
| 名　称 | 单位 | 消　耗　量 | | | |
| 合计工日 | 工日 | 0.053 | 0.102 | 0.133 | 0.191 |
| 普工 | 工日 | 0.016 | 0.031 | 0.040 | 0.058 |
| 一般技工 | 工日 | 0.032 | 0.061 | 0.079 | 0.114 |
| 高级技工 | 工日 | 0.005 | 0.010 | 0.014 | 0.019 |
| 机油 15# | kg | — | 0.040 | 0.040 | 0.040 |
| 氧气 | m³ | 0.036 | 0.055 | 0.062 | 0.095 |
| 乙炔气 | kg | 0.014 | 0.021 | 0.024 | 0.037 |
| 其他材料费 | % | 1.00 | 1.00 | 1.00 | 1.00 |
| 电动弯管机 108mm | 台班 | 0.017 | 0.029 | 0.035 | 0.043 |

②钢管揻弯（中频弯管机揻弯）

**工作内容：**画线、涂机油、上胎具、加热、揻弯、下胎具、成品检查等操作过程。　　　　计量单位：个

| 编　号 | | 5-2-927 | 5-2-928 | 5-2-929 | 5-2-930 |
|---|---|---|---|---|---|
| 项　目 | | 公称直径（mm 以内） | | | |
| | | 100 | 150 | 200 | 250 |
| 名　称 | 单位 | 消　耗　量 | | | |
| 合计工日 | 工日 | 0.217 | 0.251 | 0.351 | 0.443 |
| 普工 | 工日 | 0.065 | 0.076 | 0.105 | 0.133 |
| 一般技工 | 工日 | 0.130 | 0.150 | 0.211 | 0.266 |
| 高级技工 | 工日 | 0.022 | 0.025 | 0.035 | 0.044 |
| 氧气 | m³ | 0.095 | 0.135 | 0.174 | 0.261 |
| 乙炔气 | kg | 0.037 | 0.052 | 0.067 | 0.100 |
| 电 | kW·h | 35.524 | 36.810 | 38.095 | 42.857 |
| 水 | kg | 0.008 | 0.010 | 0.011 | 0.013 |
| 其他材料费 | % | 1.00 | 1.00 | 1.00 | 1.00 |
| 电动葫芦单速 3t | 台班 | — | — | 0.088 | 0.111 |
| 中频揻弯机 160kW | 台班 | 0.063 | 0.073 | 0.088 | 0.111 |

**工作内容:** 画线、涂机油、上胎具、加热、揻弯、下胎具、成品检查等操作过程。　　　　　　　　　计量单位:个

| 编　号 | | 5-2-931 | 5-2-932 | 5-2-933 | 5-2-934 | 5-2-935 |
|---|---|---|---|---|---|---|
| 项　目 | | 公称直径（mm 以内） | | | | |
| | | 300 | 350 | 400 | 450 | 500 |
| 名　称 | 单位 | 消　耗　量 | | | | |
| 合计工日 | 工日 | 0.665 | 0.984 | 1.127 | 1.470 | 2.428 |
| 普工 | 工日 | 0.199 | 0.295 | 0.338 | 0.441 | 0.728 |
| 一般技工 | 工日 | 0.399 | 0.591 | 0.676 | 0.882 | 1.457 |
| 高级技工 | 工日 | 0.067 | 0.098 | 0.113 | 0.147 | 0.243 |
| 氧气 | $m^3$ | 0.293 | 0.361 | 0.429 | 0.475 | 0.572 |
| 乙炔气 | kg | 0.113 | 0.139 | 0.165 | 0.183 | 0.220 |
| 电 | kW·h | 47.619 | 51.588 | 55.555 | 59.522 | 63.486 |
| 水 | kg | 0.015 | 0.017 | 0.019 | 0.021 | 0.023 |
| 其他材料费 | % | 1.00 | 1.00 | 1.00 | 1.00 | 1.00 |
| 电动葫芦单速 3t | 台班 | 0.148 | 0.221 | 0.253 | 0.295 | 0.442 |
| 中频揻弯机 160kW | 台班 | 0.148 | 0.221 | 0.253 | 0.295 | 0.442 |

## （3）钢塑过渡接头安装

### ①钢塑过渡接头安装（焊接）

**工作内容：** 钢管接头焊接、塑料管接头熔接等操作过程。　　　　　　　　　　　　**计量单位：** 个

| 编　号 | | 5-2-936 | 5-2-937 | 5-2-938 | 5-2-939 | 5-2-940 | 5-2-941 |
|---|---|---|---|---|---|---|---|
| 项　目 | | 管外径（mm 以内） | | | | | |
| | | $57 \times 50$ | $108 \times 75$ | $108 \times 90$ | $108 \times 110$ | $159 \times 125$ | $159 \times 150$ |
| 名　称 | 单位 | 消　耗　量 | | | | | |
| 合计工日 | 工日 | 0.201 | 0.341 | 0.385 | 0.420 | 0.447 | 0.474 |
| 普工 | 工日 | 0.060 | 0.103 | 0.115 | 0.126 | 0.134 | 0.142 |
| 一般技工 | 工日 | 0.121 | 0.204 | 0.231 | 0.252 | 0.268 | 0.284 |
| 高级技工 | 工日 | 0.020 | 0.034 | 0.039 | 0.042 | 0.045 | 0.048 |
| 钢塑过渡接头 | 个 | （1.000） | （1.000） | （1.000） | （1.000） | （1.000） | （1.000） |
| 尼龙砂轮片 $\phi100$ | 片 | 0.005 | 0.013 | 0.013 | 0.013 | 0.020 | 0.020 |
| 低碳钢焊条（综合） | kg | 0.060 | 0.140 | 0.140 | 0.140 | 0.290 | 0.290 |
| 三氯乙烯 | kg | 0.010 | 0.010 | 0.010 | 0.010 | 0.010 | 0.010 |
| 氧气 | $m^3$ | 0.130 | 0.240 | 0.240 | 0.240 | 0.370 | 0.370 |
| 乙炔气 | kg | 0.050 | 0.092 | 0.092 | 0.092 | 0.142 | 0.142 |
| 破布 | kg | 0.030 | 0.030 | 0.040 | 0.040 | 0.050 | 0.050 |
| 其他材料费 | % | 1.00 | 1.00 | 1.00 | 1.00 | 1.00 | 1.00 |
| 直流弧焊机 20kV·A | 台班 | 0.035 | 0.071 | 0.071 | 0.071 | 0.124 | 0.124 |
| 热熔对接焊机 630mm | 台班 | 0.035 | 0.062 | 0.080 | 0.124 | 0.168 | 0.221 |
| 电焊条烘干箱 $60 \times 50 \times 75$（$cm^3$） | 台班 | 0.004 | 0.007 | 0.007 | 0.007 | 0.012 | 0.012 |

②钢塑过渡接头安装（法兰连接）

**工作内容:** 钢管接头焊接、塑料管接头熔接等操作过程。 计量单位: 个

| 编 号 | | 5-2-942 | 5-2-943 | 5-2-944 | 5-2-945 |
|---|---|---|---|---|---|
| 项 目 | | 管外径(mm 以内) | | | |
| | | 200 | 250 | 315 | 400 |
| 名 称 | 单位 | 消 耗 量 | | | |
| 合计工日 | 工日 | 0.621 | 0.840 | 1.146 | 1.749 |
| 普工 | 工日 | 0.186 | 0.252 | 0.344 | 0.525 |
| 一般技工 | 工日 | 0.373 | 0.504 | 0.688 | 1.049 |
| 高级技工 | 工日 | 0.062 | 0.084 | 0.114 | 0.175 |
| 钢塑过渡接头 | 个 | (1.000) | (1.000) | (1.000) | (1.000) |
| 尼龙砂轮片 $\phi100$ | 片 | 0.156 | 0.226 | 0.269 | 0.407 |
| 低碳钢焊条（综合） | kg | 0.590 | 1.223 | 1.517 | 2.559 |
| 清油 | kg | 0.030 | 0.040 | 0.050 | 0.060 |
| 白铅油 | kg | 0.170 | 0.200 | 0.250 | 0.300 |
| 三氯乙烯 | kg | 0.020 | 0.040 | 0.040 | 0.060 |
| 氧气 | m³ | 0.164 | 0.245 | 0.275 | 0.403 |
| 乙炔气 | kg | 0.063 | 0.094 | 0.106 | 0.155 |
| 无石棉橡胶板 低中压 $\delta0.8\sim6.0$ | kg | 0.330 | 0.370 | 0.400 | 0.690 |
| 破布 | kg | 0.077 | 0.101 | 0.129 | 0.183 |
| 其他材料费 | % | 1.00 | 1.00 | 1.00 | 1.00 |
| 直流弧焊机 20kV·A | 台班 | 0.165 | 0.236 | 0.293 | 0.348 |
| 热熔对接焊机 630mm | 台班 | 0.272 | 0.339 | 0.484 | 0.790 |
| 电焊条烘干箱 60×50×75（cm³） | 台班 | 0.017 | 0.024 | 0.029 | 0.035 |

## （4）防雨环帽制作、安装

**工作内容：** 1. 制作：放样、下料、切割、坡口、卷圆、找圆、组对、点焊、焊接等操作过程。

2. 安装：吊装、组对、焊接等操作过程。　　　　　　　　　　计量单位：100kg

| 编　号 | | 5-2-946 | 5-2-947 | 5-2-948 | 5-2-949 | 5-2-950 |
|---|---|---|---|---|---|---|
| 项　目 | | 制作（重量 kg 以内） | | | | 安装 |
| | | 20 | 50 | 100 | 200 | |
| 名　称 | 单位 | 消　耗　量 | | | | |
| 合计工日 | 工日 | 1.976 | 1.659 | 1.487 | 1.280 | 1.168 |
| 普工 | 工日 | 0.593 | 0.498 | 0.446 | 0.384 | 0.350 |
| 一般技工 | 工日 | 1.185 | 0.995 | 0.892 | 0.768 | 0.701 |
| 高级技工 | 工日 | 0.198 | 0.166 | 0.149 | 0.128 | 0.117 |
| 钢板（综合） | kg | （106.000） | （106.000） | （106.000） | （106.000） | — |
| 低碳钢焊条（综合） | kg | 2.651 | 2.850 | 2.740 | 2.450 | 1.430 |
| 氧气 | m³ | 1.320 | 1.740 | 1.000 | 1.000 | 0.110 |
| 乙炔气 | kg | 0.508 | 0.669 | 0.385 | 0.385 | 0.042 |
| 其他材料费 | % | 1.00 | 1.00 | 1.00 | 1.00 | 1.00 |
| 电动单筒慢速卷扬机 30kN | 台班 | — | — | — | — | 0.053 |
| 立式钻床 25mm | 台班 | 0.019 | 0.018 | 0.009 | 0.006 | — |
| 剪板机 20×2 000mm | 台班 | 0.009 | 0.009 | 0.004 | 0.004 | — |
| 卷板机 20×2 000mm | 台班 | 0.018 | 0.018 | 0.013 | 0.013 | — |
| 直流弧焊机 14kV·A | 台班 | 0.451 | 0.363 | 0.345 | 0.283 | 0.283 |
| 电动空气压缩机 6m³/min | 台班 | 0.009 | 0.009 | 0.006 | 0.004 | — |
| 电焊条烘干箱 60×50×75（cm³） | 台班 | 0.045 | 0.036 | 0.035 | 0.028 | 0.028 |

## （5）平面法兰式伸缩套安装

**工作内容：**清理管口、找平、找正、加垫浸油、法兰连接、上螺栓等。　　　　计量单位：个

| 编　号 | | 5-2-951 | 5-2-952 | 5-2-953 | 5-2-954 |
|---|---|---|---|---|---|
| 项　目 | | 公称直径（mm 以内） | | | |
| | | 80 | 100 | 150 | 200 |
| 名　称 | 单位 | 消　耗　量 | | | |
| 合计工日 | 工日 | 0.579 | 0.604 | 0.621 | 0.639 |
| 普工 | 工日 | 0.174 | 0.181 | 0.186 | 0.192 |
| 一般技工 | 工日 | 0.347 | 0.363 | 0.373 | 0.383 |
| 高级技工 | 工日 | 0.058 | 0.060 | 0.062 | 0.064 |
| 法兰伸缩套 | 套 | （1.000） | （1.000） | （1.000） | （1.000） |
| 破布 | kg | 0.051 | 0.061 | 0.071 | 0.081 |
| 厚漆 | kg | 0.031 | 0.052 | 0.056 | 0.062 |
| 黄油 | kg | 0.031 | 0.052 | 0.056 | 0.062 |
| 其他材料费 | % | 1.00 | 1.00 | 1.00 | 1.00 |

**工作内容：**清理管口、找平、找正、加垫浸油、法兰连接、上螺栓等。　　　　计量单位：个

| 编　号 | | 5-2-955 | 5-2-956 | 5-2-957 | 5-2-958 |
|---|---|---|---|---|---|
| 项　目 | | 公称直径（mm 以内） | | | |
| | | 250 | 300 | 350 | 400 |
| 名　称 | 单位 | 消　耗　量 | | | |
| 合计工日 | 工日 | 0.771 | 0.901 | 1.155 | 1.401 |
| 普工 | 工日 | 0.231 | 0.270 | 0.347 | 0.420 |
| 一般技工 | 工日 | 0.463 | 0.541 | 0.693 | 0.841 |
| 高级技工 | 工日 | 0.077 | 0.090 | 0.115 | 0.140 |
| 法兰伸缩套 | 套 | （1.000） | （1.000） | （1.000） | （1.000） |
| 破布 | kg | 0.101 | 0.103 | 0.152 | 0.182 |
| 厚漆 | kg | 0.082 | 0.085 | 0.093 | 0.103 |
| 黄油 | kg | 0.082 | 0.085 | 0.093 | 0.103 |
| 其他材料费 | % | 1.00 | 1.00 | 1.00 | 1.00 |

## （6）铸铁管连接套接头

**工作内容：**清理基础、管口处理、找平、找正、放胶圈、对口压兰、上螺栓等。　　　　　　　　　计量单位：套

| 编　号 | | 5-2-959 | 5-2-960 | 5-2-961 | 5-2-962 |
|---|---|---|---|---|---|
| 项　目 | | 公称直径（mm 以内） | | | |
| | | 100 | 150 | 200 | 300 |
| 名　称 | 单位 | 消　耗　量 | | | |
| 合计工日 | 工日 | 0.316 | 0.452 | 0.587 | 0.858 |
| 普工 | 工日 | 0.095 | 0.136 | 0.177 | 0.257 |
| 一般技工 | 工日 | 0.189 | 0.271 | 0.352 | 0.515 |
| 高级技工 | 工日 | 0.032 | 0.045 | 0.058 | 0.086 |
| 连接套 | 套 | （1.000） | （1.000） | （1.000） | （1.000） |
| 破布 | kg | 0.011 | 0.021 | 0.051 | 0.101 |
| 钢锯条 | 条 | 1.030 | 1.030 | 1.030 | 1.030 |
| 厚漆 | kg | 0.052 | 0.072 | 0.082 | 0.103 |
| 黄油 | kg | 0.052 | 0.072 | 0.082 | 0.103 |
| 其他材料费 | % | 1.00 | 1.00 | 1.00 | 1.00 |

# （7）煤气调长器安装

**工作内容：** 量尺寸、断管、焊法兰、制作加垫、找平、找正、拧紧螺栓、灌沥青等操作
过程。

计量单位：个

| 编 号 | | 5-2-963 | 5-2-964 | 5-2-965 | 5-2-966 | 5-2-967 |
|---|---|---|---|---|---|---|
| 项 目 | | 公称直径（mm 以内） | | | | |
| | | 80 | 100 | 150 | 200 | 300 |
| 名 称 | 单位 | 消 耗 量 | | | | |
| 合计工日 | 工日 | 0.790 | 1.006 | 1.298 | 1.701 | 2.337 |
| 普工 | 工日 | 0.237 | 0.302 | 0.389 | 0.510 | 0.701 |
| 一般技工 | 工日 | 0.474 | 0.603 | 0.779 | 1.021 | 1.402 |
| 高级技工 | 工日 | 0.079 | 0.101 | 0.130 | 0.170 | 0.234 |
| 碳钢法兰 | 片 | （2.000） | （2.000） | （2.000） | （2.000） | （2.000） |
| 煤气调长器 | 个 | （1.000） | （1.000） | （1.000） | （1.000） | （1.000） |
| 角钢（综合） | kg | — | — | — | 0.400 | 0.400 |
| 无石棉橡胶板 低中压 $\delta0.8\sim6.0$ | kg | 0.260 | 0.340 | 0.560 | 0.660 | 0.800 |
| 尼龙砂轮片 $\phi100$ | 片 | 0.060 | 0.081 | 0.135 | 0.205 | 0.326 |
| 低碳钢焊条（综合） | kg | 0.510 | 0.656 | 1.366 | 2.396 | 4.638 |
| 石油沥青 | kg | 4.290 | 4.820 | 5.350 | 5.850 | 6.950 |
| 氧气 | m³ | 0.450 | 0.548 | 1.112 | 1.730 | 2.334 |
| 乙炔气 | kg | 0.173 | 0.211 | 0.428 | 0.665 | 0.898 |
| 其他材料费 | % | 1.00 | 1.00 | 1.00 | 1.00 | 1.00 |
| 汽车式起重机 8t | 台班 | 0.003 | 0.004 | 0.005 | 0.005 | 0.007 |
| 载重汽车 8t | 台班 | — | — | — | — | 0.004 |
| 直流弧焊机 20kV·A | 台班 | 0.290 | 0.453 | 0.582 | 0.598 | 0.833 |
| 电焊条烘干箱 60×50×75（cm³） | 台班 | 0.029 | 0.045 | 0.058 | 0.060 | 0.083 |

**工作内容:** 量尺寸、断管、焊法兰、制作加垫、找平、找正、拧紧螺栓、灌沥青等操作
过程。

计量单位:个

| 编 号 | | 5-2-968 | 5-2-969 | 5-2-970 | 5-2-971 | 5-2-972 |
|---|---|---|---|---|---|---|
| 项 目 | | 公称直径(mm 以内) | | | | |
| | | 400 | 500 | 600 | 700 | 800 |
| 名 称 | 单位 | 消 耗 量 | | | | |
| 合计工日 | 工日 | 3.126 | 3.771 | 4.493 | 5.111 | 5.687 |
| 普工 | 工日 | 0.938 | 1.131 | 1.348 | 1.534 | 1.706 |
| 一般技工 | 工日 | 1.876 | 2.263 | 2.696 | 3.066 | 3.412 |
| 高级技工 | 工日 | 0.312 | 0.377 | 0.449 | 0.511 | 0.569 |
| 碳钢法兰 | 片 | (2.000) | (2.000) | (2.000) | (2.000) | (2.000) |
| 煤气调长器 | 个 | (1.000) | (1.000) | (1.000) | (1.000) | (1.000) |
| 角钢(综合) | kg | 0.400 | 0.400 | 0.400 | 0.400 | 0.440 |
| 无石棉橡胶板 低中压 $\delta0.8\sim6.0$ | kg | 1.380 | 1.660 | 1.680 | 2.060 | 2.320 |
| 六角螺栓(综合) | 10套 | — | — | — | 0.048 | 0.048 |
| 尼龙砂轮片 $\phi100$ | 片 | 0.535 | 0.731 | 0.910 | 1.042 | 1.337 |
| 低碳钢焊条(综合) | kg | 8.004 | 10.462 | 14.500 | 16.528 | 21.556 |
| 石油沥青 | kg | 8.010 | 9.090 | 10.120 | 11.220 | 12.320 |
| 氧气 | m³ | 3.288 | 3.794 | 4.682 | 5.116 | 6.174 |
| 乙炔气 | kg | 1.265 | 1.459 | 1.801 | 1.968 | 2.375 |
| 其他材料费 | % | 1.00 | 1.00 | 1.00 | 1.00 | 1.00 |
| 汽车式起重机 8t | 台班 | 0.010 | 0.035 | 0.035 | 0.053 | 0.053 |
| 载重汽车 8t | 台班 | 0.004 | 0.004 | 0.004 | 0.004 | 0.004 |
| 直流弧焊机 20kV·A | 台班 | 1.201 | 1.504 | 2.042 | 2.327 | 2.696 |
| 电焊条烘干箱 $60\times50\times75$(cm³) | 台班 | 0.120 | 0.150 | 0.204 | 0.233 | 0.270 |

**工作内容:** 量尺寸、断管、焊法兰、制作加垫、找平、找正、拧紧螺栓、灌沥青等操作
过程。

计量单位:个

| 编　号 | | 5-2-973 | 5-2-974 | 5-2-975 |
|---|---|---|---|---|
| 项　目 | | 公称直径(mm 以内) | | |
| | | 900 | 1 000 | 1 200 |
| 名　称 | 单位 | 消　耗　量 | | |
| 合计工日 | 工日 | 6.203 | 6.923 | 7.543 |
| 普工 | 工日 | 1.861 | 2.077 | 2.263 |
| 一般技工 | 工日 | 3.722 | 4.154 | 4.526 |
| 高级技工 | 工日 | 0.620 | 0.692 | 0.754 |
| 碳钢法兰 | 片 | (2.000) | (2.000) | (2.000) |
| 煤气调长器 | 个 | (1.000) | (1.000) | (1.000) |
| 角钢(综合) | kg | 0.440 | 0.440 | 0.440 |
| 无石棉橡胶板 低中压 $\delta0.8{\sim}6.0$ | kg | 2.600 | 2.900 | 3.300 |
| 六角螺栓(综合) | 10 套 | 0.048 | 0.048 | 0.048 |
| 尼龙砂轮片 $\phi100$ | 片 | 1.596 | 1.855 | 2.114 |
| 低碳钢焊条(综合) | kg | 30.502 | 39.448 | 48.404 |
| 石油沥青 | kg | 13.420 | 14.520 | 15.620 |
| 氧气 | $m^3$ | 6.846 | 7.518 | 8.200 |
| 乙炔气 | kg | 2.633 | 2.892 | 3.154 |
| 其他材料费 | % | 1.00 | 1.00 | 1.00 |
| 汽车式起重机 8t | 台班 | 0.062 | 0.062 | 0.071 |
| 载重汽车 8t | 台班 | 0.005 | 0.005 | 0.007 |
| 直流弧焊机 20kV·A | 台班 | 3.025 | 3.354 | 3.684 |
| 电焊条烘干箱 $60\times50\times75(cm^3)$ | 台班 | 0.303 | 0.335 | 0.368 |

# 第三章　管道附属构筑物

# 说　明

一、本章包括定型井、砌筑非定型井、塑料检查井、混凝土模块式排水检查井、预制装配式钢筋混凝土排水检查井、井筒、出水口、整体化粪池、雨水口等项目。

二、本章各类定型井按《市政给水管道工程及附属设施》07MS101、《市政排水管道工程及附属设施》06MS201编制,设计要求不同时,砌筑井执行本章砌筑非定型井相应项目,混凝土井执行第六册《水处理工程》相应项目。

三、各类定型井的井盖、井座按重型球墨铸铁考虑,爬梯按塑钢考虑。当设计与项目不同时,井盖、井座及爬梯材料可以调整,其他不变。

四、塑料检查井是按设在非铺装路面考虑的,其他各类井均按设在铺装路面考虑。

五、跌水井跌水部位的抹灰,执行流槽抹灰相应项目。

六、抹灰项目适用于井内侧抹灰,井外壁抹灰时执行井内侧抹灰相应项目,人工乘以系数0.80,其他不变。

七、石砌井执行非定型井相应项目,石砌体按块石考虑。采用片石或平石时,项目中的块石和砂浆用量分别乘以系数1.09和1.19,其他不变。

八、混凝土模块式排水检查井、预制装配式钢筋混凝土排水检查井的管道接口包封,执行本册第一章现浇混凝土枕基项目,人工、机械乘以系数1.20。

九、玻璃钢化粪池是按生产厂家运至施工现场,施工单位直接起吊、就位、安装考虑的,项目中未包括闭水试验、回填土工作内容,应按经批准的施工组织设计计取。

十、各类井的井深是指井盖顶面到井基础或混凝土底板顶面的距离,没有基础的到井垫层顶面。

十一、井深大于1.5m的井未包括井字架的搭拆费用,井字架的搭拆费用执行第十一册《措施项目》相应项目。

十二、模板安装拆除执行本册第四章相应项目;钢筋制作安装执行第九册《钢筋工程》相应项目。

# 工程量计算规则

一、各类定型井按设计图示数量计算。

二、非定型井各项目的工程量按设计图示尺寸计算,其中:

1. 砌筑按体积计算,扣除管道所占体积。

2. 抹灰、勾缝按面积计算,扣除管道所占面积。

三、井壁(墙)凿洞按实际凿洞面积计算。

四、塑料检查井按设计图示数量计算。

五、混凝土模块式排水检查井按砌筑体积计算,扣除管道所占体积。混凝土灌芯按设计图示孔洞的体积计算。

六、预制装配式钢筋混凝土排水检查井以单个井室外周体积划分,按井室设计图示尺寸混凝土体积计算,扣除管道所占体积。

七、检查井筒砌筑适用于井深不同的调整和方沟井筒的砌筑,区分高度按数量计算,高度不同时采用每增减 0.2m 计算。

八、井深及井筒调增按实际发生数量计算。

九、管道出水口区分型式、材质及管径,以"处"为单位计算。

十、整体化粪池按设计图示数量计算。

# 一、定　型　井

## 1. 砖砌圆形阀门井

### （1）立式闸阀井

**工作内容：**混凝土浇捣、养护，砌砖、勾缝，安装盖板及井盖。　　　　　　　　　计量单位：座

| 编　　号 | | 5-3-1 | 5-3-2 | 5-3-3 | 5-3-4 | 5-3-5 |
|---|---|---|---|---|---|---|
| 井内径（m） | | 1.20 | | | 1.40 | |
| 井室深（m） | | 1.20 | 1.50 | 1.80 | | 2.00 |
| 井深（m） | | 1.45 | 1.75 | 2.05 | | 2.25 |
| 名　　称 | 单位 | 消　耗　量 | | | | |
| 合计工日 | 工日 | 4.690 | 5.467 | 6.244 | 7.162 | 7.753 |
| 普工 | 工日 | 2.064 | 2.405 | 2.747 | 3.151 | 3.411 |
| 一般技工 | 工日 | 2.626 | 3.062 | 3.497 | 4.011 | 4.342 |
| 塑料薄膜 | m² | 4.526 | 4.526 | 4.526 | 5.722 | 5.722 |
| 标准砖 240×115×53 | 千块 | 0.675 | 0.844 | 1.012 | 1.154 | 1.281 |
| 钢筋混凝土管 d300 | m | 0.513 | 0.513 | 0.513 | 0.513 | 0.513 |
| 塑钢爬梯 | kg | 8.130 | 10.252 | 12.372 | 12.372 | 13.787 |
| 水 | m³ | 0.539 | 0.599 | 0.656 | 0.787 | 0.831 |
| 电 | kW·h | 1.036 | 1.036 | 1.036 | 1.234 | 1.234 |
| 煤焦沥青漆 L01-17 | kg | 0.519 | 0.519 | 0.519 | 0.519 | 0.519 |
| 铸铁井盖、井座 φ700 重型 | 套 | 1.010 | 1.010 | 1.010 | 1.010 | 1.010 |
| 预拌混合砂浆 M10 | m³ | 0.422 | 0.528 | 0.632 | 0.721 | 0.801 |
| 预拌混凝土 C10 | m³ | 0.579 | 0.579 | 0.579 | 0.647 | 0.647 |
| 预拌混凝土 C25 | m³ | 0.788 | 0.788 | 0.788 | 0.992 | 0.992 |
| 其他材料费 | % | 2.00 | 2.00 | 2.00 | 2.00 | 2.00 |
| 汽车式起重机 8t | 台班 | 0.021 | 0.021 | 0.021 | 0.028 | 0.028 |
| 载重汽车 8t | 台班 | 0.022 | 0.022 | 0.022 | 0.029 | 0.029 |
| 干混砂浆罐式搅拌机 | 台班 | 0.015 | 0.020 | 0.023 | 0.027 | 0.029 |

**工作内容:**混凝土浇捣、养护,砌砖、勾缝,安装盖板及井盖。　　　　　　　　　计量单位:座

| 编　号 | | 5-3-6 | 5-3-7 | 5-3-8 | 5-3-9 |
|---|---|---|---|---|---|
| 井内径(m) | | 2.00 | | | |
| 井室深(m) | | 2.00 | 2.50 | 2.75 | 3.00 |
| 井深(m) | | 2.30 | 2.80 | 3.05 | 3.30 |
| 名　称 | 单位 | 消　耗　量 | | | |
| 合计工日 | 工日 | 11.247 | 13.178 | 14.111 | 14.979 |
| 普工 | 工日 | 4.949 | 5.798 | 6.209 | 6.591 |
| 一般技工 | 工日 | 6.298 | 7.380 | 7.902 | 8.388 |
| 塑料薄膜 | m² | 10.093 | 10.093 | 10.093 | 10.093 |
| 标准砖 240×115×53 | 千块 | 1.715 | 2.139 | 2.343 | 2.535 |
| 钢筋混凝土管 $d$300 | m | 0.513 | 0.513 | 0.513 | 0.513 |
| 塑钢爬梯 | kg | 14.141 | 17.675 | 19.443 | 21.209 |
| 水 | m³ | 1.275 | 1.424 | 1.496 | 1.563 |
| 电 | kW·h | 2.137 | 2.137 | 2.137 | 2.137 |
| 煤焦沥青漆 L01-17 | kg | 0.519 | 0.519 | 0.519 | 0.519 |
| 铸铁井盖、井座 $\phi$700 重型 | 套 | 1.010 | 1.010 | 1.010 | 1.010 |
| 预拌混合砂浆 M10 | m³ | 1.072 | 1.338 | 1.465 | 1.585 |
| 预拌混凝土 C10 | m³ | 0.891 | 0.891 | 0.891 | 0.891 |
| 预拌混凝土 C25 | m³ | 1.933 | 1.933 | 1.933 | 1.933 |
| 其他材料费 | % | 2.00 | 2.00 | 2.00 | 2.00 |
| 汽车式起重机 8t | 台班 | 0.072 | 0.072 | 0.072 | 0.072 |
| 载重汽车 8t | 台班 | 0.073 | 0.073 | 0.073 | 0.073 |
| 干混砂浆罐式搅拌机 | 台班 | 0.039 | 0.049 | 0.053 | 0.058 |

## （2）立式蝶阀井

**工作内容**：混凝土浇捣、养护，砌砖、勾缝，安装盖板及井盖。　　　　　　　　　　　计量单位：座

| 编　号 | | 5-3-10 | 5-3-11 | 5-3-12 | 5-3-13 | 5-3-14 | 5-3-15 |
|---|---|---|---|---|---|---|---|
| 井内径（m） | | 1.20 | | 1.50 | 1.80 | | |
| 井室深（m） | | 1.50 | 1.75 | | 2.00 | 2.50 | 2.75 |
| 井深（m） | | 1.75 | 2.00 | | 2.30 | 2.80 | 3.05 |
| 名　称 | 单位 | 消　耗　量 | | | | | |
| 合计工日 | 工日 | 5.467 | 6.113 | 7.494 | 10.217 | 11.911 | 12.942 |
| 普工 | 工日 | 2.405 | 2.690 | 3.297 | 4.495 | 5.241 | 5.694 |
| 一般技工 | 工日 | 3.062 | 3.423 | 4.197 | 5.722 | 6.670 | 7.248 |
| 塑料薄膜 | m² | 4.526 | 4.526 | 6.369 | 8.505 | 8.505 | 8.505 |
| 标准砖 240×115×53 | 千块 | 0.844 | 0.985 | 1.190 | 1.593 | 1.992 | 2.192 |
| 钢筋混凝土管 d300 | m | 0.513 | 0.513 | 0.513 | 0.513 | 0.513 | 0.513 |
| 塑钢爬梯 | kg | 10.252 | 12.018 | 12.018 | 14.141 | 17.675 | 19.443 |
| 水 | m³ | 0.599 | 0.647 | 0.843 | 1.127 | 1.266 | 1.337 |
| 电 | kW·h | 1.036 | 1.036 | 1.356 | 1.844 | 1.844 | 1.844 |
| 煤焦沥青漆 L01-17 | kg | 0.519 | 0.519 | 0.519 | 0.519 | 0.519 | 0.519 |
| 铸铁井盖、井座 φ700 重型 | 套 | 1.010 | 1.010 | 1.010 | 1.010 | 1.010 | 1.010 |
| 预拌混合砂浆 M10 | m³ | 0.528 | 0.615 | 0.744 | 0.996 | 1.245 | 1.370 |
| 预拌混凝土 C10 | m³ | 0.579 | 0.579 | 0.684 | 0.803 | 0.803 | 0.803 |
| 预拌混凝土 C25 | m³ | 0.788 | 0.788 | 1.101 | 1.628 | 1.628 | 1.628 |
| 其他材料费 | % | 2.00 | 2.00 | 2.00 | 2.00 | 2.00 | 2.00 |
| 汽车式起重机 8t | 台班 | 0.021 | 0.021 | 0.032 | 0.059 | 0.059 | 0.059 |
| 载重汽车 8t | 台班 | 0.022 | 0.022 | 0.032 | 0.060 | 0.060 | 0.060 |
| 干混砂浆罐式搅拌机 | 台班 | 0.020 | 0.022 | 0.028 | 0.036 | 0.045 | 0.050 |

**工作内容:** 混凝土浇捣、养护,砌砖、勾缝,安装盖板及井盖。 计量单位:座

| 编 号 | | 5-3-16 | 5-3-17 | 5-3-18 | 5-3-19 | 5-3-20 |
|---|---|---|---|---|---|---|
| 井内径(m) | | | | 2.40 | 3.20 | 3.60 |
| 井室深(m) | | 2.75 | 3.25 | 3.50 | 4.00 | 4.75 |
| 井深(m) | | 3.05 | 3.55 | 3.80 | 4.35 | 5.10 |
| 名 称 | 单位 | | | 消 耗 量 | | |
| 合计工日 | 工日 | 16.978 | 19.176 | 19.989 | 44.822 | 57.135 |
| 普工 | 工日 | 7.470 | 8.437 | 8.795 | 19.722 | 25.139 |
| 一般技工 | 工日 | 9.508 | 10.739 | 11.194 | 25.100 | 31.996 |
| 塑料薄膜 | m² | 13.457 | 13.457 | 13.457 | 25.439 | 30.916 |
| 标准砖 240×115×53 | 千块 | 2.717 | 3.200 | 3.377 | 8.091 | 10.476 |
| 钢筋混凝土管 d300 | m | 0.513 | 0.513 | 0.513 | 0.513 | 0.513 |
| 塑钢爬梯 | kg | 19.443 | 22.978 | 24.745 | 28.634 | 33.935 |
| 水 | m³ | 1.850 | 2.021 | 2.083 | 4.537 | 5.740 |
| 电 | kW·h | 2.762 | 2.762 | 2.762 | 5.878 | 7.093 |
| 煤焦沥青漆 L01-17 | kg | 0.783 | 0.783 | 0.783 | 0.783 | 0.783 |
| 铸铁井盖、井座 φ700 重型 | 套 | 1.010 | 1.010 | 1.010 | 1.010 | 1.010 |
| 预拌混合砂浆 M10 | m³ | 1.698 | 2.001 | 2.112 | 5.058 | 6.550 |
| 预拌混凝土 C10 | m³ | 1.085 | 1.085 | 1.085 | 1.721 | 2.008 |
| 预拌混凝土 C25 | m³ | 2.563 | 2.563 | 2.563 | 6.060 | 7.370 |
| 铸铁井盖、井座 φ500 重型 | 套 | 1.000 | 1.000 | 1.000 | 1.000 | 1.000 |
| 其他材料费 | % | 2.00 | 2.00 | 2.00 | 2.00 | 2.00 |
| 汽车式起重机 8t | 台班 | 0.097 | 0.097 | 0.097 | 0.243 | 0.300 |
| 载重汽车 8t | 台班 | 0.099 | 0.099 | 0.099 | 0.246 | 0.304 |
| 干混砂浆罐式搅拌机 | 台班 | 0.062 | 0.073 | 0.077 | 0.184 | 0.239 |

## （3）卧式蝶阀井

**工作内容**：混凝土浇捣、养护，砌砖、勾缝，安装盖板及井盖。　　　　　　　　　　　　　计量单位：座

| 编　号 | | 5-3-21 | 5-3-22 | 5-3-23 | 5-3-24 | 5-3-25 | 5-3-26 |
|---|---|---|---|---|---|---|---|
| 井内径（m） | | 2.80 | | | 3.00 | | |
| 井室深（m） | | 1.85 | 1.90 | 2.00 | 2.10 | 2.20 | 2.30 |
| 井深（m） | | 2.15 | 2.20 | 2.30 | 2.40 | 2.50 | 2.60 |
| 名　称 | 单位 | 消　耗　量 | | | | | |
| 合计工日 | 工日 | 15.578 | 15.800 | 16.225 | 18.041 | 18.475 | 18.863 |
| 普工 | 工日 | 6.854 | 6.952 | 7.139 | 7.938 | 8.129 | 8.300 |
| 一般技工 | 工日 | 8.724 | 8.848 | 9.086 | 10.103 | 10.346 | 10.563 |
| 塑料薄膜 | m² | 17.548 | 17.548 | 17.548 | 19.789 | 19.789 | 19.789 |
| 标准砖 240×115×53 | 千块 | 2.143 | 2.193 | 2.285 | 2.539 | 2.633 | 2.719 |
| 钢筋混凝土管 $d300$ | m | 0.513 | 0.513 | 0.513 | 0.513 | 0.513 | 0.513 |
| 塑钢爬梯 | kg | 13.080 | 13.433 | 14.141 | 14.846 | 15.554 | 16.261 |
| 水 | m³ | 1.923 | 1.940 | 1.955 | 2.211 | 2.245 | 2.275 |
| 电 | kW·h | 3.516 | 3.516 | 3.516 | 3.931 | 3.931 | 3.931 |
| 煤焦沥青漆 L01-17 | kg | 0.783 | 0.783 | 0.783 | 0.783 | 0.783 | 0.783 |
| 铸铁井盖、井座 φ700 重型 | 套 | 1.010 | 1.010 | 1.010 | 1.010 | 1.010 | 1.010 |
| 预拌混合砂浆 M10 | m³ | 1.341 | 1.371 | 1.429 | 1.588 | 1.646 | 1.700 |
| 预拌混凝土 C10 | m³ | 1.305 | 1.305 | 1.305 | 1.423 | 1.423 | 1.423 |
| 预拌混凝土 C25 | m³ | 3.342 | 3.342 | 3.342 | 3.770 | 3.770 | 3.770 |
| 铸铁井盖、井座 φ500 重型 | 套 | 1.000 | 1.000 | 1.000 | 1.000 | 1.000 | 1.000 |
| 其他材料费 | % | 2.00 | 2.00 | 2.00 | 2.00 | 2.00 | 2.00 |
| 汽车式起重机 12t | 台班 | 0.130 | 0.130 | 0.130 | 0.149 | 0.149 | 0.149 |
| 载重汽车 8t | 台班 | 0.132 | 0.132 | 0.132 | 0.151 | 0.151 | 0.151 |
| 干混砂浆罐式搅拌机 | 台班 | 0.049 | 0.050 | 0.052 | 0.058 | 0.059 | 0.062 |

**工作内容：**混凝土浇捣、养护，砌砖、勾缝，安装盖板及井盖。　　　　　　　　　　　计量单位：座

| 编　号 | | 5-3-27 | 5-3-28 | 5-3-29 | 5-3-30 | 5-3-31 |
|---|---|---|---|---|---|---|
| 井内径（m） | | | 4.00 | | | 4.80 |
| 井室深（m） | | 2.40 | 2.70 | 2.90 | 3.10 | 3.30 |
| 井深（m） | | 2.75 | 3.05 | 3.25 | 3.45 | 3.65 |
| 名　称 | 单位 | | | 消　耗　量 | | |
| 合计工日 | 工日 | 39.799 | 42.563 | 44.111 | 56.832 | 58.536 |
| 普工 | 工日 | 17.512 | 18.728 | 19.409 | 25.006 | 25.756 |
| 一般技工 | 工日 | 22.287 | 23.835 | 24.702 | 31.826 | 32.780 |
| 塑料薄膜 | m² | 38.561 | 38.561 | 38.561 | 50.480 | 50.480 |
| 标准砖 240×115×53 | 千块 | 5.959 | 6.597 | 6.955 | 8.771 | 9.165 |
| 钢筋混凝土管 d300 | m | 0.513 | 0.513 | 0.513 | 0.513 | 0.513 |
| 塑钢爬梯 | kg | 17.323 | 19.443 | 20.855 | 22.271 | 23.686 |
| 水 | m³ | 4.660 | 4.885 | 5.010 | 6.442 | 6.581 |
| 电 | kW·h | 8.411 | 8.411 | 8.411 | 11.322 | 11.322 |
| 煤焦沥青漆 L01-17 | kg | 0.783 | 0.783 | 0.783 | 0.783 | 0.783 |
| 铸铁井盖、井座 φ700 重型 | 套 | 1.010 | 1.010 | 1.010 | 1.010 | 1.010 |
| 预拌混合砂浆 M10 | m³ | 3.725 | 4.125 | 4.348 | 5.484 | 5.730 |
| 预拌混凝土 C10 | m³ | 2.319 | 2.319 | 2.319 | 3.017 | 3.017 |
| 预拌混凝土 C25 | m³ | 8.807 | 8.807 | 8.807 | 11.959 | 11.959 |
| 铸铁井盖、井座 φ500 重型 | 套 | 1.000 | 1.000 | 1.000 | 1.000 | 1.000 |
| 其他材料费 | % | 2.00 | 2.00 | 2.00 | 2.00 | 2.00 |
| 汽车式起重机 12t | 台班 | 0.361 | 0.361 | 0.361 | 0.502 | 0.502 |
| 载重汽车 8t | 台班 | 0.366 | 0.366 | 0.366 | 0.508 | 0.508 |
| 干混砂浆罐式搅拌机 | 台班 | 0.136 | 0.150 | 0.158 | 0.200 | 0.208 |

# 2. 砖砌矩形水表井

**工作内容:** 混凝土浇捣、养护,砌砖、勾缝,安装盖板及井盖。　　　　　　　　　　　　计量单位:座

| 编　号 | | 5-3-32 | 5-3-33 | 5-3-34 |
|---|---|---|---|---|
| 井室净尺寸(长×宽×高)(m) | | 2.15×1.10×1.40 | 2.75×1.30×1.40 | 2.75×1.30×1.60 |
| 名　称 | 单位 | 消　耗　量 | | |
| 合计工日 | 工日 | 12.721 | 15.815 | 16.966 |
| 普工 | 工日 | 5.597 | 6.959 | 7.465 |
| 一般技工 | 工日 | 7.124 | 8.856 | 9.501 |
| 塑料薄膜 | m² | 13.694 | 17.921 | 17.921 |
| 标准砖 240×115×53 | 千块 | 3.096 | 3.682 | 4.208 |
| 钢筋混凝土管 d300 | m | 0.513 | 0.513 | 0.513 |
| 塑钢爬梯 | kg | 9.898 | 9.898 | 11.311 |
| 水 | m³ | 1.881 | 2.345 | 2.511 |
| 电 | kW·h | 2.632 | 3.356 | 3.356 |
| 煤焦沥青漆 L01-17 | kg | 0.519 | 0.519 | 0.519 |
| 铸铁井盖、井座 φ700 重型 | 套 | 1.010 | 1.010 | 1.010 |
| 预拌混合砂浆 M10 | m³ | 1.440 | 1.712 | 1.957 |
| 预拌混凝土 C10 | m³ | 1.115 | 1.348 | 1.348 |
| 预拌混凝土 C25 | m³ | 2.362 | 3.084 | 3.084 |
| 其他材料费 | % | 2.00 | 2.00 | 2.00 |
| 汽车式起重机 8t | 台班 | 0.074 | 0.099 | 0.099 |
| 载重汽车 8t | 台班 | 0.075 | 0.100 | 0.100 |
| 干混砂浆罐式搅拌机 | 台班 | 0.052 | 0.062 | 0.071 |

**工作内容：**混凝土浇捣、养护，砌砖、勾缝，安装盖板及井盖。　　　　　　　　　　　计量单位：座

| 编　号 | | 5-3-35 | 5-3-36 | 5-3-37 |
|---|---|---|---|---|
| 井室净尺寸（长×宽×高）（m） | | 2.75×1.50×1.40 | 3.50×2.00×1.40 | 3.50×2.00×1.60 |
| 名　称 | 单位 | 消　耗　量 | | |
| 合计工日 | 工日 | 16.286 | 22.364 | 29.517 |
| 普工 | 工日 | 7.166 | 9.840 | 12.987 |
| 一般技工 | 工日 | 9.120 | 12.524 | 16.530 |
| 塑料薄膜 | m² | 19.488 | 28.077 | 28.077 |
| 标准砖 240×115×53 | 千块 | 3.829 | 4.744 | 5.421 |
| 钢筋混凝土管 d300 | m | 0.513 | 0.513 | 0.513 |
| 塑钢爬梯 | kg | 9.898 | 9.898 | 11.311 |
| 水 | m³ | 2.497 | 3.354 | 3.565 |
| 电 | kW·h | 3.615 | 5.535 | 5.535 |
| 煤焦沥青漆 L01-17 | kg | 0.519 | 0.519 | 0.519 |
| 铸铁井盖、井座 φ700 重型 | 套 | 1.010 | 1.010 | 1.010 |
| 预拌混合砂浆 M10 | m³ | 1.780 | 2.206 | 2.520 |
| 预拌混凝土 C10 | m³ | 1.430 | 1.892 | 1.892 |
| 预拌混凝土 C25 | m³ | 3.350 | 5.428 | 5.428 |
| 其他材料费 | % | 2.00 | 2.00 | 2.00 |
| 汽车式起重机 8t | 台班 | 0.109 | 0.214 | 0.214 |
| 载重汽车 8t | 台班 | 0.110 | 0.217 | 0.217 |
| 干混砂浆罐式搅拌机 | 台班 | 0.065 | 0.080 | 0.091 |

# 3. 消 火 栓 井

## （1）地 上 式

**工作内容**：混凝土浇捣、养护，砌砖、勾缝，安装套管、填卵石。

计量单位：座

| 编　号 | | 5-3-38 | 5-3-39 | 5-3-40 |
|---|---|---|---|---|
| 项　目 | | 支管浅装 | 支管深装 | 干管Ⅱ型 |
| | | | 管道覆土深度 1.1m | |
| 名　称 | 单位 | | 消 耗 量 | |
| 合计工日 | 工日 | 0.346 | 3.949 | 3.636 |
| 普工 | 工日 | 0.152 | 1.738 | 1.600 |
| 一般技工 | 工日 | 0.194 | 2.211 | 2.036 |
| 塑料薄膜 | m² | 0.166 | 4.860 | 4.860 |
| 卵石 | t | 0.118 | 0.120 | 0.120 |
| 标准砖 240×115×53 | 千块 | 0.039 | 0.788 | 0.715 |
| 钢筋混凝土管 d300 | m | — | 0.513 | 0.513 |
| 塑钢爬梯 | kg | — | 4.311 | 2.192 |
| 水 | m³ | 0.194 | 0.595 | 0.569 |
| 电 | kW·h | 0.011 | 0.617 | 0.617 |
| 煤焦沥青漆 L01-17 | kg | — | 0.519 | 0.519 |
| 铸铁井盖、井座 φ700 重型 | 套 | — | 1.010 | 1.010 |
| 预拌混合砂浆 M10 | m³ | 0.016 | 0.492 | 0.447 |
| 预拌混凝土 C25 | m³ | 0.016 | 0.819 | 0.819 |
| 铸铁闸阀套筒 | 个 | 1.000 | — | — |
| 其他材料费 | % | 2.00 | 2.00 | 2.00 |
| 汽车式起重机 8t | 台班 | — | 0.021 | 0.021 |
| 载重汽车 8t | 台班 | — | 0.022 | 0.022 |
| 干混砂浆罐式搅拌机 | 台班 | 0.001 | 0.018 | 0.016 |

# （2）地 下 式

**工作内容：**混凝土浇捣、养护，砌砖、勾缝，安装盖板及井盖，套筒、填卵石。 计量单位：座

| 编　号 | | 5-3-41 | 5-3-42 | 5-3-43 |
|---|---|---|---|---|
| 项　目 | | 支管浅装 | 支管深装 | 干管安装 |
| | | | 井深 1.65m | 井深 1.40m |
| 名　称 | 单位 | 消 耗 量 | | |
| 合计工日 | 工日 | 1.286 | 3.847 | 3.290 |
| 普工 | 工日 | 0.566 | 1.693 | 1.448 |
| 一般技工 | 工日 | 0.720 | 2.154 | 1.842 |
| 塑料薄膜 | m² | 0.093 | 4.672 | 4.578 |
| 卵石 | t | 0.148 | — | — |
| 标准砖 240×115×53 | 千块 | 0.249 | 0.788 | 0.647 |
| 钢筋混凝土管 d300 | m | — | 0.513 | 0.513 |
| 塑钢爬梯 | kg | — | 5.373 | 3.606 |
| 水 | m³ | 0.091 | 0.591 | 0.534 |
| 电 | kW·h | 0.008 | 0.629 | 0.606 |
| 煤焦沥青漆 L01–17 | kg | 0.381 | 0.519 | 0.519 |
| 铸铁井盖、井座 φ600 重型 | 套 | 1.010 | — | — |
| 铸铁井盖、井座 φ700 重型 | 套 | — | 1.010 | 1.010 |
| 预拌混合砂浆 M10 | m³ | 0.144 | 0.492 | 0.405 |
| 预拌混凝土 C25 | m³ | 0.009 | 0.830 | 0.802 |
| 铸铁闸阀套筒 | 个 | 1.000 | — | — |
| 其他材料费 | % | 2.00 | 2.00 | 2.00 |
| 汽车式起重机 8t | 台班 | — | 0.021 | 0.021 |
| 载重汽车 8t | 台班 | — | 0.022 | 0.022 |
| 干混砂浆罐式搅拌机 | 台班 | 0.005 | 0.018 | 0.015 |

# 4. 排泥湿井

**工作内容:** 混凝土浇捣、养护,砌砖、抹面,爬梯,安装井盖及支座。 计量单位:座

| 编 号 | | 5-3-44 | 5-3-45 | 5-3-46 | 5-3-47 | 5-3-48 | 5-3-49 |
|---|---|---|---|---|---|---|---|
| 项 目 | | 井内径(m) | | | | | |
| | | 0.8 | 1.0 | 1.2 | 1.4 | 1.6 | 1.8 |
| | | 井深1.5m | 井深2.0m | | | 井深2.2m | |
| 名 称 | 单位 | 消 耗 量 | | | | | |
| 合计工日 | 工日 | 4.068 | 5.468 | 6.867 | 7.897 | 10.596 | 11.883 |
| 普工 | 工日 | 1.790 | 2.406 | 3.022 | 3.475 | 4.662 | 5.229 |
| 一般技工 | 工日 | 2.278 | 3.062 | 3.845 | 4.422 | 5.934 | 6.654 |
| 塑料薄膜 | m² | 1.789 | 2.306 | 4.526 | 5.722 | 7.048 | 8.505 |
| 圆钉 | kg | — | — | — | — | 0.125 | 0.141 |
| 标准砖 240×115×53 | 千块 | 0.569 | 0.891 | 0.985 | 1.121 | 1.366 | 1.514 |
| 塑钢爬梯 | kg | 9.901 | 13.434 | 12.372 | 12.372 | 13.434 | 13.434 |
| 水 | m³ | 0.319 | 0.467 | 0.661 | 0.775 | 0.949 | 1.099 |
| 电 | kW·h | 0.434 | 0.552 | 0.857 | 1.059 | 1.387 | 1.653 |
| 煤焦沥青漆 L01-17 | kg | 0.678 | 0.519 | 0.519 | 0.519 | 0.519 | 0.519 |
| 铸铁井盖、井座 φ700重型 | 套 | — | 1.010 | 1.010 | 1.010 | 1.010 | 1.010 |
| 铸铁井盖、井座 φ800重型 | 套 | 1.010 | — | — | — | — | — |
| 预拌混合砂浆 M10 | m³ | 0.356 | 0.558 | 0.615 | 0.701 | 0.854 | 0.946 |
| 预拌防水水泥砂浆 1:2 | m³ | 0.192 | 0.305 | 0.333 | 0.379 | 0.461 | 0.511 |
| 钢丝网 10#(网眼 20×20) | m² | — | — | — | — | 10.028 | 11.281 |
| 预拌混凝土 C10 | m³ | 0.223 | 0.279 | 0.341 | 0.409 | 0.484 | 0.566 |
| 预拌混凝土 C25 | m³ | 0.348 | 0.448 | 0.788 | 0.992 | 1.350 | 1.622 |
| 其他材料费 | % | 2.00 | 2.00 | 2.00 | 2.00 | 2.00 | 2.00 |
| 汽车式起重机 8t | 台班 | — | — | 0.021 | 0.028 | 0.048 | 0.059 |
| 载重汽车 8t | 台班 | — | — | 0.022 | 0.029 | 0.048 | 0.060 |
| 干混砂浆罐式搅拌机 | 台班 | 0.013 | 0.020 | 0.022 | 0.026 | 0.031 | 0.035 |

# 5. 圆形雨水检查井

**工作内容:** 混凝土捣固、养生,铺砂浆、砌筑、抹灰、勾缝,井盖、井座、爬梯安装,材料

运输。

计量单位:座

| 编　号 | | 5-3-50 | 5-3-51 | 5-3-52 | 5-3-53 | 5-3-54 | 5-3-55 |
|---|---|---|---|---|---|---|---|
| 形式 | | 砖砌直筒式 | 砖砌收口式 | | 砖砌盖板式 | | |
| 井内径(mm) | | 700 | 1 000 | 1 250 | 1 000 | 1 250 | 1 500 |
| 适用管径(mm) | | 400 以内 | 200~600 | 600~800 | 200~600 | 600~800 | 800~1 000 |
| 井深(m) | | 1.2 | 3.1 | | 2.35 | 2.4 | |
| 名　称 | 单位 | 消　耗　量 | | | | | |
| 合计工日 | 工日 | 2.228 | 6.415 | 6.793 | 5.276 | 6.396 | 7.586 |
| 普工 | 工日 | 0.980 | 2.823 | 2.989 | 2.321 | 2.814 | 3.338 |
| 一般技工 | 工日 | 1.248 | 3.592 | 3.804 | 2.955 | 3.582 | 4.248 |
| 塑料薄膜 | m² | 3.345 | 5.097 | 6.836 | 7.871 | 11.126 | 14.893 |
| 标准砖 240×115×53 | 千块 | 0.440 | 1.436 | 1.439 | 1.074 | 1.229 | 1.453 |
| 塑钢爬梯 | kg | 3.636 | 8.484 | 8.484 | 6.060 | 6.060 | 6.060 |
| 水 | m³ | 0.243 | 0.634 | 0.681 | 0.584 | 0.635 | 0.903 |
| 电 | kW·h | 0.099 | 0.225 | 0.404 | 0.305 | 0.552 | 0.613 |
| 煤焦沥青漆 L01-17 | kg | 0.490 | 0.490 | 0.490 | 0.490 | 0.490 | 0.490 |
| 铸铁井盖、井座 φ700 重型 | 套 | 1.010 | 1.010 | 1.010 | 1.010 | 1.010 | 1.010 |
| 预拌混合砂浆 M7.5 | m³ | 0.275 | 0.897 | 0.899 | 0.671 | 0.768 | 0.908 |
| 预拌防水水泥砂浆 1:2 | m³ | 0.029 | 0.056 | 0.081 | 0.060 | 0.085 | 0.113 |
| 预拌混凝土 C15 | m³ | 0.129 | 0.295 | 0.528 | 0.295 | 0.528 | 0.528 |
| 预拌混凝土 C25 | m³ | — | — | — | 0.106 | 0.198 | 0.280 |
| 其他材料费 | % | 0.50 | 0.50 | 0.50 | 0.50 | 0.50 | 0.50 |
| 汽车式起重机 8t | 台班 | — | — | — | 0.009 | 0.018 | 0.025 |
| 载重汽车 8t | 台班 | — | — | — | 0.009 | 0.018 | 0.025 |
| 干混砂浆罐式搅拌机 | 台班 | 0.010 | 0.033 | 0.033 | 0.025 | 0.028 | 0.033 |

**工作内容**：混凝土捣固、养生，铺砂浆、砌筑、抹灰、勾缝，井盖、井座、爬梯安装，材料
运输。

计量单位：座

| 编 号 | | 5-3-56 | 5-3-57 | 5-3-58 |
|---|---|---|---|---|
| 形式 | | 混凝土 | | |
| 井内径（mm） | | 1 000 | 1 250 | 1 500 |
| 适用管径（mm） | | 200～600 | 600～800 | 800～1 000 |
| 井深（m） | | 2.35 | 2.4 | |
| 名 称 | 单位 | 消 耗 量 | | |
| 合计工日 | 工日 | 2.906 | 3.694 | 4.561 |
| 普工 | 工日 | 1.279 | 1.625 | 2.007 |
| 一般技工 | 工日 | 1.627 | 2.069 | 2.554 |
| 塑料薄膜 | m² | 52.206 | 61.853 | 72.057 |
| 标准砖 240×115×53 | 千块 | 0.068 | 0.157 | 0.283 |
| 塑钢爬梯 | kg | 6.060 | 6.060 | 6.060 |
| 水 | m³ | 1.422 | 1.708 | 2.021 |
| 电 | kW·h | 1.128 | 1.402 | 1.688 |
| 煤焦沥青漆 L01-17 | kg | 0.490 | 0.490 | 0.490 |
| 铸铁井盖、井座 φ700 重型 | 套 | 1.010 | 1.010 | 1.010 |
| 预拌混合砂浆 M7.5 | m³ | 0.034 | 0.078 | 0.140 |
| 预拌防水水泥砂浆 1:2 | m³ | 0.025 | 0.038 | 0.053 |
| 预拌混凝土 C10 | m³ | 0.228 | 0.300 | 0.381 |
| 预拌混凝土 C25 | m³ | 1.867 | 2.273 | 2.698 |
| 预拌混凝土 C30 | m³ | 0.092 | 0.095 | 0.091 |
| 其他材料费 | % | 0.50 | 0.50 | 0.50 |
| 汽车式起重机 8t | 台班 | 0.009 | 0.017 | 0.025 |
| 载重汽车 8t | 台班 | 0.009 | 0.017 | 0.025 |
| 干混砂浆罐式搅拌机 | 台班 | 0.001 | 0.003 | 0.005 |

# 6.圆形污水检查井

**工作内容:**混凝土捣固、养生,铺砂浆、砌筑、抹灰、勾缝,安装井盖、井座、爬梯,材料运输。

计量单位:座

| 编　　号 | | 5-3-59 | 5-3-60 | 5-3-61 | 5-3-62 | 5-3-63 | 5-3-64 |
|---|---|---|---|---|---|---|---|
| 形　式 | | 砖砌直筒式 | 砖砌收口式 | | 砖砌盖板式 | | |
| 井内径(mm) | | 700 | 1 000 | 1 250 | 1 000 | 1 250 | 1 500 |
| 适用管径(mm) | | ≤ 400 | 200～600 | 600～800 | 200～600 | 600～800 | 800～1 000 |
| 井深(m) | | 1.2 | 3.5 | 3.8 | 2.75 | 3.1 | 3.3 |
| 名　　称 | 单位 | 消　耗　量 | | | | | |
| 合计工日 | 工日 | 3.343 | 10.364 | 13.250 | 9.137 | 12.109 | 15.229 |
| 普工 | 工日 | 1.471 | 4.560 | 5.830 | 4.020 | 5.328 | 6.701 |
| 一般技工 | 工日 | 1.872 | 5.804 | 7.420 | 5.117 | 6.781 | 8.528 |
| 塑料薄膜 | m² | 3.345 | 5.097 | 6.836 | 7.871 | 11.126 | 14.893 |
| 标准砖 240×115×53 | 千块 | 0.455 | 1.673 | 2.126 | 1.311 | 1.735 | 2.226 |
| 塑钢爬梯 | kg | 3.636 | 8.484 | 8.484 | 7.272 | 7.272 | 7.272 |
| 水 | m³ | 0.248 | 0.716 | 0.919 | 0.666 | 0.899 | 1.170 |
| 电 | kW·h | 0.099 | 0.225 | 0.404 | 0.305 | 0.552 | 0.731 |
| 煤焦沥青漆 L01-17 | kg | 0.490 | 0.490 | 0.490 | 0.490 | 0.490 | 0.490 |
| 铸铁井盖、井座 φ700 重型 | 套 | 1.010 | 1.010 | 1.010 | 1.010 | 1.010 | 1.010 |
| 预拌混合砂浆 M7.5 | m³ | 0.284 | 1.045 | 1.328 | 0.819 | 1.083 | 1.390 |
| 预拌防水水泥砂浆 1:2 | m³ | 0.136 | 0.356 | 0.463 | 0.360 | 0.467 | 0.574 |
| 预拌混凝土 C15 | m³ | 0.129 | 0.295 | 0.528 | 0.295 | 0.528 | 0.682 |
| 预拌混凝土 C25 | m³ | — | — | — | 0.106 | 0.198 | 0.280 |
| 其他材料费 | % | 0.50 | 0.50 | 0.50 | 0.50 | 0.50 | 0.50 |
| 汽车式起重机 8t | 台班 | — | — | — | 0.009 | 0.018 | 0.025 |
| 载重汽车 8t | 台班 | — | — | — | 0.009 | 0.018 | 0.025 |
| 干混砂浆罐式搅拌机 | 台班 | 0.011 | 0.038 | 0.048 | 0.030 | 0.039 | 0.051 |

**工作内容:** 混凝土捣固、养生,铺砂浆、砌筑、抹灰、勾缝,安装井盖、井座、爬梯,材料
运输。

计量单位:座

| 编　号 | | 5-3-65 · | 5-3-66 | 5-3-67 |
|---|---|---|---|---|
| 形式 | | 混凝土 | | |
| 井内径（mm） | | 1 000 | 1 250 | 1 500 |
| 适用管径（mm） | | 200～600 | 600～800 | 800～1 000 |
| 井深（m） | | 2.75 | 3.1 | 3.3 |
| 名　称 | 单位 | 消　耗　量 | | |
| 合计工日 | 工日 | 3.437 | 4.808 | 6.287 |
| 普工 | 工日 | 1.512 | 2.115 | 2.766 |
| 一般技工 | 工日 | 1.925 | 2.693 | 3.521 |
| 塑料薄膜 | m² | 78.334 | 78.429 | 97.041 |
| 标准砖 240×115×53 | 千块 | 0.111 | 0.249 | 0.443 |
| 塑钢爬梯 | kg | 7.272 | 7.272 | 7.272 |
| 水 | m³ | 2.138 | 2.181 | 2.742 |
| 电 | kW·h | 1.272 | 1.703 | 2.141 |
| 煤焦沥青漆 L01-17 | kg | 0.490 | 0.490 | 0.490 |
| 铸铁井盖、井座 φ700 重型 | 套 | 1.010 | 1.010 | 1.010 |
| 预拌混合砂浆 M7.5 | m³ | 0.055 | 0.123 | 0.219 |
| 预拌防水水泥砂浆 1:2 | m³ | 0.032 | 0.053 | 0.075 |
| 预拌混凝土 C10 | m³ | 0.228 | 0.300 | 0.381 |
| 预拌混凝土 C25 | m³ | 2.168 | 2.911 | 3.661 |
| 预拌混凝土 C30 | m³ | 0.092 | 0.095 | 0.091 |
| 其他材料费 | % | 0.50 | 0.50 | 0.50 |
| 汽车式起重机 8t | 台班 | 0.009 | 0.017 | 0.025 |
| 载重汽车 8t | 台班 | 0.009 | 0.017 | 0.025 |
| 干混砂浆罐式搅拌机 | 台班 | 0.002 | 0.004 | 0.008 |

# 7. 跌 水 井

## （1）竖管式跌水井

**工作内容:** 混凝土捣固、养生,铺砂浆、砌筑、抹灰、勾缝,安装井盖、井座、爬梯,材料
运输。

计量单位:座

| 编　　号 | | 5-3-68 | 5-3-69 | 5-3-70 | 5-3-71 |
|---|---|---|---|---|---|
| 形　式 | | 砖砌收口式 | 砖砌盖板式 | 混凝土 | |
| 跌差(m) | | 1 | | | 跌差或井室高每增加0.2 |
| 井室高(m) | | 1.75 | | | |
| 井深(m) | | 3 | 2.3 | | |
| 名　　　称 | 单位 | 消　耗　量 | | | |
| 合计工日 | 工日 | 10.048 | 8.789 | 3.570 | 0.241 |
| 普工 | 工日 | 4.421 | 3.867 | 1.571 | 0.106 |
| 一般技工 | 工日 | 5.627 | 4.922 | 1.999 | 0.135 |
| 塑料薄膜 | m² | 10.649 | 14.939 | 67.511 | 4.736 |
| 标准砖 240×115×53 | 千块 | 1.531 | 1.140 | — | — |
| 塑钢爬梯 | kg | 18.180 | 15.756 | 12.120 | 1.347 |
| 水 | m³ | 0.813 | 0.794 | 1.810 | 0.127 |
| 电 | kW·h | 0.690 | 0.838 | 1.672 | 0.088 |
| 煤焦沥青漆 L01-17 | kg | 0.490 | 0.490 | 0.490 | — |
| 铸铁井盖、井座 φ700 重型 | 套 | 1.010 | 1.010 | 1.010 | — |
| 预拌混合砂浆 M7.5 | m³ | 0.957 | 0.713 | — | — |
| 预拌防水水泥砂浆 1:2 | m³ | 0.318 | 0.314 | — | — |
| 型钢(综合) | kg | 0.608 | 0.608 | 0.608 | 0.081 |
| 预拌混凝土 C10 | m³ | — | — | 0.300 | — |
| 预拌混凝土 C15 | m³ | 0.576 | 0.576 | — | — |
| 预拌混凝土 C25 | m³ | — | 0.197 | 2.312 | 0.182 |
| 预拌混凝土 C30 | m³ | 0.328 | 0.328 | 0.426 | — |
| 其他材料费 | % | 0.50 | 0.50 | 0.50 | 0.50 |
| 汽车式起重机 8t | 台班 | — | 0.017 | 0.017 | — |
| 载重汽车 8t | 台班 | — | 0.017 | 0.017 | — |
| 干混砂浆罐式搅拌机 | 台班 | 0.035 | 0.026 | — | — |

## （2）竖槽式跌水井

**工作内容：**混凝土捣固、养生，铺砂浆、砌筑、抹灰、勾缝，安装井盖、井座、爬梯，材料
运输。

计量单位：座

| 编 号 | | 5-3-72 | 5-3-73 | 5-3-74 | 5-3-75 |
|---|---|---|---|---|---|
| 形式（直线外跌，适用管径200~400mm） | | 砖砌收口式 | | 砖砌盖板式 | |
| 跌差（m） | | 1 | 2 | 1 | 2 |
| 井室高（m） | | 2.35 | 2.9 | 2.35 | 2.8 |
| 井深（m） | | 3.4 | 3.95 | 2.9 | 3.3 |
| 名 称 | 单位 | 消 耗 量 | | | |
| 合计工日 | 工日 | 14.207 | 16.892 | 14.244 | 16.955 |
| 普工 | 工日 | 6.251 | 7.432 | 6.267 | 7.460 |
| 一般技工 | 工日 | 7.956 | 9.460 | 7.977 | 9.495 |
| 塑料薄膜 | m² | 10.773 | 10.773 | 13.965 | 13.965 |
| 标准砖 240×115×53 | 千块 | 2.450 | 2.897 | 2.144 | 2.553 |
| 塑钢爬梯 | kg | 14.544 | 15.756 | 12.120 | 14.544 |
| 水 | m³ | 1.108 | 1.256 | 1.087 | 1.222 |
| 电 | kW·h | 0.450 | 0.450 | 0.568 | 0.568 |
| 煤焦沥青漆 L01-17 | kg | 0.490 | 0.490 | 0.490 | 0.490 |
| 铸铁井盖、井座 φ700重型 | 套 | 1.010 | 1.010 | 1.010 | 1.010 |
| 预拌混合砂浆 M7.5 | m³ | 1.417 | 1.668 | 1.220 | 1.453 |
| 预拌防水水泥砂浆 1:2 | m³ | 0.458 | 0.570 | 0.567 | 0.694 |
| 预拌混凝土 C15 | m³ | 0.463 | 0.463 | 0.463 | 0.463 |
| 预拌混凝土 C25 | m³ | 0.071 | 0.071 | 0.229 | 0.229 |
| 预拌混凝土 C30 | m³ | 0.054 | 0.054 | 0.054 | 0.054 |
| 其他材料费 | % | 0.50 | 0.50 | 0.50 | 0.50 |
| 汽车式起重机 8t | 台班 | 0.006 | 0.006 | 0.020 | 0.020 |
| 载重汽车 8t | 台班 | 0.006 | 0.006 | 0.021 | 0.021 |
| 干混砂浆罐式搅拌机 | 台班 | 0.051 | 0.060 | 0.044 | 0.053 |

**工作内容:** 混凝土捣固、养生,铺砂浆、砌筑、抹灰、勾缝,安装井盖、井座、爬梯,材料
运输。

计量单位:座

| 编 号 | | 5-3-76 | 5-3-77 |
|---|---|---|---|
| 形式(直线外跌,适用管径200~400mm) | | 砖砌 井深≤4.25m | 砖砌 井深>4.25m |
| 跌差(m) | | 1 | 2 |
| 井室高(m) | | 2.35 | 2.8 |
| 井深(m) | | 2.9 | 4.25 |
| 名 称 | 单位 | 消 耗 量 | |
| 合计工日 | 工日 | 15.458 | 24.141 |
| 普工 | 工日 | 6.802 | 10.622 |
| 一般技工 | 工日 | 8.656 | 13.519 |
| 塑料薄膜 | m² | 16.970 | 19.641 |
| 标准砖 240×115×53 | 千块 | 2.404 | 4.856 |
| 塑钢爬梯 | kg | 12.120 | 16.968 |
| 水 | m³ | 1.230 | 2.093 |
| 电 | kW·h | 0.690 | 0.808 |
| 煤焦沥青漆 L01-17 | kg | 0.490 | 0.490 |
| 铸铁井盖、井座 φ700 重型 | 套 | 1.010 | 1.010 |
| 预拌混合砂浆 M7.5 | m³ | 1.274 | 2.569 |
| 预拌防水水泥砂浆 1:2 | m³ | 0.627 | 0.833 |
| 预拌混凝土 C15 | m³ | 0.541 | 0.696 |
| 预拌混凝土 C25 | m³ | 0.290 | 0.290 |
| 预拌混凝土 C30 | m³ | 0.078 | 0.078 |
| 其他材料费 | % | 0.50 | 0.50 |
| 汽车式起重机 8t | 台班 | 0.026 | 0.026 |
| 载重汽车 8t | 台班 | 0.026 | 0.026 |
| 干混砂浆罐式搅拌机 | 台班 | 0.046 | 0.093 |

**工作内容:** 混凝土捣固、养生,铺砂浆、砌筑、抹灰、勾缝,安装井盖、井座、爬梯,材料运输。

计量单位:座

| 编　号 | | 5-3-78 | 5-3-79 |
|---|---|---|---|
| 形式(直线外跌,适用管径 400~600mm) | | 砖砌 井深≤4.25m | 砖砌 井深>4.25m |
| 跌差(m) | | 1 | 2 |
| 井室高(m) | | 2.55 | 3 |
| 井深(m) | | 3.1 | 4.25 |
| 名　称 | 单位 | 消　耗　量 | |
| 合计工日 | 工日 | 18.205 | 27.760 |
| 普工 | 工日 | 8.010 | 12.214 |
| 一般技工 | 工日 | 10.195 | 15.546 |
| 塑料薄膜 | m² | 19.788 | 22.871 |
| 标准砖 240×115×53 | 千块 | 2.912 | 5.756 |
| 塑钢爬梯 | kg | 12.120 | 14.544 |
| 水 | m³ | 1.432 | 2.401 |
| 电 | kW·h | 0.865 | 1.097 |
| 煤焦沥青漆 L01-17 | kg | 0.490 | 0.490 |
| 铸铁井盖、井座 φ700 重型 | 套 | 1.010 | 1.010 |
| 预拌混合砂浆 M7.5 | m³ | 1.388 | 2.766 |
| 预拌防水水泥砂浆 1:2 | m³ | 0.757 | 0.997 |
| 预拌混凝土 C15 | m³ | 0.647 | 0.825 |
| 预拌混凝土 C25 | m³ | 0.355 | 0.484 |
| 预拌混凝土 C30 | m³ | 0.135 | 0.135 |
| 其他材料费 | % | 0.50 | 0.50 |
| 汽车式起重机 8t | 台班 | 0.031 | 0.042 |
| 载重汽车 8t | 台班 | 0.031 | 0.043 |
| 干混砂浆罐式搅拌机 | 台班 | 0.051 | 0.100 |

**工作内容：**混凝土捣固、养生，铺砂浆、砌筑、抹灰、勾缝，安装井盖、井座、爬梯，材料
　　　　　运输。

计量单位：座

| 编　　号 | | 5-3-80 | 5-3-81 |
|---|---|---|---|
| 形式（适用管径 200～600mm） | | 混凝土 | |
| 跌差（m） | | 1 | 跌差或井室高每增加 0.2 |
| 井室高（m） | | 2.45 | |
| 井深（m） | | 3 | |
| 名　　称 | 单位 | 消　耗　量 | |
| 合计工日 | 工日 | 7.183 | 0.420 |
| 普工 | 工日 | 3.161 | 0.185 |
| 一般技工 | 工日 | 4.022 | 0.235 |
| 塑料薄膜 | m² | 128.069 | 8.005 |
| 标准砖 240×115×53 | 千块 | 0.263 | — |
| 塑钢爬梯 | kg | 13.332 | 1.347 |
| 水 | m³ | 3.524 | 0.214 |
| 电 | kW·h | 2.941 | 0.152 |
| 煤焦沥青漆 L01-17 | kg | 0.490 | — |
| 铸铁井盖、井座 φ700 重型 | 套 | 1.010 | — |
| 预拌混合砂浆 M7.5 | m³ | 0.164 | — |
| 预拌防水水泥砂浆 1:2 | m³ | 0.033 | — |
| 预拌混凝土 C10 | m³ | 0.477 | — |
| 预拌混凝土 C25 | m³ | 5.061 | 0.321 |
| 预拌混凝土 C30 | m³ | 0.188 | — |
| 其他材料费 | % | 0.50 | 0.50 |
| 汽车式起重机 8t | 台班 | 0.031 | — |
| 载重汽车 8t | 台班 | 0.031 | — |
| 干混砂浆罐式搅拌机 | 台班 | 0.006 | — |

## （3）阶梯式跌水井

**工作内容:**混凝土捣固、养生,铺砂浆、砌筑、抹灰、勾缝,安装井盖、井座、爬梯,材料
运输。

计量单位:座

| 编　号 | | 5-3-82 | 5-3-83 | 5-3-84 | 5-3-85 | 5-3-86 |
|---|---|---|---|---|---|---|
| 形式 | | 砖砌 | | | | |
| 跌差（m） | | 1 | | | | |
| 适用管径（mm） | | 700~900 | 1 000 | 1 100 | 1 200~1 350 | 1 500 |
| 井深（m） | | 3.5 | 3.8 | | 4.1 | 4.3 |
| 名　称 | 单位 | 消　耗　量 | | | | |
| 合计工日 | 工日 | 27.962 | 30.044 | 31.541 | 35.504 | 38.410 |
| 普工 | 工日 | 12.303 | 13.219 | 13.878 | 15.622 | 16.900 |
| 一般技工 | 工日 | 15.659 | 16.825 | 17.663 | 19.882 | 21.510 |
| 塑料薄膜 | m² | 35.732 | 37.952 | 40.171 | 45.721 | 49.050 |
| 标准砖 240×115×53 | 千块 | 5.485 | 5.837 | 6.074 | 6.787 | 7.223 |
| 塑钢爬梯 | kg | 7.272 | 8.484 | 8.484 | 8.484 | 8.484 |
| 水 | m³ | 2.648 | 2.817 | 2.947 | 3.314 | 3.535 |
| 电 | kW·h | 2.522 | 2.865 | 3.516 | 4.118 | 4.716 |
| 煤焦沥青漆 L01-17 | kg | 0.490 | 0.490 | 0.490 | 0.490 | 0.490 |
| 铸铁井盖、井座 φ700 重型 | 套 | 1.010 | 1.010 | 1.010 | 1.010 | 1.010 |
| 预拌混合砂浆 M7.5 | m³ | 2.594 | 2.769 | 2.874 | 3.210 | 3.416 |
| 预拌防水水泥砂浆 1:2 | m³ | 0.966 | 1.027 | 1.060 | 1.174 | 1.255 |
| 预拌混凝土 C15 | m³ | 1.367 | 1.434 | 2.251 | 2.502 | 2.653 |
| 预拌混凝土 C25 | m³ | 0.472 | 0.589 | 0.627 | 0.825 | 0.999 |
| 预拌混凝土 C30 | m³ | 1.474 | 1.745 | 1.745 | 2.086 | 2.548 |
| 其他材料费 | % | 0.50 | 0.50 | 0.50 | 0.50 | 0.50 |
| 汽车式起重机 8t | 台班 | 0.042 | 0.051 | 0.055 | 0.072 | 0.088 |
| 载重汽车 8t | 台班 | 0.042 | 0.052 | 0.056 | 0.073 | 0.089 |
| 干混砂浆罐式搅拌机 | 台班 | 0.094 | 0.101 | 0.105 | 0.117 | 0.124 |

**工作内容:**混凝土捣固、养生,铺砂浆、砌筑、抹灰、勾缝,安装井盖、井座、爬梯,材料
运输。

计量单位:座

| 编　　号 | | 5-3-87 | 5-3-88 | 5-3-89 | 5-3-90 | 5-3-91 |
|---|---|---|---|---|---|---|
| 形式 | | 砖砌 | | | | |
| 跌差(m) | | 1.5 | | | | |
| 适用管径(mm) | | 700~900 | 1 000 | 1 100 | 1 200~1 350 | 1 500 |
| 井深(m) | | 3.5 | 3.8 | | 4.1 | 4.3 |
| 名　　称 | 单位 | 消　耗　量 | | | | |
| 合计工日 | 工日 | 36.063 | 38.353 | 40.376 | 45.313 | 48.637 |
| 普工 | 工日 | 15.868 | 16.875 | 17.765 | 19.938 | 21.400 |
| 一般技工 | 工日 | 20.195 | 21.478 | 22.611 | 25.375 | 27.237 |
| 塑料薄膜 | m² | 48.311 | 51.311 | 54.310 | 61.807 | 66.308 |
| 标准砖 240×115×53 | 千块 | 7.308 | 7.693 | 8.028 | 9.010 | 9.607 |
| 塑钢爬梯 | kg | 7.272 | 8.484 | 8.484 | 8.484 | 8.484 |
| 水 | m³ | 3.545 | 3.744 | 3.924 | 4.426 | 4.729 |
| 电 | kW·h | 3.665 | 4.152 | 5.002 | 5.825 | 6.651 |
| 煤焦沥青漆 L01-17 | kg | 0.490 | 0.490 | 0.490 | 0.490 | 0.490 |
| 铸铁井盖、井座 φ700 重型 | 套 | 1.010 | 1.010 | 1.010 | 1.010 | 1.010 |
| 预拌混合砂浆 M7.5 | m³ | 3.452 | 3.642 | 3.794 | 4.256 | 4.538 |
| 预拌防水水泥砂浆 1:2 | m³ | 1.142 | 1.182 | 1.222 | 1.329 | 1.374 |
| 预拌混凝土 C15 | m³ | 1.776 | 1.863 | 2.925 | 3.252 | 3.448 |
| 预拌混凝土 C25 | m³ | 0.663 | 0.827 | 0.880 | 1.153 | 1.395 |
| 预拌混凝土 C30 | m³ | 2.377 | 2.768 | 2.768 | 3.250 | 3.902 |
| 其他材料费 | % | 0.50 | 0.50 | 0.50 | 0.50 | 0.50 |
| 汽车式起重机 8t | 台班 | 0.058 | 0.073 | 0.077 | 0.101 | — |
| 汽车式起重机 12t | 台班 | — | — | — | — | 0.122 |
| 载重汽车 8t | 台班 | 0.059 | 0.073 | 0.078 | 0.102 | 0.124 |
| 干混砂浆罐式搅拌机 | 台班 | 0.126 | 0.132 | 0.138 | 0.154 | 0.165 |

**工作内容:** 混凝土捣固、养生,铺砂浆、砌筑、抹灰、勾缝,安装井盖、井座、爬梯,材料
运输。

计量单位:座

| 编　号 | | 5-3-92 | 5-3-93 | 5-3-94 | 5-3-95 | 5-3-96 |
|---|---|---|---|---|---|---|
| 形　式 | | 砖砌 | | | | |
| 跌差(m) | | 2 | | | | |
| 适用管径(mm) | | 700~900 | 1 000 | 1 100 | 1 200~1 350 | 1 500 |
| 井深(m) | | 3.5 | 3.8 | | 4.1 | 4.3 |
| 名　称 | 单位 | 消　耗　量 | | | | |
| 合计工日 | 工日 | 40.743 | 44.021 | 45.672 | 49.658 | 55.118 |
| 普工 | 工日 | 17.927 | 19.369 | 20.096 | 21.850 | 24.252 |
| 一般技工 | 工日 | 22.816 | 24.652 | 25.576 | 27.808 | 30.866 |
| 塑料薄膜 | m² | 54.600 | 57.990 | 61.379 | 69.852 | 74.934 |
| 标准砖 240×115×53 | 千块 | 8.319 | 8.778 | 9.179 | 9.719 | 11.036 |
| 塑钢爬梯 | kg | 7.272 | 8.484 | 8.484 | 8.484 | 8.484 |
| 水 | m³ | 4.022 | 4.253 | 4.466 | 4.857 | 5.397 |
| 电 | kW·h | 4.530 | 5.870 | 6.027 | 6.968 | 7.897 |
| 煤焦沥青漆 L01-17 | kg | 0.490 | 0.490 | 0.490 | 0.490 | 0.490 |
| 铸铁井盖、井座 φ700 重型 | 套 | 1.010 | 1.010 | 1.010 | 1.010 | 1.010 |
| 预拌混合砂浆 M7.5 | m³ | 3.927 | 4.152 | 4.335 | 4.589 | 5.210 |
| 预拌防水水泥砂浆 1:2 | m³ | 1.221 | 1.264 | 1.306 | 1.419 | 1.467 |
| 预拌混凝土 C15 | m³ | 1.981 | 3.117 | 3.262 | 3.626 | 3.845 |
| 预拌混凝土 C25 | m³ | 0.760 | 0.946 | 1.006 | 1.318 | 1.592 |
| 预拌混凝土 C30 | m³ | 3.210 | 3.651 | 3.651 | 4.213 | 4.945 |
| 其他材料费 | % | 0.50 | 0.50 | 0.50 | 0.50 | 0.50 |
| 汽车式起重机 8t | 台班 | 0.066 | 0.082 | 0.088 | — | — |
| 汽车式起重机 12t | 台班 | — | — | — | 0.115 | 0.139 |
| 载重汽车 8t | 台班 | 0.067 | 0.083 | 0.089 | 0.116 | 0.141 |
| 干混砂浆罐式搅拌机 | 台班 | 0.143 | 0.151 | 0.158 | 0.167 | 0.190 |

**工作内容:**混凝土捣固、养生,铺砂浆、砌筑、抹灰、勾缝,安装井盖、井座、爬梯,材料
运输。

计量单位:座

| 编　号 | | 5-3-97 | 5-3-98 | 5-3-99 | 5-3-100 |
|---|---|---|---|---|---|
| 形式 | | 混凝土 | | | |
| 跌差(m) | | 1 | | | |
| 适用管径(mm) | | 700~900 | 1 000~1 100 | 1 200~1 350 | 1 500~1 650 |
| 井深(m) | | 3.4 | 3.6 | 3.9 | 4.2 |
| 名　称 | 单位 | 消　耗　量 | | | |
| 合计工日 | 工日 | 12.541 | 14.204 | 16.331 | 18.878 |
| 普工 | 工日 | 5.518 | 6.250 | 7.186 | 8.306 |
| 一般技工 | 工日 | 7.023 | 7.954 | 9.145 | 10.572 |
| 塑料薄膜 | m² | 178.099 | 194.819 | 216.556 | 241.735 |
| 标准砖 240×115×53 | 千块 | 0.309 | 0.394 | 0.502 | 0.642 |
| 塑钢爬梯 | kg | 8.484 | 8.484 | 8.484 | 8.484 |
| 水 | m³ | 4.871 | 5.346 | 5.965 | 6.685 |
| 电 | kW·h | 6.301 | 7.074 | 8.069 | 9.250 |
| 煤焦沥青漆 L01-17 | kg | 0.490 | 0.490 | 0.490 | 0.490 |
| 铸铁井盖、井座 φ700 重型 | 套 | 1.010 | 1.010 | 1.010 | 1.010 |
| 预拌混合砂浆 M7.5 | m³ | 0.193 | 0.246 | 0.314 | 0.402 |
| 预拌防水水泥砂浆 1:2 | m³ | 0.073 | 0.090 | 0.112 | 0.137 |
| 预拌混凝土 C10 | m³ | 0.716 | 0.784 | 0.870 | 0.972 |
| 预拌混凝土 C25 | m³ | 9.417 | 10.398 | 11.648 | 13.119 |
| 预拌混凝土 C30 | m³ | 1.580 | 1.865 | 2.234 | 2.681 |
| 其他材料费 | % | 0.50 | 0.50 | 0.50 | 0.50 |
| 汽车式起重机 8t | 台班 | 0.042 | 0.055 | 0.072 | 0.938 |
| 载重汽车 8t | 台班 | 0.042 | 0.056 | 0.073 | 0.950 |
| 干混砂浆罐式搅拌机 | 台班 | 0.007 | 0.009 | 0.012 | 0.014 |

**工作内容：**混凝土捣固、养生，铺砂浆、砌筑、抹灰、勾缝，安装井盖、井座、爬梯，材料运输。

计量单位：座

| 编　号 | | 5-3-101 | 5-3-102 | 5-3-103 | 5-3-104 |
|---|---|---|---|---|---|
| 形式 | | 混凝土 | | | |
| 跌差（m） | | 1.5 | | | |
| 适用管径（mm） | | 700～900 | 1 000～1 100 | 1 200～1 350 | 1 500～1 650 |
| 井深（m） | | 3.6 | 3.8 | 4.1 | 4.4 |
| 名　称 | 单位 | 消 耗 量 | | | |
| 合计工日 | 工日 | 20.493 | 23.119 | 26.426 | 30.232 |
| 普工 | 工日 | 9.017 | 10.173 | 11.628 | 13.302 |
| 一般技工 | 工日 | 11.476 | 12.946 | 14.798 | 16.930 |
| 塑料薄膜 | m² | 243.802 | 265.406 | 293.252 | 323.230 |
| 标准砖 240×115×53 | 千块 | 0.862 | 1.080 | 1.359 | 1.711 |
| 塑钢爬梯 | kg | 8.484 | 8.484 | 8.484 | 8.484 |
| 水 | m³ | 6.813 | 7.464 | 8.303 | 9.226 |
| 电 | kW·h | 9.916 | 11.036 | 12.438 | 14.038 |
| 煤焦沥青漆 L01-17 | kg | 0.490 | 0.490 | 0.490 | 0.490 |
| 铸铁井盖、井座 φ700 重型 | 套 | 1.010 | 1.010 | 1.010 | 1.010 |
| 预拌混合砂浆 M7.5 | m³ | 0.539 | 0.675 | 0.849 | 1.070 |
| 预拌防水水泥砂浆 1:2 | m³ | 0.117 | 0.144 | 0.175 | 0.211 |
| 预拌混凝土 C10 | m³ | 0.993 | 1.083 | 1.196 | 1.331 |
| 预拌混凝土 C25 | m³ | 15.031 | 16.465 | 18.265 | 20.211 |
| 预拌混凝土 C30 | m³ | 2.504 | 2.909 | 3.426 | 4.064 |
| 其他材料费 | % | 0.50 | 0.50 | 0.50 | 0.50 |
| 汽车式起重机 8t | 台班 | 0.058 | 0.077 | 0.101 | — |
| 汽车式起重机 12t | 台班 | — | — | — | 0.131 |
| 载重汽车 8t | 台班 | 0.059 | 0.078 | 0.102 | 0.133 |
| 干混砂浆罐式搅拌机 | 台班 | 0.020 | 0.025 | 0.031 | 0.039 |

**工作内容:**混凝土捣固、养生,铺砂浆、砌筑、抹灰、勾缝,安装井盖、井座、爬梯,材料
　　　运输。

计量单位:座

| 编　　号 | | 5-3-105 | 5-3-106 | 5-3-107 | 5-3-108 |
|---|---|---|---|---|---|
| 形式 | | 混凝土 | | | |
| 跌差(m) | | 2 | | | |
| 适用管径(mm) | | 700~900 | 1 000~1 100 | 1 200~1 350 | 1 500~1 650 |
| 井深(m) | | 4.1 | 4.3 | 4.6 | 4.9 |
| 名　　称 | 单位 | 消　耗　量 | | | |
| 合计工日 | 工日 | 28.851 | 32.254 | 36.511 | 41.667 |
| 普工 | 工日 | 12.694 | 14.192 | 16.065 | 18.334 |
| 一般技工 | 工日 | 16.157 | 18.062 | 20.446 | 23.333 |
| 塑料薄膜 | m² | 307.293 | 332.329 | 364.463 | 402.116 |
| 标准砖 240×115×53 | 千块 | 1.243 | 1.552 | 1.945 | 2.438 |
| 塑钢爬梯 | kg | 10.908 | 10.908 | 10.908 | 10.908 |
| 水 | m³ | 8.633 | 9.408 | 10.400 | 11.575 |
| 电 | kW·h | 13.688 | 15.074 | 16.811 | 18.910 |
| 煤焦沥青漆 L01-17 | kg | 0.490 | 0.490 | 0.490 | 0.490 |
| 铸铁井盖、井座 φ700 重型 | 套 | 1.010 | 1.010 | 1.010 | 1.010 |
| 预拌混合砂浆 M7.5 | m³ | 0.777 | 0.970 | 1.216 | 1.524 |
| 预拌防水水泥砂浆 1:2 | m³ | 0.162 | 0.198 | 0.239 | 0.285 |
| 预拌混凝土 C10 | m³ | 1.177 | 1.279 | 1.407 | 1.560 |
| 预拌混凝土 C25 | m³ | 21.819 | 23.685 | 26.027 | 28.839 |
| 预拌混凝土 C30 | m³ | 3.033 | 3.499 | 4.089 | 4.803 |
| 其他材料费 | % | 0.50 | 0.50 | 0.50 | 0.50 |
| 汽车式起重机 8t | 台班 | 0.066 | 0.088 | — | — |
| 汽车式起重机 12t | 台班 | — | — | 0.116 | 0.150 |
| 载重汽车 8t | 台班 | 0.067 | 0.090 | 0.117 | 0.151 |
| 干混砂浆罐式搅拌机 | 台班 | 0.028 | 0.035 | 0.044 | 0.055 |

# 8. 污水闸槽井

**工作内容:** 混凝土捣固、养生,铺砂浆、砌筑、抹灰、勾缝,安装井盖、井座、爬梯,材料
运输。

计量单位:座

| 编　　号 | | 5-3-109 | 5-3-110 | 5-3-111 | 5-3-112 | 5-3-113 |
|---|---|---|---|---|---|---|
| 形式 | | 砖砌 | | | | |
| 井室净尺寸(长×宽×高)(m) | | 1.2×1.3×2.2 | 1.3×1.3×2.3 | 1.4×1.3×2.4 | 1.5×1.3×2.5 | 1.6×1.3×2.6 |
| 适用管径(mm) | | 200 | 300 | 400 | 500 | 600 |
| 井深(m) | | 2.8 | 2.9 | 3 | 3.1 | 3.2 |
| 名　　称 | 单位 | 消　耗　量 | | | | |
| 合计工日 | 工日 | 16.317 | 17.541 | 18.918 | 20.217 | 21.360 |
| 普工 | 工日 | 7.179 | 7.718 | 8.324 | 8.895 | 9.398 |
| 一般技工 | 工日 | 9.138 | 9.823 | 10.594 | 11.322 | 11.962 |
| 塑料薄膜 | m² | 18.371 | 18.927 | 20.368 | 20.924 | 22.363 |
| 标准砖 240×115×53 | 千块 | 3.186 | 3.465 | 3.754 | 4.052 | 4.346 |
| 塑钢爬梯 | kg | 7.272 | 7.272 | 7.272 | 7.272 | 7.272 |
| 水 | m³ | 1.479 | 1.580 | 1.706 | 1.814 | 1.943 |
| 电 | kW·h | 0.850 | 0.876 | 0.971 | 0.998 | 1.055 |
| 煤焦沥青漆 L01–17 | kg | 0.490 | 0.490 | 0.490 | 0.490 | 0.490 |
| 铸铁井盖、井座 φ700 重型 | 套 | 1.010 | 1.010 | 1.010 | 1.010 | 1.010 |
| 预拌混合砂浆 M7.5 | m³ | 1.518 | 1.649 | 1.783 | 1.923 | 2.061 |
| 预拌防水水泥砂浆 1:2 | m³ | 0.636 | 0.682 | 0.725 | 0.775 | 0.804 |
| 预拌混凝土 C15 | m³ | 0.657 | 0.689 | 0.721 | 0.753 | 0.786 |
| 预拌混凝土 C20 | m³ | 0.185 | 0.185 | 0.185 | 0.185 | 0.185 |
| 预拌混凝土 C25 | m³ | 0.279 | 0.279 | 0.374 | 0.374 | 0.419 |
| 其他材料费 | % | 0.50 | 0.50 | 0.50 | 0.50 | 0.50 |
| 汽车式起重机 8t | 台班 | 0.025 | 0.025 | 0.033 | 0.033 | 0.036 |
| 载重汽车 8t | 台班 | 0.025 | 0.025 | 0.033 | 0.033 | 0.037 |
| 干混砂浆罐式搅拌机 | 台班 | 0.055 | 0.060 | 0.065 | 0.070 | 0.075 |

**工作内容:** 混凝土捣固、养生,铺砂浆、砌筑、抹灰、勾缝,安装井盖、井座、爬梯,材料
运输。

计量单位:座

| 编　号 | | 5-3-114 | 5-3-115 | 5-3-116 | 5-3-117 |
|---|---|---|---|---|---|
| 形式 | | 砖砌 | | | |
| 井室净尺寸(长×宽×高)(m) | | 1.7×1.3×2.7 | 1.8×1.3×2.8 | 1.9×1.3×2.9 | 2×1.3×3.6 |
| 适用管径(mm) | | 700 | 800 | 900 | 1 000 |
| 井深(m) | | 3.3 | 3.4 | 3.5 | 3.6 |
| 名　称 | 单位 | 消　耗　量 | | | |
| 合计工日 | 工日 | 23.144 | 24.627 | 25.973 | 27.210 |
| 普工 | 工日 | 10.183 | 10.836 | 11.428 | 11.972 |
| 一般技工 | 工日 | 12.961 | 13.791 | 14.545 | 15.238 |
| 塑料薄膜 | m² | 22.919 | 24.360 | 24.917 | 26.355 |
| 标准砖 240×115×53 | 千块 | 4.643 | 4.942 | 5.244 | 5.555 |
| 塑钢爬梯 | kg | 7.272 | 8.484 | 8.484 | 8.484 |
| 水 | m³ | 2.047 | 2.177 | 2.285 | 2.419 |
| 电 | kW·h | 1.703 | 1.840 | 1.890 | 1.977 |
| 煤焦沥青漆 L01-17 | kg | 0.490 | 0.490 | 0.490 | 0.490 |
| 铸铁井盖、井座 φ700 重型 | 套 | 1.010 | 1.010 | 1.010 | 1.010 |
| 预拌混合砂浆 M7.5 | m³ | 2.201 | 2.339 | 2.481 | 2.627 |
| 预拌防水水泥砂浆 1:2 | m³ | 0.853 | 0.897 | 0.948 | 0.977 |
| 预拌混凝土 C15 | m³ | 1.636 | 1.700 | 1.764 | 1.829 |
| 预拌混凝土 C20 | m³ | 0.185 | 0.185 | 0.185 | 0.185 |
| 预拌混凝土 C25 | m³ | 0.419 | 0.534 | 0.534 | 0.589 |
| 其他材料费 | % | 0.50 | 0.50 | 0.50 | 0.50 |
| 汽车式起重机 8t | 台班 | 0.036 | 0.047 | 0.047 | 0.051 |
| 载重汽车 8t | 台班 | 0.037 | 0.047 | 0.047 | 0.052 |
| 干混砂浆罐式搅拌机 | 台班 | 0.080 | 0.085 | 0.090 | 0.096 |

**工作内容:**混凝土捣固、养生,安装井盖、井座、爬梯,材料运输。 计量单位:座

| 编 号 | | 5-3-118 | 5-3-119 | 5-3-120 | 5-3-121 | 5-3-122 |
|---|---|---|---|---|---|---|
| 形式 | | 混凝土 | | | | |
| 井室净尺寸(长×宽×高)(m) | | 1.2×1.3×2.2 | 1.3×1.3×2.3 | 1.4×1.3×2.4 | 1.5×1.3×2.5 | 1.6×1.3×2.6 |
| 适用管径(mm) | | 200 | 300 | 400 | 500 | 600 |
| 井深(m) | | 2.8 | 2.9 | 3 | 3.1 | 3.2 |
| 名 称 | 单位 | 消 耗 量 | | | | |
| 合计工日 | 工日 | 6.183 | 6.743 | 7.374 | 7.871 | 8.432 |
| 普工 | 工日 | 2.721 | 2.967 | 3.244 | 3.463 | 3.710 |
| 一般技工 | 工日 | 3.462 | 3.776 | 4.130 | 4.408 | 4.722 |
| 塑料薄膜 | m² | 105.340 | 112.201 | 119.771 | 126.718 | 134.547 |
| 塑钢爬梯 | kg | 7.272 | 7.272 | 7.272 | 7.272 | 7.272 |
| 水 | m³ | 2.821 | 3.005 | 3.207 | 3.393 | 3.602 |
| 电 | kW·h | 2.834 | 3.059 | 3.360 | 3.592 | 3.859 |
| 煤焦沥青漆 L01-17 | kg | 0.490 | 0.490 | 0.490 | 0.490 | 0.490 |
| 铸铁井盖、井座 φ700 重型 | 套 | 1.010 | 1.010 | 1.010 | 1.010 | 1.010 |
| 预拌混凝土 C10 | m³ | 0.421 | 0.442 | 0.463 | 0.484 | 0.506 |
| 预拌混凝土 C20 | m³ | 0.480 | 0.617 | 0.773 | 0.934 | 1.090 |
| 预拌混凝土 C25 | m³ | 4.577 | 4.872 | 5.272 | 5.576 | 5.923 |
| 预拌混凝土 C30 | m³ | 0.104 | 0.104 | 0.095 | 0.092 | 0.091 |
| 其他材料费 | % | 0.50 | 0.50 | 0.50 | 0.50 | 0.50 |
| 汽车式起重机 8t | 台班 | 0.025 | 0.025 | 0.033 | 0.033 | 0.036 |
| 载重汽车 8t | 台班 | 0.025 | 0.025 | 0.033 | 0.033 | 0.037 |

**工作内容:**混凝土捣固、养生,安装井盖、井座、爬梯,材料运输。 计量单位:座

| 编　号 | | 5-3-123 | 5-3-124 | 5-3-125 | 5-3-126 |
|---|---|---|---|---|---|
| 形式 | | 混凝土 | | | |
| 井室净尺寸(长×宽×高)(m) | | 1.7×1.3×2.7 | 1.8×1.3×2.8 | 1.9×1.3×2.9 | 2×1.3×3.6 |
| 适用管径(mm) | | 700 | 800 | 900 | 1 000 |
| 井深(m) | | 3.3 | 3.4 | 3.5 | 3.6 |
| 名　称 | 单位 | 消　耗　量 | | | |
| 合计工日 | 工日 | 8.929 | 9.614 | 10.119 | 10.725 |
| 普工 | 工日 | 3.929 | 4.230 | 4.453 | 4.719 |
| 一般技工 | 工日 | 5.000 | 5.384 | 5.666 | 6.006 |
| 塑料薄膜 | m² | 141.515 | 149.087 | 156.083 | 163.924 |
| 塑钢爬梯 | kg | 7.272 | 8.484 | 8.484 | 8.484 |
| 水 | m³ | 3.789 | 3.990 | 4.178 | 4.388 |
| 电 | kW·h | 4.091 | 4.419 | 4.659 | 4.949 |
| 煤焦沥青漆 L01-17 | kg | 0.490 | 0.490 | 0.490 | 0.490 |
| 铸铁井盖、井座 φ700 重型 | 套 | 1.010 | 1.010 | 1.010 | 1.010 |
| 预拌混凝土 C10 | m³ | 0.527 | 0.548 | 0.569 | 0.590 |
| 预拌混凝土 C20 | m³ | 1.250 | 1.425 | 1.592 | 1.775 |
| 预拌混凝土 C25 | m³ | 6.227 | 6.647 | 6.952 | 7.312 |
| 预拌混凝土 C30 | m³ | 0.089 | 0.081 | 0.079 | 0.076 |
| 其他材料费 | % | 0.50 | 0.50 | 0.50 | 0.50 |
| 汽车式起重机 8t | 台班 | 0.036 | 0.047 | 0.047 | 0.051 |
| 载重汽车 8t | 台班 | 0.037 | 0.047 | 0.047 | 0.052 |

# 9.沉　泥　井

**工作内容:**混凝土捣固、养生,铺砂浆、砌筑、抹灰、勾缝,安装井盖、井座、爬梯,材料
运输。

计量单位:座

| 编　号 | | 5-3-127 | 5-3-128 | 5-3-129 | 5-3-130 | 5-3-131 | 5-3-132 |
|---|---|---|---|---|---|---|---|
| 形式 | | 砖砌 | | 混凝土 | | | |
| 井内径(m) | | 1 | 1.25 | 1 | | 1.25 | |
| 井室高(m) | | 2.6 | 3 | 2.6 | 井室高 | 3 | 井室高 |
| 井深(m) | | 3.9 | 4.3 | 3.1 | 每增0.2 | 3.6 | 每增0.2 |
| 名　称 | 单位 | 消　耗　量 | | | | | |
| 合计工日 | 工日 | 11.356 | 14.276 | 3.453 | 0.195 | 4.596 | 0.233 |
| 普工 | 工日 | 4.997 | 6.281 | 1.519 | 0.086 | 2.022 | 0.102 |
| 一般技工 | 工日 | 6.359 | 7.995 | 1.934 | 0.109 | 2.574 | 0.131 |
| 塑料薄膜 | m² | 5.097 | 6.836 | 68.294 | 3.919 | 91.020 | 4.736 |
| 标准砖 240×115×53 | 千块 | 1.749 | 2.146 | — | — | — | — |
| 塑钢爬梯 | kg | 9.696 | 10.908 | 9.696 | 0.674 | 10.908 | 0.674 |
| 水 | m³ | 0.742 | 0.925 | 1.831 | 0.106 | 2.441 | 0.127 |
| 电 | kW·h | 0.301 | 0.404 | 1.425 | 0.072 | 1.928 | 0.088 |
| 煤焦沥青漆 L01-17 | kg | 0.490 | 0.490 | 0.490 | — | 0.490 | — |
| 铸铁井盖、井座 φ700 重型 | 套 | 1.010 | 1.010 | 1.010 | — | 1.010 | — |
| 预拌混合砂浆 M7.5 | m³ | 1.094 | 1.341 | — | — | — | — |
| 预拌防水水泥砂浆 1:2 | m³ | 0.417 | 0.550 | — | — | — | — |
| 预拌混凝土 C10 | m³ | — | — | 0.228 | — | 0.300 | — |
| 预拌混凝土 C15 | m³ | 0.393 | 0.528 | — | — | — | — |
| 预拌混凝土 C25 | m³ | — | — | 2.493 | 0.151 | 3.372 | 0.183 |
| 预拌混凝土 C30 | m³ | — | — | 0.089 | — | 0.113 | — |
| 其他材料费 | % | 0.50 | 0.50 | 0.50 | 0.50 | 0.50 | 0.50 |
| 汽车式起重机 8t | 台班 | — | — | 0.009 | — | 0.017 | — |
| 载重汽车 8t | 台班 | — | — | 0.009 | — | 0.017 | — |
| 干混砂浆罐式搅拌机 | 台班 | 0.040 | 0.049 | — | — | — | — |

# 10. 矩形直线雨水检查井

**工作内容:** 混凝土捣固、养生,铺砂浆、砌筑、抹灰、勾缝,安装井盖、井座、爬梯,材料
运输。

计量单位:座

| 编　号 | | 5-3-133 | 5-3-134 | 5-3-135 | 5-3-136 | 5-3-137 |
|---|---|---|---|---|---|---|
| 形式 | | 砖砌 | | | | |
| 井室净尺寸(长×宽×高)(m) | | 1.1×1.1×1.8 | 1.2×1.1×1.8 | 1.3×1.1×1.8 | 1.4×1.1×1.8 | 1.5×1.1×1.8 |
| 适用管径(mm) | | 800 | 900 | 1 000 | 1 100 | 1 200 |
| 井深(m) | | 2.4 | | | 2.45 | |
| 名　称 | 单位 | 消　耗　量 | | | | |
| 合计工日 | 工日 | 7.084 | 7.263 | 7.487 | 7.881 | 8.013 |
| 普工 | 工日 | 3.117 | 3.196 | 3.294 | 3.468 | 3.526 |
| 一般技工 | 工日 | 3.967 | 4.067 | 4.193 | 4.413 | 4.487 |
| 塑料薄膜 | m² | 12.254 | 12.690 | 13.127 | 14.324 | 14.761 |
| 标准砖 240×115×53 | 千块 | 1.389 | 1.421 | 1.469 | 1.496 | 1.520 |
| 塑钢爬梯 | kg | 6.060 | 6.060 | 6.060 | 6.060 | 6.060 |
| 水 | m³ | 0.761 | 0.783 | 0.809 | 0.848 | 0.866 |
| 电 | kW·h | 0.602 | 0.629 | 0.651 | 0.960 | 0.998 |
| 煤焦沥青漆 L01-17 | kg | 0.490 | 0.490 | 0.490 | 0.490 | 0.490 |
| 铸铁井盖、井座 φ700 重型 | 套 | 1.010 | 1.010 | 1.010 | 1.010 | 1.010 |
| 预拌混合砂浆 M7.5 | m³ | 0.670 | 0.685 | 0.710 | 0.722 | 0.732 |
| 预拌防水水泥砂浆 1:2 | m³ | 0.116 | 0.122 | 0.128 | 0.135 | 0.140 |
| 预拌混凝土 C15 | m³ | 0.566 | 0.600 | 0.634 | 1.001 | 1.051 |
| 预拌混凝土 C25 | m³ | 0.226 | 0.226 | 0.226 | 0.262 | 0.262 |
| 其他材料费 | % | 0.50 | 0.50 | 0.50 | 0.50 | 0.50 |
| 汽车式起重机 8t | 台班 | 0.019 | 0.019 | 0.019 | 0.023 | 0.023 |
| 载重汽车 8t | 台班 | 0.020 | 0.020 | 0.020 | 0.023 | 0.023 |
| 干混砂浆罐式搅拌机 | 台班 | 0.024 | 0.025 | 0.026 | 0.027 | 0.027 |

**工作内容**：混凝土捣固、养生，铺砂浆、砌筑、抹灰、勾缝，安装井盖、井座、爬梯，材料运输。

计量单位：座

| 编 号 | | 5-3-138 | 5-3-139 | 5-3-140 | 5-3-141 | 5-3-142 |
|---|---|---|---|---|---|---|
| 形式 | | 砖砌 | | | | |
| 井室净尺寸（长×宽×高）(m) | | 1.65×1.1×1.85 | 1.8×1.1×2.0 | 1.95×1.1×2.2 | 2.1×1.1×2.35 | 2.3×1.1×2.55 |
| 适用管径（mm） | | 1 350 | 1 500 | 1 650 | 1 800 | 2 000 |
| 井深（m） | | 2.5 | 2.7 | 2.9 | 3.05 | 3.3 |
| 名 称 | 单位 | 消 耗 量 | | | | |
| 合计工日 | 工日 | 8.458 | 9.241 | 10.393 | 11.854 | 13.276 |
| 普工 | 工日 | 3.722 | 4.066 | 4.573 | 5.216 | 5.841 |
| 一般技工 | 工日 | 4.736 | 5.175 | 5.820 | 6.638 | 7.435 |
| 塑料薄膜 | m² | 16.552 | 17.207 | 19.402 | 20.057 | 23.237 |
| 标准砖 240×115×53 | 千块 | 1.590 | 1.774 | 1.965 | 2.707 | 3.020 |
| 塑钢爬梯 | kg | 6.060 | 6.060 | 6.060 | 6.060 | 6.060 |
| 水 | m³ | 0.936 | 1.010 | 1.127 | 1.373 | 1.554 |
| 电 | kW·h | 1.097 | 1.154 | 1.589 | 1.665 | 2.000 |
| 煤焦沥青漆 L01-17 | kg | 0.490 | 0.490 | 0.490 | 0.490 | 0.490 |
| 铸铁井盖、井座 φ700 重型 | 套 | 1.010 | 1.010 | 1.010 | 1.010 | 1.010 |
| 预拌混合砂浆 M7.5 | m³ | 0.765 | 0.853 | 0.943 | 1.291 | 1.437 |
| 预拌防水水泥砂浆 1:2 | m³ | 0.151 | 0.163 | 0.172 | 0.183 | 0.189 |
| 预拌混凝土 C15 | m³ | 1.127 | 1.203 | 1.705 | 1.806 | 2.116 |
| 预拌混凝土 C25 | m³ | 0.314 | 0.314 | 0.385 | 0.385 | 0.513 |
| 其他材料费 | % | 0.50 | 0.50 | 0.50 | 0.50 | 0.50 |
| 汽车式起重机 8t | 台班 | 0.027 | 0.027 | 0.034 | 0.034 | 0.045 |
| 载重汽车 8t | 台班 | 0.028 | 0.028 | 0.034 | 0.034 | 0.046 |
| 干混砂浆罐式搅拌机 | 台班 | 0.028 | 0.031 | 0.035 | 0.047 | 0.052 |

**工作内容：**混凝土捣固、养生，铺砂浆、砌筑、抹灰、勾缝，安装井盖、井座、爬梯，材料运输。

计量单位：座

| 编　　号 | | 5-3-143 | 5-3-144 | 5-3-145 | 5-3-146 | 5-3-147 |
|---|---|---|---|---|---|---|
| 形式 | | 混凝土 | | | | |
| 井室净尺寸（长×宽×高）(m) | | 1.1×1.1×1.8 | 1.2×1.1×1.8 | 1.3×1.1×1.8 | 1.4×1.1×1.8 | 1.5×1.1×1.8 |
| 适用管径（mm） | | 800 | 900 | 1 000 | 1 100 | 1 200 |
| 井深（m） | | 2.4 | | | 2.45 | |
| 名　　称 | 单位 | 消　耗　量 | | | | |
| 合计工日 | 工日 | 4.639 | 4.767 | 4.886 | 5.084 | 5.196 |
| 普工 | 工日 | 2.041 | 2.098 | 2.150 | 2.237 | 2.286 |
| 一般技工 | 工日 | 2.598 | 2.669 | 2.736 | 2.847 | 2.910 |
| 塑料薄膜 | m² | 72.127 | 73.324 | 74.229 | 76.343 | 76.952 |
| 标准砖 240×115×53 | 千块 | 0.144 | 0.170 | 0.201 | 0.235 | 0.267 |
| 塑钢爬梯 | kg | 6.060 | 6.060 | 6.060 | 6.060 | 6.060 |
| 水 | m³ | 1.977 | 2.017 | 2.051 | 2.117 | 2.144 |
| 电 | kW·h | 1.901 | 1.943 | 1.977 | 2.046 | 2.069 |
| 煤焦沥青漆 L01-17 | kg | 0.490 | 0.490 | 0.490 | 0.490 | 0.490 |
| 铸铁井盖、井座 $\phi$700 重型 | 套 | 1.010 | 1.010 | 1.010 | 1.010 | 1.010 |
| 预拌混合砂浆 M7.5 | m³ | 0.068 | 0.080 | 0.095 | 0.111 | 0.126 |
| 预拌防水水泥砂浆 1:2 | m³ | 0.040 | 0.043 | 0.047 | 0.050 | 0.054 |
| 预拌混凝土 C10 | m³ | 0.362 | 0.381 | 0.400 | 0.419 | 0.438 |
| 预拌混凝土 C25 | m³ | 3.215 | 3.274 | 3.322 | 3.396 | 3.426 |
| 预拌混凝土 C30 | m³ | 0.092 | 0.091 | 0.088 | 0.100 | 0.098 |
| 其他材料费 | % | 0.50 | 0.50 | 0.50 | 0.50 | 0.50 |
| 汽车式起重机 8t | 台班 | 0.019 | 0.019 | 0.019 | 0.023 | 0.023 |
| 载重汽车 8t | 台班 | 0.020 | 0.020 | 0.020 | 0.023 | 0.023 |
| 干混砂浆罐式搅拌机 | 台班 | 0.003 | 0.003 | 0.004 | 0.004 | 0.004 |

**工作内容:**混凝土捣固、养生,铺砂浆、砌筑、抹灰、勾缝,安装井盖、井座、爬梯,材料
运输。

计量单位:座

| 编 号 | | 5-3-148 | 5-3-149 | 5-3-150 | 5-3-151 | 5-3-152 |
|---|---|---|---|---|---|---|
| 形式 | | 混凝土 | | | | |
| 井室净尺寸(长×宽×高)(m) | | 1.7×1.1×1.8 | 1.8×1.1×2.0 | 2×1.1×2.2 | 2.1×1.1×2.3 | 2.3×1.1×2.5 |
| 适用管径(mm) | | 1 350 | 1 500 | 1 650 | 1 800 | 2 000 |
| 井深(m) | | 2.45 | 2.65 | 2.8 | 3.0 | 3.25 |
| 名 称 | 单位 | 消 耗 量 | | | | |
| 合计工日 | 工日 | 5.604 | 5.957 | 6.798 | 7.196 | 8.083 |
| 普工 | 工日 | 2.466 | 2.621 | 2.991 | 3.166 | 3.557 |
| 一般技工 | 工日 | 3.138 | 3.336 | 3.807 | 4.030 | 4.526 |
| 塑料薄膜 | m² | 80.424 | 85.189 | 93.967 | 99.338 | 107.759 |
| 标准砖 240×115×53 | 千块 | 0.350 | 0.386 | 0.485 | 0.525 | 0.633 |
| 塑钢爬梯 | kg | 6.060 | 6.060 | 6.060 | 6.060 | 6.060 |
| 水 | m³ | 2.263 | 2.401 | 2.666 | 2.822 | 3.081 |
| 电 | kW·h | 2.194 | 2.312 | 2.670 | 2.808 | 3.101 |
| 煤焦沥青漆 L01-17 | kg | 0.490 | 0.490 | 0.490 | 0.490 | 0.490 |
| 铸铁井盖、井座 φ700 重型 | 套 | 1.010 | 1.010 | 1.010 | 1.010 | 1.010 |
| 预拌混合砂浆 M7.5 | m³ | 0.165 | 0.181 | 0.228 | 0.247 | 0.298 |
| 预拌防水水泥砂浆 1:2 | m³ | 0.060 | 0.064 | 0.071 | 0.075 | 0.082 |
| 预拌混凝土 C10 | m³ | 0.476 | 0.495 | 0.534 | 0.553 | 0.591 |
| 预拌混凝土 C25 | m³ | 3.612 | 3.819 | 4.480 | 4.729 | 5.222 |
| 预拌混凝土 C30 | m³ | 0.086 | 0.095 | 0.086 | 0.095 | 0.092 |
| 其他材料费 | % | 0.50 | 0.50 | 0.50 | 0.50 | 0.50 |
| 汽车式起重机 8t | 台班 | 0.027 | 0.027 | 0.034 | 0.034 | 0.045 |
| 载重汽车 8t | 台班 | 0.028 | 0.028 | 0.034 | 0.034 | 0.046 |
| 干混砂浆罐式搅拌机 | 台班 | 0.006 | 0.006 | 0.008 | 0.009 | 0.011 |

# 11. 矩形直线污水检查井

**工作内容:** 混凝土捣固、养生，铺砂浆、砌筑、抹灰、勾缝，安装井盖、井座、爬梯，材料
运输。

计量单位: 座

| 编　号 | | 5-3-153 | 5-3-154 | 5-3-155 | 5-3-156 |
|---|---|---|---|---|---|
| 形式 | | 砖砌 | | | |
| 井室净尺寸（长×宽×高）（m） | | 1.1×1.1×2.6 | 1.2×1.1×2.7 | 1.3×1.1×2.8 | 1.4×1.1×2.9 |
| 适用管径（mm） | | 800 | 900 | 1 000 | 1 100 |
| 井深（m） | | 3.2 | 3.3 | 3.45 | 3.55 |
| 名　称 | 单位 | 消　耗　量 | | | |
| 合计工日 | 工日 | 15.692 | 16.561 | 17.512 | 18.701 |
| 普工 | 工日 | 6.904 | 7.287 | 7.705 | 8.228 |
| 一般技工 | 工日 | 8.788 | 9.274 | 9.807 | 10.473 |
| 塑料薄膜 | m² | 14.700 | 15.204 | 15.708 | 16.972 |
| 标准砖 240×115×53 | 千块 | 3.208 | 3.407 | 3.628 | 3.832 |
| 塑钢爬梯 | kg | 7.272 | 7.272 | 7.272 | 7.272 |
| 水 | m³ | 1.387 | 1.462 | 1.544 | 1.638 |
| 电 | kW·h | 0.747 | 0.777 | 0.804 | 1.192 |
| 煤焦沥青漆 L01-17 | kg | 0.490 | 0.490 | 0.490 | 0.490 |
| 铸铁井盖、井座 φ700 重型 | 套 | 1.010 | 1.010 | 1.010 | 1.010 |
| 预拌混合砂浆 M7.5 | m³ | 1.526 | 1.619 | 1.725 | 1.820 |
| 预拌防水水泥砂浆 1:2 | m³ | 0.603 | 0.636 | 0.670 | 0.704 |
| 预拌混凝土 C15 | m³ | 0.755 | 0.794 | 0.833 | 1.308 |
| 预拌混凝土 C25 | m³ | 0.226 | 0.226 | 0.226 | 0.262 |
| 其他材料费 | % | 0.50 | 0.50 | 0.50 | 0.50 |
| 汽车式起重机 8t | 台班 | 0.019 | 0.019 | 0.019 | 0.023 |
| 载重汽车 8t | 台班 | 0.020 | 0.020 | 0.020 | 0.023 |
| 干混砂浆罐式搅拌机 | 台班 | 0.056 | 0.059 | 0.063 | 0.067 |

**工作内容:** 混凝土捣固、养生,铺砂浆、砌筑、抹灰、勾缝,安装井盖、井座、爬梯,材料
运输。

计量单位:座

| 编　号 | | 5-3-157 | 5-3-158 | 5-3-159 |
|---|---|---|---|---|
| 形式 | | | 砖砌 | |
| 井室净尺寸(长×宽×高)(m) | | 1.5×1.1×3 | 1.65×1.1×3.15 | 1.8×1.1×3.3 |
| 适用管径(mm) | | 1 200 | 1 350 | 1 500 |
| 井深(m) | | 3.65 | 3.8 | 4 |
| 名　称 | 单位 | | 消　耗　量 | |
| 合计工日 | 工日 | 19.402 | 21.067 | 22.513 |
| 普工 | 工日 | 8.537 | 9.269 | 9.906 |
| 一般技工 | 工日 | 10.865 | 11.798 | 12.607 |
| 塑料薄膜 | m² | 17.476 | 19.370 | 20.126 |
| 标准砖 240×115×53 | 千块 | 4.038 | 4.351 | 4.688 |
| 塑钢爬梯 | kg | 7.272 | 7.272 | 7.272 |
| 水 | m³ | 1.715 | 1.863 | 1.987 |
| 电 | kW·h | 1.238 | 1.345 | 1.410 |
| 煤焦沥青漆 L01-17 | kg | 0.490 | 0.490 | 0.490 |
| 铸铁井盖、井座 φ700 重型 | 套 | 1.010 | 1.010 | 1.010 |
| 预拌混合砂浆 M7.5 | m³ | 1.917 | 2.063 | 2.224 |
| 预拌防水水泥砂浆 1:2 | m³ | 0.737 | 0.788 | 0.838 |
| 预拌混凝土 C15 | m³ | 1.366 | 1.454 | 1.541 |
| 预拌混凝土 C25 | m³ | 0.262 | 0.314 | 0.314 |
| 其他材料费 | % | 0.50 | 0.50 | 0.50 |
| 汽车式起重机 8t | 台班 | 0.023 | 0.027 | 0.027 |
| 载重汽车 8t | 台班 | 0.023 | 0.028 | 0.028 |
| 干混砂浆罐式搅拌机 | 台班 | 0.070 | 0.075 | 0.081 |

**工作内容：**混凝土捣固、养生，铺砂浆、砌筑、抹灰、勾缝，安装井盖、井座、爬梯，材料
　　　　　运输。

计量单位：座

| 编　号 | | 5-3-160 | 5-3-161 | 5-3-162 | 5-3-163 |
|---|---|---|---|---|---|
| 形式 | | 混凝土 | | | |
| 井室净尺寸（长×宽×高）(m) | | 1.1×1.1×2.6 | 1.2×1.1×2.7 | 1.3×1.1×2.8 | 1.4×1.1×2.9 |
| 适用管径（mm） | | 800 | 900 | 1 000 | 1 100 |
| 井深（m） | | 3.2 | 3.3 | 3.4 | 3.55 |
| 名　称 | 单位 | 消　耗　量 | | | |
| 合计工日 | 工日 | 6.341 | 6.748 | 7.170 | 7.677 |
| 普工 | 工日 | 2.790 | 2.969 | 3.155 | 3.378 |
| 一般技工 | 工日 | 3.551 | 3.779 | 4.015 | 4.299 |
| 塑料薄膜 | m² | 94.582 | 99.521 | 104.376 | 110.649 |
| 标准砖 240×115×53 | 千块 | 0.206 | 0.240 | 0.279 | 0.321 |
| 塑钢爬梯 | kg | 7.272 | 7.272 | 7.272 | 7.272 |
| 水 | m³ | 2.598 | 2.740 | 2.882 | 3.063 |
| 电 | kW·h | 2.411 | 2.537 | 2.663 | 2.823 |
| 煤焦沥青漆 L01-17 | kg | 0.490 | 0.490 | 0.490 | 0.490 |
| 铸铁井盖、井座 φ700 重型 | 套 | 1.010 | 1.010 | 1.010 | 1.010 |
| 预拌混合砂浆 M7.5 | m³ | 0.097 | 0.113 | 0.131 | 0.151 |
| 预拌防水水泥砂浆 1:2 | m³ | 0.058 | 0.063 | 0.069 | 0.075 |
| 预拌混凝土 C10 | m³ | 0.362 | 0.381 | 0.400 | 0.419 |
| 预拌混凝土 C25 | m³ | 4.298 | 4.536 | 4.774 | 5.047 |
| 预拌混凝土 C30 | m³ | 0.092 | 0.091 | 0.088 | 0.100 |
| 其他材料费 | % | 0.50 | 0.50 | 0.50 | 0.50 |
| 汽车式起重机 8t | 台班 | 0.019 | 0.019 | 0.019 | 0.023 |
| 载重汽车 8t | 台班 | 0.020 | 0.020 | 0.020 | 0.023 |
| 干混砂浆罐式搅拌机 | 台班 | 0.004 | 0.004 | 0.004 | 0.005 |

**工作内容:** 混凝土捣固、养生,铺砂浆、砌筑、抹灰、勾缝,安装井盖、井座、爬梯,材料运输。

计量单位:座

| 编 号 | | 5-3-164 | 5-3-165 | 5-3-166 |
|---|---|---|---|---|
| 形式 | | 混凝土 | | |
| 井室净尺寸(长×宽×高)(m) | | 1.5×1.1×3 | 1.7×1.1×3.15 | 1.8×1.1×3.3 |
| 适用管径(mm) | | 1 200 | 1 350 | 1 500 |
| 井深(m) | | 3.65 | 3.8 | 3.95 |
| 名 称 | 单位 | 消 耗 量 | | |
| 合计工日 | 工日 | 8.107 | 9.102 | 9.525 |
| 普工 | 工日 | 3.567 | 4.005 | 4.191 |
| 一般技工 | 工日 | 4.540 | 5.097 | 5.334 |
| 塑料薄膜 | m² | 115.626 | 126.214 | 131.468 |
| 标准砖 240×115×53 | 千块 | 0.361 | 0.476 | 0.503 |
| 塑钢爬梯 | kg | 7.272 | 7.272 | 7.272 |
| 水 | m³ | 3.210 | 3.528 | 3.677 |
| 电 | kW·h | 2.949 | 3.230 | 3.364 |
| 煤焦沥青漆 L01-17 | kg | 0.490 | 0.490 | 0.490 |
| 铸铁井盖、井座 φ700 重型 | 套 | 1.010 | 1.010 | 1.010 |
| 预拌混合砂浆 M7.5 | m³ | 0.170 | 0.224 | 0.236 |
| 预拌防水水泥砂浆 1:2 | m³ | 0.081 | 0.091 | 0.098 |
| 预拌混凝土 C10 | m³ | 0.438 | 0.476 | 0.495 |
| 预拌混凝土 C25 | m³ | 5.289 | 5.801 | 6.059 |
| 预拌混凝土 C30 | m³ | 0.098 | 0.094 | 0.091 |
| 其他材料费 | % | 0.50 | 0.50 | 0.50 |
| 汽车式起重机 8t | 台班 | 0.023 | 0.027 | 0.027 |
| 载重汽车 8t | 台班 | 0.023 | 0.028 | 0.028 |
| 干混砂浆罐式搅拌机 | 台班 | 0.006 | 0.008 | 0.009 |

## 12. 矩形 90°三通雨水检查井

**工作内容:** 混凝土捣固、养生,铺砂浆、砌筑、抹灰、勾缝,安装井盖、井座、爬梯,材料
运输。

计量单位:座

| 编　号 | | 5-3-167 | 5-3-168 | 5-3-169 | 5-3-170 | 5-3-171 | 5-3-172 |
|---|---|---|---|---|---|---|---|
| 形式 | | 砖砌 | | | | | |
| 井室净尺寸(长×宽×高)(m) | | 1.65×1.65×1.8 | 2.2×2.2×1.8 | 2.63×2.63×2.0 | 2.63×2.63×2.2 | 3.15×3.15×2.3 | 3.15×3.15×2.5 |
| 适用管径(mm) | | 900~1 000 | 1 100~1 350 | 1 500 | 1 650 | 1 800 | 2 000 |
| 井深(m) | | 2.4 | 2.45 | 2.7 | 2.85 | 3.1 | 3.3 |
| 名　称 | 单位 | 消　耗　量 | | | | | |
| 合计工日 | 工日 | 10.144 | 17.160 | 26.149 | 28.338 | 39.804 | 43.828 |
| 普工 | 工日 | 4.463 | 7.550 | 11.506 | 12.469 | 17.514 | 19.284 |
| 一般技工 | 工日 | 5.681 | 9.610 | 14.643 | 15.869 | 22.290 | 24.544 |
| 塑料薄膜 | m² | 22.424 | 37.752 | 50.917 | 50.917 | 74.621 | 74.621 |
| 标准砖 240×115×53 | 千块 | 2.162 | 3.585 | 5.718 | 6.202 | 9.477 | 10.951 |
| 塑钢爬梯 | kg | 6.060 | 6.060 | 6.060 | 6.060 | 6.060 | 6.060 |
| 水 | m³ | 1.271 | 2.118 | 3.126 | 3.272 | 4.912 | 5.365 |
| 电 | kW·h | 1.090 | 2.491 | 3.486 | 4.274 | 6.899 | 6.899 |
| 煤焦沥青漆 L01-17 | kg | 0.490 | 0.490 | 0.490 | 0.490 | 0.490 | 0.490 |
| 铸铁井盖、井座 φ700 重型 | 套 | 1.010 | 1.010 | 1.010 | 1.010 | 1.010 | 1.010 |
| 预拌混合砂浆 M7.5 | m³ | 1.033 | 1.704 | 2.708 | 2.934 | 4.476 | 5.167 |
| 预拌防水水泥砂浆 1:2 | m³ | 0.151 | 0.242 | 0.335 | 0.344 | 0.476 | 0.481 |
| 预拌混凝土 C15 | m³ | 0.998 | 2.325 | 3.101 | 4.134 | 6.387 | 6.387 |
| 预拌混凝土 C25 | m³ | 0.438 | 0.953 | 1.489 | 1.489 | 2.695 | 2.695 |
| 其他材料费 | % | 0.50 | 0.50 | 0.50 | 0.50 | 0.50 | 0.50 |
| 汽车式起重机 8t | 台班 | 0.038 | 0.083 | — | — | — | — |
| 汽车式起重机 12t | 台班 | — | — | 0.130 | 0.130 | — | — |
| 汽车式起重机 20t | 台班 | — | — | — | — | 0.235 | 0.235 |
| 载重汽车 8t | 台班 | 0.039 | 0.084 | 0.132 | 0.132 | 0.238 | 0.238 |
| 干混砂浆罐式搅拌机 | 台班 | 0.037 | 0.062 | 0.098 | 0.106 | 0.163 | 0.188 |

**工作内容:**混凝土捣固、养生,铺砂浆、砌筑、抹灰、勾缝,安装井盖、井座、爬梯,材料运输。

计量单位:座

| 编 号 | | 5-3-173 | 5-3-174 | 5-3-175 | 5-3-176 | 5-3-177 | 5-3-178 |
|---|---|---|---|---|---|---|---|
| 形式 | | 混凝土 | | | | | |
| 井室净尺寸(长×宽×高)(m) | | 1.65×1.65×1.8 | 2.2×2.2×1.8 | 2.63×2.63×2 | 2.63×2.63×2.2 | 3.15×3.15×2.3 | 3.15×3.15×2.5 |
| 适用管径(mm) | | 900~1 000 | 1 100~1 350 | 1 500 | 1 650 | 1 800 | 2 000 |
| 井深(m) | | 2.4 | 2.45 | 2.7 | 2.85 | 3.1 | 3.3 |
| 名 称 | 单位 | 消 耗 量 | | | | | |
| 合计工日 | 工日 | 6.950 | 12.558 | 19.895 | 21.040 | 27.285 | 30.543 |
| 普工 | 工日 | 3.058 | 5.526 | 8.754 | 9.258 | 12.006 | 13.439 |
| 一般技工 | 工日 | 3.892 | 7.032 | 11.141 | 11.782 | 15.279 | 17.104 |
| 塑料薄膜 | m² | 103.066 | 144.220 | 191.426 | 196.581 | 251.084 | 263.416 |
| 标准砖 240×115×53 | 千块 | 0.562 | 1.539 | 3.149 | 3.510 | 4.165 | 5.141 |
| 塑钢爬梯 | kg | 6.060 | 6.060 | 6.060 | 6.060 | 6.060 | 6.060 |
| 水 | m³ | 2.933 | 4.336 | 6.091 | 6.340 | 7.998 | 8.629 |
| 电 | kW·h | 2.971 | 4.396 | 6.789 | 6.933 | 9.459 | 9.802 |
| 煤焦沥青漆 L01-17 | kg | 0.490 | 0.490 | 0.490 | 0.490 | 0.490 | 0.490 |
| 铸铁井盖、井座 φ700 重型 | 套 | 1.010 | 1.010 | 1.010 | 1.010 | 1.010 | 1.010 |
| 预拌混合砂浆 M7.5 | m³ | 0.264 | 0.724 | 1.481 | 1.651 | 1.959 | 2.418 |
| 预拌防水水泥砂浆 1:2 | m³ | 0.091 | 0.160 | 0.239 | 0.251 | 0.321 | 0.329 |
| 预拌混凝土 C10 | m³ | 0.602 | 0.903 | 1.250 | 1.250 | 1.645 | 1.645 |
| 预拌混凝土 C25 | m³ | 4.977 | 7.205 | 11.380 | 11.699 | 15.684 | 16.420 |
| 预拌混凝土 C30 | m³ | 0.088 | 0.092 | 0.098 | 0.089 | 0.098 | 0.086 |
| 其他材料费 | % | 0.50 | 0.50 | 0.50 | 0.50 | 0.50 | 0.50 |
| 汽车式起重机 8t | 台班 | 0.038 | 0.083 | — | — | — | — |
| 汽车式起重机 12t | 台班 | — | — | 0.130 | 0.130 | — | — |
| 汽车式起重机 20t | 台班 | — | — | — | — | 0.235 | 0.235 |
| 载重汽车 8t | 台班 | 0.039 | 0.084 | 0.132 | 0.132 | 0.238 | 0.238 |
| 干混砂浆罐式搅拌机 | 台班 | 0.010 | 0.027 | 0.054 | 0.060 | 0.071 | 0.088 |

# 13. 矩形 90° 三通污水检查井

**工作内容:**混凝土捣固、养生,铺砂浆、砌筑、抹灰、勾缝,安装井盖、井座、爬梯,材料
运输。

计量单位: 座

| 编　号 | | 5-3-179 | 5-3-180 | 5-3-181 | 5-3-182 | 5-3-183 |
|---|---|---|---|---|---|---|
| 形式 | | 砖砌 | | | | |
| 井室净尺寸(长×宽×高)(m) | | 1.65×<br>1.65×2.7 | 1.65×<br>1.65×2.8 | 2.2×<br>2.2×2.9 | 2.2×<br>2.2×3.15 | 2.63×<br>2.63×3.45 |
| 适用管径(mm) | | 900 | 1 000 | 1 100 | 1 350 | 1 500 |
| 井深(m) | | 3.3 | 3.4 | 3.55 | 3.8 | 4 |
| 名　称 | 单位 | 消　耗　量 | | | | |
| 合计工日 | 工日 | 22.829 | 23.295 | 33.781 | 35.324 | 46.569 |
| 普工 | 工日 | 10.045 | 10.250 | 14.864 | 15.543 | 20.490 |
| 一般技工 | 工日 | 12.784 | 13.045 | 18.917 | 19.781 | 26.079 |
| 塑料薄膜 | m² | 25.614 | 25.614 | 41.685 | 41.685 | 55.432 |
| 标准砖 240×115×53 | 千块 | 4.720 | 4.834 | 6.966 | 7.360 | 9.974 |
| 塑钢爬梯 | kg | 7.272 | 7.272 | 7.272 | 7.272 | 7.272 |
| 水 | m³ | 2.145 | 2.180 | 3.265 | 3.386 | 4.559 |
| 电 | kW·h | 1.276 | 1.276 | 2.838 | 2.838 | 3.886 |
| 煤焦沥青漆 L01–17 | kg | 0.490 | 0.490 | 0.490 | 0.490 | 0.490 |
| 铸铁井盖、井座 φ700 重型 | 套 | 1.010 | 1.010 | 1.010 | 1.010 | 1.010 |
| 预拌混合砂浆 M7.5 | m³ | 2.237 | 2.290 | 3.294 | 3.478 | 4.709 |
| 预拌防水水泥砂浆 1:2 | m³ | 0.855 | 0.872 | 1.174 | 1.226 | 1.507 |
| 预拌混凝土 C15 | m³ | 1.244 | 1.244 | 2.781 | 2.781 | 3.623 |
| 预拌混凝土 C25 | m³ | 0.438 | 0.438 | 0.953 | 0.953 | 1.489 |
| 其他材料费 | % | 0.50 | 0.50 | 0.50 | 0.50 | 0.50 |
| 汽车式起重机 8t | 台班 | 0.038 | 0.038 | 0.083 | 0.083 | — |
| 汽车式起重机 12t | 台班 | — | — | — | — | 0.130 |
| 载重汽车 8t | 台班 | 0.039 | 0.039 | 0.084 | 0.084 | 0.132 |
| 干混砂浆罐式搅拌机 | 台班 | 0.082 | 0.083 | 0.120 | 0.127 | 0.171 |

**工作内容：**混凝土捣固、养生，铺砂浆、砌筑、抹灰、勾缝，安装井盖、井座、爬梯，材料
运输。

计量单位：座

| 编 号 | | 5-3-184 | 5-3-185 | 5-3-186 | 5-3-187 | 5-3-188 |
|---|---|---|---|---|---|---|
| 形式 | | 混凝土 | | | | |
| 井室净尺寸（长×宽×高）(m) | | 1.65×1.65×2.7 | 1.65×1.65×2.8 | 2.2×2.2×2.9 | 2.2×2.2×3.15 | 2.63×2.63×3.45 |
| 适用管径（mm） | | 900 | 1 000 | 1 100 | 1 350 | 1 500 |
| 井深（m） | | 3.3 | 3.4 | 3.55 | 3.8 | 4 |
| 名 称 | 单位 | 消 耗 量 | | | | |
| 合计工日 | 工日 | 9.959 | 10.165 | 15.893 | 16.624 | 28.054 |
| 普工 | 工日 | 4.382 | 4.473 | 6.993 | 7.314 | 12.344 |
| 一般技工 | 工日 | 5.577 | 5.692 | 8.900 | 9.310 | 15.710 |
| 塑料薄膜 | m² | 140.532 | 142.569 | 200.500 | 207.192 | 269.352 |
| 标准砖 240×115×53 | 千块 | 0.577 | 0.600 | 1.387 | 1.492 | 2.759 |
| 塑钢爬梯 | kg | 7.272 | 7.272 | 7.272 | 7.272 | 7.272 |
| 水 | m³ | 3.942 | 4.004 | 5.455 | 6.010 | 8.057 |
| 电 | kW·h | 3.825 | 3.870 | 5.680 | 5.832 | 8.910 |
| 煤焦沥青漆 L01-17 | kg | 0.490 | 0.490 | 0.490 | 0.490 | 0.490 |
| 铸铁井盖、井座 φ700 重型 | 套 | 1.010 | 1.010 | 1.010 | 1.010 | 1.010 |
| 预拌混合砂浆 M7.5 | m³ | 0.271 | 0.282 | 0.652 | 0.702 | 1.297 |
| 预拌防水水泥砂浆 1:2 | m³ | 0.122 | 0.126 | 0.207 | 0.221 | 0.297 |
| 预拌混凝土 C10 | m³ | 0.602 | 0.602 | 0.903 | 0.903 | 1.250 |
| 预拌混凝土 C25 | m³ | 6.783 | 6.886 | 9.920 | 10.249 | 15.886 |
| 预拌混凝土 C30 | m³ | 0.091 | 0.088 | 0.094 | 0.088 | 0.094 |
| 其他材料费 | % | 0.50 | 0.50 | 0.50 | 0.50 | 0.50 |
| 汽车式起重机 8t | 台班 | 0.038 | 0.038 | 0.083 | 0.083 | — |
| 汽车式起重机 12t | 台班 | — | — | — | — | 0.130 |
| 载重汽车 8t | 台班 | 0.039 | 0.039 | 0.084 | 0.084 | 0.132 |
| 干混砂浆罐式搅拌机 | 台班 | 0.010 | 0.011 | 0.024 | 0.026 | 0.047 |

## 14. 矩形 90° 四通雨水检查井

**工作内容:** 混凝土捣固、养生,铺砂浆、砌筑、抹灰、勾缝,安装井盖、井座、爬梯,材料运输。

计量单位:座

| 编　号 | | 5-3-189 | 5-3-190 | 5-3-191 | 5-3-192 |
|---|---|---|---|---|---|
| 形　式 | | 砖砌 | | | |
| 井室净尺寸(长×宽×高)(m) | | 2×1.5×1.8 | 2.2×1.7×1.8 | | 2.7×2.05×1.8 |
| 适用管径(mm) | | 900 | 1 000 | 1 100 | 1 250～1 350 |
| 井深(m) | | 2.4 | 2.45 | | 2.5 |
| 名　称 | 单位 | 消　耗　量 | | | |
| 合计工日 | 工日 | 10.878 | 12.301 | 12.670 | 18.693 |
| 普工 | 工日 | 4.786 | 5.412 | 5.575 | 8.225 |
| 一般技工 | 工日 | 6.092 | 6.889 | 7.095 | 10.468 |
| 塑料薄膜 | m² | 24.356 | 29.184 | 29.184 | 42.330 |
| 标准砖 240×115×53 | 千块 | 2.350 | 2.601 | 2.601 | 3.821 |
| 塑钢爬梯 | kg | 6.060 | 6.060 | 6.060 | 6.060 |
| 水 | m³ | 1.380 | 1.587 | 1.585 | 2.312 |
| 电 | kW·h | 1.181 | 1.448 | 1.931 | 2.903 |
| 煤焦沥青漆 L01–17 | kg | 0.490 | 0.490 | 0.490 | 0.490 |
| 铸铁井盖、井座 $\phi$700 重型 | 套 | 1.010 | 1.010 | 1.010 | 1.010 |
| 预拌混合砂浆 M7.5 | m³ | 1.123 | 1.242 | 1.242 | 1.814 |
| 预拌防水水泥砂浆 1:2 | m³ | 0.150 | 0.179 | 0.179 | 0.256 |
| 预拌混凝土 C15 | m³ | 1.076 | 1.271 | 1.907 | 2.596 |
| 预拌混凝土 C25 | m³ | 0.480 | 0.635 | 0.635 | 1.228 |
| 其他材料费 | % | 0.50 | 0.50 | 0.50 | 0.50 |
| 汽车式起重机 8t | 台班 | 0.042 | 0.056 | 0.056 | — |
| 汽车式起重机 12t | 台班 | — | — | — | 0.107 |
| 载重汽车 8t | 台班 | 0.042 | 0.056 | 0.056 | 0.108 |
| 干混砂浆罐式搅拌机 | 台班 | 0.041 | 0.045 | 0.045 | 0.066 |

**工作内容：**混凝土捣固、养生，铺砂浆、砌筑、抹灰、勾缝，安装井盖、井座、爬梯，材料运输。

计量单位：座

| 编　号 | | 5-3-193 | 5-3-194 | 5-3-195 | 5-3-196 |
|---|---|---|---|---|---|
| 形式 | | 砖砌 | | | |
| 井室净尺寸（长×宽×高）（m） | | 3.3×2.48×2 | 3.3×2.48×2.2 | 4×2.9×2.3 | 4×2.9×2.5 |
| 适用管径（mm） | | 1 500 | 1 650 | 1 800 | 2 000 |
| 井深（m） | | 2.7 | 2.9 | 3.1 | 3.35 |
| 名　称 | 单位 | 消　耗　量 | | | |
| 合计工日 | 工日 | 27.366 | 29.577 | 47.122 | 49.756 |
| 普工 | 工日 | 12.041 | 13.014 | 20.734 | 21.893 |
| 一般技工 | 工日 | 15.325 | 16.563 | 26.388 | 27.863 |
| 塑料薄膜 | m² | 58.937 | 58.937 | 85.399 | 85.399 |
| 标准砖 240×115×53 | 千块 | 5.495 | 5.956 | 11.284 | 12.203 |
| 塑钢爬梯 | kg | 6.060 | 6.060 | 6.060 | 6.060 |
| 水 | m³ | 3.270 | 3.408 | 5.754 | 6.037 |
| 电 | kW·h | 4.358 | 5.269 | 8.217 | 8.217 |
| 煤焦沥青漆 L01–17 | kg | 0.490 | 0.490 | 0.490 | 0.490 |
| 铸铁井盖、井座 φ700 重型 | 套 | 1.010 | 1.010 | 1.010 | 1.010 |
| 预拌混合砂浆 M7.5 | m³ | 2.601 | 2.819 | 5.324 | 5.757 |
| 预拌防水水泥砂浆 1：2 | m³ | 0.360 | 0.367 | 0.503 | 0.516 |
| 预拌混凝土 C15 | m³ | 3.573 | 4.763 | 7.262 | 7.262 |
| 预拌混凝土 C25 | m³ | 2.171 | 2.171 | 3.557 | 3.557 |
| 其他材料费 | % | 0.50 | 0.50 | 0.50 | 0.50 |
| 汽车式起重机 16t | 台班 | 0.189 | 0.189 | — | — |
| 汽车式起重机 25t | 台班 | — | — | 0.311 | 0.311 |
| 载重汽车 8t | 台班 | 0.192 | 0.192 | — | — |
| 载重汽车 10t | 台班 | — | — | 0.314 | 0.314 |
| 干混砂浆罐式搅拌机 | 台班 | 0.095 | 0.103 | 0.193 | 0.209 |

**工作内容:**混凝土捣固、养生,铺砂浆、砌筑、抹灰、勾缝,安装井盖、井座、爬梯,材料
运输。

计量单位:座

| 编 号 | | 5-3-197 | 5-3-198 | 5-3-199 | 5-3-200 |
|---|---|---|---|---|---|
| 形式 | | 混凝土 | | | |
| 井室净尺寸(长×宽×高)(m) | | 2×1.5×1.8 | 2.2×1.7×1.8 | 2.7×2.05×1.8 | 3.3×2.48×2.0 |
| 适用管径(mm) | | 900 | 1 000~1 100 | 1 250~1 350 | 1 500 |
| 井深(m) | | 2.4 | 2.45 | 2.5 | 2.7 |
| 名 称 | 单位 | 消 耗 量 | | | |
| 合计工日 | 工日 | 8.203 | 9.314 | 16.331 | 25.654 |
| 普工 | 工日 | 3.609 | 4.098 | 7.186 | 11.288 |
| 一般技工 | 工日 | 4.594 | 5.216 | 9.145 | 14.366 |
| 塑料薄膜 | m² | 111.500 | 117.747 | 157.733 | 213.688 |
| 标准砖 240×115×53 | 千块 | 0.617 | 0.834 | 1.752 | 2.844 |
| 塑钢爬梯 | kg | 6.060 | 6.060 | 6.060 | 6.060 |
| 水 | m³ | 3.176 | 3.409 | 4.759 | 6.586 |
| 电 | kW·h | 3.211 | 3.501 | 5.611 | 8.876 |
| 煤焦沥青漆 L01-17 | kg | 0.490 | 0.490 | 0.490 | 0.490 |
| 铸铁井盖、井座 φ700 重型 | 套 | 1.010 | 1.010 | 1.010 | 1.010 |
| 预拌混合砂浆 M7.5 | m³ | 0.290 | 0.392 | 0.824 | 1.338 |
| 预拌防水水泥砂浆 1:2 | m³ | 0.092 | 0.112 | 0.175 | 0.245 |
| 预拌混凝土 C10 | m³ | 0.646 | 0.646 | 1.065 | 1.501 |
| 预拌混凝土 C25 | m³ | 5.390 | 5.900 | 9.356 | 15.006 |
| 预拌混凝土 C30 | m³ | 0.091 | 0.097 | 0.089 | 0.086 |
| 其他材料费 | % | 0.50 | 0.50 | 0.50 | 0.50 |
| 汽车式起重机 8t | 台班 | 0.042 | 0.056 | — | — |
| 汽车式起重机 12t | 台班 | — | — | 0.107 | — |
| 汽车式起重机 16t | 台班 | — | — | — | 0.189 |
| 载重汽车 8t | 台班 | 0.042 | 0.056 | 0.108 | 0.192 |
| 干混砂浆罐式搅拌机 | 台班 | 0.011 | 0.014 | 0.030 | 0.049 |

**工作内容:** 混凝土捣固、养生,铺砂浆、砌筑、抹灰、勾缝,安装井盖、井座、爬梯,材料运输。

计量单位:座

| 编　　号 | | 5-3-201 | 5-3-202 | 5-3-203 |
|---|---|---|---|---|
| 形式 | | 混凝土 | | |
| 井室净尺寸(长×宽×高)(m) | | 3.3×2.48×2.2 | 4×2.9×2.3 | 4×2.9×2.5 |
| 适用管径(mm) | | 1 650 | 1 800 | 2 000 |
| 井深(m) | | 2.9 | 3.1 | 3.35 |
| 名　　称 | 单位 | 消　耗　量 | | |
| 合计工日 | 工日 | 27.020 | 39.408 | 41.597 |
| 普工 | 工日 | 11.889 | 17.339 | 18.303 |
| 一般技工 | 工日 | 15.131 | 22.069 | 23.294 |
| 塑料薄膜 | m² | 220.670 | 288.601 | 292.083 |
| 标准砖 240×115×53 | 千块 | 3.140 | 5.426 | 5.939 |
| 塑钢爬梯 | kg | 6.060 | 6.060 | 6.060 |
| 水 | m³ | 6.863 | 9.382 | 9.632 |
| 电 | kW·h | 9.093 | 12.423 | 12.747 |
| 煤焦沥青漆 L01-17 | kg | 0.490 | 0.490 | 0.490 |
| 铸铁井盖、井座 φ700 重型 | 套 | 1.010 | 1.010 | 1.010 |
| 预拌混合砂浆 M7.5 | m³ | 1.477 | 2.552 | 2.793 |
| 预拌防水水泥砂浆 1:2 | m³ | 0.255 | 0.359 | 0.376 |
| 预拌混凝土 C10 | m³ | 1.501 | 1.956 | 1.956 |
| 预拌混凝土 C25 | m³ | 15.464 | 20.956 | 21.636 |
| 预拌混凝土 C30 | m³ | 0.092 | 0.089 | 0.092 |
| 其他材料费 | % | 0.50 | 0.50 | 0.50 |
| 汽车式起重机 16t | 台班 | 0.189 | — | — |
| 汽车式起重机 25t | 台班 | — | 0.311 | 0.311 |
| 载重汽车 8t | 台班 | 0.192 | — | — |
| 载重汽车 10t | 台班 | — | 0.314 | 0.314 |
| 干混砂浆罐式搅拌机 | 台班 | 0.054 | 0.093 | 0.102 |

# 15. 矩形 90° 四通污水检查井

**工作内容**：混凝土捣固、养生，铺砂浆、砌筑、抹灰、勾缝，安装井盖、井座、爬梯，材料运输。

计量单位：座

| 编　号 | | 5-3-204 | 5-3-205 | 5-3-206 |
|---|---|---|---|---|
| 形式 | | 砖砌 | | |
| 井室净尺寸（长×宽×高）（m） | | 2×1.5×2.7 | 2.2×1.7×2.8 | 2.2×1.7×2.9 |
| 适用管径（mm） | | 900 | 1 000 | 1 100 |
| 井深（m） | | 3.3 | 3.45 | 3.55 |
| 名　称 | 单位 | 消　耗　量 | | |
| 合计工日 | 工日 | 24.305 | 27.425 | 28.550 |
| 普工 | 工日 | 10.694 | 12.067 | 12.562 |
| 一般技工 | 工日 | 13.611 | 15.358 | 15.988 |
| 塑料薄膜 | m² | 27.680 | 32.779 | 32.779 |
| 标准砖 240×115×53 | 千块 | 5.108 | 5.756 | 5.937 |
| 塑钢爬梯 | kg | 7.272 | 7.272 | 7.272 |
| 水 | m³ | 2.320 | 2.655 | 2.710 |
| 电 | kW·h | 1.379 | 1.661 | 2.251 |
| 煤焦沥青漆 L01-17 | kg | 0.490 | 0.490 | 0.490 |
| 铸铁井盖、井座 φ700 重型 | 套 | 1.010 | 1.010 | 1.010 |
| 预拌混合砂浆 M7.5 | m³ | 2.420 | 2.726 | 2.811 |
| 预拌防水水泥砂浆 1:2 | m³ | 0.885 | 0.981 | 1.007 |
| 预拌混凝土 C15 | m³ | 1.333 | 1.549 | 2.323 |
| 预拌混凝土 C25 | m³ | 0.480 | 0.635 | 0.635 |
| 其他材料费 | % | 0.50 | 0.50 | 0.50 |
| 汽车式起重机 8t | 台班 | 0.042 | 0.056 | 0.056 |
| 载重汽车 8t | 台班 | 0.042 | 0.056 | 0.056 |
| 干混砂浆罐式搅拌机 | 台班 | 0.088 | 0.099 | 0.102 |

**工作内容:** 混凝土捣固、养生,铺砂浆、砌筑、抹灰、勾缝,安装井盖、井座、爬梯,材料
运输。

计量单位:座

| 编 号 | | 5-3-207 | 5-3-208 | 5-3-209 |
|---|---|---|---|---|
| 形 式 | | 砖砌 | | |
| 井室净尺寸(长×宽×高)(m) | | 2.7×2.05×3.0 | 2.7×2.05×3.15 | 3.3×2.48×3.3 |
| 适用管径(mm) | | 1 250 | 1 350 | 1 500 |
| 井深(m) | | 3.65 | 3.85 | 4.05 |
| 名 称 | 单位 | 消 耗 量 | | |
| 合计工日 | 工日 | 38.078 | 39.363 | 52.671 |
| 普工 | 工日 | 16.754 | 17.320 | 23.175 |
| 一般技工 | 工日 | 21.324 | 22.043 | 29.496 |
| 塑料薄膜 | m² | 46.498 | 46.498 | 63.802 |
| 标准砖 240×115×53 | 千块 | 7.996 | 8.361 | 11.241 |
| 塑钢爬梯 | kg | 7.272 | 7.272 | 7.272 |
| 水 | m³ | 3.710 | 3.823 | 5.171 |
| 电 | kW·h | 3.272 | 3.272 | 4.789 |
| 煤焦沥青漆 L01-17 | kg | 0.490 | 0.490 | 0.490 |
| 铸铁井盖、井座 φ700 重型 | 套 | 1.010 | 1.010 | 1.010 |
| 预拌混合砂浆 M7.5 | m³ | 3.777 | 3.951 | 5.305 |
| 预拌防水水泥砂浆 1:2 | m³ | 1.258 | 1.289 | 1.611 |
| 预拌混凝土 C15 | m³ | 3.078 | 3.078 | 4.136 |
| 预拌混凝土 C25 | m³ | 1.228 | 1.228 | 2.171 |
| 其他材料费 | % | 0.50 | 0.50 | 0.50 |
| 汽车式起重机 12t | 台班 | 0.107 | 0.107 | — |
| 汽车式起重机 16t | 台班 | — | — | 0.189 |
| 载重汽车 8t | 台班 | 0.108 | 0.108 | 0.192 |
| 干混砂浆罐式搅拌机 | 台班 | 0.138 | 0.144 | 0.193 |

**工作内容:** 混凝土捣固、养生,铺砂浆、砌筑、抹灰、勾缝,安装井盖、井座、爬梯,材料运输。

计量单位:座

| 编 号 | | 5-3-210 | 5-3-211 | 5-3-212 |
|---|---|---|---|---|
| 形 式 | | 混凝土 | | |
| 井室净尺寸(长×宽×高)(m) | | $2 \times 1.5 \times 2.7$ | $2.2 \times 1.7 \times 2.8$ | $2.2 \times 1.7 \times 2.9$ |
| 适用管径(mm) | | 900 | 1 000 | 1 100 |
| 井深(m) | | 3.3 | 3.45 | 3.55 |
| 名 称 | 单位 | 消 耗 量 | | |
| 合计工日 | 工日 | 10.865 | 12.533 | 12.888 |
| 普工 | 工日 | 4.781 | 5.514 | 5.670 |
| 一般技工 | 工日 | 6.084 | 7.019 | 7.218 |
| 塑料薄膜 | m² | 148.924 | 168.323 | 170.531 |
| 标准砖 240×115×53 | 千块 | 0.761 | 0.948 | 1.028 |
| 塑钢爬梯 | kg | 7.272 | 7.272 | 7.272 |
| 水 | m³ | 4.223 | 4.801 | 4.884 |
| 电 | kW·h | 4.065 | 4.667 | 4.705 |
| 煤焦沥青漆 L01-17 | kg | 0.490 | 0.490 | 0.490 |
| 铸铁井盖、井座 φ700 重型 | 套 | 1.010 | 1.010 | 1.010 |
| 预拌混合砂浆 M7.5 | m³ | 0.358 | 0.446 | 0.483 |
| 预拌防水水泥砂浆 1:2 | m³ | 0.117 | 0.134 | 0.145 |
| 预拌混凝土 C10 | m³ | 0.646 | 0.752 | 0.752 |
| 预拌混凝土 C25 | m³ | 7.199 | 8.204 | 8.290 |
| 预拌混凝土 C30 | m³ | 0.091 | 0.100 | 0.094 |
| 其他材料费 | % | 0.50 | 0.50 | 0.50 |
| 汽车式起重机 8t | 台班 | 0.042 | 0.056 | 0.056 |
| 载重汽车 8t | 台班 | 0.042 | 0.056 | 0.056 |
| 干混砂浆罐式搅拌机 | 台班 | 0.013 | 0.016 | 0.018 |

**工作内容:**混凝土捣固、养生,铺砂浆、砌筑、抹灰、勾缝,安装井盖、井座、爬梯,材料
运输。

计量单位:座

| 编　号 | | 5-3-213 | 5-3-214 | 5-3-215 |
|---|---|---|---|---|
| 形式 | | 混凝土 | | |
| 井室净尺寸(长×宽×高)(m) | | 2.7×2.05×3.0 | 2.7×2.05×3.15 | 3.3×2.48×3.3 |
| 适用管径(mm) | | 1 250 | 1 350 | 1 500 |
| 井深(m) | | 3.65 | 3.85 | 4.05 |
| 名　称 | 单位 | 消　耗　量 | | |
| 合计工日 | 工日 | 22.535 | 23.322 | 35.996 |
| 普工 | 工日 | 9.915 | 10.262 | 15.838 |
| 一般技工 | 工日 | 12.620 | 13.060 | 20.158 |
| 塑料薄膜 | m² | 226.498 | 231.760 | 307.322 |
| 标准砖 240×115×53 | 千块 | 1.927 | 2.085 | 3.521 |
| 塑钢爬梯 | kg | 7.272 | 7.272 | 7.272 |
| 水 | m³ | 6.653 | 6.843 | 9.299 |
| 电 | kW·h | 7.493 | 7.627 | 11.710 |
| 煤焦沥青漆 L01-17 | kg | 0.490 | 0.490 | 0.490 |
| 铸铁井盖、井座 φ700 重型 | 套 | 1.010 | 1.010 | 1.010 |
| 预拌混合砂浆 M7.5 | m³ | 0.906 | 0.981 | 1.656 |
| 预拌防水水泥砂浆 1:2 | m³ | 0.211 | 0.217 | 0.312 |
| 预拌混凝土 C10 | m³ | 1.065 | 1.065 | 1.501 |
| 预拌混凝土 C25 | m³ | 13.346 | 13.620 | 21.007 |
| 预拌混凝土 C30 | m³ | 0.086 | 0.097 | 0.097 |
| 其他材料费 | % | 0.50 | 0.50 | 0.50 |
| 汽车式起重机 12t | 台班 | 0.107 | 0.107 | — |
| 汽车式起重机 16t | 台班 | — | — | 0.189 |
| 载重汽车 8t | 台班 | 0.108 | 0.108 | 0.192 |
| 干混砂浆罐式搅拌机 | 台班 | 0.033 | 0.035 | 0.060 |

# 16. 90°扇形雨水检查井

**工作内容:** 混凝土捣固、养生,铺砂浆、砌筑、抹灰、勾缝,安装井盖、井座、爬梯,材料
运输。

计量单位:座

| 编　　号 | | 5-3-216 | 5-3-217 | 5-3-218 | 5-3-219 |
|---|---|---|---|---|---|
| 形式 | | 砖砌 | | | |
| 适用管径(mm) | | 800～900 | 1 000 | 1 100 | 1 200～1 350 |
| 井室净高(m) | | 1.8 | | | |
| 井深(m) | | 2.4 | | 2.5 | |
| 名　　称 | 单位 | 消　耗　量 | | | |
| 合计工日 | 工日 | 9.546 | 10.689 | 11.252 | 13.502 |
| 普工 | 工日 | 4.200 | 4.703 | 4.951 | 5.941 |
| 一般技工 | 工日 | 5.346 | 5.986 | 6.301 | 7.561 |
| 塑料薄膜 | m² | 18.142 | 21.313 | 21.953 | 27.611 |
| 标准砖 240×115×53 | 千块 | 1.780 | 1.960 | 2.004 | 2.347 |
| 塑钢爬梯 | kg | 6.060 | 6.060 | 6.060 | 6.060 |
| 水 | m³ | 1.078 | 1.226 | 1.257 | 1.526 |
| 电 | kW·h | 0.975 | 1.139 | 1.550 | 1.935 |
| 煤焦沥青漆 L01-17 | kg | 0.490 | 0.490 | 0.490 | 0.490 |
| 铸铁井盖、井座 φ700 重型 | 套 | 1.010 | 1.010 | 1.010 | 1.010 |
| 预拌混合砂浆 M7.5 | m³ | 1.020 | 1.134 | 1.162 | 1.379 |
| 预拌防水水泥砂浆 1:2 | m³ | 0.131 | 0.150 | 0.161 | 0.206 |
| 预拌混凝土 C15 | m³ | 0.824 | 0.930 | 1.469 | 1.812 |
| 预拌混凝土 C25 | m³ | 0.459 | 0.571 | 0.571 | 0.734 |
| 其他材料费 | % | 0.50 | 0.50 | 0.50 | 0.50 |
| 汽车式起重机 8t | 台班 | 0.040 | 0.050 | 0.050 | 0.065 |
| 载重汽车 8t | 台班 | 0.040 | 0.050 | 0.050 | 0.065 |
| 干混砂浆罐式搅拌机 | 台班 | 0.037 | 0.041 | 0.043 | 0.051 |

**工作内容:** 混凝土捣固、养生,铺砂浆、砌筑、抹灰、勾缝,安装井盖、井座、爬梯,材料
运输。

计量单位:座

| 编　　号 | | 5-3-220 | 5-3-221 | 5-3-222 | 5-3-223 |
|---|---|---|---|---|---|
| 形式 | | 砖砌 | | | |
| 适用管径(mm) | | 1 500 | 1 650 | 1 800 | 2 000 |
| 井室净高(m) | | 2 | 2.1 | 2.3 | 2.5 |
| 井深(m) | | 2.7 | 2.9 | 3.1 | 3.3 |
| 名　　称 | 单位 | 消　耗　量 | | | |
| 合计工日 | 工日 | 17.853 | 19.913 | 27.958 | 34.083 |
| 普工 | 工日 | 7.855 | 8.762 | 12.302 | 14.997 |
| 一般技工 | 工日 | 9.998 | 11.151 | 15.656 | 19.086 |
| 塑料薄膜 | m² | 36.341 | 37.577 | 48.395 | 56.792 |
| 标准砖 240×115×53 | 千块 | 3.031 | 3.379 | 5.578 | 6.754 |
| 塑钢爬梯 | kg | 6.060 | 6.060 | 6.060 | 6.060 |
| 水 | m³ | 1.995 | 2.143 | 3.163 | 3.787 |
| 电 | kW·h | 2.606 | 3.326 | 4.480 | 5.375 |
| 煤焦沥青漆 L01-17 | kg | 0.490 | 0.490 | 0.490 | 0.490 |
| 铸铁井盖、井座 φ700 重型 | 套 | 1.010 | 1.010 | 1.010 | 1.010 |
| 预拌混合砂浆 M7.5 | m³ | 1.798 | 2.005 | 3.267 | 3.978 |
| 预拌防水水泥砂浆 1:2 | m³ | 0.269 | 0.292 | 0.340 | 0.410 |
| 预拌混凝土 C15 | m³ | 2.271 | 3.220 | 4.326 | 5.016 |
| 预拌混凝土 C25 | m³ | 1.157 | 1.157 | 1.567 | 2.059 |
| 其他材料费 | % | 0.50 | 0.50 | 0.50 | 0.50 |
| 汽车式起重机 8t | 台班 | 0.101 | 0.101 | — | — |
| 汽车式起重机 12t | 台班 | — | — | 0.137 | — |
| 汽车式起重机 16t | 台班 | — | — | — | 0.180 |
| 载重汽车 8t | 台班 | 0.102 | 0.102 | 0.139 | 0.182 |
| 干混砂浆罐式搅拌机 | 台班 | 0.066 | 0.073 | 0.119 | 0.145 |

**工作内容：**混凝土捣固、养生，铺砂浆、砌筑、抹灰、勾缝，安装井盖、井座、爬梯，材料
运输。

计量单位：座

| 编　号 | | 5-3-224 | 5-3-225 | 5-3-226 | 5-3-227 |
|---|---|---|---|---|---|
| 形式 | | 混凝土 | | | |
| 适用管径（mm） | | 800~900 | 1 000~1 100 | 1 200~1 350 | 1 500 |
| 井室净高（m） | | 1.8 | | | 1.9 |
| 井深（m） | | 2.4 | | | 2.6 |
| 名　称 | 单位 | 消　耗　量 | | | |
| 合计工日 | 工日 | 6.705 | 7.698 | 8.930 | 11.816 |
| 普工 | 工日 | 2.950 | 3.387 | 3.929 | 5.199 |
| 一般技工 | 工日 | 3.755 | 4.311 | 5.001 | 6.617 |
| 塑料薄膜 | m² | 93.939 | 102.969 | 112.619 | 141.435 |
| 标准砖 240×115×53 | 千块 | 0.279 | 0.418 | 0.646 | 0.928 |
| 塑钢爬梯 | kg | 6.060 | 6.060 | 6.060 | 6.060 |
| 水 | m³ | 2.612 | 2.901 | 3.239 | 4.107 |
| 电 | kW·h | 2.747 | 3.086 | 3.474 | 4.499 |
| 煤焦沥青漆 L01-17 | kg | 0.490 | 0.490 | 0.490 | 0.490 |
| 铸铁井盖、井座 φ700 重型 | 套 | 1.010 | 1.010 | 1.010 | 1.010 |
| 预拌混合砂浆 M7.5 | m³ | 0.175 | 0.261 | 0.404 | 0.580 |
| 预拌防水水泥砂浆 1:2 | m³ | 0.061 | 0.078 | 0.105 | 0.141 |
| 预拌混凝土 C10 | m³ | 0.507 | 0.592 | 0.718 | 0.885 |
| 预拌混凝土 C25 | m³ | 4.654 | 5.165 | 5.671 | 7.318 |
| 预拌混凝土 C30 | m³ | 0.079 | 0.073 | 0.094 | 0.100 |
| 其他材料费 | % | 0.50 | 0.50 | 0.50 | 0.50 |
| 汽车式起重机 8t | 台班 | 0.040 | 0.050 | 0.065 | 0.101 |
| 载重汽车 8t | 台班 | 0.040 | 0.050 | 0.065 | 0.102 |
| 干混砂浆罐式搅拌机 | 台班 | 0.006 | 0.010 | 0.015 | 0.021 |

**工作内容：**混凝土捣固、养生，铺砂浆、砌筑、抹灰、勾缝，安装井盖、井座、爬梯，材料运输。

计量单位：座

| 编　　号 | | 5-3-228 | 5-3-229 | 5-3-230 |
|---|---|---|---|---|
| 形式 | | 混凝土 | | |
| 适用管径（mm） | | 1 650 | 1 800 | 2 000 |
| 井室净高（m） | | 2 | 2.2 | 2.4 |
| 井深（m） | | 2.7 | 2.9 | 3.2 |
| 名　　称 | 单位 | 消　耗　量 | | |
| 合计工日 | 工日 | 12.742 | 16.975 | 20.831 |
| 普工 | 工日 | 5.606 | 7.469 | 9.166 |
| 一般技工 | 工日 | 7.136 | 9.506 | 11.665 |
| 塑料薄膜 | m² | 149.510 | 177.370 | 208.528 |
| 标准砖 240×115×53 | 千块 | 1.091 | 1.366 | 1.823 |
| 塑钢爬梯 | kg | 6.060 | 6.060 | 6.060 |
| 水 | m³ | 4.380 | 5.216 | 6.206 |
| 电 | kW·h | 4.743 | 6.472 | 7.741 |
| 煤焦沥青漆 L01-17 | kg | 0.490 | 0.490 | 0.490 |
| 铸铁井盖、井座 φ700 重型 | 套 | 1.010 | 1.010 | 1.010 |
| 预拌混合砂浆 M7.5 | m³ | 0.682 | 0.854 | 1.140 |
| 预拌防水水泥砂浆 1:2 | m³ | 0.154 | 0.181 | 0.222 |
| 预拌混凝土 C10 | m³ | 0.936 | 1.122 | 1.297 |
| 预拌混凝土 C25 | m³ | 7.772 | 10.880 | 12.983 |
| 预拌混凝土 C30 | m³ | 0.081 | 0.086 | 0.104 |
| 其他材料费 | % | 0.50 | 0.50 | 0.50 |
| 汽车式起重机 8t | 台班 | 0.101 | — | — |
| 汽车式起重机 12t | 台班 | — | 0.137 | — |
| 汽车式起重机 16t | 台班 | — | — | 0.180 |
| 载重汽车 8t | 台班 | 0.102 | 0.139 | 0.182 |
| 干混砂浆罐式搅拌机 | 台班 | 0.025 | 0.031 | 0.042 |

# 17.90° 扇形污水检查井

**工作内容：**混凝土捣固、养生，铺砂浆、砌筑、抹灰、勾缝，安装井盖、井座、爬梯，材料
运输。

计量单位：座

| 编　号 | | 5-3-231 | 5-3-232 | 5-3-233 | 5-3-234 | 5-3-235 | 5-3-236 | 5-3-237 |
|---|---|---|---|---|---|---|---|---|
| 形式 | | 砖砌 | | | | | | |
| 适用管径（mm） | | 800 | 900 | 1 000 | 1 100 | 1 200 | 1 350 | 1 500 |
| 井室净高（m） | | 2.6 | 2.7 | 2.8 | 2.9 | 3 | 3.2 | 3.3 |
| 井深（m） | | 3.2 | 3.3 | 3.5 | 3.6 | 3.7 | 3.8 | 4 |
| 名　称 | 单位 | 消　耗　量 | | | | | | |
| 合计工日 | 工日 | 19.699 | 20.755 | 23.371 | 24.858 | 28.330 | 30.214 | 37.606 |
| 普工 | 工日 | 8.668 | 9.132 | 10.283 | 10.938 | 12.465 | 13.294 | 16.547 |
| 一般技工 | 工日 | 11.031 | 11.623 | 13.088 | 13.920 | 15.865 | 16.920 | 21.059 |
| 塑料薄膜 | m² | 19.102 | 19.700 | 22.978 | 23.619 | 28.382 | 29.436 | 38.485 |
| 标准砖 240×115×53 | 千块 | 3.317 | 3.517 | 3.979 | 4.205 | 4.789 | 5.152 | 6.388 |
| 塑钢爬梯 | kg | 7.272 | 7.272 | 7.272 | 7.272 | 7.272 | 7.272 | 7.272 |
| 水 | m³ | 1.616 | 1.699 | 1.944 | 2.034 | 2.361 | 2.510 | 3.175 |
| 电 | kW·h | 1.032 | 1.067 | 1.238 | 1.695 | 2.004 | 2.095 | 2.792 |
| 煤焦沥青漆 L01-17 | kg | 0.490 | 0.490 | 0.490 | 0.490 | 0.490 | 0.490 | 0.490 |
| 铸铁井盖、井座 φ700 重型 | 套 | 1.010 | 1.010 | 1.010 | 1.010 | 1.010 | 1.010 | 1.010 |
| 预拌混合砂浆 M7.5 | m³ | 1.903 | 2.016 | 2.293 | 2.422 | 2.775 | 2.984 | 3.739 |
| 预拌防水水泥砂浆 1:2 | m³ | 0.708 | 0.746 | 0.825 | 0.864 | 0.968 | 1.031 | 1.236 |
| 预拌混凝土 C15 | m³ | 0.898 | 0.944 | 1.058 | 1.661 | 1.901 | 2.023 | 2.520 |
| 预拌混凝土 C25 | m³ | 0.459 | 0.459 | 0.571 | 0.571 | 0.734 | 0.734 | 1.157 |
| 其他材料费 | % | 0.50 | 0.50 | 0.50 | 0.50 | 0.50 | 0.50 | 0.50 |
| 汽车式起重机 8t | 台班 | 0.040 | 0.040 | 0.050 | 0.050 | 0.065 | 0.065 | 0.101 |
| 载重汽车 8t | 台班 | 0.040 | 0.040 | 0.050 | 0.050 | 0.065 | 0.065 | 0.102 |
| 干混砂浆罐式搅拌机 | 台班 | 0.069 | 0.074 | 0.083 | 0.088 | 0.101 | 0.108 | 0.136 |

**工作内容：**混凝土捣固、养生，铺砂浆、砌筑、抹灰、勾缝，安装井盖、井座、爬梯，材料
运输。

计量单位：座

| 编　号 | | 5-3-238 | 5-3-239 | 5-3-240 | 5-3-241 | 5-3-242 | 5-3-243 | 5-3-244 |
|---|---|---|---|---|---|---|---|---|
| 形式 | | 混凝土 | | | | | | |
| 适用管径（mm） | | 800 | 900 | 1 000 | 1 100 | 1 200 | 1 350 | 1 500 |
| 井室净高（m） | | 2.6 | 2.7 | 2.8 | 2.9 | 3 | 3.2 | 3.3 |
| 井深（m） | | 3.2 | 3.3 | 3.4 | 3.6 | 3.7 | 3.8 | 4 |
| 名　称 | 单位 | 消　耗　量 | | | | | | |
| 合计工日 | 工日 | 8.676 | 9.195 | 10.442 | 11.074 | 12.796 | 13.772 | 17.553 |
| 普工 | 工日 | 3.818 | 4.046 | 4.594 | 4.872 | 5.630 | 6.060 | 7.723 |
| 一般技工 | 工日 | 4.858 | 5.149 | 5.848 | 6.202 | 7.166 | 7.712 | 9.830 |
| 塑料薄膜 | m² | 120.061 | 126.013 | 140.099 | 147.586 | 166.866 | 176.018 | 214.133 |
| 标准砖 240×115×53 | 千块 | 0.345 | 0.400 | 0.506 | 0.579 | 0.730 | 0.868 | 1.231 |
| 塑钢爬梯 | kg | 7.272 | 7.272 | 7.272 | 7.272 | 7.272 | 7.272 | 7.272 |
| 水 | m³ | 3.335 | 3.513 | 3.927 | 4.153 | 4.721 | 5.015 | 6.160 |
| 电 | kW·h | 3.322 | 3.482 | 3.905 | 4.088 | 4.667 | 4.930 | 6.168 |
| 煤焦沥青漆 L01-17 | kg | 0.490 | 0.490 | 0.490 | 0.490 | 0.490 | 0.490 | 0.490 |
| 铸铁井盖、井座 φ700 重型 | 套 | 1.010 | 1.010 | 1.010 | 1.010 | 1.010 | 1.010 | 1.010 |
| 预拌混合砂浆 M7.5 | m³ | 0.216 | 0.250 | 0.316 | 0.362 | 0.456 | 0.543 | 0.769 |
| 预拌防水水泥砂浆 1:2 | m³ | 0.083 | 0.093 | 0.111 | 0.121 | 0.147 | 0.164 | 0.221 |
| 预拌混凝土 C10 | m³ | 0.482 | 0.507 | 0.566 | 0.592 | 0.674 | 0.718 | 0.885 |
| 预拌混凝土 C25 | m³ | 5.909 | 6.209 | 6.947 | 7.263 | 8.267 | 8.772 | 10.868 |
| 预拌混凝土 C30 | m³ | 0.081 | 0.079 | 0.076 | 0.103 | 0.101 | 0.082 | 0.088 |
| 其他材料费 | % | 0.50 | 0.50 | 0.50 | 0.50 | 0.50 | 0.50 | 0.50 |
| 汽车式起重机 8t | 台班 | 0.040 | 0.040 | 0.050 | 0.050 | 0.065 | 0.065 | 0.101 |
| 载重汽车 8t | 台班 | 0.040 | 0.040 | 0.050 | 0.050 | 0.065 | 0.065 | 0.102 |
| 干混砂浆罐式搅拌机 | 台班 | 0.008 | 0.009 | 0.012 | 0.013 | 0.017 | 0.020 | 0.028 |

# 18. 120° 扇形雨水检查井

**工作内容:** 混凝土捣固、养生,铺砂浆、砌筑、抹灰、勾缝,安装井盖、井座、爬梯,材料
运输。

计量单位:座

| 编　号 | | 5-3-245 | 5-3-246 | 5-3-247 | 5-3-248 |
|---|---|---|---|---|---|
| 形式 | | 砖砌 | | | |
| 适用管径(mm) | | 800～900 | 1 000 | 1 100 | 1 200～1 350 |
| 井室净高(m) | | 1.8 | | | |
| 井深(m) | | 2.4 | 2.45 | | 2.5 |
| 名　称 | 单位 | 消　耗　量 | | | |
| 合计工日 | 工日 | 7.184 | 7.973 | 8.365 | 9.801 |
| 普工 | 工日 | 3.161 | 3.508 | 3.681 | 4.312 |
| 一般技工 | 工日 | 4.023 | 4.465 | 4.684 | 5.489 |
| 塑料薄膜 | m² | 13.142 | 15.368 | 15.847 | 19.820 |
| 标准砖 240×115×53 | 千块 | 1.415 | 1.526 | 1.553 | 1.767 |
| 塑钢爬梯 | kg | 6.060 | 6.060 | 6.060 | 6.060 |
| 水 | m³ | 0.818 | 0.917 | 0.938 | 1.119 |
| 电 | kW·h | 0.648 | 0.789 | 1.093 | 1.356 |
| 煤焦沥青漆 L01-17 | kg | 0.490 | 0.490 | 0.490 | 0.490 |
| 铸铁井盖、井座 φ700 重型 | 套 | 1.010 | 1.010 | 1.010 | 1.010 |
| 预拌混合砂浆 M7.5 | m³ | 0.792 | 0.863 | 0.880 | 1.016 |
| 预拌防水水泥砂浆 1:2 | m³ | 0.094 | 0.106 | 0.114 | 0.145 |
| 预拌混凝土 C15 | m³ | 0.618 | 0.693 | 1.094 | 1.338 |
| 预拌混凝土 C25 | m³ | 0.235 | 0.343 | 0.343 | 0.444 |
| 其他材料费 | % | 0.50 | 0.50 | 0.50 | 0.50 |
| 汽车式起重机 8t | 台班 | 0.020 | 0.030 | 0.030 | 0.039 |
| 载重汽车 8t | 台班 | 0.021 | 0.030 | 0.030 | 0.039 |
| 干混砂浆罐式搅拌机 | 台班 | 0.028 | 0.031 | 0.032 | 0.037 |

**工作内容:**混凝土捣固、养生,铺砂浆、砌筑、抹灰、勾缝,安装井盖、井座、爬梯,材料运输。

计量单位:座

| 编　号 | 5-3-249 | 5-3-250 | 5-3-251 | 5-3-252 |
|---|---|---|---|---|
| 形式 | 砖砌 | | | |
| 适用管径(mm) | 1 500 | 1 650 | 1 800 | 2 000 |
| 井室高(m) | 2 | 2.1 | 2.3 | 2.5 |
| 井深(m) | 2.7 | 2.85 | 3 | 3.3 |
| 名　称 | 单位 | 消　耗　量 | | |
| 合计工日 | 工日 | 12.707 | 14.104 | 20.006 | 24.058 |
| 普工 | 工日 | 5.591 | 6.206 | 8.803 | 10.586 |
| 一般技工 | 工日 | 7.116 | 7.898 | 11.203 | 13.472 |
| 塑料薄膜 | m³ | 25.809 | 26.710 | 34.875 | 40.679 |
| 标准砖 240×115×53 | 千块 | 2.233 | 2.465 | 4.149 | 5.008 |
| 塑钢爬梯 | kg | 6.060 | 6.060 | 6.060 | 6.060 |
| 水 | m³ | 1.437 | 1.538 | 2.309 | 2.755 |
| 电 | kW·h | 1.794 | 2.320 | 3.185 | 3.691 |
| 煤焦沥青漆 L01-17 | kg | 0.490 | 0.490 | 0.490 | 0.490 |
| 铸铁井盖、井座 $\phi$700 重型 | 套 | 1.010 | 1.010 | 1.010 | 1.010 |
| 预拌混合砂浆 M7.5 | m³ | 1.299 | 1.434 | 2.374 | 2.887 |
| 预拌防水水泥砂浆 1:2 | m³ | 0.188 | 0.203 | 0.236 | 0.283 |
| 预拌混凝土 C15 | m³ | 1.653 | 2.343 | 3.214 | 3.697 |
| 预拌混凝土 C25 | m³ | 0.711 | 0.711 | 0.975 | 1.161 |
| 其他材料费 | % | 0.50 | 0.50 | 0.50 | 0.50 |
| 汽车式起重机 8t | 台班 | 0.062 | 0.062 | 0.085 | 0.102 |
| 载重汽车 8t | 台班 | 0.063 | 0.063 | 0.086 | 0.103 |
| 干混砂浆罐式搅拌机 | 台班 | 0.047 | 0.052 | 0.086 | 0.105 |

注:塑料薄膜单位为 m²。

**工作内容:** 混凝土捣固、养生,铺砂浆、砌筑、抹灰、勾缝,安装井盖、井座、爬梯,材料
运输。

计量单位:座

| 编 号 | | 5-3-253 | 5-3-254 | 5-3-255 |
|---|---|---|---|---|
| 形式 | | 混凝土 | | |
| 适用管径(mm) | | 800 ~ 900 | 1 000 ~ 1 100 | 1 200 ~ 1 350 |
| 井室高(m) | | 1.8 | | |
| 井深(m) | | 2.4 | | |
| 名 称 | 单位 | 消 耗 量 | | |
| 合计工日 | 工日 | 5.097 | 5.796 | 6.552 |
| 普工 | 工日 | 2.243 | 2.550 | 2.883 |
| 一般技工 | 工日 | 2.854 | 3.246 | 3.669 |
| 塑料薄膜 | m² | 75.073 | 80.963 | 86.965 |
| 标准砖 240×115×53 | 千块 | 0.186 | 0.279 | 0.431 |
| 塑钢爬梯 | kg | 6.060 | 6.060 | 6.060 |
| 水 | m³ | 2.075 | 2.264 | 2.478 |
| 电 | kW·h | 2.088 | 2.339 | 2.587 |
| 煤焦沥青漆 L01-17 | kg | 0.490 | 0.490 | 0.490 |
| 铸铁井盖、井座 φ700 重型 | 套 | 1.010 | 1.010 | 1.010 |
| 预拌混合砂浆 M7.5 | m³ | 0.116 | 0.174 | 0.269 |
| 预拌防水水泥砂浆 1:2 | m³ | 0.040 | 0.052 | 0.070 |
| 预拌混凝土 C10 | m³ | 0.392 | 0.454 | 0.544 |
| 预拌混凝土 C25 | m³ | 3.558 | 3.941 | 4.233 |
| 预拌混凝土 C30 | m³ | 0.091 | 0.079 | 0.100 |
| 其他材料费 | % | 0.50 | 0.50 | 0.50 |
| 汽车式起重机 8t | 台班 | 0.020 | 0.030 | 0.039 |
| 载重汽车 8t | 台班 | 0.021 | 0.030 | 0.039 |
| 干混砂浆罐式搅拌机 | 台班 | 0.004 | 0.006 | 0.010 |

**工作内容：**混凝土捣固、养生，铺砂浆、砌筑、抹灰、勾缝，安装井盖、井座、爬梯，材料
运输。

计量单位：座

| 编　　号 | | 5-3-256 | 5-3-257 | 5-3-258 | 5-3-259 |
|---|---|---|---|---|---|
| 形　式 | | 混凝土 | | | |
| 适用管径（mm） | | 1 500 | 1 650 | 1 800 | 2 000 |
| 井室高（m） | | 1.9 | 2 | 2.2 | 2.4 |
| 井深（m） | | 2.6 | 2.7 | 2.9 | 3.1 |
| 名　　称 | 单位 | 消　耗　量 | | | |
| 合计工日 | 工日 | 8.468 | 9.163 | 12.240 | 14.623 |
| 普工 | 工日 | 3.726 | 4.032 | 5.386 | 6.434 |
| 一般技工 | 工日 | 4.742 | 5.131 | 6.854 | 8.189 |
| 塑料薄膜 | m² | 105.903 | 113.154 | 134.232 | 155.474 |
| 标准砖 240×115×53 | 千块 | 0.619 | 0.727 | 0.911 | 1.216 |
| 塑钢爬梯 | kg | 6.060 | 6.060 | 6.060 | 6.060 |
| 水 | m³ | 3.049 | 3.281 | 3.905 | 4.579 |
| 电 | kW·h | 3.269 | 3.463 | 4.743 | 5.512 |
| 煤焦沥青漆 L01-17 | kg | 0.490 | 0.490 | 0.490 | 0.490 |
| 铸铁井盖、井座 φ700 重型 | 套 | 1.010 | 1.010 | 1.010 | 1.010 |
| 预拌混合砂浆 M7.5 | m³ | 0.387 | 0.455 | 0.569 | 0.760 |
| 预拌防水水泥砂浆 1∶2 | m³ | 0.094 | 0.102 | 0.121 | 0.148 |
| 预拌混凝土 C10 | m³ | 0.659 | 0.697 | 0.838 | 0.961 |
| 预拌混凝土 C25 | m³ | 5.360 | 5.704 | 8.019 | 9.351 |
| 预拌混凝土 C30 | m³ | 0.076 | 0.086 | 0.092 | 0.086 |
| 其他材料费 | % | 0.50 | 0.50 | 0.50 | 0.50 |
| 汽车式起重机 8t | 台班 | 0.062 | 0.062 | 0.085 | 0.102 |
| 载重汽车 8t | 台班 | 0.063 | 0.063 | 0.086 | 0.103 |
| 干混砂浆罐式搅拌机 | 台班 | 0.014 | 0.017 | 0.020 | 0.028 |

# 19. 120° 扇形污水检查井

**工作内容:** 混凝土捣固、养生,铺砂浆、砌筑、抹灰、勾缝,安装井盖、井座、爬梯,材料
运输。

计量单位:座

| 编　号 | | 5-3-260 | 5-3-261 | 5-3-262 | 5-3-263 | 5-3-264 | 5-3-265 | 5-3-266 |
|---|---|---|---|---|---|---|---|---|
| 形式 | | 砖砌 | | | | | | |
| 适用管径(mm) | | 800 | 900 | 1 000 | 1 100 | 1 200 | 1 350 | 1 500 |
| 井室高(m) | | 2.6 | 2.7 | 2.8 | 2.9 | 3 | 3.2 | 3.3 |
| 井深(m) | | 3.2 | 3.3 | 3.4 | 3.5 | 3.6 | 3.8 | 4 |
| 名　称 | 单位 | 消　耗　量 | | | | | | |
| 合计工日 | 工日 | 15.402 | 16.263 | 18.091 | 19.250 | 21.703 | 23.298 | 28.436 |
| 普工 | 工日 | 6.777 | 7.156 | 7.960 | 8.470 | 9.549 | 10.251 | 12.512 |
| 一般技工 | 工日 | 8.625 | 9.107 | 10.131 | 10.780 | 12.154 | 13.047 | 15.924 |
| 塑料薄膜 | m² | 13.862 | 14.312 | 16.609 | 17.088 | 20.391 | 21.168 | 27.369 |
| 标准砖 240×115×53 | 千块 | 2.627 | 2.786 | 3.086 | 3.261 | 3.676 | 3.985 | 4.851 |
| 塑钢爬梯 | kg | 7.272 | 7.272 | 7.272 | 7.272 | 7.272 | 7.272 | 7.272 |
| 水 | m³ | 1.238 | 1.302 | 1.465 | 1.533 | 1.762 | 1.886 | 2.346 |
| 电 | kW·h | 0.690 | 0.716 | 0.861 | 1.204 | 1.406 | 1.474 | 2.160 |
| 煤焦沥青漆 L01–17 | kg | 0.490 | 0.490 | 0.490 | 0.490 | 0.490 | 0.490 | 0.490 |
| 铸铁井盖、井座 φ700 重型 | 套 | 1.010 | 1.010 | 1.010 | 1.010 | 1.010 | 1.010 | 1.010 |
| 预拌混合砂浆 M7.5 | m³ | 1.471 | 1.559 | 1.735 | 1.832 | 2.079 | 2.255 | 2.778 |
| 预拌防水水泥砂浆 1:2 | m³ | 0.575 | 0.608 | 0.667 | 0.700 | 0.777 | 0.830 | 0.977 |
| 预拌混凝土 C15 | m³ | 0.674 | 0.709 | 0.788 | 1.238 | 1.404 | 1.494 | 1.833 |
| 预拌混凝土 C25 | m³ | 0.235 | 0.235 | 0.343 | 0.343 | 0.444 | 0.444 | 0.711 |
| 其他材料费 | % | 0.50 | 0.50 | 0.50 | 0.50 | 0.50 | 0.50 | 0.50 |
| 汽车式起重机 8t | 台班 | 0.020 | 0.020 | 0.030 | 0.030 | 0.039 | 0.039 | 0.062 |
| 载重汽车 8t | 台班 | 0.021 | 0.021 | 0.030 | 0.030 | 0.039 | 0.039 | 0.063 |
| 干混砂浆罐式搅拌机 | 台班 | 0.053 | 0.057 | 0.063 | 0.067 | 0.075 | 0.082 | 0.101 |

**工作内容**：混凝土捣固、养生,铺砂浆、砌筑、抹灰、勾缝,安装井盖、井座、爬梯,材料
运输。

计量单位:座

| 编　号 | | 5-3-267 | 5-3-268 | 5-3-269 | 5-3-270 | 5-3-271 | 5-3-272 | 5-3-273 |
|---|---|---|---|---|---|---|---|---|
| 形式 | | 混凝土 | | | | | | |
| 适用管径（mm） | | 800 | 900 | 1 000 | 1 100 | 1 200 | 1 350 | 1 500 |
| 井室高（m） | | 2.6 | 2.7 | 2.8 | 2.9 | 3 | 3.2 | 3.3 |
| 井深（m） | | 3.2 | 3.3 | 3.4 | 3.5 | 3.7 | 3.8 | 4 |
| 名　称 | 单位 | 消　耗　量 | | | | | | |
| 合计工日 | 工日 | 6.668 | 7.081 | 8.025 | 8.475 | 9.808 | 10.537 | 13.175 |
| 普工 | 工日 | 2.934 | 3.115 | 3.531 | 3.729 | 4.315 | 4.636 | 5.797 |
| 一般技工 | 工日 | 3.734 | 3.966 | 4.494 | 4.746 | 5.493 | 5.901 | 7.378 |
| 塑料薄膜 | m² | 96.732 | 101.756 | 111.951 | 117.060 | 132.126 | 139.514 | 166.734 |
| 标准砖 240×115×53 | 千块 | 0.230 | 0.267 | 0.337 | 0.386 | 0.487 | 0.579 | 0.820 |
| 塑钢爬梯 | kg | 7.272 | 7.272 | 7.272 | 7.272 | 7.272 | 7.272 | 7.272 |
| 水 | m³ | 2.671 | 2.818 | 3.115 | 3.269 | 3.707 | 3.937 | 4.749 |
| 电 | kW·h | 2.564 | 2.697 | 3.029 | 3.166 | 3.630 | 3.844 | 4.716 |
| 煤焦沥青漆 L01-17 | kg | 0.490 | 0.490 | 0.490 | 0.490 | 0.490 | 0.490 | 0.490 |
| 铸铁井盖、井座 φ700 重型 | 套 | 1.010 | 1.010 | 1.010 | 1.010 | 1.010 | 1.010 | 1.010 |
| 预拌混合砂浆 M7.5 | m³ | 0.144 | 0.167 | 0.211 | 0.241 | 0.304 | 0.362 | 0.513 |
| 预拌防水水泥砂浆 1:2 | m³ | 0.056 | 0.062 | 0.074 | 0.081 | 0.098 | 0.109 | 0.147 |
| 预拌混凝土 C10 | m³ | 0.372 | 0.392 | 0.433 | 0.454 | 0.511 | 0.544 | 0.659 |
| 预拌混凝土 C25 | m³ | 4.598 | 4.854 | 5.430 | 5.694 | 6.469 | 6.883 | 8.370 |
| 预拌混凝土 C30 | m³ | 0.092 | 0.091 | 0.082 | 0.079 | 0.101 | 0.082 | 0.088 |
| 其他材料费 | % | 0.50 | 0.50 | 0.50 | 0.50 | 0.50 | 0.50 | 0.50 |
| 汽车式起重机 8t | 台班 | 0.020 | 0.020 | 0.030 | 0.030 | 0.044 | 0.044 | 0.069 |
| 载重汽车 8t | 台班 | 0.021 | 0.021 | 0.030 | 0.030 | 0.045 | 0.045 | 0.070 |
| 干混砂浆罐式搅拌机 | 台班 | 0.005 | 0.006 | 0.008 | 0.009 | 0.011 | 0.013 | 0.019 |

# 20. 135°扇形雨水检查井

**工作内容:**混凝土捣固、养生,铺砂浆、砌筑、抹灰、勾缝,安装井盖、井座、爬梯,材料运输。

计量单位:座

| 编　　号 | | 5-3-274 | 5-3-275 | 5-3-276 | 5-3-277 |
|---|---|---|---|---|---|
| 形式 | | 砖砌 | | | |
| 适用管径(mm) | | 800～900 | 1 000 | 1 100 | 1 200～1 350 |
| 井室高(m) | | 1.8 | | | |
| 井深(m) | | 2.4 | | | 2.45 |
| 名　　称 | 单位 | 消　耗　量 | | | |
| 合计工日 | 工日 | 6.717 | 7.232 | 7.586 | 8.524 |
| 普工 | 工日 | 2.955 | 3.182 | 3.338 | 3.751 |
| 一般技工 | 工日 | 3.762 | 4.050 | 4.248 | 4.773 |
| 塑料薄膜 | m² | 12.006 | 13.883 | 14.320 | 17.224 |
| 标准砖 240×115×53 | 千块 | 1.335 | 1.413 | 1.436 | 1.575 |
| 塑钢爬梯 | kg | 6.060 | 6.060 | 6.060 | 6.060 |
| 水 | m³ | 0.761 | 0.838 | 0.857 | 0.984 |
| 电 | kW·h | 0.594 | 0.678 | 0.960 | 1.143 |
| 煤焦沥青漆 L01-17 | kg | 0.490 | 0.490 | 0.490 | 0.490 |
| 铸铁井盖、井座 φ700 重型 | 套 | 1.010 | 1.010 | 1.010 | 1.010 |
| 预拌混合砂浆 M7.5 | m³ | 0.742 | 0.792 | 0.807 | 0.897 |
| 预拌防水水泥砂浆 1:2 | m³ | 0.085 | 0.095 | 0.102 | 0.124 |
| 预拌混凝土 C15 | m³ | 0.572 | 0.633 | 1.001 | 1.180 |
| 预拌混凝土 C25 | m³ | 0.211 | 0.261 | 0.261 | 0.323 |
| 其他材料费 | % | 0.50 | 0.50 | 0.50 | 0.50 |
| 汽车式起重机 8t | 台班 | 0.019 | 0.023 | 0.023 | 0.028 |
| 载重汽车 8t | 台班 | 0.019 | 0.023 | 0.023 | 0.029 |
| 干混砂浆罐式搅拌机 | 台班 | 0.027 | 0.028 | 0.029 | 0.033 |

**工作内容**：混凝土捣固、养生，铺砂浆、砌筑、抹灰、勾缝，安装井盖、井座、爬梯，材料
运输。

计量单位：座

| 编 号 | | 5-3-278 | 5-3-279 | 5-3-280 | 5-3-281 |
|---|---|---|---|---|---|
| 形式 | | 砖砌 | | | |
| 适用管径（mm） | | 1 500 | 1 650 | 1 800 | 2 000 |
| 井室高（m） | | 2 | 2.1 | 2.3 | 2.5 |
| 井深（m） | | 2.65 | 2.8 | 3 | 3.3 |
| 名 称 | 单位 | 消 耗 量 | | | |
| 合计工日 | 工日 | 10.398 | 11.533 | 16.393 | 19.738 |
| 普工 | 工日 | 4.575 | 5.075 | 7.213 | 8.685 |
| 一般技工 | 工日 | 5.823 | 6.458 | 9.180 | 11.053 |
| 塑料薄膜 | m² | 21.023 | 21.771 | 28.678 | 33.228 |
| 标准砖 240×115×53 | 千块 | 1.885 | 2.076 | 3.560 | 4.249 |
| 塑钢爬梯 | kg | 6.060 | 6.060 | 6.060 | 6.060 |
| 水 | m³ | 1.189 | 1.272 | 1.941 | 2.294 |
| 电 | kW·h | 1.417 | 1.855 | 2.514 | 2.968 |
| 煤焦沥青漆 L01–17 | kg | 0.490 | 0.490 | 0.490 | 0.490 |
| 铸铁井盖、井座 φ700 重型 | 套 | 1.010 | 1.010 | 1.010 | 1.010 |
| 预拌混合砂浆 M7.5 | m³ | 1.081 | 1.191 | 2.006 | 2.412 |
| 预拌防水水泥砂浆 1:2 | m³ | 0.151 | 0.162 | 0.188 | 0.225 |
| 预拌混凝土 C15 | m³ | 1.372 | 1.944 | 2.705 | 3.087 |
| 预拌混凝土 C25 | m³ | 0.494 | 0.494 | 0.600 | 0.815 |
| 其他材料费 | % | 0.50 | 0.50 | 0.50 | 0.50 |
| 汽车式起重机 8t | 台班 | 0.043 | 0.043 | 0.052 | 0.071 |
| 载重汽车 8t | 台班 | 0.044 | 0.044 | 0.053 | 0.072 |
| 干混砂浆罐式搅拌机 | 台班 | 0.039 | 0.043 | 0.073 | 0.088 |

**工作内容**：混凝土捣固、养生，铺砂浆、砌筑、抹灰、勾缝，安装井盖、井座、爬梯，材料
运输。

计量单位：座

| 编　号 | | 5-3-282 | 5-3-283 | 5-3-284 |
|---|---|---|---|---|
| 形式 | | 混凝土 | | |
| 适用管径（mm） | | 800～900 | 1 000～1 100 | 1 200～1 350 |
| 井室高（m） | | 1.8 | | |
| 井深（m） | | 2.4 | | 2.35 |
| 名　称 | 单位 | 消　耗　量 | | |
| 合计工日 | 工日 | 4.768 | 5.289 | 5.696 |
| 普工 | 工日 | 2.098 | 2.327 | 2.506 |
| 一般技工 | 工日 | 2.670 | 2.962 | 3.190 |
| 塑料薄膜 | m² | 70.665 | 75.661 | 77.925 |
| 标准砖 240×115×53 | 千块 | 0.165 | 0.244 | 0.359 |
| 塑钢爬梯 | kg | 6.060 | 6.060 | 6.060 |
| 水 | m³ | 1.950 | 2.110 | 2.211 |
| 电 | kW·h | 1.954 | 2.133 | 2.259 |
| 煤焦沥青漆 L01-17 | kg | 0.490 | 0.490 | 0.490 |
| 铸铁井盖、井座 φ700 重型 | 套 | 1.010 | 1.010 | 1.010 |
| 预拌混合砂浆 M7.5 | m³ | 0.103 | 0.152 | 0.224 |
| 预拌防水水泥砂浆 1:2 | m³ | 0.036 | 0.046 | 0.058 |
| 预拌混凝土 C10 | m³ | 0.365 | 0.419 | 0.486 |
| 预拌混凝土 C25 | m³ | 3.336 | 3.612 | 3.724 |
| 预拌混凝土 C30 | m³ | 0.091 | 0.085 | 0.091 |
| 其他材料费 | % | 0.50 | 0.50 | 0.50 |
| 汽车式起重机 8t | 台班 | 0.019 | 0.023 | 0.028 |
| 载重汽车 8t | 台班 | 0.019 | 0.023 | 0.029 |
| 干混砂浆罐式搅拌机 | 台班 | 0.004 | 0.005 | 0.008 |

**工作内容:** 混凝土捣固、养生,铺砂浆、砌筑、抹灰、勾缝,安装井盖、井座、爬梯,材料运输。

计量单位:座

| 编 号 | | 5-3-285 | 5-3-286 | 5-3-287 | 5-3-288 |
|---|---|---|---|---|---|
| 形式 | | 混凝土 | | | |
| 适用管径(mm) | | 1 500 | 1 650 | 1 800 | 2 000 |
| 井室高(m) | | 1.9 | 2 | 2.2 | 2.4 |
| 井深(m) | | 2.5 | 2.7 | 2.85 | 3.1 |
| 名 称 | 单位 | 消 耗 量 | | | |
| 合计工日 | 工日 | 6.924 | 7.499 | 9.884 | 11.893 |
| 普工 | 工日 | 3.046 | 3.300 | 4.349 | 5.233 |
| 一般技工 | 工日 | 3.878 | 4.199 | 5.535 | 6.660 |
| 塑料薄膜 | m² | 90.502 | 96.774 | 114.204 | 131.571 |
| 标准砖 240×115×53 | 千块 | 0.478 | 0.562 | 0.702 | 0.934 |
| 塑钢爬梯 | kg | 6.060 | 6.060 | 6.060 | 6.060 |
| 水 | m³ | 2.589 | 2.785 | 3.298 | 3.842 |
| 电 | kW·h | 2.693 | 2.869 | 3.867 | 4.541 |
| 煤焦沥青漆 L01-17 | kg | 0.490 | 0.490 | 0.490 | 0.490 |
| 铸铁井盖、井座 φ700 重型 | 套 | 1.010 | 1.010 | 1.010 | 1.010 |
| 预拌混合砂浆 M7.5 | m³ | 0.299 | 0.351 | 0.439 | 0.584 |
| 预拌防水水泥砂浆 1:2 | m³ | 0.073 | 0.079 | 0.093 | 0.114 |
| 预拌混凝土 C10 | m³ | 0.557 | 0.589 | 0.708 | 0.806 |
| 预拌混凝土 C25 | m³ | 4.435 | 4.737 | 6.606 | 7.741 |
| 预拌混凝土 C30 | m³ | 0.082 | 0.092 | 0.089 | 0.092 |
| 其他材料费 | % | 0.50 | 0.50 | 0.50 | 0.50 |
| 汽车式起重机 8t | 台班 | 0.043 | 0.043 | 0.052 | 0.071 |
| 载重汽车 8t | 台班 | 0.044 | 0.044 | 0.053 | 0.072 |
| 干混砂浆罐式搅拌机 | 台班 | 0.011 | 0.012 | 0.016 | 0.021 |

# 21. 135° 扇形污水检查井

**工作内容:**混凝土捣固、养生,铺砂浆、砌筑、抹灰、勾缝,安装井盖、井座、爬梯,材料
运输。

计量单位:座

| 编 号 | | 5-3-289 | 5-3-290 | 5-3-291 | 5-3-292 | 5-3-293 | 5-3-294 | 5-3-295 |
|---|---|---|---|---|---|---|---|---|
| 形式 | | 砖砌 | | | | | | |
| 适用管径(mm) | | 800 | 900 | 1 000 | 1 100 | 1 200 | 1 350 | 1 500 |
| 井室高(m) | | 2.6 | 2.7 | 2.8 | 2.9 | 3 | 3.2 | 3.3 |
| 井深(m) | | 3.2 | 3.3 | 3.4 | 3.5 | 3.6 | 3.8 | 4 |
| 名 称 | 单位 | 消 耗 量 | | | | | | |
| 合计工日 | 工日 | 14.468 | 15.282 | 16.780 | 17.855 | 19.512 | 20.959 | 24.256 |
| 普工 | 工日 | 6.366 | 6.724 | 7.383 | 7.856 | 8.585 | 9.222 | 10.673 |
| 一般技工 | 工日 | 8.102 | 8.558 | 9.397 | 9.999 | 10.927 | 11.737 | 13.583 |
| 塑料薄膜 | m² | 12.671 | 13.087 | 15.017 | 15.454 | 17.726 | 18.413 | 22.317 |
| 标准砖 240×115×53 | 千块 | 2.466 | 2.616 | 2.878 | 3.039 | 3.322 | 3.601 | 4.156 |
| 塑钢爬梯 | kg | 7.272 | 7.272 | 7.272 | 7.272 | 7.272 | 7.272 | 7.272 |
| 水 | m³ | 1.151 | 1.211 | 1.350 | 1.414 | 1.569 | 1.680 | 1.972 |
| 电 | kW·h | 0.632 | 0.659 | 0.747 | 1.059 | 1.189 | 1.246 | 1.531 |
| 煤焦沥青漆 L01-17 | kg | 0.490 | 0.490 | 0.490 | 0.490 | 0.490 | 0.490 | 0.490 |
| 铸铁井盖、井座 φ700 重型 | 套 | 1.010 | 1.010 | 1.010 | 1.010 | 1.010 | 1.010 | 1.010 |
| 预拌混合砂浆 M7.5 | m³ | 1.371 | 1.453 | 1.604 | 1.693 | 1.858 | 2.015 | 2.344 |
| 预拌防水水泥砂浆 1:2 | m³ | 0.545 | 0.576 | 0.627 | 0.659 | 0.713 | 0.763 | 0.860 |
| 预拌混凝土 C15 | m³ | 0.623 | 0.655 | 0.721 | 1.132 | 1.238 | 1.317 | 1.521 |
| 预拌混凝土 C25 | m³ | 0.211 | 0.211 | 0.261 | 0.261 | 0.323 | 0.323 | 0.494 |
| 其他材料费 | % | 0.50 | 0.50 | 0.50 | 0.50 | 0.50 | 0.50 | 0.50 |
| 汽车式起重机 8t | 台班 | 0.019 | 0.019 | 0.023 | 0.023 | 0.028 | 0.028 | 0.043 |
| 载重汽车 8t | 台班 | 0.019 | 0.019 | 0.023 | 0.023 | 0.029 | 0.029 | 0.044 |
| 干混砂浆罐式搅拌机 | 台班 | 0.050 | 0.053 | 0.059 | 0.061 | 0.067 | 0.074 | 0.085 |

**工作内容**：混凝土捣固、养生，铺砂浆、砌筑、抹灰、勾缝，安装井盖、井座、爬梯，材料
运输。

计量单位：座

| 编 号 | | 5-3-296 | 5-3-297 | 5-3-298 | 5-3-299 | 5-3-300 | 5-3-301 | 5-3-302 |
|---|---|---|---|---|---|---|---|---|
| 形式 | | 混凝土 | | | | | | |
| 适用管径（mm） | | 800 | 900 | 1 000 | 1 100 | 1 200 | 1 350 | 1 500 |
| 井室高（m） | | 2.6 | 2.7 | 2.8 | 2.9 | 3 | 3.2 | 3.3 |
| 井深（m） | | 3.2 | 3.3 | 3.4 | 3.5 | 3.6 | 3.8 | 4 |
| 名 称 | 单位 | 消 耗 量 | | | | | | |
| 合计工日 | 工日 | 6.260 | 6.651 | 7.371 | 7.806 | 8.611 | 9.296 | 10.947 |
| 普工 | 工日 | 2.754 | 2.926 | 3.243 | 3.435 | 3.789 | 4.090 | 4.817 |
| 一般技工 | 工日 | 3.506 | 3.725 | 4.128 | 4.371 | 4.822 | 5.206 | 6.130 |
| 塑料薄膜 | m² | 91.310 | 96.123 | 105.116 | 109.962 | 119.746 | 127.880 | 145.721 |
| 标准砖 240×115×53 | 千块 | 0.204 | 0.236 | 0.295 | 0.338 | 0.406 | 0.482 | 0.634 |
| 塑钢爬梯 | kg | 7.272 | 7.272 | 7.272 | 7.272 | 7.272 | 7.272 | 7.272 |
| 水 | m³ | 2.517 | 2.657 | 2.918 | 3.063 | 3.347 | 3.592 | 4.122 |
| 电 | kW·h | 2.408 | 2.537 | 2.785 | 2.922 | 3.196 | 3.402 | 3.943 |
| 煤焦沥青漆 L01-17 | kg | 0.490 | 0.490 | 0.490 | 0.490 | 0.490 | 0.490 | 0.490 |
| 铸铁井盖、井座 φ700 重型 | 套 | 1.010 | 1.010 | 1.010 | 1.010 | 1.010 | 1.010 | 1.010 |
| 预拌混合砂浆 M7.5 | m³ | 0.128 | 0.148 | 0.184 | 0.211 | 0.254 | 0.302 | 0.396 |
| 预拌防水水泥砂浆 1:2 | m³ | 0.049 | 0.055 | 0.065 | 0.071 | 0.082 | 0.091 | 0.114 |
| 预拌混凝土 C10 | m³ | 0.347 | 0.365 | 0.400 | 0.419 | 0.456 | 0.486 | 0.557 |
| 预拌混凝土 C25 | m³ | 4.328 | 4.572 | 5.012 | 5.277 | 5.766 | 6.142 | 7.070 |
| 预拌混凝土 C30 | m³ | 0.092 | 0.091 | 0.088 | 0.085 | 0.084 | 0.094 | 0.100 |
| 其他材料费 | % | 0.50 | 0.50 | 0.50 | 0.50 | 0.50 | 0.50 | 0.50 |
| 汽车式起重机 8t | 台班 | 0.019 | 0.019 | 0.023 | 0.023 | 0.028 | 0.028 | 0.043 |
| 载重汽车 8t | 台班 | 0.019 | 0.019 | 0.023 | 0.023 | 0.029 | 0.029 | 0.044 |
| 干混砂浆罐式搅拌机 | 台班 | 0.004 | 0.005 | 0.007 | 0.008 | 0.009 | 0.011 | 0.014 |

# 22.150°扇形雨水检查井

**工作内容:**混凝土捣固、养生,铺砂浆、砌筑、抹灰、勾缝,安装井盖、井座、爬梯,
材料运输。

计量单位:座

| 编　号 | | 5-3-303 | 5-3-304 | 5-3-305 | 5-3-306 |
|---|---|---|---|---|---|
| 形式 | | 砖砌 | | | |
| 适用管径(mm) | | 800～900 | 1 000 | 1 100 | 1 200～1 350 |
| 井室高(m) | | 1.8 | | | |
| 井深(m) | | 2.4 | | | 2.45 |
| 名　称 | 单位 | 消　耗　量 | | | |
| 合计工日 | 工日 | 6.810 | 7.428 | 7.801 | 8.403 |
| 普工 | 工日 | 2.996 | 3.268 | 3.432 | 3.697 |
| 一般技工 | 工日 | 3.814 | 4.160 | 4.369 | 4.706 |
| 塑料薄膜 | m² | 12.233 | 14.378 | 14.828 | 16.937 |
| 标准砖 240×115×53 | 千块 | 1.351 | 1.447 | 1.472 | 1.555 |
| 塑钢爬梯 | kg | 6.060 | 6.060 | 6.060 | 6.060 |
| 水 | m³ | 0.772 | 0.863 | 0.883 | 0.969 |
| 电 | kW·h | 0.606 | 0.701 | 0.990 | 1.124 |
| 煤焦沥青漆 L01-17 | kg | 0.490 | 0.490 | 0.490 | 0.490 |
| 铸铁井盖、井座 φ700 重型 | 套 | 1.010 | 1.010 | 1.010 | 1.010 |
| 预拌混合砂浆 M7.5 | m³ | 0.752 | 0.813 | 0.829 | 0.884 |
| 预拌防水水泥砂浆 1:2 | m³ | 0.087 | 0.099 | 0.106 | 0.122 |
| 预拌混凝土 C15 | m³ | 0.581 | 0.653 | 1.032 | 1.162 |
| 预拌混凝土 C25 | m³ | 0.215 | 0.272 | 0.272 | 0.317 |
| 其他材料费 | % | 0.50 | 0.50 | 0.50 | 0.50 |
| 汽车式起重机 8t | 台班 | 0.019 | 0.024 | 0.024 | 0.027 |
| 载重汽车 8t | 台班 | 0.019 | 0.024 | 0.024 | 0.028 |
| 干混砂浆罐式搅拌机 | 台班 | 0.028 | 0.029 | 0.030 | 0.032 |

**工作内容:**混凝土捣固、养生,铺砂浆、砌筑、抹灰、勾缝,安装井盖、井座、爬梯,材料
运输。

计量单位:座

| 编　号 | | 5-3-307 | 5-3-308 | 5-3-309 | 5-3-310 |
|---|---|---|---|---|---|
| 形式 | | 砖砌 | | | |
| 适用管径(mm) | | 1 500 | 1 650 | 1 800 | 2 000 |
| 井室高(m) | | 2 | 2.1 | 2.3 | 2.5 |
| 井深(m) | | 2.65 | 2.8 | 3 | 3.2 |
| 名　称 | 单位 | 消　耗　量 | | | |
| 合计工日 | 工日 | 9.326 | 10.338 | 14.033 | 15.464 |
| 普工 | 工日 | 4.103 | 4.549 | 6.175 | 6.804 |
| 一般技工 | 工日 | 5.223 | 5.789 | 7.858 | 8.660 |
| 塑料薄膜 | m² | 18.789 | 19.465 | 24.358 | 26.179 |
| 标准砖 240×115×53 | 千块 | 1.735 | 1.906 | 3.147 | 3.501 |
| 塑钢爬梯 | kg | 6.060 | 6.060 | 6.060 | 6.060 |
| 水 | m³ | 1.078 | 1.152 | 1.683 | 1.849 |
| 电 | kW·h | 1.227 | 1.619 | 2.107 | 2.255 |
| 煤焦沥青漆 L01-17 | kg | 0.490 | 0.490 | 0.490 | 0.490 |
| 铸铁井盖、井座 $\phi$700 重型 | 套 | 1.010 | 1.010 | 1.010 | 1.010 |
| 预拌混合砂浆 M7.5 | m³ | 0.987 | 1.085 | 1.747 | 1.945 |
| 预拌防水水泥砂浆 1:2 | m³ | 0.133 | 0.144 | 0.155 | 0.169 |
| 预拌混凝土 C15 | m³ | 1.240 | 1.758 | 2.350 | 2.509 |
| 预拌混凝土 C25 | m³ | 0.371 | 0.371 | 0.419 | 0.455 |
| 其他材料费 | % | 0.50 | 0.50 | 0.50 | 0.50 |
| 汽车式起重机 8t | 台班 | 0.033 | 0.033 | 0.036 | 0.040 |
| 载重汽车 8t | 台班 | 0.033 | 0.033 | 0.037 | 0.040 |
| 干混砂浆罐式搅拌机 | 台班 | 0.035 | 0.039 | 0.064 | 0.071 |

**工作内容**：混凝土捣固、养生，铺砂浆、砌筑、抹灰、勾缝，安装井盖、井座、爬梯，材料
　　　　运输。

计量单位：座

| 编　号 | | 5-3-311 | 5-3-312 | 5-3-313 |
|---|---|---|---|---|
| 形　式 | | 混凝土 | | |
| 适用管径（mm） | | 800～900 | 1 000～1 100 | 1 200～1 350 |
| 井室高（m） | | 1.8 | | |
| 井深（m） | | 2.4 | | 2.35 |
| 名　称 | 单位 | 消　耗　量 | | |
| 合计工日 | 工日 | 4.829 | 5.442 | 5.626 |
| 普工 | 工日 | 2.125 | 2.394 | 2.476 |
| 一般技工 | 工日 | 2.704 | 3.048 | 3.150 |
| 塑料薄膜 | m² | 71.545 | 77.517 | 76.965 |
| 标准砖 240×115×53 | 千块 | 0.169 | 0.255 | 0.351 |
| 塑钢爬梯 | kg | 6.060 | 6.060 | 6.060 |
| 水 | m³ | 1.975 | 2.164 | 2.182 |
| 电 | kW·h | 1.981 | 2.194 | 2.236 |
| 煤焦沥青漆 L01–17 | kg | 0.490 | 0.490 | 0.490 |
| 铸铁井盖、井座 φ700 重型 | 套 | 1.010 | 1.010 | 1.010 |
| 预拌混合砂浆 M7.5 | m³ | 0.106 | 0.160 | 0.219 |
| 预拌防水水泥砂浆 1:2 | m³ | 0.037 | 0.048 | 0.057 |
| 预拌混凝土 C10 | m³ | 0.371 | 0.431 | 0.480 |
| 预拌混凝土 C25 | m³ | 3.381 | 3.706 | 3.683 |
| 预拌混凝土 C30 | m³ | 0.091 | 0.085 | 0.091 |
| 其他材料费 | % | 0.50 | 0.50 | 0.50 |
| 汽车式起重机 8t | 台班 | 0.019 | 0.024 | 0.027 |
| 载重汽车 8t | 台班 | 0.019 | 0.024 | 0.028 |
| 干混砂浆罐式搅拌机 | 台班 | 0.004 | 0.006 | 0.008 |

**工作内容**：混凝土捣固、养生，铺砂浆、砌筑、抹灰、勾缝，安装井盖、井座、爬梯，材料运输。

计量单位：座

| 编　号 | | 5-3-314 | 5-3-315 | 5-3-316 | 5-3-317 |
|---|---|---|---|---|---|
| 形式 | | 混凝土 | | | |
| 适用管径（mm） | | 1 500 | 1 650 | 1 800 | 2 000 |
| 井室高（m） | | 1.9 | 2 | 2.2 | 2.4 |
| 井深（m） | | 2.5 | 2.7 | 2.8 | 3.05 |
| 名　称 | 单位 | 消　耗　量 | | | |
| 合计工日 | 工日 | 6.205 | 6.721 | 8.371 | 9.221 |
| 普工 | 工日 | 2.730 | 2.957 | 3.683 | 4.057 |
| 一般技工 | 工日 | 3.475 | 3.764 | 4.688 | 5.164 |
| 塑料薄膜 | m² | 83.458 | 89.273 | 99.939 | 107.911 |
| 标准砖 240×115×53 | 千块 | 0.413 | 0.485 | 0.557 | 0.669 |
| 塑钢爬梯 | kg | 6.060 | 6.060 | 6.060 | 6.060 |
| 水 | m³ | 2.377 | 2.558 | 2.866 | 3.118 |
| 电 | kW·h | 2.427 | 2.583 | 3.318 | 3.585 |
| 煤焦沥青漆 L01–17 | kg | 0.490 | 0.490 | 0.490 | 0.490 |
| 铸铁井盖、井座 φ700 重型 | 套 | 1.010 | 1.010 | 1.010 | 1.010 |
| 预拌混合砂浆 M7.5 | m³ | 0.258 | 0.303 | 0.348 | 0.418 |
| 预拌防水水泥砂浆 1:2 | m³ | 0.063 | 0.068 | 0.074 | 0.081 |
| 预拌混凝土 C10 | m³ | 0.509 | 0.538 | 0.617 | 0.659 |
| 预拌混凝土 C25 | m³ | 4.013 | 4.285 | 5.700 | 6.187 |
| 预拌混凝土 C30 | m³ | 0.088 | 0.098 | 0.081 | 0.075 |
| 其他材料费 | % | 0.50 | 0.50 | 0.50 | 0.50 |
| 汽车式起重机 8t | 台班 | 0.033 | 0.033 | 0.036 | 0.040 |
| 载重汽车 8t | 台班 | 0.033 | 0.033 | 0.037 | 0.040 |
| 干混砂浆罐式搅拌机 | 台班 | 0.010 | 0.011 | 0.012 | 0.015 |

# 23.150° 扇形污水检查井

**工作内容:**混凝土捣固、养生,铺砂浆、砌筑、抹灰、勾缝,安装井盖、井座、爬梯,材料运输。

计量单位:座

| 编　　号 | | 5-3-318 | 5-3-319 | 5-3-320 | 5-3-321 | 5-3-322 | 5-3-323 | 5-3-324 |
|---|---|---|---|---|---|---|---|---|
| 形式 | | 砖砌 | | | | | | |
| 适用管径(mm) | | 800 | 900 | 1 000 | 1 100 | 1 200 | 1 350 | 1 500 |
| 井室高(m) | | 2.6 | 2.7 | 2.8 | 2.9 | 3 | 3.2 | 3.3 |
| 井深(m) | | 3.2 | 3.3 | 3.4 | 3.5 | 3.6 | 3.8 | 4 |
| 名　　称 | 单位 | 消　耗　量 | | | | | | |
| 合计工日 | 工日 | 14.655 | 15.479 | 17.191 | 18.352 | 19.279 | 20.717 | 22.272 |
| 普工 | 工日 | 6.448 | 6.811 | 7.564 | 8.075 | 8.483 | 9.115 | 9.800 |
| 一般技工 | 工日 | 8.207 | 8.668 | 9.627 | 10.277 | 10.796 | 11.602 | 12.472 |
| 塑料薄膜 | m² | 12.909 | 13.333 | 15.548 | 15.998 | 17.430 | 18.106 | 22.336 |
| 标准砖 240×115×53 | 千块 | 2.498 | 2.650 | 2.950 | 3.116 | 3.282 | 3.557 | 3.836 |
| 塑钢爬梯 | kg | 7.272 | 7.272 | 7.272 | 7.272 | 7.272 | 7.272 | 7.272 |
| 水 | m³ | 1.167 | 1.228 | 1.389 | 1.455 | 1.547 | 1.656 | 1.862 |
| 电 | kW·h | 0.644 | 0.670 | 0.998 | 1.093 | 1.170 | 1.227 | 1.330 |
| 煤焦沥青漆 L01-17 | kg | 0.490 | 0.490 | 0.490 | 0.490 | 0.490 | 0.490 | 0.490 |
| 铸铁井盖、井座 φ700 重型 | 套 | 1.010 | 1.010 | 1.010 | 1.010 | 1.010 | 1.010 | 1.010 |
| 预拌混合砂浆 M7.5 | m³ | 1.391 | 1.474 | 1.649 | 1.741 | 1.833 | 1.987 | 2.143 |
| 预拌防水水泥砂浆 1:2 | m³ | 0.551 | 0.582 | 0.640 | 0.673 | 0.706 | 0.755 | 0.805 |
| 预拌混凝土 C15 | m³ | 0.633 | 0.666 | 0.743 | 1.167 | 1.219 | 1.298 | 1.376 |
| 预拌混凝土 C25 | m³ | 0.215 | 0.215 | 0.272 | 0.272 | 0.317 | 0.317 | 0.371 |
| 其他材料费 | % | 0.50 | 0.50 | 0.50 | 0.50 | 0.50 | 0.50 | 0.50 |
| 汽车式起重机 8t | 台班 | 0.019 | 0.019 | 0.024 | 0.024 | 0.027 | 0.027 | 0.033 |
| 载重汽车 8t | 台班 | 0.019 | 0.019 | 0.024 | 0.024 | 0.028 | 0.028 | 0.033 |
| 干混砂浆罐式搅拌机 | 台班 | 0.051 | 0.053 | 0.060 | 0.063 | 0.067 | 0.072 | 0.078 |

**工作内容**：混凝土捣固、养生,铺砂浆、砌筑、抹灰、勾缝,安装井盖、井座、爬梯,材料运输。

计量单位:座

| 编　号 | | 5-3-325 | 5-3-326 | 5-3-327 | 5-3-328 | 5-3-329 | 5-3-330 | 5-3-331 |
|---|---|---|---|---|---|---|---|---|
| 形　式 | | 混凝土 | | | | | | |
| 适用管径(mm) | | 800 | 900 | 1 000 | 1 100 | 1 200 | 1 350 | 1 500 |
| 井室高(m) | | 2.6 | 2.7 | 2.8 | 2.9 | 3 | 3.2 | 3.3 |
| 井深(m) | | 3.2 | 3.3 | 3.4 | 3.5 | 3.6 | 3.8 | 3.9 |
| 名　称 | 单位 | 消　耗　量 | | | | | | |
| 合计工日 | 工日 | 6.346 | 6.743 | 7.578 | 8.005 | 8.504 | 9.158 | 9.929 |
| 普工 | 工日 | 2.792 | 2.967 | 3.334 | 3.522 | 3.742 | 4.030 | 4.369 |
| 一般技工 | 工日 | 3.554 | 3.776 | 4.244 | 4.483 | 4.762 | 5.128 | 5.560 |
| 塑料薄膜 | m² | 92.394 | 97.249 | 107.482 | 112.417 | 118.459 | 126.527 | 134.600 |
| 标准砖 240×115×53 | 千块 | 0.209 | 0.242 | 0.309 | 0.354 | 0.397 | 0.472 | 0.547 |
| 塑钢爬梯 | kg | 7.272 | 7.272 | 7.272 | 7.272 | 7.272 | 7.272 | 7.272 |
| 水 | m³ | 2.548 | 2.689 | 2.986 | 3.133 | 3.311 | 3.552 | 3.794 |
| 电 | kW·h | 2.438 | 2.571 | 2.857 | 2.994 | 3.162 | 3.360 | 3.604 |
| 煤焦沥青漆 L01–17 | kg | 0.490 | 0.490 | 0.490 | 0.490 | 0.490 | 0.490 | 0.490 |
| 铸铁井盖、井座 φ700 重型 | 套 | 1.010 | 1.010 | 1.010 | 1.010 | 1.010 | 1.010 | 1.010 |
| 预拌混合砂浆 M7.5 | m³ | 0.131 | 0.152 | 0.193 | 0.221 | 0.248 | 0.295 | 0.342 |
| 预拌防水水泥砂浆 1:2 | m³ | 0.051 | 0.056 | 0.068 | 0.074 | 0.080 | 0.089 | 0.098 |
| 预拌混凝土 C10 | m³ | 0.352 | 0.371 | 0.411 | 0.431 | 0.450 | 0.480 | 0.509 |
| 预拌混凝土 C25 | m³ | 4.382 | 4.629 | 5.146 | 5.401 | 5.702 | 6.061 | 6.524 |
| 预拌混凝土 C30 | m³ | 0.092 | 0.091 | 0.088 | 0.085 | 0.084 | 0.094 | 0.076 |
| 其他材料费 | % | 0.50 | 0.50 | 0.50 | 0.50 | 0.50 | 0.50 | 0.50 |
| 汽车式起重机 8t | 台班 | 0.019 | 0.019 | 0.024 | 0.024 | 0.027 | 0.027 | 0.033 |
| 载重汽车 8t | 台班 | 0.019 | 0.019 | 0.024 | 0.024 | 0.028 | 0.028 | 0.033 |
| 干混砂浆罐式搅拌机 | 台班 | 0.004 | 0.005 | 0.007 | 0.008 | 0.009 | 0.011 | 0.012 |

# 24. 钢筋混凝土矩形阀门井

## （1）矩形立式闸阀井

**工作内容**：混凝土浇捣、养护，安装盖板、爬梯及井盖。

计量单位：座

| 编　号 | | 5-3-332 | 5-3-333 | 5-3-334 |
|---|---|---|---|---|
| 井室净尺寸（长×宽×高）（m） | | 1.10×1.10×1.20 | 1.10×1.10×1.50 | 1.30×1.30×1.50 |
| 井深（m） | | 1.45 | 1.75 | |
| 名　称 | 单位 | 消　耗　量 | | |
| 合计工日 | 工日 | 2.303 | 2.621 | 3.111 |
| 普工 | 工日 | 1.013 | 1.153 | 1.369 |
| 一般技工 | 工日 | 1.290 | 1.468 | 1.742 |
| 铸铁井盖、井座 φ700 重型 | 套 | 1.010 | 1.010 | 1.010 |
| 塑料薄膜 | m² | 17.040 | 20.160 | 24.029 |
| 钢筋混凝土管 d300 | m | 0.513 | 0.513 | 0.513 |
| 塑钢爬梯 | kg | 8.130 | 10.252 | 10.252 |
| 水 | m³ | 0.958 | 1.126 | 1.349 |
| 电 | kW·h | 1.128 | 1.230 | 1.490 |
| 煤焦沥青漆 L01-17 | kg | 0.519 | 0.519 | 0.519 |
| 预拌混凝土 C10 | m³ | 0.494 | 0.494 | 0.563 |
| 预拌混凝土 C25 | m³ | 1.485 | 1.710 | 2.096 |
| 其他材料费 | % | 2.00 | 2.00 | 2.00 |
| 汽车式起重机 8t | 台班 | 0.018 | 0.018 | 0.025 |
| 载重汽车 8t | 台班 | 0.018 | 0.018 | 0.025 |

**工作内容:** 混凝土浇捣、养护,安装盖板、爬梯及井盖。　　　　　　　　　　　　　　　　**计量单位:**座

| 编　号 | | 5-3-335 | 5-3-336 | 5-3-337 |
|---|---|---|---|---|
| 井室净尺寸(长×宽×高)(m) | | 1.30×1.30×1.80 | 1.40×1.80×2.50 | 1.50×2.10×3.00 |
| 井深(m) | | 2.05 | 2.80 | 3.30 |
| 名　称 | 单位 | 消　耗　量 | | |
| 合计工日 | 工日 | 3.460 | 6.759 | 8.649 |
| 普工 | 工日 | 1.522 | 2.974 | 3.806 |
| 一般技工 | 工日 | 1.938 | 3.785 | 4.843 |
| 铸铁井盖、井座 $\phi$700 重型 | 套 | 1.010 | 1.010 | 1.010 |
| 塑料薄膜 | m² | 27.649 | 46.951 | 61.240 |
| 钢筋混凝土管 $d$300 | m | 0.513 | 0.513 | 0.513 |
| 塑钢爬梯 | kg | 12.372 | 17.674 | 21.209 |
| 水 | m³ | 1.543 | 2.610 | 3.398 |
| 电 | kW·h | 1.611 | 3.185 | 4.019 |
| 煤焦沥青漆 L01-17 | kg | 0.519 | 0.519 | 0.519 |
| 预拌混凝土 C10 | m³ | 0.563 | 0.719 | 0.806 |
| 预拌混凝土 C25 | m³ | 2.358 | 5.242 | 6.799 |
| 其他材料费 | % | 2.00 | 2.00 | 2.00 |
| 汽车式起重机 8t | 台班 | 0.025 | 0.057 | 0.070 |
| 载重汽车 8t | 台班 | 0.025 | 0.057 | 0.071 |

## （2）矩形立式蝶阀井

**工作内容：**混凝土浇捣、养护，安装盖板、爬梯及井盖。 计量单位：座

| 编 号 | | 5-3-338 | 5-3-339 | 5-3-340 | 5-3-341 | 5-3-342 |
|---|---|---|---|---|---|---|
| 井室净尺寸（长×宽×高）(m) | | 1.10×1.20×1.40 | 1.40×1.40×1.60 | 1.40×1.40×1.80 | 1.50×2.00×2.00 | 1.50×2.00×2.60 |
| 井深（m） | | 1.65 | 1.85 | 2.05 | 2.30 | 2.90 |
| 名 称 | 单位 | | | 消 耗 量 | | |
| 合计工日 | 工日 | 2.621 | 3.468 | 3.725 | 6.960 | 7.623 |
| 普工 | 工日 | 1.153 | 1.526 | 1.639 | 3.062 | 3.354 |
| 一般技工 | 工日 | 1.468 | 1.942 | 2.086 | 3.898 | 4.269 |
| 塑料薄膜 | m² | 20.026 | 27.316 | 29.895 | 43.331 | 53.066 |
| 钢筋混凝土管 *d*300 | m | 0.513 | 0.513 | 0.513 | 0.513 | 0.513 |
| 塑钢爬梯 | kg | 9.545 | 10.960 | 12.372 | 14.141 | 18.381 |
| 水 | m³ | 1.120 | 1.533 | 1.672 | 2.434 | 2.955 |
| 电 | kW·h | 1.257 | 1.669 | 1.756 | 3.166 | 3.604 |
| 煤焦沥青漆 L01-17 | kg | 0.519 | 0.519 | 0.519 | 0.519 | 0.519 |
| 铸铁井盖、井座 *φ*700 重型 | 套 | 1.010 | 1.010 | 1.010 | 1.010 | 1.010 |
| 预拌混凝土 C10 | m³ | 0.511 | 0.600 | 0.600 | 0.785 | 0.785 |
| 预拌混凝土 C25 | m³ | 1.725 | 2.389 | 2.576 | 5.027 | 5.966 |
| 其他材料费 | % | 2.00 | 2.00 | 2.00 | 2.00 | 2.00 |
| 汽车式起重机 8t | 台班 | 0.019 | 0.029 | 0.029 | 0.066 | 0.066 |
| 载重汽车 8t | 台班 | 0.020 | 0.030 | 0.030 | 0.067 | 0.067 |

## （3）矩形卧式蝶阀井

**工作内容：**混凝土浇捣、养护，安装盖板、爬梯及井盖。　　　　　　　　　　　　　　　计量单位：座

| 编　　号 | | 5-3-343 | 5-3-344 | 5-3-345 | 5-3-346 |
|---|---|---|---|---|---|
| 井室净尺寸（长×宽×高）（m） | | 1.80×2.60×1.80 | 1.80×2.60×1.90 | 2.20×3.00×2.00 | 2.20×3.00×2.10 |
| 井深（m） | | 2.15 | 2.25 | 2.35 | 2.45 |
| 名　　称 | 单位 | 消　耗　量 | | | |
| 合计工日 | 工日 | 8.323 | 8.454 | 10.671 | 10.858 |
| 普工 | 工日 | 3.662 | 3.720 | 4.695 | 4.778 |
| 一般技工 | 工日 | 4.661 | 4.734 | 5.976 | 6.080 |
| 塑料薄膜 | m² | 51.240 | 51.250 | 64.352 | 66.009 |
| 钢筋混凝土管 d300 | m | 0.513 | 0.513 | 0.513 | 0.513 |
| 塑钢爬梯 | kg | 13.080 | 13.787 | 14.492 | 15.200 |
| 水 | m³ | 2.908 | 2.910 | 3.670 | 3.758 |
| 电 | kW·h | 4.152 | 4.198 | 5.390 | 5.463 |
| 煤焦沥青漆 L01-17 | kg | 0.783 | 0.783 | 0.783 | 0.783 |
| 铸铁井盖、井座 φ700 重型 | 套 | 1.010 | 1.010 | 1.010 | 1.010 |
| 预拌混凝土 C10 | m³ | 1.008 | 1.008 | 1.249 | 1.249 |
| 预拌混凝土 C25 | m³ | 6.389 | 6.490 | 8.320 | 8.472 |
| 铸铁井盖、井座 φ500 重型 | 套 | 1.010 | 1.010 | 1.010 | 1.010 |
| 其他材料费 | % | 2.00 | 2.00 | 2.00 | 2.00 |
| 汽车式起重机 20t | 台班 | 0.122 | 0.122 | 0.170 | 0.170 |
| 载重汽车 8t | 台班 | 0.124 | 0.124 | 0.172 | 0.172 |

**工作内容:** 混凝土浇捣、养护,安装盖板、爬梯及井盖。　　　　　　　　　　　　　　　　　　计量单位:座

| 编　号 | | 5-3-347 | 5-3-348 | 5-3-349 | 5-3-350 | 5-3-351 |
|---|---|---|---|---|---|---|
| 井室净尺寸(长×宽×高)(m) | | 2.20×3.00×2.20 | 2.50×3.75×2.50 | 2.50×3.75×2.70 | 2.50×4.55×2.90 | 2.50×4.55×3.10 |
| 井深(m) | | 2.55 | 2.85 | 3.05 | 3.25 | 3.45 |
| 名　称 | 单位 | 消　耗　量 | | | | |
| 合计工日 | 工日 | 11.947 | 16.046 | 16.474 | 23.053 | 23.614 |
| 普工 | 工日 | 5.257 | 7.060 | 7.248 | 10.143 | 10.390 |
| 一般技工 | 工日 | 6.690 | 8.986 | 9.226 | 12.910 | 13.224 |
| 塑料薄膜 | m² | 67.659 | 90.954 | 94.659 | 116.436 | 120.229 |
| 钢筋混凝土管 d300 | m | 0.513 | 0.513 | 0.513 | 0.513 | 0.513 |
| 塑钢爬梯 | kg | 15.908 | 18.028 | 19.443 | 20.855 | 22.271 |
| 水 | m³ | 3.848 | 5.179 | 5.378 | 6.617 | 6.820 |
| 电 | kW·h | 5.524 | 7.448 | 7.611 | 10.686 | 10.895 |
| 煤焦沥青漆 L01-17 | kg | 0.783 | 0.783 | 0.783 | 0.783 | 0.783 |
| 铸铁井盖、井座 φ500 重型 | 套 | 1.010 | 1.010 | 1.010 | 1.010 | 1.010 |
| 铸铁井盖、井座 φ700 重型 | 套 | 1.010 | 1.010 | 1.010 | 1.010 | 1.010 |
| 预拌防水水泥砂浆 1:2 | m³ | 0.173 | 0.238 | 0.238 | 0.301 | 0.301 |
| 预拌混凝土 C10 | m³ | 1.249 | 1.591 | 1.591 | 1.923 | 1.923 |
| 预拌混凝土 C25 | m³ | 8.615 | 11.700 | 12.052 | 17.635 | 18.080 |
| 其他材料费 | % | 2.00 | 2.00 | 2.00 | 2.00 | 2.00 |
| 汽车式起重机 20t | 台班 | 0.169 | 0.237 | 0.237 | 0.301 | 0.301 |
| 载重汽车 8t | 台班 | 0.171 | 0.240 | 0.240 | 0.305 | 0.305 |

# 25. 钢筋混凝土矩形水表井

**工作内容：**混凝土浇捣、养护，安装爬梯、盖板及井盖。　　　　　　　　　　　　　　　　计量单位：座

| 编　号 | | 5-3-352 | 5-3-353 | 5-3-354 |
|---|---|---|---|---|
| 井室净尺寸（长×宽×高）(m) | | 2.15×1.10×1.40 | 2.15×1.10×2.00 | 2.75×1.30×1.40 |
| 名　称 | 单位 | 消　耗　量 | | |
| 合计工日 | 工日 | 4.806 | 5.926 | 6.175 |
| 普工 | 工日 | 2.115 | 2.608 | 2.717 |
| 一般技工 | 工日 | 2.691 | 3.318 | 3.458 |
| 塑料薄膜 | m² | 30.479 | 39.590 | 38.650 |
| 钢筋混凝土管 d300 | m | 0.513 | 0.513 | 0.513 |
| 塑钢爬梯 | kg | 9.898 | 14.141 | 9.898 |
| 水 | m³ | 1.726 | 2.213 | 2.204 |
| 电 | kW·h | 2.290 | 2.701 | 2.975 |
| 煤焦沥青漆 L01–17 | kg | 0.519 | 0.519 | 0.519 |
| 铸铁井盖、井座 φ700 重型 | 套 | 1.010 | 1.010 | 1.010 |
| 预拌防水水泥砂浆 1:2 | m³ | 0.064 | 0.064 | 0.095 |
| 预拌混凝土 C10 | m³ | 0.707 | 0.707 | 0.877 |
| 预拌混凝土 C25 | m³ | 3.468 | 4.350 | 4.523 |
| 其他材料费 | % | 2.00 | 2.00 | 2.00 |
| 汽车式起重机 8t | 台班 | 0.040 | 0.040 | 0.059 |
| 载重汽车 8t | 台班 | 0.040 | 0.040 | 0.060 |

**工作内容:**混凝土浇捣、养护,安装爬梯、盖板及井盖。　　　　　　　　　　　　　　**计量单位:**座

| 编　　号 | | 5-3-355 | 5-3-356 | 5-3-357 | 5-3-358 |
|---|---|---|---|---|---|
| 井室净尺寸(长×宽×高)(m) | | 2.75×1.30×1.60 | 2.75×1.30×2.00 | 3.20×1.30×2.00 | 3.90×1.80×2.00 |
| 名　　称 | 单位 | 消　耗　量 | | | |
| 合计工日 | 工日 | 6.619 | 7.521 | 8.346 | 12.040 |
| 普工 | 工日 | 2.913 | 3.309 | 3.672 | 5.298 |
| 一般技工 | 工日 | 3.706 | 4.212 | 4.674 | 6.742 |
| 塑料薄膜 | m² | 42.352 | 49.757 | 55.262 | 72.678 |
| 钢筋混凝土管 $d300$ | m | 0.513 | 0.513 | 0.513 | 0.513 |
| 塑钢爬梯 | kg | 11.311 | 14.141 | 14.141 | 14.141 |
| 水 | m³ | 2.402 | 2.799 | 3.114 | 4.134 |
| 电 | kW·h | 3.143 | 3.478 | 3.874 | 5.676 |
| 煤焦沥青漆 L01-17 | kg | 0.519 | 0.519 | 0.519 | 0.519 |
| 铸铁井盖、井座 $\phi$700 重型 | 套 | 1.010 | 1.010 | 1.010 | 1.010 |
| 预拌防水水泥砂浆 1:2 | m³ | 0.095 | 0.095 | 0.109 | 0.177 |
| 预拌混凝土 C10 | m³ | 0.877 | 0.877 | 0.962 | 1.321 |
| 预拌混凝土 C25 | m³ | 4.880 | 5.598 | 6.248 | 8.962 |
| 其他材料费 | % | 2.00 | 2.00 | 2.00 | 2.00 |
| 汽车式起重机 8t | 台班 | 0.059 | 0.059 | 0.069 | 0.148 |
| 载重汽车 8t | 台班 | 0.060 | 0.060 | 0.070 | 0.150 |

# 二、砌筑非定型井

## 1. 非定型井垫层、井底流槽

**工作内容:** 1. 砂石垫层:清基、挂线、拌料、摊铺、找平、夯实、检查标高、材料运输等。

　　　　　2. 混凝土垫层:清基、挂线捣固、抹平、养生、材料运输。

　　　　　3. 井底流槽:清理现场、配料砌筑、材料运输。

计量单位:10m³

| 编　号 | | 5-3-359 | 5-3-360 | 5-3-361 | 5-3-362 | 5-3-363 |
|---|---|---|---|---|---|---|
| 项　目 | | 垫层 | | | 井底流槽 | |
| | | 碎石 | 砂砾石 | 预拌混凝土 | 混凝土 | 石砌 |
| 名　称 | 单位 | 消　耗　量 | | | | |
| 合计工日 | 工日 | 7.105 | 6.930 | 7.840 | 8.897 | 19.667 |
| 普工 | 工日 | 3.126 | 3.049 | 3.450 | 3.915 | 8.653 |
| 一般技工 | 工日 | 3.979 | 3.881 | 4.390 | 4.982 | 11.014 |
| 塑料薄膜 | m² | — | — | — | 90.854 | — |
| 砂子(中砂) | m³ | — | 4.283 | — | — | — |
| 碎石 40 | m³ | 13.260 | — | — | — | — |
| 砾石 40 | m³ | — | 10.210 | — | — | — |
| 块石 | m³ | — | — | — | — | 11.526 |
| 水 | m³ | — | — | 2.409 | 2.400 | 1.070 |
| 电 | kW·h | — | — | 7.642 | — | — |
| 预拌混凝土 C15 | m³ | — | — | 10.100 | — | — |
| 预拌混凝土 C20 | m³ | — | — | — | 10.100 | — |
| 预拌混合砂浆 M7.5 | m³ | — | — | — | — | 3.670 |
| 其他材料费 | % | 0.50 | 0.50 | 0.50 | 0.50 | 0.50 |
| 机动翻斗车 1t | 台班 | — | — | — | — | 0.636 |
| 干混砂浆罐式搅拌机 | 台班 | — | — | — | — | 0.161 |

# 2.非定型井砌筑及抹灰

## （1）砌　　筑

**工作内容：** 1.砌筑：清理现场、砌筑、材料运输。
　　　　　　 2.塑钢踏步安装：安装、材料运输。

| 编　号 | | 5-3-364 | 5-3-365 | 5-3-366 | 5-3-367 | 5-3-368 |
|---|---|---|---|---|---|---|
| 项　目 | | 砖砌 | | 石砌 | | 塑钢踏步安装 |
| | | 圆形 | 矩形 | 圆形 | 矩形 | |
| | | 10m³ | | | | 100kg |
| 名　称 | 单位 | 消　耗　量 | | | | |
| 合计工日 | 工日 | 20.803 | 17.570 | 21.326 | 18.091 | 1.474 |
| 普工 | 工日 | 9.153 | 7.731 | 9.383 | 7.960 | 0.649 |
| 一般技工 | 工日 | 11.650 | 9.839 | 11.943 | 10.131 | 0.825 |
| 塑钢爬梯 | kg | — | — | — | — | （101.000） |
| 块石 | m³ | — | — | 10.955 | 11.526 | — |
| 标准砖 240×115×53 | 千块 | 5.181 | 5.449 | — | — | — |
| 水 | m³ | 1.823 | 1.646 | 1.128 | 0.891 | — |
| 煤焦沥青漆 L01-17 | kg | 3.126 | 3.126 | 3.126 | 3.126 | — |
| 预拌混合砂浆 M7.5 | m³ | 3.239 | 2.286 | 4.643 | 3.670 | — |
| 其他材料费 | % | 0.50 | 0.50 | 0.50 | 0.50 | 0.50 |
| 机动翻斗车 1t | 台班 | 0.466 | 0.332 | 0.672 | 0.529 | — |
| 干混砂浆罐式搅拌机 | 台班 | 0.118 | 0.083 | 0.169 | 0.133 | — |

## （2）勾缝及抹灰

### ①砖　墙

**工作内容:** 清理墙面、铺砂浆、勾缝、抹灰、清扫落地灰、材料运输等。　　　　　　　　计量单位:100m²

| 编　号 | | 5-3-369 | 5-3-370 | 5-3-371 | 5-3-372 |
|---|---|---|---|---|---|
| 项　目 | | 勾缝 | 抹灰 | | |
| | | | 井内侧 | 井底 | 流槽 |
| 名　称 | 单位 | 消　耗　量 | | | |
| 合计工日 | 工日 | 6.636 | 21.667 | 13.792 | 18.128 |
| 普工 | 工日 | 2.920 | 9.533 | 6.068 | 7.976 |
| 一般技工 | 工日 | 3.716 | 12.134 | 7.724 | 10.152 |
| 水 | m³ | 0.052 | 0.528 | 0.528 | 0.528 |
| 预拌水泥砂浆 1:2 | m³ | 0.216 | 2.174 | 2.174 | 2.174 |
| 其他材料费 | % | 0.50 | 0.50 | 0.50 | 0.50 |
| 机动翻斗车 1t | 台班 | 0.036 | 0.314 | 0.314 | 0.314 |
| 干混砂浆罐式搅拌机 | 台班 | 0.008 | 0.079 | 0.079 | 0.079 |

### ②石　墙

**工作内容:** 清理墙面、铺砂浆、勾缝、抹灰、清扫落地灰、材料运输等。　　　　　　　　计量单位:100m²

| 编　号 | | 5-3-373 | 5-3-374 | 5-3-375 | 5-3-376 |
|---|---|---|---|---|---|
| 项　目 | | 勾缝 | 抹灰 | | |
| | | | 井内侧 | 井底 | 流槽 |
| 名　称 | 单位 | 消　耗　量 | | | |
| 合计工日 | 工日 | 11.097 | 23.961 | 13.772 | 18.108 |
| 普工 | 工日 | 4.883 | 10.543 | 6.060 | 7.968 |
| 一般技工 | 工日 | 6.214 | 13.418 | 7.712 | 10.140 |
| 水 | m³ | 0.127 | 0.528 | 0.528 | 0.528 |
| 预拌水泥砂浆 1:2 | m³ | 0.523 | 2.174 | 2.174 | 2.174 |
| 其他材料费 | % | 0.50 | 0.50 | 0.50 | 0.50 |
| 机动翻斗车 1t | 台班 | 0.072 | 0.305 | 0.305 | 0.305 |
| 干混砂浆罐式搅拌机 | 台班 | 0.019 | 0.079 | 0.079 | 0.079 |

### ③井壁(墙)凿洞

**工作内容:** 凿洞、铺砂浆、接管口、补齐管口、抹平墙面、清理场地。　　　　　　　　　计量单位: 10m²

| 编　号 | | 5-3-377 | 5-3-378 | 5-3-379 | 5-3-380 |
|---|---|---|---|---|---|
| 项　　目 | | 砖墙(mm 以内) | | 石墙(mm 以内) | |
| | | 240 | 370 | 500 | 700 |
| 名　　称 | 单位 | 消　耗　量 | | | |
| 合计工日 | 工日 | 8.677 | 10.861 | 17.670 | 22.999 |
| 普工 | 工日 | 3.818 | 4.779 | 7.775 | 10.120 |
| 一般技工 | 工日 | 4.859 | 6.082 | 9.895 | 12.879 |
| 水 | m³ | 0.121 | 0.147 | 0.195 | 0.231 |
| 预拌水泥砂浆 1:2 | m³ | 0.280 | 0.390 | 0.584 | 0.736 |
| 预拌水泥砂浆 1:2.5 | m³ | 0.217 | 0.217 | 0.217 | 0.217 |
| 其他材料费 | % | 0.50 | 0.50 | 0.50 | 0.50 |
| 干混砂浆罐式搅拌机 | 台班 | 0.018 | 0.022 | 0.029 | 0.035 |

## 3. 非定型井盖、井圈(算)制作、安装

### (1)钢筋混凝土井盖、井圈(算)制作

**工作内容:** 捣固、抹面、养生、材料场内运输等。　　　　　　　　　　　　　　计量单位: 10m³

| 编　号 | | 5-3-381 | 5-3-382 | 5-3-383 | 5-3-384 |
|---|---|---|---|---|---|
| 项　目 | | 井盖 | 井圈 | 平算 | 小型构件 |
| 名　　称 | 单位 | 消　耗　量 | | | |
| 合计工日 | 工日 | 11.970 | 14.109 | 18.240 | 14.109 |
| 普工 | 工日 | 5.267 | 6.208 | 8.026 | 6.208 |
| 一般技工 | 工日 | 6.703 | 7.901 | 10.214 | 7.901 |
| 塑料薄膜 | m² | 154.846 | 154.846 | 154.846 | 154.846 |
| 水 | m³ | 8.438 | 12.550 | 13.250 | 14.050 |
| 电 | kW·h | 7.642 | 7.642 | 7.642 | 7.642 |
| 预拌混凝土 C25 | m³ | 10.100 | 10.100 | 10.100 | 10.100 |
| 其他材料费 | % | 0.50 | 0.50 | 0.50 | 0.50 |

## （2）井盖、井箅安装

**工作内容:** 安装、固定。

| 编　号 | | 5-3-385 | 5-3-386 | 5-3-387 | 5-3-388 | 5-3-389 | 5-3-390 |
|---|---|---|---|---|---|---|---|
| 项　目 | | 检查井 | | 雨水井 | | | 小型构件 |
| | | 铸铁井盖、座 | 混凝土井盖、座 | 铸铁平箅 | 铸铁立箅 | 混凝土箅（盖、座） | |
| | | 10 套 | | | | | 10m³ |
| 名　称 | 单位 | 消　耗　量 | | | | | |
| 合计工日 | 工日 | 4.144 | 3.748 | 3.974 | 4.195 | 4.004 | 2.480 |
| 普工 | 工日 | 1.823 | 1.649 | 1.748 | 1.846 | 1.762 | 1.091 |
| 一般技工 | 工日 | 2.321 | 2.099 | 2.226 | 2.349 | 2.242 | 1.389 |
| 混凝土构件（小型） | m³ | — | — | — | — | — | （10.100） |
| 混凝土雨水井箅 | 套 | — | — | — | — | （10.100） | — |
| 铸铁井盖、井座 φ700 重型 | 套 | （10.100） | — | — | — | — | — |
| 铸铁平箅 | 套 | — | — | （10.100） | — | — | — |
| 混凝土井盖井座 | 套 | — | （10.100） | — | — | — | — |
| 铸铁立箅带盖板 | 套 | — | — | — | （10.100） | — | — |
| 水 | m³ | 0.069 | 0.069 | 0.069 | 0.067 | 0.069 | 0.904 |
| 煤焦沥青漆 L01–17 | kg | 4.920 | — | 4.305 | 3.495 | — | — |
| 预拌混合砂浆 M7.5 | m³ | 0.284 | 0.284 | 0.284 | 0.273 | 0.284 | 3.720 |
| 其他材料费 | % | 0.50 | 0.50 | 0.50 | 0.50 | 0.50 | 0.50 |
| 干混砂浆罐式搅拌机 | 台班 | 0.012 | 0.011 | 0.011 | 0.010 | 0.011 | 0.136 |

# 三、塑料检查井

**工作内容:** 井座、井筒安装,与管道连接等。　　　　　　　　　　　　　　　计量单位:10 套

| 编　号 | | 5-3-391 | 5-3-392 | 5-3-393 |
|---|---|---|---|---|
| 项　目 | | 塑料检查井（井筒直径 mm 以内） | | |
| | | 315 | 500 | 700 |
| 名　称 | 单位 | 消　耗　量 | | |
| 合计工日 | 工日 | 1.180 | 1.870 | 2.100 |
| 普工 | 工日 | 0.519 | 0.823 | 0.924 |
| 一般技工 | 工日 | 0.661 | 1.047 | 1.176 |
| 塑料检查井 | 套 | （10.000） | （10.000） | （10.000） |
| 其他材料费 | % | 2.00 | 2.00 | 2.00 |

# 四、混凝土模块式排水检查井

## 1.混凝土模块式排水检查井砌筑

**工作内容：**清理现场、材料运输、铺砂浆、混凝土模块砌筑。　　　　　　　　　　　计量单位：m³

| 编　号 | | 5-3-394 |
|---|---|---|
| 项　目 | | 混凝土模块检查井砌筑、井筒砌筑 |
| 名　称 | 单位 | 消 耗 量 |
| 合计工日 | 工日 | 1.200 |
| 普工 | 工日 | 0.528 |
| 一般技工 | 工日 | 0.672 |
| 混凝土模块 | m³ | （1.030） |
| 预拌混合砂浆 M10 | m³ | 0.123 |
| 水 | m³ | 0.074 |
| 其他材料费 | % | 2.00 |
| 机动翻斗车 1t | 台班 | 0.018 |
| 干混砂浆罐式搅拌机 | 台班 | 0.004 |

## 2.混凝土模块式排水检查井混凝土灌芯

**工作内容：**混凝土浇捣、养护。　　　　　　　　　　　　　　　　　　　　　　计量单位：m³

| 编　号 | | 5-3-395 |
|---|---|---|
| 项　目 | | 混凝土模块混凝土灌芯 |
| 名　称 | 单位 | 消 耗 量 |
| 合计工日 | 工日 | 0.750 |
| 普工 | 工日 | 0.330 |
| 一般技工 | 工日 | 0.420 |
| 预拌混凝土 C25 | m³ | 1.010 |
| 水 | m³ | 0.228 |
| 塑料薄膜 | m² | 4.067 |
| 其他材料费 | % | 2.00 |

# 五、预制装配式钢筋混凝土排水检查井

## 1. 预制装配式钢筋混凝土排水检查井

**工作内容：**铺砂浆、构件运输、就位、安装、勾抹缝隙。 计量单位：10m³

| 编 号 | | 5-3-396 | 5-3-397 | 5-3-398 |
|---|---|---|---|---|
| 项 目 | | 单个井室外周体积（m³ 以内） | | |
| | | 1 | 3 | 5 |
| 名 称 | 单位 | 消 耗 量 | | |
| 合计工日 | 工日 | 3.870 | 2.130 | 1.940 |
| 普工 | 工日 | 1.703 | 0.937 | 0.854 |
| 一般技工 | 工日 | 2.167 | 1.193 | 1.086 |
| 装配式混凝土检查井 | m³ | （10.100） | （10.100） | （10.100） |
| 预拌混合砂浆 M10 | m³ | 0.378 | 0.276 | 0.244 |
| 水 | m³ | 0.227 | 0.166 | 0.146 |
| 其他材料费 | % | 2.00 | 2.00 | 2.00 |
| 汽车式起重机 8t | 台班 | 0.400 | — | — |
| 汽车式起重机 12t | 台班 | — | 0.370 | 0.370 |
| 载重汽车 8t | 台班 | 0.040 | 0.040 | 0.040 |
| 干混砂浆罐式搅拌机 | 台班 | 0.014 | 0.010 | 0.009 |

## 2. 预制装配式钢筋混凝土预制井筒

**工作内容**：铺砂浆、构件运输、就位、调节井筒安装、勾抹缝隙。　　　　　计量单位：个

| 编　号 | | 5-3-399 | 5-3-400 |
|---|---|---|---|
| 项　目 | | 预制装配式钢筋混凝土预制井筒（高度 m） | |
| | | 1 | 调节井筒 0.5 |
| 名　称 | 单位 | 消　耗　量 | |
| 合计工日 | 工日 | 0.060 | 0.050 |
| 普工 | 工日 | 0.026 | 0.022 |
| 一般技工 | 工日 | 0.034 | 0.028 |
| 装配式混凝土预制井筒 | 个 | （1.010） | — |
| 装配式混凝土调节井筒 | 个 | — | （1.010） |
| 预拌混合砂浆 M10 | m³ | 0.011 | 0.011 |
| 水 | m³ | 0.007 | 0.007 |
| 其他材料费 | % | 2.00 | 2.00 |
| 汽车式起重机 8t | 台班 | 0.012 | 0.012 |
| 载重汽车 8t | 台班 | 0.001 | 0.001 |
| 干混砂浆罐式搅拌机 | 台班 | 0.001 | 0.001 |

# 六、井　筒

## 1. 砌 筑 井 筒

### （1）消火栓井深及阀门井筒调增

**工作内容：**砌筑、勾缝、安装爬梯。

计量单位：座

| 编　　号 | | 5-3-401 | 5-3-402 | 5-3-403 |
|---|---|---|---|---|
| 项　目 | | 消火栓井 | 阀门井双井筒 | 阀门井单井筒 |
| | | 井深每增 0.25m | 每增 0.2m | |
| 名　　称 | 单位 | 消　耗　量 | | |
| 合计工日 | 工日 | 0.647 | 0.591 | 0.342 |
| 普工 | 工日 | 0.285 | 0.260 | 0.150 |
| 一般技工 | 工日 | 0.362 | 0.331 | 0.192 |
| 标准砖 240×115×53 | 千块 | 0.140 | 0.131 | 0.073 |
| 塑钢爬梯 | kg | 1.768 | 1.415 | 1.415 |
| 水 | m³ | 0.049 | 0.046 | 0.026 |
| 预拌混合砂浆 M10 | m³ | 0.088 | 0.082 | 0.046 |
| 其他材料费 | % | 2.00 | 2.00 | 2.00 |
| 干混砂浆罐式搅拌机 | 台班 | 0.004 | 0.003 | 0.002 |

## （2）检查井筒砌筑（$\phi$700）

**工作内容：**铺砂浆、盖板以上的井筒砌筑、勾缝、混凝土浇捣、爬梯、井盖、井座安装、
场内材料运输等。

计量单位：座

| 编　号 | | 5-3-404 | 5-3-405 | 5-3-406 | 5-3-407 | 5-3-408 |
|---|---|---|---|---|---|---|
| 项　目 | | 筒高（m） | | | | |
| | | 1 | 2 | 3 | 4 | 每增减 0.2 |
| 名　称 | 单位 | 消　耗　量 | | | | |
| 合计工日 | 工日 | 1.711 | 3.247 | 4.787 | 6.322 | 0.351 |
| 普工 | 工日 | 0.753 | 1.429 | 2.106 | 2.782 | 0.154 |
| 一般技工 | 工日 | 0.958 | 1.818 | 2.681 | 3.540 | 0.197 |
| 铸铁井盖、井座 $\phi$700 重型 | 套 | （1.010） | （1.010） | （1.010） | （1.010） | — |
| 标准砖 240×115×53 | 千块 | 0.345 | 0.689 | 1.033 | 1.378 | 0.073 |
| 塑钢爬梯 | kg | 3.323 | 6.642 | 9.965 | 13.288 | 0.673 |
| 水 | m³ | 0.215 | 0.334 | 0.457 | 0.583 | 0.026 |
| 预拌水泥砂浆 1:2 | m³ | 0.005 | 0.009 | 0.015 | 0.019 | 0.001 |
| 预拌混合砂浆 M10 | m³ | 0.226 | 0.451 | 0.666 | 0.892 | 0.046 |
| 预拌混凝土 C20 | m³ | 0.072 | 0.072 | 0.072 | 0.072 | — |
| 其他材料费 | % | 2.00 | 2.00 | 2.00 | 2.00 | 2.00 |
| 干混砂浆罐式搅拌机 | 台班 | 0.008 | 0.017 | 0.025 | 0.033 | 0.002 |

## 2. 混凝土井筒

## （1）阀门井筒调增

**工作内容**：混凝土浇捣、养护、安装爬梯、铁件制作安装、抹面等。　　　　　　　　　　　　　　计量单位：座

| 编　　号 | | 5-3-409 | 5-3-410 |
|---|---|---|---|
| 项　　目 | | 钢筋混凝土预制双井筒 | 钢筋混凝土预制井筒 |
| | | 每增 0.2m | |
| 名　　称 | 单位 | 消　耗　量 | |
| 合计工日 | 工日 | 0.591 | 0.342 |
| 普工 | 工日 | 0.260 | 0.150 |
| 一般技工 | 工日 | 0.331 | 0.192 |
| 塑料薄膜 | m² | 2.528 | 1.437 |
| 低碳钢焊条 J422 $\phi$3.2 | kg | 0.061 | 0.061 |
| 氧气 | m³ | 0.022 | 0.022 |
| 乙炔气 | kg | 0.008 | 0.008 |
| 塑钢爬梯 | kg | 0.752 | 0.752 |
| 水 | m³ | 0.144 | 0.082 |
| 电 | kW·h | 0.077 | 0.036 |
| 扁钢 40×6 | m | 0.806 | 0.806 |
| 预拌防水水泥砂浆 1:2 | m³ | 0.039 | 0.022 |
| 预拌混凝土 C25 | m³ | 0.118 | 0.067 |
| 圆钢 $\phi$8 | m | 1.640 | 1.640 |
| 其他材料费 | % | 2.00 | 2.00 |
| 直流弧焊机 20kV·A | 台班 | 0.008 | 0.008 |
| 电焊条烘干箱 60×50×75（cm³） | 台班 | 0.001 | 0.001 |

## （2）井深（井筒）每增加 0.2m

**工作内容：**混凝土捣固、养生、爬梯安装、材料运输。 　　　　　　　　**计量单位：**座

| 编　号 | | 5-3-411 |
|---|---|---|
| 形式 | | 混凝土 |
| 井筒内径（mm） | | 700 |
| 井深（井筒）（m） | | 每增 0.2 |
| 名　称 | 单位 | 消　耗　量 |
| 合计工日 | 工日 | 0.140 |
| 普工 | 工日 | 0.062 |
| 一般技工 | 工日 | 0.078 |
| 塑料薄膜 | m² | 2.665 |
| 塑钢爬梯 | kg | 0.673 |
| 水 | m³ | 0.071 |
| 电 | kW·h | 0.027 |
| 预拌混凝土 C30 | m³ | 0.060 |
| 其他材料费 | % | 2.00 |

# 七、出 水 口

## 1. 砖 砌

### （1）一 字 式

**工作内容：**清底、铺装垫层、混凝土浇筑、养生、铺砂浆、砌砖、抹灰、勾缝、材料运输。 计量单位：处

| 编 号 | | 5-3-412 | 5-3-413 | 5-3-414 | 5-3-415 | 5-3-416 | 5-3-417 |
|---|---|---|---|---|---|---|---|
| 项 目 | | *H*（m 以内） | | | | | |
| | | 1 | | 1.5 | | 2 | |
| | | 管径（mm 以内） | | | | | |
| | | 300 | 400 | 500 | 600 | 700 | 800 |
| 名 称 | 单位 | 消 耗 量 | | | | | |
| 合计工日 | 工日 | 14.219 | 14.481 | 20.606 | 24.553 | 36.291 | 36.496 |
| 普工 | 工日 | 6.256 | 6.372 | 9.067 | 10.803 | 15.968 | 16.058 |
| 一般技工 | 工日 | 7.963 | 8.109 | 11.539 | 13.750 | 20.323 | 20.438 |
| 塑料薄膜 | m² | 16.632 | 17.123 | 21.185 | 21.970 | 26.055 | 26.863 |
| 级配砂石 | m³ | 5.056 | 5.081 | 6.642 | 6.667 | 9.260 | 9.292 |
| 标准砖 240×115×53 | 千块 | 3.017 | 3.021 | 4.614 | 6.200 | 9.556 | 9.551 |
| 水 | m³ | 1.716 | 1.755 | 2.431 | 2.804 | 4.158 | 4.194 |
| 电 | kW·h | 1.844 | 1.943 | 2.408 | 2.514 | 3.307 | 3.451 |
| 预拌水泥砂浆 1:2 | m³ | 0.012 | 0.017 | 0.018 | 0.025 | 0.039 | 0.039 |
| 预拌混合砂浆 M7.5 | m³ | 1.305 | 1.300 | 1.992 | 2.727 | 4.213 | 4.210 |
| 预拌混凝土 C15 | m³ | 2.045 | 2.086 | 2.554 | 2.616 | 3.530 | 3.634 |
| 预拌混凝土 C30 | m³ | 0.415 | 0.509 | 0.665 | 0.747 | 0.882 | 0.976 |
| 其他材料费 | % | 2.00 | 2.00 | 2.00 | 2.00 | 2.00 | 2.00 |
| 干混砂浆罐式搅拌机 | 台班 | 0.048 | 0.048 | 0.073 | 0.100 | 0.154 | 0.154 |

**工作内容:** 清底、铺装垫层、混凝土浇筑、养生、铺砂浆、砌砖、抹灰、勾缝、材料运输。　　　计量单位:处

| 编　号 | | 5-3-418 | 5-3-419 | 5-3-420 | 5-3-421 | 5-3-422 | 5-3-423 |
|---|---|---|---|---|---|---|---|
| 项　目 | | $H$(m 以内) | | | | | |
| | | 2.5 | | 3 | | 3.5 | |
| | | 管径(mm 以内) | | | | | |
| | | 900 | 1 000 | 1 100 | 1 200 | 1 350 | 1 500 |
| 名　称 | 单位 | 消　耗　量 | | | | | |
| 合计工日 | 工日 | 51.613 | 52.035 | 68.772 | 73.320 | 92.453 | 96.914 |
| 普工 | 工日 | 22.710 | 22.895 | 30.260 | 32.261 | 40.679 | 42.642 |
| 一般技工 | 工日 | 28.903 | 29.140 | 38.512 | 41.059 | 51.774 | 54.272 |
| 塑料薄膜 | m² | 31.166 | 32.495 | 37.804 | 39.619 | 44.772 | 46.148 |
| 级配砂石 | m³ | 12.278 | 12.319 | 14.708 | 17.187 | 21.185 | 22.930 |
| 标准砖 240×115×53 | 千块 | 13.427 | 13.427 | 18.309 | 19.372 | 24.893 | 25.948 |
| 水 | m³ | 5.585 | 5.642 | 7.402 | 7.800 | 9.734 | 10.112 |
| 电 | kW·h | 3.947 | 4.229 | 5.082 | 5.234 | 5.851 | 6.095 |
| 预拌水泥砂浆 1:2 | m³ | 0.054 | 0.054 | 0.154 | 0.164 | 0.215 | 0.226 |
| 预拌混合砂浆 M7.5 | m³ | 5.926 | 5.926 | 8.180 | 8.549 | 10.998 | 11.449 |
| 预拌混凝土 C15 | m³ | 4.163 | 4.422 | 5.419 | 5.534 | 6.167 | 6.364 |
| 预拌混凝土 C30 | m³ | 1.110 | 1.225 | 1.370 | 1.453 | 1.651 | 1.785 |
| 其他材料费 | % | 2.00 | 2.00 | 2.00 | 2.00 | 2.00 | 2.00 |
| 干混砂浆罐式搅拌机 | 台班 | 0.217 | 0.217 | 0.303 | 0.317 | 0.408 | 0.425 |

**工作内容:** 清底、铺装垫层、混凝土浇筑、养生、铺砂浆、砌砖、抹灰、勾缝、材料运输。　　　　　　计量单位: 处

| 编　号 | | 5-3-424 | 5-3-425 | 5-3-426 | 5-3-427 | 5-3-428 |
|---|---|---|---|---|---|---|
| 项　目 | | *H*（m 以内） | | | | |
| | | 4 | | 4.5 | | 5 |
| | | 管径（mm 以内） | | | | |
| | | 1 650 | 1 800 | 2 000 | 2 200 | 2 400 |
| 名　称 | 单位 | 消　耗　量 | | | | |
| 合计工日 | 工日 | 116.739 | 121.678 | 143.840 | 149.465 | 174.006 |
| 普工 | 工日 | 51.365 | 53.538 | 63.290 | 65.765 | 76.563 |
| 一般技工 | 工日 | 65.374 | 68.140 | 80.550 | 83.700 | 97.443 |
| 塑料薄膜 | m² | 51.345 | 52.744 | 58.685 | 66.742 | 72.444 |
| 级配砂石 | m³ | 25.673 | 27.642 | 30.641 | 32.875 | 38.332 |
| 标准砖 240×115×53 | 千块 | 31.839 | 33.009 | 39.616 | 40.897 | 48.008 |
| 水 | m³ | 12.149 | 12.553 | 14.851 | 15.948 | 17.763 |
| 电 | kW·h | 7.109 | 7.360 | 8.503 | 8.899 | 9.745 |
| 预拌水泥砂浆 1:2 | m³ | 0.267 | 0.277 | 0.318 | 0.328 | 0.400 |
| 预拌混合砂浆 M7.5 | m³ | 14.094 | 14.596 | 17.558 | 18.112 | 21.259 |
| 预拌混凝土 C15 | m³ | 7.527 | 7.734 | 9.042 | 9.375 | 10.257 |
| 预拌混凝土 C30 | m³ | 1.962 | 2.097 | 2.326 | 2.512 | 2.761 |
| 其他材料费 | % | 2.00 | 2.00 | 2.00 | 2.00 | 2.00 |
| 干混砂浆罐式搅拌机 | 台班 | 0.523 | 0.541 | 0.650 | 0.671 | 0.788 |

## （2）八 字 式

**工作内容:** 清底、铺装垫层、混凝土浇筑、养生、铺砂浆、砌砖、抹灰、勾缝、材料运输。　　　　**计量单位:** 处

| 编　号 | | 5-3-429 | 5-3-430 | 5-3-431 | 5-3-432 | 5-3-433 | 5-3-434 |
|---|---|---|---|---|---|---|---|
| 项　目 | | $H \times L_1$（m 以内） | | | | | |
| | | $0.83 \times 1.11$ | $0.94 \times 1.32$ | $1.04 \times 1.53$ | $1.15 \times 1.75$ | $1.26 \times 1.96$ | $1.37 \times 2.18$ |
| | | 管径（mm 以内） | | | | | |
| | | 300 | 400 | 500 | 600 | 700 | 800 |
| 名　称 | 单位 | 消　耗　量 | | | | | |
| 合计工日 | 工日 | 5.533 | 6.613 | 7.943 | 9.156 | 10.686 | 12.440 |
| 普工 | 工日 | 2.435 | 2.910 | 3.495 | 4.029 | 4.702 | 5.474 |
| 一般技工 | 工日 | 3.098 | 3.703 | 4.448 | 5.127 | 5.984 | 6.966 |
| 塑料薄膜 | m² | 12.558 | 14.175 | 17.056 | 20.441 | 23.980 | 27.890 |
| 标准砖 240×115×53 | 千块 | 0.903 | 1.111 | 1.334 | 1.619 | 1.942 | 2.315 |
| 水 | m³ | 0.907 | 1.027 | 1.660 | 1.494 | 1.780 | 2.078 |
| 电 | kW·h | 1.722 | 2.034 | 2.331 | 2.697 | 3.086 | 3.512 |
| 预拌水泥砂浆 1:2 | m³ | 0.010 | 0.010 | 0.010 | 0.010 | 0.010 | 0.010 |
| 预拌水泥砂浆 1:3 | m³ | 0.049 | 0.055 | 0.060 | 0.064 | 0.069 | 0.074 |
| 预拌混合砂浆 M7.5 | m³ | 0.420 | 0.513 | 0.615 | 0.748 | 0.902 | 1.076 |
| 预拌混凝土 C15 | m³ | 0.665 | 0.841 | 1.028 | 1.246 | 1.495 | 1.765 |
| 预拌混凝土 C30 | m³ | 1.641 | 1.869 | 2.086 | 2.356 | 2.627 | 2.927 |
| 其他材料费 | % | 2.00 | 2.00 | 2.00 | 2.00 | 2.00 | 2.00 |
| 干混砂浆罐式搅拌机 | 台班 | 0.018 | 0.021 | 0.025 | 0.030 | 0.035 | 0.043 |

**工作内容:** 清底、铺装垫层、混凝土浇筑、养生、铺砂浆、砌砖、抹灰、勾缝、材料运输。　　　**计量单位:** 处

| 编　号 | | 5-3-435 | 5-3-436 | 5-3-437 | 5-3-438 | 5-3-439 | 5-3-440 |
|---|---|---|---|---|---|---|---|
| 项　目 | | $H \times L_1$（m 以内） | | | | | |
| | | $1.47 \times 2.39$ | $1.58 \times 2.6$ | $1.69 \times 2.82$ | $1.79 \times 3.03$ | $1.96 \times 3.36$ | $2.12 \times 3.68$ |
| | | 管径（mm 以内） | | | | | |
| | | 900 | 1 000 | 1 100 | 1 200 | 1 350 | 1 500 |
| 名　称 | 单位 | 消　耗　量 | | | | | |
| 合计工日 | 工日 | 14.299 | 16.406 | 20.034 | 22.430 | 27.107 | 37.864 |
| 普工 | 工日 | 6.292 | 7.219 | 8.815 | 9.869 | 11.927 | 16.660 |
| 一般技工 | 工日 | 8.007 | 9.187 | 11.219 | 12.561 | 15.180 | 21.204 |
| 塑料薄膜 | m² | 31.996 | 36.364 | 42.741 | 47.502 | 55.976 | 64.667 |
| 标准砖 240×115×53 | 千块 | 2.715 | 3.183 | 3.712 | 4.242 | 5.285 | 6.421 |
| 水 | m³ | 2.410 | 2.776 | 3.223 | 3.617 | 4.354 | 5.129 |
| 电 | kW·h | 3.970 | 4.450 | 5.928 | 6.499 | 7.596 | 8.693 |
| 预拌水泥砂浆 1:2 | m³ | 0.013 | 0.015 | 0.017 | 0.018 | 0.023 | 0.026 |
| 预拌水泥砂浆 1:3 | m³ | 0.080 | 0.085 | 0.089 | 0.095 | 0.102 | 0.110 |
| 预拌混合砂浆 M7.5 | m³ | 1.261 | 1.476 | 1.722 | 1.968 | 2.450 | 2.983 |
| 预拌混凝土 C15 | m³ | 2.056 | 2.367 | 3.374 | 3.769 | 4.548 | 5.326 |
| 预拌混凝土 C30 | m³ | 3.250 | 3.571 | 4.536 | 4.921 | 5.596 | 6.291 |
| 其他材料费 | % | 2.00 | 2.00 | 2.00 | 2.00 | 2.00 | 2.00 |
| 干混砂浆罐式搅拌机 | 台班 | 0.050 | 0.058 | 0.067 | 0.075 | 0.094 | 0.114 |

**工作内容：**清底、铺装垫层、混凝土浇筑、养生、铺砂浆、砌砖、抹灰、勾缝、材料运输。　　　　计量单位：处

| 编　号 | | 5-3-441 | 5-3-442 | 5-3-443 | 5-3-444 | 5-3-445 |
|---|---|---|---|---|---|---|
| 项　目 | | $H \times L_1$（m 以内） | | | | |
| | | $2.28 \times 4$ | $2.44 \times 4.33$ | $2.66 \times 4.76$ | $2.88 \times 5.2$ | $3.09 \times 5.62$ |
| | | 管径（mm 以内） | | | | |
| | | 1 650 | 1 800 | 2 000 | 2 200 | 2 400 |
| 名　称 | 单位 | 消　耗　量 | | | | |
| 合计工日 | 工日 | 40.403 | 46.503 | 56.992 | 68.524 | 81.238 |
| 普工 | 工日 | 17.777 | 20.461 | 25.076 | 30.151 | 35.745 |
| 一般技工 | 工日 | 22.626 | 26.042 | 31.916 | 38.373 | 45.493 |
| 塑料薄膜 | m² | 73.689 | 83.712 | 97.952 | 113.394 | 129.641 |
| 标准砖 240×115×53 | 千块 | 7.652 | 9.121 | 11.379 | 14.016 | 16.955 |
| 水 | m³ | 5.954 | 6.885 | 8.277 | 9.845 | 11.525 |
| 电 | kW·h | 9.966 | 11.063 | 12.876 | 14.819 | 16.899 |
| 预拌水泥砂浆 1:2 | m³ | 0.029 | 0.033 | 0.039 | 0.045 | 0.051 |
| 预拌水泥砂浆 1:3 | m³ | 0.118 | 0.125 | 0.135 | 0.146 | 0.155 |
| 预拌混合砂浆 M7.5 | m³ | 3.547 | 4.233 | 5.279 | 6.509 | 7.872 |
| 预拌混凝土 C15 | m³ | 6.094 | 6.997 | 8.295 | 9.697 | 11.212 |
| 预拌混凝土 C30 | m³ | 7.008 | 7.786 | 8.908 | 10.102 | 11.358 |
| 其他材料费 | % | 2.00 | 2.00 | 2.00 | 2.00 | 2.00 |
| 干混砂浆罐式搅拌机 | 台班 | 0.134 | 0.160 | 0.199 | 0.244 | 0.294 |

## （3）门 字 式

**工作内容**：清底、铺装垫层、混凝土浇筑、养生、铺砂浆、砌砖、抹灰、勾缝、材料运输。 **计量单位**：处

| 编 号 | | 5-3-446 | 5-3-447 | 5-3-448 | 5-3-449 | 5-3-450 |
|---|---|---|---|---|---|---|
| 项 目 | | $H \times L_1$（m 以内） | | | | |
| | | $1 \times 0.91$ | | $1.5 \times 1.06$ | | |
| | | 管径（mm 以内） | | | | |
| | | 300 | 400 | 500 | 600 | 700 |
| 名 称 | 单位 | 消 耗 量 | | | | |
| 合计工日 | 工日 | 4.774 | 4.796 | 10.409 | 10.701 | 10.989 |
| 普工 | 工日 | 2.101 | 2.110 | 4.580 | 4.708 | 4.835 |
| 一般技工 | 工日 | 2.673 | 2.686 | 5.829 | 5.993 | 6.154 |
| 塑料薄膜 | m² | 9.828 | 10.374 | 12.579 | 13.192 | 13.780 |
| 标准砖 240×115×53 | 千块 | 0.753 | 0.753 | 1.361 | 1.371 | 1.371 |
| 水 | m³ | 0.717 | 0.691 | 0.989 | 1.035 | 1.045 |
| 电 | kW·h | 1.882 | 1.943 | 2.491 | 2.606 | 2.735 |
| 预拌水泥砂浆 1:2 | m³ | 0.006 | 0.006 | 0.013 | 0.013 | 0.013 |
| 预拌混合砂浆 M7.5 | m³ | 0.350 | 0.350 | 0.631 | 0.636 | 0.636 |
| 预拌混凝土 C15 | m³ | 0.820 | 0.862 | 1.329 | 1.412 | 1.505 |
| 预拌混凝土 C30 | m³ | 1.693 | 1.733 | 1.993 | 2.066 | 2.149 |
| 其他材料费 | % | 2.00 | 2.00 | 2.00 | 2.00 | 2.00 |
| 干混砂浆罐式搅拌机 | 台班 | 0.013 | 0.013 | 0.023 | 0.024 | 0.024 |

**工作内容:** 清底、铺装垫层、混凝土浇筑、养生、铺砂浆、砌砖、抹灰、勾缝、材料运输。　　　　**计量单位:** 处

| 编　号 | | 5-3-451 | 5-3-452 | 5-3-453 | 5-3-454 | 5-3-455 |
|---|---|---|---|---|---|---|
| 项　目 | | $H \times L_1$（m 以内） | | | | |
| | | 2×1.21 | | 2.5×1.49 | 2.5×1.61 | 3×1.76 |
| | | 管径（mm 以内） | | | | |
| | | 800 | 900 | 1 000 | 1 100 | 1 200 |
| 名　称 | 单位 | 消　耗　量 | | | | |
| 合计工日 | 工日 | 15.286 | 15.601 | 16.219 | 19.418 | 24.879 |
| 普工 | 工日 | 6.726 | 6.864 | 7.136 | 8.544 | 10.947 |
| 一般技工 | 工日 | 8.560 | 8.737 | 9.083 | 10.874 | 13.932 |
| 塑料薄膜 | m² | 16.947 | 17.646 | 25.423 | 29.322 | 33.678 |
| 标准砖 240×115×53 | 千块 | 2.170 | 2.160 | 3.535 | 4.039 | 5.529 |
| 水 | m³ | 1.443 | 1.471 | 2.275 | 2.611 | 3.263 |
| 电 | kW·h | 3.330 | 3.474 | 4.510 | 5.196 | 6.004 |
| 预拌水泥砂浆 1:2 | m³ | 0.018 | 0.027 | 0.027 | 0.029 | 0.037 |
| 预拌混合砂浆 M7.5 | m³ | 1.005 | 1.005 | 1.640 | 1.876 | 2.563 |
| 预拌混凝土 C15 | m³ | 2.045 | 2.160 | 2.731 | 3.042 | 3.779 |
| 预拌混凝土 C30 | m³ | 2.398 | 2.481 | 3.302 | 3.893 | 4.246 |
| 其他材料费 | % | 2.00 | 2.00 | 2.00 | 2.00 | 2.00 |
| 干混砂浆罐式搅拌机 | 台班 | 0.037 | 0.037 | 0.060 | 0.069 | 0.095 |

**工作内容:** 清底、铺装垫层、混凝土浇筑、养生、铺砂浆、砌砖、抹灰、勾缝、材料运输。 计量单位: 处

| 编 号 | | 5-3-456 | 5-3-457 | 5-3-458 | 5-3-459 |
|---|---|---|---|---|---|
| 项 目 | | $H \times L_1$（m 以内） | | | |
| | | $3 \times 1.76$ | | $3.5 \times 2.17$ | $4 \times 2.32$ |
| | | 管径（mm 以内） | | | |
| | | 1 350 | 1 500 | 1 650 | 1 800 |
| 名 称 | 单位 | 消 耗 量 | | | |
| 合计工日 | 工日 | 25.237 | 47.324 | 52.643 | 63.894 |
| 普工 | 工日 | 11.104 | 20.823 | 23.163 | 28.113 |
| 一般技工 | 工日 | 14.133 | 26.501 | 29.480 | 35.781 |
| 塑料薄膜 | m² | 35.074 | 43.222 | 48.987 | 55.276 |
| 标准砖 240×115×53 | 千块 | 5.529 | 7.906 | 8.887 | 11.140 |
| 水 | m³ | 3.329 | 4.458 | 5.029 | 6.051 |
| 电 | kW·h | 6.255 | 7.657 | 8.678 | 9.821 |
| 预拌水泥砂浆 1:2 | m³ | 0.040 | 0.049 | 0.054 | 0.064 |
| 预拌混合砂浆 M7.5 | m³ | 2.563 | 3.670 | 4.121 | 5.238 |
| 预拌混凝土 C15 | m³ | 3.987 | 4.796 | 5.305 | 6.353 |
| 预拌混凝土 C30 | m³ | 4.370 | 5.440 | 6.291 | 6.768 |
| 其他材料费 | % | 2.00 | 2.00 | 2.00 | 2.00 |
| 干混砂浆罐式搅拌机 | 台班 | 0.095 | 0.135 | 0.152 | 0.193 |

**工作内容:**清底、铺装垫层、混凝土浇筑、养生、铺砂浆、砌砖、抹灰、勾缝、材料运输。　　　　**计量单位:**处

| 编　号 | | 5-3-460 | 5-3-461 | 5-3-462 |
|---|---|---|---|---|
| 项　目 | | $H \times L_1$（m 以内） | | |
| | | $4 \times 2.32$ | $4 \times 2.43$ | |
| | | 管径（mm 以内） | | |
| | | 2 000 | 2 200 | 2 400 |
| 名　称 | 单位 | 消　耗　量 | | |
| 合计工日 | 工日 | 64.581 | 69.301 | 70.807 |
| 普工 | 工日 | 28.416 | 30.492 | 31.155 |
| 一般技工 | 工日 | 36.165 | 38.809 | 39.652 |
| 塑料薄膜 | m² | 57.637 | 64.319 | 66.742 |
| 标准砖 240×115×53 | 千块 | 11.286 | 12.189 | 12.324 |
| 水 | m³ | 6.109 | 6.796 | 6.937 |
| 电 | kW·h | 10.225 | 10.476 | 10.918 |
| 预拌水泥砂浆 1:2 | m³ | 0.066 | 0.070 | 0.072 |
| 预拌混合砂浆 M7.5 | m³ | 5.166 | 5.658 | 5.720 |
| 预拌混凝土 C15 | m³ | 6.706 | 6.768 | 7.039 |
| 预拌混凝土 C30 | m³ | 6.956 | 7.225 | 7.537 |
| 其他材料费 | % | 2.00 | 2.00 | 2.00 |
| 干混砂浆罐式搅拌机 | 台班 | 0.191 | 0.208 | 0.210 |

## 2. 石 砌

### (1)一 字 式

**工作内容**：清底、铺装垫层、混凝土浇筑、养生、铺砂浆、砌石、抹灰、勾缝、材料运输。　　**计量单位**：处

| 编　号 | | 5-3-463 | 5-3-464 | 5-3-465 | 5-3-466 | 5-3-467 | 5-3-468 |
|---|---|---|---|---|---|---|---|
| 项　目 | | $H$（m 以内） | | | | | |
| | | 1 | | 1.5 | | 2 | |
| | | 管径（mm 以内） | | | | | |
| | | 300 | 400 | 500 | 600 | 700 | 800 |
| 名　称 | 单位 | 消　耗　量 | | | | | |
| 合计工日 | 工日 | 25.693 | 25.895 | 36.112 | 36.374 | 48.861 | 49.622 |
| 普工 | 工日 | 11.305 | 11.394 | 15.889 | 16.005 | 21.499 | 21.834 |
| 一般技工 | 工日 | 14.388 | 14.501 | 20.223 | 20.369 | 27.362 | 27.788 |
| 塑料薄膜 | m² | 18.543 | 19.263 | 23.871 | 24.658 | 28.348 | 32.672 |
| 级配砂石 | m³ | 5.926 | 5.957 | 7.711 | 7.752 | 9.496 | 10.261 |
| 块石 | m³ | 12.730 | 12.750 | 18.462 | 18.513 | 25.510 | 25.561 |
| 水 | m³ | 1.909 | 1.951 | 2.640 | 2.668 | 3.389 | 3.622 |
| 电 | kW·h | 1.989 | 2.088 | 2.530 | 2.651 | 3.368 | 3.497 |
| 预拌水泥砂浆 1:2.5 | m³ | 0.057 | 0.057 | 0.083 | 0.083 | 0.115 | 0.115 |
| 预拌混合砂浆 M7.5 | m³ | 4.049 | 4.059 | 5.884 | 5.894 | 8.118 | 8.128 |
| 预拌混凝土 C15 | m³ | 2.160 | 2.200 | 2.616 | 2.689 | 3.478 | 3.571 |
| 预拌混凝土 C30 | m³ | 0.499 | 0.591 | 0.768 | 0.851 | 1.018 | 1.100 |
| 其他材料费 | % | 2.00 | 2.00 | 2.00 | 2.00 | 2.00 | 2.00 |
| 干混砂浆罐式搅拌机 | 台班 | 0.149 | 0.150 | 0.217 | 0.217 | 0.300 | 0.300 |

**工作内容：**清底、铺装垫层、混凝土浇筑、养生、铺砂浆、砌石、抹灰、勾缝、材料运输。　　　　计量单位：处

| 编　号 | | 5-3-469 | 5-3-470 | 5-3-471 | 5-3-472 | 5-3-473 | 5-3-474 |
|---|---|---|---|---|---|---|---|
| 项　目 | | \(H\)（m 以内） | | | | | |
| | | 2.5 | | 3 | | 3.5 | |
| | | 管径（mm 以内） | | | | | |
| | | 900 | 1 000 | 1 100 | 1 200 | 1 350 | 1 500 |
| 名　称 | 单位 | 消　耗　量 | | | | | |
| 合计工日 | 工日 | 68.276 | 72.691 | 99.387 | 106.960 | 141.346 | 142.175 |
| 普工 | 工日 | 30.041 | 31.984 | 43.730 | 47.062 | 62.192 | 62.557 |
| 一般技工 | 工日 | 38.235 | 40.707 | 55.657 | 59.898 | 79.154 | 79.618 |
| 塑料薄膜 | m² | 34.856 | 35.729 | 42.458 | 43.397 | 48.987 | 50.362 |
| 级配砂石 | m³ | 12.546 | 12.587 | 15.983 | 18.962 | 24.847 | 24.970 |
| 块石 | m³ | 33.762 | 36.057 | 48.470 | 53.887 | 72.349 | 72.522 |
| 水 | m³ | 4.346 | 4.566 | 5.872 | 6.339 | 8.067 | 8.107 |
| 电 | kW·h | 4.221 | 4.488 | 5.257 | 5.410 | 6.286 | 6.537 |
| 预拌水泥砂浆 1:2.5 | m³ | 0.153 | 0.163 | 0.218 | 0.246 | 0.328 | 0.328 |
| 预拌混合砂浆 M7.5 | m³ | 10.752 | 11.480 | 15.426 | 17.159 | 23.093 | 23.032 |
| 预拌混凝土 C15 | m³ | 4.370 | 4.651 | 5.512 | 5.626 | 6.582 | 6.790 |
| 预拌混凝土 C30 | m³ | 1.266 | 1.339 | 1.505 | 1.599 | 1.817 | 1.941 |
| 其他材料费 | % | 2.00 | 2.00 | 2.00 | 2.00 | 2.00 | 2.00 |
| 干混砂浆罐式搅拌机 | 台班 | 0.397 | 0.423 | 0.569 | 0.633 | 0.852 | 0.850 |

**工作内容:**清底、铺装垫层、混凝土浇筑、养生、铺砂浆、砌石、抹灰、勾缝、材料运输。　　　　**计量单位:处**

| 编　号 | | 5-3-475 | 5-3-476 | 5-3-477 | 5-3-478 | 5-3-479 |
|---|---|---|---|---|---|---|
| 项　目 | | *H*（m 以内） | | | | |
| | | 4 | | 4.5 | | 5 |
| | | 管径（mm 以内） | | | | |
| | | 1 650 | 1 800 | 2 000 | 2 200 | 2 400 |
| 名　称 | 单位 | 消　耗　量 | | | | |
| 合计工日 | 工日 | 182.778 | 182.923 | 228.808 | 241.286 | 295.114 |
| 普工 | 工日 | 80.422 | 80.486 | 100.676 | 106.166 | 129.850 |
| 一般技工 | 工日 | 102.356 | 102.437 | 128.132 | 135.120 | 165.264 |
| 塑料薄膜 | m² | 55.999 | 57.439 | 63.794 | 65.848 | 72.335 |
| 级配砂石 | m³ | 31.651 | 31.804 | 39.362 | 39.586 | 47.971 |
| 块石 | m³ | 94.146 | 93.911 | 118.483 | 125.878 | 154.357 |
| 水 | m³ | 10.149 | 10.137 | 12.370 | 13.044 | 15.573 |
| 电 | kW·h | 7.429 | 7.680 | 8.724 | 8.884 | 10.210 |
| 预拌水泥砂浆 1:2.5 | m³ | 0.677 | 0.420 | 0.533 | 0.564 | 0.697 |
| 预拌混合砂浆 M7.5 | m³ | 29.971 | 29.899 | 37.720 | 40.078 | 49.139 |
| 预拌混凝土 C15 | m³ | 7.786 | 7.994 | 9.126 | 9.156 | 10.673 |
| 预拌混凝土 C30 | m³ | 2.138 | 2.274 | 2.523 | 2.709 | 2.959 |
| 其他材料费 | % | 2.00 | 2.00 | 2.00 | 2.00 | 2.00 |
| 干混砂浆罐式搅拌机 | 台班 | 1.115 | 1.103 | 1.391 | 1.478 | 1.813 |

# （2）八 字 式

**工作内容:** 清底、铺装垫层、混凝土浇筑、养生、铺砂浆、砌石、抹灰、勾缝、材料运输。　　　计量单位:处

| 编　号 | | 5-3-480 | 5-3-481 | 5-3-482 | 5-3-483 | 5-3-484 | 5-3-485 |
|---|---|---|---|---|---|---|---|
| 项　目 | | $H \times L_1$（m 以内） | | | | | |
| | | 0.83×1.26 | 0.94×1.47 | 1.04×1.68 | 1.15×1.90 | 1.26×2.11 | 1.37×2.33 |
| | | 管径（mm 以内） | | | | | |
| | | 300 | 400 | 500 | 600 | 700 | 800 |
| 名　称 | 单位 | 消　耗　量 | | | | | |
| 合计工日 | 工日 | 9.815 | 11.518 | 13.082 | 15.050 | 16.993 | 19.233 |
| 普工 | 工日 | 4.319 | 5.068 | 5.756 | 6.622 | 7.477 | 8.463 |
| 一般技工 | 工日 | 5.496 | 6.450 | 7.326 | 8.428 | 9.516 | 10.770 |
| 塑料薄膜 | m² | 18.302 | 21.622 | 25.028 | 28.829 | 32.760 | 36.975 |
| 块石 | m³ | 5.243 | 6.110 | 6.987 | 8.048 | 9.160 | 10.384 |
| 水 | m³ | 1.257 | 1.570 | 1.822 | 2.090 | 2.369 | 2.689 |
| 电 | kW·h | 1.470 | 1.752 | 1.996 | 2.293 | 2.552 | 2.850 |
| 预拌水泥砂浆 1:2 | m³ | 0.024 | 0.028 | 0.032 | 0.036 | 0.041 | 0.047 |
| 预拌混合砂浆 M7.5 | m³ | 1.671 | 1.948 | 2.224 | 2.563 | 2.921 | 3.311 |
| 预拌混凝土 C15 | m³ | 0.706 | 0.820 | 0.914 | 1.028 | 1.132 | 1.246 |
| 预拌混凝土 C30 | m³ | 1.266 | 1.516 | 1.755 | 2.035 | 2.284 | 2.564 |
| 其他材料费 | % | 2.00 | 2.00 | 2.00 | 2.00 | 2.00 | 2.00 |
| 干混砂浆罐式搅拌机 | 台班 | 0.061 | 0.072 | 0.082 | 0.095 | 0.107 | 0.122 |

**工作内容：** 清底、铺装垫层、混凝土浇筑、养生、铺砂浆、砌石、抹灰、勾缝、材料运输。　　　**计量单位：处**

| 编　号 | | 5-3-486 | 5-3-487 | 5-3-488 | 5-3-489 | 5-3-490 | 5-3-491 |
|---|---|---|---|---|---|---|---|
| 项　目 | | $H \times L_1$（m 以内） | | | | | |
| | | $1.47 \times 2.54$ | $1.58 \times 2.75$ | $1.69 \times 2.97$ | $1.79 \times 3.08$ | $1.96 \times 3.51$ | $2.12 \times 3.83$ |
| | | 管径（mm 以内） | | | | | |
| | | 900 | 1 000 | 1 100 | 1 200 | 1 350 | 1 500 |
| 名　称 | 单位 | 消　耗　量 | | | | | |
| 合计工日 | 工日 | 21.498 | 23.949 | 29.998 | 32.786 | 37.927 | 46.519 |
| 普工 | 工日 | 9.459 | 10.538 | 13.199 | 14.426 | 16.688 | 20.468 |
| 一般技工 | 工日 | 12.039 | 13.411 | 16.799 | 18.360 | 21.239 | 26.051 |
| 塑料薄膜 | m² | 41.278 | 45.820 | 52.286 | 57.200 | 65.499 | 73.928 |
| 块石 | m³ | 11.648 | 13.036 | 16.483 | 18.095 | 21.083 | 24.154 |
| 水 | m³ | 3.003 | 3.348 | 3.936 | 4.303 | 4.963 | 5.636 |
| 电 | kW·h | 3.162 | 3.474 | 4.312 | 4.678 | 5.265 | 5.851 |
| 预拌水泥砂浆 1:2 | m³ | 0.052 | 0.075 | 0.082 | 0.085 | 0.095 | 0.109 |
| 预拌混合砂浆 M7.5 | m³ | 3.711 | 4.151 | 5.248 | 5.761 | 6.714 | 7.688 |
| 预拌混凝土 C15 | m³ | 1.360 | 1.464 | 1.972 | 2.097 | 2.315 | 2.512 |
| 预拌混凝土 C30 | m³ | 2.855 | 3.177 | 3.789 | 4.153 | 4.724 | 5.305 |
| 其他材料费 | % | 2.00 | 2.00 | 2.00 | 2.00 | 2.00 | 2.00 |
| 干混砂浆罐式搅拌机 | 台班 | 0.137 | 0.153 | 0.194 | 0.213 | 0.248 | 0.284 |

**工作内容:** 清底、铺装垫层、混凝土浇筑、养生、铺砂浆、砌石、抹灰、勾缝、材料运输。 计量单位:处

| 编 号 | | 5-3-492 | 5-3-493 | 5-3-494 | 5-3-495 | 5-3-496 |
|---|---|---|---|---|---|---|
| 项 目 | | $H \times L_1$(m 以内) | | | | |
| | | 2.28 × 4.15 | 2.44 × 4.48 | 2.66 × 4.91 | 2.88 × 5.35 | 3.09 × 5.77 |
| | | 管径(mm 以内) | | | | |
| | | 1 650 | 1 800 | 2 000 | 2 200 | 2 400 |
| 名 称 | 单位 | 消 耗 量 | | | | |
| 合计工日 | 工日 | 52.294 | 58.957 | 68.527 | 79.193 | 90.373 |
| 普工 | 工日 | 23.009 | 25.941 | 30.152 | 34.845 | 39.764 |
| 一般技工 | 工日 | 29.285 | 33.016 | 38.375 | 44.348 | 50.609 |
| 塑料薄膜 | m² | 66.851 | 92.165 | 105.422 | 119.683 | 134.404 |
| 块石 | m³ | 27.397 | 31.059 | 36.404 | 42.361 | 48.685 |
| 水 | m³ | 5.479 | 7.106 | 8.212 | 9.381 | 10.678 |
| 电 | kW·h | 6.469 | 7.131 | 8.000 | 8.952 | 9.905 |
| 预拌水泥砂浆 1:2 | m³ | 0.124 | 0.140 | 0.164 | 0.191 | 0.320 |
| 预拌混合砂浆 M7.5 | m³ | 8.723 | 9.891 | 11.593 | 13.486 | 15.498 |
| 预拌混凝土 C15 | m³ | 2.709 | 2.917 | 3.187 | 3.468 | 3.737 |
| 预拌混凝土 C30 | m³ | 5.938 | 6.602 | 7.506 | 8.493 | 9.499 |
| 其他材料费 | % | 2.00 | 2.00 | 2.00 | 2.00 | 2.00 |
| 干混砂浆罐式搅拌机 | 台班 | 0.322 | 0.365 | 0.428 | 0.498 | 0.576 |

## （3）门　字　式

**工作内容：**清底、铺装垫层、混凝土浇筑、养生、铺砂浆、砌石、抹灰、勾缝、材料运输。　　　　**计量单位：**处

| 编　号 | | 5-3-497 | 5-3-498 | 5-3-499 | 5-3-500 | 5-3-501 | 5-3-502 |
|---|---|---|---|---|---|---|---|
| 项　目 | | $H \times L_1$（m 以内） | | | | | |
| | | $1 \times 1$ | | $1.5 \times 1.1$ | | | $2 \times 1.3$ |
| | | 管径（mm 以内） | | | | | |
| | | 300 | 400 | 500 | 600 | 700 | 800 |
| 名　称 | 单位 | 消　耗　量 | | | | | |
| 合计工日 | 工日 | 6.448 | 6.557 | 8.994 | 9.220 | 9.426 | 13.586 |
| 普工 | 工日 | 2.837 | 2.885 | 3.957 | 4.057 | 4.147 | 5.978 |
| 一般技工 | 工日 | 3.611 | 3.672 | 5.037 | 5.163 | 5.279 | 7.608 |
| 塑料薄膜 | m² | 13.675 | 13.824 | 14.872 | 16.664 | 17.319 | 20.574 |
| 块石 | m³ | 2.050 | 2.060 | 3.386 | 3.407 | 3.407 | 5.222 |
| 水 | m³ | 0.803 | 0.838 | 0.957 | 1.060 | 1.074 | 1.376 |
| 电 | kW·h | 2.263 | 2.316 | 2.644 | 2.773 | 2.910 | 3.490 |
| 预拌水泥砂浆 1:2 | m³ | 0.010 | 0.010 | 0.015 | 0.015 | 0.023 | 0.024 |
| 预拌混合砂浆 M7.5 | m³ | 0.656 | 0.656 | 1.076 | 1.087 | 1.087 | 1.661 |
| 预拌混凝土 C15 | m³ | 1.018 | 1.059 | 1.298 | 1.391 | 1.485 | 1.931 |
| 预拌混凝土 C30 | m³ | 2.004 | 2.035 | 2.232 | 2.315 | 2.398 | 2.731 |
| 其他材料费 | % | 2.00 | 2.00 | 2.00 | 2.00 | 2.00 | 2.00 |
| 干混砂浆罐式搅拌机 | 台班 | 0.024 | 0.024 | 0.040 | 0.040 | 0.041 | 0.061 |

**工作内容：**清底、铺装垫层、混凝土浇筑、养生、铺砂浆、砌石、抹灰、勾缝、材料运输。　　**计量单位：**处

| 编　　号 | | 5-3-503 | 5-3-504 | 5-3-505 | 5-3-506 | 5-3-507 | 5-3-508 |
|---|---|---|---|---|---|---|---|
| 项　　目 | | $H \times L_1$（m 以内） | | | | | |
| | | 2.5 × 1.6 | 2.5 × 1.7 | | 3 × 1.9 | | 3.5 × 2.1 |
| | | 管径（mm 以内） | | | | | |
| | | 900 | 1 000 | 1 100 | 1 200 | 1 350 | 1 500 |
| 名　　称 | 单位 | 消　耗　量 | | | | | |
| 合计工日 | 工日 | 21.888 | 22.188 | 24.686 | 31.270 | 31.691 | 42.438 |
| 普工 | 工日 | 9.631 | 9.763 | 10.862 | 13.759 | 13.944 | 18.673 |
| 一般技工 | 工日 | 12.257 | 12.425 | 13.824 | 17.511 | 17.747 | 23.765 |
| 塑料薄膜 | m² | 28.239 | 29.112 | 32.651 | 37.216 | 38.745 | 46.431 |
| 块石 | m³ | 9.241 | 9.272 | 10.302 | 13.739 | 13.739 | 19.329 |
| 水 | m³ | 2.046 | 2.091 | 2.336 | 2.806 | 2.890 | 3.675 |
| 电 | kW·h | 4.853 | 5.021 | 5.630 | 6.438 | 6.720 | 8.091 |
| 预拌水泥砂浆 1∶2 | m³ | 0.042 | 0.042 | 0.046 | 0.062 | 0.062 | 0.087 |
| 预拌混合砂浆 M7.5 | m³ | 2.942 | 2.952 | 3.280 | 4.377 | 4.377 | 6.150 |
| 预拌混凝土 C15 | m³ | 2.731 | 2.855 | 3.135 | 3.769 | 3.977 | 4.952 |
| 预拌混凝土 C30 | m³ | 3.758 | 3.851 | 4.392 | 4.838 | 4.993 | 5.855 |
| 其他材料费 | % | 2.00 | 2.00 | 2.00 | 2.00 | 2.00 | 2.00 |
| 干混砂浆罐式搅拌机 | 台班 | 0.108 | 0.109 | 0.121 | 0.161 | 0.161 | 0.227 |

**工作内容:** 清底、铺装垫层、混凝土浇筑、养生、铺砂浆、砌石、抹灰、勾缝、材料运输。　　**计量单位:** 处

| 编　号 | | 5-3-509 | 5-3-510 | 5-3-511 | 5-3-512 | 5-3-513 |
|---|---|---|---|---|---|---|
| 项　目 | | $H \times L_1$（m 以内） | | | | |
| | | 3.5 × 2.2 | 4 × 2.4 | | 4 × 2.55 | |
| | | 管径（mm 以内） | | | | |
| | | 1 650 | 1 800 | 2 000 | 2 200 | 2 400 |
| 名　称 | 单位 | 消　耗　量 | | | | |
| 合计工日 | 工日 | 46.394 | 56.118 | 56.455 | 60.400 | 60.631 |
| 普工 | 工日 | 20.413 | 24.692 | 24.840 | 26.576 | 26.678 |
| 一般技工 | 工日 | 25.981 | 31.426 | 31.615 | 33.824 | 33.953 |
| 塑料薄膜 | m² | 51.477 | 57.876 | 60.367 | 69.932 | 72.509 |
| 块石 | m³ | 21.063 | 23.195 | 26.030 | 27.856 | 28.040 |
| 水 | m³ | 4.041 | 4.738 | 4.872 | 5.500 | 5.634 |
| 电 | kW·h | 8.952 | 10.072 | 10.484 | 10.926 | 11.291 |
| 预拌水泥砂浆 1:2 | m³ | 0.095 | 0.118 | 0.117 | 0.126 | 0.126 |
| 预拌混合砂浆 M7.5 | m³ | 6.704 | 8.282 | 8.344 | 8.866 | 8.928 |
| 预拌混凝土 C15 | m³ | 5.398 | 6.291 | 6.634 | 6.935 | 7.195 |
| 预拌混凝土 C30 | m³ | 6.561 | 7.163 | 7.371 | 7.662 | 7.890 |
| 其他材料费 | % | 2.00 | 2.00 | 2.00 | 2.00 | 2.00 |
| 干混砂浆罐式搅拌机 | 台班 | 0.248 | 0.305 | 0.308 | 0.327 | 0.329 |

# 八、整体化粪池

## 1. 混凝土化粪池

**工作内容:** 构件起吊、就位、安装等。　　**计量单位:** 套

| 编　号 | | 5-3-514 | 5-3-515 | 5-3-516 |
|---|---|---|---|---|
| 项　目 | | 整体混凝土化粪池（容积 m³ 以内） | | |
| | | 10 | 15 | 20 |
| 名　称 | 单位 | 消　耗　量 | | |
| 合计工日 | 工日 | 1.000 | 1.500 | 2.000 |
| 普工 | 工日 | 0.440 | 0.660 | 0.880 |
| 一般技工 | 工日 | 0.560 | 0.840 | 1.120 |
| 混凝土化粪池（成品） | 套 | （1.000） | （1.000） | （1.000） |
| 其他材料费 | % | 2.00 | 2.00 | 2.00 |
| 汽车式起重机 25t | 台班 | 0.200 | 0.300 | 0.400 |

## 2. 玻璃钢化粪池

### （1）玻璃钢化粪池

**工作内容：** 构件起吊、就位、安装。 计量单位：套

| 编 号 | | 5-3-517 | 5-3-518 | 5-3-519 | 5-3-520 |
|---|---|---|---|---|---|
| 项 目 | | 玻璃钢化粪池（有效容积 m³ 以内） | | | |
| | | 4 | 12 | 50 | 100 |
| 名 称 | 单位 | 消 耗 量 | | | |
| 合计工日 | 工日 | 0.250 | 0.250 | 0.375 | 0.375 |
| 普工 | 工日 | 0.110 | 0.110 | 0.165 | 0.165 |
| 一般技工 | 工日 | 0.140 | 0.140 | 0.210 | 0.210 |
| 玻璃钢化粪池 | 座 | （1.000） | （1.000） | （1.000） | （1.000） |
| 扁钢（综合） | kg | 9.800 | 11.760 | 17.640 | 20.250 |
| 其他材料费 | % | 2.00 | 2.00 | 2.00 | 2.00 |
| 汽车式起重机 8t | 台班 | 0.125 | — | — | — |
| 汽车式起重机 20t | 台班 | — | 0.125 | — | — |
| 汽车式起重机 30t | 台班 | — | — | 0.125 | — |
| 汽车式起重机 50t | 台班 | — | — | — | 0.125 |

### （2）玻璃钢化粪池井筒

**工作内容：** 构件就位、安装、接口。 计量单位：套

| 编 号 | | 5-3-521 |
|---|---|---|
| 项 目 | | 玻璃钢化粪池井筒 |
| 名 称 | 单位 | 消 耗 量 |
| 合计工日 | 工日 | 0.250 |
| 普工 | 工日 | 0.110 |
| 一般技工 | 工日 | 0.140 |
| 玻璃钢化粪池井筒 φ630 | 个 | （1.000） |
| 玻璃钢异径接头 φ500～630 | 个 | 1.000 |
| 玻璃钢管接 φ630 | 个 | 1.000 |
| 玻璃钢护套管 φ700 | 个 | 1.000 |
| 其他材料费 | % | 2.00 |

# 九、雨　水　口

## 砖砌雨水进水井

**工作内容**：混凝土捣固、养生、铺砂浆、砌筑、抹灰、勾缝、井箅安装、材料运输。　　　　　计量单位：座

| 编　号 | | 5-3-522 | 5-3-523 | 5-3-524 | 5-3-525 | 5-3-526 | 5-3-527 |
|---|---|---|---|---|---|---|---|
| 项　目 | | 井箅（mm） | | | | | |
| | | 单平箅（680×380） | | 双平箅（1 450×380） | | 三平箅（2 225×380） | |
| | | 井深（m） | | | | | |
| | | 1 | 增减 0.25 | 1 | 增减 0.25 | 1 | 增减 0.25 |
| 名　称 | 单位 | 消　耗　量 | | | | | |
| 合计工日 | 工日 | 1.778 | 0.438 | 2.823 | 0.662 | 3.275 | 0.896 |
| 普工 | 工日 | 0.782 | 0.193 | 1.242 | 0.291 | 1.441 | 0.394 |
| 一般技工 | 工日 | 0.996 | 0.245 | 1.581 | 0.371 | 1.834 | 0.502 |
| 铸铁平箅 | 套 | (1.010) | — | (2.020) | — | (3.030) | — |
| 塑料薄膜 | m² | 3.815 | — | 6.690 | — | 9.366 | — |
| 标准砖 240×115×53 | 千块 | 0.371 | 0.101 | 0.550 | 0.151 | 0.627 | 0.202 |
| 水 | m³ | 0.248 | 0.032 | 0.404 | 0.047 | 0.530 | 0.063 |
| 电 | kW·h | 0.103 | — | 0.171 | — | 0.270 | — |
| 煤焦沥青漆 L01-17 | kg | 0.347 | — | 0.796 | — | 1.193 | — |
| 预拌水泥砂浆 1:2 | m³ | 0.004 | 0.001 | 0.006 | 0.002 | 0.007 | 0.003 |
| 预拌水泥砂浆 1:3 | m³ | 0.003 | — | 0.005 | — | 0.007 | — |
| 预拌混合砂浆 M10 | m³ | 0.174 | 0.047 | 0.259 | 0.071 | 0.295 | 0.095 |
| 预拌混凝土 C15 | m³ | 0.134 | — | 0.223 | — | 0.349 | — |
| 预拌混凝土 C30 | m³ | — | — | 0.011 | — | 0.022 | — |
| 其他材料费 | % | 2.00 | 2.00 | 2.00 | 2.00 | 2.00 | 2.00 |
| 干混砂浆罐式搅拌机 | 台班 | 0.006 | 0.002 | 0.010 | 0.003 | 0.012 | 0.004 |

**工作内容：**混凝土捣固、养生、铺砂浆、砌筑、抹灰、勾缝、井箅安装、材料运输。 计量单位：座

| 编　号 | | 5-3-528 | 5-3-529 | 5-3-530 | 5-3-531 | 5-3-532 | 5-3-533 |
|---|---|---|---|---|---|---|---|
| 项　目 | | 井箅（mm） | | | | | |
| | | 单立箅（680×380） | | 双立箅（1 450×380） | | 三立箅（2 225×380） | |
| | | 井深（m） | | | | | |
| | | 1 | 增减 0.2 | 1 | 增减 0.2 | 1 | 增减 0.2 |
| 名　称 | 单位 | 消　耗　量 | | | | | |
| 合计工日 | 工日 | 1.776 | 0.355 | 2.573 | 0.532 | 2.690 | 0.719 |
| 普工 | 工日 | 0.781 | 0.156 | 1.132 | 0.234 | 1.184 | 0.316 |
| 一般技工 | 工日 | 0.995 | 0.199 | 1.441 | 0.298 | 1.506 | 0.403 |
| 铸铁立箅带盖板 | 套 | （1.010） | — | （2.020） | — | （3.030） | — |
| 塑料薄膜 | m² | 3.815 | — | 6.690 | — | 9.391 | — |
| 标准砖 240×115×53 | 千块 | 0.332 | 0.081 | 0.490 | 0.121 | 0.539 | 0.162 |
| 水 | m³ | 0.207 | 0.025 | 0.333 | 0.038 | 0.422 | 0.050 |
| 电 | kW·h | 0.103 | — | 0.179 | — | 0.282 | — |
| 煤焦沥青漆 L01-17 | kg | 0.347 | — | 0.796 | — | 1.193 | — |
| 预拌水泥砂浆 1:2 | m³ | 0.004 | 0.001 | 0.006 | 0.002 | 0.007 | 0.002 |
| 预拌水泥砂浆 1:3 | m³ | 0.001 | — | 0.002 | — | 0.002 | — |
| 预拌混合砂浆 M10 | m³ | 0.156 | 0.038 | 0.231 | 0.057 | 0.254 | 0.076 |
| 预拌混凝土 C15 | m³ | 0.134 | — | 0.223 | — | 0.350 | — |
| 预拌混凝土 C30 | m³ | — | — | 0.011 | — | 0.022 | — |
| 其他材料费 | % | 2.00 | 2.00 | 2.00 | 2.00 | 2.00 | 2.00 |
| 干混砂浆罐式搅拌机 | 台班 | 0.006 | 0.002 | 0.009 | 0.002 | 0.010 | 0.003 |

**工作内容:** 混凝土捣固、养生、铺砂浆、砌筑、抹灰、勾缝、井箅安装、材料运输。　　　　　　**计量单位:** 座

| 编　号 | | 5-3-534 | 5-3-535 | 5-3-536 | 5-3-537 | 5-3-538 | 5-3-539 |
|---|---|---|---|---|---|---|---|
| 项　目 | | 井箅(mm) | | | | | |
| | | 联合单箅(680×430) | | 联合双箅(1 450×430) | | 联合三箅(2 225×430) | |
| | | 井深(m) | | | | | |
| | | 1 | 增减 0.2 | 1 | 增减 0.2 | 1 | 增减 0.2 |
| 名　称 | 单位 | 消　耗　量 | | | | | |
| 合计工日 | 工日 | 2.596 | 0.383 | 3.818 | 0.598 | 4.888 | 0.843 |
| 普工 | 工日 | 1.142 | 0.169 | 1.680 | 0.263 | 2.151 | 0.371 |
| 一般技工 | 工日 | 1.454 | 0.214 | 2.138 | 0.335 | 2.737 | 0.472 |
| 铸铁立箅带盖板 | 套 | (1.010) | — | (2.020) | — | (3.030) | — |
| 塑料薄膜 | m² | 4.652 | — | 7.743 | — | 12.663 | — |
| 标准砖 240×115×53 | 千块 | 0.175 | 0.082 | 0.585 | 0.124 | 0.668 | 0.164 |
| 水 | m³ | 0.476 | 0.026 | 0.725 | 0.039 | 1.066 | 0.053 |
| 电 | kW·h | 0.126 | — | 0.202 | — | 0.324 | — |
| 煤焦沥青漆 L01–17 | kg | 0.400 | — | 0.800 | — | 1.199 | — |
| 预拌水泥砂浆 1:2 | m³ | 0.003 | 0.001 | 0.004 | 0.001 | 0.003 | 0.001 |
| 预拌水泥砂浆 1:2.5 | m³ | 0.013 | 0.002 | 0.027 | 0.004 | 0.036 | 0.007 |
| 预拌水泥砂浆 1:3 | m³ | 0.003 | — | 0.005 | — | 0.007 | — |
| 预拌混合砂浆 M10 | m³ | 0.185 | 0.039 | 0.276 | 0.058 | 0.315 | 0.077 |
| 预拌混凝土 C15 | m³ | 0.142 | — | 0.237 | — | 0.345 | — |
| 预拌混凝土 C30 | m³ | 0.026 | — | 0.031 | — | 0.078 | — |
| 其他材料费 | % | 2.00 | 2.00 | 2.00 | 2.00 | 2.00 | 2.00 |
| 干混砂浆罐式搅拌机 | 台班 | 0.007 | 0.002 | 0.012 | 0.003 | 0.013 | 0.003 |

# 第四章　措　施　项　目

# 说　明

一、本章包括现浇混凝土模板工程、预制混凝土模板工程等项目。

二、地、胎模和砖、石拱圈的拱盔、支架执行第三册《桥涵工程》相应项目。

三、模板安拆以槽（坑）深 3m 为准，超过 3m 时，人工乘以系数 1.08，其他不变。

四、现浇混凝土的支模高度按 3.6m 考虑，大于 3.6m 时，执行本章相应项目。

五、小型构件系指单件体积在 0.05m³ 以内项目未列出的构件。

六、墙帽分矩形墙帽和异型墙帽，矩形墙帽执行圈梁项目，异型墙帽执行异型梁项目。

# 工程量计算规则

现浇及预制混凝土构件模板按模板与混凝土构件的接触面积计算。

# 一、现浇混凝土模板工程

## 1. 管、渠道及其他

**工作内容:** 模板安装、拆除、涂刷隔离剂、清杂物、场内运输等。

计量单位: 100m²

| 编　号 | | 5-4-1 | 5-4-2 | 5-4-3 | 5-4-4 | 5-4-5 | 5-4-6 | 5-4-7 |
|---|---|---|---|---|---|---|---|---|
| 项　目 | | 混凝土基础垫层 | 管、渠道平基 | | 管座 | | 渠(涵)直墙 | |
| | | 木模 | 钢模 | 复合模板 | 钢模 | 复合模板 | 钢模 | 复合模板 |
| 名　称 | 单位 | 消　耗　量 | | | | | | |
| 合计工日 | 工日 | 5.860 | 12.992 | 11.105 | 21.071 | 18.028 | 13.286 | 11.745 |
| 普工 | 工日 | 1.934 | 4.287 | 3.665 | 6.954 | 5.949 | 4.384 | 3.876 |
| 一般技工 | 工日 | 3.926 | 8.705 | 7.440 | 14.117 | 12.079 | 8.902 | 7.869 |
| 尼龙帽 | 个 | — | 129.000 | — | 129.000 | — | 69.000 | 53.000 |
| 圆钉 | kg | 19.730 | 3.000 | 20.941 | 3.000 | 20.941 | 3.000 | 20.000 |
| 镀锌铁丝 $\phi 3.5$ | kg | — | 26.224 | — | 26.224 | — | 23.000 | — |
| 镀锌铁丝 $\phi 0.7$ | kg | 0.180 | 0.175 | 0.175 | 0.175 | 0.175 | 0.175 | 0.175 |
| 铁件(综合) | kg | — | 24.390 | — | 24.390 | — | 3.540 | 5.797 |
| 零星卡具 | kg | — | 29.682 | — | 29.682 | — | 44.033 | — |
| 脱模剂 | kg | 10.000 | 10.000 | 10.000 | 10.000 | 10.000 | 10.000 | 10.000 |
| 水 | m³ | 0.003 | — | — | 0.003 | 0.003 | — | — |
| 复合模板 | m² | — | — | 24.675 | — | 24.675 | — | 24.675 |
| 组合钢模板 | kg | — | 63.000 | — | 63.000 | — | 63.000 | — |
| 板枋材 | m³ | — | 0.130 | 0.144 | 0.130 | 0.144 | 0.130 | 0.029 |
| 木模板 | m³ | 0.976 | — | — | — | — | — | — |
| 木支撑 | m³ | — | 0.239 | 0.601 | 0.242 | 0.601 | 0.216 | 0.609 |
| 钢支撑 | kg | — | 19.122 | — | 19.122 | — | 24.822 | — |
| 其他材料费 | % | 2.00 | 2.00 | 2.00 | 2.00 | 2.00 | 2.00 | 2.00 |
| 汽车式起重机 8t | 台班 | — | 0.106 | 0.071 | 0.106 | 0.071 | 0.133 | 0.080 |
| 载重汽车 8t | 台班 | 0.118 | 0.106 | 0.098 | 0.106 | 0.098 | 0.106 | 0.054 |
| 木工圆锯机 500mm | 台班 | 1.460 | 0.197 | 0.219 | 0.197 | 0.219 | 0.197 | 0.044 |
| 木工平刨床 500mm | 台班 | 1.460 | 0.197 | 0.219 | 0.197 | 0.219 | 0.197 | 0.044 |

**工作内容：**模板安装、拆除、涂刷隔离剂、清杂物、场内运输等。　　　　　　　　　计量单位：100m²

| 编　号 | | 5-4-8 | 5-4-9 | 5-4-10 | 5-4-11 | 5-4-12 |
|---|---|---|---|---|---|---|
| 项　目 | | 顶（盖）板 | | 井底流槽 | 支墩 | 小型构件 |
| | | 钢模 | 复合模板 | 木模 | | |
| 名　称 | 单位 | 消　耗　量 | | | | |
| 合计工日 | 工日 | 17.271 | 15.030 | 15.415 | 18.005 | 21.730 |
| 普工 | 工日 | 5.699 | 4.960 | 5.087 | 5.942 | 7.171 |
| 一般技工 | 工日 | 11.572 | 10.070 | 10.328 | 12.063 | 14.559 |
| 圆钉 | kg | 3.000 | 19.788 | 28.000 | 6.790 | 30.000 |
| 镀锌铁丝 φ0.7 | kg | 0.175 | 0.175 | — | — | — |
| 零星卡具 | kg | 27.662 | — | — | — | — |
| 脱模剂 | kg | 10.000 | 10.000 | 10.000 | — | 10.000 |
| 水 | m³ | 0.001 | 0.001 | — | — | — |
| 复合模板 | m² | — | 24.675 | | | |
| 组合钢模板 | kg | 65.000 | — | — | — | — |
| 板枋材 | m³ | 0.140 | 0.051 | — | — | — |
| 木模板 | m³ | — | — | 0.705 | 0.537 | 0.985 |
| 木支撑 | m³ | 0.231 | 1.050 | — | — | 0.400 |
| 钢支撑 | kg | 48.471 | — | — | — | — |
| 其他材料费 | % | 2.00 | 2.00 | 1.50 | 1.50 | 1.50 |
| 汽车式起重机 8t | 台班 | 0.177 | 0.071 | — | — | — |
| 载重汽车 8t | 台班 | 0.110 | 0.088 | 0.084 | 0.073 | 0.118 |
| 木工圆锯机 500mm | 台班 | 0.212 | 0.077 | 1.070 | 0.514 | 1.495 |
| 木工平刨床 500mm | 台班 | 0.212 | 0.077 | 1.070 | — | 1.495 |

## 2.构　筑　物

### （1）井　底

**工作内容：**模板安装、拆除、涂刷隔离剂、清杂物、场内运输等。 计量单位：100m²

| 编　号 | | 5-4-13 | 5-4-14 |
|---|---|---|---|
| 项　目 | | 平井底 | |
| | | 钢模 | 木模 |
| 名　称 | 单位 | 消　耗　量 | |
| 合计工日 | 工日 | 44.703 | 49.836 |
| 普工 | 工日 | 14.752 | 16.446 |
| 一般技工 | 工日 | 29.951 | 33.390 |
| 圆钉 | kg | 3.000 | 19.800 |
| 镀锌铁丝 $\phi 3.5$ | kg | 23.000 | — |
| 零星卡具 | kg | 19.074 | — |
| 脱模剂 | kg | 10.000 | 10.000 |
| 钢支撑 | kg | 28.000 | — |
| 组合钢模板 | kg | 59.000 | — |
| 板枋材 | m³ | 0.140 | — |
| 木模板 | m³ | — | 0.910 |
| 木支撑 | m³ | — | 0.339 |
| 其他材料费 | % | 1.50 | 1.50 |
| 汽车式起重机 8t | 台班 | 0.071 | — |
| 载重汽车 8t | 台班 | 0.101 | 0.109 |
| 木工圆锯机 500mm | 台班 | 0.212 | 1.381 |
| 木工平刨床 500mm | 台班 | 0.212 | 1.381 |

# （2）井　壁

**工作内容：**模板安装、拆除、涂刷隔离剂、清杂物、场内运输等。 计量单位：100m²

| 编　号 | | 5-4-15 | 5-4-16 | 5-4-17 | 5-4-18 | 5-4-19 |
|---|---|---|---|---|---|---|
| 项　目 | | 矩形井壁 | | 圆形井壁 | 支模高度超过3.6m，每增加1m | |
| | | 钢模 | 木模 | | 钢支撑 | 木支撑 |
| 名　称 | 单位 | 消　耗　量 | | | | |
| 合计工日 | 工日 | 36.810 | 30.490 | 46.178 | 1.904 | 1.904 |
| 普工 | 工日 | 12.147 | 10.062 | 15.239 | 0.628 | 0.628 |
| 一般技工 | 工日 | 24.663 | 20.428 | 30.939 | 1.276 | 1.276 |
| 尼龙帽 | 个 | 79.000 | — | — | — | — |
| 圆钉 | kg | 3.000 | 23.000 | 29.000 | — | 2.420 |
| 镀锌铁丝 φ3.5 | kg | 23.000 | 6.098 | 10.743 | — | — |
| 铁件（综合） | kg | 6.777 | 13.645 | — | — | — |
| 零星卡具 | kg | 52.826 | — | — | — | — |
| 脱模剂 | kg | 10.000 | 10.000 | 10.000 | — | — |
| 钢支撑 | kg | 28.684 | — | — | 1.850 | — |
| 组合钢模板 | kg | 65.000 | — | — | — | — |
| 板枋材 | m³ | 0.130 | — | — | — | — |
| 木模板 | m³ | — | 0.970 | 1.056 | — | — |
| 木支撑 | m³ | — | 0.240 | 0.338 | 0.001 | 0.047 |
| 其他材料费 | % | 2.00 | 2.00 | 2.00 | 1.50 | 1.50 |
| 汽车式起重机 8t | 台班 | 0.150 | — | — | 0.009 | — |
| 载重汽车 8t | 台班 | 0.108 | 0.116 | 0.127 | 0.009 | 0.009 |
| 木工圆锯机 500mm | 台班 | 0.197 | 1.472 | 1.602 | — | 0.018 |
| 木工平刨床 500mm | 台班 | 0.197 | 1.472 | 1.602 | — | — |

## （3）井　盖

**工作内容：**模板安装、拆除、涂刷隔离剂、清杂物、场内运输等。　　　　　计量单位：100m²

| 编　号 | | 5-4-20 | 5-4-21 | 5-4-22 | 5-4-23 | 5-4-24 |
|---|---|---|---|---|---|---|
| 项　目 | | 无梁井盖 | | 肋形井盖 | | 井盖板支模高度超过3.6m，每增加1m |
| | | 木模 | 复合模板 | 木模 | 复合模板 | |
| 名　称 | 单位 | 消 耗 量 | | | | |
| 合计工日 | 工日 | 43.825 | 34.713 | 38.361 | 32.681 | 7.294 |
| 普工 | 工日 | 14.463 | 11.455 | 12.659 | 10.785 | 2.407 |
| 一般技工 | 工日 | 29.362 | 23.258 | 25.702 | 21.896 | 4.887 |
| 圆钉 | kg | 25.000 | 20.340 | 21.808 | 21.200 | 3.350 |
| 镀锌铁丝 $\phi$3.5 | kg | 1.590 | 1.590 | — | — | — |
| 镀锌铁丝 $\phi$0.7 | kg | 0.180 | 0.180 | — | — | — |
| 脱模剂 | kg | 10.000 | 10.000 | 10.000 | 10.000 | — |
| 水 | m³ | 0.001 | 0.001 | — | — | — |
| 复合模板 | m² | — | 24.675 | — | 24.675 | — |
| 板枋材 | m³ | — | 0.600 | — | 0.878 | — |
| 木模板 | m³ | 0.960 | — | 1.056 | — | — |
| 木支撑 | m³ | 0.240 | 0.112 | 0.264 | 0.264 | 0.210 |
| 其他材料费 | % | 2.00 | 2.00 | 2.00 | 2.00 | 1.50 |
| 汽车式起重机 8t | 台班 | — | 0.062 | — | — | — |
| 载重汽车 8t | 台班 | 0.116 | 0.092 | 0.127 | 0.106 | 0.036 |
| 木工圆锯机 500mm | 台班 | 1.460 | 0.910 | 1.602 | 1.332 | — |
| 木工平刨床 500mm | 台班 | 1.460 | 0.910 | 1.602 | 1.332 | — |

# （4）柱、梁

**工作内容:** 模板安装、拆除、涂刷隔离剂、清杂物、场内运输等。　　　　　　　计量单位:100m²

| 编　号 | | 5-4-25 | 5-4-26 | 5-4-27 | 5-4-28 | 5-4-29 |
|---|---|---|---|---|---|---|
| 项　目 | | 矩形柱 | | 圆、异型柱 | 柱支模高度超过 3.6m,每增加 1m | |
| | | 钢模 | 复合模板 | 木模 | 钢支撑 | 木支撑 |
| 名　称 | 单位 | 消　耗　量 | | | | |
| 合计工日 | 工日 | 41.174 | 34.949 | 61.194 | 3.155 | 3.155 |
| 普工 | 工日 | 13.587 | 11.533 | 20.194 | 1.041 | 1.041 |
| 一般技工 | 工日 | 27.587 | 23.416 | 41.000 | 2.114 | 2.114 |
| 圆钉 | kg | 3.000 | 4.020 | 27.180 | — | 3.350 |
| 镀锌铁丝 $\phi$3.5 | kg | — | — | 9.490 | — | — |
| 铁件(综合) | kg | — | 11.420 | — | — | — |
| 零星卡具 | kg | 66.740 | — | — | — | — |
| 脱模剂 | kg | 10.000 | 10.000 | 10.000 | — | — |
| 钢支撑 | kg | 45.940 | — | — | 3.370 | — |
| 复合模板 | m² | — | 24.675 | — | — | — |
| 组合钢模板 | kg | 65.000 | — | — | — | — |
| 板枋材 | m³ | 0.130 | 0.064 | — | — | — |
| 木模板 | m³ | — | — | 1.140 | — | — |
| 木支撑 | m³ | 0.182 | 0.519 | 0.519 | 0.021 | 0.109 |
| 其他材料费 | % | 2.00 | 2.00 | 2.00 | 1.50 | 1.50 |
| 汽车式起重机 8t | 台班 | 0.159 | 0.097 | — | 0.004 | — |
| 载重汽车 8t | 台班 | 0.108 | 0.098 | 0.133 | 0.009 | 0.009 |
| 木工圆锯机 500mm | 台班 | 0.197 | 0.097 | 1.730 | 0.009 | 0.027 |
| 木工平刨床 500mm | 台班 | 0.197 | 0.097 | 1.730 | 0.009 | 0.027 |

**工作内容**：模板安装、拆除、涂刷隔离剂、清杂物、场内运输等。 计量单位：100m²

| 编 号 | | 5-4-30 | 5-4-31 | 5-4-32 | 5-4-33 | 5-4-34 | 5-4-35 | 5-4-36 |
|---|---|---|---|---|---|---|---|---|
| 项 目 | | 矩形梁 | | 异型梁 | 圈梁 | | 梁支模高度超过3.6m,每增加1m | |
| | | 钢模 | 复合模板 | 木模 | 钢模 | 复合模板 | 钢支撑 | 木支撑 |
| 名 称 | 单位 | 消 耗 量 | | | | | | |
| 合计工日 | 工日 | 49.819 | 43.542 | 54.408 | 39.699 | 34.232 | 5.764 | 7.102 |
| 普工 | 工日 | 16.440 | 14.369 | 17.954 | 13.101 | 11.297 | 1.902 | 2.343 |
| 一般技工 | 工日 | 33.379 | 29.173 | 36.454 | 26.598 | 22.935 | 3.862 | 4.759 |
| 尼龙帽 | 个 | 37.000 | 37.000 | — | — | — | — | — |
| 圆钉 | kg | 3.000 | 36.240 | 29.500 | 32.970 | 32.970 | — | 3.350 |
| 镀锌铁丝 φ3.5 | kg | 23.000 | — | 10.105 | 64.540 | 64.540 | — | — |
| 镀锌铁丝 φ0.7 | kg | 0.180 | 0.180 | 0.180 | 0.180 | 0.180 | — | — |
| 铁件(综合) | kg | — | 4.150 | — | — | — | — | — |
| 零星卡具 | kg | 41.100 | — | — | — | — | — | — |
| 脱模剂 | kg | 10.000 | 10.000 | 10.000 | 10.000 | 10.000 | — | — |
| 钢支撑 | kg | 69.480 | — | — | — | — | 12.000 | — |
| 水 | m³ | 0.003 | 0.003 | 0.003 | — | — | — | — |
| 复合模板 | m² | — | 24.675 | — | — | 24.675 | — | — |
| 组合钢模板 | kg | 65.000 | — | — | 76.500 | — | — | — |
| 梁卡具 模板用 | kg | 26.190 | — | — | — | — | — | — |
| 板枋材 | m³ | 0.130 | 0.017 | — | 0.014 | 0.014 | — | — |
| 木模板 | m³ | — | — | 1.008 | — | — | — | — |
| 木支撑 | m³ | 0.200 | 0.914 | 0.914 | 0.109 | 0.109 | — | 0.174 |
| 其他材料费 | % | 2.00 | 2.00 | 2.00 | 2.00 | 2.00 | 1.50 | 1.50 |
| 汽车式起重机 8t | 台班 | 0.177 | 0.088 | — | 0.071 | 0.071 | — | — |
| 载重汽车 8t | 台班 | 0.108 | 0.098 | 0.121 | 0.134 | 0.134 | 0.045 | 0.036 |
| 木工圆锯机 500mm | 台班 | 0.197 | 0.026 | 1.530 | 0.009 | 0.009 | — | 0.035 |
| 木工平刨床 500mm | 台班 | 0.197 | 0.026 | 1.530 | 0.071 | — | — | — |

# （5）板

**工作内容：**模板安装、拆除、涂刷隔离剂、清杂物、场内运输等。　　　　　　　计量单位：100m²

| 编　号 | | 5-4-37 | 5-4-38 | 5-4-39 | 5-4-40 |
|---|---|---|---|---|---|
| 项　目 | | 平板 | | 板支模高度超过3.6m,每增加1m | |
| | | 钢模 | 复合模板 | 钢支撑 | 木支撑 |
| 名　称 | 单位 | 消　耗　量 | | | |
| 合计工日 | 工日 | 36.349 | 31.623 | 6.588 | 6.641 |
| 普工 | 工日 | 11.995 | 10.436 | 2.174 | 2.192 |
| 一般技工 | 工日 | 24.354 | 21.187 | 4.414 | 4.449 |
| 圆钉 | kg | 3.000 | 19.790 | — | 3.350 |
| 镀锌铁丝 φ3.5 | kg | 23.000 | — | — | — |
| 镀锌铁丝 φ0.7 | kg | 0.180 | 0.180 | — | — |
| 零星卡具 | kg | 27.660 | — | — | — |
| 脱模剂 | kg | 10.000 | 10.000 | — | — |
| 钢支撑 | kg | 48.010 | — | 10.320 | — |
| 水 | m³ | 0.001 | 0.001 | — | — |
| 复合模板 | m² | — | 24.675 | — | — |
| 组合钢模板 | kg | 63.000 | — | — | — |
| 板枋材 | m³ | 0.130 | 0.051 | — | — |
| 木支撑 | m³ | 0.231 | 1.050 | — | 0.210 |
| 其他材料费 | % | 2.00 | 2.00 | 1.50 | 1.50 |
| 汽车式起重机 8t | 台班 | 0.177 | 0.071 | 0.018 | — |
| 载重汽车 8t | 台班 | 0.106 | 0.095 | 0.036 | 0.036 |
| 木工圆锯机 500mm | 台班 | 0.197 | 0.077 | — | — |
| 木工平刨床 500mm | 台班 | 0.197 | 0.077 | — | — |

# 二、预制混凝土模板工程

**工作内容:** 模板安装、清理、涂刷隔离剂、拆除、整理堆放、场内运输。 计量单位:100m²

| 编 号 | | 5-4-41 | 5-4-42 | 5-4-43 | 5-4-44 | 5-4-45 |
|---|---|---|---|---|---|---|
| 项 目 | | 矩形柱 | 矩形梁 | | 异型梁 | 矩形板 |
| | | 钢模 | 木模 | | | |
| 名 称 | 单位 | 消 耗 量 | | | | |
| 合计工日 | 工日 | 28.274 | 28.454 | 25.635 | 18.945 | 8.097 |
| 普工 | 工日 | 9.330 | 9.390 | 8.460 | 6.252 | 2.672 |
| 一般技工 | 工日 | 18.944 | 19.064 | 17.175 | 12.693 | 5.425 |
| 圆钉 | kg | 2.500 | 3.000 | 7.500 | 7.500 | 7.500 |
| 镀锌铁丝 $\phi$0.7 | kg | 0.700 | 0.700 | 0.700 | 0.700 | 0.700 |
| 脱模剂 | kg | 10.000 | 10.000 | 10.000 | 10.000 | 10.000 |
| 水 | m³ | 0.005 | 0.039 | 0.039 | 0.003 | 0.008 |
| 组合钢模板 | kg | 19.700 | 19.700 | — | — | — |
| 木模板 | m³ | 0.110 | 0.110 | 0.680 | 0.816 | 0.680 |
| 木支撑 | m³ | 0.110 | 0.200 | 0.200 | 0.200 | 0.110 |
| 预拌水泥砂浆 1:2 | m³ | 0.020 | 0.160 | 0.160 | 0.010 | 0.030 |
| 零星卡具 | kg | 11.680 | 17.060 | 17.060 | 17.060 | — |
| 梁卡具 模板用 | kg | 23.270 | 23.000 | 9.120 | 9.800 | — |
| 其他材料费 | % | 1.50 | 1.50 | 1.50 | 1.50 | 1.50 |
| 汽车式起重机 8t | 台班 | 0.142 | 0.115 | 0.115 | — | — |
| 载重汽车 8t | 台班 | 0.090 | 0.090 | 0.116 | 0.134 | 0.116 |
| 木工圆锯机 500mm | 台班 | 0.167 | 0.167 | 1.031 | 1.238 | 1.031 |
| 木工平刨床 500mm | 台班 | 0.167 | 0.167 | 1.031 | 1.238 | 1.031 |
| 干混砂浆罐式搅拌机 | 台班 | 0.001 | 0.006 | 0.006 | — | 0.001 |

**工作内容:** 模板安装、清理、涂刷隔离剂、拆除、整理堆放、场内运输。　　　　　　计量单位:100m²

| 编　号 | | 5-4-46 | 5-4-47 | 5-4-48 | 5-4-49 | 5-4-50 |
|---|---|---|---|---|---|---|
| 项　目 | | 井盖板 | 弧(拱)板 | 井筒 | 井圈 | 小型构件 |
| | | 木模 | | | | |
| 名　称 | 单位 | 消　耗　量 | | | | |
| 合计工日 | 工日 | 10.511 | 26.833 | 14.544 | 15.309 | 18.879 |
| 普工 | 工日 | 3.469 | 8.855 | 4.800 | 5.052 | 6.230 |
| 一般技工 | 工日 | 7.042 | 17.978 | 9.744 | 10.257 | 12.649 |
| 钢筋 $\phi$12 | kg | — | 1.831 | — | — | — |
| 六角螺栓带螺母、垫圈 M12×100 | 套 | — | 10.516 | — | — | — |
| 六角螺栓带螺母、垫圈 M16×150 | 套 | — | 2.629 | — | — | — |
| 圆钉 | kg | 7.500 | 7.500 | 7.500 | 7.500 | 8.500 |
| 镀锌铁丝 $\phi$0.7 | kg | 0.700 | 0.700 | 0.700 | 0.700 | 0.700 |
| 脱模剂 | kg | 10.000 | 10.000 | 10.000 | 10.000 | 10.000 |
| 水 | m³ | 0.025 | — | 0.003 | 0.003 | 0.008 |
| 木模板 | m³ | 0.680 | 0.680 | 0.680 | 0.680 | 0.750 |
| 木支撑 | m³ | 0.110 | 0.110 | 0.110 | 0.110 | 0.140 |
| 预拌水泥砂浆 1:2 | m³ | 0.100 | — | 0.010 | 0.010 | 0.030 |
| 角钢 56 | kg | — | 13.400 | — | — | — |
| 其他材料费 | % | 1.50 | 1.50 | 1.50 | 1.50 | 1.50 |
| 载重汽车 8t | 台班 | 0.116 | 0.116 | 0.116 | 0.116 | 0.125 |
| 木工圆锯机 500mm | 台班 | 1.031 | 1.031 | 1.031 | 1.031 | 1.031 |
| 木工平刨床 500mm | 台班 | 1.031 | 1.031 | 1.031 | 1.031 | 1.031 |
| 干混砂浆罐式搅拌机 | 台班 | 0.004 | — | — | — | 0.001 |

# 附　录

# 螺栓用量表

附录中螺栓用量以一副法兰为计量单位,当单片安装(例如:法兰与阀门或与设备连接)时,执行法兰安装项目消耗量乘以系数 0.61,螺栓数量不变。

**0.6MPa 平焊法兰安装用螺栓用量表**　　　　　　　　单位:副

| 公称直径<br>(mm) | 规格 | 套 | 重量(kg) | 公称直径<br>(mm) | 规格 | 套 | 重量(kg) |
|---|---|---|---|---|---|---|---|
| 50 | M12×50 | 4 | 0.319 | 350 | M20×75 | 16 | 3.906 |
| 65 | M12×50 | 4 | 0.319 | 400 | M20×80 | 16 | 5.420 |
| 80 | M16×55 | 8 | 0.635 | 450 | M20×80 | 20 | 5.420 |
| 100 | M16×55 | 8 | 0.635 | 500 | M20×85 | 20 | 5.840 |
| 125 | M16×60 | 8 | 1.338 | 600 | M22×85 | 20 | 8.890 |
| 150 | M16×60 | 8 | 1.338 | 700 | M22×90 | 24 | 10.668 |
| 200 | M16×65 | 12 | 1.404 | 800 | M27×95 | 24 | 18.960 |
| 250 | M16×70 | 12 | 2.208 | 900 | M27×100 | 28 | 19.962 |
| 300 | M20×70 | 16 | 3.747 | 1000 | M27×105 | 28 | 24.633 |

**1.0MPa 平焊法兰安装用螺栓用量表**　　　　　　　　单位:副

| 公称直径<br>(mm) | 规格 | 套 | 重量(kg) | 公称直径<br>(mm) | 规格 | 套 | 重量(kg) |
|---|---|---|---|---|---|---|---|
| 50 | M16×55 | 4 | 0.635 | 250 | M20×75 | 12 | 3.906 |
| 65 | M16×60 | 4 | 0.669 | 300 | M20×80 | 12 | 4.065 |
| 80 | M16×60 | 4 | 0.669 | 350 | M20×80 | 16 | 5.420 |
| 100 | M16×65 | 8 | 1.404 | 400 | M22×85 | 16 | 7.112 |
| 125 | M16×70 | 8 | 1.472 | 450 | M22×85 | 20 | 8.890 |
| 150 | M20×70 | 8 | 2.498 | 500 | M22×90 | 20 | 8.890 |
| 200 | M20×70 | 8 | 2.498 | 600 | M27×105 | 20 | 17.595 |

### 1.6MPa 平焊法兰安装用螺栓用量表

单位：副

| 公称直径（mm） | 规格 | 套 | 重量（kg） | 公称直径（mm） | 规格 | 套 | 重量（kg） |
|---|---|---|---|---|---|---|---|
| 50 | M16×65 | 4 | 0.702 | 250 | M22×90 | 12 | 5.334 |
| 65 | M16×70 | 4 | 0.736 | 300 | M22×90 | 12 | 5.334 |
| 80 | M16×70 | 8 | 1.472 | 350 | M22×95 | 16 | 7.620 |
| 100 | M16×70 | 8 | 1.472 | 400 | M27×105 | 16 | 14.076 |
| 125 | M16×75 | 8 | 1.540 | 450 | M27×115 | 20 | 18.560 |
| 150 | M20×80 | 8 | 2.710 | 500 | M30×130 | 20 | 24.930 |
| 200 | M20×85 | 12 | 4.380 | 600 | M30×140 | 20 | 26.120 |

### 0.6MPa 对焊法兰安装用螺栓用量表

单位：副

| 公称直径（mm） | 规格 | 套 | 重量（kg） | 公称直径（mm） | 规格 | 套 | 重量（kg） |
|---|---|---|---|---|---|---|---|
| 50 | M12×50 | 4 | 0.319 | 300 | M20×75 | 16 | 3.906 |
| 65 | M12×50 | 4 | 0.319 | 350 | M20×75 | 16 | 3.906 |
| 80 | M16×55 | 8 | 0.669 | 400 | M20×75 | 16 | 5.208 |
| 100 | M16×55 | 8 | 0.669 | 450 | M20×75 | 20 | 5.208 |
| 125 | M16×60 | 8 | 1.404 | 500 | M20×80 | 20 | 5.420 |
| 150 | M16×60 | 8 | 1.404 | 600 | M22×80 | 20 | 8.250 |
| 200 | M16×65 | 8 | 1.472 | 700 | M22×80 | 24 | 9.900 |
| 250 | M16×70 | 12 | 2.310 | 800 | M27×85 | 24 | 18.804 |

### 1.0MPa 对焊法兰安装用螺栓用量表

单位：副

| 公称直径（mm） | 规格 | 套 | 重量（kg） | 公称直径（mm） | 规格 | 套 | 重量（kg） |
|---|---|---|---|---|---|---|---|
| 50 | M16×60 | 4 | 0.669 | 300 | M20×85 | 12 | 4.380 |
| 65 | M16×65 | 4 | 0.702 | 350 | M20×85 | 16 | 5.840 |
| 80 | M16×65 | 4 | 0.702 | 400 | M22×85 | 16 | 7.112 |
| 100 | M16×70 | 8 | 1.472 | 450 | M22×90 | 20 | 8.890 |
| 125 | M16×75 | 8 | 1.540 | 500 | M22×90 | 20 | 8.890 |
| 150 | M20×75 | 8 | 2.604 | 600 | M27×95 | 20 | 16.635 |
| 200 | M20×75 | 8 | 2.604 | 700 | M27×100 | 24 | 19.962 |
| 250 | M20×80 | 12 | 4.065 | 800 | M30×110 | 24 | 27.072 |

## 1.6MPa 对焊法兰安装用螺栓用量表　　　　　单位：副

| 公称直径<br>（mm） | 规格 | 套 | 重量（kg） | 公称直径<br>（mm） | 规格 | 套 | 重量（kg） |
|---|---|---|---|---|---|---|---|
| 50 | M16×60 | 4 | 0.669 | 300 | M22×90 | 12 | 5.334 |
| 65 | M16×65 | 4 | 0.702 | 350 | M22×100 | 16 | 7.620 |
| 80 | M16×70 | 8 | 1.472 | 400 | M27×115 | 16 | 14.848 |
| 100 | M16×70 | 8 | 1.472 | 450 | M27×120 | 20 | 18.560 |
| 125 | M16×80 | 8 | 1.608 | 500 | M30×130 | 20 | 24.930 |
| 150 | M20×80 | 8 | 2.710 | 600 | M36×140 | 20 | 39.740 |
| 200 | M20×80 | 12 | 4.065 | 700 | M36×140 | 24 | 47.688 |
| 250 | M22×85 | 12 | 5.334 | 800 | M36×150 | 24 | 49.740 |

466

**主编单位：**湖北省建设工程标准定额管理总站

**专业主编单位：**河北省建设工程造价服务中心

**参编单位：**沧州市建设工程标准造价服务中心

**计价依据编制审查委员会综合协商组：**胡传海　王海宏　吴佐民　王中和　董士波
　　　　　　　　　　　　　　　　　　冯志祥　褚得成　刘中强　龚桂林　薛长立
　　　　　　　　　　　　　　　　　　杨廷珍　汪亚峰　蒋玉翠　汪一江

**计价依据编制审查委员会专业咨询组：**杨廷珍　汪一江　潘卓强　杜浐阳　庞宗琨
　　　　　　　　　　　　　　　　　　王　梅　高雄映

**编制人员：**高元中　徐玉欣　杨海涛　王桂香　刘　彤　韩锁库　郭雪靖　滕家赫
　　　　　　刘建苹　屈云燕　韩净轩　汤长礼　曹易红　陈辛君　赵　静　朱金玲
　　　　　　孟宪通　张海新　段　勇　马　杰　赫　伟　吴丙毅　刘　钧　苏风祥
　　　　　　李凤杰　刘　勇　孔德东

**审查专家：**薛长立　蒋玉翠　张　鑫　杜浐阳　杨晓春　兰有东　周文国　汪　洋
　　　　　　刘和平

**软件支持单位：**成都鹏业软件股份有限公司

**软件操作人员：**杜　彬　赖勇军　可　伟　孟　涛